DIANNENG JILIANG ZHUANGZHI
GUZHANG YU YICHANG FENXI

电能计量装置
故障与异常分析

常仕亮　编

中国电力出版社
CHINA ELECTRIC POWER PRESS

内 容 提 要

本书共有十二章，分别是概述、三相三线智能电能表错误接线分析、V/V 接线电压互感器极性反接错误接线分析、三相四线智能电能表错误接线分析、三相三线智能电能表电压异常分析、三相四线智能电能表电压异常分析、三相三线智能电能表电流异常分析、三相四线智能电能表电流异常分析、三相三线智能电能表功率因数异常分析、三相四线智能电能表功率因数异常分析、功率因数在三相四线智能电能表错误接线分析中的运用、差错电量退补。本书紧密结合现场实际、全面系统、实用性强，对提高技术人员认知电能计量装置的故障与异常具有非常重要的意义。

本书适用于从事电能表现场检验、装表接电、用电信息采集、用电检查、电力二次设计的技术人员和生产管理人员学习使用，也可供相关专业及管理人员参考使用。

图书在版编目（CIP）数据

电能计量装置故障与异常分析/常仕亮编. —北京：中国电力出版社，2021.12
ISBN 978-7-5198-6026-4

Ⅰ. ①电… Ⅱ. ①常… Ⅲ. ①电能计量－装置－故障诊断 Ⅳ. ①TM933.4

中国版本图书馆 CIP 数据核字（2021）第 195165 号

出版发行：中国电力出版社
地　　址：北京市东城区北京站西街 19 号（邮政编码 100005）
网　　址：http://www.cepp.sgcc.com.cn
责任编辑：苗唯时
责任校对：黄　蓓　李　楠　郝军燕
装帧设计：郝晓燕
责任印制：石　雷

印　　刷：三河市万龙印装有限公司
版　　次：2021 年 12 月第一版
印　　次：2021 年 12 月北京第一次印刷
开　　本：787 毫米×1092 毫米　16 开本
印　　张：24.25
字　　数：558 千字
印　　数：0001—1000 册
定　　价：98.00 元

版 权 专 有　侵 权 必 究

本书如有印装质量问题，我社营销中心负责退换电能计量装置是电能计量器具，为计收电量提供依据，其运行的安全、准确、可靠，在实际生产中具有非常重要的意义。运行中的电能计量装置，准确性与电能表相对误差、电压互感器和电流互感器的合成误差、电压互感器二次回路压降误差、接线方式等因素有关，还与失压、过压、失流、过负荷、潮流反向、功率因数异常、运行象限异常、接线错误等故障与异常有着非常重要的关系。因此，熟练掌握各种电能计量装置故障与异常的分析方法，具有非常重要的意义。

本书第一章重点介绍了故障与异常的类型及分析方法。第二章和第三章，结合现场实例和各种负荷潮流状态，采用测量法、参数法详细阐述了三相三线智能电能表，运行于Ⅰ、Ⅱ、Ⅲ、Ⅳ象限的错误接线分析方法，以及V/V-12接线电压互感器极性反接的分析方法。第四章结合现场实例和各种负荷潮流状态，采用测量法、参数法详细阐述了三相四线智能电能表，运行于Ⅰ、Ⅱ、Ⅲ、Ⅳ象限的错误接线分析方法，以及Yn/Yn-12接线电压互感器极性反接的分析方法。第五章和第六章对智能电能表出现的各类失压、电压不平衡等故障与异常进行了详细分析。第七章和第八章对智能电能表失流、过流、负电流、潮流反向等故障与异常进行了详细分析。第九章和第十章对功率因数低、无功补偿装置过补偿运行、功率因数异常、运行象限异常等故障与异常进行了详细分析。第十一章对功率因数运用于三相四线智能电能表错误接线进行了详细分析。第十二章对差错电量退补进行了详细分析。

本书编写过程中，得到了国网重庆市电力公司、国网重庆市电力公司市场营销部、国网重庆市电力公司营销服务中心（计量中心）、国网重庆市电力公司万州供电分公司、国网重庆市电力公司电力科学研究院、国网重庆市电力公司技能培训中心等单位领导和同事的指导与帮助，在此表示衷心的感谢。

由于时间仓促，书中难免有不妥和错误之处，恳请读者指正。

编　者
2021 年 9 月

目 录

前言

第一章

概　述

第一节　电能计量装置类型

电能计量装置有单相电能计量装置、三相三线电能计量装置、三相四线电能计量装置三大类，这三类电能计量装置主要适用于 0.22、0.4、10、20、35、110、220、330、500kV和 1000kV 等交流供电系统。单相电能计量装置主要运用于 0.22kV 低压单相供电线路，三相三线电能计量装置运用于中性点不接地系统,三相四线电能计量装置主要运用于中性点直接接地系统、中性点经消弧线圈接地系统、中性点经电阻接地系统。电能计量装置由电压互感器、电流互感器、二次回路、电能表、采集终端、计量屏柜等设备组成。电能表是电能计量装置的重要设备之一，按照工作原理区分，电能表分为机械式电能表、机电式电能表、全电子式电能表等几种类型，其中全电子式电能表又分为多功能电能表、智能电能表。

目前，随着用电信息采集、智能电网的大力建设，智能电能表得到非常广泛的运用，智能电能表在多功能电能表的基础上，扩展了实时监测、自动控制、信息存储、信息处理、信息交互等功能，满足了电能计量、营销管理、用户服务等需求。本章将阐述电能计量装置故障与异常的类型及分析方法，介绍测量法、参数法两种错误接线分析方法，其中测量法适用于机械式电能表、机电式电能表、多功能电能表、智能电能表，参数法适用于多功能电能表、智能电能表。本书后续内容，如无特别说明，错误接线分析、故障与异常分析均以智能电能表为例。

一、单相电能计量装置

单相电能计量装置广泛运用于 220V 低压单相供电线路，智能电能表测量电压为负载端电压 $\dot{U}$，正常情况下接近于额定值 220V，测量电流为负载电流 $\dot{I}$，测量功率为 $UI\cos\varphi$，接线图见图 1-1，相量图见图 1-2。运行过程中，智能电能表测量电压为负载端电压 $\dot{U}$，与单相供电线路电压一致，接近于额定值 220V；进线端与负载端的相线和零线电流值，

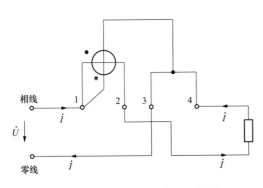

图 1-1　单相电能计量装置接线图

图 1-2　单相电能表相量图

1

以及智能电能表显示的相线和零线电流值均保持一致；进线端与负载端的有功功率、无功功率、功率因数，和智能电能表测量的有功功率、无功功率、功率因数均一致。

二、三相三线电能计量装置

三相三线电能计量装置广泛运用于中性点不接地系统，在 6、10kV 和 20kV 等供电系统运用极其广泛，主要运用在公用线路线损考核、专线用电用户、高供高计专变用电用户等计量点。三相三线电能计量装置电压互感器一般采用 V/V-12 接线，接线见图 1-3。

由图 1-3 可知，智能电能表第一元件电压接入 $\dot{U}_{ab}$，电流接入 $\dot{I}_a$；第二元件电压接入 $\dot{U}_{cb}$，电流接入 $\dot{I}_c$。测量功率为 $U_{ab}I_a\cos(30°+\varphi_a)+U_{cb}I_c\cos(30°-\varphi_c)$，相量图见图 1-4。

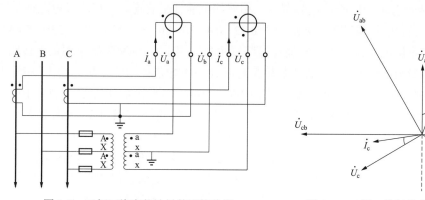

图 1-3 三相三线电能计量装置接线图　　　　图 1-4 三相三线智能电能表相量图

三、三相四线电能计量装置

三相四线电能计量装置分低压和高压两种类型，广泛运用于中性点直接接地系统、中性点经消弧线圈接地、中性点经电阻接地系统，在 0.4、35、66、110、220、330、500、750kV 和 1000kV 电压等级运用极其广泛。

（一）低压三相四线电能计量装置

低压三相四线电能计量装置广泛运用于 10kV 公用变压器 0.4kV 侧台区关口计量，10kV 专用变压器 0.4kV 侧计量的用电用户，经电流互感器接入的 0.4kV 低压三相用电用户等供电系统。低压三相四线电能计量装置接线见图 1-5。

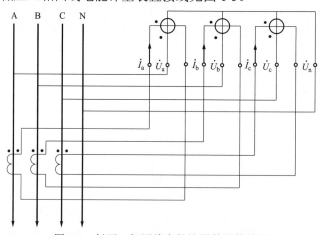

图 1-5 低压三相四线电能计量装置接线图

由图 1-5 可知，三线四线智能电能表第一元件电压接入 $\dot{U}_a$，电流接入 $\dot{I}_a$；第二元件电压接入 $\dot{U}_b$，电流接入 $\dot{I}_b$；第三元件电压接入 $\dot{U}_c$，电流接入 $\dot{I}_c$。测量功率为 $U_aI_a\cos\varphi_a+U_bI_b\cos\varphi_b+U_cI_c\cos\varphi_c$，相量图见图 1-6。

（二）高压三相四线电能计量装置

高压三相四线电能计量装置广泛运用于 35kV 经消弧线圈接地系统，以及 110、220、330、500、750kV 和 1000kV 中性点直接接地系统，广泛运用

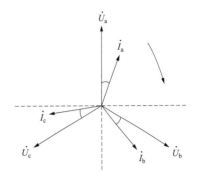

图 1-6　低压三相四线智能电能表相量图

在发电上网、跨区输电、跨省输电、省级供电等关口计量点，专线用电用户计量点，以及内部考核关口计量点等场合。高压三相四线电能计量装置接线见图 1-7，电压互感器采用 Yn/Yn-12 星形接线，每相一次绕组为 A-X，每相二次绕组为 a-x，"A" 与 "a" 为同名端。

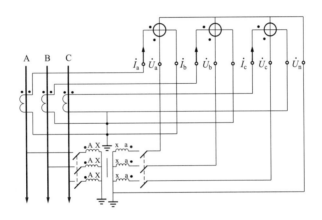

图 1-7　高压三相四线电能计量装置接线图

由图 1-7 可知，三线四线智能电能表第一元件电压接入 $\dot{U}_a$，电流接入 $\dot{I}_a$；第二元件电压接入 $\dot{U}_b$，电流接入 $\dot{I}_b$；第三元件电压接入 $\dot{U}_c$，电流接入 $\dot{I}_c$。测量功率为 $U_aI_a\cos\varphi_a+U_bI_b\cos\varphi_b+U_cI_c\cos\varphi_c$，高压三相四线智能电能表相量见图 1-8。

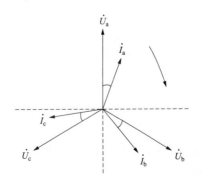

图 1-8　高压三相四线智能电能表相量图

3

第二节　智能电能表运行象限的判断

一、四象限定义

电能计量四象限的定义，以及有功功率和无功功率的传输方向，是以竖轴电压相量

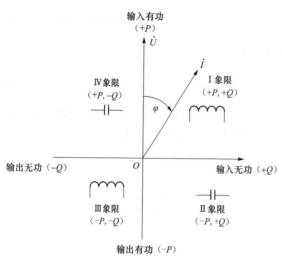

图 1-9　电能计量四象限图

$\dot{U}$ 为参考相量，电流相量用 $\dot{I}$ 表示，随着负载功率因数角的变化，$\dot{I}$ 按顺时针方向旋转 0°～360°，依次表示为 Ⅰ、Ⅱ、Ⅲ、Ⅳ象限，四个象限分别表示不同负载性质状态下，电压和电流之间的相位关系，以及有功功率、无功功率的传输方向，电能计量四象限示意见图 1-9。

二、运行象限特性

电力系统一般以功率由母线向线路输入定义为正方向，功率由线路向母线输出定义为反方向。在 Ⅰ、Ⅱ、Ⅲ、Ⅳ象限中，Ⅰ、Ⅲ象限为感性负载，Ⅱ、Ⅳ象限为容性负载，感性负载等效电路见图 1-10，容性负载等效电路见图 1-11。

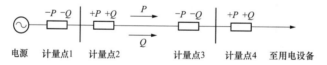

图 1-10　感性负载等效电路图

图 1-11　容性负载等效电路图

结合电能方向性定义，以及感性负载等效电路和容性负载等效电路，电能计量 Ⅰ、Ⅱ、Ⅲ、Ⅳ象限与功率因数角、有功功率和无功功率传输方向的对应关系如下。

（一）Ⅰ象限

Ⅰ象限是指所在计量点，母线向线路输入有功功率、输入无功功率，$\hat{\dot{U}\dot{I}} = 0°～90°$，电路呈感性，功率方向为+P、+Q，智能电能表运行于 Ⅰ象限，负载性质为感性。如图 1-10 中的计量点 2、计量点 4，两个计量点均为母线向线路输入有功功率、输入无功功率，智能电能表运行于 Ⅰ象限。

如 $\hat{\dot{U}\dot{I}} = 0°$，为纯阻性负载，功率方向为+P，没有无功功率；如 $\hat{\dot{U}\dot{I}} = 90°$，为纯感性

负载，功率方向为+Q，没有有功功率；纯阻性和纯感性负载仅理论上存在，在生产实际中，几乎不可能出现纯阻性、纯感性负载运行状态。

智能电能表运行于Ⅰ象限主要有以下计量点：电力系统变电站主变压器电源侧计量点，如220kV主变压器220kV侧、110kV主变压器110kV侧、35kV主变压器35kV侧等计量点；电力系统变电站的公用线路、关口联络线路等计量点；专用变压器、专线用电用户等计量点。三相三线智能电能表感性负载Ⅰ象限相量见图1-12，三相四线智能电能表感性负载Ⅰ象限相量见图1-13。

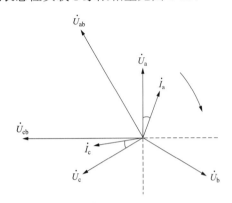
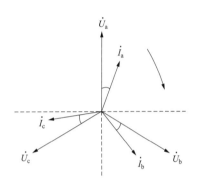

图1-12　三相三线感性负载Ⅰ象限相量图　　　图1-13　三相四线感性负载Ⅰ象限相量图

（二）Ⅱ象限

Ⅱ象限是指所在计量点，供电线路向母线输出有功功率，母线向供电线路输入无功功率，主要为电容器等容性负载，电路呈容性，$\hat{U}\hat{I}=90°\sim180°$，功率方向为–P、+Q，智能电能表运行于Ⅱ象限。如图1-11中的计量点1、计量点3，供电线路向母线输出有功功率，母线向供电线路输入无功功率，智能电能表运行于Ⅱ象限。

智能电能表运行于Ⅱ象限主要有以下计量点：电力系统变电站关口联络线路等计量点；电力系统变电站主变压器的中压侧、低压侧等计量点，如220kV主变压器110kV侧和10kV侧、110kV主变压器35kV侧和10kV侧、35kV主变压器10kV侧等计量点。三相三线智能电能表容性负载Ⅱ象限相量见图1-14，三相四线智能电能表容性负载Ⅱ象限相量见图1-15。

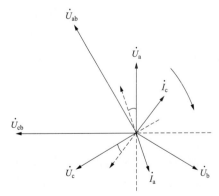
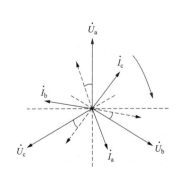

图1-14　三相三线容性负载Ⅱ象限相量图　　　图1-15　三相四线容性负载Ⅱ象限相量图

（三）Ⅲ象限

Ⅲ象限是指所在计量点，供电线路向母线输出有功功率、无功功率，用电负载主要为电动机等感性负载，电路呈感性，$\hat{\dot{U}\dot{I}}=180°\sim270°$，功率方向为–P、–Q，智能电能表运行于Ⅲ象限。如图1-10中的计量点1、计量点3，供电线路向母线输出有功功率、无功功率，智能电能表运行于Ⅲ象限。

智能电能表运行于Ⅲ象限主要有以下计量点：设置在电力系统变电站的发电上网关口计量点；电力系统变电站的公用线路、关口联络线路等计量点；电力系统变电站主变压器的中压侧、低压侧等计量点，如220kV主变压器110kV侧和10kV侧、110kV主变压器35kV侧和10kV侧、35kV主变压器10kV侧等计量点。三相三线智能电能表感性负载Ⅲ象限相量图见图1-16，三相四线智能电能表感性负载Ⅲ象限相量图见图1-17。

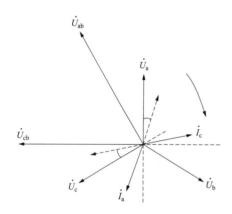
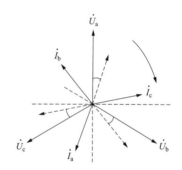

图1-16　三相三线感性负载Ⅲ象限相量图　　　　图1-17　三相四线感性负载Ⅲ象限相量图

（四）Ⅳ象限

Ⅳ象限指是指所在计量点，母线向供电线路输入有功功率，供电线路向母线输出无功功率，$\hat{\dot{U}\dot{I}}=270°\sim360°$，功率方向为+P、–Q，智能电能表运行于Ⅳ象限。如图1-11中的计量点2、计量点4，母线向供电线路输入有功功率，供电线路向母线输出无功功率，智能电能表运行于Ⅳ象限。

Ⅳ象限用电负载主要为电容器等容性负载，电路呈容性，电流超前电压0°～90°。一般情况下，以下状态智能电能表运行在Ⅳ象限，无功补偿装置过补偿运行的专用变压器、专线用电用户，此运行状态有电动机等感性负载，由于过补偿运行，导致电路呈容性。三相三线智能电能表容性负载Ⅳ象限相量见图1-18，三相四线智能电能表容性负载Ⅳ象限相量图见图1-19。

三、电量方向性

（一）有功电量方向性

智能电能表有功电量具有方向性。智能电能表测量有功功率为正，智能电能表运行于Ⅰ象限或Ⅳ象限，有功电量计入智能电能表正向；智能电能表测量有功功率为负，智能电能表运行于Ⅱ象限或Ⅲ象限，有功电量计入智能电能表反向。

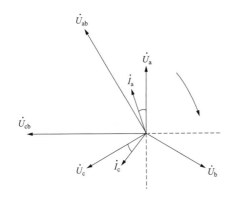
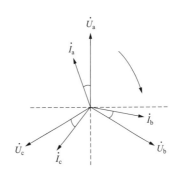

图 1-18　三相三线容性负载Ⅳ象限相量图　　　图 1-19　三相四线容性负载Ⅳ象限相量图

（二）无功电量方向性

智能电能表无功电量也具有方向性，无功电量分为Ⅰ、Ⅱ、Ⅲ、Ⅳ四个象限。智能电能表测量无功功率为正，测量有功功率为正，无功电量计入Ⅰ象限；智能电能表测量无功功率为正，测量有功功率为负，无功电量计入Ⅱ象限；智能电能表测量无功功率为负，测量有功功率为负，无功电量计入Ⅲ象限；智能电能表测量无功功率为负，测量有功功率为正，无功电量计入Ⅳ象限。

智能电能表可分别计量Ⅰ、Ⅱ、Ⅲ、Ⅳ象限无功电量，组合无功 1（即正向无功）和组合无功 2（即反向无功）可实现Ⅰ、Ⅱ、Ⅲ、Ⅳ象限无功电量绝对值之和的设置。向电网倒送无功电量的用电用户，应按倒送无功电量与实用无功电量两者的绝对值之和，计算平均功率因数。对用电用户而言，组合无功 1（即正向无功）是Ⅰ、Ⅳ象限无功电量绝对值之和，组合无功 2（即反向无功）是Ⅱ、Ⅲ象限无功电量绝对值之和。

（三）实例分析

由图 1-10 可知，有功功率和无功功率传输方向一致的情况下，计量点 2 和计量点 4，母线向供电线路输入有功功率、无功功率，智能电能表测量的有功功率和无功功率为正，运行于Ⅰ象限，有功电量计入正方向，无功电量计入Ⅰ象限。计量点 1 和计量点 3，供电线路向母线输出有功功率、无功功率，智能电能表测量的有功功率和无功功率为负，运行于Ⅲ象限，有功电量计入反方向，无功电量计入Ⅲ象限。

由图 1-11 可知，有功功率和无功功率传输方向一致的情况下，计量点 2 和计量点 4，母线向供电线路输入有功功率，供电线路向母线输出无功功率，智能电能表测量的有功功率为正，无功功率为负，智能电能表运行于Ⅳ象限，有功电量计入正方向，无功电量计入Ⅳ象限。计量点 1 和计量点 3，供电线路向母线输出有功功率，母线向供电线路输入无功功率，智能电能表测量的有功功率为负，无功功率为正，电能表运行于Ⅱ象限，有功电量计入反方向，无功电量计入Ⅱ象限。

第三节　90°移相法无功电能计量

随着微电子技术的快速发展，采用全新测量原理的智能电能表广泛应用于生产实际中，使无功电能计量达到了新高度，智能电能表主要基于正弦无功理论，采用交流采样原理，利用高精度转换器，完成对电压、电流、有功功率、无功功率、视在功率、相位角等电参数的测量，能分别计量Ⅰ、Ⅱ、Ⅲ、Ⅳ象限无功电能，智能电能表主要采用90°移相法计量无功电能，下面将阐述90°移相法无功计量原理。

一、90°移相法无功计量原理

90°移相法无功计量是对正弦电压进行 $\dfrac{T}{4}$ 延时，电压移相90°，将滞后90°的电压与电流相乘测量无功功率，再累加计量无功电能，90°移相法无功计量原理见图1-20。

有功功率 $P = UI\cos\varphi$，电压 $\dot{U}$ 移相 90°后为 $\dot{U}'$，$U' = U$，无功功率 $Q = U'I\cos(90° - \varphi) = UI\sin\varphi$，与无功功率定义一致，直接测量无功功率，计量无功电能。

二、三相三线智能电能表90°移相法无功计量原理

三相三线智能电能表90°移相法无功计量原理见图1-21。

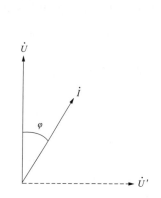

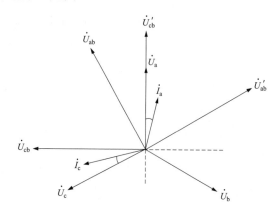

图1-20 90°移相法无功计量原理图　　　图1-21 三相三线90°移相法无功计量原理图

有功功率 $P = U_{ab}I_a\cos(30° + \varphi) + U_{cb}I_c\cos(30° - \varphi)$，将 $\dot{U}_{ab}$、$\dot{U}_{cb}$ 移相90°后得到 $\dot{U}'_{ab}$、$\dot{U}'_{cb}$，经计算得出无功功率。

$Q = U'_{ab}I_a\cos(60° - \varphi) + U'_{cb}I_c\cos(120° - \varphi)$，$U'_{ab} = U_{ab}, U'_{cb} = U_{cb}$，化简后见式（1-1）。

$$
\begin{aligned}
Q &= UI\cos(60° - \varphi) + UI\cos(120° - \varphi) \\
&= UI(\cos 60°\cos\varphi + \sin 60°\sin\varphi + \cos 120°\cos\varphi + \sin 120°\sin\varphi) \\
&= UI\left(\frac{1}{2}\cos\varphi + \frac{\sqrt{3}}{2}\sin\varphi - \frac{1}{2}\cos\varphi + \frac{\sqrt{3}}{2}\sin\varphi\right) \\
&= \sqrt{3}UI\sin\varphi
\end{aligned}
\tag{1-1}
$$

由以上分析可知，$\sqrt{3}UI\sin\varphi$ 与三相三线电路无功功率定义一致，实现了三相三线电路无功功率的测量，以及无功电能的计量。

三、三相四线智能电能表90°移相法无功计量原理

三相四线智能电能表90°移相法无功计量原理见图1-22。

有功功率 $P = U_aI_a\cos\varphi_a + U_bI_b\cos\varphi_b + U_cI_c\cos\varphi_c$，将三相电压 $\dot{U}_a$、$\dot{U}_b$、$\dot{U}_c$ 移相90°后得到 $\dot{U}'_a$、$\dot{U}'_b$、$\dot{U}'_c$，经计算得出无功功率。

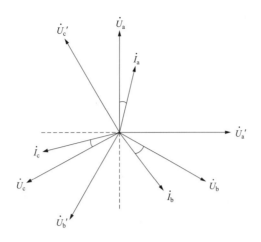

图 1-22 三相四线 90°移相法无功计量原理图

$$Q = U_a'I_a \cos(90° - \varphi_a) + U_b'I_b \cos(90° - \varphi_b) + U_c'I_c \cos(90° - \varphi_c) \qquad (1\text{-}2)$$
$$= U_a'I_a \sin\varphi_a + U_b'I_b \sin\varphi_b + U_c'I_c \sin\varphi_c$$

$$U_a' = U_a$$
$$U_b' = U_b \qquad (1\text{-}3)$$
$$U_c' = U_c$$

$$Q = U_aI_a \sin\varphi_a + U_bI_b \sin\varphi_b + U_cI_c \sin\varphi_c \qquad (1\text{-}4)$$

由以上分析可知，$U_aI_a \sin\varphi_a + U_bI_b \sin\varphi_b + U_cI_c \sin\varphi_c$ 与三相四线电路无功功率定义一致，实现了三相四线电路无功功率的测量，以及无功电能的计量。

第四节 电能计量装置故障与异常的分析方法

电能计量装置在运行过程中，会出现失压、过压、失流、过负荷、潮流反向、电流异常、接线错误、功率因数低、无功补偿装置过补偿运行、运行象限异常等各类故障与异常，影响电能计量装置的安全、准确、可靠运行，熟练掌握电能计量装置故障与异常的分析判断方法，在实际工作中具有非常重要的意义。

实际工作中，可以通过智能电能表的各元件电压、各元件电流、各元件相位角、各元件功率因数、总功率因数、各元件有功功率和无功功率、总有功功率、总无功功率、运行象限、正反向有功电量、正反向无功电量、四象限无功电量、最大需量等参数信息，综合判断电能计量装置是否存在故障与异常；也可通过用电信息采集系统采集智能电能表的相序、各元件电压、各元件电流、各元件功率因数、总功率因数、各元件有功功率和无功功率、总有功功率、总无功功率、正反向有功电量、正反向无功电量、四象限无功电量等参数信息，综合判断电能计量装置是否存在故障与异常。下面将详细阐述通过智能电能表的电压、电流、功率因数、功率、电量、最大需量等参数，或用电信息采集系统采集的智能电能表各项参数数据，分析判断电能计量装置故障与异常。

一、电压的分析与判断

负载基本对称情况下，智能电能表的各元件电压基本平衡，接近于额定值，具体值与一次系统电压有关。单相智能电能表电压接近于额定值 220V；低压三相四线智能电能表各元件电压接近于额定值 220V，线电压接近于额定值 380V；高压三相四线智能电能表各元件电压接近于额定值 57.7V，线电压接近于额定值 100V；高压三相三线智能电能表各元件电压接近于额定值 100V。智能电能表各元件线电压、相电压明显低于额定值，排除系统电压低等因素，初步判断失压，造成失压的主要原因是电压互感器一次熔断器熔断或接触不良、电压二次回路断线或接触不良、电压二次回路快速空气开关接点接触不良、接线错误等。各元件电压明显高于额定值，主要原因为一次系统电压偏高、三相四线电能表零线未接造成电压位移、VV-12 接线电压互感器极性反接、中性点不接地系统采用三相四线计量造成电压位移等。下面分别阐述单相智能电能表、三相三线智能电能表、三相四线智能电能表电压的分析与判断方法。

（一）单相智能电能表

正常运行情况下，单相智能电能表电压回路的电压和低压单相供电线路的电压保持一致，智能电能表显示电压与电能表进线侧电压、出线侧电压一致，接近于额定值 220V，具体电压值与系统供电电压有关。

（二）三相三线智能电能表

正常运行情况下，三相三线智能电能表的三组线电压 U_{ab}、U_{cb}、U_{ac} 接近于额定值 100V，具体电压值与系统供电电压有关。

1. 二次侧 b 相接地判断

V/V-12 接线电压互感器二次侧 b 相应可靠接地。如电压互感器二次侧 b 相接地，则 U_{an} 和 U_{cn} 接近于 100V，U_{bn} 接近于 0V。如电压互感器二次侧 b 相未接地，则 U_{an}、U_{bn}、U_{cn} 均不为 0V。

2. 失压判断

（1）a 相失压。电压互感器一次绕组 A 相熔断器熔断、接触不良，或二次侧 a 相断线、接触不良，会造成 a 相失压，智能电能表 U_{ab} 明显低于 100V，U_{cb} 接近于 100V。

（2）b 相失压。电压互感器一次绕组 B 相熔断器熔断、接触不良，或二次侧 b 相断线、接触不良，会造成 b 相失压，智能电能表 U_{ab} 接近于 50V，U_{cb} 接近于 50V，U_{ac} 接近于 100V。

（3）c 相失压。电压互感器一次绕组 C 相熔断器熔断、接触不良，或二次侧 c 相断线、接触不良，会造成 c 相失压，智能电能表 U_{cb} 明显低于 100V，U_{ab} 接近 100V。

（4）两相失压。电压互感器一次绕组两相熔断器熔断、接触不良，或二次侧两相断线、接触不良，U_{ab}、U_{cb}、U_{ac} 均明显低于 100V。

3. 过压判断

引起过压主要有系统电压偏高、V/V-12 接线电压互感器极性反接等原因。V/V-12 接线电压互感器某相一次绕组或二次绕组极性反接，会造成二次电压升高至 173V，三组线电压 U_{ab}、U_{cb}、U_{ac} 中仅一组接近于 173V，其他两组线电压接近于额定值 100V。

（三）低压三相四线智能电能表

正常运行情况下，低压三相四线智能电能表的三组相电压 U_a、U_b、U_c 接近于额定值 220V，U_n 接近于 0V，三组线电压 U_{ab}、U_{cb}、U_{ac} 接近于额定值 380V，电压高低与系统供电电压有关。

1. 失压的分析与判断

（1）a 相失压。a 相电压回路断线、接触不良，会造成 a 相失压，智能电能表 U_a 明显低于 220V，U_b 接近于 220V，U_c 接近于 220V，U_{cb} 接近于 380V。

（2）b 相失压。b 相电压回路断线、接触不良，会造成 b 相失压，智能电能表 U_b 明显低于 220V，U_a 接近于 220V，U_c 接近于 220V，U_{ac} 接近于 380V。

（3）c 相失压。c 相电压回路断线、接触不良，会造成 c 相失压，智能电能表 U_c 明显低于 220V，U_a 接近于 220V，U_b 接近于 220V，U_{ab} 接近于 380V。

（4）两相失压。ab、bc、ac 中任意两相电压回路断线、接触不良，断线、接触不良的两相电压明显低于 220V，另外一相电压接近于 220V。

2. 过压的分析与判断

引起过压主要有系统电压偏高、三相四线电能表电压零线未接入引起电压位移等原因。

（四）高压三相四线电能表

正常运行情况下，高压三相四线智能电能表的三组相电压 U_a、U_b、U_c 接近于额定值 57.7V，U_n 接近于 0V，三组线电压 U_{ab}、U_{cb}、U_{ac} 接近于额定值 100V，电压高低与系统一次电压有关。

1. 失压的分析与判断

（1）a 相失压。a 相电压回路断线或接触不良，会造成 a 相失压，智能电能表 U_a 明显低于 57.7V，U_b 接近于 57.7V，U_c 接近于 57.7V，U_{cb} 接近于 100V。

（2）b 相失压。b 相电压回路断线或接触不良，会造成 b 相失压，智能电能表 U_b 明显低于 57.7V，U_a 接近于 57.7V，U_c 接近于 57.7V，U_{ac} 接近于 100V。

（3）c 相失压。c 相电压回路断线或接触不良，会造成 c 相失压，智能电能表 U_c 明显低于 57.7V，U_a 接近于 57.7V，U_b 接近于 57.7V，U_{ab} 接近于 100V。

（4）两相失压。ab、bc、ac 中任意两相电压回路断线或接触不良，断线或接触不良的两相电压明显低于 57.7V，另外一相电压接近于 57.7V。

（5）二次绕组极性反接。高压三相四线电能计量装置采用 Y_n/Y_n-12 接线电压互感器，电压互感器二次绕组一相极性或两相极性反接时，U_a 接近于 57.7V，U_b 接近于 57.7V，U_c 接近于 57.7V，两组线电压接近于 57.7V，另外一组线电压接近于 100V。

2. 过压的分析与判断

引起过压的主要原因有系统电压偏高、三相四线智能电能表电压零线未接入引起电压位移、中性点不接地系统采用三相四线接线计量等原因。

二、电流的分析与判断

负载基本对称情况下，智能电能表各元件电流应基本对称，不超过电流互感器额定二次电流，各元件电流正负性与负载功率因数角、一次负荷潮流方向对应。

（一）电流大小的分析与判断

电流互感器额定二次电流为 5A，智能电能表各元件电流不宜超过 5A，不得超过 6A；电流互感器额定二次电流为 1A，智能电能表各元件电流不宜超过 1A，不得超过 1.2A。

智能电能表各元件电流超过电流互感器额定二次电流的 120%，超过智能电能表的最大电流运行，会引起电流互感器和智能电能表过载运行，带来一定的安全隐患，且影响计量准确性。智能电能表各元件电流不平衡，应根据现场负荷情况综合判断，确定是由于负载不对称，还是电流二次回路存在失流等故障引起。

（二）电流正负性的分析与判断

智能电能表显示的正电流或负电流，仅表示该元件的有功功率方向和功率因数正负性。如某元件功率因数为正值，则该元件有功功率为正值，方向为正方向，电流为正电流；某元件功率因数为负值，则该元件有功功率为负值，方向为反方向，电流为负电流。换言之，电流正负性与该元件的有功功率方向、功率因数正负性一一对应。

供电线路存在功率单向传输、双向传输等方式。单向传输供电线路是指有功功率传输为单方向，不存在有功功率交换，主要是无发电上网的用电用户、单电源供电线路，一般而言传输正向有功功率。双向传输供电线路是指有功功率传输为双方向，存在有功功率交换，主要是关口联络线路等计量点，随着一次负荷潮流变化，既可传输正向功率，又可传输反向功率。智能电能表各元件电流的正负性与有功功率传输方向紧密相关。

（三）电流异常的类型

电能计量装置运行过程中，在负载基本对称情况下，智能电能表各元件电流应基本平衡，电流大小不超过电流互感器额定二次电流。电流异常主要有失流、轻负荷、过负荷、负电流、潮流反向、电流不平衡等。

1. 失流

失流是指智能电能表的电流与电流互感器二次电流不一致。正常运行过程中，二次回路电流应保持一致，如出现不一致，可能存在失流故障。

电力系统变电站的各计量点，由电流互感器二次端钮处至开关端子箱，开关端子箱至电能表屏端子排，电能表屏端子排至试验接线盒，试验接线盒至智能电能表电流元件的电流是一致的。专用变压器用电用户计量点，由电流互感器二次端钮处至试验接线盒，试验接线盒至智能电能表电流元件的电流是一致的。处理失流故障时，必须严格按照各项安全管理规定，履行保证安全的组织措施和技术措施，确保人身、电网、设备的安全。

2. 轻负荷

电流互感器额定一次电流的确定，应保证其在正常运行中的实际负荷电流达到额定值的 60%左右，至少不应小于 30%。轻负荷是指二次电流低于电流互感器额定二次电流的 30%，致使电流互感器轻负荷运行。对于计量绕组为 S 级的电流互感器，检定负荷点为额定一次电流的 1%、5%、20%、100%、120%，一次负荷电流低于额定一次电流的 30%时，计量准确性降低。因此，电流互感器一次负荷电流不应小于额定一次电流的 30%，不得低于额定一次电流的 1%，否则计量准确性降低。

3. 过负荷

过负荷是指二次电流超过电流互感器额定二次电流，致使电流互感器过负荷运行。电流互感器额定二次电流分为 5A 和 1A 两种。额定二次电流为 5A 的电流互感器，一次负荷电流达到电流互感器额定一次电流时，二次电流为 5A。额定二次电流为 1A 的电流互感器，一次负荷电流达到电流互感器额定一次电流时，二次电流为 1A。

额定二次电流为 5A 的电流互感器，智能电能表各元件电流不宜超过 5A，不得超过 6A；额定二次电流为 1A 的电流互感器，智能电能表各元件电流不宜超过 1A，不得超过 1.2A。智能电能表各元件电流大于电流互感器额定二次电流的 120%，超过智能电能表的最大电流运行，会引起电流互感器和智能电能表过载运行，造成一定的安全隐患，影响计量准确性。

4. 负电流

正向或反向传输有功功率的供电线路，智能电能表运行于Ⅰ、Ⅱ、Ⅲ、Ⅳ象限，在不同负载功率因数角的情况下，各元件的电流正负性也会发生变化。

（1）传输正向有功功率的供电线路。传输正向有功功率的供电线路，智能电能表运行于Ⅰ、Ⅳ象限。

三相三线智能电能表，负载功率因数角在 0°～60°（感性负载）之间，各元件无负电流；在 0°～60°（容性负载）之间，各元件也无负电流。负载功率因数角在 60°～90°（感性负载）之间，第一元件为负电流，第二元件为正电流；在 60°～90°（容性负载）之间，第一元件为正电流，第二元件为负电流。本书第七章第四节将详细阐述正电流、负电流产生的原因。

三相四线智能电能表，负载功率因数角在 0°～90°（感性负载）之间，各元件无负电流；在 0°～90°（容性负载）之间，各元件也无负电流。

（2）传输反向有功功率的供电线路。传输反向有功功率的供电线路，智能电能表运行于Ⅱ、Ⅲ象限。

三相三线智能电能表，负载功率因数角在 0°～60°（感性负载）之间，各元件为负电流；在 0°～60°（容性负载）之间，各元件为负电流。负载功率因数角在 60°～90°（感性负载）之间，第一元件为正电流，第二元件为负电流；在 60°～90°（容性负载）之间，第一元件为负电流，第二元件为正电流。本书第七章第四节将详细阐述正电流、负电流产生的原因。

三相四线智能电能表，负载功率因数角在 0°～90°（感性负载）之间，各元件为负电流；在 0°～90°（容性负载）之间，各元件为负电流。

5. 潮流反向

潮流反向是指智能电能表测量的有功功率与供电线路传输的有功功率方向相反。即传输正向有功功率的供电线路，总有功功率出现负值，有功电量计入智能电能表反向；传输反向有功功率的供电线路，总有功功率为正值，有功电量计入智能电能表正向。

6. 电流不平衡

智能电能表在运行过程中，各元件电流应基本平衡，如各元件电流相差较大，需根据现场负荷情况综合判断，确定是由于负载不对称，还是电流二次回路存在失流故障所导致。

三、功率因数的分析与判断

（一）概述

功率因数是电力系统一项重要技术数据，与供电线路的负载性质紧密相关，反应了阻性、感性、容性负载投入运行的情况。功率因数分为瞬时功率因数和平均功率因数。瞬时功率因数是指供电线路传输功率时的瞬时值，是动态变化的，与负载投入紧密相关。平均功率因数是指供电线路传输功率过程中，某个时间段的平均功率因数值，平均功率因数按照某个时间段的有功电量和无功电量进行计算，实行功率因数调整电费的用电用户，功率因数为平均功率因数。智能电能表显示的功率因数是瞬时功率因数，各元件瞬时功率因数是该元件电压与电流之间夹角的余弦值，瞬时总功率因数根据总有功功率、总无功功率计算得出。

功率因数考核有 0.80、0.85、0.90 三个标准。实行功率因数调整电费的用电用户，按用电用户每月实用的有功电量和无功电量，计算月平均功率因数，功率因数计算见式（1-5）。正常情况下，用电用户的平均功率因数应高于考核标准，否则实行功率因数调整电费考核。

$$\cos\varphi = \frac{W_P}{\sqrt{W_P^2 + W_Q^2}} \tag{1-5}$$

式中，W_P 表示有功电量；W_Q 表示无功电量。

向电网倒送无功电量的用电用户，应按倒送无功电量与实用无功电量两者的绝对值之和，计算平均功率因数。因此 W_Q 为 I 象限无功电量与 IV 象限无功电量绝对值之和。智能电能表可分别计量 I、II、III、IV 象限无功电能，通过设置，实现组合无功 1（即正向无功电量）和组合无功 2（即反向无功电量）自动计算。结算周期内，无功补偿装置未过补偿运行，没有向系统倒送无功功率，则无 IV 象限无功电量，W_Q 仅为 I 象限无功电量；结算周期内，无功补偿装置一直过补偿运行，向系统倒送无功功率，W_Q 为 IV 象限无功电量；结算周期内，无功补偿装置出现未过补偿、过补偿两种运行状态，W_Q 为 I、IV 象限无功电量绝对值之和。

（二）功率因数异常类型

供电线路在传输功率过程中，用电设备启停频繁，相位角和功率因数随之发生变化，可通过智能电能表显示的瞬时功率因数，判断电能计量装置是否存在异常。传输正向有功功率的供电线路，智能电能表总功率因数应在 0～1 之间，总有功功率为正；如总功率因数为负数，说明智能电能表功率因数异常。传输反向有功功率的供电线路，智能电能表总功率因数应在 –1～0 之间，总有功功率为负；如总功率因数为正数，说明智能电能表功率因数异常。

正常运行过程中，智能电能表的瞬时功率因数应正确反应负载运行情况，用电用户平均功率因数应高于考核标准。功率因数异常主要有功率因数低，潮流反向，各元件功率因数与运行象限、负载功率因数角不对应三种类型。

1. 功率因数低

平均功率因数反应了某个周期内用电负荷投入情况，正常运行过程中，用电用户平均功率因数应高于考核标准，如果平均功率因数低于考核标准，则说明功率因数低。功率因数低的主要原因有欠补偿、过补偿、接线错误三类情况，欠补偿是指供电线路呈感性，过补偿是指供电线路呈容性，接线错误是指智能电能表存在相别错误或极性反接等错误接线。欠补偿、过补偿是运行方式所致，电能计量装置本身无故障或异常。

（1）欠补偿。欠补偿主要原因如下：

1）电动机、电抗器等感性用电设备运行数量较多。

2）电动机等感性用电设备长期轻载或空载运行。

3）变压器负载率较低，长期轻载或空载运行。

（2）过补偿。过补偿主要原因如下：

1）无功补偿装置长期过补偿运行，造成容性无功电量较大。

2）供电线路长期空载运行，线路对地电容电流造成容性无功电量较大。

（3）接线错误。智能电能表接线错误会导致功率因数低。

2. 潮流反向

供电线路在传输功率过程中，用电设备启停频繁，负载功率因数角与功率因数随之发生变化。智能电能表总功率因数的高低反应了用电负荷投入情况，正负性反应了供电线路有功功率传输方向。总功率因数应与有功功率传输方向对应，即有功功率正向传输，总功率因数为正，有功电量计入智能电能表正向；有功功率反向传输，总功率因数为负，有功电量计入智能电能表反向。智能电能表潮流反向时，总功率因数与有功功率传输方向不对应。传输正向有功功率的供电线路，总功率因数为负值；传输反向有功功率的供电线路，总功率因数为正值。潮流反向主要是智能电能表接线错误等原因所致。

3. 功率因数与运行象限、负载功率因数角不对应

智能电能表各元件的功率因数之和与总功率因数之间存在明显的特性。同时，根据功率传输方向，负载功率因数角以30°为变化范围，智能电能表的总功率因数、各元件功率因数也呈现出明显的特性。

（1）三相三线智能电能表。对于三相三线智能电能表，在对称负载运行状态下，$P=\sqrt{3}UI\cos\varphi$，采用各元件表达则为：$P=UI\cos\varphi_1+UI\cos\varphi_2$，根据以上表达式，存在以下关系

$$\cos\varphi=\frac{P}{\sqrt{3}UI}$$

$$\cos\varphi_1+\cos\varphi_2=\frac{P}{UI}$$

$$\frac{\cos\varphi_1+\cos\varphi_2}{\cos\varphi}=\frac{\frac{P}{UI}}{\frac{P}{\sqrt{3}UI}}=\sqrt{3} \tag{1-6}$$

由以上分析可知，三相三线智能电能表各元件的功率因数之和与总功率因数的比值为$\sqrt{3}$。

例如：某10kV专用线路用电用户，在系统变电站10kV出线处设置计量点，采用高供高计计量方式，接线方式为三相三线，电压互感器采用V/V接线，电流互感器变比为300A/5A，电能表为3×100V、3×1.5（6）A的智能电能表。智能电能表测量参数数据如下：显示电压逆相序，U_{12}=102.7V，U_{32}=102.5V，U_{13}=102.9V，I_1=0.85A，I_2=−0.81A，$\cos\varphi_1=0.36$，$\cos\varphi_2=-0.99$，$\cos\varphi=-0.60$，P_1=31.28W，P_2=−81.99W，P=−50.71W，

Q_1=−81.50var，Q_2=12.99var，Q=−68.51var。已知负载功率因数角为 21°（感性），母线向 10kV 供电线路输入有功功率、无功功率。

由于 $\dfrac{\cos\varphi_1 + \cos\varphi_2}{\cos\varphi} = \dfrac{0.36 - 0.99}{-0.60} \approx 1.05$，与正确比值 $\sqrt{3}$ 的偏差非常大，因此各元件功率因数之和与总功率因数的比值异常。

在负载对称状态下，如果三相三线智能电能表各元件的功率因数之和是总功率因数的 $\sqrt{3}$ 倍，且在不同功率传输方向和负载功率因数角情况下，各元件功率因数、总功率因数的特性正确，实际运行象限与功率传输方向一致，则功率因数正常；否则，功率因数异常。

（2）三相四线智能电能表。对于三相四线智能电能表，在对称负载运行状态下，$P = 3UI\cos\varphi$，采用各元件表达则为：$P = UI\cos\varphi_1 + UI\cos\varphi_2 + UI\cos\varphi_3$，根据以上表达式，存在以下关系

$$\cos\varphi = \frac{P}{3UI}$$

$$\cos\varphi_1 + \cos\varphi_2 + \cos\varphi_3 = \frac{P}{UI}$$

$$\frac{\cos\varphi_1 + \cos\varphi_2 + \cos\varphi_3}{\cos\varphi} = \frac{\dfrac{P}{UI}}{\dfrac{P}{3UI}} = 3 \tag{1-7}$$

由以上分析可知，三相四线智能电能表各元件的功率因数之和与总功率因数的比值为 3。

例如：110kV 专用线路用电用户，计量点设置在用户侧专用变电站 110kV 线路进线处，采用高供高计方式，接线方式为三相四线，电流互感器变比为 300A/5A，电能表为 3×57.7/100V、3×1.5（6）A 的智能电能表。智能电能表测量参数数据如下：显示电压正相序，U_a=60.7V，U_b=60.9V，U_c=61.2V，I_a=0.62A，I_b=0.61A，I_c=0.62A，$\cos\varphi_1 = 0.93$，$\cos\varphi_2 = 0.79$，$\cos\varphi_3 = 0.17$，$\cos\varphi = 0.93$，P_a=35.13W，P_b=29.27W，P_c=6.59W，P=71.00W，Q_a=13.50var，Q_b=−22.90var，Q_c=37.38var，Q=27.98var。已知负载功率因数角为 39°（容性），110kV 供电线路向专用变电站母线输入有功功率，专用变电站母线向 110kV 供电线路输出无功功率，负载基本对称。由于

$$\frac{\cos\varphi_1 + \cos\varphi_2 + \cos\varphi_3}{\cos\varphi} = \frac{0.93 + 0.79 + 0.17}{0.93} \approx 2.03$$

与正确比值 3 的偏差非常大，因此各元件功率因数之和与总功率因数的比值异常。

在负载对称状态下，如果三相四线智能电能表各元件的功率因数之和是总功率因数的 3 倍，且在不同功率传输方向和负载功率因数角情况下，各元件功率因数、总功率因数的特性正确，实际运行象限与功率传输方向一致，则功率因数正常；否则，功率因数异常。

需要说明的是，生产实际工作中，负载对称的情况是不存在的，因此，三相三线智能电能表各元件功率因数之和与总功率因数的比值大约是 $\sqrt{3}$ 倍关系，三相四线智能电

能表各元件功率因数之和与总功率因数的比值大约是 3 倍关系。具体偏差范围与负载不对称度紧密相关，实际工作中需根据负载不对称的具体情况确定偏差范围，然后结合负载功率因数角和功率传输方向，分析判断功率因数是否异常。下面将详细分析传输正向和反向有功功率运行状态，在不同负载功率因数角情况下，智能电能表各元件功率因数、总功率因数的特性，以及各元件功率因数、总功率因数与负载功率因数角之间的对应关系。

（三）智能电能表功率因数异常分析方法

1. 三相三线智能电能表

（1）传输正向有功功率的供电线路。供电线路传输正向有功功率，有功电量计入智能电能表正方向，总功率因数在 0～1 之间。以下是传输正向有功功率的供电线路，在三相负载基本对称，负载功率因数角与功率因数之间的对应关系。

1）I 象限感性负载 0°～90°。I 象限感性负载 0°～30°，智能电能表总功率因数应在 0.866～1 之间，第一元件功率因数应在 0.5～0.866 之间，第二元件功率因数应在 0.866～1 之间；感性负载 30°～60°，智能电能表总功率因数应在 0.5～0.866 之间，第一元件功率因数应在 0～0.5 之间，第二元件功率因数应在 0.866～1 之间；感性负载 60°～90°，智能电能表总功率因数应在 0～0.5 之间，第一元件功率因数应在 -0.5～0 之间，第二元件功率因数应在 0.5～0.866 之间。

2）IV 象限容性负载 0°～90°。IV 象限容性负载 0°～30°，智能电能表总功率因数应在 0.866～1 之间，第一元件功率因数应在 0.866～1 之间，第二元件功率因数应在 0.5～0.866 之间；容性负载 30°～60°，智能电能表总功率因数应在 0.5～0.866 之间，第一元件功率因数应在 0.866～1 之间，第二元件功率因数应在 0～0.5 之间；容性负载 60°～90°，智能电能表总功率因数应在 0～0.5 之间，第一元件功率因数应在 0.5～0.866 之间，第二元件功率因数应在 -0.5～0 之间。

（2）传输反向有功功率的供电线路。供电线路传输反向有功功率，有功电量计入智能电能表反方向，总功率因数在 -1～0 之间。以下是传输反向有功功率的供电线路，在三相负载基本对称，负载功率因数角与功率因数之间的对应关系。

1）III 象限感性负载 0°～90°。III 象限感性负载 0°～30°，智能电能表总功率因数应在 -1～-0.866 之间，第一元件功率因数应在 -0.866～-0.5 之间，第二元件功率因数应在 -1～-0.866 之间；感性负载 30°～60°，智能电能表总功率因数应在 -0.866～-0.5 之间，第一元件功率因数应在 -0.5～0 之间，第二元件功率因数应在 -1～-0.866 之间；感性负载 60°～90°，智能电能表总功率因数应在 -0.5～0 之间，第一元件功率因数应在 0～0.5 之间，第二元件功率因数应在 -0.866～-0.5 之间。

2）II 象限容性负载 0°～90°。II 象限容性负载 0°～30°，智能电能表总功率因数应在 -1～-0.866 之间，第一元件功率因数应在 -1～-0.866 之间，第二元件功率因数应在 -0.866～-0.5 之间；容性负载 30°～60°，智能电能表总功率因数应在 -0.866～-0.5 之间，第一元件功率因数应在 -1～-0.866 之间，第二元件功率因数应在 -0.5～0 之间；容性负载 60°～90°，智能电能表总功率因数应在 -0.5～0 之间，第一元件功率因数应在 -0.866～-0.5 之间，第二元件功率因数应在 0～0.5 之间。

三相三线智能电能表负载功率因数角与功率因数对应表见表 1-1。

表 1-1　　　　　　　三相三线智能电能表负载功率因数角与功率因数对应表

有功功率方向	负载性质	负载功率因数角	第一元件功率因数	第二元件功率因数	总功率因数
正向传输	Ⅰ象限感性	0°～30°	0.5～0.866	0.866～1	0.866～1
		30°～60°	0～0.5	0.866～1	0.5～0.866
		60°～90°	0～−0.5	0.5～0.866	0～0.5
	Ⅳ象限容性	0°～30°	0.866～1	0.5～0.866	0.866～1
		30°～60°	0.866～1	0～0.5	0.5～0.866
		60°～90°	0.5～0.866	−0.5～0	0～0.5
反向传输	Ⅲ象限感性	0°～30°	−0.866～−0.5	−1～−0.866	−1～−0.866
		30°～60°	−0.5～0	−1～−0.866	−0.866～−0.5
		60°～90°	0～0.5	−0.866～−0.5	−0.5～0
	Ⅱ象限容性	0°～30°	−1～−0.866	−0.866～−0.5	−1～−0.866
		30°～60°	−1～−0.866	−0.5～0	−0.866～−0.5
		60°～90°	−0.866～−0.5	0～0.5	−0.5～0

2. 三相四线智能电能表

（1）传输正向有功功率的供电线路。供电线路传输正向有功功率，有功电量计入智能电能表正方向，总功率因数在 0～1 之间。以下是传输正向有功功率的供电线路，在三相负载基本对称，负载功率因数角与功率因数之间的对应关系。

1）Ⅰ象限感性负载 0°～90°。Ⅰ象限感性负载 0°～30°，智能电能表总功率因数、各元件功率因数应在 0.866～1 之间；感性负载 30°～60°，智能电能表总功率因数、各元件功率因数应在 0.5～0.866 之间；感性负载 60°～90°，智能电能表总功率因数、各元件功率因数应在 0～0.5 之间。

2）Ⅳ象限容性负载 0°～90°。Ⅳ象限容性负载 0°～30°，智能电能表总功率因数、各元件功率因数应在 0.866～1 之间；容性负载 30°～60°，智能电能表总功率因数、各元件功率因数应在 0.5～0.866 之间；容性负载 60°～90°，智能电能表总功率因数、各元件功率因数应在 0～0.5 之间。

（2）传输反向有功功率的供电线路。供电线路传输反向有功功率，有功电量计入智能电能表反方向，总功率因数在−1～0 之间。以下是传输反向有功功率的供电线路，在三相负载基本对称，负载功率因数角与功率因数之间的对应关系。

1）Ⅲ象限感性负载 0°～90°。Ⅲ象限感性负载 0°～30°，智能电能表总功率因数、各元件功率因数应在−1～−0.866 之间；感性负载 30°～60°，智能电能表总功率因数、各元件功率因数应在−0.866～−0.5 之间；感性负载 60°～90°，智能电能表总功率因数、各元件功率因数应在−0.5～0 之间。

2）Ⅱ象限容性负载 0°～90°。Ⅱ象限容性负载 0°～30°，智能电能表总功率因数、各元件功率因数应在−1～−0.866 之间；容性负载 30°～60°，智能电能表总功率因数、各元件功率因数应在−0.866～−0.5 之间；容性负载 60°～90°，智能电能表总功率因数、各元件功率因数应在−0.5～0 之间。

三相四线智能电能表负载功率因数角与功率因数对应表见表1-2。

表 1-2 三相四线智能电能表负载功率因数角与功率因数对应表

有功功率方向	负载性质	负载功率因数角	第一元件功率因数	第二元件功率因数	第三元件功率因数	总功率因数
正向传输	I 象限感性	0°～30°	0.866～1	0.866～1	0.866～1	0.866～1
		30°～60°	0.5～0.866	0.5～0.866	0.5～0.866	0.5～0.866
		60°～90°	0～0.5	0～0.5	0～0.5	0～0.5
	IV 象限容性	0°～30°	0.866～1	0.866～1	0.866～1	0.866～1
		30°～60°	0.5～0.866	0.5～0.866	0.5～0.866	0.5～0.866
		60°～90°	0～0.5	0～0.5	0～0.5	0～0.5
反向传输	III 象限感性	0°～30°	−1～0.866	−1～0.866	−1～0.866	−1～0.866
		30°～60°	−0.866～−0.5	−0.866～−0.5	−0.866～−0.5	−0.866～−0.5
		60°～90°	−0.5～0	−0.5～0	−0.5～0	−0.5～0
	II 象限容性	0°～30°	−1～0.866	−1～0.866	−1～0.866	−1～0.866
		30°～60°	−0.866～−0.5	−0.866～−0.5	−0.866～−0.5	−0.866～−0.5
		60°～90°	−0.5～0	−0.5～0	−0.5～0	−0.5～0

3. 功率因数特性

三相三线智能电能表与三相四线智能电能表，在有功功率正向或反向传输，感性负载或容性负载，三相负载基本对称，负载功率因数角以 30°为变化范围，功率因数呈现出非常明显的特性，具体特性如下。

（1）感性负载功率因数变化规律。

1）负载功率因数角在感性 0°～30°之间，I 象限总功率因数变化范围为 0.866～1，III象限总功率因数变化范围为−1～−0.866。

2）负载功率因数角在感性 30°～60°之间，I 象限总功率因数变化范围为 0.5～0.866，III象限总功率因数变化范围为−0.866～−0.5。

3）负载功率因数角在感性 60°～90°之间，I 象限总功率因数变化范围为 0～0.5，III象限总功率因数变化范围为−0.5～0。

（2）容性负载功率因数变化规律。

1）负载功率因数角在容性 0°～30°之间，IV 象限总功率因数变化范围为 0.866～1，II 象限总功率因数变化范围为−1～−0.866。

2）负载功率因数角在容性 30°～60°之间，IV 象限总功率因数变化范围为 0.5～0.866，II 象限总功率因数变化范围为−0.866～−0.5。

3）负载功率因数角在容性 60°～90°之间，Ⅳ象限总功率因数变化范围为 0～0.5，Ⅱ象限总功率因数变化范围为–0.5～0。

（3）功率因数特性。由于三相三线智能电能表与三相四线智能电能表的总功率因数、各元件功率因数呈现出明显的特性，以 30°为变化区间，取功率因数绝对值，按照 0.866～1 定义为"大"，0.5～0.866 定义为"中"，0～0.5 定义为"小"，对功率因数的特性定义如下。

1）功率因数绝对值为"大"（简称大），指功率因数绝对值在 0.866～1 之间。

2）功率因数绝对值为"中"（简称中），指功率因数绝对值在 0.5～0.866 之间。

3）功率因数绝对值为"小"（简称小），指功率因数绝对值在 0～0.5 之间。

（4）三相三线智能电能表功率因数特性表。三相三线智能电能表功率因数的特性见表 1-3。

表 1-3　　　　　　　　　　三相三线智能电能表功率因数的特性

有功功率方向	负载性质	负载功率因数角	第一元件功率因数	第二元件功率因数	总功率因数
正向传输	Ⅰ象限感性	0°～30°	中	大	大
		30°～60°	小	大	中
		60°～90°	小（负值）	中	小
	Ⅳ象限容性	0°～30°	大	中	大
		30°～60°	大	小	中
		60°～90°	中	小（负值）	小
反向传输	Ⅲ象限感性	0°～30°	中（负值）	大（负值）	大（负值）
		30°～60°	小（负值）	大（负值）	中（负值）
		60°～90°	小	中（负值）	小（负值）
	Ⅱ象限容性	0°～30°	大（负值）	中（负值）	大（负值）
		30°～60°	大（负值）	小（负值）	中（负值）
		60°～90°	中（负值）	小	小（负值）

注　表中第一元件功率因数、第二元件功率因数、总功率因数的"大、中、小"特性未标注负值的，均表示为正值。

（5）三相四线智能电能表功率因数特性表。三相四线智能电能表功率因数特性表见表 1-4。

表 1-4　　　　　　　　　　三相四线智能电能表功率因数特性

有功功率方向	负载性质	负载功率因数角	第一元件功率因数	第二元件功率因数	第三元件功率因数	总功率因数
正向传输	Ⅰ象限感性	0°～30°	大	大	大	大
		30°～60°	中	中	中	中
		60°～90°	小	小	小	小

有功功率方向	负载性质	负载功率因数角	第一元件功率因数	第二元件功率因数	第三元件功率因数	总功率因数
正向传输	IV象限容性	0°~30°	大	大	大	大
		30°~60°	中	中	中	中
		60°~90°	小	小	小	小
反向传输	III象限感性	0°~30°	大（负值）	大（负值）	大（负值）	大（负值）
		30°~60°	中（负值）	中（负值）	中（负值）	中（负值）
		60°~90°	小（负值）	小（负值）	小（负值）	小（负值）
	II象限容性	0°~30°	大（负值）	大（负值）	大（负值）	大（负值）
		30°~60°	中（负值）	中（负值）	中（负值）	中（负值）
		60°~90°	小（负值）	小（负值）	小（负值）	小（负值）

注 表中第一元件功率因数、第二元件功率因数、第三元件功率因数、总功率因数的"大、中、小"特性未标注负值的，均表示为正值。

四、功率和电量的分析与判断

（一）有功功率和有功电量的分析与判断

智能电能表的正向、反向有功电量与供电线路的有功功率传输方向保持对应。传输正向有功功率，有功电量计入智能电能表正方向；传输反向有功功率，有功电量计入智能电能表反方向。比如，传输正向有功功率的单电源供电线路，有功电量计入智能电能表正方向；存在功率交换的双电源供电线路，传输正向有功功率时，有功电量计入智能电能表正方向，传输反向有功功率时，有功电量计入智能电能表反方向。

（二）无功功率和无功电量的分析与判断

智能电能表的I、II、III、IV四个象限无功电量应与供电线路的无功功率传输方向对应，传输正向无功功率，无功电量计入I象限或II象限，传输反向无功功率，无功电量计入III象限或IV象限。例如，传输正向有功功率的单电源供电线路，感性无功电量计入I象限，容性无功电量计入IV象限；存在功率交换的双电源供电线路，传输正向有功功率时，感性无功电量计入I象限，容性无功电量计入IV象限，传输反向有功功率时，感性无功电量计入III象限，容性无功电量计入II象限。

五、最大需量的分析与判断

智能电能表具有最大需量测量功能，需量是需量周期内测得的平均功率值，最大需量是在一定时间内测量的平均功率最大值。需量的单位是kW，需量周期一般为15min，需量计算方式分为区间式和滑差式，一般采用滑差式需量方式。最大需量反应了供电线路的负荷情况，最大需量乘以计量倍率为一次侧最大有功功率。

第五节 测量法与参数法在智能电能表错误接线分析中的运用

智能电能表的失压、失流、错误接线等故障与异常，常常造成非常大的电量差错，严重影响计量的公平、公正。因此，智能电能表接线正确的意义非常重大。智能电能表错误接线分析常常采用测量法与参数法。测量法需要相位伏安表或三相电能表现场检验仪等测量仪器，通过测量电压、电流、相位角等数据分析判断；参数法不需要仪器测量，直接通过智能电能表测量的电压相序、电压、电流、功率因数、功率等参数分析判断。下面详细阐述测量法与参数法在智能电能表错误接线分析中的运用。

一、测量法

测量法是指采用相位伏安表或三相电能表现场检验仪等仪器在智能电能表端钮盒处测量电压、电流、相位角等参数，通过测量参数进行综合分析，判断智能电能表是否存在故障或异常。

（一）三相三线智能电能表

1. 端钮盒处接线图

由于接线正确与否是未知的，因此，三相三线智能电能表电压用 $\dot{U}_1$、$\dot{U}_2$、$\dot{U}_3$ 表示，线电压用 $\dot{U}_{12}$、$\dot{U}_{32}$、$\dot{U}_{31}$ 表示，电流用 $\dot{I}_1$、$\dot{I}_2$ 表示，端钮盒处接线见图1-23。通过测量端钮盒处的电压、电流、相位角等参数数据，确定接入 $\dot{U}_1$、$\dot{U}_2$、$\dot{U}_3$ 的相别和极性，接入 $\dot{I}_1$、$\dot{I}_2$ 的相别和极性。

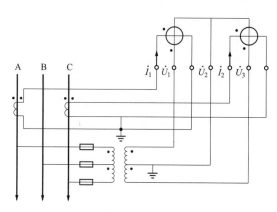

图1-23 三相三线智能电能表表尾接线图

2. 测量步骤和分析方法

三相三线智能电能表错误接线的分析判断，需测量三组线电压 U_{12}、U_{32}、U_{13}，两相电流 I_1、I_2，测量 $\dot{U}_{12}$ 超前 $\dot{U}_{32}$ 的角度、$\dot{U}_{12}$ 超前 $\dot{I}_1$ 的角度、$\dot{U}_{32}$ 超前 $\dot{I}_2$ 的角度，确定错误接线相量图，经过分析得出结论。

（1）测量三组线电压 U_{12}、U_{32}、U_{13}。在电压互感器一次侧或二次侧未断线，以及一相极性未反接的情况下，U_{12}、U_{32}、U_{13} 接近于额定值100V，电压高低与系统一次电压有关。线电压明显低于100V，通常是电压互感器熔断器熔断或接触不良。线电压 U_{12}、U_{32}、U_{13} 中仅一组接近于173V，其他两组线电压接近于额定值100V，说明 V/V 接线电压互感器某相一次绕组或二次绕组极性反接。

（2）测量电流 I_1、I_2。测量电流 I_1、I_2，两组元件电流应基本平衡，有足够的大小，一般宜在0.3A及以上，保证相位测量的准确性。

（3）测量相位。测量 $\dot{U}_{12}$ 超前 $\dot{U}_{32}$ 的角度、$\dot{U}_{12}$ 超前 $\dot{I}_1$ 的角度、$\dot{U}_{32}$ 超前 $\dot{I}_2$ 的角度。也可测量 $\dot{U}_{12}$ 超前 $\dot{I}_1$ 的角度、$\dot{U}_{12}$ 超前 $\dot{I}_2$ 的角度、$\dot{U}_{32}$ 超前 $\dot{I}_1$ 的角度，推导出 $\dot{U}_{12}$ 超前 $\dot{U}_{32}$ 的角度；或测量 $\dot{U}_{12}$ 超前 $\dot{I}_1$ 的角度、$\dot{U}_{12}$ 超前 $\dot{I}_2$ 的角度、$\dot{U}_{32}$ 超前 $\dot{I}_2$ 的角度，推导出 $\dot{U}_{12}$ 超前 $\dot{U}_{32}$ 的角度。

1）电压互感器极性未反接。U_{12}、U_{32}、U_{13} 均接近于100V，说明电压互感器某相绕组极性未反接，$\dot{U}_{12}\hat{\dot{U}}_{32}=300°$ 为正相序，$\dot{U}_{12}\hat{\dot{U}}_{32}=60°$ 为逆相序。

2）电压互感器一相极性反接。U_{12}、U_{32}、U_{13} 仅一组接近于173V，另外两组接近于

100V，说明电压互感器某一相绕组极性反接，$\dot{U}_{12}\hat{}\dot{U}_{32}=30°$ 或 $\dot{U}_{12}\hat{}\dot{U}_{32}=120°$ 为正相序，$\dot{U}_{12}\hat{}\dot{U}_{32}=330°$ 或 $\dot{U}_{12}\hat{}\dot{U}_{32}=240°$ 为逆相序，非升高相为 b 相电压。

（4）确定相量图。根据测试的电压、电流、相位角，确定相量图。

1）电压互感器极性未反接。电压正相序相量图见图 1-24，电压逆相序相量图见图 1-25，再根据 $\dot{U}_{12}$ 超前 $\dot{I}_1$ 的角度确定 $\dot{I}_1$，$\dot{U}_{32}$ 超前 $\dot{I}_2$ 的角度确定 $\dot{I}_2$。

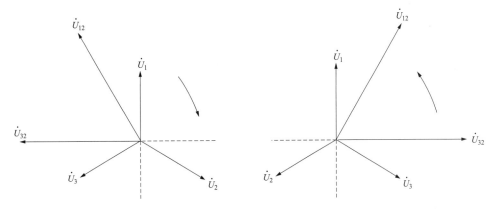

图 1-24　电压正相序相量图　　　　　图 1-25　电压逆相序相量图

2）电压互感器一相极性反接。按照 $\dot{U}_a \rightarrow \dot{U}_b \rightarrow \dot{U}_c$ 确定相量图，根据电压相序，以及非升高相为 b 相电压的特点，确定 $\dot{U}_a$、$\dot{U}_b$、$\dot{U}_c$ 与 $\dot{U}_1$、$\dot{U}_2$、$\dot{U}_3$ 之间的对应关系。分析方法采用假定法，假定电压极性反接绕组，确定 $\dot{U}_{12}$、$\dot{U}_{32}$，以及 $\dot{I}_1$、$\dot{I}_2$。选择 $\dot{U}_{12}$、$\dot{U}_{32}$ 中接近于 100V 的那一组，分别采用两种假定，对应两种错误接线，两种错误接线类型不一致，但功率表达式、更正系数一致，现场实际接线是两种错误接线中的一种。

（5）分析判断。具体步骤如下。

1）判断同相的电压和电流。确定错误接线相量图后，根据电压超前或滞后电流负载功率因数角，确定同相的电压、电流。首先找出 $\dot{I}_1$ 对应的同相电压，即 $\dot{I}_1$ 滞后或超前同相电压对应的负载功率因数角，也可能 $\dot{I}_1$ 反相为 $-\dot{I}_1$ 后才能找出对应的同相电压，即 $-\dot{I}_1$ 滞后或超前同相电压对应的负载功率因数角；同理，找出 $\dot{I}_2$ 对应的同相电压，即 $\dot{I}_2$ 滞后或超前同相电压对应的负载功率因数角，也可能 $\dot{I}_2$ 反相为 $-\dot{I}_2$ 才能找出对应的同相电压，即 $-\dot{I}_2$ 滞后或超前同相电压对应的负载功率因数角。

2）判断电压、电流的相别和极性。对于电压互感器极性未反接的分析方法采用定 b 相电压法，由于三相三线智能电能表无 b 相电流接入，因此 $\dot{U}_1$、$\dot{U}_2$、$\dot{U}_3$ 中仅有两相电压存在对应的同相电流 $\dot{I}_a$ 或 $\dot{I}_c$，始终有一相没有对应的同相电流，没有对应同相电流的那一相电压则为 b 相电压。确定 b 相电压后，按照电压正相序 $\dot{U}_a \rightarrow \dot{U}_b \rightarrow \dot{U}_c$ 的原则，判断其余两相电压的相别，确定 $\dot{U}_{12}$、$\dot{U}_{32}$ 的相别，再结合智能电能表的运行象限，判断 $\dot{I}_1$、$\dot{I}_2$ 的相别和极性。

对于电压互感器一相极性反接的分析方法采用假定法，由于已确定 $\dot{U}_a$、$\dot{U}_b$、$\dot{U}_c$ 与 $\dot{U}_1$、$\dot{U}_2$、$\dot{U}_3$ 之间的对应关系，则可确定 $\dot{U}_1$、$\dot{U}_2$、$\dot{U}_3$ 的相别，然后确定 $\dot{U}_{12}$、$\dot{U}_{32}$ 相别，

结合智能电能表的运行象限，判断 $\dot{I}_1$、$\dot{I}_2$ 的相别和极性。

（6）计算退补电量。在错误接线相量图上，确定各元件角关系式，可以是各元件电压超前对应电流的角度，或者是各元件电压滞后对应电流的角度，一般情况下应选择小角度，然后求出功率表达式，计算更正系数和退补电量。

有功更正系数

$$K_{\mathrm{P}} = \frac{P}{P'} = \frac{\sqrt{3}UI\cos\varphi}{U_{12}I_1\cos\varphi_1 + U_{32}I_2\cos\varphi_2} \qquad （1\text{-}8）$$

无功更正系数

$$K_{\mathrm{Q}} = \frac{Q}{Q'} = \frac{\sqrt{3}UI\sin\varphi}{U_{12}I_1\sin\varphi_1 + U_{32}I_2\sin\varphi_2} \qquad （1\text{-}9）$$

按照三相对称条件，$U_{12}=U_{32}=U_{13}=U$，$I_1=I_2=I$，化简求出更正系数，计算退补电量。对于电压互感器一相极性反接，U_{12}、U_{32}、U_{13} 中的某组线电压接近于 173V，接近 173V 那一组线电压应升高 $\sqrt{3}$ 带入功率表达式计算。

（7）更正接线。根据错误接线结论，检查接入智能电能表的实际二次电压和二次电流，根据现场错误接线，按照正确接线方式更正。

（二）三相四线智能电能表

1. 端钮盒处接线图

由于接线正确与否是未知的，因此三相四线智能电能表电压用 $\dot{U}_1$、$\dot{U}_2$、$\dot{U}_3$、$\dot{U}_n$ 表示，电流用 $\dot{I}_1$、$\dot{I}_2$、$\dot{I}_3$ 表示，0.4kV 低压三相四线智能电能表的端钮盒处接线见图 1-26，高压三相四线智能电能表的端钮盒处接线见图 1-27。通过在端钮盒处测量电压、电流、相位角等参数数据，判断接入 $\dot{U}_1$、$\dot{U}_2$、$\dot{U}_3$ 的实际相别和极性，接入 $\dot{I}_1$、$\dot{I}_2$、$\dot{I}_3$ 的实际相别和极性。

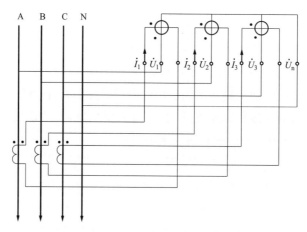

图 1-26　低压三相四线智能电能表端钮盒接线图

三相四线智能电能表错误接线分析判断，需测量三组线电压 U_{12}、U_{32}、U_{13}，测量 U_1、U_2、U_3、U_n，测量 $\dot{U}_1$、$\dot{U}_2$、$\dot{U}_3$ 和 $\dot{I}_1$、$\dot{I}_2$、$\dot{I}_3$ 两两之间五组不同的相位角，确定错误接线相量图进行分析，测量步骤和分析判断方法如下。

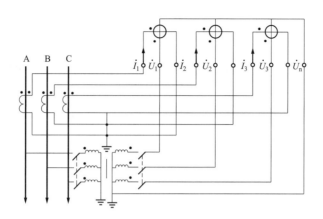

图 1-27 高压三相四线智能电能表端钮盒接线图

2. 测量步骤和分析判断方法

（1）测量电压。测量三组线电压 U_{12}、U_{32}、U_{13}，测量 U_1、U_2、U_3、U_n。三组相电压基本平衡，0.4kV 低压三相四线智能电能表接近于额定值 220V，高压三相四线智能电能表接近于额定值 57.7V；U_n 接近于 0V，说明智能电能表中性线接地（零）可靠，U_n 幅值较大，说明智能电能表电压中性线接地（零）不良，产生位移电压，应查明原因，直至可靠接地（零），否则测量电压与电流之间的相位存在一定误差，影响分析判断。三组线电压 U_{12}、U_{32}、U_{13} 基本平衡，0.4kV 低压三相四线智能电能表接近于额定值 380V，高压三相四线智能电能表接近于额定值 100V。线电压和相电压的高低与系统一次电压有关。

高压三相四线智能电能表，如三组相电压基本平衡，接近于 57.7V，仅一组线电压接近于 100V，两组线电压接近于 57.7V，则电压互感器二次绕组某一相或某两相极性反接。

（2）测量电流。测量三相电流 I_1、I_2、I_3，三相电流应基本平衡，有足够的大小，一般宜在 0.3A 及以上，保证相位测量的准确性。

（3）测量相位。测量五组及以上不同的相位角，确定六个相量位置，根据相量图分析错误接线。

测量相位角的原则：测量 $\dot{U}_1$、$\dot{U}_2$、$\dot{U}_3$ 和 $\dot{I}_1$、$\dot{I}_2$、$\dot{I}_3$ 两两之间五组不同的相位角，接近于额定值的相电压与有一定大小的电流相纳入相位测量。具体测量方案如下。

1）测量方案 1。如 $\dot{U}_1$、$\dot{U}_2$、$\dot{U}_3$ 接近于额定值，三相电流均有一定大小，则以 $\dot{U}_1$ 为参考相量，测量 $\dot{U}_1$ 超前 $\dot{I}_1$、$\dot{I}_2$、$\dot{I}_3$ 的角度，$\dot{U}_2$ 超前 $\dot{I}_2$ 的角度，$\dot{U}_3$ 超前于 $\dot{I}_3$ 的角度。

2）测量方案 2。如果 $\dot{U}_1$、$\dot{U}_2$、$\dot{U}_3$ 接近于额定值，三相电流均有一定大小，先确定电压相序，如 $\dot{U}_1\hat{}\dot{U}_2 =120°$、$\dot{U}_1\hat{}\dot{U}_3 =240°$ 为正相序，如 $\dot{U}_1\hat{}\dot{U}_2 =240°$、$\dot{U}_1\hat{}\dot{U}_3 =120°$ 为逆相序，再测量 $\dot{U}_1$ 超前 $\dot{I}_1$、$\dot{I}_2$、$\dot{I}_3$ 的角度。

这里举例介绍了两种测量方案，测量时可根据实际情况，选择安全、方便、快捷的方式测量，总的原则是选择接近于额定值的相电压作为参考相量，测量不同的相位角，在相量图上确定六个相量。

（4）确定相量图。根据测试的电压、电流、相位角，以参考相为基准，在相量图上确定其余五个相量。

（5）分析判断。根据负载性质、运行象限，以及负载功率因数角的大致范围，分析判断错误接线。

1）判断相序。确定相量图后，判断电压相序。如 Y_n/Y_n-12 接线电压互感器极性未反接，在 $\dot{U}_1$、$\dot{U}_2$、$\dot{U}_3$ 相位互差 120°情况下，$\dot{U}_1 \rightarrow \dot{U}_2 \rightarrow \dot{U}_3$ 为顺时针方向是正相序，$\dot{U}_1 \rightarrow \dot{U}_2 \rightarrow \dot{U}_3$ 为逆时针方向是逆相序。

电流相序判断与电压类似，根据运行象限、负载功率因数角，在确定电流与同相电压对应，$\dot{I}_1(-\dot{I}_1)$、$\dot{I}_2(-\dot{I}_2)$、$\dot{I}_3(-\dot{I}_3)$ 相位互差 120°情况下。$\dot{I}_1(-\dot{I}_1) \rightarrow \dot{I}_2(-\dot{I}_2) \rightarrow \dot{I}_3(-\dot{I}_3)$ 为顺时针方向是正相序，$\dot{I}_1(-\dot{I}_1) \rightarrow \dot{I}_2(-\dot{I}_2) \rightarrow \dot{I}_3(-\dot{I}_3)$ 为逆时针方向是逆相序。

2）判断电压相别。一般情况下，先确定电压相别，再确定电流相别；如智能电能表某两相接入了同一相电压或某相电压失压，三相电流未失流则先确定电流相别，再确定电压相别。最后按照"电压和电流接入正相序，同一元件电压、电流与运行象限、负载功率因数角对应"的原则分析判断。

对于三相电压相序为正相序的情况，有以下三种假定方法。

第一种：假定 $\dot{U}_1$ 为 $\dot{U}_a$，则 $\dot{U}_2$ 为 $\dot{U}_b$，$\dot{U}_3$ 为 $\dot{U}_c$。

第二种：假定 $\dot{U}_2$ 为 $\dot{U}_a$，则 $\dot{U}_3$ 为 $\dot{U}_b$，$\dot{U}_1$ 为 $\dot{U}_c$。

第三种：假定 $\dot{U}_3$ 为 $\dot{U}_a$，则 $\dot{U}_1$ 为 $\dot{U}_b$，$\dot{U}_2$ 为 $\dot{U}_c$。

对于三相电压相序为逆相序的情况，有以下三种假定方法。

第一种：假定 $\dot{U}_1$ 为 $\dot{U}_a$，则 $\dot{U}_3$ 为 $\dot{U}_b$，$\dot{U}_2$ 为 $\dot{U}_c$。

第二种：假定 $\dot{U}_3$ 为 $\dot{U}_a$，则 $\dot{U}_2$ 为 $\dot{U}_b$，$\dot{U}_1$ 为 $\dot{U}_c$。

第三种：假定 $\dot{U}_2$ 为 $\dot{U}_a$，则 $\dot{U}_1$ 为 $\dot{U}_b$，$\dot{U}_3$ 为 $\dot{U}_c$。

3）判断电流相别。首先找出 $\dot{I}_1$ 对应的同相电压，即 $\dot{I}_1$ 滞后或超前同相电压对应的负载功率因数角，也可能 $\dot{I}_1$ 反相为 $-\dot{I}_1$ 后才能找出对应的同相电压，即 $-\dot{I}_1$ 滞后或超前同相电压对应的负载功率因数角；找出 $\dot{I}_2$ 对应的同相电压，即 $\dot{I}_2$ 滞后或超前同相电压对应的负载功率因数角，也可能 $\dot{I}_2$ 反相为 $-\dot{I}_2$ 才能找出对应的同相电压，即 $-\dot{I}_2$ 滞后或超前同相电压对应的负载功率因数角；找出 $\dot{I}_3$ 对应的同相电压，即 $\dot{I}_3$ 滞后或超前同相电压对应的负载功率因数角，也可能 $\dot{I}_3$ 反相为 $-\dot{I}_3$ 才能找出对应的同相电压，即 $-\dot{I}_3$ 滞后或超前同相电压对应的负载功率因数角。最后结合智能电能表的运行象限，判断 $\dot{I}_1$、$\dot{I}_2$、$\dot{I}_3$ 的相别和极性。

3. 计算更正系数和退补电量

在错误接线相量图上，确定各元件角关系式，可以是各元件电压超前对应电流的角度，或者是各元件电压滞后对应电流的角度，一般情况下应选择小角度，然后求出功率表达式，计算更正系数和退补电量。

$$有功更正系数 \ K_P = \frac{P}{P'} = \frac{3UI\cos\varphi}{U_1 I_1 \cos\varphi_1 + U_2 I_2 \cos\varphi_2 + U_3 I_3 \cos\varphi_3} \tag{1-10}$$

$$无功更正系数 K_Q = \frac{Q}{Q'} = \frac{3UI\sin\varphi}{U_1I_1\sin\varphi_1 + U_2I_2\sin\varphi_2 + U_3I_3\sin\varphi_3} \tag{1-11}$$

按照三相对称方式，即 $U_1=U_2=U_3=U$，$I_1=I_2=I_3=I$，计算更正系数、退补电量。

4. 更正接线

三种假定分别对应三种不同的错误接线，现场接线是三种错误接线中的一种，三种错误接线不一致，但错误接线功率表达式一致，更正系数一致，理论上根据三种错误接线更正均可正确计量。在实际生产中，应检查接入智能电能表的实际二次电压和二次电流，根据现场错误接线，按照正确接线方式更正。

以上介绍了测量法分析错误接线的步骤与方法，具体分析方法将在第二章、第三章、第四章详细阐述。

二、参数法

随着用电信息采集建设的大力推进，智能电能表得到广泛的运用。智能电能表是在多功能电能表的基础上，扩展了实时监测、自动控制、信息存储、信息处理、信息交互等功能，智能电能表能测量总有功功率、总无功功率、总功率因数、最大需量，以及各组元件的电压、电流、功率因数、有功功率、无功功率等运行参数，还显示电压相序，满足了电能计量、营销管理、用户服务等要求。

参数法是指直接采用智能电能表测量的电压相序、电压、电流、功率因数、有功功率、无功功率等参数，或通过用电信息采集系统采集的相序、电压、电流、功率因数、有功功率、无功功率、电量、四象限无功电量等参数信息，对智能电能表进行错误接线及运行状态分析，判断是否存在故障与异常。采用参数法进行错误接线分析，需要参数主要有各组元件的电压、电流、功率因数、有功功率、无功功率，总有功功率、总无功功率，以及显示的电压相序和运行象限，按照以下步骤和方法分析判断。

（一）分析电压

分析智能电能表的各元件电压是否平衡，是否接近于智能电能表的额定值，判断是否存在失压、电压位移、电压互感器极性反接等故障。

（二）分析电流

分析智能电能表的各元件电流是否平衡，是否有一定负荷电流，电流是否与一次负荷潮流方向对应，判断是否存在二次回路失流、接线错误等故障。

（三）分析功率

根据智能电能表总有功功率、总无功功率的大小及方向，判断运行象限是否与一次负荷潮流方向一致。

（四）分析功率因数

根据智能电能表总功率因数的大小及方向，判断是否与一次负荷潮流方向一致。

（五）确定电压相量图

按照智能电能表显示的电压相序，确定与相序对应的电压相量图。

（六）确定电流相量

根据智能电能表各元件的功率因数值、有功功率、无功功率，确定与之对应的电流相量。

1. 确定各元件的相位角

根据智能电能表各元件功率因数值，通过反三角函数计算，得出大小相等、符号相反的两个相位角±φ，再依据各元件有功功率和无功功率的正负性，判断各元件运行象限，确定与之对应的相位角。

（1）+P、+Q，该元件运行于Ⅰ象限，$\hat{\dot{U}\dot{I}} = 0° \sim 90°$。

（2）–P、+Q，该元件运行于Ⅱ象限，$\hat{\dot{U}\dot{I}} = 90° \sim 180°$。

（3）–P、–Q，该元件运行于Ⅲ象限，$\hat{\dot{U}\dot{I}} = 180° \sim 270°$。

（4）+P、–Q，该元件运行于Ⅳ象限，$\hat{\dot{U}\dot{I}} = 270° \sim 360°$。

此处的 P、Q、$\dot{U}$、$\dot{I}$ 是指各元件的有功功率、无功功率、电压、电流。

2. 确定各元件的电流相量

（1）三相三线智能电能表。比如，第一元件功率因数 $\cos\varphi_1 = 0.80$，则 $\varphi_1 = \arccos 0.8$，$\varphi_1 = \pm 37°$。如第一元件 P_1 为正，Q_1 为正，位于Ⅰ象限，$\hat{\dot{U}_{12}\dot{I}_1} = 0° \sim 90°$，则 $\varphi_1 = 37°$，37°在0°～90°之间，$\dot{U}_{12}$ 超前 $\dot{I}_1$ 约 37°，确定第一元件电流相量 $\dot{I}_1$；如第一元件 P_1 为正，Q_1 为负，位于Ⅳ象限，$\hat{\dot{U}_{12}\dot{I}_1} = 270° \sim 360°$，则 $\varphi_1 = -37°$，即 $\varphi_1 = 323°$，323°在270°～360°之间，$\dot{U}_{12}$ 超前 $\dot{I}_1$ 约 323°，即 $\dot{I}_1$ 超前于 $\dot{U}_{12}$ 约 37°，确定第一元件电流相量 $\dot{I}_1$。以此类推，通过第二元件的功率因数值，采用类似方法确定第二元件电流相量。

（2）三相四线智能电能表。比如，第一元件功率因数 $\cos\varphi_1 = -0.55$，则 $\varphi_1 = \arccos(-0.55)$，$\varphi_1 = \pm 123°$。如第一元件 P_1 为负，Q_1 为正，位于Ⅱ象限，$\hat{\dot{U}_1\dot{I}_1} = 90° \sim 180°$，则 $\varphi_1 = 123°$，123°在90°～180°之间，$\dot{U}_1$ 超前 $\dot{I}_1$ 约 123°，确定第一元件电流相量 $\dot{I}_1$；如第一元件 P_1 为负，Q_1 为负，位于Ⅲ象限，$\hat{\dot{U}_1\dot{I}_1} = 180° \sim 270°$，则 $\varphi_1 = -123°$，即 $\varphi_1 = 237°$，237°在180°～270°之间，$\dot{U}_1$ 超前 $\dot{I}_1$ 约 237°，即 $\dot{I}_1$ 超前于 $\dot{U}_1$ 约 123°，确定第一元件电流相量 $\dot{I}_1$。以此类推，通过第二元件、第三元件的功率因数值，采用类似方法分别确定第二元件、第三元件的电流相量。

（七）分析判断

根据确定的相量图，结合负载功率因数角和运行象限，判断接线是否正确。

（八）计算退补电量

计算更正系数，根据故障期间的抄见电量，计算退补电量。

（九）更正接线

在实际生产中，必须按照各项安全管理规定，严格履行保证安全的组织措施和技术措施，根据错误接线结论，检查接入智能电能表的实际二次电压和二次电流，根据现场实际的错误接线，按照正确接线方式更正。

以上介绍了采用参数法进行错误接线分析的步骤和方法，具体分析方法将在第二章、第三章、第四章详细阐述。

三、差错电量退补

为了公平、公正、合理计量电能，需根据故障期间的抄见电量，计算用电用户故障期间的实际用电量，将多计电量产生的电费退还给用电用户，少计电量产生的电费由用电用户补缴给供电企业，确保电量结算公平、公正。

（一）抄见电量

有功抄见电量用 W_P' 表示，W_P' 为智能电能表运行期间有功起止电量示数之差乘以计量倍率。无功抄见电量用 W_Q' 表示，W_Q' 为智能电能表运行期间无功起止电量示数之差乘以计量倍率。

（二）更正系数

下面介绍更正系数的两种计算方法，一种是测试法，另一种是计算法。

1. 测试法

测试法是用准确度等级较高的标准功率表，测量故障计量功率，再测量正确计量功率，然后计算更正系数，此种方法要求功率恒定，有功更正系数用 K_P 表示，无功更正系数用 K_Q 表示，其计算式如下

$$K_\text{P} = \frac{P}{P'} \tag{1-12}$$

$$K_\text{Q} = \frac{Q}{Q'} \tag{1-13}$$

2. 计算法

计算法是根据错误接线等故障时的相量图，求出错误接线等故障时的功率表达式，计算更正系数。

（1）有功更正系数。有功更正系数 K_P 是在同一功率因数条件下，智能电能表正确有功电量 W_P 与发生故障期间抄见电量 W_P' 之比，即 $K_\text{P} = \dfrac{W_\text{P}}{W_\text{P}'}$。智能电能表正确计量和故障期间的有功电量与有功功率成正比，设正确有功功率为 P，故障期间有功功率为 P'，发生故障期间的时间为 t，更正系数可表达为

$$K_\text{P} = \frac{W_\text{P}}{W_\text{P}'} = \frac{Pt}{P't} = \frac{正确有功功率表达式}{故障状态有功功率表达式} = \frac{P}{P'} \tag{1-14}$$

P' 是各元件有功功率的代数和，各元件实际的电压、电流、电压与电流夹角余弦值的乘积即该元件有功功率，如电流接入反相电流，比如 $-\dot{I}_a$、$-\dot{I}_b$、$-\dot{I}_c$，负号不参与错误功率表达式运算，反相电流关系已在错误功率表达式中的夹角表达。智能电能表有功更正系数计算如下

$$K_\text{P} = \frac{P}{P'} = \frac{\sqrt{3}UI\cos\varphi}{U_{12}I_1\cos\varphi_1 + U_{32}I_2\cos\varphi_2} \tag{1-15}$$

$$K_\text{P} = \frac{P}{P'} = \frac{3UI\cos\varphi}{U_1I_1\cos\varphi_1 + U_2I_2\cos\varphi_2 + U_3I_3\cos\varphi_3} \tag{1-16}$$

（2）无功更正系数。无功更正系数 K_Q 是在同一功率因数条件下，智能电能表正确

无功电量 W_Q 与发生故障期间抄见电量 W_Q' 之比，即 $K_Q = \dfrac{W_Q}{W_Q'}$。智能电能表正确计量和故障期间的无功电量与无功功率成正比，设正确无功功率为 Q，故障期间无功功率为 Q'，发生故障期间的时间为 t，更正系数可表达为

$$K_Q = \frac{W_Q}{W_Q'} = \frac{Q_t}{Q_t'} = \frac{\text{正确无功功率表达式}}{\text{故障状态无功功率表达式}} = \frac{Q}{Q'} \tag{1-17}$$

Q' 按 90°移相法无功计量方式计算，基于 $\sin\varphi = \cos(90° - \varphi)$，推导出 Q'，Q' 是各元件无功功率的代数和，各元件实际的电压、电流、电压超前于电流夹角正弦值的乘积即该元件的无功功率，如电流接入反相电流，比如 $-\dot I_a$、$-\dot I_b$、$-\dot I_c$，负号不参与错误功率表达式运算，反相电流关系已在错误功率表达式中的夹角表达。智能电能表无功更正系数计算如下

$$K_Q = \frac{Q}{Q'} = \frac{\sqrt{3}UI\sin\varphi}{U_{12}I_1\sin\varphi_1 + U_{32}I_2\sin\varphi_2} \tag{1-18}$$

$$K_Q = \frac{Q}{Q'} = \frac{3UI\sin\varphi}{U_1 I_1\sin\varphi_1 + U_2 I_2\sin\varphi_2 + U_3 I_3\sin\varphi_3} \tag{1-19}$$

（3）三角函数基础知识。

1）常用三角函数公式如下

$$\cos(\alpha+\beta) = \cos\alpha\cos\beta - \sin\alpha\sin\beta \tag{1-20}$$
$$\cos(\alpha-\beta) = \cos\alpha\cos\beta + \sin\alpha\sin\beta \tag{1-21}$$
$$\cos(90°-\varphi) = \sin\varphi, \quad \cos(90°+\varphi) = -\sin\varphi \tag{1-22}$$
$$\sin(\alpha+\beta) = \sin\alpha\cos\beta + \cos\alpha\sin\beta \tag{1-23}$$
$$\sin(\alpha-\beta) = \sin\alpha\cos\beta - \cos\alpha\sin\beta \tag{1-24}$$

2）特殊角三角函数如下：$\sin 0° = 0$，$\cos 0° = 1$；$\sin 30° = \dfrac{1}{2}$，$\cos 30° = \dfrac{\sqrt{3}}{2}$；$\sin 60° = \dfrac{\sqrt{3}}{2}$，$\cos 60° = \dfrac{1}{2}$；$\sin 90° = 1$，$\cos 90° = 0$；$\sin 120° = \dfrac{\sqrt{3}}{2}$，$\cos 120° = -\dfrac{1}{2}$；$\sin 150° = \dfrac{1}{2}$，$\cos 150° = -\dfrac{\sqrt{3}}{2}$；$\sin 180° = 0$，$\cos 180° = -1$。

（三）退补电量

有功退补电量 $\Delta W_P = W_P - W_P' = W_P'(K_P - 1)$，如 ΔW_P 大于 0，则说明少计量，ΔW_P 小于 0，则说明多计量。无功退补电量 $\Delta W_Q = W_Q - W_Q' = W_Q'(K_Q - 1)$，如 ΔW_Q 大于 0，则说明少计量；ΔW_Q 小于 0，则说明多计量。

第二章

三相三线智能电能表错误接线分析

本章采用测量法、参数法，在Ⅰ、Ⅱ、Ⅲ、Ⅳ象限，负载为感性或容性，V/V接线电压互感器一相极性未反接的运行状态下，对三相三线智能电能表进行了错误接线分析。其中第一节至第七节，详细阐述如何运用测量法，进行错误接线等故障与异常分析；第八节至第十二节，详细阐述如何运用参数法，进行错误接线等故障与异常分析。

第一节　测量法分析错误接线的步骤与方法

测量法是采用相位伏安表或三相电能表现场检验仪等仪器在智能电能表端钮盒处测量电压、电流、相位角等参数，通过测量的参数进行综合分析，判断智能电能表是否存在接线错误等故障。三相三线智能电能表错误接线的分析判断，需测量三组线电压 U_{12}、U_{32}、U_{13}，两组元件电流 I_1、I_2，测量 $\dot{U}_{12}$ 超前 $\dot{U}_{32}$ 的角度、$\dot{U}_{12}$ 超前 $\dot{I}_1$ 的角度、$\dot{U}_{32}$ 超前 $\dot{I}_2$ 的角度，确定错误接线相量图，经过分析得出结论，具体步骤如下。

（1）测量三组线电压 U_{12}、U_{32}、U_{13}。

（2）测量电流 I_1、I_2。

（3）测量相位。测量 $\dot{U}_{12}$ 超前 $\dot{U}_{32}$ 的角度、$\dot{U}_{12}$ 超前 $\dot{I}_1$ 的角度、$\dot{U}_{32}$ 超前 $\dot{I}_2$ 的角度。也可测量 $\dot{U}_{12}$ 超前 $\dot{I}_1$ 的角度、$\dot{U}_{12}$ 超前 $\dot{I}_2$ 的角度、$\dot{U}_{32}$ 超前 $\dot{I}_1$ 的角度，推导出 $\dot{U}_{12}$ 超前 $\dot{U}_{32}$ 的角度；或测量 $\dot{U}_{12}$ 超前 $\dot{I}_1$ 的角度、$\dot{U}_{12}$ 超前 $\dot{I}_2$ 的角度、$\dot{U}_{32}$ 超前 $\dot{I}_2$ 的角度，推导出 $\dot{U}_{12}$ 超前 $\dot{U}_{32}$ 的角度。

根据 $\dot{U}_{12}$ 超前 $\dot{U}_{32}$ 的角度，判断电压相序。$\dot{U}_{12}\hat{\dot{U}}_{32}=300°$ 为正相序，$\dot{U}_{12}\hat{\dot{U}}_{32}=60°$ 为逆相序。$\dot{U}_{12}\hat{\dot{U}}_{32}=30°$ 或 $\dot{U}_{12}\hat{\dot{U}}_{32}=120°$ 为正相序，$\dot{U}_{12}\hat{\dot{U}}_{32}=330°$ 或 $\dot{U}_{12}\hat{\dot{U}}_{32}=240°$ 为逆相序，说明 V/V 接线电压互感器某相极性反接。

（4）确定相量图。根据测试的电压、电流、相位角确定相量图。

（5）分析判断。根据潮流方向，以及负载性质、运行象限、负载功率因数角，判断电压、电流的相别和极性。

（6）计算退补电量。先计算更正系数，再结合错误接线期间电量起止示数，计算退补电量。

（7）更正接线。根据现场错误接线，按照正确接线方式更正。特别注意的是，必须严格按照各项安全管理规定，履行保证安全的组织措施和技术措施后，方可更正接线。

第二节　Ⅰ象限错误接线实例分析

一、0°～30°（感性负载）错误接线实例分析

（一）实例一

10kV 专用变压器用电用户，在 10kV 侧采用高供高计计量方式，接线方式为三相三线，电压互感器采用 V/V 接线，电流互感器变比为 50A/5A，电能表为 3×100V、3×1.5（6）A 的智能电能表。在端钮盒处测量参数数据如下：$U_{12}=102.8V$，$U_{32}=103.1V$，$U_{13}=103.2V$，$I_1=0.66A$，$I_2=0.67A$，$\dot{U}_{12}\hat{}\dot{U}_{32}=300°$，$\dot{U}_{12}\hat{}\dot{I}_1=112°$，$\dot{U}_{32}\hat{}\dot{I}_2=232°$。已知负载功率因数角为 22°（感性），10kV 供电线路向专变输入有功功率、无功功率，分析错误接线、运行状态。

解析： 由测量数据可知，三组线电压接近于额定值 100V，两相电流有一定大小，基本对称，说明无失压、电压互感器极性反接、失流等故障。

1. 判断电压相序

由于 $\dot{U}_{12}\hat{}\dot{U}_{32}=300°$，接入智能电能表的电压为正相序。

2. 确定相量图

按照电压正相序确定电压相量图，确定 $\dot{I}_1$、$\dot{I}_2$，得出相量图见图 2-1。

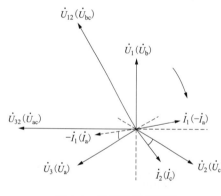

图 2-1　错误接线相量图

3. 接线分析

（1）判断运行象限。由于负载功率因数角为 22°（感性），10kV 供电线路向专用变压器输入有功功率、无功功率，因此，一次负荷潮流状态为 +P、+Q，智能电能表应运行于Ⅰ象限。

（2）接线分析。由图 2-1 可知，$\dot{I}_1$ 反相后 $-\dot{I}_1$ 滞后 $\dot{U}_3$ 约 22°，$-\dot{I}_1$ 和 $\dot{U}_3$ 同相；$\dot{I}_2$ 滞后 $\dot{U}_2$ 约 22°，$\dot{I}_2$ 和 $\dot{U}_2$ 同相。$\dot{U}_1$ 无对应的电流，则 $\dot{U}_1$ 为 $\dot{U}_b$，$\dot{U}_2$ 为 $\dot{U}_c$，$\dot{U}_3$ 为 $\dot{U}_a$；$-\dot{I}_1$ 为 $\dot{I}_a$，$\dot{I}_1$ 为 $-\dot{i}_a$，$\dot{I}_2$ 为 $\dot{i}_c$。第一元件电压接入 $\dot{U}_{bc}$，电流接入 $-\dot{i}_a$；第二元件电压接入 $\dot{U}_{ac}$，电流接入 $\dot{i}_c$。错误接线结论见表 2-1。

表 2-1　　　　　　　　　　　　　错 误 接 线 结 论 表

接入电压	$\dot{U}_1$（$\dot{U}_b$）	$\dot{U}_2$（$\dot{U}_c$）	$\dot{U}_3$（$\dot{U}_a$）
	$\dot{U}_{12}$（$\dot{U}_{bc}$）	$\dot{U}_{32}$（$\dot{U}_{ac}$）	
接入电流	$\dot{I}_1$（$-\dot{i}_a$）	$\dot{I}_2$（$\dot{i}_c$）	

4. 计算更正系数

（1）有功更正系数。

$$P' = U_{bc}I_a \cos(90° + \varphi) + U_{ac}I_c \cos(150° - \varphi) \tag{2-1}$$

$$K_P = \frac{P}{P'} = \frac{\sqrt{3}UI\cos\varphi}{UI\cos(90° + \varphi) + UI\cos(150° - \varphi)} \tag{2-2}$$

$$= -\frac{2\sqrt{3}}{\sqrt{3} + \tan\varphi}$$

（2）无功更正系数。

$$Q' = U_{bc}I_a \sin(90° + \varphi) + U_{ac}I_c \sin(210° + \varphi) \tag{2-3}$$

$$K_Q = \frac{Q}{Q'} = \frac{\sqrt{3}UI\sin\varphi}{UI\sin(90° + \varphi) + UI\sin(210° + \varphi)} \tag{2-4}$$

$$= \frac{2\sqrt{3}}{-\sqrt{3} + \cot\varphi}$$

5. 智能电能表运行分析

（1）智能电能表运行参数。

$$\cos\varphi_1 = 112° \approx -0.37$$

$$\cos\varphi_2 = 232° \approx -0.62$$

$$\cos\varphi \approx -0.99$$

$$P' = U_{bc}I_a \cos(90° + \varphi) + U_{ac}I_c \cos(150° - \varphi) = -67.95(W) \tag{2-5}$$

$$Q' = U_{bc}I_a \sin(90° + \varphi) + U_{ac}I_c \sin(210° + \varphi) = 8.47(var) \tag{2-6}$$

（2）智能电能表运行分析。智能电能表电压为正相序，但是接入相别错误。第一元件功率因数为负值，显示负电流；第二元件功率因数为负值，显示负电流。由于测量总有功功率–67.95W 为负值，总无功功率8.47var 为正值。因此，智能电能表实际运行于Ⅱ象限，有功电量计入反向，无功电量计入反向（Ⅱ象限）。

6. 电能计量装置接线图

电能计量装置接线见图2-2。

（二）实例二

10kV 专用变压器用电用户在 10kV 侧采用高供高计计量方式，接线方式为三相三线，电压互感器采用 V/V 接线，电流互感器变比为 30A/5A，电能表为 3×100V、3×1.5（6）A 的智能电能表。在端钮盒处

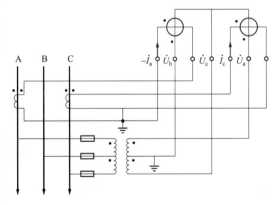

图 2-2　电能计量装置接线图

测量参数数据如下：$U_{12}=103.2V$，$U_{32}=103.5V$，$U_{13}=103.3V$，$I_1=0.81A$，$I_2=0.85A$，$\dot{U}_{12}\hat{\dot{U}}_{32}=60°$，$\dot{U}_{12}\hat{\dot{I}}_1=347°$，$\dot{U}_{32}\hat{\dot{I}}_2=347°$。已知负载功率因数角为 17°（感性），10kV 供电线路向专变输入有功功率、无功功率，分析错误接线、运行状态。

解析：由测量数据可知，三组线电压接近于额定值 100V，两相电流有一定大小，基本对称，说明无失压、电压互感器极性反接、失流等故障。

1. 判断电压相序

由于 $\dot{U}_{12}\hat{\dot{U}}_{32}=60°$，接入智能电能表的电压为逆相序。

2. 确定相量图

按照电压逆相序确定电压相量图，确定 $\dot{I}_1$、$\dot{I}_2$，得出相量图见图2-3。

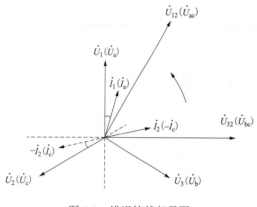

图 2-3 错误接线相量图

3. 接线分析

（1）判断运行象限。由于负载功率因数角为 17°（感性），10kV 供电线路向专变输入有功功率、无功功率，因此，一次负荷潮流状态为+P、+Q，智能电能表应运行于 I 象限。

（2）接线分析。由图2-3可知，$\dot{I}_1$ 滞后 $\dot{U}_1$ 约 17°，$\dot{I}_1$ 和 $\dot{U}_1$ 同相；$\dot{I}_2$ 反相后 $-\dot{I}_2$ 滞后 $\dot{U}_2$ 约 17°，$-\dot{I}_2$ 和 $\dot{U}_2$ 同相。$\dot{U}_3$ 无对应的电流，则 $\dot{U}_3$ 为 $\dot{U}_b$，$\dot{U}_2$ 为 $\dot{U}_c$，$\dot{U}_1$ 为 $\dot{U}_a$；$\dot{I}_1$ 为 $\dot{I}_a$，$-\dot{I}_2$ 为 $\dot{I}_c$，$\dot{I}_2$ 为 $-\dot{I}_c$。第一元件电压接入 $\dot{U}_{ac}$，电流接入 $\dot{I}_a$；第二元件电压接入 $\dot{U}_{bc}$，电流接入 $-\dot{I}_c$。错误接线结论见表2-2。

表 2-2　　　　　　　　　　　　错 误 接 线 结 论 表

接入电压	$\dot{U}_1$（$\dot{U}_a$）	$\dot{U}_2$（$\dot{U}_c$）	$\dot{U}_3$（$\dot{U}_b$）
	$\dot{U}_{12}$（$\dot{U}_{ac}$）	$\dot{U}_{32}$（$\dot{U}_{bc}$）	
接入电流	$\dot{I}_1$（$\dot{I}_a$）	$\dot{I}_2$（$-\dot{I}_c$）	

4. 计算更正系数

（1）有功更正系数。

$$P'=U_{ac}I_a\cos(30°-\varphi)+U_{bc}I_c\cos(30°-\varphi) \tag{2-7}$$

$$K_P=\frac{P}{P'}=\frac{\sqrt{3}UI\cos\varphi}{UI\cos(30°-\varphi)+UI\cos(30°-\varphi)} \tag{2-8}$$

$$=\frac{\sqrt{3}}{\sqrt{3}+\tan\varphi}$$

（2）无功更正系数。

$$Q'=U_{ac}I_a\sin(330°+\varphi)+U_{bc}I_c\sin(330°+\varphi) \tag{2-9}$$

$$K_Q=\frac{Q}{Q'}=\frac{\sqrt{3}UI\sin\varphi}{UI\sin(330°+\varphi)+UI\sin(330°+\varphi)}$$

$$=\frac{\sqrt{3}}{\sqrt{3}-\cot\varphi} \tag{2-10}$$

5. 智能电能表运行分析

（1）智能电能表运行参数。

$$\cos\varphi_1 = 347° \approx 0.97$$
$$\cos\varphi_2 = 347° \approx 0.97$$
$$\cos\varphi \approx 0.97$$

$$P' = U_{ac}I_a\cos(30°-\varphi) + U_{bc}I_c\cos(30°-\varphi) = 167.17(\text{W}) \tag{2-11}$$

$$Q' = U_{ac}I_a\sin(330°+\varphi) + U_{bc}I_c\sin(330°+\varphi) = -38.59(\text{var}) \tag{2-12}$$

（2）智能电能表运行分析。智能电能表电压为逆相序。第一元件功率因数为正值，显示正电流；第二元件功率因数为正值，显示正电流。由于测量总有功功率 167.17W 为正值，总无功功率−38.59var 为负值，因此，智能电能表实际运行于Ⅳ象限，有功电量计入正向，无功电量计入正向（Ⅳ象限）。

6. 电能计量装置接线图

电能计量装置接线见图 2-4。

（三）实例三

10kV 专用线路用电用户，在系统变电站 10kV 出线处设置计量点，采用高供高计计量方式，接线方式为三相三线，电压互感器采用 V/V 接线，电流互感器变比为 300A/5A，电能表为 3×100V、3×1.5（6）A 的智能电能表。在端钮盒处测量参数数

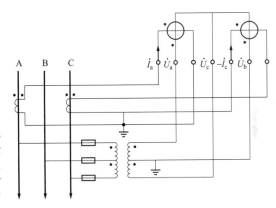

图 2-4　电能计量装置接线图

据如下：U_{12}=103.5V，U_{32}=103.7V，U_{13}=103.1V，I_1=0.92A，I_2=0.95A，$\overset{\wedge}{\dot{U}_{12}\dot{U}_{32}}=60°$，$\overset{\wedge}{\dot{U}_{12}\dot{I}_1}=290°$，$\overset{\wedge}{\dot{U}_{32}\dot{I}_2}=350°$。已知负载功率因数角为 20°（感性），母线向 10kV 供电线路输入有功功率、无功功率，分析错误接线、运行状态。

解析：由测量数据可知，三组线电压接近于额定值 100V，两相电流有一定大小，基本对称，说明无失压、电压互感器极性反接、失流等故障。

1. 判断电压相序

由于 $\overset{\wedge}{\dot{U}_{12}\dot{U}_{32}}=60°$，接入智能电能表的电压为逆相序。

2. 确定相量图

按照电压逆相序确定电压相量图，确定 $\dot{I}_1$、$\dot{I}_2$，得出相量图见图 2-5。

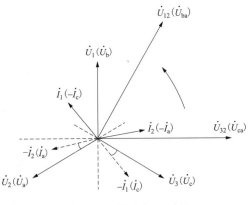

图 2-5　错误接线相量图

3. 接线分析

（1）判断运行象限。由于负载功率因数角为 20°（感性），母线向 10kV 供电线路输

入有功功率、无功功率，因此，一次负荷潮流状态为+P、+Q，智能电能表应运行于Ⅰ象限。

（2）接线分析。由图 2-5 可知，$\dot{I}_1$ 反相后 $-\dot{I}_1$ 滞后 $\dot{U}_3$ 约 20°，$-\dot{I}_1$ 和 $\dot{U}_3$ 同相；$\dot{I}_2$ 反相后 $-\dot{I}_2$ 滞后 $\dot{U}_2$ 约 20°，$-\dot{I}_2$ 和 $\dot{U}_2$ 同相。$\dot{U}_1$ 无对应的电流，则 $\dot{U}_1$ 为 $\dot{U}_b$，$\dot{U}_3$ 为 $\dot{U}_c$，$\dot{U}_2$ 为 $\dot{U}_a$；$-\dot{I}_1$ 为 $\dot{I}_c$，$\dot{I}_1$ 为 $-\dot{I}_c$，$-\dot{I}_2$ 为 $\dot{I}_a$，$\dot{I}_2$ 为 $-\dot{I}_a$。第一元件电压接入 $\dot{U}_{ba}$，电流接入 $-\dot{I}_c$；第二元件电压接入 $\dot{U}_{ca}$，电流接入 $-\dot{I}_a$。错误接线结论见表 2-3。

表 2-3　　　　　　　　　　　　错 误 接 线 结 论 表

接入电压	$\dot{U}_1$（$\dot{U}_b$）	$\dot{U}_2$（$\dot{U}_a$）	$\dot{U}_3$（$\dot{U}_c$）
	$\dot{U}_{12}$（$\dot{U}_{ba}$）	$\dot{U}_{32}$（$\dot{U}_{ca}$）	
接入电流	$\dot{I}_1$（$-\dot{I}_c$）	$\dot{I}_2$（$-\dot{I}_a$）	

4. 计算更正系数

（1）有功更正系数。

$$P' = U_{ba}I_c\cos(90°-\varphi) + U_{ca}I_a\cos(30°-\varphi) \tag{2-13}$$

$$K_P = \frac{P}{P'} = \frac{\sqrt{3}UI\cos\varphi}{UI\cos(90°-\varphi)+UI\cos(30°-\varphi)} \tag{2-14}$$

$$= \frac{2}{1+\sqrt{3}\tan\varphi}$$

（2）无功更正系数。

$$Q' = U_{ba}I_c\sin(270°+\varphi) + U_{ca}I_a\sin(330°+\varphi) \tag{2-15}$$

$$K_Q = \frac{Q}{Q'} = \frac{\sqrt{3}UI\sin\varphi}{UI\sin(270°+\varphi)+UI\sin(330°+\varphi)} \tag{2-16}$$

$$= \frac{2}{1-\sqrt{3}\cot\varphi}$$

5. 智能电能表运行分析

（1）智能电能表运行参数。

$$\cos\varphi_1 = 290° \approx 0.34$$

$$\cos\varphi_2 = 350° \approx 0.98$$

$$\cos\varphi \approx 0.77$$

$$P' = U_{ba}I_c\cos(90°-\varphi) + U_{ca}I_a\cos(30°-\varphi) = 129.59(\text{W}) \tag{2-17}$$

$$Q' = U_{ba}I_c\sin(270°+\varphi) + U_{ca}I_a\sin(330°+\varphi) = -106.58(\text{var}) \tag{2-18}$$

（2）智能电能表运行分析。智能电能表电压为逆相序。第一元件功率因数为正值，显示正电流；第二元件功率因数为正值，显示正电流。由于测量总有功功率 129.59W 为正值，总无功功率 -106.58var 为负值，因此，智能电能表实际运行于Ⅳ象限，有功电量计入正向，无功电量计入正向（Ⅳ象限）。

6. 电能计量装置接线图

电能计量装置接线见图 2-6。

（四）实例四

10kV 公用线路，在系统变电站 10kV 出线处设置计量点，接线方式为三相三线，电压互感器采用 V/V 接线，电流互感器变比为 500A/5A，电能表为 3×100V、3×1.5（6）A 的智能电能表。在端钮盒处测量参数数据如下：U_{12}=103.8V，U_{32}=103.3V，U_{13}=103.9V，I_1=2.60A，I_2=2.61A，$\dot{U}_{12}\hat{}\dot{U}_{32}=300°$，$\dot{U}_{12}\hat{}\dot{I}_1=285°$，$\dot{U}_{32}\hat{}\dot{I}_2=285°$。已知负载功率因数角为 15°（感性），母线向 10kV 供电线路输入有功功率、无功功率，分析错误接线、运行状态。

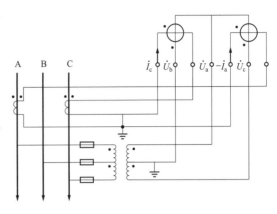

图 2-6 电能计量装置接线图

解析： 由测量数据可知，三组线电压接近于额定值 100V，两相电流有一定大小，基本对称，说明无失压、电压互感器极性反接、失流等故障。

1. 判断电压相序

由于 $\dot{U}_{12}\hat{}\dot{U}_{32}=300°$，接入智能电能表的电压为正相序。

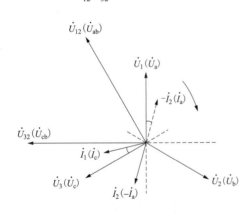

图 2-7 错误接线相量图

2. 确定相量图

按照电压正相序确定电压相量图，确定 $\dot{I}_1$、$\dot{I}_2$，得出相量见图 2-7。

3. 接线分析

（1）判断运行象限。由于负载功率因数角为 15°（感性），母线向 10kV 供电线路输入有功功率、无功功率，因此，一次负荷潮流状态为+P、+Q，智能电能表应运行于 I 象限。

（2）接线分析。由图 2-7 可知，$\dot{I}_1$ 滞后 $\dot{U}_3$ 约 15°，$\dot{I}_1$ 和 $\dot{U}_3$ 同相；$\dot{I}_2$ 反相后 $-\dot{I}_2$ 滞后 $\dot{U}_1$ 约 15°，$-\dot{I}_2$ 和 $\dot{U}_1$ 同相。$\dot{U}_2$ 无对应的电流，则 $\dot{U}_2$ 为 $\dot{U}_b$，$\dot{U}_3$ 为 $\dot{U}_c$，$\dot{U}_1$ 为 $\dot{U}_a$；$\dot{I}_1$ 为 $\dot{I}_c$，$-\dot{I}_2$ 为 $\dot{I}_a$，$\dot{I}_2$ 为 $-\dot{I}_a$。第一元件电压接入 $\dot{U}_{ab}$，电流接入 $\dot{I}_c$；第二元件电压接入 $\dot{U}_{cb}$，电流接入 $-\dot{I}_a$。错误接线结论见表 2-4。

表 2-4 错 误 接 线 结 论 表

接入电压	$\dot{U}_1$（$\dot{U}_a$）	$\dot{U}_2$（$\dot{U}_b$）	$\dot{U}_3$（$\dot{U}_c$）
	$\dot{U}_{12}$（$\dot{U}_{ab}$）	$\dot{U}_{32}$（$\dot{U}_{cb}$）	
接入电流	$\dot{I}_1$（$\dot{I}_c$）	$\dot{I}_2$（$-\dot{I}_a$）	

4. 计算更正系数

（1）有功更正系数。

$$P' = U_{ab}I_c \cos(90° - \varphi) + U_{cb}I_a \cos(90° - \varphi) \tag{2-19}$$

$$K_P = \frac{P}{P'} = \frac{\sqrt{3}UI\cos\varphi}{UI\cos(90° - \varphi) + UI\cos(90° - \varphi)} = \frac{\sqrt{3}}{2\tan\varphi} \tag{2-20}$$

（2）无功更正系数。

$$Q' = U_{ab}I_c \sin(270° + \varphi) + U_{cb}I_a \sin(270° + \varphi) \tag{2-21}$$

$$K_Q = \frac{Q}{Q'} = \frac{\sqrt{3}UI\sin\varphi}{UI\sin(270° + \varphi) + UI\sin(270° + \varphi)} \tag{2-22}$$

$$= -\frac{\sqrt{3}}{2\cot\varphi}$$

5. 运行分析

（1）运行参数。

$$\cos\varphi_1 = 285° \approx 0.26$$
$$\cos\varphi_2 = 285° \approx 0.26$$
$$\cos\varphi \approx 0.26$$

$$P' = U_{ab}I_c \cos(90° - \varphi) + U_{cb}I_a \cos(90° - \varphi) = 139.63(\text{W}) \tag{2-23}$$

$$Q' = U_{ab}I_c \sin(270° + \varphi) + U_{cb}I_a \sin(270° + \varphi) = -521.11(\text{var}) \tag{2-24}$$

（2）运行分析。智能电能表电压为正相序，且相别正确。第一元件功率因数为正值，显示正电流；第二元件功率因数为正值，显示正电流。由于测量总有功功率 139.63W 为正值，总无功功率–521.11var 为负值，因此，智能电能表实际运行于Ⅳ象限，有功电量计入正向，无功电量计入正向（Ⅳ象限）。

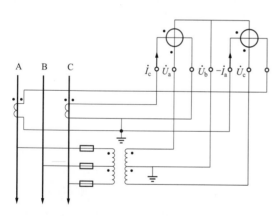

图 2-8　电能计量装置接线图

6. 电能计量装置接线图

电能计量装置接线见图 2-8。

（五）实例五

10kV 专线用电用户，在系统变电站 10kV 出线处设置计量点，采用高供高计计量方式，接线方式为三相三线，电压互感器采用 V/V 接线，电流互感器变比为 250A/5A，电能表为 3×100V、3×1.5（6）A 的智能电能表。在端钮盒处测量参数数据如下：$U_{12}=103.2\text{V}$，$U_{32}=103.6\text{V}$，$U_{13}=103.1\text{V}$，$I_1=1.35\text{A}$，$I_2=1.38\text{A}$，$\dot{U}_{12}\hat{\dot{U}}_{32} = 60°$，$\dot{U}_{12}\hat{\dot{I}}_1 = 112°$，$\dot{U}_{32}\hat{\dot{I}}_2 = 352°$。已知负载功率因数角为 22°（感性），母线向 10kV 供电线路输入有功功率、无功功率，分析错误接线、运行状态。

解析：由测量数据可知，三组线电压接近于额定值 100V，两相电流有一定大小，基本对称，说明无失压、电压互感器极性反接、失流等故障。

1. 判断电压相序

由于 $\dot{U}_{12}\hat{\dot{U}}_{32} = 60°$，接入智能电能表的电压为逆相序。

2. 确定相量图

按照电压逆相序确定电压相量图，确定 $\dot{I}_1$、$\dot{I}_2$，得出相量图见图2-9。

3. 接线分析

（1）判断运行象限。由于负载功率因数角为22°（感性），母线向10kV供电线路输入有功功率、无功功率，因此，一次负荷潮流状态为+P、+Q，智能电能表应运行于Ⅰ象限。

（2）接线分析。由图2-9可知，$\dot{I}_1$滞后 $\dot{U}_3$约22°，$\dot{I}_1$和$\dot{U}_3$同相；$\dot{I}_2$反相后$-\dot{I}_2$滞后 $\dot{U}_2$约22°，$-\dot{I}_2$和$\dot{U}_2$同相。$\dot{U}_1$无对应的电流，

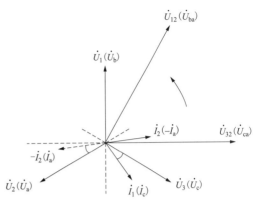

图2-9 错误接线相量图

则$\dot{U}_1$为$\dot{U}_b$，$\dot{U}_3$为$\dot{U}_c$，$\dot{U}_2$为$\dot{U}_a$；$\dot{I}_1$为$\dot{I}_c$，$-\dot{I}_2$为$\dot{I}_a$，$\dot{I}_2$为$-\dot{I}_a$。第一元件电压接入$\dot{U}_{ba}$，电流接入$\dot{I}_c$；第二元件电压接入$\dot{U}_{ca}$，电流接入$-\dot{I}_a$。错误接线结论见表2-5。

表2-5　　　　　　　　　　　错误接线结论表

接入电压	$\dot{U}_1$（$\dot{U}_b$）	$\dot{U}_2$（$\dot{U}_a$）	$\dot{U}_3$（$\dot{U}_c$）
	$\dot{U}_{12}$（$\dot{U}_{ba}$）	$\dot{U}_{32}$（$\dot{U}_{ca}$）	
接入电流	$\dot{I}_1$（$\dot{I}_c$）	$\dot{I}_2$（$-\dot{I}_a$）	

4. 计算更正系数

（1）有功更正系数。

$$P' = U_{ba}I_c \cos(90°+\varphi) + U_{ca}I_a \cos(30°-\varphi) \tag{2-25}$$

$$K_P = \frac{P}{P'} = \frac{\sqrt{3}UI\cos\varphi}{UI\cos(90°+\varphi)+UI\cos(30°-\varphi)} = \frac{2\sqrt{3}}{\sqrt{3}-\tan\varphi} \tag{2-26}$$

（2）无功更正系数。

$$Q' = U_{ba}I_c \sin(90°+\varphi) + U_{ca}I_a \sin(330°+\varphi) \tag{2-27}$$

$$K_Q = \frac{Q}{Q'} = \frac{\sqrt{3}UI\sin\varphi}{UI\sin(90°+\varphi)+UI\sin(330°+\varphi)} = \frac{2\sqrt{3}}{\sqrt{3}+\cot\varphi} \tag{2-28}$$

5. 智能电能表运行分析

（1）智能电能表运行参数。

$$\cos\varphi_1 = 112° \approx -0.37$$

$$\cos\varphi_2 = 352° \approx 0.99$$

$$\cos\varphi \approx 0.63$$

$$P' = U_{ba}I_c \cos(90°+\varphi) + U_{ca}I_a \cos(30°-\varphi) = 89.39(W) \tag{2-29}$$

$$Q' = U_{\mathrm{ba}}I_{\mathrm{c}}\sin(90°+\varphi) + U_{\mathrm{ca}}I_{\mathrm{a}}\sin(330°+\varphi) = 109.28(\mathrm{var}) \quad (2\text{-}30)$$

（2）智能电能表运行分析。智能电能表电压为逆相序。第一元件功率因数为负值，显示负电流；第二元件功率因数为正值，显示正电流。由于测量总有功功率89.39W为正值，总无功功率109.28var为正值，因此，智能电能表实际运行于Ⅰ象限，有功电量计入正向，无功电量计入正向（Ⅰ象限）。

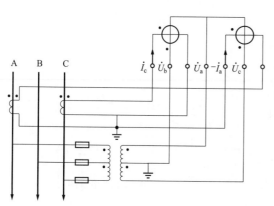

图2-10 电能计量装置接线图

6. 电能计量装置接线图

电能计量装置接线见图2-10。

（六）实例六

10kV专用变压器用电用户，计量点设置在10kV侧，采用高供高计计量方式，接线方式为三相三线，电压互感器采用V/V接线，电流互感器变比为75A/5A，电能表为3×100V、3×1.5（6）A的智能电能表。在端钮盒处测量参数数据如下：$U_{12}=102.8\mathrm{V}$，$U_{32}=102.7\mathrm{V}$，$U_{13}=102.3\mathrm{V}$，$I_1=1.25\mathrm{A}$，$I_2=1.22\mathrm{A}$，$\dot{U}_{12}\hat{}\dot{U}_{32}=300°$，$\dot{U}_{12}\hat{}\dot{I}_1=173°$，$\dot{U}_{32}\hat{}\dot{I}_2=293°$。已知负载功率因数角为23°（感性），10kV供电线路向专变输入有功功率、无功功率，分析错误接线、运行状态。

解析：由测量数据可知，三组线电压接近于额定值100V，两相电流有一定大小，基本对称，说明无失压、电压互感器极性反接、失流等故障。

1. 判断电压相序

由于$\dot{U}_{12}\hat{}\dot{U}_{32}=300°$，接入智能电能表的电压为正相序。

2. 确定相量图

按照电压正相序确定电压相量图，确定$\dot{I}_1$、$\dot{I}_2$，得出相量图见图2-11。

3. 接线分析

（1）判断运行象限。由于负载功率因数角为23°（感性），10kV供电线路向专用变压器输入有功功率、无功功率，因此，一次负荷潮流状态为+P、+Q，智能电能表应运行于Ⅰ象限。

（2）接线分析。由图2-11可知，$\dot{I}_1$滞后$\dot{U}_2$约23°，$\dot{I}_1$和$\dot{U}_2$同相；$\dot{I}_2$反相后$-\dot{I}_2$滞后$\dot{U}_1$约23°，$-\dot{I}_2$和$\dot{U}_1$同相。$\dot{U}_3$无对应的电流，则$\dot{U}_3$为$\dot{U}_{\mathrm{b}}$，$\dot{U}_1$为$\dot{U}_{\mathrm{c}}$，$\dot{U}_2$为$\dot{U}_{\mathrm{a}}$；$\dot{I}_1$为$\dot{I}_{\mathrm{a}}$，$-\dot{I}_2$为$\dot{I}_{\mathrm{c}}$，$\dot{I}_2$为$-\dot{I}_{\mathrm{c}}$。第一元件电压接入$\dot{U}_{\mathrm{ca}}$，电流接入$\dot{I}_{\mathrm{a}}$；第二元件电压接入$\dot{U}_{\mathrm{ba}}$，电流接入$-\dot{I}_{\mathrm{c}}$。错误接线结论见表2-6。

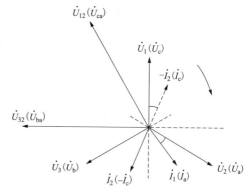

图2-11 错误接线相量图

表 2-6　　　　　　　　　　　错 误 接 线 结 论 表

接入电压	$\dot{U}_1$（$\dot{U}_c$）	$\dot{U}_2$（$\dot{U}_a$）	$\dot{U}_3$（$\dot{U}_b$）
	$\dot{U}_{12}$（$\dot{U}_{ca}$）	$\dot{U}_{32}$（$\dot{U}_{ba}$）	
接入电流	$\dot{I}_1$（$\dot{I}_a$）	$\dot{I}_2$（$-\dot{I}_c$）	

4. 计算更正系数

（1）有功更正系数。

$$P' = U_{ca}I_a\cos(150°+\varphi) + U_{ba}I_c\cos(90°-\varphi) \tag{2-31}$$

$$K_P = \frac{P}{P'} = \frac{\sqrt{3}UI\cos\varphi}{UI\cos(150°+\varphi)+UI\cos(90°-\varphi)} = \frac{2\sqrt{3}}{-\sqrt{3}+\tan\varphi} \tag{2-32}$$

（2）无功更正系数。

$$Q' = U_{ca}I_a\sin(150°+\varphi) + U_{ba}I_c\sin(270°+\varphi) \tag{2-33}$$

$$K_Q = \frac{Q}{Q'} = \frac{\sqrt{3}UI\sin\varphi}{UI\sin(150°+\varphi)+UI\sin(270°+\varphi)} = \frac{2\sqrt{3}}{-\sqrt{3}-\cot\varphi} \tag{2-34}$$

5. 智能电能表运行分析

（1）智能电能表运行参数。

$$\cos\varphi_1 = 173° \approx -0.99$$

$$\cos\varphi_2 = 293° \approx 0.39$$

$$\cos\varphi \approx -0.62$$

$$P' = U_{ca}I_a\cos(150°+\varphi) + U_{ba}I_c\cos(90°-\varphi) = -78.59(\text{W}) \tag{2-35}$$

$$Q' = U_{ca}I_a\sin(150°+\varphi) + U_{ba}I_c\sin(270°+\varphi) = -99.67(\text{var}) \tag{2-36}$$

（2）智能电能表运行分析。智能电能表电压为正相序，但是接入相别错误。第一元件功率因数为负值，显示负电流；第二元件功率因数为正值，显示正电流。由于测量总有功功率–78.59W 为负值，总无功功率–99.67var 为负值，智能电能表实际运行于Ⅲ象限，有功电量计入反向，无功电量计入反向（Ⅲ象限）。

6. 电能计量装置接线图

电能计量装置接线见图 2-12。

二、30°～60°（感性负载）错误接线实例分析

10kV 专用变压器用电用户，在 10kV 侧采用高供高计计量方式，接线方式为三

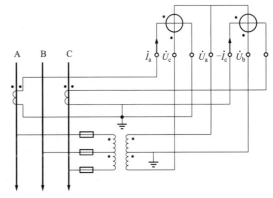

图 2-12　电能计量装置接线图

相三线，电压互感器采用 V/V 接线，电流互感器变比为 30A/5A，电能表为 3×100V、3×1.5（6）A 的智能电能表。在端钮盒处测量参数数据如下：U_{12}=102.8V，U_{32}=103.5V，

U_{13}=103.3V，I_1=0.98A，I_2=0.95A，$\dot{U}_{12}\overset{\wedge}{\dot{U}_{32}}=60°$，$\dot{U}_{12}\overset{\wedge}{\dot{I}_1}=320°$，$\dot{U}_{32}\overset{\wedge}{\dot{I}_2}=320°$。已知负载功率因数角为 50°（感性），10kV 供电线路向专用变压器输入有功功率、无功功率，分析错误接线、运行状态。

解析： 由测量数据可知，三组线电压接近于额定值 100V，两相电流有一定大小，基本对称，说明无失压、电压互感器极性反接、失流等故障。

1. 判断电压相序

由于 $\dot{U}_{12}\overset{\wedge}{\dot{U}_{32}}=60°$，接入智能电能表的电压为逆相序。

2. 确定相量图

按照电压逆相序确定电压相量图，确定 $\dot{I}_1$、$\dot{I}_2$，得出相量图见图 2-13。

3. 接线分析

（1）判断运行象限。由于负载功率因数角为 50°（感性），10kV 供电线路向专用变压器输入有功功率、无功功率。因此，一次负荷潮流状态为+P、+Q，智能电能表应运行于 I 象限。

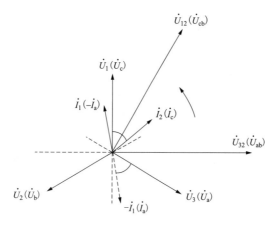

图 2-13 错误接线相量图

（2）接线分析。由图 2-13 可知，$\dot{I}_1$ 反相后 $-\dot{I}_1$ 滞后 $\dot{U}_3$ 约 50°，$-\dot{I}_1$ 和 $\dot{U}_3$ 同相；$\dot{I}_2$ 滞后 $\dot{U}_1$ 约 50°，$\dot{I}_2$ 和 $\dot{U}_1$ 同相。$\dot{U}_2$ 无对应的电流，则 $\dot{U}_2$ 为 $\dot{U}_b$，$\dot{U}_1$ 为 $\dot{U}_c$，$\dot{U}_3$ 为 $\dot{U}_a$；$-\dot{I}_1$ 为 $\dot{I}_a$，$\dot{I}_1$ 为 $-\dot{I}_a$，$\dot{I}_2$ 为 $\dot{I}_c$。第一元件电压接入 $\dot{U}_{cb}$，电流接入 $-\dot{I}_a$；第二元件电压接入 $\dot{U}_{ab}$，电流接入 $\dot{I}_c$。错误接线结论见表 2-7。

表 2-7　　　　　　　　　　　　错 误 接 线 结 论 表

接入电压	$\dot{U}_1$（$\dot{U}_c$）	$\dot{U}_2$（$\dot{U}_b$）	$\dot{U}_3$（$\dot{U}_a$）
	$\dot{U}_{12}$（$\dot{U}_{cb}$）	$\dot{U}_{32}$（$\dot{U}_{ab}$）	
接入电流	$\dot{I}_1$（$-\dot{I}_a$）	$\dot{I}_2$（$\dot{I}_c$）	

4. 计算更正系数

（1）有功更正系数。

$$P' = U_{cb}I_a \cos(90° - \varphi) + U_{ab}I_c \cos(90° - \varphi) \tag{2-37}$$

$$K_P = \frac{P}{P'} = \frac{\sqrt{3}UI\cos\varphi}{UI\cos(90° - \varphi) + UI\cos(90° - \varphi)} = \frac{\sqrt{3}}{2\tan\varphi} \tag{2-38}$$

（2）无功更正系数。

$$Q' = U_{cb}I_a \sin(270° + \varphi) + U_{ab}I_c \sin(270° + \varphi) \tag{2-39}$$

$$K_Q = \frac{Q}{Q'} = \frac{\sqrt{3}UI\sin\varphi}{UI\sin(270° + \varphi) + UI\sin(270° + \varphi)} = -\frac{\sqrt{3}}{2\cot\varphi} \tag{2-40}$$

5. 智能电能表运行分析

（1）智能电能表运行参数。

$$\cos\varphi_1 = 320° \approx 0.77$$

$$\cos\varphi_2 = 320° \approx 0.77$$

$$\cos\varphi \approx 0.77$$

$$P' = U_{cb}I_a \cos(90° - \varphi) + U_{ab}I_c \cos(90° - \varphi) = 152.50(\text{W}) \tag{2-41}$$

$$Q' = U_{cb}I_a \sin(270° + \varphi) + U_{ab}I_c \sin(270° + \varphi) = -127.96(\text{var}) \tag{2-42}$$

（2）智能电能表运行分析。智能电能表电压为逆相序。第一元件功率因数为正值，显示正电流；第二元件功率因数为正值，显示正电流。由于测量总有功功率 152.50W 为正值，总无功功率–127.96var 为负值，智能电能表实际运行于Ⅳ象限，有功电量计入正向，无功电量计入正向（Ⅳ象限）。

6. 电能计量装置接线图

电能计量装置接线图见图 2-14。

三、60°～90°（感性负载）错误接线实例分析

（一）实例一

10kV 专用变压器用电用户，在 10kV 侧采用高供高计计量方式，接线方式为三相三线，电压互感器采用 V/V 接线，电流互感器变比为 100A/5A，电能表为 3×100V、

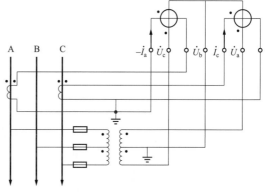

图 2-14　电能计量装置接线图

3×1.5（6）A 的智能电能表。在端钮盒处测量参数数据如下：U_{12}=103.6V，U_{32}=103.6V，U_{13}=103.1V，I_1=0.73A，I_2=0.71A，$\dot{U}_{12}\hat{}\dot{U}_{32} = 300°$，$\dot{U}_{12}\hat{}\dot{I}_1 = 43°$，$\dot{U}_{32}\hat{}\dot{I}_2 = 163°$。已知负载功率因数角为 73°（感性），10kV 供电线路向专用变压器输入有功功率、无功功率，分析错误接线、运行状态。

解析： 由测量数据可知，三组线电压接近于额定值 100V，两相电流有一定大小，基本对称，说明无失压、电压互感器极性反接、失流等故障。

1. 判断电压相序

由于 $\dot{U}_{12}\hat{}\dot{U}_{32} = 300°$，接入智能电能表的电压为正相序。

2. 确定相量图

按照电压正相序确定电压相量图，确定 $\dot{I}_1$、$\dot{I}_2$，得出相量图见图 2-15。

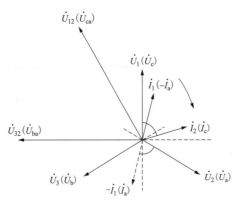

图 2-15　错误接线相量图

3. 接线分析

（1）判断运行象限。由于负载功率因数角为 73°（感性），10kV 供电线路向专用变压器输入有功功率、无功功率。因此，一次负荷潮流状态为+P、+Q，智能电能表应运行于 I 象限。

（2）接线分析。由图 2-15 可知，$\dot{I}_1$ 反相后 $-\dot{I}_1$ 滞后 $\dot{U}_2$ 约 73°，$-\dot{I}_1$ 和 $\dot{U}_2$ 同相；$\dot{I}_2$ 滞后 $\dot{U}_1$ 约 73°，$\dot{I}_2$ 和 $\dot{U}_1$ 同相。$\dot{U}_3$ 无对应的电流，则 $\dot{U}_3$ 为 $\dot{U}_b$，$\dot{U}_1$ 为 $\dot{U}_c$，$\dot{U}_2$ 为 $\dot{U}_a$；$-\dot{I}_1$ 为 $\dot{I}_a$，$\dot{I}_1$ 为 $-\dot{I}_a$，$\dot{I}_2$ 为 $\dot{I}_c$。第一元件电压接入 $\dot{U}_{ca}$，电流接入 $-\dot{I}_a$；第二元件电压接入 $\dot{U}_{ba}$，电流接入 $\dot{I}_c$。错误接线结论见表 2-8。

表 2-8　错误接线结论表

接入电压	$\dot{U}_1$（$\dot{U}_c$）	$\dot{U}_2$（$\dot{U}_a$）	$\dot{U}_3$（$\dot{U}_b$）
	$\dot{U}_{12}$（$\dot{U}_{ca}$）	$\dot{U}_{32}$（$\dot{U}_{ba}$）	
接入电流	$\dot{I}_1$（$-\dot{I}_a$）	$\dot{I}_2$（$\dot{I}_c$）	

4. 计算更正系数

（1）有功更正系数。

$$P' = U_{ca}I_a\cos(\varphi-30°) + U_{ba}I_c\cos(90°+\varphi) \tag{2-43}$$

$$K_P = \frac{P}{P'} = \frac{\sqrt{3}UI\cos\varphi}{UI\cos(\varphi-30°)+UI\cos(90°+\varphi)} = \frac{2\sqrt{3}}{\sqrt{3}-\tan\varphi} \tag{2-44}$$

（2）无功更正系数。

$$Q' = U_{ca}I_a\sin(330°+\varphi) + U_{ba}I_c\sin(90°+\varphi) \tag{2-45}$$

$$K_Q = \frac{Q}{Q'} = \frac{\sqrt{3}UI\sin\varphi}{UI\sin(330°+\varphi)+UI\sin(90°+\varphi)} = \frac{2\sqrt{3}}{\sqrt{3}+\cot\varphi} \tag{2-46}$$

5. 智能电能表运行分析

（1）智能电能表运行参数。

$$\cos\varphi_1 = 43° \approx 0.73$$

$$\cos\varphi_2 = 163° \approx -0.96$$

$$\cos\varphi \approx -0.20$$

$$P' = U_{ca}I_a\cos(\varphi-30°) + U_{ba}I_c\cos(90°+\varphi) = -15.03(\text{W}) \tag{2-47}$$

$$Q' = U_{ca}I_a\sin(330°+\varphi) + U_{ba}I_c\sin(90°+\varphi) = 73.08(\text{var}) \tag{2-48}$$

（2）运行分析。智能电能表电压为正相序，但是接入相别错误。第一元件功率因数为正值，显示正电流；第二元件功率因数为负值，显示负电流。由于测量总有功功率 $-15.03W$ 为负值，总无功功率 $73.08var$ 为正值，智能电能表实际运行于Ⅱ象限，有功电量计入反向，无功电量计入反向（Ⅱ象限）。

6. 电能计量装置接线图

电能计量装置接线见图 2-16。

（二）实例二

10kV 专用变压器用电用户，在 10kV

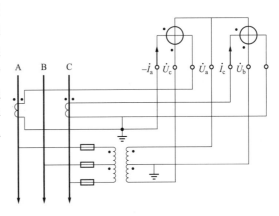

图 2-16 电能计量装置接线图

侧采用高供高计计量方式，接线方式为三相三线，电压互感器采用 V/V 接线，电流互感器变比为 50A/5A，电能表为 $3\times100V$、3×1.5（6）A 的智能电能表。在端钮盒处测量参数数据如下：$U_{12}=104.7V$，$U_{32}=104.1V$，$U_{13}=104.6V$，$I_1=0.98A$，$I_2=0.97A$，$\overset{\wedge}{\dot{U}_{12}\dot{U}_{32}}=60°$，$\overset{\wedge}{\dot{U}_{12}\dot{I}_1}=220°$，$\overset{\wedge}{\dot{U}_{32}\dot{I}_2}=220°$。已知负载功率因数角为 70°（感性），10kV 供电线路向专用变压器输入有功功率、无功功率，分析错误接线、运行状态。

解析： 由测量数据可知，三组线电压接近于额定值 100V，两相电流有一定大小，基本对称，说明无失压、电压互感器极性反接、失流等故障。

1. 判断电压相序

由于 $\overset{\wedge}{\dot{U}_{12}\dot{U}_{32}}=60°$，接入智能电能表的电压为逆相序。

2. 确定相量图

按照电压逆相序确定电压相量图，确定 $\dot{I}_1$、$\dot{I}_2$，得出相量图见图 2-17。

3. 接线分析

（1）判断运行象限。由于负载功率因数角为 70°（感性），10kV 供电线路向专用变压器输入有功功率、无功功率。因此，一次负荷潮流状态为 +P、+Q，智能电能表应运行于Ⅰ象限。

（2）接线分析。由图 2-17 可知，$\dot{I}_1$ 反相后 $-\dot{I}_1$ 滞后 $\dot{U}_1$ 约 70°，$-\dot{I}_1$ 和 $\dot{U}_1$ 同相；$\dot{I}_2$ 滞后 $\dot{U}_2$ 约 70°，$\dot{I}_2$ 和 $\dot{U}_2$ 同相。$\dot{U}_3$ 无对应

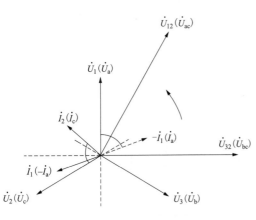

图 2-17 错误接线相量图

的电流，则 $\dot{U}_3$ 为 $\dot{U}_b$，$\dot{U}_2$ 为 $\dot{U}_c$，$\dot{U}_1$ 为 $\dot{U}_a$；$-\dot{I}_1$ 为 $\dot{I}_a$，$\dot{I}_1$ 为 $-\dot{I}_a$，$\dot{I}_2$ 为 $\dot{I}_c$。第一元件电压接入 $\dot{U}_{ac}$，电流接入 $-\dot{I}_a$；第二元件电压接入 $\dot{U}_{bc}$，电流接入 $\dot{I}_c$。错误接线结论见表 2-9。

表 2-9 错 误 接 线 结 论 表

接入电压	$\dot{U}_1$ （$\dot{U}_{\mathrm{a}}$）	$\dot{U}_2$ （$\dot{U}_{\mathrm{c}}$）	$\dot{U}_3$ （$\dot{U}_{\mathrm{b}}$）
	$\dot{U}_{12}$ （$\dot{U}_{\mathrm{ac}}$）	$\dot{U}_{32}$ （$\dot{U}_{\mathrm{bc}}$）	
接入电流	$\dot{I}_1$ （$-\dot{I}_{\mathrm{a}}$）	$\dot{I}_2$ （$\dot{I}_{\mathrm{c}}$）	

4. 计算更正系数

（1）有功更正系数。

$$P' = U_{\mathrm{ac}} I_{\mathrm{a}} \cos(150° + \varphi) + U_{\mathrm{bc}} I_{\mathrm{c}} \cos(150° + \varphi) \tag{2-49}$$

$$K_{\mathrm{P}} = \frac{P}{P'} = \frac{\sqrt{3} UI \cos\varphi}{UI\cos(150° + \varphi) + UI\cos(150° + \varphi)} = -\frac{\sqrt{3}}{\sqrt{3} + \tan\varphi} \tag{2-50}$$

（2）无功更正系数。

$$Q' = U_{\mathrm{ac}} I_{\mathrm{a}} \sin(150° + \varphi) + U_{\mathrm{bc}} I_{\mathrm{c}} \sin(150° + \varphi) \tag{2-51}$$

$$K_{\mathrm{Q}} = \frac{Q}{Q'} = \frac{\sqrt{3} UI \sin\varphi}{UI\sin(150° + \varphi) + UI\sin(150° + \varphi)} = \frac{\sqrt{3}}{-\sqrt{3} + \cot\varphi} \tag{2-52}$$

5. 智能电能表运行分析

（1）智能电能表运行参数。

$$\cos\varphi_1 = 220° \approx -0.77$$
$$\cos\varphi_2 = 220° \approx -0.77$$
$$\cos\varphi \approx -0.77$$

$$P' = U_{\mathrm{ac}} I_{\mathrm{a}} \cos(150° + \varphi) + U_{\mathrm{bc}} I_{\mathrm{c}} \cos(150° + \varphi) = -155.95(\mathrm{W}) \tag{2-53}$$

$$Q' = U_{\mathrm{ac}} I_{\mathrm{a}} \sin(150° + \varphi) + U_{\mathrm{bc}} I_{\mathrm{c}} \sin(150° + \varphi) = -130.86(\mathrm{var}) \tag{2-54}$$

（2）智能电能表运行分析。智能电能表电压为逆相序。第一元件功率因数为负值，显示负电流；第二元件功率因数为负值，显示负电流。由于测量总有功功率–155.95W 为负值，总无功功率–130.86var 为负值，智能电能表实际运行于Ⅲ象限，有功电量计入反向，无功电量计入反向（Ⅲ象限）。

6. 电能计量装置接线图

电能计量装置接线见图 2-18。

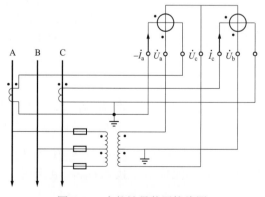

图 2-18 电能计量装置接线图

第三节　Ⅱ象限错误接线实例分析

一、30°～60°（容性负载）错误接线实例分析

110kV 系统变电站主变压器，在 10kV 侧总路 901 设置计量点，接线方式为三相三线，电压互感器采用 V/V 接线，电流互感器变比为 1500A/5A，电能表为 3×100V、3×1.5（6）A 的智能电能表。在端钮盒处测量参数数据如下：$U_{12}=103.1V$，$U_{32}=103.5V$，$U_{13}=103.2V$，$I_1=1.25A$，$I_2=1.26A$，$\dot{U}_{12}\hat{\dot{U}}_{32}=60°$，$\dot{U}_{12}\hat{\dot{I}}_1=219°$，$\dot{U}_{32}\hat{\dot{I}}_2=219°$。已知负载功率因数角为 51°（容性），主变压器 10kV 侧向 10kV 母线输出有功功率，10kV 母线向主变压器 10kV 侧输入无功功率，分析错误接线、运行状态。

解析：由测量数据可知，三组线电压接近于额定值 100V，两相电流有一定大小，基本对称，说明无失压、电压互感器极性反接、失流等故障。

1. 判断电压相序

由于 $\dot{U}_{12}\hat{\dot{U}}_{32}=60°$，接入智能电能表的电压为逆相序。

2. 确定相量图

按照电压逆相序确定电压相量图，确定 $\dot{I}_1$、$\dot{I}_2$，得出相量图见图 2-19。

3. 接线分析

（1）判断运行象限。由于负载功率因数角为 51°（容性），主变压器 10kV 侧向 10kV 母线输出有功功率，10kV 母线向主变压器 10kV 侧输入无功功率。因此，一次负荷潮流状态为−P、+Q，智能电能表应运行于Ⅱ象限，电流滞后对应的相电压 120°～150°。

（2）接线分析。由图 2-19 可知，$\dot{I}_1$ 滞后

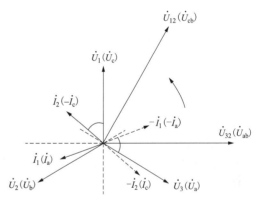

图 2-19　错误接线相量图

$\dot{U}_3$ 约 129°，$\dot{I}_1$ 和 $\dot{U}_3$ 同相；$\dot{I}_2$ 反相后 $-\dot{I}_2$ 滞后 $\dot{U}_1$ 约 129°，$-\dot{I}_2$ 和 $\dot{U}_1$ 同相。$\dot{U}_2$ 无对应的电流，则 $\dot{U}_2$ 为 $\dot{U}_b$，$\dot{U}_1$ 为 $\dot{U}_c$，$\dot{U}_3$ 为 $\dot{U}_a$；$\dot{I}_1$ 为 $\dot{I}_a$，$-\dot{I}_2$ 为 $\dot{I}_c$，$\dot{I}_2$ 为 $-\dot{I}_c$。第一元件电压接入 $\dot{U}_{cb}$，电流接入 $\dot{I}_a$；第二元件电压接入 $\dot{U}_{ab}$，电流接入 $-\dot{I}_c$。错误接线结论见表 2-10。

表 2-10　　　　　　　　　错误接线结论表

接入电压	$\dot{U}_1$（$\dot{U}_c$）	$\dot{U}_2$（$\dot{U}_b$）	$\dot{U}_3$（$\dot{U}_a$）
	$\dot{U}_{12}$（$\dot{U}_{cb}$）	$\dot{U}_{32}$（$\dot{U}_{ab}$）	
接入电流	$\dot{I}_1$（$\dot{I}_a$）	$\dot{I}_2$（$-\dot{I}_c$）	

4. 计算更正系数

（1）有功更正系数。

$$P' = U_{cb}I_a \cos(90° + \varphi) + U_{ab}I_c \cos(90° + \varphi) \tag{2-55}$$

$$K_P = \frac{P}{P'} = \frac{-\sqrt{3}UI\cos\varphi}{UI\cos(90° + \varphi) + UI\cos(90° + \varphi)} = \frac{\sqrt{3}}{2\tan\varphi} \tag{2-56}$$

（2）无功更正系数。

$$Q' = U_{cb}I_a \sin(270° - \varphi) + U_{ab}I_c \sin(270° - \varphi) \tag{2-57}$$

$$K_Q = \frac{Q}{Q'} = \frac{\sqrt{3}UI\sin\varphi}{UI\sin(270° - \varphi) + UI\sin(270° - \varphi)} = -\frac{\sqrt{3}}{2\cot\varphi} \tag{2-58}$$

5. 智能电能表运行分析

（1）智能电能表运行参数。

$$\cos\varphi_1 = 219° \approx -0.78$$

$$\cos\varphi_2 = 219° \approx -0.78$$

$$\cos\varphi \approx -0.78$$

$$P' = U_{cb}I_a \cos(90° + \varphi) + U_{ab}I_c \cos(90° + \varphi) = -201.50(W) \tag{2-59}$$

$$Q' = U_{cb}I_a \sin(270° - \varphi) + U_{ab}I_c \sin(270° - \varphi) = -163.17(var) \tag{2-60}$$

（2）智能电能表运行分析。智能电能表电压为逆相序。第一元件功率因数为负值，显示负电流；第二元件功率因数为负值，显示负电流。由于测量总有功功率-201.50W 为负值，总无功功率-163.17var 为负值，智能电能表实际运行于III象限，有功电量计入反向，无功电量计入III象限。

6. 电能计量装置接线图

电能计量装置接线图见图 2-20。

二、60°～90°（容性负载）错误接线实例分析

110kV 变电站主变压器，在 10kV 侧总路 901 设置计量点，接线方式为三相三线，

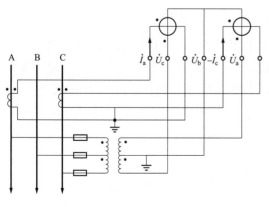

图 2-20　电能计量装置接线图

电压互感器采用 V/V 接线，电流互感器变比为 1500A/5A，电能表为 3×100V、3×1.5（6）A 的智能电能表。在端钮盒处测量参数数据如下：U_{12}=103.7V，U_{32}=103.8V，U_{13}=103.2V，I_1=0.85A，I_2=0.86A，$\dot{U}_{12}\hat{\dot{U}}_{32} = 300°$，$\dot{U}_{12}\hat{\dot{I}}_1 = 315°$，$\dot{U}_{32}\hat{\dot{I}}_2 = 315°$。已知负载功率因数角为 75°（容性），主变压器 10kV 侧向 10kV 母线输出有功功率，10kV 母线向主变压器 10kV 侧输入无功功率，分析错误接线、运行状态。

解析：由测量数据可知，三组线电压接近于额定值 100V，两相电流有一定大小，基本对称，说明无失压、电压互感器极性反接、失流等故障。

1. 判断电压相序

由于 $\dot{U}_{12}\overset{\wedge}{\dot{U}}_{32}=300°$，接入智能电能表的电压为正相序。

2. 确定相量图

按照电压正相序确定电压相量图，确定 $\dot{I}_1$、$\dot{I}_2$，得出相量图见图 2-21。

3. 接线分析

（1）判断运行象限。由于负载功率因数角为 75°（容性），主变压器 10kV 侧向 10kV 母线输出有功功率，10kV 母线向主变压器 10kV 侧输入无功功率。因此，一次负荷潮流状态为–P、+Q，智能电能表应运行于 II 象限，电流滞后对应的相电压 90°～120°。

（2）接线分析。由图 2-21 可知，$\dot{I}_1$ 反相后 $-\dot{I}_1$ 滞后 $\dot{U}_1$ 约 105°，$-\dot{I}_1$ 和 $\dot{U}_1$ 同相；$\dot{I}_2$ 滞后 $\dot{U}_2$ 约 105°，$\dot{I}_2$ 和 $\dot{U}_2$ 同相。$\dot{U}_3$ 无对应的电流，则 $\dot{U}_3$ 为

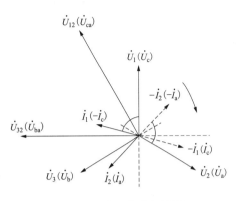

图 2-21　错误接线相量图

$\dot{U}_b$，$\dot{U}_1$ 为 $\dot{U}_c$，$\dot{U}_2$ 为 $\dot{U}_a$；$-\dot{I}_1$ 为 $\dot{I}_c$，$\dot{I}_1$ 为 $-\dot{I}_c$，$\dot{I}_2$ 为 $\dot{I}_a$。第一元件电压接入 $\dot{U}_{ca}$，电流接入 $-\dot{I}_c$；第二元件电压接入 $\dot{U}_{ba}$，电流接入 $\dot{I}_a$。错误接线结论见表 2-11。

表 2-11　　　　　　　　　　错误接线结论表

接入电压	$\dot{U}_1$（$\dot{U}_c$）	$\dot{U}_2$（$\dot{U}_a$）	$\dot{U}_3$（$\dot{U}_b$）
	$\dot{U}_{12}$（$\dot{U}_{ca}$）	$\dot{U}_{32}$（$\dot{U}_{ba}$）	
接入电流	$\dot{I}_1$（$-\dot{I}_c$）	$\dot{I}_2$（$\dot{I}_a$）	

4. 计算更正系数

（1）有功更正系数。

$$P' = U_{ca}I_c\cos(\varphi-30°) + U_{ba}I_a\cos(\varphi-30°) \tag{2-61}$$

$$K_P = \frac{P}{P'} = \frac{-\sqrt{3}UI\cos\varphi}{UI\cos(\varphi-30°)+UI\cos(\varphi-30°)} = -\frac{\sqrt{3}}{\sqrt{3}+\tan\varphi} \tag{2-62}$$

（2）无功更正系数。

$$Q' = U_{ca}I_c\sin(30°-\varphi) + U_{ba}I_a\sin(30°-\varphi) \tag{2-63}$$

$$K_Q = \frac{Q}{Q'} = \frac{\sqrt{3}UI\sin\varphi}{UI\sin(30°-\varphi)+UI\sin(30°-\varphi)} = \frac{\sqrt{3}}{-\sqrt{3}+\cot\varphi} \tag{2-64}$$

5. 智能电能表运行分析

（1）智能电能表运行参数。

$$\cos\varphi_1 = 315° \approx 0.71$$

$$\cos\varphi_2 = 315° \approx 0.71$$

$$\cos\varphi \approx 0.71$$

$$P' = U_{ca}I_c\cos(\varphi - 30°) + U_{ba}I_a\cos(\varphi - 30°) = 125.51(\text{W}) \tag{2-65}$$

$$Q' = U_{ca}I_c\sin(30° - \varphi) + U_{ba}I_a\sin(30° - \varphi) = -125.51(\text{var}) \tag{2-66}$$

（2）智能电能表运行分析。智能电能表电压为正相序，但是接入相别错误。第一元件功率因数为正值，显示正电流；第二元件功率因数为正值，显示正电流。由于测量总有功功率 125.51W 为正值，总无功功率–125.51var 为负值，智能电能表实际运行于Ⅳ象限，有功电量计入正向，无功电量计入Ⅳ象限。

6. 电能计量装置接线图

电能计量装置接线见图 2-22。

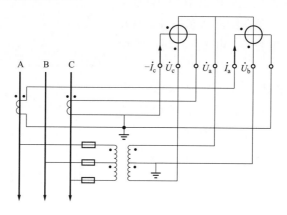

图 2-22　电能计量装置接线图

第四节　Ⅲ象限错误接线实例分析

一、0°～30°（感性负载）错误接线实例分析

发电上网企业，其发电上网关口计量点设置在系统变电站 10kV 出线处，接线方式为三相三线，电压互感器采用 V/V 接线，电流互感器变比为 500A/5A，电能表为 3×100V、3×1.5（6）A 的智能电能表。在端钮盒处测量参数数据如下：U_{12}=103.7V，U_{32}=103.1V，U_{13}=103.5V，I_1=0.93A，I_2=0.98A，$\dot{U}_{12}\overset{\wedge}{\dot{U}}_{32}$ = 60°，$\dot{U}_{12}\overset{\wedge}{\dot{I}}_1$ = 55°，$\dot{U}_{32}\overset{\wedge}{\dot{I}}_2$ = 55°。已知负载功率因数角为 25°（感性），10kV 供电线路向母线输出有功功率、无功功率，分析错误接线、运行状态。

解析： 由测量数据可知，三组线电压接近于额定值 100V，两相电流有一定大小，基本对称，说明无失压、电压互感器极性反接、失流等故障。

1. 判断电压相序

由于 $\dot{U}_{12}\overset{\wedge}{\dot{U}}_{32} = 60°$，接入智能电能表的电压为逆相序。

2. 确定相量图

按照电压逆相序确定电压相量图，确定 $\dot{I}_1$、$\dot{I}_2$，得出相量图见图 2-23。

3. 接线分析

（1）判断运行象限。由于负载功率因数角为 25°（感性），10kV 供电线路向母线输出有功功率、无功功率，因此，一次负荷潮流状态为–P、–Q，智能电能表应运行于III象限，电流滞后对应的相电压180°～210°。

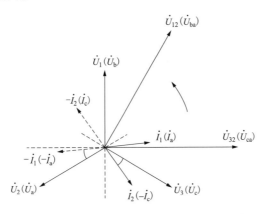

图 2-23　错误接线相量图

（2）接线分析。由图 2-23 可知，$\dot{I}_1$ 滞后 $\dot{U}_2$ 约 205°，$\dot{I}_1$ 和 $\dot{U}_2$ 同相；$\dot{I}_2$ 反相后 $-\dot{I}_2$ 滞后 $\dot{U}_3$ 约 205°，$-\dot{I}_2$ 和 $\dot{U}_3$ 同相。$\dot{U}_1$ 无对应的电流，则 $\dot{U}_1$ 为 $\dot{U}_b$，$\dot{U}_3$ 为 $\dot{U}_c$，$\dot{U}_2$ 为 $\dot{U}_a$；$\dot{I}_1$ 为 $\dot{I}_a$，$-\dot{I}_2$ 为 $\dot{I}_c$，$\dot{I}_2$ 为 $-\dot{I}_c$。第一元件电压接入 $\dot{U}_{ba}$，电流接入 $\dot{I}_a$；第二元件电压接入 $\dot{U}_{ca}$，电流接入 $-\dot{I}_c$。错误接线结论见表 2-12。

表 2-12　　　　　　　　　　　错 误 接 线 结 论 表

接入电压	$\dot{U}_1$（$\dot{U}_b$）	$\dot{U}_2$（$\dot{U}_a$）	$\dot{U}_3$（$\dot{U}_c$）
	$\dot{U}_{12}$（$\dot{U}_{ba}$）	$\dot{U}_{32}$（$\dot{U}_{ca}$）	
接入电流	$\dot{I}_1$（$\dot{I}_a$）	$\dot{I}_2$（$-\dot{I}_c$）	

4. 计算更正系数

（1）有功更正系数。

$$P' = U_{ba}I_a \cos(30° + \varphi) + U_{ca}I_c \cos(30° + \varphi) \tag{2-67}$$

$$K_P = \frac{P}{P'} = \frac{-\sqrt{3}UI\cos\varphi}{UI\cos(30° + \varphi) + UI\cos(30° + \varphi)} = \frac{\sqrt{3}}{-\sqrt{3} + \tan\varphi} \tag{2-68}$$

（2）无功更正系数。

$$Q' = U_{ba}I_a \sin(30° + \varphi) + U_{ca}I_c \sin(30° + \varphi) \tag{2-69}$$

$$K_Q = \frac{Q}{Q'} = \frac{-\sqrt{3}UI\sin\varphi}{UI\sin(30° + \varphi) + UI\sin(30° + \varphi)} = -\frac{\sqrt{3}}{\sqrt{3} + \cot\varphi} \tag{2-70}$$

5. 智能电能表运行分析

（1）智能电能表运行参数。

$$\cos\varphi_1 = 55° \approx 0.57$$

$$\cos\varphi_2 = 55° \approx 0.57$$

$$\cos\varphi \approx 0.57$$

$$P' = U_{ba}I_a\cos(30° + \varphi) + U_{ca}I_c\cos(30° + \varphi) = 113.27(\text{W}) \tag{2-71}$$

$$Q' = U_{ba}I_a\sin(30° + \varphi) + U_{ca}I_c\sin(30° + \varphi) = 161.77(\text{var}) \tag{2-72}$$

（2）智能电能表运行分析。智能电能表电压为逆相序。第一元件功率因数为正值，显示正电流；第二元件功率因数为正值，显示正电流。由于测量总有功功率 113.27W 为正值，总无功功率 161.77var 为正值，智能电能表实际运行于Ⅰ象限，有功电量计入正向，无功电量计入Ⅰ象限。

6. 电能计量装置接线图

电能计量装置接线见图 2-24。

二、30°~60°（感性负载）错误接线实例分析

110kV 变电站主变压器，在 10kV 侧总路 901 设置计量点，接线方式为三相三线，电压互感器采用 V/V 接线，电流互感器变比为 1500A/5A，电能表为 3×100V、3×1.5（6）A 的智能电能表。在端钮盒处测

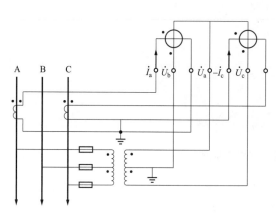

图 2-24　电能计量装置接线图

量参数数据如下：U_{12}=103.3V，U_{32}=103.1V，U_{13}=103.5V，I_1=0.98A，I_2=0.95A，$\dot{U}_{12}\hat{}\dot{U}_{32}=60°$，$\dot{U}_{12}\hat{}\dot{I}_1=308°$，$\dot{U}_{32}\hat{}\dot{I}_2=128°$。已知负载功率因数角为 38°（感性），主变压器 10kV 侧向 10kV 母线输出有功功率、无功功率，分析错误接线、运行状态。

解析： 由测量数据可知，三组线电压接近于额定值 100V，两相电流有一定大小，基本对称，说明无失压、电压互感器极性反接、失流等故障。

1. 判断电压相序

由于 $\dot{U}_{12}\hat{}\dot{U}_{32}=60°$，接入智能电能表的电压为逆相序。

2. 确定相量图

按照电压逆相序确定电压相量图，确定 $\dot{I}_1$、$\dot{I}_2$，得出相量图见图 2-25。

3. 接线分析

（1）判断运行象限。由于负载功率因数角为 38°（感性），主变压器 10kV 侧向 10kV 母线输出有功功率、无功功率。因此，一次负荷潮流状态为–P、–Q，智能电能表应运行于Ⅲ象限，电流滞后对应的相电压 210°~240°。

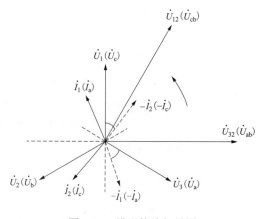

图 2-25　错误接线相量图

（2）接线分析。由图 2-25 可知，$\dot{I}_1$ 滞后 $\dot{U}_3$ 约 218°，$\dot{I}_1$ 和 $\dot{U}_3$ 同相；$\dot{I}_2$ 滞后 $\dot{U}_1$ 约 218°，$\dot{I}_2$ 和 $\dot{U}_1$ 同相。$\dot{U}_2$ 无对应的电流，则 $\dot{U}_2$ 为 $\dot{U}_b$，$\dot{U}_1$ 为 $\dot{U}_c$，$\dot{U}_3$ 为 $\dot{U}_a$；$\dot{I}_1$ 为 $\dot{I}_a$，$\dot{I}_2$ 为 $\dot{I}_c$。第一元件电压接入 $\dot{U}_{cb}$，电流接入 $\dot{I}_a$；第二元件电压接入 $\dot{U}_{ab}$，电流接入 $\dot{I}_c$。错误接线结

论见表 2-13。

表 2-13 错 误 接 线 结 论 表

接入电压	$\dot{U}_1$（$\dot{U}_c$）	$\dot{U}_2$（$\dot{U}_b$）	$\dot{U}_3$（$\dot{U}_a$）
	$\dot{U}_{12}$（$\dot{U}_{cb}$）	$\dot{U}_{32}$（$\dot{U}_{ab}$）	
接入电流	$\dot{I}_1$（$\dot{I}_a$）	$\dot{I}_2$（$\dot{I}_c$）	

4. 计算更正系数
（1）有功更正系数。

$$P' = U_{cb}I_a\cos(90°-\varphi) + U_{ab}I_c\cos(90°+\varphi) \tag{2-73}$$

$$K_P = \frac{P}{P'} = \frac{-\sqrt{3}UI\cos\varphi}{UI\cos(90°-\varphi)+UI\cos(90°+\varphi)} = \infty \tag{2-74}$$

（2）无功更正系数。

$$Q' = U_{cb}I_a\sin(270°+\varphi) + U_{ab}I_c\sin(90°+\varphi) \tag{2-75}$$

$$K_Q = \frac{Q}{Q'} = \frac{-\sqrt{3}UI\sin\varphi}{UI\sin(270°+\varphi)+UI\sin(90°+\varphi)} = \infty \tag{2-76}$$

5. 智能电能表运行分析
（1）智能电能表运行参数。

$$\cos\varphi_1 = 308° \approx 0.62$$

$$\cos\varphi_2 = 128° \approx -0.62$$

$$\cos\varphi \approx 0.62$$

$$P' = U_{cb}I_a\cos(90°-\varphi) + U_{ab}I_c\cos(90°+\varphi) = 2.02(W) \tag{2-77}$$

$$Q' = U_{cb}I_a\sin(270°+\varphi) + U_{ab}I_c\sin(90°+\varphi) = -2.59(var) \tag{2-78}$$

（2）智能电能表运行分析。智能电能表电压为逆相序。第一元件功率因数为正值，显示正电流；第二元件功率因数为负值，显示负电流。对称负载状态下，智能电能表测量总有功功率、总无功功率为零，不计量。不对称负载状态下，测量总有功功率 2.02W、总无功功率−2.59var 非常小，计量少许电量。

6. 电能计量装置接线图
电能计量装置接线见图 2-26。

三、60°～90°（感性负载）错误接线实例分析

发电上网企业，其发电上网关口计量点设置在系统变电站 10kV 出线处，接线方式为三相三线，电压互感器采用 V/V 接线，电流互感器变比为 500A/5A，电能表为 3×100V、3×1.5（6）A 的智能电能表。在端

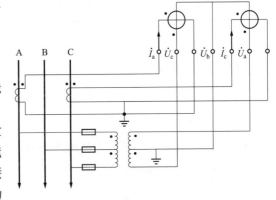

图 2-26 电能计量装置接线图

钮盒处测量参数数据如下：U_{12}=102.6V，U_{32}=102.8V，U_{13}=102.5V，I_1=0.77A，I_2=0.75A，$\overset{\wedge}{\dot{U}_{12}\dot{U}_{32}}=300°$，$\overset{\wedge}{\dot{U}_{12}\dot{I}_1}=107°$，$\overset{\wedge}{\dot{U}_{32}\dot{I}_2}=227°$。已知负载功率因数角为 77°（感性），10kV 供电线路向母线输出有功功率、无功功率，分析错误接线、运行状态。

解析： 由测量数据可知，三组线电压接近于额定值 100V，两相电流有一定大小，基本对称，说明无失压、电压互感器极性反接、失流等故障。

1. 判断电压相序

由于 $\overset{\wedge}{\dot{U}_{12}\dot{U}_{32}}=300°$，接入智能电能表的电压为正相序。

2. 确定相量图

按照电压正相序确定电压相量图，确定 $\dot{I}_1$、$\dot{I}_2$，得出相量图见图 2-27。

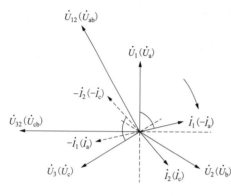

图 2-27 错误接线相量图

3. 接线分析

（1）判断运行象限。由于负载功率因数角为 77°（感性），10kV 供电线路向母线输出有功功率、无功功率。因此，一次负荷潮流状态为–P、–Q，智能电能表应运行于Ⅲ象限，电流滞后对应的相电压 240°～270°。

（2）接线分析。由图 2-27 可知，$\dot{I}_1$ 反相后 $-\dot{I}_1$ 滞后 $\dot{U}_1$ 约 257°，$-\dot{I}_1$ 和 $\dot{U}_1$ 同相；$\dot{I}_2$ 滞后 $\dot{U}_3$ 约 257°，$\dot{I}_2$ 和 $\dot{U}_3$ 同相。$\dot{U}_2$ 无对应的电流，则 $\dot{U}_2$ 为 $\dot{U}_b$，$\dot{U}_3$ 为 $\dot{U}_c$，$\dot{U}_1$ 为 $\dot{U}_a$；$-\dot{I}_1$ 为 $\dot{I}_a$，$\dot{I}_1$ 为 $-\dot{I}_a$，$\dot{I}_2$ 为 $\dot{I}_c$。第一元件电压接入 $\dot{U}_{ab}$，电流接入 $-\dot{I}_a$；第二元件电压接入 $\dot{U}_{cb}$，电流接入 $\dot{I}_c$。错误接线结论见表 2-14。

表 2-14 错 误 接 线 结 论 表

接入电压	$\dot{U}_1$（$\dot{U}_a$）	$\dot{U}_2$（$\dot{U}_b$）	$\dot{U}_3$（$\dot{U}_c$）
	$\dot{U}_{12}$（$\dot{U}_{ab}$）	$\dot{U}_{32}$（$\dot{U}_{cb}$）	
接入电流	$\dot{I}_1$（$-\dot{I}_a$）	$\dot{I}_2$（$\dot{I}_c$）	

4. 计算更正系数

（1）有功更正系数。

$$P' = U_{ab}I_a\cos(30°+\varphi) + U_{cb}I_c\cos(150°+\varphi) \tag{2-79}$$

$$K_p = \frac{P}{P'} = \frac{-\sqrt{3}UI\cos\varphi}{UI\cos(30°+\varphi)+UI\cos(150°+\varphi)} = \frac{\sqrt{3}}{\tan\varphi} \tag{2-80}$$

（2）无功更正系数。

$$Q' = U_{ab}I_a\sin(30°+\varphi) + U_{cb}I_c\sin(150°+\varphi) \tag{2-81}$$

$$K_Q = \frac{Q}{Q'} = \frac{-\sqrt{3}UI\sin\varphi}{UI\sin(30°+\varphi)+UI\sin(150°+\varphi)} = -\frac{\sqrt{3}}{\cot\varphi} \tag{2-82}$$

5. 智能电能表运行分析

（1）智能电能表运行参数。

$$\cos\varphi_1 = 107° \approx -0.29$$

$$\cos\varphi_2 = 227° \approx -0.68$$

$$\cos\varphi = -0.97$$

$$P' = U_{ab}I_a\cos(30°+\varphi) + U_{cb}I_c\cos(150°+\varphi) = -75.67\text{(W)} \tag{2-83}$$

$$Q' == U_{ab}I_a\sin(30°+\varphi) + U_{cb}I_c\sin(150°+\varphi) = 19.16\text{(var)} \tag{2-84}$$

（2）智能电能表运行分析。智能电能表电压为正相序，相别接入正确。第一元件功率因数为负值，显示负电流；第二元件功率因数为负值，显示负电流。由于测量总有功功率–75.67W 为负值，总无功功率 19.16var 为正值，智能电能表实际运行于Ⅱ象限，有功电量计入反向，无功电量计入Ⅱ象限。

6. 电能计量装置接线图

电能计量装置接线见图 2-28。

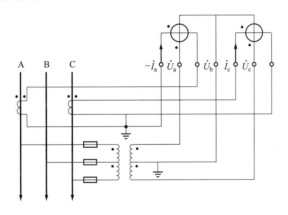

图 2-28 电能计量装置接线图

第五节 Ⅳ象限错误接线实例分析

一、0°～30°（容性负载）错误接线实例分析

10kV 专用变压器用电用户，在 10kV 侧采用高供高计计量方式，接线方式为三相三线，电压互感器采用 V/V 接线，电流互感器变比为 75A/5A，电能表为 3×100V、3×1.5（6）A 的智能电能表。在端钮盒处测量参数数据如下：U_{12}=101.3V，U_{32}=101.5V，U_{13}=101.6V，I_1=0.93A，I_2=0.96A，$\dot{U}_{12}\overset{\wedge}{\dot{U}}_{32}=60°$，$\dot{U}_{12}\overset{\wedge}{\dot{I}}_1=193°$，$\dot{U}_{32}\overset{\wedge}{\dot{I}}_2=73°$。已知负载功率因数角为 17°（容性），10kV 供电线路向专用变压器输入有功功率，专用变压器向 10kV 供电线路输出无功功率，分析错误接线、运行状态。

解析：由测量数据可知，三组线电压接近于额定值 100V，两相电流有一定大小，基本对称，说明无失压、电压互感器极性反接、失流等故障。

1. 判断电压相序

由于 $\dot{U}_{12}\overset{\wedge}{\dot{U}}_{32}=60°$，接入智能电能表的电压为逆相序。

2. 确定相量图

按照电压逆相序确定电压相量图，确定 $\dot{I}_1$、$\dot{I}_2$，得出相量图见图2-29。

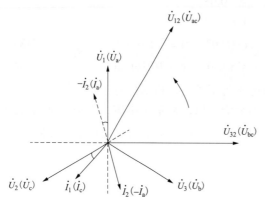

图2-29 错误接线相量图

3. 接线分析

（1）判断运行象限。由于负载功率因数角为17°（容性），10kV供电线路向专变输入有功功率，专变向10kV供电线路输出无功功率，因此，一次负荷潮流状态为+P、−Q，智能电能表应运行于Ⅳ象限，电流超前对应的相电压17°。

（2）接线分析。由图2-29可知，$\dot{I}_1$ 超前 $\dot{I}_2$ 约17°，$\dot{I}_1$ 和 $\dot{I}_2$ 同相；$\dot{I}_2$ 反相后 $-\dot{I}_2$ 超前 $\dot{I}_1$ 约17°，$-\dot{I}_2$ 和 $\dot{I}_1$ 同相。$\dot{U}_3$ 无对应的电流，则 $\dot{U}_3$ 为 $\dot{U}_b$，$\dot{U}_2$ 为 $\dot{U}_c$，$\dot{U}_1$ 为 $\dot{U}_a$；$\dot{I}_1$ 为 $\dot{I}_c$，$-\dot{I}_2$ 为 $\dot{I}_a$，$\dot{I}_2$ 为 $-\dot{I}_a$。第一元件电压接入 $\dot{U}_{ac}$，电流接入 $\dot{I}_c$；第二元件电压接入 $\dot{U}_{bc}$，电流接入 $-\dot{I}_a$。错误接线结论见表2-15。

表2-15　　　　　　　　　　　错误接线结论表

接入电压	$\dot{U}_1$（$\dot{U}_a$）	$\dot{U}_2$（$\dot{U}_c$）	$\dot{U}_3$（$\dot{U}_b$）
	$\dot{U}_{12}$（$\dot{U}_{ac}$）	$\dot{U}_{32}$（$\dot{U}_{bc}$）	
接入电流	$\dot{I}_1$（$\dot{I}_c$）	$\dot{I}_2$（$-\dot{I}_a$）	

4. 计算更正系数

（1）有功更正系数。

$$P' = U_{ac}I_c\cos(150°+\varphi) + U_{bc}I_a\cos(90°-\varphi) \tag{2-85}$$

$$K_P = \frac{P}{P'} = \frac{\sqrt{3}UI\cos\varphi}{UI\cos(150°+\varphi)+UI\cos(90°-\varphi)} = \frac{2\sqrt{3}}{-\sqrt{3}+\tan\varphi} \tag{2-86}$$

（2）无功更正系数。

$$Q' = U_{ac}I_c\sin(210°-\varphi) + U_{bc}I_a\sin(90°-\varphi) \tag{2-87}$$

$$K_Q = \frac{Q}{Q'} = \frac{-\sqrt{3}UI\sin\varphi}{UI\sin(210°-\varphi)+UI\sin(90°-\varphi)} = -\frac{2\sqrt{3}}{\sqrt{3}+\cot\varphi} \tag{2-88}$$

5. 智能电能表运行分析

（1）智能电能表运行参数。

$$\cos\varphi_1 = 193° \approx -0.97$$

$$\cos\varphi_2 = 73° \approx 0.29$$
$$\cos\varphi \approx -0.66$$

$$P' = U_{ac}I_c\cos(150°+\varphi) + U_{bc}I_a\cos(90°-\varphi) = -63.31(\text{W}) \quad (2-89)$$

$$Q' = U_{ac}I_c\sin(210°-\varphi) + U_{bc}I_a\sin(90°-\varphi) = 71.99(\text{var}) \quad (2-90)$$

（2）智能电能表运行分析。智能电能表电压为逆相序。第一元件功率因数为负值，显示负电流；第二元件功率因数为正值，显示正电流。由于测量总有功功率–63.31W 为负值，总无功功率 71.99var 为正值，智能电能表实际运行于Ⅱ象限，有功电量计入反向，无功电量计入反向（Ⅱ象限）。

6. 电能计量装置接线图

电能计量装置接线见图 2-30。

二、30°～60°（容性负载）错误接线实例分析

10kV 专用变压器用电用户，在 10kV 侧采用高供高计计量方式，接线方式为三相三线，电压互感器采用 V/V 接线，电流互感器变比为 75A/5A，电能表为 3×100V、3×1.5（6）A 的智能电能表。在端钮盒处

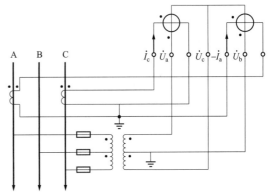

图 2-30 电能计量装置接线图

测量参数数据如下：U_{12}=101.8V，U_{32}=101.5V，U_{13}=101.6V，I_1=1.03A，I_2=1.06A，$\overset{\wedge}{\dot{U}_{12}\dot{U}_{32}}=60°$，$\overset{\wedge}{\dot{U}_{12}\dot{I}_1}=352°$，$\overset{\wedge}{\dot{U}_{32}\dot{I}_2}=352°$。已知负载功率因数角为 38°（容性），10kV 供电线路向专用变压器输入有功功率，专用变压器向 10kV 供电线路输出无功功率，分析错误接线、运行状态。

解析： 由测量数据可知，三组线电压接近于额定值100V，两相电流有一定大小，基本对称，说明无失压、电压互感器极性反接、失流等故障。

1. 判断电压相序

由于 $\overset{\wedge}{\dot{U}_{12}\dot{U}_{32}}=60°$，接入智能电能表的电压为逆相序。

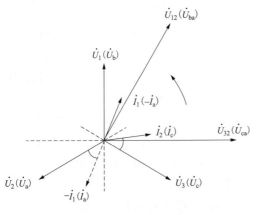

图 2-31 错误接线相量图

2. 确定相量图

按照电压逆相序确定电压相量图，确定 $\dot{I}_1$、$\dot{I}_2$，得出相量图见图 2-31。

3. 接线分析

（1）判断运行象限。由于负载功率因数角为 38°（容性），10kV 供电线路向专用变压器输入有功功率，专用变压器向 10kV 供电线路输出无功功率，因此，一次负荷潮流状态为+P、–Q，智能电能表应运行于Ⅳ象限，电流超前对应的相电压 38°。

（2）接线分析。由图 2-31 可知，$\dot{I}_1$ 反相

后 $-\dot{I}_1$ 超前 $\dot{U}_2$ 约 38°，$-\dot{I}_1$ 和 $\dot{U}_2$ 同相；$\dot{I}_2$ 超前 $\dot{U}_3$ 约 38°，$\dot{I}_2$ 和 $\dot{U}_3$ 同相。$\dot{U}_1$ 无对应的电流，则 $\dot{U}_1$ 为 $\dot{U}_b$，$\dot{U}_3$ 为 $\dot{U}_c$，$\dot{U}_2$ 为 $\dot{U}_a$；$-\dot{I}_1$ 为 $\dot{I}_a$，$\dot{I}_1$ 为 $-\dot{I}_a$，$\dot{I}_2$ 为 $\dot{I}_c$。第一元件电压接入 $\dot{U}_{ba}$，电流接入 $-\dot{I}_a$；第二元件电压接入 $\dot{U}_{ca}$，电流接入 $\dot{I}_c$。错误接线结论见表 2-16。

表 2-16 错 误 接 线 结 论 表

接入电压	$\dot{U}_1$（$\dot{U}_b$）	$\dot{U}_2$（$\dot{U}_a$）	$\dot{U}_3$（$\dot{U}_c$）
	$\dot{U}_{12}$（$\dot{U}_{ba}$）	$\dot{U}_{32}$（$\dot{U}_{ca}$）	
接入电流	$\dot{I}_1$（$-\dot{I}_a$）	$\dot{I}_2$（$\dot{I}_c$）	

4. 计算更正系数

（1）有功更正系数。

$$P' = U_{ba}I_a \cos(\varphi - 30°) + U_{ca}I_c \cos(\varphi - 30°) \tag{2-91}$$

$$K_P = \frac{P}{P'} = \frac{\sqrt{3}UI\cos\varphi}{UI\cos(\varphi-30°)+UI\cos(\varphi-30°)} = \frac{\sqrt{3}}{\sqrt{3}+\tan\varphi} \tag{2-92}$$

（2）无功更正系数。

$$Q' = U_{ba}I_a \sin(30° - \varphi) + U_{ca}I_c \sin(30° - \varphi) \tag{2-93}$$

$$K_Q = \frac{Q}{Q'} = \frac{-\sqrt{3}UI\sin\varphi}{UI\sin(30°-\varphi)+UI\sin(30°-\varphi)} = \frac{\sqrt{3}}{\sqrt{3}-\cot\varphi} \tag{2-94}$$

5. 智能电能表运行分析

（1）智能电能表运行参数。

$$\cos\varphi_1 = 352° \approx 0.99$$

$$\cos\varphi_2 = 352° \approx 0.99$$

$$\cos\varphi \approx 0.99$$

$$P' = U_{ba}I_a \cos(\varphi - 30°) + U_{ca}I_c \cos(\varphi - 30°) = 210.38(\text{W}) \tag{2-95}$$

$$Q' = U_{ba}I_a \sin(30° - \varphi) + U_{ca}I_c \sin(30° - \varphi) = -29.57(\text{var}) \tag{2-96}$$

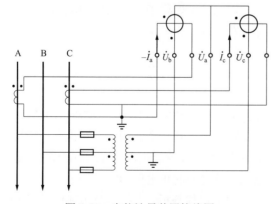

（2）智能电能表运行分析。智能电能表电压为逆相序。第一元件功率因数为正值，显示正电流；第二元件功率因数为正值，显示正电流。由于测量总有功功率 210.38W 为正值，总无功功率-29.57var 为负值，智能电能表实际运行于Ⅳ象限，有功电量计入正向，无功电量计入正向（Ⅳ象限）。

6. 电能计量装置接线图

电能计量装置接线见图 2-32。

图 2-32 电能计量装置接线图

三、60°～90°（容性负载）错误接线实例分析

10kV 专用变压器用电用户，在 10kV 侧采用高供高计计量方式，接线方式为三相三线，电压互感器采用 V/V 接线，电流互感器变比为 30A/5A，电能表为 3×100V、3×1.5（6）A 的智能电能表。在端钮盒处测量参数数据如下：U_{12}=102.8V，U_{32}=102.6V，U_{13}=102.9V，I_1=1.26A，I_2=1.25A，$\overset{\wedge}{\dot{U}_{12}\dot{U}_{32}}=300°$，$\overset{\wedge}{\dot{U}_{12}\dot{I}_1}=77°$，$\overset{\wedge}{\dot{U}_{32}\dot{I}_2}=77°$。已知负载功率因数角为73°（容性），10kV 供电线路向专用变压器输入有功功率，专用变压器向 10kV 供电线路输出无功功率，分析错误接线、运行状态。

解析：由测量数据可知，三组线电压接近于额定值100V，两相电流有一定大小，基本对称，说明无失压、电压互感器极性反接、失流等故障。

1. 判断电压相序

由于 $\overset{\wedge}{\dot{U}_{12}\dot{U}_{32}}=300°$，接入智能电能表的电压为正相序。

2. 确定相量图

按照电压正相序确定电压相量图，确定 $\dot{I}_1$、$\dot{I}_2$，得出相量图见图 2-33。

3. 接线分析

（1）判断运行象限。由于负载功率因数角为73°（容性），10kV 供电线路向专用变压器输

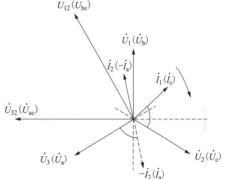

图 2-33 错误接线相量图

入有功功率，专用变压器向 10kV 供电线路输出无功功率。因此，一次负荷潮流状态为 +P、−Q，智能电能表应运行于Ⅳ象限，电流超前对应的相电压73°。

（2）接线分析。由图 2-33 可知，$\dot{I}_1$ 超前 $\dot{U}_2$ 约73°，$\dot{I}_1$ 和 $\dot{U}_2$ 同相；$\dot{I}_2$ 反相后 $-\dot{I}_2$ 超前 $\dot{U}_3$ 约73°，$-\dot{I}_2$ 和 $\dot{U}_3$ 同相。$\dot{U}_1$ 无对应的电流，则 $\dot{U}_1$ 为 $\dot{U}_b$，$\dot{U}_2$ 为 $\dot{U}_c$，$\dot{U}_3$ 为 $\dot{U}_a$；$\dot{I}_1$ 为 $\dot{I}_c$，$-\dot{I}_2$ 为 $\dot{I}_a$，$\dot{I}_2$ 为 $-\dot{I}_a$。第一元件电压接入 $\dot{U}_{bc}$，电流接入 $\dot{I}_c$；第二元件电压接入 $\dot{U}_{ac}$，电流接入 $-\dot{I}_a$。错误接线结论见表 2-17。

表 2-17　　　　　　　　　　错 误 接 线 结 论 表

接入电压	$\dot{U}_1$（$\dot{U}_b$）	$\dot{U}_2$（$\dot{U}_c$）	$\dot{U}_3$（$\dot{U}_a$）
	$\dot{U}_{12}$（$\dot{U}_{bc}$）	$\dot{U}_{32}$（$\dot{U}_{ac}$）	
接入电流	$\dot{I}_1$（$\dot{I}_c$）	$\dot{I}_2$（$-\dot{I}_a$）	

4. 计算更正系数

（1）有功更正系数。

$$P' = U_{bc}I_c\cos(150°-\varphi) + U_{ac}I_a\cos(150°-\varphi) \tag{2-97}$$

$$K_P = \frac{P}{P'} = \frac{\sqrt{3}UI\cos\varphi}{UI\cos(150°-\varphi)+UI\cos(150°-\varphi)} = \frac{\sqrt{3}}{-\sqrt{3}+\tan\varphi} \tag{2-98}$$

（2）无功更正系数。

$$Q' = U_{bc}I_c \sin(150° - \varphi) + U_{ac}I_a \sin(150° - \varphi) \tag{2-99}$$

$$K_Q = \frac{Q}{Q'} = \frac{-\sqrt{3}UI\sin\varphi}{UI\sin(150° - \varphi) + UI\sin(150° - \varphi)} = -\frac{\sqrt{3}}{\sqrt{3} + \cot\varphi} \tag{2-100}$$

5. 智能电能表运行分析

（1）智能电能表运行参数。

$$\cos\varphi_1 = 77° \approx 0.22$$

$$\cos\varphi_2 = 77° \approx 0.22$$

$$\cos\varphi \approx 0.22$$

$$P' = U_{bc}I_c \cos(150° - \varphi) + U_{ac}I_a \cos(150° - \varphi) = 57.99(\text{W}) \tag{2-101}$$

$$Q' = U_{bc}I_c \sin(150° - \varphi) + U_{ac}I_a \sin(150° - \varphi) = 251.17(\text{var}) \tag{2-102}$$

（2）智能电能表运行分析。智能电能表电压为正相序，但相别接入错误。第一元件功率因数为正值，显示正电流；第二元件功率因数为正值，显示正电流。由于测量总有功功率 57.99W 为正值，总无功功率 251.17var 为正值，智能电能表实际运行于 I 象限，有功电量计入正向，无功电量计入正向（I 象限）。

6. 电能计量装置接线图

电能计量装置接线见图 2-34。

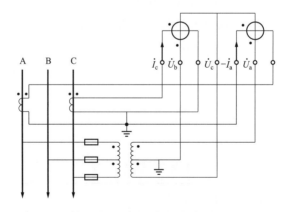

图 2-34 电能计量装置接线图

第六节 电感性负载错误接线实例分析

一、电感性负载特性

电感性负载是指供电线路接入电抗器等负载，相电压超前于电流的角度接近于 90°，有功功率非常小，感性无功功率非常大，智能电能表计量的有功电量非常小，无功电量非常大，功率因数接近零。生产实际中，电感性负载是不存在的，电抗器要消耗一定的有功功率，因此相电压超前电流的角度接近于 90°，而不是 90°。电力系统中，电感性设备主要是电抗器等电气设备，比如变电站 10kV 电抗器，会出现电感性负载情况，电感性负载有以下特性。

（1）相电压超前同相电流的角度接近于 90°，一般在 87°～90°，功率因数非常低，接近于零，一般在 0～0.05。

（2）有功电量非常小，Ⅰ象限无功电量非常大。如某变电站 10kV 电抗器，运行一段时间后，智能电能表的正向有功电量变化值为 9.31kWh，正向无功电量变化值为 779.25kvarh，平均功率因数

$$\cos\varphi = \frac{W_{\mathrm{p}}}{\sqrt{W_{\mathrm{P}}^2 + W_{\mathrm{Q}}^2}} = \frac{9.31}{\sqrt{9.31^2 + 779.25^2}} \approx 0.01 \tag{2-103}$$

平均功率因数仅为 0.01，负载功率因数角接近于 89°（感性）。

（3）正常情况下，智能电能表应运行于Ⅰ象限。电感性负载相量见图 2-35。

二、电感性负载错误接线实例分析

220kV 系统变电站，在 10kV 母线出线间隔接入电抗器，接线方式为三相三线，电压互感器采用 V/V 接线，电流互感器变比为 800A/5A，电能表为 3×100V、3×1.5（6）A 的智能电能表。在端钮盒处测量参数数据如下：$U_{12}=103.1\mathrm{V}$，$U_{32}=103.5\mathrm{V}$，$U_{13}=103.6\mathrm{V}$，$I_1=2.07\mathrm{A}$，$I_2=2.03\mathrm{A}$，$\dot{U}_{12}\overset{\wedge}{\dot{U}}_{32}=300°$，$\dot{U}_{12}\overset{\wedge}{\dot{I}}_1=59°$，$\dot{U}_{32}\overset{\wedge}{\dot{I}}_2=359°$。已知负载功率因数角为 89°（感性），10kV 母线向电抗器输入有功功率、无功功率，分析错误接线、运行状态。

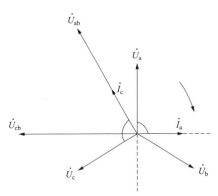

图 2-35　电感性负载相量图

解析： 由测量数据可知，三组线电压接近额定值 100V，两相电流有一定大小，基本对称，说明无失压、电压互感器极性反接、失流等故障。

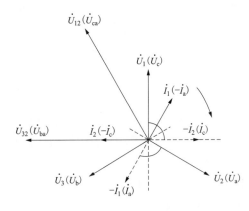

图 2-36　错误接线相量图

1. 判断电压相序

由于 $\dot{U}_{12}\overset{\wedge}{\dot{U}}_{32}=300°$，接入智能电能表的电压为正相序。

2. 确定相量图

按照电压正相序确定电压相量图，确定 $\dot{I}_1$、$\dot{I}_2$，得出相量图见图 2-36。

3. 接线分析

（1）判断运行象限。由于负载功率因数角为 89°（感性），10kV 母线向电抗器输入有功功率、无功功率。因此，一次负荷潮流状态为+P、+Q，智能电能表应运行于Ⅰ象限，电流滞后对应的相电压 0°～90°。

（2）接线分析。由图 2-36 可知，$\dot{I}_1$ 反相后 $-\dot{I}_1$ 滞后 $\dot{U}_2$ 约 89°，$-\dot{I}_1$ 和 $\dot{U}_2$ 同相；$\dot{I}_2$ 反相后 $-\dot{I}_2$ 滞后 $\dot{U}_1$ 约 89°，$-\dot{I}_2$ 和 $\dot{U}_1$ 同相。$\dot{U}_3$ 无对应的电流，则 $\dot{U}_3$ 为 $\dot{U}_b$，$\dot{U}_1$ 为 $\dot{U}_c$，$\dot{U}_2$ 为 $\dot{U}_a$；$-\dot{I}_1$ 为 $\dot{I}_a$，$\dot{I}_1$ 为 $-\dot{I}_a$，$-\dot{I}_2$ 为 $\dot{I}_c$，$\dot{I}_2$ 为 $-\dot{I}_c$。第一元件电压接入 $\dot{U}_{ca}$，电流接入 $-\dot{I}_a$；第二元件电压接入 $\dot{U}_{ba}$，电流接入 $-\dot{I}_c$。错误接线结论见表 2-18。

表 2-18 错 误 接 线 结 论 表

接入电压	$\dot{U}_1$（$\dot{U}_c$）	$\dot{U}_2$（$\dot{U}_a$）	$\dot{U}_3$（$\dot{U}_b$）
	$\dot{U}_{12}$（$\dot{U}_{ca}$）	$\dot{U}_{32}$（$\dot{U}_{ba}$）	
接入电流	$\dot{I}_1$（$-\dot{I}_a$）	$\dot{I}_2$（$-\dot{I}_c$）	

4. 计算更正系数

（1）有功更正系数。

$$P' = U_{ca}I_a\cos(\varphi - 30°) + U_{ba}I_c\cos(90° - \varphi) \tag{2-104}$$

$$K_P = \frac{P}{P'} = \frac{\sqrt{3}UI\cos\varphi}{UI\cos(\varphi - 30°) + UI\cos(90° - \varphi)} = \frac{2\sqrt{3}}{\sqrt{3} + 3\tan\varphi} \tag{2-105}$$

（2）无功更正系数。

$$Q' = U_{ca}I_a\sin(330° + \varphi) + U_{ba}I_c\sin(270° + \varphi) \tag{2-106}$$

$$K_Q = \frac{Q}{Q'} = \frac{\sqrt{3}UI\sin\varphi}{UI\sin(330° + \varphi) + UI\sin(270° + \varphi)} = \frac{2\sqrt{3}}{\sqrt{3} - 3\cot\varphi} \tag{2-107}$$

5. 智能电能表运行分析

（1）智能电能表运行参数。

$$\cos\varphi_1 = 59° \approx 0.52$$

$$\cos\varphi_2 = 359° \approx 1.00$$

$$\cos\varphi \approx 0.87$$

$$P' = U_{ca}I_a\cos(\varphi - 30°) + U_{ba}I_c\cos(90° - \varphi) = 319.99(\text{W}) \tag{2-108}$$

$$Q' = U_{ca}I_a\sin(330° + \varphi) + U_{ba}I_c\sin(270° + \varphi) = 179.27(\text{var}) \tag{2-109}$$

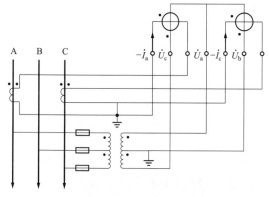

图 2-37 电能计量装置接线图

（2）智能电能表运行分析。智能电能表电压为正相序，但相别接入错误。第一元件功率因数为正值，显示正电流；第二元件功率因数为正值，显示正电流。由于测量总有功功率 319.99W 为正值，总无功功率 179.27var 为正值，智能电能表实际运行于 I 象限，有功电量计入正向，无功电量计入 I 象限。

6. 电能计量装置接线图

电能计量装置接线见图 2-37。

第七节　电容性负载错误接线实例分析

一、电容性负载特性

电容性负载是指供电线路接入电容器等负载，电流超前同相的相电压接近于 90°，有功功率非常小，容性无功功率非常大，智能电能表计量的有功电量非常小，无功电量非常大，功率因数接近于零。在生产实际中，电容性负载是不存在的，电容器要消耗一定的有功功率。因此电流超前同相的相电压接近于 90°，而不是 90°。在电力系统中，电容性负载主要是电容器等电气设备。比如变电站 10kV 电容器柜，以及空载运行的供电线路（供电线路存在对地电容电流），会出现电容性负载情况。电容性负载有以下特性。

（1）电流超前同相的相电压接近于 90°，一般在 87°～90°，功率因数非常低，接近于零，一般在 0～0.05 之间。

（2）有功电量非常小，Ⅳ象限无功电量非常大。如某变电站 10kV 电容器，运行一段时间后，智能电能表的正向有功电量变化值为 2.93kWh，正向无功电量变化值为 539.15kvarh，平均功率因数

$$\cos\varphi = \frac{W_P}{\sqrt{W_P^2 + W_Q^2}} = \frac{2.93}{\sqrt{2.93^2 + 539.15^2}} \approx 0.005 \qquad (2\text{-}110)$$

平均功率因数仅为 0.005，相位角接近于 89.7°（容性）。

（3）正常情况下，智能电能表应运行于Ⅳ象限。

电容性负载相量图见图 2-38。

二、电容性负载错误接线实例分析

220kV 变电站，在 10kV 母线出线间隔接入电容器，接线方式为三相三线，电压互感器采用 V/V 接线，电流互感器变比为 800A/5A，电能表为 3×100V、3×1.5（6）A 的智能电能表。在端钮盒处测量参数数据如下：$U_{12}=105.2\text{V}$，$U_{32}=105.6\text{V}$，$U_{13}=105.8\text{V}$，$I_1=2.16\text{A}$，$I_2=2.12\text{A}$，$\dot{U}_{12}\overset{\wedge}{}\dot{U}_{32}=60°$，

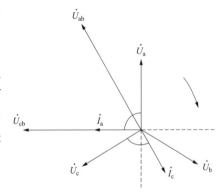

图 2-38　三相三线电容性负载相量图

$\dot{U}_{12}\overset{\wedge}{}\dot{I}_1=60°$，$\dot{U}_{32}\overset{\wedge}{}\dot{I}_2=300°$。已知负载率因数角为 89.7°（容性），10kV 母线向电容器输入有功功率，电容器向 10kV 母线输出无功功率，分析错误接线、运行状态。

解析： 由测量数据可知，三组线电压接近于额定值 100V，两相电流有一定大小，基本对称，说明无失压、电压互感器极性反接、失流等故障。

1. 判断电压相序

由于 $\dot{U}_{12}\overset{\wedge}{}\dot{U}_{32}=60°$，接入智能电能表的电压为逆相序。

2. 确定相量图

按照电压逆相序确定电压相量图，确定 $\dot{I}_1$、$\dot{I}_2$，得出相量图见图 2-39。

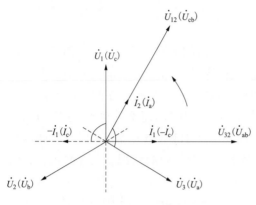

图 2-39 错误接线相量图

3. 接线分析

（1）判断运行象限。由于负载功率因数角为 89.7°（容性），10kV 母线向电容器输入有功功率，电容器向 10kV 母线输出无功功率。因此，一次负荷潮流状态为+P、−Q，智能电能表应运行于Ⅳ象限，电流超前对应的相电压 0°~90°。

（2）接线分析。由图 2-39 可知，$\dot{I}_1$ 反相后 $-\dot{I}_1$ 超前 $\dot{U}_1$ 约 89.7°，$-\dot{I}_1$ 和 $\dot{U}_1$ 同相；$\dot{I}_2$ 超前 $\dot{U}_3$ 约 89.7°，$\dot{I}_2$ 和 $\dot{U}_3$ 同相。$\dot{U}_2$ 无对应的电流，则 $\dot{U}_2$ 为 $\dot{U}_b$，$\dot{U}_1$ 为 $\dot{U}_c$，$\dot{U}_3$ 为 $\dot{U}_a$；$-\dot{I}_1$ 为 $\dot{I}_c$，$\dot{I}_1$ 为 $-\dot{I}_c$，$\dot{I}_2$ 为 $\dot{I}_a$。第一元件电压接入 $\dot{U}_{cb}$，电流接入 $-\dot{I}_c$；第二元件电压接入 $\dot{U}_{ab}$，电流接入 $\dot{I}_a$。错误接线结论见表 2-19。

表 2-19 错 误 接 线 结 论 表

接入电压	$\dot{U}_1$（$\dot{U}_c$）	$\dot{U}_2$（$\dot{U}_b$）	$\dot{U}_3$（$\dot{U}_a$）
	$\dot{U}_{12}$（$\dot{U}_{cb}$）	$\dot{U}_{32}$（$\dot{U}_{ab}$）	
接入电流	$\dot{I}_1$（$-\dot{I}_c$）	$\dot{I}_2$（$\dot{I}_a$）	

4. 计算更正系数

（1）有功更正系数。

$$P' = U_{cb}I_c\cos(150° - \varphi) + U_{ab}I_a\cos(\varphi - 30°) \tag{2-111}$$

$$K_P = \frac{P}{P'} = \frac{\sqrt{3}UI\cos\varphi}{UI\cos(150° - \varphi) + UI\cos(\varphi - 30°)} = \frac{\sqrt{3}}{\tan\varphi} \tag{2-112}$$

（2）无功更正系数。

$$Q' = U_{cb}I_c\sin(150° - \varphi) + U_{ab}I_a\sin(30° - \varphi) \tag{2-113}$$

$$K_Q = \frac{Q}{Q'} = \frac{-\sqrt{3}UI\sin\varphi}{UI\sin(150° - \varphi) + UI\sin(30° - \varphi)} = -\frac{\sqrt{3}}{\cot\varphi} \tag{2-114}$$

5. 智能电能表运行分析

（1）智能电能表运行参数。

$$\cos\varphi_1 = 60° \approx 0.50$$

$$\cos\varphi_2 = 300° \approx 0.50$$

$$\cos\varphi \approx 1.0$$

$$P' = U_{cb}I_c \cos(150° - \varphi) + U_{ab}I_a \cos(\varphi - 30°) = 225.55(\text{W}) \qquad (2-115)$$

$$Q' = U_{cb}I_c \sin(150° - \varphi) + U_{ab}I_a \sin(30° - \varphi) = 2.91(\text{var}) \qquad (2-116)$$

（2）智能电能表运行分析。智能电能表电压为逆相序。第一元件功率因数为正值，显示正电流；第二元件功率因数为正值，显示正电流。由于测量总有功功率 225.55W 为正值，总无功功率 2.91var 为正值，智能电能表实际运行于Ⅰ象限，有功电量计入正向，无功电量计入Ⅰ象限。

6. 电能计量装置接线图

电能计量装置接线见图 2-40。

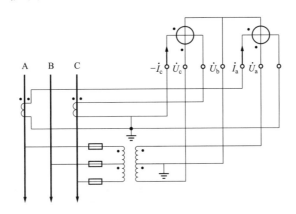

图 2-40　电能计量装置接线图

第八节　参数法分析错误接线的步骤与方法

采用三相三线智能电能表测量参数或用电信息采集系统采集的参数数据，对三相三线智能电能表进行错误接线分析，需要参数主要有各组元件的电压、电流、功率因数、有功功率、无功功率，总有功功率、总无功功率，以及显示的电压相序和运行象限，按照以下步骤和方法分析判断。

1. 分析电压

分析三相三线智能电能表的各元件电压是否平衡，是否接近于三相三线智能电能表的额定值，判断是否存在失压、电压互感器极性反接等故障。

2. 分析电流

分析三相三线智能电能表的各元件电流是否平衡，是否有一定负荷电流，电流正负性是否与一次负荷潮流方向对应，判断是否存在二次回路失流、接线错误等故障。

3. 分析功率

根据三相三线智能电能表总有功功率、总无功功率的大小及方向，判断运行象限是否与一次负荷潮流方向一致。

4. 分析功率因数

根据三相三线智能电能表总功率因数的大小及方向，判断是否与一次负荷潮流方向一致。

5. 确定电压相量图

按照三相三线智能电能表显示的电压相序，确定与相序对应的电压相量图。

6. 确定电流相量

根据三相三线智能电能表各元件功率因数值，通过反三角函数计算，得出大小相等、符号相反的两个相位角$\pm\varphi$，再依据各元件有功功率和无功功率的正负性，判断各元件运行象限，确定各元件的电流相量。

7. 分析判断

根据确定的相量图，结合负荷潮流状态，负载性质、运行象限、负载功率因数角，判断接线是否正确。

8. 计算退补电量

计算更正系数，根据故障期间的抄见电量，计算退补电量。

9. 更正接线

实际生产中，必须按照各项安全管理规定，严格履行保证安全的组织措施和技术措施，根据错误接线结论，检查接入智能电能表的实际二次电压和二次电流，根据现场实际的错误接线，按照正确接线方式更正。

第九节　Ⅰ象限错误接线实例分析

一、0°～30°（感性负载）错误接线实例分析

10kV专用线路用电用户，在变电站10kV出线处设置计量点，采用高供高计计量方式，接线方式为三相三线，电压互感器采用V/V接线，电流互感器变比为300A/5A，电能表为3×100V、3×1.5（6）A的智能电能表。智能电能表测量参数数据如下：显示电压逆相序，U_{12}=102.7V，U_{32}=102.5V，U_{13}=102.9V，I_1=0.85A，I_2=−0.81A，$\cos\varphi_1=0.36$，$\cos\varphi_2=-0.99$，$\cos\varphi=-0.60$，P_1=31.28W，P_2=−81.99W，P=−50.71W，Q_1=−81.50var，Q_2=12.99var，Q=−68.51var。已知负载功率因数角为21°（感性），母线向10kV供电线路输入有功功率、无功功率，分析故障与异常、错误接线。

1. 故障与异常分析

三组线电压接近于额定值100V，两相电流有一定大小，基本对称，无失压、电压互感器极性反接、失流等故障，但是存在以下异常。

（1）智能电能表显示电压逆相序。

（2）负载功率因数角为21°（感性），智能电能表应运行于Ⅰ象限，一次负荷潮流状态为+P、+Q。总有功功率−50.71W为负值，总无功功率−68.51var为负值，智能电能表实际运行于Ⅲ象限，运行象限异常。

（3）负载功率因数角21°（感性）在Ⅰ象限0°～30°之间，总功率因数应接近于0.93，绝对值为"大"，数值为正；第一元件功率因数应接近于0.63，绝对值为"中"，数值为正；第二元件功率因数应接近于0.99，绝对值为"大"，数值为正。总功率因数−0.60绝对值为"中"，且数值为负，总功率因数异常；第一元件功率因数0.36为正值，但绝对

值为"小"，第一元件功率因数异常；第二元件功率因数–0.99 绝对值为"大"，但为负值，显示负电流，第二元件功率因数异常。

（4）$\dfrac{\cos\varphi_1+\cos\varphi_2}{\cos\varphi}=\dfrac{0.36-0.99}{-0.60}\approx1.05$，比值约为 1.05，与正确比值 $\sqrt{3}$ 偏差较大，比值异常。

2. 确定相量图

按照电压逆相序确定电压相量图。$\cos\varphi_1=0.36$，$\varphi_1=\pm69°$，P_1=31.28W，Q_1=–81.50var，则 φ_1 在 270°～360°之间，$\varphi_1=-69°$，即 $\overset{\wedge}{\dot U_{12}\dot I_1}$ =291°，确定 $\dot I_1$；$\cos\varphi_2=-0.99$，$\varphi_2=\pm172°$，P_2=–81.99W，Q_2=12.99var，则 φ_2 在 90°～180°之间，$\varphi_2=172°$，$\overset{\wedge}{\dot U_{32}\dot I_2}$=172°，确定 $\dot I_2$。得出相量图见图 2-41。

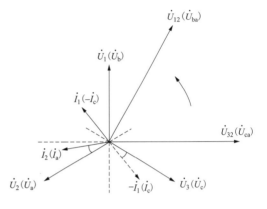

图 2-41　错误接线相量图

3. 接线分析

（1）判断运行象限。由于负载功率因数角为 21°（感性），母线向 10kV 供电线路输入有功功率、无功功率。因此，一次负荷潮流状态为+P、+Q，智能电能表应运行于 I 象限，电流滞后对应的相电压 0°～30°。

（2）接线分析。由图 2-41 可知，$\dot I_1$ 反相后 $-\dot I_1$ 滞后 $\dot U_3$ 约 21°，$-\dot I_1$ 和 $\dot U_3$ 同相；$\dot I_2$ 滞后 $\dot U_2$ 约 21°，$\dot I_2$ 和 $\dot U_2$ 同相。$\dot U_1$ 无对应的电流，则 $\dot U_1$ 为 $\dot U_b$，$\dot U_3$ 为 $\dot U_c$，$\dot U_2$ 为 $\dot U_a$；$-\dot I_1$ 为 $\dot I_c$，$\dot I_1$ 为 $-\dot I_c$，$\dot I_2$ 为 $\dot I_a$。第一元件电压接入 $\dot U_{ba}$，电流接入 $-\dot I_c$；第二元件电压接入 $\dot U_{ca}$，电流接入 $\dot I_a$。错误接线结论见表 2-20。

表 2-20　　　　　　　　　　错 误 接 线 结 论 表

接入电压	$\dot U_1$（$\dot U_b$）	$\dot U_2$（$\dot U_a$）	$\dot U_3$（$\dot U_c$）
	$\dot U_{12}$（$\dot U_{ba}$）	$\dot U_{32}$（$\dot U_{ca}$）	
接入电流	$\dot I_1$（$-\dot I_c$）	$\dot I_2$（$\dot I_a$）	

4. 计算更正系数

（1）有功更正系数。

$$P'=U_{ba}I_c\cos(90°-\varphi)+U_{ca}I_a\cos(150°+\varphi) \qquad (2\text{-}117)$$

$$K_P=\frac{P}{P'}=\frac{\sqrt{3}UI\cos\varphi}{UI\cos(90°-\varphi)+UI\cos(150°+\varphi)}=\frac{2\sqrt{3}}{-\sqrt{3}+\tan\varphi} \qquad (2\text{-}118)$$

（2）无功更正系数。

$$Q'=U_{ba}I_c\sin(270°+\varphi)+U_{ca}I_a\sin(150°+\varphi) \qquad (2\text{-}119)$$

$$K_{Q} = \frac{Q}{Q'} = \frac{\sqrt{3}UI\sin\varphi}{UI\sin(270° + \varphi) + UI\sin(150° + \varphi)} = \frac{2\sqrt{3}}{-\sqrt{3} - \cot\varphi} \quad (2\text{-}120)$$

5. 电能计量装置接线图

电能计量装置接线见图 2-42。

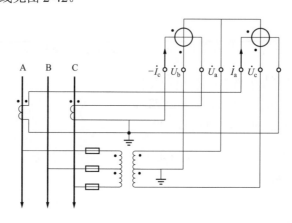

图 2-42　电能计量装置接线图

二、30°～60°（感性负载）错误接线实例分析

10kV 专用线路用电用户，在系统变电站 10kV 出线处设置计量点，采用高供高计计量方式，接线方式为三相三线，电压互感器采用 V/V 接线，电流互感器变比为 300A/5A，电能表为 3×100V、3×1.5（6）A 的智能电能表。智能电能表测量参数数据如下：显示电压逆相序，U_{12}=103.1V，U_{32}=103.3V，U_{13}=103.5V，I_1=−1.25A，I_2=1.26A，$\cos\varphi_1 = -0.16$，$\cos\varphi_2 = 0.78$，$\cos\varphi = 0.36$，P_1=−20.16W，P_2=101.15W，P=80.99W，Q_1=−127.29var，Q_2=−81.91var，Q=−209.20var。已知负载功率因数角为 51°（感性），母线向 10kV 供电线路输入有功功率、无功功率，分析故障与异常、错误接线。

1. 故障与异常分析

三组线电压接近于额定值 100V，两相电流有一定大小，基本对称，无失压、电压互感器极性反接、失流等故障，但是存在以下异常。

（1）智能电能表显示电压逆相序。

（2）负载功率因数角为 51°（感性），智能电能表应运行于 Ⅰ 象限，一次负荷潮流状态为+P、+Q。总有功功率 80.99W 为正值，总无功功率−209.20var 为负值，智能电能表实际运行于Ⅳ象限，运行象限异常。

（3）负载功率因数角 51°（感性）在 Ⅰ 象限 30°～60°之间，总功率因数应接近于 0.63，绝对值为"中"，数值为正；第一元件功率因数应接近于 0.16，绝对值为"小"，数值为正；第二元件功率因数应接近于 0.93，绝对值为"大"，数值为正。总功率因数 0.36 数值为正，但绝对值为"小"，总功率因数异常；第一元件功率因数−0.16 绝对值为"小"，但数值为负，显示负电流，第一元件功率因数异常；第二元件功率因数 0.78 为正值，但绝对值为"中"，第二元件功率因数异常。

（4）$\dfrac{\cos\varphi_1+\cos\varphi_2}{\cos\varphi}=\dfrac{-0.16+0.78}{0.36}\approx1.72$，比值约为 1.72，虽然与正确比值 $\sqrt{3}$ 接近，但各元件功率因数、总功率因数的特性与负载功率因数角 51°（感性）不对应，且智能电能表实际运行于Ⅳ象限，运行象限异常。

2．确定相量图

按照电压逆相序确定电压相量图。$\cos\varphi_1=-0.16$，$\varphi_1=\pm99°$，$P_1=-20.16\text{W}$，$Q_1=-127.29\text{var}$，则 φ_1 在 180°～270° 之间，$\varphi_1=-99°$，即 $\overset{\wedge}{\dot{U}_{12}\dot{I}_1}=261°$，确定 $\dot{I}_1$；$\cos\varphi_2=0.78$，$\varphi_2=\pm39°$，$P_2=101.15\text{W}$，$Q_2=-81.91\text{var}$，则 φ_2 在 270°～360° 之间，$\varphi_2=-39°$，$\overset{\wedge}{\dot{U}_{32}\dot{I}_2}=321°$，确定 $\dot{I}_2$。得出相量图见图 2-43。

3．接线分析

（1）判断运行象限。由于负载功率因数角为 51°（感性），母线向 10kV 供电线路输入有功功率、无功功率。因此，一次负荷潮流状态为 +P、+Q，智能电能表应运行于Ⅰ象限，电流滞后对应的相电压 30°～60°。

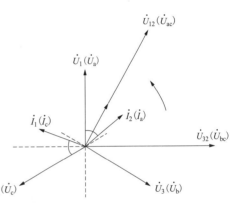

（2）接线分析。由图 2-43 可知，$\dot{I}_1$ 滞后 $\dot{U}_2$ 约 51°，$\dot{I}_1$ 和 $\dot{U}_2$ 同相；$\dot{I}_2$ 滞后 $\dot{U}_1$ 约 51°，$\dot{I}_2$ 和 $\dot{U}_1$ 同相。$\dot{U}_3$ 无对应的电流，则 $\dot{U}_3$ 为 $\dot{U}_b$，$\dot{U}_2$ 为 $\dot{U}_c$，$\dot{U}_1$ 为 $\dot{U}_a$；$\dot{I}_1$ 为 $\dot{I}_c$，$\dot{I}_2$ 为 $\dot{I}_a$。第一元件电压接入 $\dot{U}_{ac}$，电流接入 $\dot{I}_c$；第二元件电压接入 $\dot{U}_{bc}$，电流接入 $\dot{I}_a$。错误接线结论见表 2-21。

图 2-43　错误接线相量图

表 2-21　　　　　　　　　　错 误 接 线 结 论 表

接入电压	$\dot{U}_1$（$\dot{U}_a$）	$\dot{U}_2$（$\dot{U}_c$）	$\dot{U}_3$（$\dot{U}_b$）
	$\dot{U}_{12}$（$\dot{U}_{ac}$）	$\dot{U}_{32}$（$\dot{U}_{bc}$）	
接入电流	$\dot{I}_1$（$\dot{I}_c$）	$\dot{I}_2$（$\dot{I}_a$）	

4．计算更正系数

（1）有功更正系数。

$$P'=U_{ac}I_c\cos(150°-\varphi)+U_{bc}I_a\cos(90°-\varphi) \tag{2-121}$$

$$K_P=\frac{P}{P'}=\frac{\sqrt{3}UI\cos\varphi}{UI\cos(150°-\varphi)+UI\cos(90°-\varphi)}=\frac{2\sqrt{3}}{-\sqrt{3}+3\tan\varphi} \tag{2-122}$$

（2）无功更正系数。

$$Q'=U_{ac}I_c\sin(210°+\varphi)+U_{bc}I_a\sin(270°+\varphi) \tag{2-123}$$

$$K_Q = \frac{Q}{Q'} = \frac{\sqrt{3}UI\sin\varphi}{UI\sin(210°+\varphi)+UI\sin(270°+\varphi)} = \frac{2\sqrt{3}}{-\sqrt{3}-3\cot\varphi} \qquad (2\text{-}124)$$

5. 电能计量装置接线图

电能计量装置接线图见图 2-44。

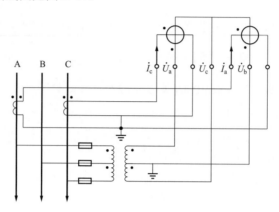

图 2-44　电能计量装置接线图

第十节　Ⅱ象限错误接线实例分析

110kV 变电站，在主变压器 10kV 侧设置 10kV 总计量点，接线方式为三相三线，电压互感器采用 V/V 接线，电流互感器变比为 3000A/5A，电能表为 3×100V、3×1.5（6）A 的智能电能表。智能电能表测量参数数据如下：显示电压逆相序，U_{12}=105.2V，U_{32}=105.5V，U_{13}=105.1V，I_1=0.96A，I_2=0.97A，$\cos\varphi_1$ = 0.99，$\cos\varphi_2$ = 0.99，$\cos\varphi$ = 0.99，P_1=99.75W，P_2=101.08W，P=200.82W，Q_1=−15.80var，Q_2=−16.01var，Q=−31.81var。已知负载功率因数角为 39°（容性），主变压器 10kV 侧向 10kV 母线输出有功功率，10kV 母线向主变压器 10kV 侧输入无功功率，分析故障与异常、错误接线。

1. 故障与异常分析

三组线电压接近于额定值 100V，两相电流有一定大小，基本对称，无失压、电压互感器极性反接、失流等故障，但是存在以下异常。

（1）智能电能表显示电压逆相序。

（2）负载功率因数角为 39°（容性），智能电能表应运行于Ⅱ象限，一次负荷潮流状态为−P、+Q。总有功功率 200.82W 为正值，总无功功率−31.81var 为负值，智能电能表实际运行于Ⅳ象限，运行象限异常。

（3）负载功率因数角 39°（容性）在Ⅱ象限 30°～60° 之间，总功率因数应接近于−0.78，绝对值为"中"，数值为负；第一元件功率因数应接近于−0.98，绝对值为"大"，数值为负；第二元件功率因数应接近于−0.36，绝对值为"小"，数值为负。总功率因数 0.99 数值为正，且绝对值为"大"，总功率因数异常；第一元件功率因数 0.99 绝对值为"大"，但数值为正，第一元件功率因数异常；第二元件功率因数 0.99 为正值，且绝对值为"大"，第二元件功率因数异常。

（4）$\dfrac{\cos\varphi_1+\cos\varphi_2}{\cos\varphi}=\dfrac{0.99+0.99}{0.99}\approx 2.00$，比值约为 2.00，与正确比值 $\sqrt{3}$ 偏差较大，比值异常。

2. 确定相量图

按照电压逆相序确定电压相量图。$\cos\varphi_1=0.99$，$\varphi_1=\pm 8°$，P_1=99.75W，Q_1=−15.80var，则 φ_1 在 270°～360°之间，$\varphi_1=-8°$，即 $\overset{\wedge}{\dot{U}_{12}\dot{I}_1}=352°$，确定 $\dot{I}_1$；$\cos\varphi_2=0.99$，$\varphi_2=\pm 8°$，P_2=101.08W，Q_2=−16.01var，则 φ_2 在 270°～360°之间，$\varphi_2=-8°$，$\overset{\wedge}{\dot{U}_{32}\dot{I}_2}=352°$，确定 $\dot{I}_2$。得出相量图见图 2-45。

3. 接线分析

（1）判断运行象限。由于负载功率因数角为 39°（容性），主变压器 10kV 侧向 10kV 母线输出有功功率，10kV 母线向主变压器 10kV 侧输入无功功率。因此，一次负荷潮流状态为−P、+Q，智能电能表应运行于 II 象限，电流滞后对应的相电压 120°～150°。

（2）接线分析。由图 2-45 可知，$\dot{I}_1$ 滞后 $\dot{U}_2$ 约 141°，$\dot{I}_1$ 和 $\dot{U}_2$ 同相；$\dot{I}_2$ 反相后 $-\dot{I}_2$ 滞后 $\dot{U}_3$ 约 141°，$-\dot{I}_2$ 和 $\dot{U}_3$ 同相。$\dot{U}_1$ 无对应的电流，则 $\dot{U}_1$

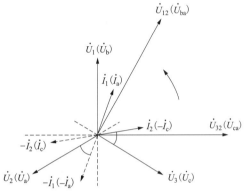

图 2-45 错误接线相量图

为 $\dot{U}_b$，$\dot{U}_3$ 为 $\dot{U}_c$，$\dot{U}_2$ 为 $\dot{U}_a$；$\dot{I}_1$ 为 $\dot{I}_a$，$-\dot{I}_2$ 为 $\dot{I}_c$，$\dot{I}_2$ 为 $-\dot{I}_c$。第一元件电压接入 $\dot{U}_{ba}$，电流接入 $\dot{I}_a$；第二元件电压接入 $\dot{U}_{ca}$，电流接入 $-\dot{I}_c$。错误接线结论见表 2-22。

表 2-22 错 误 接 线 结 论 表

接入电压	$\dot{U}_1$（$\dot{U}_b$）	$\dot{U}_2$（$\dot{U}_a$）		$\dot{U}_3$（$\dot{U}_c$）
	$\dot{U}_{12}$（$\dot{U}_{ba}$）	$\dot{U}_{32}$（$\dot{U}_{ca}$）		
接入电流	$\dot{I}_1$（$\dot{I}_a$）	$\dot{I}_2$（$-\dot{I}_c$）		

4. 计算更正系数

（1）有功更正系数。

$$P'=U_{ba}I_a\cos(\varphi-30°)+U_{ca}I_c\cos(\varphi-30°) \tag{2-125}$$

$$K_P=\frac{P}{P'}=\frac{-\sqrt{3}UI\cos\varphi}{UI\cos(\varphi-30°)+UI\cos(\varphi-30°)}=-\frac{\sqrt{3}}{\sqrt{3}+\tan\varphi} \tag{2-126}$$

（2）无功更正系数。

$$Q'=U_{ba}I_a\sin(30°-\varphi)+U_{ca}I_c\sin(30°-\varphi) \tag{2-127}$$

$$K_Q=\frac{Q}{Q'}=\frac{\sqrt{3}UI\sin\varphi}{UI\sin(30°-\varphi)+UI\sin(30°-\varphi)}=\frac{\sqrt{3}}{-\sqrt{3}+\cot\varphi} \tag{2-128}$$

5. 电能计量装置接线图

电能计量装置接线见图 2-46。

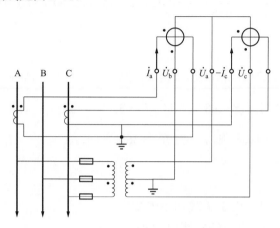

图 2-46　电能计量装置接线图

第十一节　Ⅲ象限错误接线实例分析

发电上网企业，其上网关口计量点设置在系统变电站 10kV 出线处，接线方式为三相三线，电压互感器采用 V/V 接线，电流互感器变比为 600A/5A，电能表为 3×100V、3×1.5（6）A 的智能电能表。智能电能表测量参数数据如下：显示电压逆相序，U_{12}=102.6V，U_{32}=102.5V，U_{13}=102.9V，I_1=0.97A，I_2=−0.98A，$\cos\varphi_1=0.93$，$\cos\varphi_2=-0.16$，$\cos\varphi=0.77$，P_1=92.91W，P_2=−15.71W，P=77.20W，Q_1=35.67var，Q_2=−99.21var，Q=−63.55var。已知负载功率因数角为 51°（感性），10kV 供电线路向母线输出有功功率、无功功率，分析故障与异常、错误接线。

1. 故障与异常分析

三组线电压接近于额定值 100V，两相电流有一定大小，基本对称，无失压、电压互感器极性反接、失流等故障，但是存在以下异常。

（1）负载功率因数角为 51°（感性），智能电能表应运行于Ⅲ象限，一次负荷潮流状态为−P、−Q。总有功功率 77.20W 为正值，总无功功率−63.55var 为负值，智能电能表实际运行于Ⅳ象限，运行象限异常。

（2）负载功率因数角 51°（感性）在Ⅲ象限 30°～60°之间，总功率因数应接近于−0.63，绝对值为"中"，数值为负；第一元件功率因数应接近于−0.16，绝对值为"小"，数值为负；第二元件功率因数应接近于−0.93，绝对值为"大"，数值为负。总功率因数 0.77 绝对值为"中"，但数值为正，总功率因数异常；第一元件功率因数 0.93 绝对值为"大"，且数值为正，第一元件功率因数异常；第二元件功率因数−0.16 为负值，但绝对值为"小"，第二元件功率因数异常。

（3）$\dfrac{\cos\varphi_1+\cos\varphi_2}{\cos\varphi}=\dfrac{0.93-0.16}{0.77}\approx1.00$，比值约为 1.00，与正确比值 $\sqrt{3}$ 偏差较大，

比值异常。

2. 确定相量图

按照电压逆相序确定电压相量图。$\cos\varphi_1 = 0.93$，$\varphi_1 = \pm22°$，$P_1=92.91\text{W}$，$Q_1=35.67\text{var}$，则 φ_1 在 $0°\sim90°$ 之间，$\varphi_1 = 22°$，即 $\hat{\dot{U}_{12}\dot{I}_1} = 22°$，确定 $\dot{I}_1$；$\cos\varphi_2 = -0.16$，$\varphi_2 = \pm99°$，$P_2=-15.71\text{W}$，$Q_2=-99.21\text{var}$，则 φ_2 在 $180°\sim$

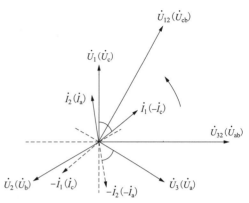

$270°$之间，$\varphi_2 = -99°$，$\hat{\dot{U}_{32}\dot{I}_2} = 261°$，确定 $\dot{I}_2$。得出相量图见图 2-47。

3. 接线分析

（1）判断运行象限。由于负载功率因数角为 $51°$（感性），10kV 供电线路向母线输出有功功率、无功功率。因此，一次负荷潮流状态为 $-P$、$-Q$，智能电能表应运行于III象限，电流滞后对应的相电压 $210°\sim240°$。

图 2-47　错误接线相量图

（2）接线分析。由图 2-47 可知，$\dot{I}_1$ 反相后 $-\dot{I}_1$ 滞后 $\dot{U}_1$ 约 $231°$，$-\dot{I}_1$ 和 $\dot{U}_1$ 同相；$\dot{I}_2$ 滞后 $\dot{U}_3$ 约 $231°$，$\dot{I}_2$ 和 $\dot{U}_3$ 同相。$\dot{U}_2$ 无对应的电流，则 $\dot{U}_2$ 为 $\dot{U}_b$，$\dot{U}_1$ 为 $\dot{U}_c$，$\dot{U}_3$ 为 $\dot{U}_a$；$-\dot{I}_1$ 为 $\dot{I}_c$，$\dot{I}_1$ 为 $-\dot{I}_c$，$\dot{I}_2$ 为 $\dot{I}_a$。第一元件电压接入 $\dot{U}_{cb}$，电流接入 $-\dot{I}_c$；第二元件电压接入 $\dot{U}_{ab}$，电流接入 $\dot{I}_a$。错误接线结论见表 2-23。

表 2-23　　　　　　　　　错 误 接 线 结 论 表

接入电压	$\dot{U}_1$ （$\dot{U}_c$）	$\dot{U}_2$ （$\dot{U}_b$）	$\dot{U}_3$ （$\dot{U}_a$）
	$\dot{U}_{12}$ （$\dot{U}_{cb}$）	$\dot{U}_{32}$ （$\dot{U}_{ab}$）	
接入电流	$\dot{I}_1$ （$-\dot{I}_c$）	$\dot{I}_2$ （$\dot{I}_a$）	

4. 计算更正系数

（1）有功更正系数。

$$P' = U_{cb}I_c\cos(\varphi - 30°) + U_{ab}I_a\cos(150° - \varphi) \tag{2-129}$$

$$K_P = \frac{P}{P'} = \frac{-\sqrt{3}UI\cos\varphi}{UI\cos(\varphi - 30°) + UI\cos(150° - \varphi)} = -\frac{\sqrt{3}}{\tan\varphi} \tag{2-130}$$

（2）无功更正系数。

$$Q' = U_{cb}I_c\sin(\varphi - 30°) + U_{ab}I_a\sin(210° + \varphi) \tag{2-131}$$

$$K_Q = \frac{Q}{Q'} = \frac{-\sqrt{3}UI\sin\varphi}{UI\sin(\varphi - 30°) + UI\sin(210° + \varphi)} = \frac{\sqrt{3}}{\cot\varphi} \tag{2-132}$$

5. 电能计量装置接线图

电能计量装置接线图见图 2-48。

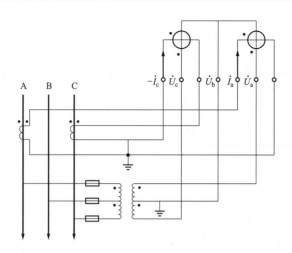

图 2-48　电能计量装置接线图

第十二节　Ⅳ象限错误接线实例分析

10kV 专用变压器用电用户，在 10kV 侧采用高供高计计量方式，接线方式为三相三线，电压互感器采用 V/V 接线，电流互感器变比为 75A/5A，电能表为 3×100V、3×1.5（6）A 的智能电能表。智能电能表测量参数数据如下：显示电压正相序，U_{12}=102.5V，U_{32}=102.9V，U_{13}=102.1V，I_1=0.97A，I_2=−0.95A，$\cos\varphi_1=0.99$，$\cos\varphi_2=-0.63$，$\cos\varphi=0.37$，P_1=98.20W，P_2=−61.52W，P=36.68W，Q_1=15.55var，Q_2=75.97var，Q=91.52var。已知负载功率因数角为 21°（容性），10kV 供电线路向专用变压器输入有功功率，专用变压器向 10kV 供电线路输出无功功率，分析故障与异常、错误接线。

1. 故障与异常分析

三组线电压接近于额定值 100V，两相电流有一定大小，基本对称，无失压、电压互感器极性反接、失流等故障，但是存在以下异常。第二元件功率因数为负值，显示负电流；总有功功率 36.68W 为正值，总无功功率 91.52var 为正值，智能电能表运行于Ⅰ象限。

（1）负载功率因数角为 21°（容性），智能电能表应运行于Ⅳ象限，一次负荷潮流状态为+P、−Q。总有功功率 36.68W 为正值，总无功功率 91.52var 为正值，智能电能表实际运行于Ⅰ象限，运行象限异常。

（2）负载功率因数角 21°（容性）在Ⅳ象限 0°～30°之间，总功率因数应接近于 0.93，绝对值为"大"，数值为正；第一元件功率因数应接近于 0.99，绝对值为"大"，数值为正；第二元件功率因数应接近于 0.63，绝对值为"中"，数值为正。总功率因数 0.37 数值为正，但绝对值为"小"，总功率因数异常；第二元件功率因数−0.63 绝对值为"中"，但数值为负，第二元件功率因数异常。

（3）$\dfrac{\cos\varphi_1+\cos\varphi_2}{\cos\varphi}=\dfrac{0.99-0.63}{0.37}\approx 0.96$，比值约为 0.96，与正确比值 $\sqrt{3}$ 偏差较大，比值异常。

2. 确定相量图

按照电压正相序确定电压相量图。$\cos\varphi_1 = 0.99$，$\varphi_1 = \pm 8°$，P1=98.20W，Q1=15.55var，则 φ_1 在 $0°\sim90°$ 之间，$\varphi_1 = 8°$，即 $\overset{\wedge}{\dot{U}_{12}\dot{I}_1} = 8°$，确定 $\dot{I}_1$；$\cos\varphi_2 = -0.63$，$\varphi_2 = \pm 129°$，P_2=−61.52W，Q_2=75.97var，则 φ_2 在 $90°\sim180°$ 之间，$\varphi_2 = 129°$，$\overset{\wedge}{\dot{U}_{32}\dot{I}_2} = 129°$，确定 $\dot{I}_2$。得出相量图见图 2-49。

3. 接线分析

（1）判断运行象限。由于负载功率因数角为 21°（容性），10kV 供电线路向专用变压器输入有功功率，专用变压器向 10kV 供电线路输出无功功率。因此，一次负荷潮流状态为+P、−Q，智能电能表应运行于Ⅳ象限，电流超前对应的相电压 $0°\sim30°$。

（2）接线分析。由图 2-49 可知，$\dot{I}_1$ 超前 $\dot{U}_1$ 约 21°，$\dot{I}_1$ 和 $\dot{U}_1$ 同相；$\dot{I}_2$ 反相后 $-\dot{I}_2$ 超前 $\dot{U}_3$ 约 21°，$-\dot{I}_2$ 和 $\dot{U}_3$ 同相。$\dot{U}_2$ 无对应的电流，则 $\dot{U}_2$ 为 $\dot{U}_b$，$\dot{U}_3$ 为 $\dot{U}_c$，$\dot{U}_1$ 为 $\dot{U}_a$；$\dot{I}_1$ 为 $\dot{I}_a$，$-\dot{I}_2$ 为 $\dot{I}_c$，$\dot{I}_2$ 为 $-\dot{I}_c$。

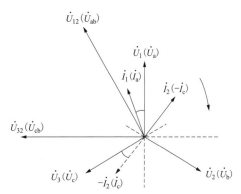

图 2-49　错误接线相量图

第一元件电压接入 $\dot{U}_{ab}$，电流接入 $\dot{I}_a$；第二元件电压接入 $\dot{U}_{cb}$，电流接入 $-\dot{I}_c$。错误接线结论见表 2-24。

表 2-24　　　　　　　　　　　错 误 接 线 结 论 表

接入电压	$\dot{U}_1$（$\dot{U}_a$）	$\dot{U}_2$（$\dot{U}_b$）	$\dot{U}_3$（$\dot{U}_c$）
	$\dot{U}_{12}$（$\dot{U}_{ab}$）	$\dot{U}_{32}$（$\dot{U}_{cb}$）	
接入电流	$\dot{I}_1$（$\dot{I}_a$）	$\dot{I}_2$（$-\dot{I}_c$）	

4. 计算更正系数

（1）有功更正系数。

$$P' = U_{ab}I_a \cos(30° - \varphi) + U_{cb}I_c \cos(150° - \varphi) \text{。} \tag{2-133}$$

$$K_P = \frac{P}{P'} = \frac{\sqrt{3}UI\cos\varphi}{UI\cos(30° - \varphi) + UI\cos(150° - \varphi)} = \frac{\sqrt{3}}{\tan\varphi} \tag{2-134}$$

（2）无功更正系数。

$$Q' = U_{ab}I_a \sin(30° - \varphi) + U_{cb}I_c \sin(150° - \varphi) \tag{2-135}$$

$$K_Q = \frac{Q}{Q'} = \frac{-\sqrt{3}UI\sin\varphi}{UI\sin(30° - \varphi) + UI\sin(150° - \varphi)} = -\frac{\sqrt{3}}{\cot\varphi} \tag{2-136}$$

5. 电能计量装置接线图

电能计量装置接线图见图 2-50。

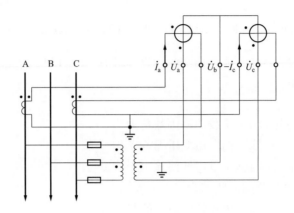

图 2-50　电能计量装置接线图

第三章

V/V 接线电压互感器极性反接错误接线分析

本章采用测量法、参数法，在Ⅰ、Ⅱ、Ⅲ、Ⅳ象限，负载为感性或容性，V/V 接线电压互感器一相极性反接的运行状态下，对三相三线智能电能表进行了错误接线分析。

第一节　V/V 接线电压互感器反接电压与相量特性

一、V/V-12 接线电压互感器

三相三线电能计量装置主要采用 V/V 接线电压互感器，V/V 接线电压互感器在 6、10kV 等中性点不接地系统中运用非常广泛。V/V 接线电压互感器出现一相极性反接，三组线电压 U_{12}、U_{32}、U_{13} 中，仅两组线电压接近额定值 100V，一组线电压升高 $\sqrt{3}$ 倍，接近 173V。下面结合图 3-1 介绍 V/V 接线电压互感器正确接线。

V/V 接线电压互感器正确接线，即 V/V-12 接线，V/V-12 接线电压互感器是指两只单相电压互感器，一次绕组、二次绕组按图 3-1 连接方式接线。AB 相电压互感器一次绕组为 AX，二次绕组为 ax，A、a 为同名端；BC 相电压互感器一次绕组为 AX，二次绕组为 ax，A、a 为同名端。两只单相电压互感器按照"AX-AX/ax-ax"顺极性方式连接，二次绕组线电压和一次绕组对应的线电压相位一致，因此称为 V/V-12 接线电压互感器。

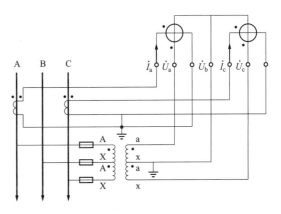

图 3-1　V/V-12 电压互感器接线图

二、极性反接电压特性

（一）二次绕组 ab 相极性反接

1. 电压特性

电压互感器二次绕组 ab 相极性反接，智能电能表电压接入正相序 $\dot{U}_a$、$\dot{U}_b$、$\dot{U}_c$，如图 3-2 所示接线，电压互感器按照"AX-AX/xa-ax"方式连接，ab 相极性反接，造成一组线电压升高 $\sqrt{3}$ 倍，接近于 173V。

二次绕组 ab 相极性反接电压相量图见图 3-3，由于 ab 相极性反接，感应到二次侧的电压 $\dot{U}_{12}$ 偏转 180°，$\dot{U}_{12}$ 即 $\dot{U}_{ba}$，$\dot{U}_{12}$ 幅值接近于额定值 100V。bc 相二次绕组极性未反接，感应到二次侧的电压 $\dot{U}_{32}$ 未偏转，$\dot{U}_{32}$ 即 $\dot{U}_{cb}$，$\dot{U}_{32}$ 幅值接近额定值 100V。对于三组线电压，有 $\dot{U}_{12} + \dot{U}_{23} + \dot{U}_{31} = 0$，$\dot{U}_{13} = \dot{U}_{12} + \dot{U}_{23}$，$\dot{U}_{23}$ 超前 $\dot{U}_{12}$ 的角度为 60°，因此，$\dot{U}_{13}$ 幅值升

高 $\sqrt{3}$ 倍，接近于 173V，这就是线电压升高 $\sqrt{3}$ 倍的原因。

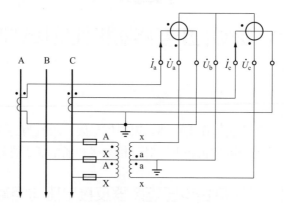

图 3-2　ab 绕组极性反接接线图（正相序 abc）

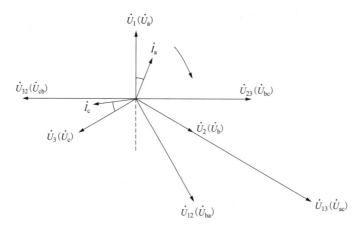

图 3-3　ab 绕组极性反接相量图（正相序 abc）

2. 正相序相量特性

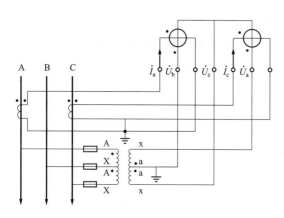

图 3-4　ab 绕组极性反接接线图（正相序 bca）

（1）接入正相序 $\dot{U}_a$、$\dot{U}_b$、$\dot{U}_c$。由图 3-3 可知，电压互感器二次绕组 ab 相极性反接，智能电能表电压接入正相序 $\dot{U}_1$（$\dot{U}_a$）、$\dot{U}_2$（$\dot{U}_b$）、$\dot{U}_3$（$\dot{U}_c$），$\dot{U}_{12}$ 超前 $\dot{U}_{32}$ 的角度为 120°，即 $\dot{U}_{12}\overset{\wedge}{\dot{U}_{32}}=120°$。

（2）接入正相序 $\dot{U}_b$、$\dot{U}_c$、$\dot{U}_a$。电压互感器二次绕组 ab 相极性反接，智能电能表电压接入正相序 $\dot{U}_1$（$\dot{U}_b$）、$\dot{U}_2$（$\dot{U}_c$）、$\dot{U}_3$（$\dot{U}_a$），接线图见图 3-4，相量图见图 3-5。由图 3-5 可知，$\dot{U}_{32}=\dot{U}_{12}+\dot{U}_{31}$，$\dot{U}_{12}$ 与 $\dot{U}_{31}$ 夹角为 60°，因此，$\dot{U}_{32}$ 幅值升高 $\sqrt{3}$ 倍，

接近 173V。$\dot{U}_{12}$ 超前 $\dot{U}_{32}$ 的角度为 30°，即 $\dot{U}_{12}\overset{\wedge}{\dot{U}_{32}}=30°$。

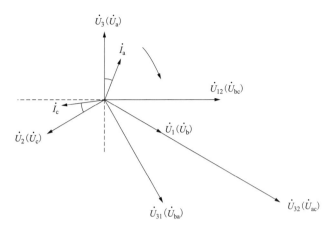

图 3-5　ab 绕组极性反接相量图（正相序 bca）

（3）接入正相序 $\dot{U}_\text{c}$、$\dot{U}_\text{a}$、$\dot{U}_\text{b}$。电压互感器二次绕组 ab 相极性反接，智能电能表电压接入正相序 $\dot{U}_1$（$\dot{U}_\text{c}$）、$\dot{U}_2$（$\dot{U}_\text{a}$）、$\dot{U}_3$（$\dot{U}_\text{b}$），接线图见图 3-6，相量图见图 3-7。由图 3-7 可知，$\dot{U}_{12} = \dot{U}_{32} + \dot{U}_{13}$，$\dot{U}_{13}$ 与 $\dot{U}_{32}$ 夹角为 60°，因此，$\dot{U}_{12}$ 幅值升高 $\sqrt{3}$ 倍，接近 173V。$\dot{U}_{12}$ 超前 $\dot{U}_{32}$ 的角度为 30°，即 $\dot{U}_{12}\hat{}\dot{U}_{32} = 30°$。

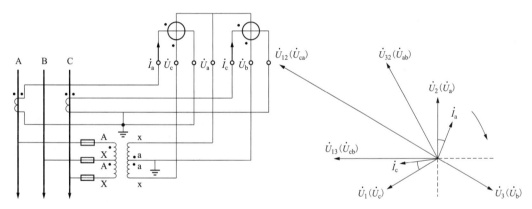

图 3-6　ab 绕组极性反接接线图（正相序 cab）　　图 3-7　ab 绕组极性反接相量图（正相序 cab）

3. 逆相序相量特性

（1）接入逆相序 $\dot{U}_\text{c}$、$\dot{U}_\text{b}$、$\dot{U}_\text{a}$。电压互感器二次绕组 ab 相极性反接，智能电能表电压接入逆相序 $\dot{U}_1$（$\dot{U}_\text{c}$）、$\dot{U}_2$（$\dot{U}_\text{b}$）、$\dot{U}_3$（$\dot{U}_\text{a}$），接线图见图 3-8，相量图见图 3-9。由图 3-9 可知，$\dot{U}_{13} = \dot{U}_{12} + \dot{U}_{23}$，$\dot{U}_{12}$ 与 $\dot{U}_{23}$ 夹角为 60°，因此，$\dot{U}_{13}$ 幅值升高 $\sqrt{3}$ 倍，接近 173V。$\dot{U}_{12}$ 超前 $\dot{U}_{32}$ 的角度为 240°，即 $\dot{U}_{12}\hat{}\dot{U}_{32} = 240°$。

（2）接入逆相序 $\dot{U}_\text{b}$、$\dot{U}_\text{a}$、$\dot{U}_\text{c}$。电压互感器二次绕组 ab 相极性反接，智能电能表电压接入逆相序 $\dot{U}_1$（$\dot{U}_\text{b}$）、$\dot{U}_2$（$\dot{U}_\text{a}$）、$\dot{U}_3$（$\dot{U}_\text{c}$），接线图见图 3-10，相量图见图 3-11。由图 3-11 可知，$\dot{U}_{32} = \dot{U}_{12} + \dot{U}_{31}$，$\dot{U}_{12}$ 与 $\dot{U}_{31}$ 夹角为 60°，因此，$\dot{U}_{32}$ 幅值升高 $\sqrt{3}$ 倍，接近 173V。$\dot{U}_{12}$ 超前 $\dot{U}_{32}$ 的角度为 330°，即 $\dot{U}_{12}\hat{}\dot{U}_{32} = 330°$。

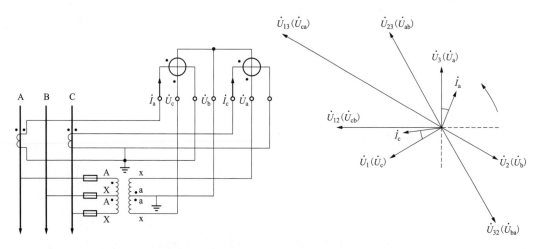

图 3-8　ab 绕组极性反接接线图（逆相序 cba）　　图 3-9　ab 绕组极性反接相量图（逆相序 cba）

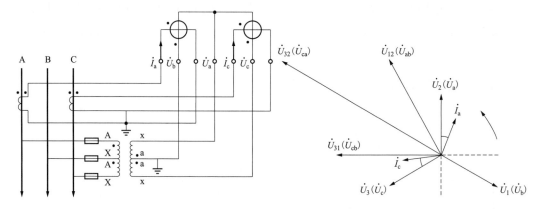

图 3-10　ab 绕组极性反接接线图（逆相序 bac）　　图 3-11　ab 绕组极性反接相量图（逆相序 bac）

（3）接入逆相序 $\dot{U}_a$、$\dot{U}_c$、$\dot{U}_b$。电压互感器二次绕组 ab 相极性反接，智能电能表电压接入逆相序 $\dot{U}_1$（$\dot{U}_a$）、$\dot{U}_2$（$\dot{U}_c$）、$\dot{U}_3$（$\dot{U}_b$），接线图见图 3-12，相量图见图 3-13。由图 3-13 可知，$\dot{U}_{12}=\dot{U}_{32}+\dot{U}_{13}$，$\dot{U}_{32}$ 与 $\dot{U}_{13}$ 夹角为 60°，因此，$\dot{U}_{12}$ 幅值升高 $\sqrt{3}$ 倍，接近 173V。$\dot{U}_{12}$ 超前 $\dot{U}_{32}$ 的角度为 330°，即 $\dot{U}_{12}\hat{\dot{U}}_{32}=330°$。

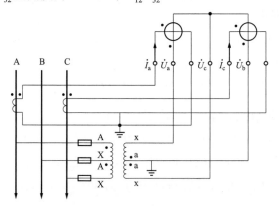

图 3-12　ab 绕组极性反接接线图（逆相序 acb）

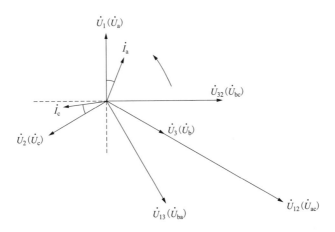

图 3-13　ab 绕组极性反接相量图（逆相序 acb）

（二）二次绕组 bc 相极性反接

1. 电压特性

电压互感器二次绕组 bc 相极性反接，智能电能表电压接入正相序 $\dot{U}_a$、$\dot{U}_b$、$\dot{U}_c$，如图 3-14 所示接线，电压互感器按照 "AX-AX/ax-xa" 方式连接，bc 相极性反接，造成一组线电压升高 $\sqrt{3}$ 倍，接近 173V。

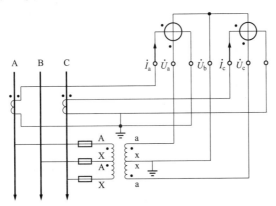

图 3-14　bc 绕组极性反接接线图（正相序 abc）

二次绕组 bc 相极性反接电压相量图见图 3-15，由于 bc 相极性反接，感应到端钮盒处电压 $\dot{U}_{32}$ 偏转 180°，$\dot{U}_{32}$ 即 $\dot{U}_{bc}$，$\dot{U}_{32}$ 幅值接近额定值 100V。ab 相二次绕组极性未反接，感应到端钮盒处电压 $\dot{U}_{12}$ 未偏转，$\dot{U}_{12}$ 即 $\dot{U}_{ab}$，$\dot{U}_{12}$ 幅值接近额定值 100V。对于三组线电压，有 $\dot{U}_{12}+\dot{U}_{23}+\dot{U}_{31}=0$，$\dot{U}_{13}=\dot{U}_{12}+\dot{U}_{23}$，$\dot{U}_{12}$ 与 $\dot{U}_{23}$ 夹角为 60°，因此，$\dot{U}_{13}$ 幅值升高 $\sqrt{3}$ 倍，接近 173V，这就是线电压升高 $\sqrt{3}$ 倍的原因。

2. 正相序相量特性

（1）接入正相序 $\dot{U}_a$、$\dot{U}_b$、$\dot{U}_c$。由图 3-15 可知，电压互感器二次绕组 bc 相极性反接，智能电能表电压接入正相序 $\dot{U}_1$（$\dot{U}_a$）、$\dot{U}_2$（$\dot{U}_b$）、$\dot{U}_3$（$\dot{U}_c$），$\dot{U}_{12}$ 超前 $\dot{U}_{32}$ 的角度为 120°，即 $\overset{\wedge}{\dot{U}_{12}\dot{U}_{32}}=120°$。

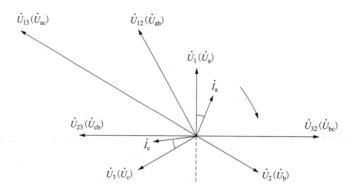

图 3-15 bc 绕组极性反接相量图（正相序 abc）

（2）接入正相序 $\dot{U}_b$、$\dot{U}_c$、$\dot{U}_a$。电压互感器二次绕组 bc 相极性反接，智能电能表电压接入正相序 $\dot{U}_1$（$\dot{U}_b$）、$\dot{U}_2$（$\dot{U}_c$）、$\dot{U}_3$（$\dot{U}_a$），接线图见图 3-16，相量图见图 3-17。由图 3-17 可知，$\dot{U}_{32} = \dot{U}_{12} + \dot{U}_{31}$，$\dot{U}_{12}$ 与 $\dot{U}_{31}$ 夹角为 60°，因此，$\dot{U}_{32}$ 幅值升高 $\sqrt{3}$ 倍，接近 173V。$\dot{U}_{12}$ 超前 $\dot{U}_{32}$ 的角度为 30°，即 $\overset{\wedge}{\dot{U}_{12}\dot{U}_{32}} = 30°$。

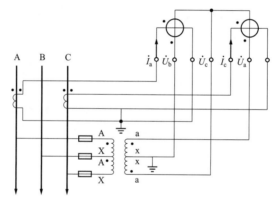

图 3-16 bc 绕组极性反接接线图（正相序 bca）

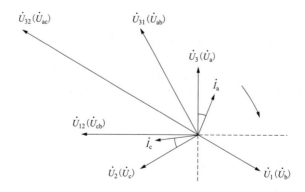

图 3-17 bc 绕组极性反接相量图（正相序 bca）

（3）接入正相序 $\dot{U}_c$、$\dot{U}_a$、$\dot{U}_b$。电压互感器二次绕组 bc 相极性反接，智能电能表电压接入正相序 $\dot{U}_1$（$\dot{U}_c$）、$\dot{U}_2$（$\dot{U}_a$）、$\dot{U}_3$（$\dot{U}_b$），接线图见图 3-18，相量图见图 3-19。

由图 3-19 可知，$\dot{U}_{12}=\dot{U}_{32}+\dot{U}_{13}$，$\dot{U}_{13}$ 与 $\dot{U}_{32}$ 夹角为 60°，因此，$\dot{U}_{12}$ 幅值升高 $\sqrt{3}$ 倍，接近 173V。$\dot{U}_{12}$ 超前 $\dot{U}_{32}$ 的角度为 30°，即 $\dot{U}_{12}\overset{\wedge}{\dot{U}}_{32}=30°$。

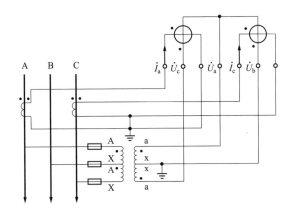

图 3-18　bc 绕组极性反接接线图（正相序 cab）

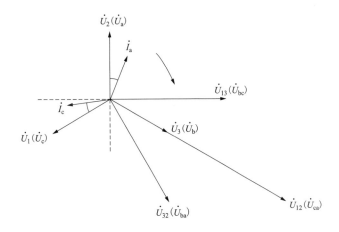

图 3-19　bc 绕组极性反接相量图（正相序 cab）

3. 逆相序相量特性

（1）接入逆相序 $\dot{U}_{c}$、$\dot{U}_{b}$、$\dot{U}_{a}$。电压互感器二次绕组 bc 相极性反接，智能电能表电压接入逆相序 $\dot{U}_{1}$（$\dot{U}_{c}$）、$\dot{U}_{2}$（$\dot{U}_{b}$）、$\dot{U}_{3}$（$\dot{U}_{a}$），接线图见图 3-20，相量图见图 3-21。由图 3-21 可知，$\dot{U}_{13}=\dot{U}_{12}+\dot{U}_{23}$，$\dot{U}_{12}$ 与 $\dot{U}_{23}$ 夹角为 60°，因此，$\dot{U}_{13}$ 幅值升高 $\sqrt{3}$ 倍，接近 173V。$\dot{U}_{12}$ 超前 $\dot{U}_{32}$ 的角度为 240°，即 $\dot{U}_{12}\overset{\wedge}{\dot{U}}_{32}=240°$。

（2）接入逆相序 $\dot{U}_{b}$、$\dot{U}_{a}$、$\dot{U}_{c}$。电压互感器二次绕组 bc 相极性反接，智能电能表电压接入逆相序 $\dot{U}_{1}$（$\dot{U}_{b}$）、$\dot{U}_{2}$（$\dot{U}_{a}$）、$\dot{U}_{3}$（$\dot{U}_{c}$），接线图见图 3-22，相量图见图 3-23。由图 3-23 可知，$\dot{U}_{32}=\dot{U}_{12}+\dot{U}_{31}$，$\dot{U}_{12}$ 与 $\dot{U}_{31}$ 夹角为 60°，因此，$\dot{U}_{32}$ 幅值升高 $\sqrt{3}$ 倍，接近 173V。$\dot{U}_{12}$ 超前 $\dot{U}_{32}$ 的角度为 330°，即 $\dot{U}_{12}\overset{\wedge}{\dot{U}}_{32}=330°$。

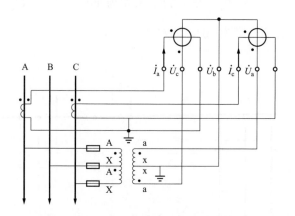

图 3-20 bc 绕组极性反接接线图（逆相序 cba）

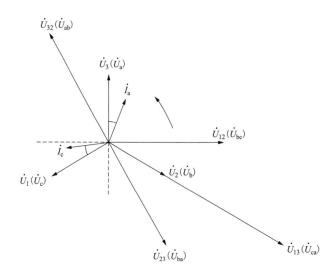

图 3-21 bc 绕组极性反接相量图（逆相序 cba）

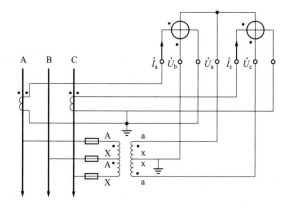

图 3-22 bc 绕组极性反接接线图（逆相序 bac）

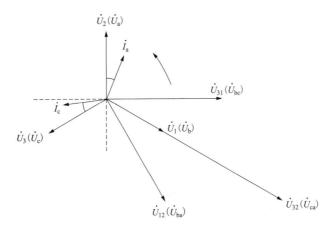

图 3-23　bc 绕组极性反接相量图（逆相序 bac）

（3）接入逆相序 $\dot{U}_a$、$\dot{U}_c$、$\dot{U}_b$。电压互感器二次绕组 bc 相极性反接，智能电能表电压接入逆相序 $\dot{U}_1$（$\dot{U}_a$）、$\dot{U}_2$（$\dot{U}_c$）、$\dot{U}_3$（$\dot{U}_b$），接线图见图 3-24，相量图见图 3-25。由图 3-25 可知，$\dot{U}_{12}=\dot{U}_{32}+\dot{U}_{13}$，$\dot{U}_{32}$ 与 $\dot{U}_{13}$ 夹角为 60°，因此，$\dot{U}_{12}$ 幅值升高 $\sqrt{3}$ 倍，接近 173V。$\dot{U}_{12}$ 超前于 $\dot{U}_{32}$ 的角度为 330°，即 $\overset{\wedge}{\dot{U}_{12}\dot{U}_{32}}=330°$。

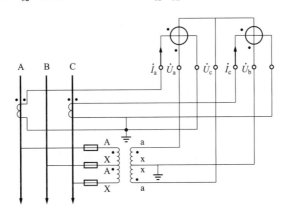

图 3-24　bc 绕组极性反接接线图（逆相序 acb）

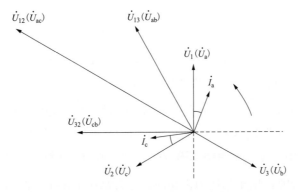

图 3-25　bc 绕组极性反接相量图（逆相序 acb）

由以上分析可知，只要 V/V 接线电压互感器一相绕组极性反接，无论 ab 相极性反接，或者 bc 相极性反接，电压相量特性如下。

智能电能表电压接入正相序 $\dot{U}_1$（$\dot{U}_a$）、$\dot{U}_2$（$\dot{U}_b$）、$\dot{U}_3$（$\dot{U}_c$），$\dot{U}_{12}$ 超前 $\dot{U}_{32}$ 的角度为 120°；接入正相序 $\dot{U}_1$（$\dot{U}_b$）、$\dot{U}_2$（$\dot{U}_c$）、$\dot{U}_3$（$\dot{U}_a$），以及正相序 $\dot{U}_1$（$\dot{U}_c$）、$\dot{U}_2$（$\dot{U}_a$）、$\dot{U}_3$（$\dot{U}_b$），$\dot{U}_{12}$ 超前 $\dot{U}_{32}$ 的角度均为 30°。接入逆相序 $\dot{U}_1$（$\dot{U}_c$）、$\dot{U}_2$（$\dot{U}_b$）、$\dot{U}_3$（$\dot{U}_a$），$\dot{U}_{12}$ 超前 $\dot{U}_{32}$ 的角度为 240°；接入逆相序 $\dot{U}_1$（$\dot{U}_b$）、$\dot{U}_2$（$\dot{U}_a$）、$\dot{U}_3$（$\dot{U}_c$），以及逆相序 $\dot{U}_1$（$\dot{U}_a$）、$\dot{U}_2$（$\dot{U}_c$）、$\dot{U}_3$（$\dot{U}_b$），$\dot{U}_{12}$ 超前 $\dot{U}_{32}$ 的角度均为 330°。

第二节　测量法分析 V/V 接线电压互感器极性反接的步骤与方法

一、测量步骤

V/V 接线电压互感器极性反接，在智能电能表端钮盒处的测量步骤如下。

（一）测量电压

测量智能电能表三组线电压 U_{12}、U_{32}、U_{31}。

（二）测量电流

测量智能电能表两组元件电流 I_1、I_2。

（三）测量相位

1. 第一种测量方案

测量 $\dot{U}_{12}$ 超前 $\dot{U}_{32}$ 的角度，$\dot{U}_{12}$ 超前 $\dot{I}_1$ 的角度，$\dot{U}_{32}$ 超前 $\dot{I}_2$ 的角度。

2. 第二种测量方案

测量 $\dot{U}_{12}$ 超前 $\dot{I}_1$ 的角度、$\dot{U}_{12}$ 超前 $\dot{I}_2$ 的角度、$\dot{U}_{32}$ 超前 $\dot{I}_2$ 的角度，确定 $\dot{U}_{12}$ 超前 $\dot{U}_{32}$ 的角度，以及各元件的相位角。

3. 第三种测量方案

测量 $\dot{U}_{12}$ 超前 $\dot{I}_1$ 的角度、$\dot{U}_{32}$ 超前 $\dot{I}_2$ 的角度、$\dot{U}_{32}$ 超前 $\dot{I}_1$ 的角度，确定 $\dot{U}_{12}$ 超前 $\dot{U}_{32}$ 的角度，以及各元件的相位角。

二、分析步骤及方法

V/V 接线电压互感器极性反接分析步骤及方法如下。

（一）判断电压的相序和相别

根据 $\dot{U}_{12}$ 超前 $\dot{U}_{32}$ 的角度判断电压相序，$\dot{U}_{12}\hat{}\dot{U}_{32}=30°$ 或 $\dot{U}_{12}\hat{}\dot{U}_{32}=120°$ 为正相序，$\dot{U}_{12}\hat{}\dot{U}_{32}=330°$ 或 $\dot{U}_{12}\hat{}\dot{U}_{32}=240°$ 为逆相序。然后确定 $\dot{U}_b$，非升高相为 $\dot{U}_b$，未出现 173V 的一相为非升高相 $\dot{U}_b$，再结合相序判断电压相别。

（1）$\dot{U}_{12}\hat{}\dot{U}_{32}=30°$，电压相序为正相序。如升高相 $U_{12}=173V$，未出现 173V 的另外一相 $\dot{U}_3$ 为 $\dot{U}_b$，电压相别为 $\dot{U}_1$（$\dot{U}_c$）、$\dot{U}_2$（$\dot{U}_a$）、$\dot{U}_3$（$\dot{U}_b$）；如升高相 $U_{32}=173V$，未出现 173V 的另外一相 $\dot{U}_1$ 为 $\dot{U}_b$，电压相别为 $\dot{U}_1$（$\dot{U}_b$）、$\dot{U}_2$（$\dot{U}_c$）、$\dot{U}_3$（$\dot{U}_a$）。

（2）$\dot{U}_{12}\hat{}\dot{U}_{32}=120°$，电压相序为正相序。如升高相 $U_{13}=173V$，未出现 173V 的另外一相 $\dot{U}_2$ 为 $\dot{U}_b$，电压相别为 $\dot{U}_1$（$\dot{U}_a$）、$\dot{U}_2$（$\dot{U}_b$）、$\dot{U}_3$（$\dot{U}_c$）。

（3）$\dot{U}_{12}\hat{\dot{U}}_{32}=240°$，电压相序为逆相序。如升高相 $U_{13}=173\text{V}$，未出现 173V 的另外一相 $\dot{U}_2$ 为 $\dot{U}_b$，电压相别为 $\dot{U}_1$（$\dot{U}_c$）、$\dot{U}_2$（$\dot{U}_b$）、$\dot{U}_3$（$\dot{U}_a$）。

（4）$\dot{U}_{12}\hat{\dot{U}}_{32}=330°$，电压相序为逆相序。如升高相 $U_{32}=173\text{V}$，未出现 173V 的另外一相 $\dot{U}_1$ 为 $\dot{U}_b$，电压相别为 $\dot{U}_1$（$\dot{U}_b$）、$\dot{U}_2$（$\dot{U}_a$）、$\dot{U}_3$（$\dot{U}_c$）。如升高相 $U_{12}=173\text{V}$，未出现 173V 的另外一相 $\dot{U}_3$ 为 $\dot{U}_b$，电压相别为 $\dot{U}_1$（$\dot{U}_a$）、$\dot{U}_2$（$\dot{U}_c$）、$\dot{U}_3$（$\dot{U}_b$）。

（二）确定相量图，假定电压极性反接绕组

按照正相序 $\dot{U}_a\rightarrow\dot{U}_b\rightarrow\dot{U}_c$ 确定三相相电压相量图，根据 $\dot{U}_1$、$\dot{U}_2$、$\dot{U}_3$ 与 $\dot{U}_a$、$\dot{U}_b$、$\dot{U}_c$ 之间的对应关系，在 $\dot{U}_a$、$\dot{U}_b$、$\dot{U}_c$ 之前标注出对应的 $\dot{U}_1$、$\dot{U}_2$、$\dot{U}_3$。V/V 接线电压互感器一相绕组极性反接，采用假定法进行分析，具体方法如下。

选择线电压接近 100V 那一组，进行两种假定，两种假定对应两种错误接线，两种错误接线类型不一致，但功率表达式、更正系数一致，现场接线是两种错误接线中的一种。下面介绍出现的三种电压类型分析方法。

1. 第一种类型

U_{12} 接近 100V，U_{13} 接近 100V，U_{32} 接近 173V。

（1）第一种假定。假定 $\dot{U}_{12}$ 对应绕组极性反接，在相量图上确定 $\dot{U}_{12}$，再根据 $\dot{U}_{12}$ 和 $\dot{U}_{32}$ 相位关系，确定 $\dot{U}_{32}$；根据 $\dot{U}_{12}$ 超前 $\dot{I}_1$ 的角度确定 $\dot{I}_1$，$\dot{U}_{32}$ 超前 $\dot{I}_2$ 的角度确定 $\dot{I}_2$，得出错误接线相量图；最后在 $\dot{U}_{12}$、$\dot{U}_{32}$ 后标注对应的电压相别。

（2）第二种假定。假定 $\dot{U}_{12}$ 对应绕组极性不反接，则另外一组电压互感器二次绕组极性反接，在相量图上确定 $\dot{U}_{12}$，再根据 $\dot{U}_{12}$ 和 $\dot{U}_{32}$ 相位关系，确定 $\dot{U}_{32}$；根据 $\dot{U}_{12}$ 超前 $\dot{I}_1$ 的角度确定 $\dot{I}_1$，$\dot{U}_{32}$ 超前 $\dot{I}_2$ 的角度确定 $\dot{I}_2$，得出错误接线相量图；最后在 $\dot{U}_{12}$、$\dot{U}_{32}$ 后标注对应的电压相别。

2. 第二种类型

U_{12} 接近 173V，U_{32} 接近 100V，U_{13} 接近 100V。

（1）第一种假定。假定 $\dot{U}_{32}$ 对应绕组极性反接，在相量图上确定 $\dot{U}_{32}$，再根据 $\dot{U}_{12}$ 和 $\dot{U}_{32}$ 相位关系，确定 $\dot{U}_{12}$；根据 $\dot{U}_{12}$ 超前 $\dot{I}_1$ 的角度确定 $\dot{I}_1$，$\dot{U}_{32}$ 超前 $\dot{I}_2$ 的角度确定 $\dot{I}_2$，得出错误接线相量图；在 $\dot{U}_{12}$、$\dot{U}_{32}$ 后标注对应的电压相别。

（2）第二种假定。假定 $\dot{U}_{32}$ 对应绕组极性不反接，则另外一组电压互感器二次绕组极性反接，在相量图上确定 $\dot{U}_{32}$，再根据 $\dot{U}_{12}$ 和 $\dot{U}_{32}$ 相位关系，确定 $\dot{U}_{12}$；根据 $\dot{U}_{12}$ 超前 $\dot{I}_1$ 的角度确定 $\dot{I}_1$，$\dot{U}_{32}$ 超前 $\dot{I}_2$ 的角度确定 $\dot{I}_2$，得出错误接线相量图；在 $\dot{U}_{12}$、$\dot{U}_{32}$ 后标注对应的电压相别。

3. 第三种类型

U_{12} 接近 100V，U_{32} 接近 100V，U_{13} 接近 173V。

（1）第一种假定。假定 $\dot{U}_{12}$ 对应绕组极性反接，在相量图上确定 $\dot{U}_{12}$，根据 $\dot{U}_{12}$ 和 $\dot{U}_{32}$ 相位关系，确定 $\dot{U}_{32}$；根据 $\dot{U}_{12}$ 超前 $\dot{I}_1$ 的角度确定 $\dot{I}_1$，$\dot{U}_{32}$ 超前 $\dot{I}_2$ 的角度确定 $\dot{I}_2$，得出错误接线相量图；在 $\dot{U}_{12}$、$\dot{U}_{32}$ 后标注对应的电压相别。

（2）第二种假定。假定 $\dot{U}_{12}$ 对应绕组极性不反接，则另外一组电压互感器二次绕组极性反接，在相量图上确定 $\dot{U}_{12}$，再根据 $\dot{U}_{12}$ 和 $\dot{U}_{32}$ 相位关系，确定 $\dot{U}_{32}$；根据 $\dot{U}_{12}$ 超前 $\dot{I}_1$ 的角度确

定 $\dot{I}_1$，$\dot{U}_{32}$ 超前 $\dot{I}_2$ 的角度确定 $\dot{I}_2$，得出错误接线相量图；在 $\dot{U}_{12}$、$\dot{U}_{32}$ 后标注对应的电压相别。

（三）判断电流的相别和极性

根据电压超前或滞后同相电流的负载功率因数角 0°～90°，以及一次负荷潮流方向，判断电流的相别和极性。

首先找出 $\dot{I}_1$ 对应的同相电压，即 $\dot{I}_1$ 滞后或超前同相电压对应的负载功率因数角 0°～90°，也可能 $\dot{I}_1$ 反相为 $-\dot{I}_1$ 后才能找出对应的同相电压，即 $-\dot{I}_1$ 滞后或超前同相电压对应的负载功率因数角 0°～90°，再结合一次负荷潮流方向，判断 $\dot{I}_1$ 的相别和极性。找出 $\dot{I}_2$ 对应的同相电压，即 $\dot{I}_2$ 滞后或超前对应的同相电压负载功率因数角 0°～90°，也可能 $\dot{I}_2$ 反相为 $-\dot{I}_2$ 才能找出对应的同相电压，即 $-\dot{I}_2$ 滞后或超前同相电压对应的负载功率因数角 0°～90°，再结合一次负荷潮流方向，判断 $\dot{I}_2$ 的相别和极性。

（四）计算更正系数和退补电量

两种假定，对应两种错误接线，两种错误接线类型不一致，但功率表达式、更正系数一致。

在错误接线相量图上，确定第一组元件夹角 φ_1 关系式，φ_1 是 $\dot{U}_{12}$ 超前 $\dot{I}_1$ 的角度，或者是 $\dot{U}_{12}$ 滞后 $\dot{I}_1$ 的角度，一般情况下，应选择小角度；确定第二组元件夹角 φ_2 关系式，φ_2 是 $\dot{U}_{32}$ 超前 $\dot{I}_2$ 的角度，或者是 $\dot{U}_{32}$ 滞后 $\dot{I}_2$ 的角度，一般情况下，应选择小角度；然后求出功率表达式，计算更正系数，如 U_{12} 或 U_{32} 接近 173V，则接近 173V 的那一组线电压应升高 $\sqrt{3}$ 代入功率表达式计算。

（1）有功更正系数。

$$K_P = \frac{P}{P'} = \frac{\sqrt{3}UI\cos\varphi}{U_{12}I_1\cos\varphi_1 + U_{32}I_2\cos\varphi_2} \tag{3-1}$$

（2）无功更正系数。

$$K_Q = \frac{Q}{Q'} = \frac{\sqrt{3}UI\sin\varphi}{U_{12}I_1\sin\varphi_1 + U_{32}I_2\sin\varphi_2} \tag{3-2}$$

化简求出更正系数之后，再计算有功和无功的退补电量。

（五）更正接线

分析出两种错误接线，现场接线是两种错误接线中的一种，两种错误接线不一致，但功率表达式、更正系数一致，理论上根据两种错误接线更正均能正确计量。实际工作中，应检查接入智能电能表的实际二次电压和二次电流，根据现场实际的错误接线，按照正确接线方式更正。必须严格按照各种安全管理规定，履行保证安全的组织措施和技术措施后，方可更正接线。

第三节　V/V 接线电压互感器极性反接 I 象限实例分析

一、0°～30°（感性负载）实例分析

（一）实例一

10kV 专用变压器用电用户，在 10kV 侧采用高供高计计量方式，接线方式为三相三线，

电压互感器采用 V/V 接线，电流互感器变比为 100A/5A，电能表为 3×100V、3×1.5（6）A 的智能电能表。在端钮盒处测量参数数据如下：U_{12}=101.8V，U_{32}=101.2V，U_{13}=175.2V，I_1=1.01A，I_2=1.05A，$\dot{U}_{12}\hat{}\dot{U}_{32}$=120°，$\dot{U}_{12}\hat{}\dot{I}_1$=112°，$\dot{U}_{32}\hat{}\dot{I}_2$=112°。已知负载功率因数角为 22°（感性），10kV 供电线路向专用变压器输入有功功率、无功功率，分析错误接线、运行状态。

解析： 由测量数据可知，两组线电压 U_{12}、U_{32} 接近额定值 100V，一组线电压 U_{13} 接近 173V，说明电压互感器一相极性反接，无失压；两相电流有一定大小，基本对称，无失流等异常。

第一种假定：

1. 判断电压的相序和相别

由于 $\dot{U}_{12}\hat{}\dot{U}_{32}$=120°，智能电能表电压为正相序，升高相 U_{13}=175.2V，则另外一相 $\dot{U}_2$ 为 $\dot{U}_b$，电压相别为 $\dot{U}_1$（$\dot{U}_a$）、$\dot{U}_2$（$\dot{U}_b$）、$\dot{U}_3$（$\dot{U}_c$）。

2. 确定相量图

按照正相序 $\dot{U}_a \to \dot{U}_b \to \dot{U}_c$ 确定相量图，标明 $\dot{U}_1$、$\dot{U}_2$、$\dot{U}_3$ 与 $\dot{U}_a$、$\dot{U}_b$、$\dot{U}_c$ 之间的对应关系。假定 $\dot{U}_{12}$ 对应绕组极性反接，反接后 $\dot{U}_{12}$ 为 $\dot{U}_{ba}$，则极性反接二次绕组为 ab 绕组。根据相位关系确定 $\dot{U}_{32}$，以及 $\dot{I}_1$、$\dot{I}_2$，得出相量图见图 3-26。

3. 接线分析

（1）判断运行象限。由于负载功率因数角为 22°（感性），10kV 供电线路向专用变压器输入有功功率、无功功率，因此，一次负荷潮流状态为 +P、+Q，智能电能表应运行于 I 象限。

（2）接线分析。由图 3-26 可知，$\dot{I}_1$ 滞后 $\dot{U}_3$ 约 22°，$\dot{I}_1$ 和 $\dot{U}_3$ 同相；$\dot{I}_2$ 滞后 $\dot{U}_1$ 约 22°，$\dot{I}_2$ 和 $\dot{U}_1$ 同相。$\dot{I}_1$ 为 $\dot{I}_c$，$\dot{I}_2$ 为 $\dot{I}_a$。第一元件电压接入 $\dot{U}_{ba}$，电流接入 $\dot{I}_c$；第二元件电压接入 $\dot{U}_{cb}$，电流接入 $\dot{I}_a$。错误接线结论见表 3-1。

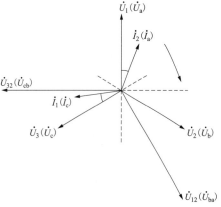

图 3-26　错误接线相量图

表 3-1　　　　　　　　错 误 接 线 结 论 表

	$\dot{U}_1$（$\dot{U}_a$）	$\dot{U}_2$（$\dot{U}_b$）	$\dot{U}_3$（$\dot{U}_c$）
接入电压	$\dot{U}_{12}$（$\dot{U}_{ba}$）	$\dot{U}_{32}$（$\dot{U}_{cb}$）	
	极性反接二次绕组	ab 绕组	
接入电流	$\dot{I}_1$（$\dot{I}_c$）	$\dot{I}_2$（$\dot{I}_a$）	

4. 计算更正系数

（1）有功更正系数。

$$P' = U_{\text{ba}}I_{\text{c}}\cos(90° + \varphi) + U_{\text{cb}}I_{\text{a}}\cos(90° + \varphi) \qquad (3\text{-}3)$$

$$K_{\text{P}} = \frac{P}{P'} = \frac{\sqrt{3}UI\cos\varphi}{UI\cos(90° + \varphi) + UI\cos(90° + \varphi)} = -\frac{\sqrt{3}}{2\tan\varphi} \qquad (3\text{-}4)$$

（2）无功更正系数。

$$Q' = U_{\text{ba}}I_{\text{c}}\sin(90° + \varphi) + U_{\text{cb}}I_{\text{a}}\sin(90° + \varphi) \qquad (3\text{-}5)$$

$$K_{\text{Q}} = \frac{Q}{Q'} = \frac{\sqrt{3}UI\sin\varphi}{UI\sin(90° + \varphi) + UI\sin(90° + \varphi)} = \frac{\sqrt{3}}{2\cot\varphi} \qquad (3\text{-}6)$$

5. 智能电能表运行分析

（1）智能电能表运行参数。

$$\cos\varphi_1 = 112° \approx -0.37$$

$$\cos\varphi_2 = 112° \approx -0.37$$

$$\cos\varphi \approx -0.37$$

$$P' = U_{\text{ba}}I_{\text{c}}\cos(90° + \varphi) + U_{\text{cb}}I_{\text{a}}\cos(90° + \varphi) = -78.32(\text{W})$$

$$Q' = U_{\text{ba}}I_{\text{c}}\sin(90° + \varphi) + U_{\text{cb}}I_{\text{a}}\sin(90° + \varphi) = 193.85(\text{var})$$

（2）智能电能表运行分析。智能电能表显示电压正相序。第一元件功率因数为负值，显示负电流；第二元件功率因数为负值，显示负电流。由于测量总有功功率 −78.32W 为负值，总无功功率 193.85var 为正值，智能电能表实际运行于 II 象限，有功电量计入反向，无功电量计入反向（II 象限）。

6. 电能计量装置接线图

电能计量装置接线见图 3-27。

第二种假定：

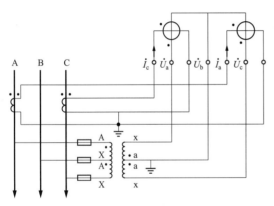

图 3-27 电能计量装置接线图

1. 判断电压的相序和相别

由于 $\dot{U}_{12}\hat{\dot{U}}_{32} = 120°$，智能电能表电压为正相序，升高相 $U_{13}=175.2$V，则另外一相 $\dot{U}_2$ 为 $\dot{U}_{\text{b}}$，电压相别为 $\dot{U}_1（\dot{U}_{\text{a}}）$、$\dot{U}_2（\dot{U}_{\text{b}}）$、$\dot{U}_3（\dot{U}_{\text{c}}）$。

2. 确定相量图

按照正相序 $\dot{U}_{\text{a}} \rightarrow \dot{U}_{\text{b}} \rightarrow \dot{U}_{\text{c}}$ 确定相量图，标明 $\dot{U}_1$、$\dot{U}_2$、$\dot{U}_3$ 与 $\dot{U}_{\text{a}}$、$\dot{U}_{\text{b}}$、$\dot{U}_{\text{c}}$ 之间的对应关系。假定 $\dot{U}_{12}$ 对应绕组极性不反接，$\dot{U}_{12}$ 为 $\dot{U}_{\text{ab}}$，则极性反接二次绕组为 bc 绕组。根据相位关系确定 $\dot{U}_{32}$，以及 $\dot{I}_1$、$\dot{I}_2$，得出相量图见图 3-28。

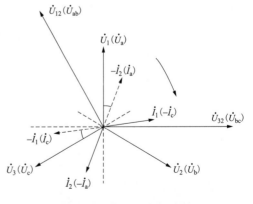

图 3-28 错误接线相量图

3. 接线分析

（1）判断运行象限。由于负载功率因数角为 22°（感性），10kV 供电线路向专用变压器输入有功功率、无功功率，因此，一次负荷潮流状态为+P、+Q，智能电能表应运行于 I 象限。

（2）接线分析。由图 3-28 可知，$\dot{I}_1$ 反相后 $-\dot{I}_1$ 滞后 $\dot{U}_3$ 约 22°，$-\dot{I}_1$ 和 $\dot{U}_3$ 同相；$\dot{I}_2$ 反相后 $-\dot{I}_2$ 滞后 $\dot{U}_1$ 约 22°，$-\dot{I}_2$ 和 $\dot{U}_1$ 同相。$-\dot{I}_1$ 为 $\dot{I}_c$，$\dot{I}_1$ 为 $-\dot{I}_c$，$-\dot{I}_2$ 为 $\dot{I}_a$，$\dot{I}_2$ 为 $-\dot{I}_a$。第一元件电压接入 $\dot{U}_{ab}$，电流接入 $-\dot{I}_c$；第二元件电压接入 $\dot{U}_{bc}$，电流接入 $-\dot{I}_a$。错误接线结论见表 3-2。

表 3-2　　　　　　　　　　　错 误 接 线 结 论 表

接入电压	$\dot{U}_1$（$\dot{U}_a$）	$\dot{U}_2$（$\dot{U}_b$）	$\dot{U}_3$（$\dot{U}_c$）
	$\dot{U}_{12}$（$\dot{U}_{ab}$）	$\dot{U}_{32}$（$\dot{U}_{bc}$）	
	极性反接二次绕组	bc 绕组	
接入电流	$\dot{I}_1$（$-\dot{I}_c$）	$\dot{I}_2$（$-\dot{I}_a$）	

4. 计算更正系数

（1）有功更正系数。

$$P' = U_{ab}I_c \cos(90° + \varphi) + U_{bc}I_a \cos(90° + \varphi) \tag{3-7}$$

$$K_P = \frac{P}{P'} = \frac{\sqrt{3}UI\cos\varphi}{UI\cos(90° + \varphi) + UI\cos(90° + \varphi)} = -\frac{\sqrt{3}}{2\tan\varphi} \tag{3-8}$$

（2）无功更正系数。

$$Q' = U_{ab}I_c \sin(90° + \varphi) + U_{bc}I_a \sin(90° + \varphi) \tag{3-9}$$

$$K_Q = \frac{Q}{Q'} = \frac{\sqrt{3}UI\sin\varphi}{UI\sin(90° + \varphi) + UI\sin(90° + \varphi)} = \frac{\sqrt{3}}{2\cot\varphi} \tag{3-10}$$

5. 智能电能表运行分析

（1）智能电能表运行参数。

$$\cos\varphi_1 = 112° \approx -0.37$$

$$\cos\varphi_2 = 112° \approx -0.37$$

$$\cos\varphi \approx -0.37$$

$$P' = U_{ab}I_c \cos(90° + \varphi) + U_{bc}I_a \cos(90° + \varphi) = -78.32\text{(W)}$$

$$Q' = U_{ab}I_c \sin(90° + \varphi) + U_{bc}I_a \sin(90° + \varphi) = 193.85\text{(var)}$$

（2）智能电能表运行分析。智能电能表显示电压正相序。第一元件功率因数为负值，显示负电流；第二元件功率因数为负值，显示负电流。由于测量总有功功率−78.32W 为负值，总无功功率 193.85var 为正值，智能电能表实际运行于 II 象限，有功电量计入反向，无功电量计入反向（II 象限）。

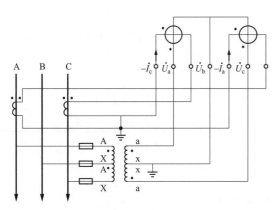

图 3-29 电能计量装置接线图

6. 电能计量装置接线图

电能计量装置接线图见图 3-29。

（二）实例二

10kV 专用变压器用电用户，在 10kV 侧采用高供高计计量方式，接线方式为三相三线，电压互感器采用 V/V 接线，电流互感器变比为 50A/5A，电能表为 3×100V、3×1.5（6）A 的智能电能表。在端钮盒处测量参数数据如下：U_{12}=175.8V，U_{32}=101.6V，U_{13}=101.5V，I_1=1.31A，I_2=1.33A，$\hat{\dot{U}_{12}\dot{U}_{32}}=30°$，$\hat{\dot{U}_{12}\dot{I}_1}=136°$，$\hat{\dot{U}_{32}\dot{I}_2}=46°$。

已知负载功率因数角为 16°（感性），10kV 供电线路向专用变压器输入有功功率、无功功率，分析错误接线、运行状态。

解析：由测量数据可知，两组线电压 U_{32}、U_{13} 接近额定值 100V，一组线电压 U_{12} 接近 173V，说明电压互感器一相极性反接，无失压；两相电流有一定大小，基本对称，无失流等异常。

第一种假定：

1. 判断电压的相序和相别

由于 $\hat{\dot{U}_{12}\dot{U}_{32}}=30°$，智能电能表电压为正相序，升高相 U_{12}=175.8V，则另外一相 $\dot{U}_3$ 为 $\dot{U}_b$，电压相别为 $\dot{U}_1$（$\dot{U}_c$）、$\dot{U}_2$（$\dot{U}_a$）、$\dot{U}_3$（$\dot{U}_b$）。

2. 确定相量图

按照正相序 $\dot{U}_a \to \dot{U}_b \to \dot{U}_c$ 确定相量图，标明 $\dot{U}_1$、$\dot{U}_2$、$\dot{U}_3$ 与 $\dot{U}_a$、$\dot{U}_b$、$\dot{U}_c$ 之间的对应关系。假定 $\dot{U}_{32}$ 对应绕组极性反接，反接后 $\dot{U}_{32}$ 为 $\dot{U}_{ab}$，则极性反接二次绕组为 ab 绕组。根据相位关系确定 $\dot{U}_{12}$，以及 $\dot{I}_1$、$\dot{I}_2$，得出相量图见图 3-30。

3. 接线分析

（1）判断运行象限。由于负载功率因数角为 16°（感性），10kV 供电线路向专用变压器输入有功功率、无功功率，因此，一次负荷潮流状态为+P、+Q，智能电能表应运行于 I 象限。

（2）接线分析。由图 3-30 可知，$\dot{I}_1$ 反相后 $-\dot{I}_1$ 滞后 $\dot{U}_1$ 约 16°，$-\dot{I}_1$ 和 $\dot{U}_1$ 同相；$\dot{I}_2$ 滞后 $\dot{U}_2$ 约 16°，$\dot{I}_2$ 和 $\dot{U}_2$ 同相。$-\dot{I}_1$ 为 $\dot{I}_c$，$\dot{I}_1$ 为 $-\dot{I}_c$，$\dot{I}_2$ 为 $\dot{I}_a$。第一元件电压接入 $\dot{U}_{ca}$，电流接入 $-\dot{I}_c$；第二元件电压接入 $\dot{U}_{ab}$，电流接入 $\dot{I}_a$。错误接线结论见表 3-3。

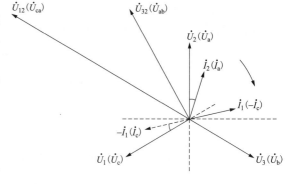

图 3-30 错误接线相量图

表 3-3 错误接线结论表

接入电压	$\dot{U}_1$ ($\dot{U}_c$)	$\dot{U}_2$ ($\dot{U}_a$)	$\dot{U}_3$ ($\dot{U}_b$)
	$\dot{U}_{12}$ ($\dot{U}_{ca}$)	$\dot{U}_{32}$ ($\dot{U}_{ab}$)	
	极性反接二次绕组	ab 绕组	
接入电流	$\dot{I}_1$ ($-\dot{I}_c$)	$\dot{I}_2$ ($\dot{I}_a$)	

4. 计算更正系数

（1）有功更正系数。

$$P' = U_{ca}I_c \cos(120° + \varphi) + U_{ab}I_a \cos(30° + \varphi) \tag{3-11}$$

$$K_P = \frac{P}{P'} = \frac{\sqrt{3}UI\cos\varphi}{\sqrt{3}UI\cos(120° + \varphi) + UI\cos(30° + \varphi)} = -\frac{\sqrt{3}}{2\tan\varphi} \tag{3-12}$$

（2）无功更正系数。

$$Q' = U_{ca}I_c \sin(120° + \varphi) + U_{ab}I_a \sin(30° + \varphi) \tag{3-13}$$

$$K_Q = \frac{Q}{Q'} = \frac{\sqrt{3}UI\sin\varphi}{\sqrt{3}UI\sin(120° + \varphi) + UI\sin(30° + \varphi)} = \frac{\sqrt{3}}{2\cot\varphi} \tag{3-14}$$

5. 智能电能表运行分析

（1）智能电能表运行参数。

$$\cos\varphi_1 = 136° \approx -0.72$$

$$\cos\varphi_2 = 46° \approx 0.69$$

$$\cos\varphi \approx -0.27$$

$$P' = U_{ca}I_c \cos(120° + \varphi) + U_{ab}I_a \cos(30° + \varphi) = -71.79(\text{W})$$

$$Q' = U_{ca}I_c \sin(120° + \varphi) + U_{ab}I_a \sin(30° + \varphi) = 257.18(\text{var})$$

（2）智能电能表运行分析。智能电能表显示电压正相序。第一元件功率因数为负值，显示负电流；第二元件功率因数为正值，显示正电流。由于测量总有功功率 –71.79W 为负值，总无功功率 257.18var 为正值，智能电能表实际运行于 II 象限，有功电量计入反向，无功电量计入反向（II 象限）。

6. 电能计量装置接线图

电能计量装置接线见图 3-31。

第二种假定：

1. 判断电压的相序和相别

由于 $\dot{U}_{12}\hat{\dot{U}}_{32} = 30°$，智能电能表电压为正相序，升高相 $U_{12}=175.8$V，则另外一相 $\dot{U}_3$ 为 $\dot{U}_b$，电压相别为 $\dot{U}_1$ ($\dot{U}_c$)、$\dot{U}_2$ ($\dot{U}_a$)、$\dot{U}_3$ ($\dot{U}_b$)。

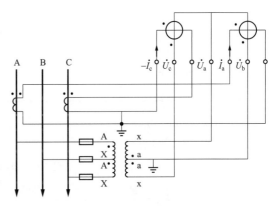

图 3-31 电能计量装置接线图

2. 确定相量图

按照正相序 $\dot{U}_a \rightarrow \dot{U}_b \rightarrow \dot{U}_c$ 确定相量图，标明 $\dot{U}_1$、$\dot{U}_2$、$\dot{U}_3$ 与 $\dot{U}_a$、$\dot{U}_b$、$\dot{U}_c$ 之间的对应关系。假定 $\dot{U}_{32}$ 对应绕组极性不反接，$\dot{U}_{32}$ 为 $\dot{U}_{ba}$，则极性反接二次绕组为 bc 绕组。根据相位关系确定 $\dot{U}_{12}$，以及 $\dot{I}_1$、$\dot{I}_2$，得出相量图见图 3-32。

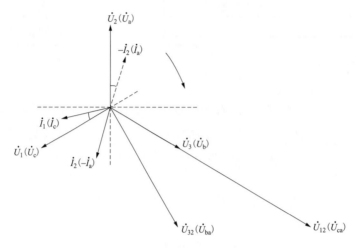

图 3-32　错误接线相量图

3. 接线分析

（1）判断运行象限。由于负载功率因数角为 16°（感性），10kV 供电线路向专用变压器输入有功功率、无功功率，因此，一次负荷潮流状态为 +P、+Q，智能电能表应运行于 I 象限。

（2）接线分析。由图 3-32 可知，$\dot{I}_1$ 滞后 $\dot{U}_1$ 约 16°，$\dot{I}_1$ 和 $\dot{U}_1$ 同相；$\dot{I}_2$ 反相后 $-\dot{I}_2$ 滞后 $\dot{U}_2$ 约 16°，$-\dot{I}_2$ 和 $\dot{U}_2$ 同相。$\dot{I}_1$ 为 $\dot{I}_c$，$-\dot{I}_2$ 为 $\dot{I}_a$，$\dot{I}_2$ 为 $-\dot{I}_a$。第一元件电压接入 $\dot{U}_{ca}$，电流接入 $\dot{I}_c$；第二元件电压接入 $\dot{U}_{ba}$，电流接入 $-\dot{I}_a$。错误接线结论见表 3-4。

表 3-4　　　　　　　　　　　错 误 接 线 结 论 表

接入电压	$\dot{U}_1$（$\dot{U}_c$）	$\dot{U}_2$（$\dot{U}_a$）	$\dot{U}_3$（$\dot{U}_b$）
	$\dot{U}_{12}$（$\dot{U}_{ca}$）	$\dot{U}_{32}$（$\dot{U}_{ba}$）	
	极性反接二次绕组	bc 绕组	
接入电流	$\dot{I}_1$（$\dot{I}_c$）	$\dot{I}_2$（$-\dot{I}_a$）	

4. 计算更正系数

（1）有功更正系数。

$$P' = U_{ca}I_c \cos(120° + \varphi) + U_{ba}I_a \cos(30° + \varphi) \tag{3-15}$$

$$K_P = \frac{P}{P'} = \frac{\sqrt{3}UI\cos\varphi}{\sqrt{3}UI\cos(120° + \varphi) + UI\cos(30° + \varphi)} = -\frac{\sqrt{3}}{2\tan\varphi} \tag{3-16}$$

（2）无功更正系数。

$$Q' = U_{ca}I_c \sin(120° + \varphi) + U_{ba}I_a \sin(30° + \varphi) \tag{3-17}$$

$$K_Q = \frac{Q}{Q'} = \frac{\sqrt{3}UI\sin\varphi}{\sqrt{3}UI\sin(120° + \varphi) + UI\sin(30° + \varphi)} = \frac{\sqrt{3}}{2\cot\varphi} \tag{3-18}$$

5. 智能电能表运行分析

（1）智能电能表运行参数。

$$\cos\varphi_1 = 136° \approx -0.72$$
$$\cos\varphi_2 = 46° \approx 0.69$$
$$\cos\varphi \approx -0.27$$

$$P' = U_{ca}I_c \cos(120° + \varphi) + U_{ba}I_a \cos(30° + \varphi) = -71.79(\text{W})$$
$$Q' = U_{ca}I_c \sin(120° + \varphi) + U_{ba}I_a \sin(30° + \varphi) = 257.18(\text{var})$$

（2）智能电能表运行分析。智能电能表显示电压正相序。第一元件功率因数为负值，显示负电流；第二元件功率因数为正值，显示正电流。由于测量总有功功率 −71.79W 为负值，总无功功率 257.18var 为正值，智能电能表实际运行于Ⅱ象限，有功电量计入反向，无功电量计入反向（Ⅱ象限）。

6. 电能计量装置接线图

电能计量装置接线图见图 3-33。

（三）实例三

10kV 专用线变压器用电用户，计量点设置在系统变电站 10kV 出线处，采用高供高计计量方式，接线方式为三相三线，

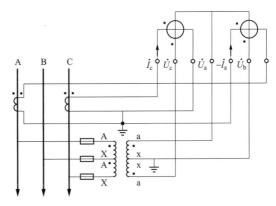

图 3-33 电能计量装置接线图

电压互感器采用 V/V 接线，电流互感器变比为 500A/5A，电能表为 3×100V、3×1.5（6）A 的智能电能表。在端钮盒处测量参数数据如下：U_{12}=177.9V，U_{32}=103.6V，U_{13}=103.7V，I_1=2.66A，I_2=2.67A，$\overset{\wedge}{\dot{U}_{12}\dot{U}_{32}} = 330°$，$\overset{\wedge}{\dot{U}_{12}\dot{I}_1} = 257°$，$\overset{\wedge}{\dot{U}_{32}\dot{I}_2} = 347°$。已知负载功率因数角为 17°（感性），10kV 母线向专用供电线路输入有功功率、无功功率，分析错误接线、运行状态。

解析： 由测量数据可知，两组线电压 U_{32}、U_{13} 接近额定值 100V，一组线电压 U_{12} 接近 173V，说明电压互感器一相极性反接，无失压；两相电流有一定大小，基本对称，无失流等异常。

第一种假定：

1. 判断电压的相序和相别

由于 $\overset{\wedge}{\dot{U}_{12}\dot{U}_{32}} = 330°$，智能电能表电压为逆相序，升高相 U_{12}=177.9V，则另外一相 $\dot{U}_3$ 为 $\dot{U}_b$，电压相别为 $\dot{U}_1$（$\dot{U}_a$）、$\dot{U}_2$（$\dot{U}_c$）、$\dot{U}_3$（$\dot{U}_b$）。

2. 确定相量图

按照正相序 $\dot{U}_a \rightarrow \dot{U}_b \rightarrow \dot{U}_c$ 确定相量图，标明 $\dot{U}_1$、$\dot{U}_2$、$\dot{U}_3$ 与 $\dot{U}_a$、$\dot{U}_b$、$\dot{U}_c$ 之间的对

应关系。假定 $\dot{U}_{32}$ 对应绕组极性反接，反接后 $\dot{U}_{32}$ 为 $\dot{U}_{cb}$，则极性反接二次绕组为 bc 绕组。根据相位关系确定 $\dot{U}_{12}$，以及 $\dot{I}_1$、$\dot{I}_2$，得出相量图见图 3-34。

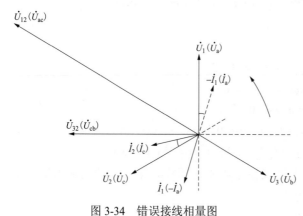

图 3-34 错误接线相量图

3. 接线分析

（1）判断运行象限。由于负载功率因数角为 17°（感性），10kV 母线向专用供电线路输入有功功率、无功功率，因此，一次负荷潮流状态为+P、+Q，智能电能表应运行于 I 象限。

（2）接线分析。由图 3-34 可知，$\dot{I}_1$ 反相后 $-\dot{I}_1$ 滞后 $\dot{U}_1$ 约 17°，$-\dot{I}_1$ 和 $\dot{U}_1$ 同相；$\dot{I}_2$ 滞后 $\dot{U}_2$ 约 17°，$\dot{I}_2$ 和 $\dot{U}_2$ 同相。$-\dot{I}_1$ 为 $\dot{I}_a$，$\dot{I}_1$ 为 $-\dot{I}_a$，$\dot{I}_2$ 为 $\dot{I}_c$。第一元件电压接入 $\dot{U}_{ac}$，电流接入 $-\dot{I}_a$；第二元件电压接入 $\dot{U}_{cb}$，电流接入 $\dot{I}_c$。错误接线结论见表 3-5。

表 3-5　　　　　　　　　　　错 误 接 线 结 论 表

接入电压	$\dot{U}_1$（$\dot{U}_a$）	$\dot{U}_2$（$\dot{U}_c$）	$\dot{U}_3$（$\dot{U}_b$）
	$\dot{U}_{12}$（$\dot{U}_{ac}$）	$\dot{U}_{32}$（$\dot{U}_{cb}$）	
	极性反接二次绕组	bc 绕组	
接入电流	$\dot{I}_1$（$-\dot{I}_a$）	$\dot{I}_2$（$\dot{I}_c$）	

4. 计算更正系数

（1）有功更正系数。

$$P' = U_{ac}I_a\cos(120° - \varphi) + U_{cb}I_c\cos(30° - \varphi) \tag{3-19}$$

$$K_P = \frac{P}{P'} = \frac{\sqrt{3}UI\cos\varphi}{\sqrt{3}UI\cos(120° - \varphi) + UI\cos(30° - \varphi)} = \frac{\sqrt{3}}{2\tan\varphi} \tag{3-20}$$

（2）无功更正系数。

$$Q' = U_{ac}I_a\sin(240° + \varphi) + U_{cb}I_c\sin(330° + \varphi) \tag{3-21}$$

$$K_Q = \frac{Q}{Q'} = \frac{\sqrt{3}UI\sin\varphi}{\sqrt{3}UI\sin(240° + \varphi) + UI\sin(330° + \varphi)} = -\frac{\sqrt{3}}{2\cot\varphi} \tag{3-22}$$

5. 智能电能表运行分析

（1）智能电能表运行参数。

$$\cos\varphi_1 = 257° \approx -0.22$$

$$\cos\varphi_2 = 347° \approx 0.97$$

$$\cos\varphi \approx 0.30$$

$$P' = U_{ac}I_a\cos(120° - \varphi) + U_{cb}I_c\cos(30° - \varphi) = 163.07(W)$$

$$Q' = U_{ac}I_a \sin(240° + \varphi) + U_{cb}I_c \sin(330° + \varphi) = -523.31(\text{var})$$

（2）智能电能表运行分析。智能电能表显示电压逆相序。第一元件功率因数为负值，显示负电流；第二元件功率因数为正值，显示正电流。由于测量总有功功率 163.07W 为正值，总无功功率 –523.31var 为负值，智能电能表实际运行于Ⅳ象限，有功电量计入正向，无功电量计入正向（Ⅳ象限）。

6. 电能计量装置接线图

电能计量装置接线见图 3-35。

第二种假定：

1. 判断电压的相序和相别

由于 $\dot{U}_{12}\hat{\dot{U}}_{32} = 330°$，智能电能表电压为逆相序，升高相 $U_{12}=177.9V$，则另外一相 $\dot{U}_3$ 为 $\dot{U}_b$，电压相别为 $\dot{U}_1$（$\dot{U}_a$）、$\dot{U}_2$（$\dot{U}_c$）、$\dot{U}_3$（$\dot{U}_b$）。

2. 确定相量图

按照正相序 $\dot{U}_a \rightarrow \dot{U}_b \rightarrow \dot{U}_c$ 确定相量图，标明 $\dot{U}_1$、$\dot{U}_2$、$\dot{U}_3$ 与 $\dot{U}_a$、$\dot{U}_b$、$\dot{U}_c$ 之间的对应关系。假定 $\dot{U}_{32}$ 对应绕组极性不

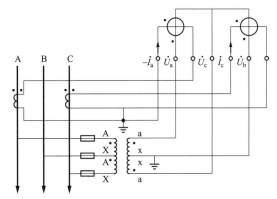

图 3-35　电能计量装置接线图

反接，$\dot{U}_{32}$ 为 $\dot{U}_{bc}$，则极性反接二次绕组为 ab 绕组。根据相位关系确定 $\dot{U}_{12}$，以及 $\dot{I}_1$、$\dot{I}_2$，得出相量图见图 3-36。

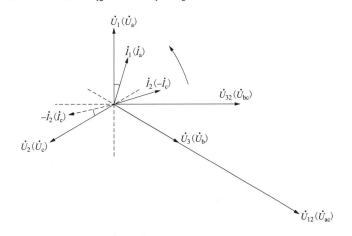

图 3-36　错误接线相量图

3. 接线分析

（1）判断运行象限。由于负载功率因数角为 17°（感性），10kV 母线向专用供电线路输入有功功率、无功功率，因此，一次负荷潮流状态为+P、+Q，智能电能表应运行于Ⅰ象限。

（2）接线分析。由图 3-36 可知，$\dot{I}_1$ 滞后 $\dot{U}_1$ 约 17°，$\dot{I}_1$ 和 $\dot{U}_1$ 同相；$\dot{I}_2$ 反相后 $-\dot{I}_2$ 滞后 $\dot{U}_2$ 约 17°，$-\dot{I}_2$ 和 $\dot{U}_2$ 同相。$\dot{I}_1$ 为 $\dot{I}_a$，$-\dot{I}_2$ 为 $\dot{I}_c$，$\dot{I}_2$ 为 $-\dot{I}_c$。第一元件电压接入 $\dot{U}_{ac}$，电流

接入 $\dot{I}_{\mathrm{a}}$；第二元件电压接入 $\dot{U}_{\mathrm{bc}}$，电流接入 $-\dot{I}_{\mathrm{c}}$。错误接线结论见表 3-6。

表 3-6 错 误 接 线 结 论 表

接入电压	$\dot{U}_1$（$\dot{U}_{\mathrm{a}}$）	$\dot{U}_2$（$\dot{U}_{\mathrm{c}}$）	$\dot{U}_3$（$\dot{U}_{\mathrm{b}}$）
	$\dot{U}_{12}$（$\dot{U}_{\mathrm{ac}}$）	$\dot{U}_{32}$（$\dot{U}_{\mathrm{bc}}$）	
	极性反接二次绕组	ab 绕组	
接入电流	$\dot{I}_1$（$\dot{I}_{\mathrm{a}}$）	$\dot{I}_2$（$-\dot{I}_{\mathrm{c}}$）	

4. 计算更正系数

（1）有功更正系数。

$$P' = U_{\mathrm{ac}}I_{\mathrm{a}}\cos(120° - \varphi) + U_{\mathrm{bc}}I_{\mathrm{c}}\cos(30° - \varphi) \tag{3-23}$$

$$K_{\mathrm{P}} = \frac{P}{P'} = \frac{\sqrt{3}UI\cos\varphi}{\sqrt{3}UI\cos(120° - \varphi) + UI\cos(30° - \varphi)} = \frac{\sqrt{3}}{2\tan\varphi} \tag{3-24}$$

（2）无功更正系数。

$$Q' = U_{\mathrm{ac}}I_{\mathrm{a}}\sin(240° + \varphi) + U_{\mathrm{bc}}I_{\mathrm{c}}\sin(330° + \varphi) \tag{3-25}$$

$$K_{\mathrm{Q}} = \frac{Q}{Q'} = \frac{\sqrt{3}UI\sin\varphi}{\sqrt{3}UI\sin(240° + \varphi) + UI\sin(330° + \varphi)} = -\frac{\sqrt{3}}{2\cot\varphi} \tag{3-26}$$

5. 智能电能表运行分析

（1）智能电能表运行参数。

$$\cos\varphi_1 = 257° \approx -0.22$$
$$\cos\varphi_2 = 347° \approx 0.97$$
$$\cos\varphi \approx 0.30$$

$$P' = U_{\mathrm{ac}}I_{\mathrm{a}}\cos(120° - \varphi) + U_{\mathrm{bc}}I_{\mathrm{c}}\cos(30° - \varphi) = 163.07(\mathrm{W})$$

$$Q' = U_{\mathrm{ac}}I_{\mathrm{a}}\sin(240° + \varphi) + U_{\mathrm{bc}}I_{\mathrm{c}}\sin(330° + \varphi) = -523.31(\mathrm{var})$$

（2）智能电能表运行分析。智能电能表显示电压逆相序。第一元件功率因数为负值，显示负电流；第二元件功率因数为正值，显示正电流。由于测量总有功功率 163.07W 为正值，总无功功率 −523.31var 为负值，智能电能表实际运行于 Ⅳ 象限，有功电量计入正向，无功电量计入正向（Ⅳ象限）。

6. 电能计量装置接线图

电能计量装置接线图见图 3-37。

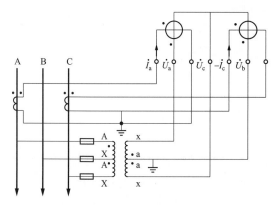

图 3-37 电能计量装置接线图

二、30°～60°（感性负载）实例分析

（一）实例一

10kV 专用变压器用电用户，在 10kV 侧采用高供高计计量方式，接线方式为三相三线，电压互感器采用 V/V 接线，电流互感器变比为 150A/5A，电能表为 3×100V、3×1.5（6）A 的智能电能表。在端钮盒处测量参数数据如下：$U_{12}=103.2V$，$U_{32}=177.7V$，$U_{13}=102.7V$，

$I_1=0.95A$，$I_2=0.96A$，$\dot{U}_{12}\hat{}\dot{U}_{32}=330°$，$\dot{U}_{12}\hat{}\dot{I}_1=67°$，$\dot{U}_{32}\hat{}\dot{I}_2=157°$。已知负载功率因数角为 37°（感性），10kV 供电线路向专用变压器输入有功功率、无功功率，分析错误接线、运行状态。

解析： 由测量数据可知，两组线电压 U_{12}、U_{13} 接近额定值 100V，一组线电压 U_{32} 接近 173V，说明电压互感器一相极性反接，无失压；两相电流有一定大小，基本对称，无失流等异常。

第一种假定：

1. 判断电压的相序和相别

由于 $\dot{U}_{12}\hat{}\dot{U}_{32}=330°$，智能电能表电压为逆相序，升高相 $U_{32}=177.7V$，则另外一相 $\dot{U}_1$ 为 $\dot{U}_b$，电压相别为 $\dot{U}_1$（$\dot{U}_b$）、$\dot{U}_2$（$\dot{U}_a$）、$\dot{U}_3$（$\dot{U}_c$）。

2. 确定相量图

按照正相序 $\dot{U}_a \to \dot{U}_b \to \dot{U}_c$ 确定相量图，标明 $\dot{U}_1$、$\dot{U}_2$、$\dot{U}_3$ 与 $\dot{U}_a$、$\dot{U}_b$、$\dot{U}_c$ 之间的对应关系。假定 $\dot{U}_{12}$ 对应绕组极性反接，反接后 $\dot{U}_{12}$ 为 $\dot{U}_{ab}$，则极性反接二次绕组为 ab 绕组。根据相位关系确定 $\dot{U}_{32}$，以及 $\dot{I}_1$、$\dot{I}_2$，得出相量图见图 3-38。

3. 接线分析

（1）判断运行象限。由于负载功率因数角为 37°（感性），10kV 供电线路向专用变压器输入有功功率、无功功率，因此，一次负荷潮流状态为 +P、+Q，智能电能表应运行于 I 象限。

（2）接线分析。由图 3-38 可知，$\dot{I}_1$ 滞后 $\dot{U}_2$ 约 37°，$\dot{I}_1$ 和 $\dot{U}_2$ 同相；$\dot{I}_2$ 反相后 $-\dot{I}_2$ 滞后 $\dot{U}_3$ 约 37°，$-\dot{I}_2$ 和 $\dot{U}_3$ 同相。$\dot{I}_1$ 为 $\dot{I}_a$，$-\dot{I}_2$ 为 $\dot{I}_c$，$\dot{I}_2$ 为 $-\dot{I}_c$。第一元件电压接入 $\dot{U}_{ab}$，电流接入 $\dot{I}_a$；

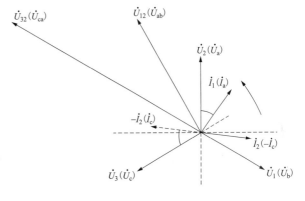

图 3-38　错误接线相量图

第二元件电压接入 $\dot{U}_{ca}$，电流接入 $-\dot{I}_c$。错误接线结论见表 3-7。

表 3-7 　　　　　　　　　　错 误 接 线 结 论 表

接入电压	$\dot{U}_1$（$\dot{U}_b$）	$\dot{U}_2$（$\dot{U}_a$）	$\dot{U}_3$（$\dot{U}_c$）
	$\dot{U}_{12}$（$\dot{U}_{ab}$）	$\dot{U}_{32}$（$\dot{U}_{ca}$）	
	极性反接二次绕组	ab 绕组	
接入电流	$\dot{I}_1$（$\dot{I}_a$）	$\dot{I}_2$（$-\dot{I}_c$）	

4. 计算更正系数

（1）有功更正系数。

$$P' = U_{ab}I_a \cos(30° + \varphi) + U_{ca}I_c \cos(120° + \varphi) \tag{3-27}$$

$$K_P = \frac{P}{P'} = \frac{\sqrt{3}UI\cos\varphi}{UI\cos(30° + \varphi) + \sqrt{3}UI\cos(120° + \varphi)} = -\frac{\sqrt{3}}{2\tan\varphi} \tag{3-28}$$

（2）无功更正系数。

$$Q' = U_{ab}I_a \sin(30° + \varphi) + U_{ca}I_c \sin(120° + \varphi) \tag{3-29}$$

$$K_Q = \frac{Q}{Q'} = \frac{\sqrt{3}UI\sin\varphi}{UI\sin(30° + \varphi) + \sqrt{3}UI\sin(120° + \varphi)} = \frac{\sqrt{3}}{2\cot\varphi} \tag{3-30}$$

5. 智能电能表运行分析

（1）智能电能表运行参数。

$$\cos\varphi_1 = 67° \approx 0.39$$

$$\cos\varphi_2 = 157° \approx -0.92$$

$$\cos\varphi \approx -0.60$$

$$P' = U_{ab}I_a \cos(30° + \varphi) + U_{ca}I_c \cos(120° + \varphi) = -118.73(\text{W})$$

$$Q' = U_{ab}I_a \sin(30° + \varphi) + U_{ca}I_c \sin(120° + \varphi) = 156.90(\text{var})$$

（2）智能电能表运行分析。智能电能表显示电压逆相序。第一元件功率因数为正值，显示正电流；第二元件功率因数为负值，显示负电流。由于测量总有功功率–118.73W 为负值，总无功功率 156.90var 为正值，智能电能表实际运行于 II 象限，有功电量计入反向，无功电量计入反向（II 象限）。

6. 电能计量装置接线图

电能计量装置接线图见图 3-39。

第二种假定：

1. 判断电压的相序和相别

由于 $\dot{U}_{12}\overset{\wedge}{\dot{U}}_{32} = 330°$，智能电能表电压为逆相序，升高相 $U_{32}=177.7V$，则另外一相 $\dot{U}_1$ 为 $\dot{U}_b$，电压相别为 $\dot{U}_1$（$\dot{U}_b$）、$\dot{U}_2$（$\dot{U}_a$）、$\dot{U}_3$（$\dot{U}_c$）。

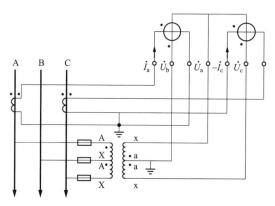

图 3-39　电能计量装置接线图

2. 确定相量图

按照正相序 $\dot{U}_a \rightarrow \dot{U}_b \rightarrow \dot{U}_c$ 确定相量图，标明 $\dot{U}_1$、$\dot{U}_2$、$\dot{U}_3$ 与 $\dot{U}_a$、$\dot{U}_b$、$\dot{U}_c$ 之间的对应关系。假定 $\dot{U}_{12}$ 对应绕组极性不反接，$\dot{U}_{12}$ 为 $\dot{U}_{ba}$，则极性反接二次绕组为 bc 绕组。根据相位关系确定 $\dot{U}_{32}$，以及 $\dot{I}_1$、$\dot{I}_2$，得出相量图见图 3-40。

3. 接线分析

（1）判断运行象限。由于负载功率因数角为 37°（感性），10kV 供电线路向专用变压器输入有功功率、无功功率，因此，一次负荷潮流状态为+P、+Q，智能电能表应运行于 I 象限。

（2）接线分析。由图 3-40 可知，$\dot{I}_1$ 反相后 $-\dot{I}_1$ 滞后 $\dot{U}_2$ 约 37°，$-\dot{I}_1$ 和 $\dot{U}_2$ 同相；$\dot{I}_2$ 滞

后$\dot{U}_3$约37°，$\dot{I}_2$和$\dot{U}_3$同相。$-\dot{I}_1$为$\dot{I}_a$，$\dot{I}_1$为$-\dot{I}_a$，$\dot{I}_2$为$\dot{I}_c$。第一元件电压接入$\dot{U}_{ba}$，电流接入$-\dot{I}_a$；第二元件电压接入$\dot{U}_{ca}$，电流接入$\dot{I}_c$。错误接线结论见表3-8。

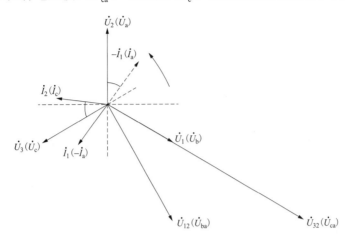

图3-40　错误接线相量图

表3-8　　　　　　　　　　　　　　错 误 接 线 结 论 表

接入电压	$\dot{U}_1$（$\dot{U}_b$）	$\dot{U}_2$（$\dot{U}_a$）	$\dot{U}_3$（$\dot{U}_c$）
	$\dot{U}_{12}$（$\dot{U}_{ba}$）	$\dot{U}_{32}$（$\dot{U}_{ca}$）	
	极性反接二次绕组	bc 绕组	
接入电流	$\dot{I}_1$（$-\dot{I}_a$）	$\dot{I}_2$（$\dot{I}_c$）	

4. 计算更正系数

（1）有功更正系数。

$$P' = U_{ba}I_a\cos(30°+\varphi) + U_{ca}I_c\cos(120°+\varphi) \tag{3-31}$$

$$K_P = \frac{P}{P'} = \frac{\sqrt{3}UI\cos\varphi}{UI\cos(30°+\varphi)+\sqrt{3}UI\cos(120°+\varphi)} = -\frac{\sqrt{3}}{2\tan\varphi} \tag{3-32}$$

（2）无功更正系数。

$$Q' = U_{ba}I_a\sin(30°+\varphi) + U_{ca}I_c\sin(120°+\varphi) \tag{3-33}$$

$$K_Q = \frac{Q}{Q'} = \frac{\sqrt{3}UI\sin\varphi}{UI\sin(30°+\varphi)+\sqrt{3}UI\sin(120°+\varphi)} = \frac{\sqrt{3}}{2\cot\varphi} \tag{3-34}$$

5. 智能电能表运行分析

（1）智能电能表运行参数。

$$\cos\varphi_1 = 67° \approx 0.39$$

$$\cos\varphi_2 = 157° \approx -0.92$$

$$\cos\varphi \approx -0.60$$

$$P' = U_{ba}I_a\cos(30°+\varphi) + U_{ca}I_c\cos(120°+\varphi) = -118.73(\text{W})$$

$$Q' = U_{ba}I_a\sin(30°+\varphi) + U_{ca}I_c\sin(120°+\varphi) = 156.90(\text{var})$$

（2）智能电能表运行分析。智能电能表显示电压逆相序。第一元件功率因数为正值，显示正电流；第二元件功率因数为负值，显示负电流。由于测量总有功功率 −118.73W 为负值，总无功功率 156.90var 为正值，智能电能表实际运行于Ⅱ象限，有功电量计入反向，无功电量计入反向（Ⅱ象限）。

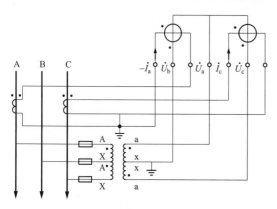

图 3-41　电能计量装置接线图

6. 电能计量装置接线图

电能计量装置接线图见图 3-41。

（二）实例二

10kV 专用变压器用电用户，在 10kV 侧采用高供高计计量方式，接线方式为三相三线，电压互感器采用 V/V 接线，电流互感器变比为 100A/5A，电能表为 3×100V、3×1.5（6）A 的智能电能表。在端钮盒处测量参数数据如下：U_{12}=101.5V，U_{32}=101.3V，U_{13}=175.1V，I_1=1.05A，I_2=1.06A，$\dot{U}_{12}\hat{}\dot{U}_{32}=240°$，$\dot{U}_{12}\hat{}\dot{I}_1=21°$，$\dot{U}_{32}\hat{}\dot{I}_2=261°$。已知负载功率因数角为 51°（感性），10kV 供电线路向专用变压器输入有功功率、无功功率，分析错误接线、运行状态。

解析： 由测量数据可知，两组线电压 U_{12}、U_{32} 接近额定值 100V，一组线电压 U_{13} 接近 173V，说明电压互感器一相极性反接，无失压；两相电流有一定大小，基本对称，无失流等异常。

第一种假定：

1. 判断电压的相序和相别

由于 $\dot{U}_{12}\hat{}\dot{U}_{32}=240°$，智能电能表电压为逆相序，升高相 U_{13}=175.1V，则另外一相 $\dot{U}_2$ 为 $\dot{U}_b$，电压相别为 $\dot{U}_1$（$\dot{U}_c$）、$\dot{U}_2$（$\dot{U}_b$）、$\dot{U}_3$（$\dot{U}_a$）。

2. 确定相量图

按照正相序 $\dot{U}_a \rightarrow \dot{U}_b \rightarrow \dot{U}_c$ 确定相量图，标明 $\dot{U}_1$、$\dot{U}_2$、$\dot{U}_3$ 与 $\dot{U}_a$、$\dot{U}_b$、$\dot{U}_c$ 之间的对应关系。假定 $\dot{U}_{12}$ 对应绕组极性反接，反接后 $\dot{U}_{12}$ 为 $\dot{U}_{bc}$，则极性反接二次绕组为 bc 绕组。根据相位关系确定 $\dot{U}_{32}$，以及 $\dot{I}_1$、$\dot{I}_2$，得出相量图见图 3-42。

3. 接线分析

（1）判断运行象限。由于负载功率因数角为 51°（感性），10kV 供电线路向专用变压器输入有功功率、无功功率，因此，一次负荷潮流状态为+P、+Q，智能电能表应运行于Ⅰ象限。

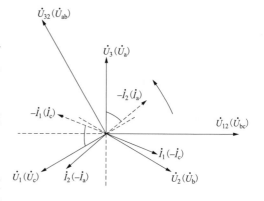

图 3-42　错误接线相量图

（2）接线分析。由图 3-42 可知，$\dot{I}_1$ 反相后 $-\dot{I}_1$ 滞后 $\dot{U}_1$ 约 51°，$-\dot{I}_1$ 和 $\dot{U}_1$ 同相；$\dot{I}_2$ 反相后 $-\dot{I}_2$ 滞后 $\dot{U}_3$ 约 51°，$-\dot{I}_2$ 和 $\dot{U}_3$ 同相。$-\dot{I}_1$ 为 $\dot{I}_c$，$\dot{I}_1$ 为 $-\dot{I}_c$，$-\dot{I}_2$ 为 $\dot{I}_a$，$\dot{I}_2$ 为 $-\dot{I}_a$。第一元件电压接入 $\dot{U}_{bc}$，电流接入 $-\dot{I}_c$；第二元件电压接入 $\dot{U}_{ab}$，电流接入 $-\dot{I}_a$。错误接线结论见表 3-9。

表 3-9　　　　　　　　　　　　错 误 接 线 结 论 表

接入电压	$\dot{U}_1$（$\dot{U}_c$）	$\dot{U}_2$（$\dot{U}_b$）	$\dot{U}_3$（$\dot{U}_a$）
	$\dot{U}_{12}$（$\dot{U}_{bc}$）	$\dot{U}_{32}$（$\dot{U}_{ab}$）	
	极性反接二次绕组	bc 绕组	
接入电流	$\dot{I}_1$（$-\dot{I}_c$）	$\dot{I}_2$（$-\dot{I}_a$）	

4. 计算更正系数

（1）有功更正系数。

$$P' = U_{bc}I_c\cos(\varphi - 30°) + U_{ab}I_a\cos(150° - \varphi) \tag{3-35}$$

$$K_P = \frac{P}{P'} = \frac{\sqrt{3}UI\cos\varphi}{UI\cos(\varphi - 30°) + UI\cos(150° - \varphi)} = \frac{\sqrt{3}}{\tan\varphi} \tag{3-36}$$

（2）无功更正系数。

$$Q' = U_{bc}I_c\sin(330° + \varphi) + U_{ab}I_a\sin(210° + \varphi) \tag{3-37}$$

$$K_Q = \frac{Q}{Q'} = \frac{\sqrt{3}UI\sin\varphi}{UI\sin(330° + \varphi) + UI\sin(210° + \varphi)} = -\frac{\sqrt{3}}{\cot\varphi} \tag{3-38}$$

5. 智能电能表运行分析

（1）智能电能表运行参数。

$$\cos\varphi_1 = 21° \approx 0.93$$
$$\cos\varphi_2 = 261° \approx -0.16$$
$$\cos\varphi \approx 0.77$$

$$P' = U_{bc}I_c\cos(\varphi - 30°) + U_{ab}I_a\cos(150° - \varphi) = 82.70(W)$$

$$Q' = U_{bc}I_c\sin(330° + \varphi) + U_{ab}I_a\sin(210° + \varphi) = -67.86(var)$$

（2）智能电能表运行分析。智能电能表显示电压逆相序。第一元件功率因数为正值，显示正电流；第二元件功率因数为负值，显示负电流。由于测量总有功功率 82.70W 为正值，总无功功率 −67.86var 为负值，智能电能表实际运行于Ⅳ象限，有功电量计入正向，无功电量计入正向（Ⅳ象限）。

6. 电能计量装置接线图

电能计量装置接线图见图 3-43。

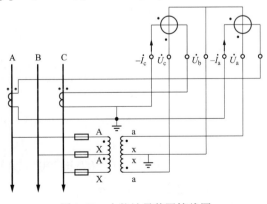

图 3-43　电能计量装置接线图

第二种假定：

1. 判断电压的相序和相别

由于 $\dot{U}_{12}\overset{\wedge}{\dot{U}}_{32}=240°$，智能电能表电压为逆相序，升高相 $U_{13}=175.1\text{V}$，则另外一相 $\dot{U}_2$ 为 $\dot{U}_b$，电压相别为 $\dot{U}_1$（$\dot{U}_c$）、$\dot{U}_2$（$\dot{U}_b$）、$\dot{U}_3$（$\dot{U}_a$）。

2. 确定相量图

按照正相序 $\dot{U}_a \rightarrow \dot{U}_b \rightarrow \dot{U}_c$ 确定相量图，标明 $\dot{U}_1$、$\dot{U}_2$、$\dot{U}_3$ 与 $\dot{U}_a$、$\dot{U}_b$、$\dot{U}_c$ 之间的对应关系。假定 $\dot{U}_{12}$ 对应绕组极性不反接，$\dot{U}_{12}$ 为 $\dot{U}_{cb}$，则极性反接二次绕组为 ab 绕组。根据相位关系确定 $\dot{U}_{32}$，以及 $\dot{I}_1$、$\dot{I}_2$，得出相量图见图 3-44。

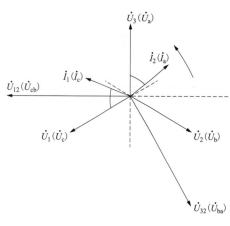

图 3-44 错误接线相量图

3. 接线分析

（1）判断运行象限。由于负载功率因数角为 51°（感性），10kV 供电线路向专用变压器输入有功功率、无功功率，因此，一次负荷潮流状态为+P、+Q，智能电能表应运行于 I 象限。

（2）接线分析。由图 3-44 可知，$\dot{I}_1$ 滞后 $\dot{U}_1$ 约 51°，$\dot{I}_1$ 和 $\dot{U}_1$ 同相；$\dot{I}_2$ 滞后 $\dot{U}_3$ 约 51°，$\dot{I}_2$ 和 $\dot{U}_3$ 同相。$\dot{I}_1$ 为 $\dot{I}_c$，$\dot{I}_2$ 为 $\dot{I}_a$。第一元件电压接入 $\dot{U}_{cb}$，电流接入 $\dot{I}_c$；第二元件电压接入 $\dot{U}_{ba}$，电流接入 $\dot{I}_a$。错误接线结论见表 3-10。

表 3-10　　　　　　　　　　　错 误 接 线 结 论 表

接入电压	$\dot{U}_1$（$\dot{U}_c$）	$\dot{U}_2$（$\dot{U}_b$）	$\dot{U}_3$（$\dot{U}_a$）
	$\dot{U}_{12}$（$\dot{U}_{cb}$）	$\dot{U}_{32}$（$\dot{U}_{ba}$）	
	极性反接二次绕组	ab 绕组	
接入电流	$\dot{I}_1$（$\dot{I}_c$）	$\dot{I}_2$（$\dot{I}_a$）	

4. 计算更正系数

（1）有功更正系数。

$$P'=U_{cb}I_c\cos(\varphi-30°)+U_{ba}I_a\cos(150°-\varphi) \tag{3-39}$$

$$K_P=\frac{P}{P'}=\frac{\sqrt{3}UI\cos\varphi}{UI\cos(\varphi-30°)+UI\cos(150°-\varphi)}=\frac{\sqrt{3}}{\tan\varphi} \tag{3-40}$$

（2）无功更正系数。

$$Q'=U_{cb}I_c\sin(330°+\varphi)+U_{ba}I_a\sin(210°+\varphi) \tag{3-41}$$

$$K_Q=\frac{Q}{Q'}=\frac{\sqrt{3}UI\sin\varphi}{UI\sin(330°+\varphi)+UI\sin(210°+\varphi)}=-\frac{\sqrt{3}}{\cot\varphi} \tag{3-42}$$

5. 智能电能表运行分析

（1）智能电能表运行参数。

$$\cos\varphi_1 = 21° \approx 0.93$$

$$\cos\varphi_2 = 261° \approx -0.16$$

$$\cos\varphi \approx 0.77$$

$$P' = U_{cb}I_c\cos(\varphi - 30°) + U_{ba}I_a\cos(150° - \varphi) = 82.70(\text{W})$$

$$Q' = U_{cb}I_c\sin(330° + \varphi) + U_{ba}I_a\sin(210° + \varphi) = -67.86(\text{var})$$

（2）智能电能表运行分析。智能电能表显示电压逆相序。第一元件功率因数为正值，显示正电流；第二元件功率因数为负值，显示负电流。由于测量总有功功率 82.70W 为正值，总无功功率–67.86var 为负值，智能电能表实际运行于IV象限，有功电量计入正向，无功电量计入正向（IV象限）。

6. 电能计量装置接线图

电能计量装置接线图见图 3-45。

三、60°～90°（感性负载）实例分析

10kV 专用变压器用电用户，在 10kV 侧采用高供高计计量方式，接线方式为三相三线，电压互感器采用 V/V 接线，电流互感器变比为 150A/5A，电能表为

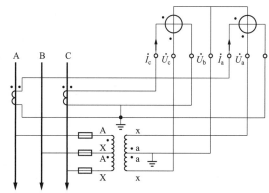

图 3-45　电能计量装置接线图

3×100V、3×1.5（6）A 的智能电能表。在端钮盒处测量参数数据如下：$U_{12}=101.1$V，$U_{32}=175.1$V，$U_{13}=100.9$V，$I_1=0.65$，$I_2=0.62$A，$\overset{\frown}{\dot{U}_{12}\dot{U}_{32}}=30°$，$\overset{\frown}{\dot{U}_{12}\dot{I}_1}=341°$，$\overset{\frown}{\dot{U}_{32}\dot{I}_2}=11°$。已知负载功率因数角为 71°（感性），10kV 供电线路向专用变压器输入有功功率、无功功率，分析错误接线、运行状态。

解析： 由测量数据可知，两组线电压 U_{12}、U_{13} 接近于额定值 100V，一组线电压 U_{32} 接近 173V，说明电压互感器一相极性反接，无失压；两相电流有一定大小，基本对称，无失流等异常。

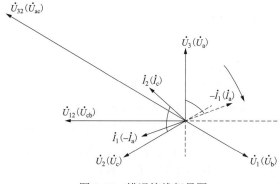

图 3-46　错误接线相量图

第一种假定：

1. 判断电压的相序和相别

由于 $\overset{\frown}{\dot{U}_{12}\dot{U}_{32}}=30°$，智能电能表电压为正相序，升高相 $U_{32}=175.1$V，则另外一相 $\dot{U}_1$ 为 $\dot{U}_b$，电压相别为 $\dot{U}_1$（$\dot{U}_b$）、$\dot{U}_2$（$\dot{U}_c$）、$\dot{U}_3$（$\dot{U}_a$）。

2. 确定相量图

按照正相序 $\dot{U}_a \to \dot{U}_b \to \dot{U}_c$ 确定相量图，标明 $\dot{U}_1$、$\dot{U}_2$、$\dot{U}_3$ 与 $\dot{U}_a$、$\dot{U}_b$、$\dot{U}_c$ 之间的对应关系。假定 $\dot{U}_{12}$ 对应绕组极性反接，反接后 $\dot{U}_{12}$ 为 $\dot{U}_{cb}$，则极性反接二次绕组为 bc 绕组。根据相位关系确定 $\dot{U}_{32}$，以

及 $\dot{I}_1$、$\dot{I}_2$，得出相量图见图 3-46。

3. 接线分析

（1）判断运行象限。由于负载功率因数角为 71°（感性），10kV 供电线路向专用变压器输入有功功率、无功功率，因此，一次负荷潮流状态为+P、+Q，智能电能表应运行于Ⅰ象限。

（2）接线分析。由图 3-46 可知，$\dot{I}_1$ 反相后 $-\dot{I}_1$ 滞后 $\dot{U}_3$ 约 71°，$-\dot{I}_1$ 和 $\dot{U}_3$ 同相；$\dot{I}_2$ 滞后 $\dot{U}_2$ 约 71°，$\dot{I}_2$ 和 $\dot{U}_2$ 同相。$-\dot{I}_1$ 为 $\dot{I}_a$，$\dot{I}_1$ 为 $-\dot{I}_a$，$\dot{I}_2$ 为 $\dot{I}_c$。第一元件电压接入 $\dot{U}_{cb}$，电流接入 $-\dot{I}_a$；第二元件电压接入 $\dot{U}_{ac}$，电流接入 $\dot{I}_c$。错误接线结论见表 3-11。

表 3-11　　　　　　　　　　错 误 接 线 结 论 表

接入电压	$\dot{U}_1$（$\dot{U}_b$）	$\dot{U}_2$（$\dot{U}_c$）	$\dot{U}_3$（$\dot{U}_a$）
	$\dot{U}_{12}$（$\dot{U}_{cb}$）	$\dot{U}_{32}$（$\dot{U}_{ac}$）	
	极性反接二次绕组	bc 绕组	
接入电流	$\dot{I}_1$（$-\dot{I}_a$）	$\dot{I}_2$（$\dot{I}_c$）	

4. 计算更正系数

（1）有功更正系数。

$$P' = U_{cb}I_a\cos(90°-\varphi) + U_{ac}I_c\cos(\varphi-60°) \tag{3-43}$$

$$K_P = \frac{P}{P'} = \frac{\sqrt{3}UI\cos\varphi}{UI\cos(90°-\varphi)+\sqrt{3}UI\cos(\varphi-60°)} = \frac{2\sqrt{3}}{\sqrt{3}+5\tan\varphi} \tag{3-44}$$

（2）无功更正系数。

$$Q' = U_{cb}I_a\sin(270°+\varphi) + U_{ac}I_c\sin(300°+\varphi) \tag{3-45}$$

$$K_Q = \frac{Q}{Q'} = \frac{\sqrt{3}UI\sin\varphi}{UI\sin(270°+\varphi)+\sqrt{3}UI\sin(300°+\varphi)} = \frac{2\sqrt{3}}{\sqrt{3}-5\cot\varphi} \tag{3-46}$$

5. 智能电能表运行分析

（1）智能电能表运行参数。

$$\cos\varphi_1 = 341° \approx 0.95$$
$$\cos\varphi_2 = 11° \approx 0.98$$
$$\cos\varphi \approx 1.00$$

$$P' = U_{cb}I_a\cos(90°-\varphi) + U_{ac}I_c\cos(\varphi-60°) = 168.70(W)$$
$$Q' = U_{cb}I_a\sin(270°+\varphi) + U_{ac}I_c\sin(300°+\varphi) = -0.68(var)$$

（2）智能电能表运行分析。智能电能表显示电压正相序。第一元件功率因数为正值，显示正电流；第二元件功率因数为正值，显示正电流。由于测量总有功功率 168.70W 为正值，总无功功率–0.68var 为负值，智能电能表实际运行于Ⅳ象限，有功电量计入正向，无功电量计入正向（Ⅳ象限）。

6. 电能计量装置接线图

电能计量装置接线见图 3-47。

第二种假定：

1. 判断电压的相序和相别

由于 $\dot{U}_{12}\hat{\dot{U}}_{32}=30°$，智能电能表电压为正相序，升高相 $U_{32}=175.1\text{V}$，则另外一相 $\dot{U}_1$ 为 $\dot{U}_b$，电压相别为 $\dot{U}_1$（$\dot{U}_b$）、$\dot{U}_2$（$\dot{U}_c$）、$\dot{U}_3$（$\dot{U}_a$）。

2. 确定相量图

按照正相序 $\dot{U}_a \to \dot{U}_b \to \dot{U}_c$ 确定相量图，标明 $\dot{U}_1$、$\dot{U}_2$、$\dot{U}_3$ 与 $\dot{U}_a$、$\dot{U}_b$、$\dot{U}_c$ 之间的对应关系。假定 $\dot{U}_{12}$ 对应绕组极性不反接，则极性反接二次绕组为 ab 绕组。

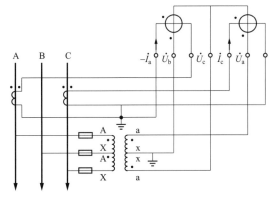

图 3-47 电能计量装置接线图

根据相位关系确定 $\dot{U}_{32}$，以及 $\dot{I}_1$、$\dot{I}_2$，得出相量图见图 3-48。

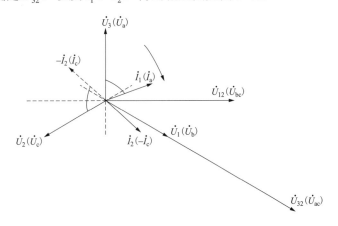

图 3-48 错误接线相量图

3. 接线分析

（1）判断运行象限。由于负载功率因数角为 71°（感性），10kV 供电线路向专用变压器输入有功功率、无功功率。因此，一次负荷潮流状态为+P、+Q，智能电能表应运行于 I 象限。

（2）接线分析。由图 3-48 可知，$\dot{I}_1$ 滞后 $\dot{U}_3$ 约 71°，$\dot{I}_1$ 和 $\dot{U}_3$ 同相；$\dot{I}_2$ 反相后 $-\dot{I}_2$ 滞后 $\dot{U}_2$ 约 71°，$-\dot{I}_2$ 和 $\dot{U}_2$ 同相。$\dot{I}_1$ 为 $\dot{I}_a$，$-\dot{I}_2$ 为 $\dot{I}_c$，$\dot{I}_2$ 为 $-\dot{I}_c$。第一元件电压接入 $\dot{U}_{bc}$，电流接入 $\dot{I}_a$；第二元件电压接入 $\dot{U}_{ac}$，电流接入 $-\dot{I}_c$。错误接线结论见表 3-12。

表 3-12　　　　　　　　错 误 接 线 结 论 表

接入电压	$\dot{U}_1$（$\dot{U}_b$）	$\dot{U}_2$（$\dot{U}_c$）	$\dot{U}_3$（$\dot{U}_a$）
	$\dot{U}_{12}$（$\dot{U}_{bc}$）	$\dot{U}_{32}$（$\dot{U}_{ac}$）	
	极性反接二次绕组	ab 绕组	
接入电流	$\dot{I}_1$（$\dot{I}_a$）	$\dot{I}_2$（$-\dot{I}_c$）	

4. 计算更正系数

（1）有功更正系数。

$$P' = U_{bc}I_a \cos(90° - \varphi) + U_{ac}I_c \cos(\varphi - 60°) \tag{3-47}$$

$$K_P = \frac{P}{P'} = \frac{\sqrt{3}UI\cos\varphi}{UI\cos(90° - \varphi) + \sqrt{3}UI\cos(\varphi - 60°)} = \frac{2\sqrt{3}}{\sqrt{3} + 5\tan\varphi} \tag{3-48}$$

（2）无功更正系数。

$$Q' = U_{bc}I_a \sin(270° + \varphi) + U_{ac}I_c \sin(300° + \varphi) \tag{3-49}$$

$$K_Q = \frac{Q}{Q'} = \frac{\sqrt{3}UI\sin\varphi}{UI\sin(270° + \varphi) + \sqrt{3}UI\sin(300° + \varphi)} = \frac{2\sqrt{3}}{\sqrt{3} - 5\cot\varphi} \tag{3-50}$$

5. 智能电能表运行分析

（1）智能电能表运行参数。

$$\cos\varphi_1 = 341° \approx 0.95$$

$$\cos\varphi_2 = 11° \approx 0.98$$

$$\cos\varphi \approx 1$$

$$P' = U_{bc}I_a \cos(90° - \varphi) + U_{ac}I_c \cos(\varphi - 60°) = 168.70(\text{W})$$

$$Q' = U_{bc}I_a \sin(270° + \varphi) + U_{ac}I_c \sin(300° + \varphi) = -0.68(\text{var})$$

（2）智能电能表运行分析。智能电能表显示电压正相序。第一元件功率因数为正值，显示正电流；第二元件功率因数为正值，显示正电流。由于测量总有功功率 168.70W 为正值，总无功功率–0.68var 为负值，智能电能表实际运行于Ⅳ象限，有功电量计入正向，无功电量计入正向（Ⅳ象限）。

6. 电能计量装置接线图

电能计量装置接线图见图 3-49。

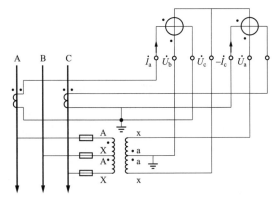

图 3-49　电能计量装置接线图

第四节　V/V 接线电压互感器极性反接Ⅱ象限实例分析

0°～30°（容性负载）实例分析如下。

220kV 变电站，在主变压器 10kV 侧总路设置计量点，接线方式为三相三线，电压互感器采用 V/V 接线，电流互感器变比为 3000A/5A，电能表为 3×100V、3×1.5（6）A 的智能电能表。在端钮盒处测量参数数据如下：U_{12}=103.1V，U_{32}=102.9V，U_{13}=177.5V，I_1=1.16A，I_2=1.13A，$\dot{U}_{12}\hat{}\dot{U}_{32}=120°$，$\dot{U}_{12}\hat{}\dot{I}_1=15°$，$\dot{U}_{32}\hat{}\dot{I}_2=315°$。已知负载功率因数角为 15°（容性），有功功率由主变压器向 10kV 母线输出，无功功率由 10kV 母线向主变压器输入，分析错误接线、运行状态。

解析： 由测量数据可知，两组线电压 U_{12}、U_{32} 接近额定值 100V，一组线电压 U_{13} 接近 173V，说明电压互感器一相极性反接，无失压；两相电流有一定大小，基本对称，无失流等异常。

第一种假定：

1. 判断电压的相序和相别

由于 $\dot{U}_{12}\hat{}\dot{U}_{32}=120°$，智能电能表电压为正相序，升高相 U_{13}=177.5V，则另外一相 $\dot{U}_2$ 为 $\dot{U}_b$，电压相别为 $\dot{U}_1$（$\dot{U}_a$）、$\dot{U}_2$（$\dot{U}_b$）、$\dot{U}_3$（$\dot{U}_c$）。

2. 确定相量图

按照正相序 $\dot{U}_a \rightarrow \dot{U}_b \rightarrow \dot{U}_c$ 确定相量图，标明 $\dot{U}_1$、$\dot{U}_2$、$\dot{U}_3$ 与 $\dot{U}_a$、$\dot{U}_b$、$\dot{U}_c$ 之间的对应关系。假定 $\dot{U}_{12}$ 对应绕组极性反接，反接后 $\dot{U}_{12}$ 为 $\dot{U}_{ba}$，则极性反接二次绕组为 ab 绕组。根据相位关系确定 $\dot{U}_{32}$，以及 $\dot{I}_1$、$\dot{I}_2$，得出相量图见图 3-50。

3. 接线分析

（1）判断运行象限。由于负载功率因数角为 15°（容性），有功功率由主变压器向 10kV 母线输出，无功功率由 10kV 母线向主变压器输入，因此，一次负荷潮流状态为–P、+Q，智能电能表应运行于 II 象限，电流滞后对应的相电压 150°～180°，电流反相后超前对应的相电压 0°～30°。

（2）接线分析。由图 3-50 可知，$\dot{I}_1$ 反相后 $-\dot{I}_1$ 超前 $\dot{U}_1$ 约 15°，$\dot{I}_1$ 滞后 $\dot{U}_1$ 约 165°，$\dot{I}_1$ 和 $\dot{U}_1$ 同相；$\dot{I}_2$ 超前 $\dot{U}_3$ 约 15°，$\dot{I}_2$ 反相后 $-\dot{I}_2$ 滞后 $\dot{U}_3$ 约 165°，$-\dot{I}_2$ 和 $\dot{U}_3$ 同相。$\dot{I}_1$ 为 $\dot{I}_a$，$-\dot{I}_2$ 为 $\dot{I}_c$，$\dot{I}_2$ 为 $-\dot{I}_c$。第一元件电压接入 $\dot{U}_{ba}$，电流接入 $\dot{I}_a$；第二元件电压接入 $\dot{U}_{cb}$，电流接入 $-\dot{I}_c$。错误接线结论见表 3-13。

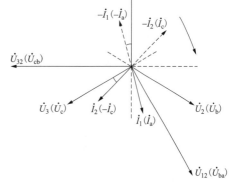

图 3-50　错误接线相量图

表 3-13	错误接线结论表		
	$\dot{U}_1$（$\dot{U}_a$）	$\dot{U}_2$（$\dot{U}_b$）	$\dot{U}_3$（$\dot{U}_c$）
接入电压	$\dot{U}_{12}$（$\dot{U}_{ba}$）	$\dot{U}_{32}$（$\dot{U}_{cb}$）	
	极性反接二次绕组	ab 绕组	
接入电流	$\dot{I}_1$（$\dot{I}_a$）	$\dot{I}_2$（$-\dot{I}_c$）	

4. 计算更正系数

（1）有功更正系数。

$$P' = U_{ba}I_a \cos(30° - \varphi) + U_{cb}I_c \cos(30° + \varphi) \tag{3-51}$$

$$K_P = \frac{P}{P'} = \frac{-\sqrt{3}UI\cos\varphi}{UI\cos(30° - \varphi) + UI\cos(30° + \varphi)} = -1 \tag{3-52}$$

（2）无功更正系数。

$$Q' = U_{ba}I_a \sin(30° - \varphi) + U_{cb}I_c \sin(330° - \varphi) \tag{3-53}$$

$$K_Q = \frac{Q}{Q'} = \frac{\sqrt{3}UI\sin\varphi}{UI\sin(30° - \varphi) + UI\sin(330° - \varphi)} = -1 \tag{3-54}$$

5. 智能电能表运行分析

（1）智能电能表运行参数。

$$\cos\varphi_1 = 15° \approx 0.97$$

$$\cos\varphi_2 = 315° \approx 0.71$$

$$\cos\varphi \approx 0.97$$

$$P' = U_{ba}I_a \cos(30° - \varphi) + U_{cb}I_c \cos(30° + \varphi) = 197.73(\text{W})$$

$$Q' = U_{ba}I_a \sin(30° - \varphi) + U_{cb}I_c \sin(330° - \varphi) = -51.27(\text{var})$$

（2）智能电能表运行分析。智能电能表显示电压正相序。第一元件功率因数为正值，显示正电流；第二元件功率因数为正值，显示正电流。由于测量总有功功率 197.73W 为正值，总无功功率−51.27var 为负值，智能电能表实际运行于Ⅳ象限，有功电量计入正向，无功电量计入Ⅳ象限。

6. 电能计量装置接线图

电能计量装置接线图见图 3-51。

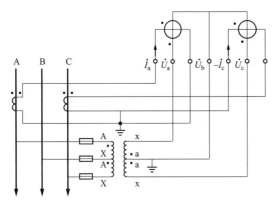

图 3-51　电能计量装置接线图

第二种假定：

1. 判断电压的相序和相别

由于 $\dot{U}_{12}\overset{\wedge}{\dot{U}}_{32} = 120°$，智能电能表电压为正相序，升高相 $U_{13} = 177.5\text{V}$，则另外一相 $\dot{U}_2$ 为 $\dot{U}_b$，电压相别为 $\dot{U}_1$（$\dot{U}_a$）、$\dot{U}_2$（$\dot{U}_b$）、$\dot{U}_3$（$\dot{U}_c$）。

2. 确定相量图

按照正相序 $\dot{U}_a \rightarrow \dot{U}_b \rightarrow \dot{U}_c$ 确定相量图，标明 $\dot{U}_1$、$\dot{U}_2$、$\dot{U}_3$ 与 $\dot{U}_a$、$\dot{U}_b$、$\dot{U}_c$ 之间的对应关系。假定 $\dot{U}_{12}$ 对应绕组极性不反接，$\dot{U}_{12}$ 为 $\dot{U}_{ab}$，则极性反接二次绕组为 bc 绕组。根据相位关系确定 $\dot{U}_{32}$，以及 $\dot{I}_1$、$\dot{I}_2$，得出相量图见图 3-52。

3. 接线分析

（1）判断运行象限。由于负载功率因数角为15°（容性），有功功率由主变压器向10kV

110

母线输出，无功功率由 10kV 母线向主变压器输入，因此，一次负荷潮流状态为–P、+Q，智能电能表应运行于Ⅱ象限，电流滞后对应的相电压 150°～180°，电流反相后超前对应的相电压 0°～30°。

（2）接线分析。由图 3-52 可知，$\dot{I}_1$ 超前 $\dot{U}_1$ 约 15°，$\dot{I}_1$ 反相后 $-\dot{I}_1$ 滞后 $\dot{U}_1$ 约 165°，$-\dot{I}_1$ 和 $\dot{U}_1$ 同相；$\dot{I}_2$ 反相后 $-\dot{I}_2$ 超前 $\dot{U}_3$ 约 15°，$\dot{I}_2$ 滞后 $\dot{U}_3$ 约 165°，$\dot{I}_2$ 和 $\dot{U}_3$ 同相。$-\dot{I}_1$ 为 $\dot{I}_a$，$\dot{I}_1$ 为 $-\dot{I}_a$，$\dot{I}_2$ 为 $\dot{I}_c$。第一元件电压接入 $\dot{U}_{ab}$，电流接入 $-\dot{I}_a$；第二元件电压接入 $\dot{U}_{bc}$，电流接入 $\dot{I}_c$。错误接线结论见表 3-14。

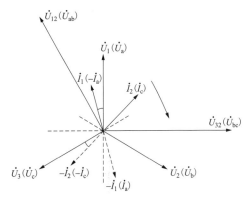

图 3-52 错误接线相量图

表 3-14 错误接线结论表

接入电压	$\dot{U}_1$（$\dot{U}_a$）	$\dot{U}_2$（$\dot{U}_b$）	$\dot{U}_3$（$\dot{U}_c$）
	$\dot{U}_{12}$（$\dot{U}_{ab}$）	$\dot{U}_{32}$（$\dot{U}_{bc}$）	
	极性反接二次绕组	bc 绕组	
接入电流	$\dot{I}_1$（$-\dot{I}_a$）	$\dot{I}_2$（$\dot{I}_c$）	

4. 计算更正系数

（1）有功更正系数。

$$P' = U_{ab}I_a\cos(30° - \varphi) + U_{bc}I_c\cos(30° + \varphi) \qquad (3\text{-}55)$$

$$K_P = \frac{P}{P'} = \frac{-\sqrt{3}UI\cos\varphi}{UI\cos(30° - \varphi) + UI\cos(30° + \varphi)} = -1 \qquad (3\text{-}56)$$

（2）无功更正系数。

$$Q' = U_{ab}I_a\sin(30° - \varphi) + U_{bc}I_c\sin(330° - \varphi) \qquad (3\text{-}57)$$

$$K_Q = \frac{Q}{Q'} = \frac{\sqrt{3}UI\sin\varphi}{UI\sin(30° - \varphi) + UI\sin(330° - \varphi)} = -1 \qquad (3\text{-}58)$$

5. 智能电能表运行分析

（1）智能电能表运行参数。

$$\cos\varphi_1 = 15° \approx 0.97$$
$$\cos\varphi_2 = 315° \approx 0.71$$
$$\cos\varphi \approx 0.97$$

$$P' = U_{ab}I_a\cos(30° - \varphi) + U_{bc}I_c\cos(30° + \varphi) = 197.73(\text{W})$$
$$Q' = U_{ab}I_a\sin(30° - \varphi) + U_{bc}I_c\sin(330° - \varphi) = -51.27(\text{var})$$

（2）智能电能表运行分析。智能电能表显示电压正相序。第一元件功率因数为正值，显示正电流；第二元件功率因数为正值，显示正电流。由于测量总有功功率 197.73W 为正值，总无功功率−51.27var 为负值，智能电能表实际运行于IV象限，有功电量计入正向，无功电量计入IV象限。

6. 电能计量装置接线图

电能计量装置接线图见图 3-53。

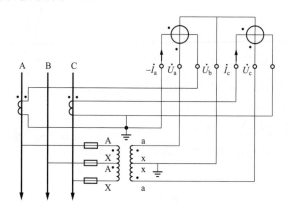

图 3-53   电能计量装置接线图

第五节   V/V 接线电压互感器极性反接Ⅲ象限实例分析

一、0°~30°（感性负载）实例分析

小型水力发电站，在系统变电站 10kV 出线处设置发电上网关口计量点，采用高供高计计量方式，接线方式为三相三线，电压互感器采用 V/V 接线，电流互感器变比为 300A/5A，电能表为 3×100V、3×1.5（6）A 的智能电能表。在端钮盒处测量参数数据如下：U_{12}=101.6V，U_{32}=175.8V，U_{13}=101.7V，I_1=1.27A，I_2=1.30A，$\dot{U}_{12}\hat{\dot{U}}_{32}=330°$，$\dot{U}_{12}\hat{\dot{I}}_1=113°$，$\dot{U}_{32}\hat{\dot{I}}_2=263°$。已知负载功率因数角为 23°（感性），10kV 线路向 10kV 母线输出有功功率、无功功率，分析错误接线、运行状态。

解析： 由测量数据可知，两组线电压 U_{12}、U_{13} 接近额定值 100V，一组线电压 U_{32} 接近 173V，说明电压互感器一相极性反接，无失压；两相电流有一定大小，基本对称，无失流等异常。

第一种假定：

1. 判断电压的相序和相别

由于 $\dot{U}_{12}\hat{\dot{U}}_{32}=330°$，智能电能表电压为逆相序，升高相 U_{32}=175.8V，则另外一相 $\dot{U}_1$ 为 $\dot{U}_b$，电压相别为 $\dot{U}_1$（$\dot{U}_b$）、$\dot{U}_2$（$\dot{U}_a$）、$\dot{U}_3$（$\dot{U}_c$）。

2. 确定相量图

按照正相序 $\dot{U}_a \rightarrow \dot{U}_b \rightarrow \dot{U}_c$ 确定相量图，标明 $\dot{U}_1$、$\dot{U}_2$、$\dot{U}_3$ 与 $\dot{U}_a$、$\dot{U}_b$、$\dot{U}_c$ 之间的对应关系。假定 $\dot{U}_{12}$ 对应绕组极性反接，反接后 $\dot{U}_{12}$ 为 $\dot{U}_{ab}$，则极性反接二次绕组为 ab 绕组。根据相位关系确定 $\dot{U}_{32}$，以及 $\dot{I}_1$、$\dot{I}_2$，得出相量图见图 3-54。

3．接线分析

（1）判断运行象限。由于负载功率因数角为 23°（感性），10kV 线路向 10kV 母线输出有功功率、无功功率，一次负荷潮流状态为 −P、−Q，因此，智能电能表应运行于 III 象限，电流滞后对应的相电压 180°～210°，电流反相后滞后对应的相电压 0°～30°。

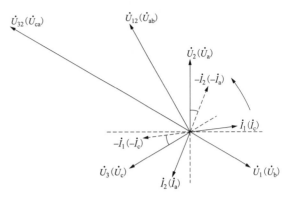

图 3-54　错误接线相量图

（2）接线分析。由图 3-54 可知，$\dot{I}_1$ 反相后 $-\dot{I}_1$ 滞后 $\dot{U}_3$ 约 23°，$\dot{I}_1$ 滞后 $\dot{U}_3$ 约 203°，$\dot{I}_1$ 和 $\dot{U}_3$ 同相；$\dot{I}_2$ 反相后 $-\dot{I}_2$ 滞后 $\dot{U}_2$ 约 23°，$\dot{I}_2$ 滞后 $\dot{U}_2$ 约 203°，$\dot{I}_2$ 和 $\dot{U}_2$ 同相。$\dot{I}_1$ 为 $\dot{I}_c$，$\dot{I}_2$ 为 $\dot{I}_a$。第一元件电压接入 $\dot{U}_{ab}$，电流接入 $\dot{I}_c$；第二元件电压接入 $\dot{U}_{ca}$，电流接入 $\dot{I}_a$。错误接线结论见表 3-15。

表 3-15　　　　　　　　　　错 误 接 线 结 论 表

	$\dot{U}_1$（$\dot{U}_b$）	$\dot{U}_2$（$\dot{U}_a$）	$\dot{U}_3$（$\dot{U}_c$）
接入电压	$\dot{U}_{12}$（$\dot{U}_{ab}$）	$\dot{U}_{32}$（$\dot{U}_{ca}$）	
	极性反接二次绕组	ab 绕组	
接入电流	$\dot{I}_1$（$\dot{I}_c$）	$\dot{I}_2$（$\dot{I}_a$）	

4．计算更正系数

（1）有功更正系数。

$$P' = U_{ab}I_c \cos(90° + \varphi) + U_{ca}I_a \cos(120° - \varphi) \tag{3-59}$$

$$K_P = \frac{P}{P'} = \frac{-\sqrt{3}UI\cos\varphi}{UI\cos(90° + \varphi) + \sqrt{3}UI\cos(120° - \varphi)} = \frac{2\sqrt{3}}{\sqrt{3} - \tan\varphi} \tag{3-60}$$

（2）无功更正系数。

$$Q' = U_{ab}I_c \sin(90° + \varphi) + U_{ca}I_a \sin(240° + \varphi) \tag{3-61}$$

$$K_Q = \frac{Q}{Q'} = \frac{-\sqrt{3}UI\sin\varphi}{UI\sin(90° + \varphi) + \sqrt{3}UI\sin(240° + \varphi)} = \frac{2\sqrt{3}}{\sqrt{3} + \cot\varphi} \tag{3-62}$$

5．智能电能表运行分析

（1）智能电能表运行参数。

$$\cos\varphi_1 = 113° \approx -0.39$$

$$\cos\varphi_2 = 263° \approx -0.12$$

$$\cos\varphi \approx -0.59$$

$$P' = U_{ab}I_c \cos(90° + \varphi) + U_{ca}I_a \cos(120° - \varphi) = -78.27(\text{W})$$

$$Q' = U_{ab}I_c \sin(90° + \varphi) + U_{ca}I_a \sin(240° + \varphi) = -108.06(\text{var})$$

（2）智能电能表运行分析。智能电能表显示电压逆相序。第一元件功率因数为负值，显示负电流；第二元件功率因数为负值，显示负电流。由于测量总有功功率–78.27W 为负值，总无功功率–108.06var 为负值，智能电能表实际运行于Ⅲ象限，有功电量计入反向，无功电量计入Ⅲ象限。

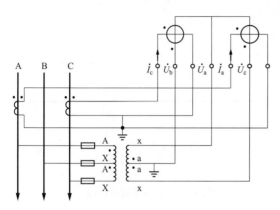

图 3-55 电能计量装置接线图

6. 电能计量装置接线图

电能计量装置接线见图 3-55。

第二种假定：

1. 判断电压的相序和相别

由于 $\dot{U}_{12}\hat{\dot{U}}_{32} = 330°$，智能电能表电压为逆相序，升高相 $U_{32}=175.8V$，则另外一相 $\dot{U}_1$ 为 $\dot{U}_b$，电压相别为 $\dot{U}_1$（$\dot{U}_b$）、$\dot{U}_2$（$\dot{U}_a$）、$\dot{U}_3$（$\dot{U}_c$）。

2. 确定相量图

按照正相序 $\dot{U}_a \rightarrow \dot{U}_b \rightarrow \dot{U}_c$ 确定相量图，标明 $\dot{U}_1$、$\dot{U}_2$、$\dot{U}_3$ 与 $\dot{U}_a$、$\dot{U}_b$、$\dot{U}_c$ 之间的对应关系。假定 $\dot{U}_{12}$ 对应绕组极性不反接，$\dot{U}_{12}$ 为 $\dot{U}_{ba}$，则极性反接二次绕组为 bc 绕组。根据相位关系确定 $\dot{U}_{32}$，以及 $\dot{I}_1$、$\dot{I}_2$，得出相量图见图 3-56。

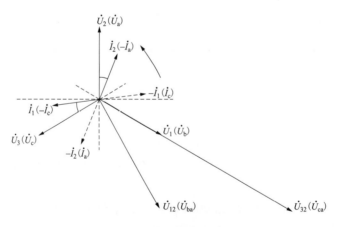

图 3-56 错误接线相量图

3. 接线分析

（1）判断运行象限。由于负载功率因数角为 23°（感性），10kV 线路向 10kV 母线输出有功功率、无功功率，一次负荷潮流状态为–P、–Q，因此，智能电能表应运行于Ⅲ象限，电流滞后对应的相电压 180°～210°，电流反相后滞后对应的相电压 0°～30°。

（2）接线分析。由图 3-56 可知，$\dot{I}_1$ 滞后 $\dot{U}_3$ 约 23°，$\dot{I}_1$ 反相后 $-\dot{I}_1$ 滞后 $\dot{U}_3$ 约 203°，$-\dot{I}_1$ 和 $\dot{U}_3$ 同相；$\dot{I}_2$ 滞后 $\dot{U}_2$ 约 23°，$\dot{I}_2$ 反相后 $-\dot{I}_2$ 滞后 $\dot{U}_2$ 约 203°，$-\dot{I}_2$ 和 $\dot{U}_2$ 同相。$\dot{I}_1$ 为 $-\dot{I}_c$，$\dot{I}_2$ 为 $-\dot{I}_a$。第一元件电压接入 $\dot{U}_{ba}$，电流接入 $-\dot{I}_c$；第二元件电压接入 $\dot{U}_{ca}$，电流接入 $-\dot{I}_a$。错误接线结论见表 3-16。

表 3-16   错误接线结论表

接入电压	$\dot{U}_1$（$\dot{U}_b$）	$\dot{U}_2$（$\dot{U}_a$）	$\dot{U}_3$（$\dot{U}_c$）
	$\dot{U}_{12}$（$\dot{U}_{ba}$）	$\dot{U}_{32}$（$\dot{U}_{ca}$）	
	极性反接二次绕组	bc 绕组	
接入电流	$\dot{I}_1$（$-\dot{I}_c$）	$\dot{I}_2$（$-\dot{I}_a$）	

4. 计算更正系数

（1）有功更正系数。

$$P' = U_{ba}I_c\cos(90°+\varphi) + U_{ca}I_a\cos(120°-\varphi) \tag{3-63}$$

$$K_P = \frac{P}{P'} = \frac{-\sqrt{3}UI\cos\varphi}{UI\cos(90°+\varphi)+\sqrt{3}UI\cos(120°-\varphi)} = \frac{2\sqrt{3}}{\sqrt{3}-\tan\varphi} \tag{3-64}$$

（2）无功更正系数。

$$Q' = U_{ba}I_c\sin(90°+\varphi) + U_{ca}I_a\sin(240°+\varphi) \tag{3-65}$$

$$K_Q = \frac{Q}{Q'} = \frac{-\sqrt{3}UI\sin\varphi}{UI\sin(90°+\varphi)+\sqrt{3}UI\sin(240°+\varphi)} = \frac{2\sqrt{3}}{\sqrt{3}+\cot\varphi} \tag{3-66}$$

5. 智能电能表运行分析

（1）智能电能表运行参数。

$$\cos\varphi_1 = 113° \approx -0.39$$

$$\cos\varphi_2 = 263° \approx -0.12$$

$$\cos\varphi \approx -0.59$$

$$P' = U_{ba}I_c\cos(90°+\varphi) + U_{ca}I_a\cos(120°-\varphi) = -78.27(W)$$

$$Q' = U_{ba}I_c\sin(90°+\varphi) + U_{ca}I_a\sin(240°+\varphi) = -108.06(var)$$

（2）智能电能表运行分析。智能电能表显示电压逆相序。第一元件功率因数为负值，显示负电流；第二元件功率因数为负值，显示负电流。由于测量总有功功率–78.27W 为负值，总无功功率–108.06var 为负值，智能电能表实际运行于Ⅲ象限，有功电量计入反向，无功电量计入Ⅲ象限。

6. 电能计量装置接线图

电能计量装置接线见图 3-57。

二、30°～60°（感性负载）实例分析

小型水力发电站,在系统变电站 10kV 出线处设置发电上网关口计量点，采用高供高计计量方式，接线方式为三相三线，电压互感器采用 V/V 接线，电流互感器变比为 300A/5A，电能表为 3×100V、3×1.5（6）A 的智能电能表。在端钮盒处测量参数数

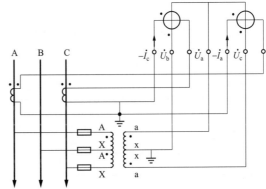

图 3-57　电能计量装置接线图

据如下：U_{12}=175.5V，U_{32}=101.5V，U_{13}=101.2V，I_1=0.71A，I_2=0.73A，$\dot{U}_{12}\hat{}\dot{U}_{32}=30°$，$\dot{U}_{12}\hat{}\dot{I}_1=292°$，$\dot{U}_{32}\hat{}\dot{I}_2=322°$。已知负载功率因数角为 52°（感性），10kV 线路向 10kV 母线输出有功功率、无功功率，分析错误接线、运行状态。

解析： 由测量数据可知，两组线电压 U_{32}、U_{13} 接近额定值 100V，一组线电压 U_{12} 接近 173V，说明电压互感器一相极性反接，无失压；两相电流有一定大小，基本对称，无失流等异常。

第一种假定：

1. 判断电压的相序和相别

由于 $\dot{U}_{12}\hat{}\dot{U}_{32}=30°$，智能电能表电压为正相序，升高相 U_{12}=175.5V，则另外一相 $\dot{U}_3$ 为 $\dot{U}_b$，电压相别为 $\dot{U}_1$（$\dot{U}_c$）、$\dot{U}_2$（$\dot{U}_a$）、$\dot{U}_3$（$\dot{U}_b$）。

2. 确定相量图

按照正相序 $\dot{U}_a \rightarrow \dot{U}_b \rightarrow \dot{U}_c$ 确定相量图，标明 $\dot{U}_1$、$\dot{U}_2$、$\dot{U}_3$ 与 $\dot{U}_a$、$\dot{U}_b$、$\dot{U}_c$ 之间的对应关系。假定 $\dot{U}_{32}$ 对应绕组极性反接，反接后 $\dot{U}_{32}$ 为 $\dot{U}_{ab}$，则极性反接二次绕组为 ab 绕组。根据相位关系确定 $\dot{U}_{12}$，以及 $\dot{I}_1$、$\dot{I}_2$，得出相量图见图 3-58。

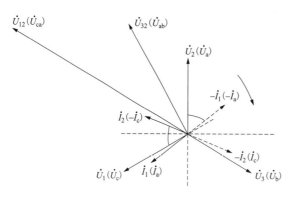

图 3-58　错误接线相量图

3. 接线分析

（1）判断运行象限。由于负载功率因数角为 52°（感性），10kV 线路向 10kV 母线输出有功功率、无功功率，一次负荷潮流状态为–P、–Q，因此，智能电能表应运行于Ⅲ象限，电流滞后对应的相电压 210°～240°，电流反相后滞后对应的相电压 30°～60°。

（2）接线分析。由图 3-58 可知，$\dot{I}_1$ 反相后 $-\dot{I}_1$ 滞后 $\dot{U}_2$ 约 52°，$\dot{I}_1$ 滞后 $\dot{U}_2$ 约 232°，$\dot{I}_1$ 和 $\dot{U}_2$ 同相；$\dot{I}_2$ 滞后 $\dot{U}_1$ 约 52°，$\dot{I}_2$ 反相后 $-\dot{I}_2$ 滞后 $\dot{U}_1$ 约 232°，$-\dot{I}_2$ 和 $\dot{U}_1$ 同相。$\dot{I}_1$ 为 $\dot{I}_a$，$-\dot{I}_2$ 为 $\dot{I}_c$，$\dot{I}_2$ 为 $-\dot{I}_c$。第一元件电压接入 $\dot{U}_{ca}$，电流接入 $\dot{I}_a$；第二元件电压接入 $\dot{U}_{ab}$，电流接入 $-\dot{I}_c$。错误接线结论见表 3-17。

表 3-17　　　　　　　　错误接线结论表

接入电压	$\dot{U}_1$（$\dot{U}_c$）	$\dot{U}_2$（$\dot{U}_a$）	$\dot{U}_3$（$\dot{U}_b$）
	$\dot{U}_{12}$（$\dot{U}_{ca}$）	$\dot{U}_{32}$（$\dot{U}_{ab}$）	
	极性反接二次绕组	ab 绕组	
接入电流	$\dot{I}_1$（$\dot{I}_a$）	$\dot{I}_2$（$-\dot{I}_c$）	

4. 计算更正系数

（1）有功更正系数。

$$P' = U_{ca}I_a \cos(120° - \varphi) + U_{ab}I_c \cos(90° - \varphi) \tag{3-67}$$

$$K_P = \frac{P}{P'} = \frac{-\sqrt{3}UI\cos\varphi}{\sqrt{3}UI\cos(120° - \varphi) + UI\cos(90° - \varphi)} = \frac{2\sqrt{3}}{\sqrt{3} - 5\tan\varphi} \tag{3-68}$$

（2）无功更正系数。

$$Q' = U_{ca}I_a \sin(240° + \varphi) + U_{ab}I_c \sin(270° + \varphi) \tag{3-69}$$

$$K_Q = \frac{Q}{Q'} = \frac{-\sqrt{3}UI\sin\varphi}{\sqrt{3}UI\sin(240° + \varphi) + UI\sin(270° + \varphi)} = \frac{2\sqrt{3}}{\sqrt{3} + 5\cot\varphi} \tag{3-70}$$

5. 智能电能表运行分析

（1）智能电能表运行参数。

$$\cos\varphi_1 = 292° \approx 0.37$$
$$\cos\varphi_2 = 322° \approx 0.79$$
$$\cos\varphi \approx 0.55$$

$$P' = U_{ca}I_a \cos(120° - \varphi) + U_{ab}I_c \cos(90° - \varphi) = 105.07(\text{W})$$
$$Q' = U_{ca}I_a \sin(240° + \varphi) + U_{ab}I_c \sin(270° + \varphi) = -161.15(\text{var})$$

（2）智能电能表运行分析。智能电能表显示电压正相序。第一元件功率因数为正值，显示正电流；第二元件功率因数为正值，显示正电流。由于测量总有功功率 105.07W 为正值，总无功功率–161.15var 为负值，智能电能表实际运行于Ⅳ象限，有功电量计入正向，无功电量计入Ⅳ象限。

6. 电能计量装置接线图

电能计量装置接线图见图 3-59。

第二种假定：

1. 判断电压的相序和相别

由于 $\dot{U}_{12}\hat{\dot{U}}_{32} = 30°$，智能电能表电压为正相序，升高相 $U_{12}=175.5$V，则另外一相 $\dot{U}_3$ 为 $\dot{U}_b$，电压相别为 $\dot{U}_1$（$\dot{U}_c$）、$\dot{U}_2$（$\dot{U}_a$）、$\dot{U}_3$（$\dot{U}_b$）。

2. 确定相量图

按照正相序 $\dot{U}_a \rightarrow \dot{U}_b \rightarrow \dot{U}_c$ 确定相量图，标明 $\dot{U}_1$、$\dot{U}_2$、$\dot{U}_3$ 与 $\dot{U}_a$、$\dot{U}_b$、$\dot{U}_c$ 之间的对应关系。假定 $\dot{U}_{32}$ 对应绕组极性不反接，$\dot{U}_{32}$ 为 $\dot{U}_{ba}$，则极性反接二次绕组为 bc 绕组。根据相位关系确定 $\dot{U}_{12}$，以及 $\dot{I}_1$、$\dot{I}_2$，得出相量图见图 3-60。

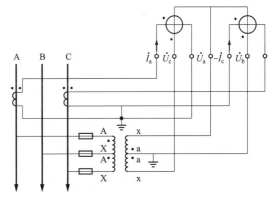

图 3-59　电能计量装置接线图

3. 接线分析

（1）判断运行象限。由于负载功率因数角为 52°（感性），10kV 线路向 10kV 母线输出有功功率、无功功率，一次负荷潮流状态为–P、–Q，因此，智能电能表应运行于Ⅲ象限，电流滞后对应的相电压 210°～240°，电流反相后滞后对应的相电压 30°～60°。

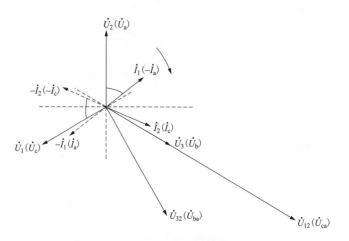

图 3-60　错误接线相量图

（2）接线分析。由图 3-60 可知，$\dot{I}_1$ 滞后 $\dot{U}_2$ 约 52°，$\dot{I}_1$ 反相后 $-\dot{I}_1$ 滞后 $\dot{U}_2$ 约 232°，$-\dot{I}_1$ 和 $\dot{U}_2$ 同相；$\dot{I}_2$ 反相后 $-\dot{I}_2$ 滞后 $\dot{U}_1$ 约 52°，$\dot{I}_2$ 滞后 $\dot{U}_1$ 约 232°，$\dot{I}_2$ 和 $\dot{U}_1$ 同相。$-\dot{I}_1$ 为 $\dot{I}_a$，$\dot{I}_1$ 为 $-\dot{I}_a$，$\dot{I}_2$ 为 $\dot{I}_c$。第一元件电压接入 $\dot{U}_{ca}$，电流接入 $-\dot{I}_a$；第二元件电压接入 $\dot{U}_{ba}$，电流接入 $\dot{I}_c$。错误接线结论见表 3-18。

表 3-18　　　　　　　　　　　　错 误 接 线 结 论 表

接入电压	$\dot{U}_1$（$\dot{U}_c$）	$\dot{U}_2$（$\dot{U}_a$）	$\dot{U}_3$（$\dot{U}_b$）
	$\dot{U}_{12}$（$\dot{U}_{ca}$）	$\dot{U}_{32}$（$\dot{U}_{ba}$）	
	极性反接二次绕组	bc 绕组	
接入电流	$\dot{I}_1$（$-\dot{I}_a$）	$\dot{I}_2$（$\dot{I}_c$）	

4. 计算更正系数

（1）有功更正系数。

$$P' = U_{ca}I_a\cos(120° - \varphi) + U_{ba}I_c\cos(90° - \varphi) \tag{3-71}$$

$$K_P = \frac{P}{P'} = \frac{-\sqrt{3}UI\cos\varphi}{\sqrt{3}UI\cos(120° - \varphi) + UI\cos(90° - \varphi)} = \frac{2\sqrt{3}}{\sqrt{3} - 5\tan\varphi} \tag{3-72}$$

（2）无功更正系数。

$$Q' = U_{ca}I_a\sin(240° + \varphi) + U_{ba}I_c\sin(270° + \varphi) \tag{3-73}$$

$$K_Q = \frac{Q}{Q'} = \frac{-\sqrt{3}UI\sin\varphi}{\sqrt{3}UI\sin(240° + \varphi) + UI\sin(270° + \varphi)} = \frac{2\sqrt{3}}{\sqrt{3} + 5\cot\varphi} \tag{3-74}$$

5. 智能电能表运行分析

（1）智能电能表运行参数。

$$\cos\varphi_1 = 292° \approx 0.37$$

$$\cos\varphi_2 = 322° \approx 0.79$$

$$\cos\varphi \approx 0.55$$

$$P' = U_{ca}I_a \cos(120°-\varphi) + U_{ba}I_c \cos(90°-\varphi) = 105.07(\text{W})$$

$$Q' = U_{ca}I_a \sin(240°+\varphi) + U_{ba}I_c \sin(270°+\varphi) = -161.15(\text{var})$$

（2）智能电能表运行分析。智能电能表显示电压正相序。第一元件功率因数为正值，显示正电流；第二元件功率因数为正值，显示正电流。由于测量总有功功率 105.07W 为正值，总无功功率–161.15var 为负值，智能电能表实际运行于Ⅳ象限，有功电量计入正向，无功电量计入Ⅳ象限。

6. 电能计量装置接线图

电能计量装置接线图见图 3-61。

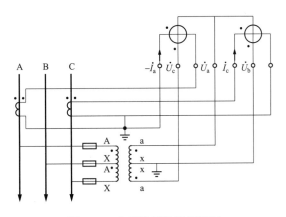

图 3-61　电能计量装置接线图

第六节　V/V 接线电压互感器极性反接Ⅳ象限实例分析

一、0°～30°（容性负载）实例分析

10kV 专用变压器用电用户，在 10kV 侧采用高供高计计量方式，接线方式为三相三线，电压互感器采用 V/V 接线，电流互感器变比为 75A/5A，电能表为 3×100V、3×1.5（6）A 的智能电能表。在端钮盒处测量参数数据如下：U_{12}=173.7V，U_{32}=100.2V，U_{13}=100.5V，I_1=0.95A，I_2=0.96A，$\dot{U}_{12}\hat{\dot{U}}_{32}=330°$，$\dot{U}_{32}\hat{\dot{I}}_1=277°$，$\dot{U}_{32}\hat{\dot{I}}_2=67°$。已知负载功率因数角为 23°（容性），10kV 供电线路向专用变压器输入有功功率，专用变压器向 10kV 供电线路输出无功功率，分析错误接线、运行状态。

解析： 由测量数据可知，两组线电压 U_{32}、U_{13} 接近额定值 100V，一组线电压 U_{12} 接近 173V，说明电压互感器一相极性反接，无失压；两相电流有一定大小，基本对称，无失流等异常。

第一种假定：

1. 判断电压的相序和相别

由于 $\dot{U}_{12}\hat{\dot{U}}_{32}=330°$，智能电能表电压为逆相序，升高相 U_{12}=173.7V，则另外一相 $\dot{U}_3$ 为 $\dot{U}_b$，电压相别为 $\dot{U}_1$（$\dot{U}_a$）、$\dot{U}_2$（$\dot{U}_c$）、$\dot{U}_3$（$\dot{U}_b$）。

2. 确定相量图

按照正相序 $\dot{U}_{a} \rightarrow \dot{U}_{b} \rightarrow \dot{U}_{c}$ 确定相量图，标明 $\dot{U}_{1}$、$\dot{U}_{2}$、$\dot{U}_{3}$ 与 $\dot{U}_{a}$、$\dot{U}_{b}$、$\dot{U}_{c}$ 之间的对应关系。假定 $\dot{U}_{32}$ 对应绕组极性反接，反接后 $\dot{U}_{32}$ 为 $\dot{U}_{cb}$，则极性反接二次绕组为 bc 绕组。根据相位关系确定 $\dot{U}_{12}$，以及 $\dot{I}_{1}$、$\dot{I}_{2}$，得出相量图见图 3-62。

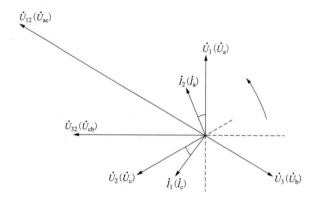

图 3-62　错误接线相量图

3. 接线分析

（1）判断运行象限。由于负载功率因数角为 23°（容性），10kV 供电线路向专用变压器输入有功功率，专用变压器向 10kV 供电线路输出无功功率，因此，无功补偿装置过补偿运行，一次负荷潮流状态为+P、−Q，智能电能表应运行于Ⅳ象限，电流超前对应的相电压 23°。

（2）接线分析。由图 3-62 可知，$\dot{I}_{1}$ 超前 $\dot{U}_{2}$ 约 23°，$\dot{I}_{1}$ 和 $\dot{U}_{2}$ 同相；$\dot{I}_{2}$ 超前 $\dot{U}_{1}$ 约 23°，$\dot{I}_{2}$ 和 $\dot{U}_{1}$ 同相。$\dot{I}_{1}$ 为 $\dot{I}_{c}$，$\dot{I}_{2}$ 为 $\dot{I}_{a}$。第一元件电压接入 $\dot{U}_{ac}$，电流接入 $\dot{I}_{c}$；第二元件电压接入 $\dot{U}_{cb}$，电流接入 $\dot{I}_{a}$。错误接线结论见表 3-19。

表 3-19　　　　　　　　　　　错误接线结论表

接入电压	$\dot{U}_{1}$（$\dot{U}_{a}$）	$\dot{U}_{2}$（$\dot{U}_{c}$）	$\dot{U}_{3}$（$\dot{U}_{b}$）
	$\dot{U}_{12}$（$\dot{U}_{ac}$）	$\dot{U}_{32}$（$\dot{U}_{cb}$）	
	极性反接二次绕组	bc 绕组	
接入电流	$\dot{I}_{1}$（$\dot{I}_{c}$）	$\dot{I}_{2}$（$\dot{I}_{a}$）	

4. 计算更正系数

（1）有功更正系数。

$$P' = U_{ac}I_{c}\cos(60°+\varphi) + U_{cb}I_{a}\cos(90°-\varphi) \tag{3-75}$$

$$K_{P} = \frac{P}{P'} = \frac{\sqrt{3}UI\cos\varphi}{\sqrt{3}UI\cos(60°+\varphi) + UI\cos(90°-\varphi)} = \frac{2\sqrt{3}}{\sqrt{3} - \tan\varphi} \tag{3-76}$$

（2）无功更正系数。

$$Q' = U_{ac}I_{c}\sin(300°-\varphi) + U_{cb}I_{a}\sin(90°-\varphi) \tag{3-77}$$

$$K_{\mathrm{Q}} = \frac{Q}{Q'} = \frac{-\sqrt{3}UI\sin\varphi}{\sqrt{3}UI\sin(300°-\varphi)+UI\sin(90°-\varphi)} = \frac{2\sqrt{3}}{\sqrt{3}+\cot\varphi} \qquad (3\text{-}78)$$

5. 智能电能表运行分析

（1）智能电能表运行参数。

$$\cos\varphi_1 = 277° \approx 0.12$$
$$\cos\varphi_2 = 67° \approx 0.39$$
$$\cos\varphi \approx 0.61$$
$$P' = U_{ac}I_c\cos(60°+\varphi) + U_{cb}I_a\cos(90°-\varphi) = 57.73(\mathrm{W})$$
$$Q' = U_{ac}I_c\sin(300°-\varphi) + U_{cb}I_a\sin(90°-\varphi) = -75.15(\mathrm{var})$$

（2）智能电能表运行分析。智能电能表显示电压逆相序。第一元件功率因数为正值，显示正电流；第二元件功率因数为正值，显示正电流。由于测量总有功功率 57.73W 为正值，总无功功率−75.15var 为负值，智能电能表实际运行于Ⅳ象限，有功电量计入正向，无功电量计入正向（Ⅳ象限）。

6. 电能计量装置接线图

电能计量装置接线图见图 3-63。

第二种假定：

1. 判断电压的相序和相别

由于 $\dot{U}_{12}\overset{\wedge}{\dot{U}}_{32}=330°$，智能电能表电压为逆相序，升高相 $U_{12}=173.7\mathrm{V}$，则另外一相 $\dot{U}_3$ 为 $\dot{U}_b$，电压相别为 $\dot{U}_1$（$\dot{U}_a$）、$\dot{U}_2$（$\dot{U}_c$）、$\dot{U}_3$（$\dot{U}_b$）。

2. 确定相量图

按照正相序 $\dot{U}_a \rightarrow \dot{U}_b \rightarrow \dot{U}_c$ 确定相量图，标明 $\dot{U}_1$、$\dot{U}_2$、$\dot{U}_3$ 与 $\dot{U}_a$、$\dot{U}_b$、$\dot{U}_c$ 之间的对应关系。假定 $\dot{U}_{32}$ 对应绕组极性不

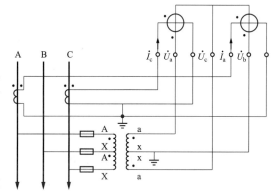

图 3-63　电能计量装置接线图

反接，$\dot{U}_{32}$ 为 $\dot{U}_{bc}$，则极性反接二次绕组为 ab 绕组。根据相位关系确定 $\dot{U}_{12}$，以及 $\dot{I}_1$、$\dot{I}_2$，得出相量图见图 3-64。

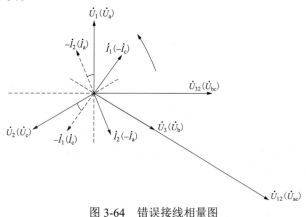

图 3-64　错误接线相量图

121

3．接线分析

（1）判断运行象限。由于负载功率因数角为 23°（容性），10kV 供电线路向专用变压器输入有功功率，专用变压器向 10kV 供电线路输出无功功率，因此，一次负荷潮流状态为+P、−Q，智能电能表应运行于Ⅳ象限，电流超前对应的相电压 23°。

（2）接线分析。由图 3-64 可知，$\dot{I}_1$ 反相后 $-\dot{I}_1$ 超前 $\dot{U}_2$ 约 23°，$-\dot{I}_1$ 和 $\dot{U}_2$ 同相；$\dot{I}_2$ 反相后 $-\dot{I}_2$ 超前 $\dot{U}_1$ 约 23°，$-\dot{I}_2$ 和 $\dot{U}_1$ 同相。$-\dot{I}_1$ 为 $\dot{I}_c$，$\dot{I}_1$ 为 $-\dot{I}_c$，$-\dot{I}_2$ 为 $\dot{I}_a$，$\dot{I}_2$ 为 $-\dot{I}_a$。第一元件电压接入 $\dot{U}_{ac}$，电流接入 $-\dot{I}_c$；第二元件电压接入 $\dot{U}_{bc}$，电流接入 $-\dot{I}_a$。错误接线结论见表 3-20。

表 3-20 错 误 接 线 结 论 表

接入电压	$\dot{U}_1$（$\dot{U}_a$）	$\dot{U}_2$（$\dot{U}_c$）	$\dot{U}_3$（$\dot{U}_b$）
	$\dot{U}_{12}$（$\dot{U}_{ac}$）	$\dot{U}_{32}$（$\dot{U}_{bc}$）	
	极性反接二次绕组	ab 绕组	
接入电流	$\dot{I}_1$（$-\dot{I}_c$）	$\dot{I}_2$（$-\dot{I}_a$）	

4．计算更正系数

（1）有功更正系数。

$$P' = U_{ac}I_c \cos(60° + \varphi) + U_{bc}I_a \cos(90° - \varphi) \tag{3-79}$$

$$K_P = \frac{P}{P'} = \frac{\sqrt{3}UI\cos\varphi}{\sqrt{3}UI\cos(60° + \varphi) + UI\cos(90° - \varphi)} = \frac{2\sqrt{3}}{\sqrt{3} - \tan\varphi} \tag{3-80}$$

（2）无功更正系数。

$$Q' = U_{ac}I_c \sin(300° - \varphi) + U_{bc}I_a \sin(90° - \varphi) \tag{3-81}$$

$$K_Q = \frac{Q}{Q'} = \frac{-\sqrt{3}UI\sin\varphi}{\sqrt{3}UI\sin(300° - \varphi) + UI\sin(90° - \varphi)} = \frac{2\sqrt{3}}{\sqrt{3} + \cot\varphi} \tag{3-82}$$

5．智能电能表运行分析

（1）智能电能表运行参数。

$$\cos\varphi_1 = 277° \approx 0.12$$

$$\cos\varphi_2 = 67° \approx 0.39$$

$$\cos\varphi \approx 0.61$$

$$P' = U_{ac}I_c \cos(60° + \varphi) + U_{bc}I_a \cos(90° - \varphi) = 57.73(\text{W})$$

$$Q' = U_{ac}I_c \sin(300° - \varphi) + U_{bc}I_a \sin(90° - \varphi) = -75.15(\text{var})$$

（2）智能电能表运行分析。智能电能表显示电压逆相序。第一元件功率因数为正值，显示正电流；第二元件功率因数为正值，显示正电流。由于测量总有功功率 57.73W 为正值，总无功功率−75.15var 为负值，智能电能表实际运行于Ⅳ象限，有功电量计入正向，无功电量计入正向（Ⅳ象限）。

6．电能计量装置接线图

电能计量装置接线图见图 3-65。

二、30°～60°（容性负载）实例分析

10kV 专用变压器用电用户，在 10kV 侧采用高供高计计量方式，接线方式为三相三线，电压互感器采用 V/V 接线，电流互感器变比为 150A/5A，电能表为 3×100V、3×1.5（6）A 的智能电能表。在端钮盒处测量参数数据如下：U_{12}=101.2V，U_{32}=101.5V，U_{13}=175.8V，I_1=0.97A，I_2=0.98A，$\dot{U}_{12}\hat{\dot{U}}_{32}=240°$，$\dot{U}_{12}\hat{\dot{I}}_1=99°$，$\dot{U}_{32}\hat{\dot{I}}_2=159°$。已知负载功率因数角为 51°（容性），10kV 供电线路向专用变压器输入有功功率，专用变压器向 10kV 供电线路输出无功功率，分析错误接线、运行状态。

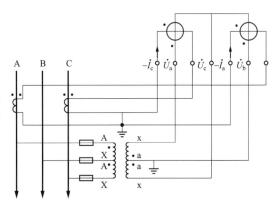

图 3-65　电能计量装置接线图

解析： 由测量数据可知，两组线电压 U_{12}、U_{32} 接近于额定值 100V，一组线电压 U_{13} 接近 173V，说明电压互感器一相极性反接，无失压；两相电流有一定大小，基本对称，无失流等异常。

第一种假定：

1. 判断电压的相序和相别

由于 $\dot{U}_{12}\hat{\dot{U}}_{32}=240°$，智能电能表电压为逆相序，升高相 U_{13}=175.8V，则另外一相 $\dot{U}_2$ 为 $\dot{U}_b$，电压相别为 $\dot{U}_1$（$\dot{U}_c$）、$\dot{U}_2$（$\dot{U}_b$）、$\dot{U}_3$（$\dot{U}_a$）。

2. 确定相量图

按照正相序 $\dot{U}_a \rightarrow \dot{U}_b \rightarrow \dot{U}_c$ 确定相量图，标明 $\dot{U}_1$、$\dot{U}_2$、$\dot{U}_3$ 与 $\dot{U}_a$、$\dot{U}_b$、$\dot{U}_c$ 之间的对应关系。假定 $\dot{U}_{12}$ 对应绕组极性反接，反接后 $\dot{U}_{12}$ 为 $\dot{U}_{bc}$，则极性反接二次绕组为 bc 绕组。

根据相位关系确定 $\dot{U}_{32}$，以及 $\dot{I}_1$、$\dot{I}_2$，得出相量图见图 3-66。

3. 接线分析

（1）判断运行象限。由于负载功率因数角为 51°（容性），10kV 供电线路向专用变压器输入有功功率，专用变压器向 10kV 供电线路输出无功功率，因此，一次负荷潮流状态为 +P、−Q，智能电能表应运行于 IV 象限，电流超前对应的相电压 51°。

（2）接线分析。由图 3-66 可知，$\dot{I}_1$ 超前 $\dot{U}_1$ 约 51°，$\dot{I}_1$ 和 $\dot{U}_1$ 同相；$\dot{I}_2$ 反相后 $-\dot{I}_2$ 超前 $\dot{U}_3$ 约

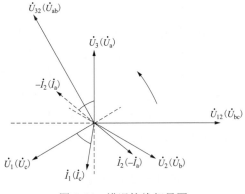

图 3-66　错误接线相量图

51°，$-\dot{I}_2$ 和 $\dot{U}_3$ 同相。$\dot{I}_1$ 为 $\dot{I}_c$，$-\dot{I}_2$ 为 $\dot{I}_a$，$\dot{I}_2$ 为 $-\dot{I}_a$。第一元件电压接入 $\dot{U}_{bc}$，电流接入 $\dot{I}_c$；第二元件电压接入 $\dot{U}_{ab}$，电流接入 $-\dot{I}_a$。错误接线结论见表 3-21。

表 3-21   错 误 接 线 结 论 表

接入电压	$\dot{U}_1$（$\dot{U}_c$）	$\dot{U}_2$（$\dot{U}_b$）	$\dot{U}_3$（$\dot{U}_a$）
	$\dot{U}_{12}$（$\dot{U}_{bc}$）	$\dot{U}_{32}$（$\dot{U}_{ab}$）	
	极性反接二次绕组	bc 绕组	
接入电流	$\dot{I}_1$（$\dot{I}_c$）	$\dot{I}_2$（$-\dot{I}_a$）	

4. 计算更正系数

（1）有功更正系数。

$$P' = U_{bc}I_c\cos(150°-\varphi) + U_{ab}I_a\cos(150°+\varphi) \qquad (3-83)$$

$$K_P = \frac{P}{P'} = \frac{\sqrt{3}UI\cos\varphi}{UI\cos(150°-\varphi)+UI\cos(150°+\varphi)} = -1 \qquad (3-84)$$

（2）无功更正系数。

$$Q' = U_{bc}I_c\sin(150°-\varphi) + U_{ab}I_a\sin(210°-\varphi) \qquad (3-85)$$

$$K_Q = \frac{Q}{Q'} = \frac{-\sqrt{3}UI\sin\varphi}{UI\sin(150°-\varphi)+UI\sin(210°-\varphi)} = -1 \qquad (3-86)$$

5. 智能电能表运行分析

（1）智能电能表运行参数。

$$\cos\varphi_1 = 99° \approx -0.16$$

$$\cos\varphi_2 = 159° \approx -0.93$$

$$\cos\varphi \approx -0.63$$

$$P' = U_{bc}I_c\cos(150°-\varphi) + U_{ab}I_a\cos(150°+\varphi) = -108.22(W)$$

$$Q' = U_{bc}I_c\sin(150°-\varphi) + U_{ab}I_a\sin(210°-\varphi) = 132.60(var)$$

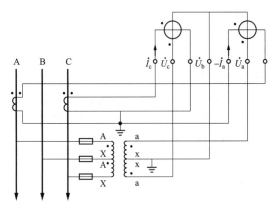

图 3-67 电能计量装置接线图

（2）智能电能表运行分析。智能电能表显示电压逆相序。第一元件功率因数为负值，显示负电流；第二元件功率因数为负值，显示负电流。由于测量总有功功率 −108.22W 为负值，总无功功率 132.60var 为正值，智能电能表实际运行于 II 象限，有功电量计入反向，无功电量计入反向（II 象限）。

6. 电能计量装置接线图

电能计量装置接线见图 3-67。

第二种假定：

1. 判断电压的相序和相别

由于 $\dot{U}_{12}\overset{\wedge}{\dot{U}}_{32} = 240°$，智能电能表电压为逆相序，升高相 $U_{13}=175.8$V，则另外一相 $\dot{U}_2$

为 $\dot{U}_\mathrm{b}$，电压相别为 $\dot{U}_1$（$\dot{U}_\mathrm{c}$）、$\dot{U}_2$（$\dot{U}_\mathrm{b}$）、$\dot{U}_3$（$\dot{U}_\mathrm{a}$）。

2. 确定相量图

按照正相序 $\dot{U}_\mathrm{a} \rightarrow \dot{U}_\mathrm{b} \rightarrow \dot{U}_\mathrm{c}$ 确定相量图，标明 $\dot{U}_1$、$\dot{U}_2$、$\dot{U}_3$ 与 $\dot{U}_\mathrm{a}$、$\dot{U}_\mathrm{b}$、$\dot{U}_\mathrm{c}$ 之间的对应关系。假定 $\dot{U}_{12}$ 对应绕组极性不反接，$\dot{U}_{12}$ 为 $\dot{U}_\mathrm{cb}$，则极性反接二次绕组为 ab 绕组。根据相位关系确定 $\dot{U}_{32}$，以及 $\dot{I}_1$、$\dot{I}_2$，得出相量图见图 3-68。

3. 接线分析

（1）判断运行象限。由于负载功率因数角为 51°（容性），10kV 供电线路向专用变压器输入有功功率，专用变压器向 10kV 供电线路输出无功功率，因此，一次负荷潮流状态为 +P、−Q，智能电能表应运行于 IV 象限，电流超前对应的相电压 51°。

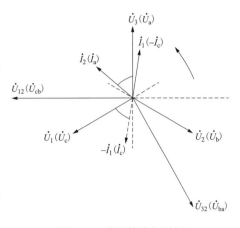

图 3-68　错误接线相量图

（2）接线分析。由图 3-68 可知，$\dot{I}_1$ 反相后 $-\dot{I}_1$ 超前 $\dot{U}_1$ 约 51°，$-\dot{I}_1$ 和 $\dot{U}_1$ 同相；$\dot{I}_2$ 超前 $\dot{U}_3$ 约 51°，$\dot{I}_2$ 和 $\dot{U}_3$ 同相。$-\dot{I}_1$ 为 $\dot{I}_\mathrm{c}$，$\dot{I}_1$ 为 $-\dot{I}_\mathrm{c}$，$\dot{I}_2$ 为 $\dot{I}_\mathrm{a}$。第一元件电压接入 $\dot{U}_\mathrm{cb}$，电流接入 $-\dot{I}_\mathrm{c}$；第二元件电压接入 $\dot{U}_\mathrm{ba}$，电流接入 $\dot{I}_\mathrm{a}$。错误接线结论见表 3-22。

表 3-22　　　　　　　　　　　　错 误 接 线 结 论 表

接入电压	$\dot{U}_1$（$\dot{U}_\mathrm{c}$）	$\dot{U}_2$（$\dot{U}_\mathrm{b}$）	$\dot{U}_3$（$\dot{U}_\mathrm{a}$）
	$\dot{U}_{12}$（$\dot{U}_\mathrm{cb}$）	$\dot{U}_{32}$（$\dot{U}_\mathrm{ba}$）	
	极性反接二次绕组	ab 绕组	
接入电流	$\dot{I}_1$（$-\dot{I}_\mathrm{c}$）	$\dot{I}_2$（$\dot{I}_\mathrm{a}$）	

4. 计算更正系数

（1）有功更正系数。

$$P' = U_\mathrm{cb}I_\mathrm{c}\cos(150° - \varphi) + U_\mathrm{ba}I_\mathrm{a}\cos(150° + \varphi) \tag{3-87}$$

$$K_\mathrm{P} = \frac{P}{P'} = \frac{\sqrt{3}UI\cos\varphi}{UI\cos(150° - \varphi) + UI\cos(150° + \varphi)} = -1 \tag{3-88}$$

（2）无功更正系数。

$$Q' = U_\mathrm{cb}I_\mathrm{c}\sin(150° - \varphi) + U_\mathrm{ba}I_\mathrm{a}\sin(210° - \varphi) \tag{3-89}$$

$$K_\mathrm{Q} = \frac{Q}{Q'} = \frac{-\sqrt{3}UI\sin\varphi}{UI\sin(150° - \varphi) + UI\sin(210° - \varphi)} = -1 \tag{3-90}$$

5. 智能电能表运行分析

（1）智能电能表运行参数。

$$\cos\varphi_1 = 99° \approx -0.16$$

$$\cos\varphi_2 = 159° \approx -0.93$$

$$\cos\varphi \approx -0.63$$

$$P' = U_{cb}I_c\cos(150° - \varphi) + U_{ba}I_a\cos(150° + \varphi) = -108.22(\text{W})$$

$$Q' = U_{cb}I_c\sin(150° - \varphi) + U_{ba}I_a\sin(210° - \varphi) = 132.60(\text{var})$$

（2）智能电能表运行分析。智能电能表显示电压逆相序。第一元件功率因数为负值，显示负电流；第二元件功率因数为负值，显示负电流。由于测量总有功功率–108.22W 为负值，总无功功率 132.60var 为正值，智能电能表实际运行于 II 象限，有功电量计入反向，无功电量计入反向（II 象限）。

6. 电能计量装置接线图

电能计量装置接线见图 3-69。

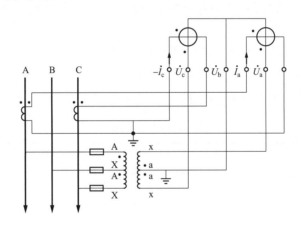

图 3-69   电能计量装置接线图

第七节   参数法分析 V/V 接线电压互感器极性反接的步骤与方法

采用三相三线智能电能表测量参数或用电信息采集系统采集的参数数据，对 V/V 接线电压互感器极性反接的三相三线智能电能表进行错误接线分析，需要参数主要有各组元件的电压、电流、功率因数、有功功率、无功功率，总有功功率、总无功功率，以及显示的电压相序和运行象限，按照以下步骤和方法分析判断。

1. 分析电压

分析三相三线智能电能表的各元件电压是否平衡，是否接近三相三线智能电能表的额定值，判断是否存在失压、电压互感器极性反接等故障。

2. 分析电流

分析三相三线智能电能表的各元件电流是否平衡，是否有一定负荷电流，电流的正负性是否与一次负荷潮流方向对应，判断是否存在二次回路失流、接线错误等故障。

126

3. 分析功率

根据三相三线智能电能表总有功功率、总无功功率的大小及方向，判断运行象限是否与一次负荷潮流方向一致。

4. 分析功率因数

根据三相三线智能电能表总功率因数的大小及方向，判断是否与一次负荷潮流方向一致。

5. 确定相量图

确认三组线电压 U_{12}、U_{13}、U_{32} 是否升高 $\sqrt{3}$ 倍，V/V 接线电压互感器是否出现一相极性反接，依据电压相序，确定电压相别和相量图。

（1）第一种假定。假定 U_{12} 或 U_{32} 中接近 100V 那一组的绕组极性反接，确定其相量，然后根据相位关系确定另外一组线电压相量。根据各元件功率因数值，通过反三角函数计算，得出大小相等、符号相反的两个相位角 $\pm\varphi$，依据各元件有功功率和无功功率的正负性，判断各元件运行象限，确定各元件的电流相量。再结合负载性质、运行象限、负载功率因数角，判断接线是否正确。

（2）第二种假定。假定 U_{12} 或 U_{32} 中接近 100V 那一组的绕组极性不反接，确定其相量，然后根据相位关系确定另外一组线电压相量。根据各元件功率因数值，通过反三角函数计算，得出大小相等、符号相反的两个相位角 $\pm\varphi$，依据各元件有功功率和无功功率的正负性，判断各元件运行象限，确定各元件的电流相量。再结合负载性质、运行象限、负载功率因数角，判断接线是否正确。

6. 计算退补电量

计算更正系数，根据故障期间的抄见电量，计算退补电量。

7. 更正接线

实际生产中，必须按照各项安全管理规定，严格履行保证安全的组织措施和技术措施，根据错误接线结论，检查接入智能电能表的实际二次电压和二次电流，根据现场实际的错误接线，按照正确接线方式更正。

第八节　参数法分析 V/V 接线电压互感器极性反接实例

一、I 象限错误接线实例分析

10kV 专用变压器用电用户，在 10kV 侧采用高供高计计量方式，接线方式为三相三线，电压互感器采用 V/V 接线，电流互感器变比为 100A/5A，电能表为 3×100V、3×1.5（6）A 的智能电能表。智能电能表测量参数数据如下：显示电压正相序，U_{12}=175.8V，U_{32}=101.6V，U_{13}=101.3V，I_1=−1.31A，I_2=1.33A，$\cos\varphi_1$=−0.73，$\cos\varphi_2$=0.69，$\cos\varphi$=−0.27，P_1=−165.66W，P_2=93.87W，P=−71.79W，Q_1=159.98var，Q_2=97.20var，Q=257.18var。已知负载功率因数角为 16°（感性），10kV 供电线路向专用变压器输入有功功率、无功功率，分析故障与异常、错误接线。

1. 故障与异常分析

（1）由测量数据可知，两组线电压 U_{32}、U_{13} 接近额定值 100V，一组线电压 U_{12} 接近 173V，说明电压互感器一相极性反接，无失压；两相电流有一定大小，基本对称，无失流等异常。

（2）负载功率因数角为 16°（感性），智能电能表应运行于 I 象限，一次负荷潮流状态为+P、+Q。总有功功率–71.79W 为负值，总无功功率 257.18var 为正值，智能电能表实际运行于 II 象限，运行象限异常。

（3）负载功率因数角 16°（感性）在 I 象限 0°～30°之间，总功率因数应接近 0.96，绝对值为"大"，数值为正；第一元件功率因数应接近 0.69，绝对值为"中"，数值为正；第二元件功率因数应接近 0.97，绝对值为"大"，数值为正。总功率因数–0.27 绝对值为"小"，且数值为负，总功率因数异常；第一元件功率因数–0.73 绝对值为"中"，但数值为负，第一元件功率因数异常；第二元件功率因数 0.69 数值为正，但绝对值为"中"，第二元件功率因数异常。

（4）$\dfrac{\cos\varphi_1+\cos\varphi_2}{\cos\varphi}=\dfrac{-0.73+0.69}{-0.27}\approx 0.15$，比值约为 0.15，与正确比值 $\sqrt{3}$ 偏差较大，比值异常。

2．判断电压相别

由于智能电能表电压为正相序，升高相 U_{12}=175.8V，则另外一相 $\dot{U}_3$ 为 $\dot{U}_b$，电压相别为 $\dot{U}_1$（$\dot{U}_c$）、$\dot{U}_2$（$\dot{U}_a$）、$\dot{U}_3$（$\dot{U}_b$），且 $\dot{U}_{12}\hat{}\dot{U}_{32}=30°$。

3．接线分析

第一种假定：

（1）确定相量图。根据电压相序、相别得出相电压相量图，假定 $\dot{U}_{32}$ 对应绕组极性反接，反接后 $\dot{U}_{32}$ 为 $\dot{U}_{ab}$，则极性反接二次绕组为 ab 绕组，确定 $\dot{U}_{32}$、$\dot{U}_{12}$。$\cos\varphi_1=-0.73$，$\varphi_1=\pm136°$，P_1=–165.66W，Q_1=159.98var，则 φ_1 在 90°～180°之间，$\varphi_1=136°$，即 $\dot{U}_{12}\hat{}\dot{I}_1=136°$，确定 $\dot{I}_1$；$\cos\varphi_2=0.69$，$\varphi_2=\pm46°$，P_2=93.87W，Q_2=97.20var，则 φ_2 在 0°～90°之间，$\varphi_2=46°$，$\dot{U}_{32}\hat{}\dot{I}_2=46°$，确定 $\dot{I}_2$，得出相量图见图 3-70。

（2）接线分析及更正系数计算。由图 3-70 可知，$\dot{I}_1$ 反相后 $-\dot{I}_1$ 滞后 $\dot{U}_1$ 约 16°，$-\dot{I}_1$ 和 $\dot{U}_1$ 同相；$\dot{I}_2$ 滞后 $\dot{U}_2$ 约 16°，$\dot{I}_2$ 和 $\dot{U}_2$ 同相。$-\dot{I}_1$ 为 $\dot{I}_c$，$\dot{I}_1$ 为 $-\dot{I}_c$，$\dot{I}_2$ 为 $\dot{I}_a$。第一元件电压接入 $\dot{U}_{ca}$，电流接入 $-\dot{I}_c$；第二元件电压接入 $\dot{U}_{ab}$，电流接入 $\dot{I}_a$。错误接线结论见表 3-23。

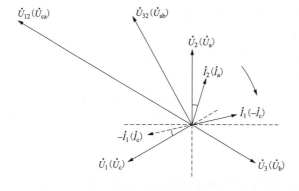

图 3-70　错误接线相量图

表 3-23 　　　　　　　　　　　　错 误 接 线 结 论 表

接入电压	$\dot{U}_1$（$\dot{U}_c$）	$\dot{U}_2$（$\dot{U}_a$）	$\dot{U}_3$（$\dot{U}_b$）
	$\dot{U}_{12}$（$\dot{U}_{ca}$）	$\dot{U}_{32}$（$\dot{U}_{ab}$）	
	极性反接二次绕组	ab 绕组	
接入电流	$\dot{I}_1$（$-\dot{I}_c$）	$\dot{I}_2$（$\dot{I}_a$）	

有功更正系数

$$P' = U_{ca}I_c\cos(120°+\varphi) + U_{ab}I_a\cos(30°+\varphi) \tag{3-91}$$

$$K_P = \frac{P}{P'} = \frac{\sqrt{3}UI\cos\varphi}{\sqrt{3}UI\cos(120°+\varphi)+UI\cos(30°+\varphi)} = -\frac{\sqrt{3}}{2\tan\varphi} \tag{3-92}$$

无功更正系数

$$Q' = U_{ca}I_c\sin(120°+\varphi) + U_{ab}I_a\sin(30°+\varphi) \tag{3-93}$$

$$K_Q = \frac{Q}{Q'} = \frac{\sqrt{3}UI\sin\varphi}{\sqrt{3}UI\sin(120°+\varphi)+UI\sin(30°+\varphi)} = \frac{\sqrt{3}}{2\cot\varphi} \tag{3-94}$$

4. 电能计量装置接线图

电能计量装置接线见图 3-71。

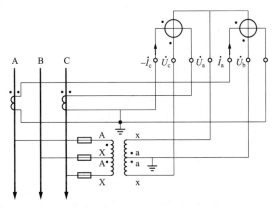

图 3-71　电能计量装置接线图

第二种假定：

（1）确定相量图。根据电压相序、相别得出相电压相量图，假定 $\dot{U}_{32}$ 对应绕组极性不反接，$\dot{U}_{32}$ 为 $\dot{U}_{ba}$，则极性反接二次绕组为 bc 绕组，确定 $\dot{U}_{32}$、$\dot{U}_{12}$。$\cos\varphi_1 = -0.73$，$\varphi_1 = \pm136°$，$P_1 = -165.66W$，$Q_1 = 159.98var$，则 φ_1 在 $90°\sim180°$ 之间，$\varphi_1 = 136°$，即 $\overset{\wedge}{\dot{U}_{12}\dot{I}_1} = 136°$，确定 $\dot{I}_1$；$\cos\varphi_2 = 0.69$，$\varphi_2 = \pm46°$，$P_2 = 93.87W$，$Q_2 = 97.20var$，则 φ_2 在 $0°\sim90°$ 之间，$\varphi_2 = 46°$，$\overset{\wedge}{\dot{U}_{32}\dot{I}_2} = 46°$，确定 $\dot{I}_2$，得出相量图见图 3-72。

（2）接线分析及更正系数计算。由图 3-72 可知，$\dot{I}_1$ 滞后 $\dot{U}_1$ 约 16°，$\dot{I}_1$ 和 $\dot{U}_1$ 同相；$\dot{I}_2$ 反相后 $-\dot{I}_2$ 滞后 $\dot{U}_2$ 约 16°，$-\dot{I}_2$ 和 $\dot{U}_2$ 同相。$\dot{I}_1$ 为 $\dot{I}_c$，$-\dot{I}_2$ 为 $\dot{I}_a$，$\dot{I}_2$ 为 $-\dot{I}_a$。第一元件电压接入 $\dot{U}_{ca}$，电流接入 $\dot{I}_c$；第二元件电压接入 $\dot{U}_{ba}$，电流接入 $-\dot{I}_a$。错误接线结论见表 3-24。

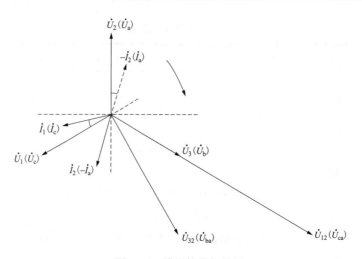

图 3-72　错误接线相量图

表 3-24　　　　　　　　　错 误 接 线 结 论 表

接入电压	$\dot{U}_1$（$\dot{U}_c$）	$\dot{U}_2$（$\dot{U}_a$）	$\dot{U}_3$（$\dot{U}_b$）
	$\dot{U}_{12}$（$\dot{U}_{ca}$）	$\dot{U}_{32}$（$\dot{U}_{ba}$）	
	极性反接二次绕组	bc 绕组	
接入电流	$\dot{I}_1$（$\dot{I}_c$）	$\dot{I}_2$（$-\dot{I}_a$）	

有功更正系数

$$P' = U_{ca}I_c\cos(120°+\varphi) + U_{ba}I_a\cos(30°+\varphi) \tag{3-95}$$

$$K_P = \frac{P}{P'} = \frac{\sqrt{3}UI\cos\varphi}{\sqrt{3}UI\cos(120°+\varphi)+UI\cos(30°+\varphi)} = -\frac{\sqrt{3}}{2\tan\varphi} \tag{3-96}$$

无功更正系数

$$Q' = U_{ca}I_c\sin(120°+\varphi) + U_{ba}I_a\sin(30°+\varphi) \tag{3-97}$$

$$K_Q = \frac{Q}{Q'} = \frac{\sqrt{3}UI\sin\varphi}{\sqrt{3}UI\sin(120°+\varphi)+UI\sin(30°+\varphi)} = \frac{\sqrt{3}}{2\cot\varphi} \tag{3-98}$$

（3）电能计量装置接线图。电能计量装置接线见图 3-73。

二、Ⅳ象限错误接线实例分析

10kV 专用变压器用电用户，在 10kV 侧采用高供高计计量方式，接线方式为三相三线，电压互感器采用 V/V 接线，电流互感器变比为 75A/5A，电能表为 3×100V、3×1.5（6）A 的智能电能表。智能电能表测量参数数据如下：显示电压正相序，U_{12}=

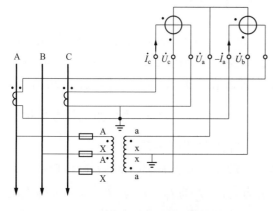

图 3-73　电能计量装置接线图

102.2V，U_{32}=177.7V，U_{13}=102.7V，I_1=0.78A，I_2=−0.75A，$\cos\varphi_1 = 0.96$，$\cos\varphi_2 = -0.73$，

$\cos\varphi = -0.26$，P_1=77.67W，P_2=−97.47W，P=−19.80W，Q_1=17.93var，Q_2=−90.89var，Q=−72.96var。已知负载功率因数角为 77°（容性），10kV 供电线路向专用变压器输入有功功率，专用变压器向 10kV 供电线路输出无功功率，分析故障与异常、错误接线。

1. 故障与异常分析

（1）由测量数据可知，两组线电压 U_{12}、U_{13} 接近于额定值 100V，一组线电压 U_{32} 接近 173V，说明电压互感器一相极性反接，无失压；两相电流有一定大小，基本对称，无失流等异常。

（2）负载功率因数角为 77°（容性），智能电能表应运行于Ⅳ象限，一次负荷潮流状态为+P、−Q。总有功功率−19.80W 为负值，总无功功率−72.96var 为负值，智能电能表实际运行于Ⅲ象限，运行象限异常。

（3）负载功率因数角 77°（容性）在Ⅳ象限 60°～90°之间，总功率因数应接近 0.22，绝对值为"小"，数值为正；第一元件功率因数应接近 0.68，绝对值为"中"，数值为正；第二元件功率因数应接近−0.29，绝对值为"小"，数值为负。总功率因数−0.26 绝对值为"小"，但数值为负，总功率因数异常；第一元件功率因数 0.96 数值为正，但绝对值为"大"，第一元件功率因数异常；第二元件功率因数−0.73 数值为负，但绝对值为"中"，第二元件功率因数异常。

（4）$\dfrac{\cos\varphi_1 + \cos\varphi_2}{\cos\varphi} = \dfrac{0.96 - 0.73}{-0.26} \approx -0.93$，比值约为−0.93，与正确比值 $\sqrt{3}$ 偏差较大，比值异常。

2. 判断电压相别

由于智能电能表电压为正相序，升高相 U_{32}=177.7V，则另外一相 $\dot{U}_1$ 为 $\dot{U}_b$，电压相别为 $\dot{U}_1$（$\dot{U}_b$）、$\dot{U}_2$（$\dot{U}_c$）、$\dot{U}_3$（$\dot{U}_a$），且 $\dot{U}_{12}\overset{\wedge}{\ }\dot{U}_{32} = 30°$。

3. 接线分析

第一种假定：

（1）确定相量图。根据电压相序、相别得出相电压相量图，假定 $\dot{U}_{12}$ 对应绕组极性反接，反接后 $\dot{U}_{12}$ 为 $\dot{U}_{cb}$，则极性反接二次绕组为 bc 绕组，确定 $\dot{U}_{12}$、$\dot{U}_{32}$。$\cos\varphi_1 = 0.96$，$\varphi_1 = \pm16°$，P_1=77.67W，Q_1=17.93var，则 φ_1 在 0°～90°之间，$\varphi_1 = 16°$，即 $\dot{U}_{12}\overset{\wedge}{\ }\dot{I}_1 = 16°$，确定 $\dot{I}_1$；$\cos\varphi_2 = -0.73$，$\varphi_2 = \pm137°$，P_2=−97.47W，Q_2=−90.89var，则 φ_2 在 180°～270°之间，$\varphi_2 = -137°$，$\dot{U}_{32}\overset{\wedge}{\ }\dot{I}_2 = 223°$，确定 $\dot{I}_2$，得出相量图见图 3-74。

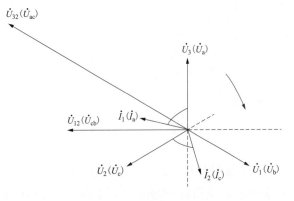

图 3-74　错误接线相量图

（2）接线分析及更正系数计算。由图 3-74 可知，$\dot{I}_1$ 超前 $\dot{U}_3$ 约 77°，$\dot{I}_1$ 和 $\dot{U}_3$ 同相；$\dot{I}_2$

超前 $\dot{U}_2$ 约 77°，$\dot{I}_2$ 和 $\dot{U}_2$ 同相。$\dot{I}_1$ 为 $\dot{I}_a$，$\dot{I}_2$ 为 $\dot{I}_c$。第一元件电压接入 $\dot{U}_{cb}$，电流接入 $\dot{I}_a$；第二元件电压接入 $\dot{U}_{ac}$，电流接入 $\dot{I}_c$。错误接线结论见表 3-25。

表 3-25   错 误 接 线 结 论 表

接入电压	$\dot{U}_1$（$\dot{U}_b$）	$\dot{U}_2$（$\dot{U}_c$）	$\dot{U}_3$（$\dot{U}_a$）
	$\dot{U}_{12}$（$\dot{U}_{cb}$）	$\dot{U}_{32}$（$\dot{U}_{ac}$）	
	极性反接二次绕组	bc 绕组	
接入电流	$\dot{I}_1$（$\dot{I}_a$）	$\dot{I}_2$（$\dot{I}_c$）	

有功更正系数

$$P' = U_{cb}I_a\cos(90° - \varphi) + U_{ac}I_c\cos(60° + \varphi) \tag{3-99}$$

$$K_P = \frac{P}{P'} = \frac{\sqrt{3}UI\cos\varphi}{UI\cos(90° - \varphi) + \sqrt{3}UI\cos(60° + \varphi)} = \frac{2\sqrt{3}}{\sqrt{3} - \tan\varphi} \tag{3-100}$$

无功更正系数

$$Q' = U_{cb}I_a\sin(90° - \varphi) + U_{ac}I_c\sin(300° - \varphi) \tag{3-101}$$

$$K_Q = \frac{Q}{Q'} = \frac{-\sqrt{3}UI\sin\varphi}{UI\sin(90° - \varphi) + \sqrt{3}UI\sin(300° - \varphi)} = \frac{2\sqrt{3}}{\sqrt{3} + \cot\varphi} \tag{3-102}$$

（3）电能计量装置接线图。电能计量装置接线见图 3-75。

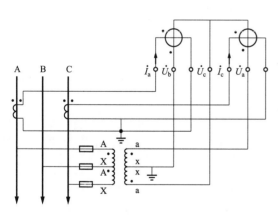

图 3-75 电能计量装置接线图

第二种假定：

（1）确定相量图。根据电压相序、相别得出相电压相量图，假定 $\dot{U}_{12}$ 对应绕组极性不反接，$\dot{U}_{12}$ 为 $\dot{U}_{bc}$，则极性反接二次绕组为 ab 绕组，确定 $\dot{U}_{12}$、$\dot{U}_{32}$。$\cos\varphi_1 = 0.96$，$\varphi_1 = \pm16°$，$P_1 = 77.67\text{W}$，$Q_1 = 17.93\text{var}$，则 φ_1 在 0°～90° 之间，$\varphi_1 = 16°$，即 $\dot{U}_{12}\hat{}\dot{I}_1 = 16°$，确定 $\dot{I}_1$；$\cos\varphi_2 = -0.73$，$\varphi_2 = \pm137°$，$P_2 = -97.47\text{W}$，$Q_2 = -90.89\text{var}$，则 φ_2 在 180°～270° 之间，$\varphi_2 = -137°$，$\dot{U}_{32}\hat{}\dot{I}_2 = 223°$，确定 $\dot{I}_2$，得出相量图见图 3-76。

（2）接线分析及更正系数计算。由图 3-76 可知，$\dot{I}_1$ 反相后 $-\dot{I}_1$ 超前 $\dot{U}_3$ 约 77°，$-\dot{I}_1$ 和 $\dot{U}_3$ 同相；$\dot{I}_2$ 反相后 $-\dot{I}_2$ 超前 $\dot{U}_2$ 约 77°，$-\dot{I}_2$ 和 $\dot{U}_2$ 同相。$-\dot{I}_1$ 为 $\dot{I}_a$，$\dot{I}_1$ 为 $-\dot{I}_a$，$-\dot{I}_2$ 为 $\dot{I}_c$，$\dot{I}_2$ 为 $-\dot{I}_c$。第一元件电压接入 $\dot{U}_{bc}$，电流接入 $-\dot{I}_a$；第二元件电压接入 $\dot{U}_{ac}$，电流接入 $-\dot{I}_c$。错误接线结论见表 3-26。

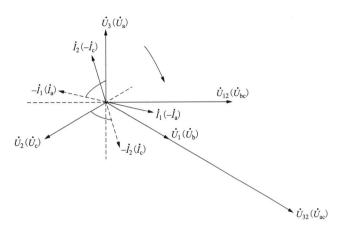

图 3-76 错误接线相量图

表 3-26 错 误 接 线 结 论 表

	$\dot{U}_1$ （$\dot{U}_b$）	$\dot{U}_2$ （$\dot{U}_c$）	$\dot{U}_3$ （$\dot{U}_a$）
接入电压	$\dot{U}_{12}$ （$\dot{U}_{bc}$）	$\dot{U}_{32}$ （$\dot{U}_{ac}$）	
	极性反接二次绕组	ab 绕组	
接入电流	$\dot{I}_1$ （$-\dot{I}_a$）	$\dot{I}_2$ （$-\dot{I}_c$）	

有功更正系数：

$$P' = U_{bc}I_a \cos(90° - \varphi) + U_{ac}I_c \cos(60° + \varphi) \tag{3-103}$$

$$K_P = \frac{P}{P'} = \frac{\sqrt{3}UI\cos\varphi}{UI\cos(90° - \varphi) + \sqrt{3}UI\cos(60° + \varphi)} = \frac{2\sqrt{3}}{\sqrt{3} - \tan\varphi} \tag{3-104}$$

无功更正系数：

$$Q' = U_{bc}I_a \sin(90° - \varphi) + U_{ac}I_c \sin(300° - \varphi) \tag{3-105}$$

$$K_Q = \frac{Q}{Q'} = \frac{-\sqrt{3}UI\sin\varphi}{UI\sin(90° - \varphi) + \sqrt{3}UI\sin(300° - \varphi)} = \frac{2\sqrt{3}}{\sqrt{3} + \cot\varphi} \tag{3-106}$$

（3）电能计量装置接线图。电能计量装置接线见图 3-77。

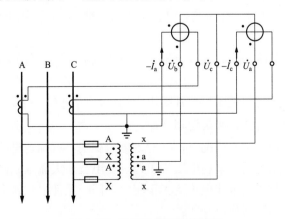

图 3-77 电能计量装置接线图

第四章

三相四线智能电能表错误接线分析

本章采用测量法、参数法，在Ⅰ、Ⅱ、Ⅲ、Ⅳ象限，负载为感性或容性运行状态下，对三相四线智能电能表进行了错误接线分析。其中第一节至第六节，详细阐述如何运用测量法，进行错误接线等故障与异常分析；第七节至第十一节，详细阐述如何运用参数法，进行错误接线等故障与异常分析。

第一节　测量法分析错误接线的步骤与方法

测量法是采用相位伏安表或三相电能表现场检验仪等仪器在智能电能表端钮盒处测量电压、电流、相位角等参数，通过测量的参数进行综合分析，判断智能电能表是否存在接线错误等故障。三相四线智能电能表错误接线的分析判断，需测量三组线电压 U_{12}、U_{32}、U_{13}，三组相电压 U_1、U_2、U_3，三组元件电流 I_1、I_2、I_3，以及 $\dot{U}_1$、$\dot{U}_2$、$\dot{U}_3$、$\dot{I}_1$、$\dot{I}_2$、$\dot{I}_3$ 两两之间五组不同的相位角，确定相量图，经过分析得出结论，具体步骤与方法如下。

1. 测量电压

测量三组线电压 U_{12}、U_{32}、U_{13}，三组相电压 U_1、U_2、U_3，以及 U_n。

2. 测量电流

测量三组元件的电流 I_1、I_2、I_3。

3. 测量相位

测量 $\dot{U}_1$、$\dot{U}_2$、$\dot{U}_3$、$\dot{I}_1$、$\dot{I}_2$、$\dot{I}_3$ 两两之间五组不同的相位角，接近额定值的相电压与有一定大小的电流相纳入相位测量，确定六个相量位置。

4. 确定相量图

根据测试的电压、电流、相位角，以参考相为基准，在相量图上确定其余五个相量。

5. 分析判断

根据潮流状态、负载性质、运行象限，以及负载功率因数角的大致范围，分析判断错误接线。

（1）判断相序。确定相量图后，判断电压相序，$\dot{U}_1 \rightarrow \dot{U}_2 \rightarrow \dot{U}_3$ 为顺时针方向是正相序，$\dot{U}_1 \rightarrow \dot{U}_2 \rightarrow \dot{U}_3$ 为逆时针方向是逆相序。

（2）判断电压相别。一般情况下，先确定电压相别，再确定电流相别；如智能电能表某两相接入了同一相电压或某相电压失压，三相电流未失流则先确定电流相别，再确定电压相别。最后按照"电压和电流接入正相序，同一元件电压、电流与运行象限、负载功率因数角对应"的原则分析判断。

1）电压正相序，采用以下三种假定方法。

第一种：假定 $\dot{U}_1$ 为 $\dot{U}_a$，则 $\dot{U}_2$ 为 $\dot{U}_b$，$\dot{U}_3$ 为 $\dot{U}_c$。

第二种：假定 $\dot{U}_2$ 为 $\dot{U}_a$，则 $\dot{U}_3$ 为 $\dot{U}_b$，$\dot{U}_1$ 为 $\dot{U}_c$。

第三种：假定 $\dot{U}_3$ 为 $\dot{U}_a$，则 $\dot{U}_1$ 为 $\dot{U}_b$，$\dot{U}_2$ 为 $\dot{U}_c$。

2）电压逆相序，采用以下三种假定方法。

第一种：假定 $\dot{U}_1$ 为 $\dot{U}_a$，则 $\dot{U}_3$ 为 $\dot{U}_b$，$\dot{U}_2$ 为 $\dot{U}_c$。

第二种：假定 $\dot{U}_3$ 为 $\dot{U}_a$，则 $\dot{U}_2$ 为 $\dot{U}_b$，$\dot{U}_1$ 为 $\dot{U}_c$。

第三种：假定 $\dot{U}_2$ 为 $\dot{U}_a$，则 $\dot{U}_1$ 为 $\dot{U}_b$，$\dot{U}_3$ 为 $\dot{U}_c$。

（3）判断电流相别。根据负荷潮流状态，以及负载性质、运行象限、负载功率因数角，判断 $\dot{I}_1$、$\dot{I}_2$、$\dot{I}_3$ 的相别和极性。

6. 计算更正系数和退补电量

根据相应公式计算更正系数及所需退补电量。

7. 更正接线

三种假定分别对应三种不同的错误接线，现场接线是三种错误接线中的一种。应根据现场错误接线，按照正确接线方式更正。特别注意的是，必须严格按照各项安全管理规定，履行保证安全的组织措施和技术措施后，方可更正接线。

第二节　Ⅰ象限错误接线实例分析

一、0°～30°（感性负载）错误接线实例分析

（一）实例一

10kV 专用变压器用电用户，在 0.4kV 侧采用高供低计计量方式，接线方式为三相四线，电流互感器变比为 300A/5A，电能表为 3×220/380V、3×1.5（6）A 的智能电能表。在端钮盒处测量参数数据如下：$U_1=229.7\text{V}$，$U_2=230.8\text{V}$，$U_3=229.7\text{V}$，$U_{12}=398.2\text{V}$，$U_{32}=397.9\text{V}$，$U_{13}=398.6\text{V}$，$I_1=1.02\text{A}$，$I_2=1.06\text{A}$，$I_3=1.05\text{A}$，$\dot{U}_1\hat{}\dot{U}_2=120°$，$\dot{U}_1\hat{}\dot{U}_3=240°$，$\dot{U}_1\hat{}\dot{I}_1=137°$，$\dot{U}_2\hat{}\dot{I}_2=257°$，$\dot{U}_3\hat{}\dot{I}_3=197°$。已知负载功率因数角为 17°（感性），10kV 供电线路向专用变压器输入有功功率、无功功率，分析错误接线、运行状态。

解析：由测量数据可知，三组相电压接近额定值 220V，三组线电压接近额定值 380V，三相电流有一定大小，基本对称，说明无失压、失流等故障。

1. 确定相量图

根据相位关系，确定 $\dot{U}_1$、$\dot{U}_2$、$\dot{U}_3$、$\dot{I}_1$、$\dot{I}_2$、$\dot{I}_3$，得出相量图见图 4-1。

2. 判断电压相序

$\dot{U}_1 \rightarrow \dot{U}_2 \rightarrow \dot{U}_3$ 为顺时针方向，电压为正相序。

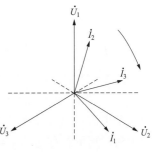

图 4-1　相量图

3. 判断运行象限

由于负载功率因数角为 17°（感性），10kV 供电线路向专用变压器输入有功功率、无功功率，因此，一次负荷潮流状态为+P、+Q，智能电能表应运行于Ⅰ象限，电流滞后对应的相电压 17°。

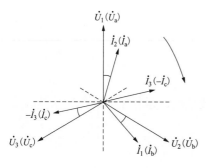

图 4-2　错误接线相量图

4. 接线及运行分析

第一种假定：$\dot{U}_1$ 为 $\dot{U}_a$，$\dot{U}_2$ 为 $\dot{U}_b$，$\dot{U}_3$ 为 $\dot{U}_c$。

（1）接线分析。第一种假定的相量图见图 4-2。

由图 4-2 可知，$\dot{I}_1$ 滞后 $\dot{U}_2$ 约 17°，$\dot{I}_1$ 和 $\dot{U}_2$ 同相；$\dot{I}_2$ 滞后 $\dot{U}_1$ 约 17°，$\dot{I}_2$ 和 $\dot{U}_1$ 同相；$\dot{I}_3$ 反相后 $-\dot{I}_3$ 滞后 $\dot{U}_3$ 约 17°，$-\dot{I}_3$ 和 $\dot{U}_3$ 同相。$\dot{I}_1$ 为 $\dot{I}_b$，$\dot{I}_2$ 为 $\dot{I}_a$，$\dot{I}_3$ 为 $-\dot{I}_c$。第一元件电压接入 $\dot{U}_a$，电流接入 $\dot{I}_b$；第二元件电压接入 $\dot{U}_b$，电流接入 $\dot{I}_a$；第三元件电压接入 $\dot{U}_c$，电流接入 $-\dot{I}_c$。错误接线结论见表 4-1。

（2）计算更正系数。

有功更正系数

$$P' = U_a I_b \cos(120° + \varphi) + U_b I_a \cos(120° - \varphi) + U_c I_c \cos(180° + \varphi) \tag{4-1}$$

$$K_P = \frac{P}{P'} = \frac{3UI\cos\varphi}{UI\cos(120° + \varphi) + UI\cos(120° - \varphi) + UI\cos(180° + \varphi)} \tag{4-2}$$
$$= -1.5$$

无功更正系数

$$Q' = U_a I_b \sin(120° + \varphi) + U_b I_a \sin(240° + \varphi) + U_c I_c \sin(180° + \varphi) \tag{4-3}$$

$$K_Q = \frac{Q}{Q'} = \frac{3UI\sin\varphi}{UI\sin(120° + \varphi) + UI\sin(240° + \varphi) + UI\sin(180° + \varphi)} \tag{4-4}$$
$$= -1.5$$

（3）智能电能表运行参数。

$$\cos\varphi_1 = 137° \approx -0.73$$
$$\cos\varphi_2 = 257° \approx -0.22$$
$$\cos\varphi_3 = 197° \approx -0.96$$
$$\cos\varphi \approx -0.95$$

$$P' = U_a I_b \cos(120° + \varphi) + U_b I_a \cos(120° - \varphi) + U_c I_c \cos(180° + \varphi) = -457.03(W)$$

$$Q' = U_a I_b \sin(120° + \varphi) + U_b I_a \sin(240° + \varphi) + U_c I_c \sin(180° + \varphi) = -149.11(var)$$

（4）智能电能表运行分析。智能电能表显示电压正相序。第一元件功率因数为负值，显示负电流；第二元件功率因数为负值，显示负电流；第三元件功率因数为负值，显示负电流。测量总有功功率−457.03W 为负值，总无功功率−149.11var 为负值，智能电能表实际运行于Ⅲ象限，有功电量计入反向，无功电量计入反向（Ⅲ象限）。

（5）电能计量装置接线图。电能计量装置接线图见图 4-3。

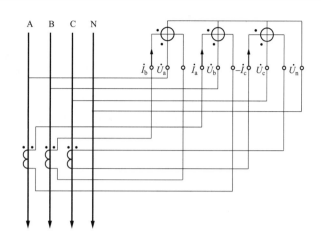

图 4-3　电能计量装置接线图

第二种假定：$\dot{U}_2$ 为 $\dot{U}_a$，$\dot{U}_3$ 为 $\dot{U}_b$，$\dot{U}_1$ 为 $\dot{U}_c$。

（1）接线分析。第二种假定的相量图见图 4-4。

由图 4-4 可知，$\dot{I}_1$ 滞后 $\dot{U}_2$ 约 17°，$\dot{I}_1$ 和 $\dot{U}_2$ 同相；$\dot{I}_2$ 滞后 $\dot{U}_1$ 约 17°，$\dot{I}_2$ 和 $\dot{U}_1$ 同相；$\dot{I}_3$ 反相后 $-\dot{I}_3$ 滞后 $\dot{U}_3$ 约 17°，$-\dot{I}_3$ 和 $\dot{U}_3$ 同相。$\dot{I}_1$ 为 $\dot{I}_a$，$\dot{I}_2$ 为 $\dot{I}_c$，$\dot{I}_3$ 为 $-\dot{I}_b$。第一元件电压接入 $\dot{U}_c$，电流接入 $\dot{I}_a$；第二元件电压接入 $\dot{U}_a$，电流接入 $\dot{I}_c$；第三元件电压接入 $\dot{U}_b$，电流接入 $-\dot{I}_b$。错误接线结论见表 4-1。

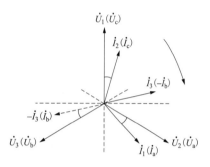

图 4-4　错误接线相量图

（2）更正系数计算及运行分析。$P' = U_c I_a \cos(120° + \varphi) + U_a I_c \cos(120° - \varphi) + U_b I_b \cos(180° + \varphi)$，$K_p$ 与第一种一致。$Q' = U_c I_a \sin(120° + \varphi) + U_a I_c \sin(240° + \varphi) + U_b I_b \sin(180° + \varphi)$，$K_q$ 与第一种一致。三组元件的功率因数、电流正负性、有功功率、无功功率，以及电压相序、总有功功率、总无功功率、运行象限与第一种一致。

（3）电能计量装置接线图。三组元件接入的电压、电流与第一种不一致，电能计量装置接线图见图 4-5。

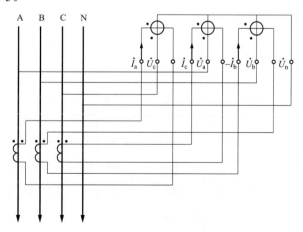

图 4-5　电能计量装置接线图

137

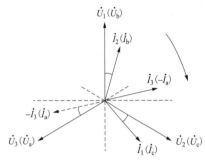

图 4-6　错误接线相量图

第三种假定：$\dot{U}_3$ 为 $\dot{U}_a$，$\dot{U}_1$ 为 $\dot{U}_b$，$\dot{U}_2$ 为 $\dot{U}_c$。

（1）接线分析。第三种假定的相量图见图 4-6。

由图 4-6 可知，$\dot{I}_1$ 滞后 $\dot{U}_2$ 约 17°，$\dot{I}_1$ 和 $\dot{U}_2$ 同相；$\dot{I}_2$ 滞后 $\dot{U}_1$ 约 17°，$\dot{I}_2$ 和 $\dot{U}_1$ 同相；$\dot{I}_3$ 反相后 $-\dot{I}_3$ 滞后 $\dot{U}_3$ 约 17°，$-\dot{I}_3$ 和 $\dot{U}_3$ 同相。$\dot{I}_1$ 为 $\dot{I}_c$，$\dot{I}_2$ 为 $\dot{I}_b$，$\dot{I}_3$ 为 $-\dot{I}_a$。第一元件电压接入 $\dot{U}_b$，电流接入 $\dot{I}_c$；第二元件电压接入 $\dot{U}_c$，电流接入 $\dot{I}_b$；第三元件电压接入 $\dot{U}_a$，电流接入 $-\dot{I}_a$。错误接线结论见表 4-1。

（2）更正系数计算及运行分析。$P' = U_bI_c\cos(120°+\varphi) + U_cI_b\cos(120°-\varphi) + U_aI_a\cos(180°+\varphi)$，$K_p$ 与第一种、第二种一致。$Q' = U_bI_c\sin(120°+\varphi) + U_cI_b\sin(240°+\varphi) + U_aI_a\sin(180°+\varphi)$，$K_q$ 与第一种、第二种一致。三组元件的功率因数、电流正负性、有功功率、无功功率，以及电压相序、总有功功率、总无功功率、运行象限与第一种、第二种一致。

（3）电能计量装置接线图。三组元件接入的电压、电流，与第一种、第二种不一致，电能计量装置接线图见图 4-7。

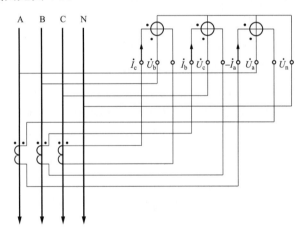

图 4-7　电能计量装置接线图

5. 错误接线结论

错误接线结论见表 4-1。

表 4-1　　　　　　　　　　　错误接线结论表

种类参数	电压接入			电流接入		
	$\dot{U}_1$	$\dot{U}_2$	$\dot{U}_3$	$\dot{I}_1$	$\dot{I}_2$	$\dot{I}_3$
第一种	$\dot{U}_a$	$\dot{U}_b$	$\dot{U}_c$	$\dot{I}_b$	$\dot{I}_a$	$-\dot{I}_c$
第二种	$\dot{U}_c$	$\dot{U}_a$	$\dot{U}_b$	$\dot{I}_a$	$\dot{I}_c$	$-\dot{I}_b$
第三种	$\dot{U}_b$	$\dot{U}_c$	$\dot{U}_a$	$\dot{I}_c$	$\dot{I}_b$	$-\dot{I}_a$

（二）实例二

220kV 专用线路用电用户，在系统变电站 220kV 出线处设置计量点，采用高供高计计量方式，接线方式为三相四线，电压互感器接线为 Y_n/Y_n-12，电流互感器变比为 300A/5A，电能表为 $3\times57.7/100V$、$3\times1.5（6）A$ 的智能电能表。在端钮盒处测量参数数据如下：$U_1=59.6V$，$U_2=59.3V$，$U_3=59.5V$，$U_{12}=102.7V$，$U_{32}=102.9V$，$U_{13}=103.1V$，$I_1=0.91A$，$I_2=0.93A$，$I_3=0.95A$，$\dot{U}_1\hat{\dot{I}}_1=323°$，$\dot{U}_1\hat{\dot{I}}_2=263°$，$\dot{U}_1\hat{\dot{I}}_3=23°$，$\dot{U}_2\hat{\dot{I}}_2=23°$，$\dot{U}_3\hat{\dot{I}}_3=263°$。已知负载功率因数角为 23°（感性），母线向 220kV 供电线路输入有功功率、无功功率，分析错误接线、运行状态。

解析： 由测量数据可知，三组相电压接近额定值 57.7V，三组线电压接近额定值 100V，三相电流有一定大小，基本对称，说明无失压、失流等故障。

1. 确定相量图

根据相位关系，确定 $\dot{U}_1$、$\dot{U}_2$、$\dot{U}_3$、$\dot{I}_1$、$\dot{I}_2$、$\dot{I}_3$，得出相量图见图 4-8。

2. 判断电压相序

$\dot{U}_1 \rightarrow \dot{U}_2 \rightarrow \dot{U}_3$ 为逆时针方向，电压为逆相序。

3. 判断运行象限

由于负载功率因数角为 23°（感性），母线向 220kV 供电线路输入有功功率、无功功率，因此，一次负荷潮流状态为 +P、+Q，智能电能表应运行于 I 象限，电流滞后对应的相电压 23°。

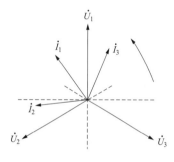

图 4-8　相量图

4. 接线及运行分析

第一种假定：$\dot{U}_1$ 为 $\dot{U}_a$，$\dot{U}_3$ 为 $\dot{U}_b$，$\dot{U}_2$ 为 $\dot{U}_c$。

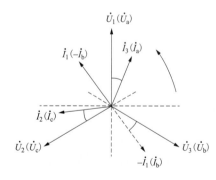

图 4-9　错误接线相量图

（1）接线分析。第一种假定的相量图见图 4-9。

由图 4-9 可知，$\dot{I}_1$ 反相后 $-\dot{I}_1$ 滞后 $\dot{U}_3$ 约 23°，$-\dot{I}_1$ 和 $\dot{U}_3$ 同相；$\dot{I}_2$ 滞后 $\dot{U}_2$ 约 23°，$\dot{I}_2$ 和 $\dot{U}_2$ 同相；$\dot{I}_3$ 滞后 $\dot{U}_1$ 约 23°，$\dot{I}_3$ 和 $\dot{U}_1$ 同相。$\dot{I}_1$ 为 $-\dot{I}_b$，$\dot{I}_2$ 为 $\dot{I}_c$，$\dot{I}_3$ 为 $\dot{I}_a$。第一元件电压接入 $\dot{U}_a$，电流接入 $-\dot{I}_b$；第二元件电压接入 $\dot{U}_c$，电流接入 $\dot{I}_c$；第三元件电压接入 $\dot{U}_b$，电流接入 $\dot{I}_a$。错误接线结论见表 4-2。

（2）计算更正系数。

有功更正系数

$$P' = U_a I_b \cos(60°-\varphi) + U_c I_c \cos\varphi + U_b I_a \cos(120°-\varphi) \tag{4-5}$$

$$K_P = \frac{P}{P'} = \frac{3UI\cos\varphi}{UI\cos(60°-\varphi) + UI\cos\varphi + UI\cos(120°-\varphi)} \tag{4-6}$$

$$= \frac{3}{1+\sqrt{3}\tan\varphi}$$

无功更正系数

$$Q' = U_a I_b \sin(300° + \varphi) + U_c I_c \sin\varphi + U_b I_a \sin(240° + \varphi) \tag{4-7}$$

$$K_Q = \frac{Q}{Q'} = \frac{3UI\sin\varphi}{UI\sin(300° + \varphi) + UI\sin\varphi + UI\sin(240° + \varphi)} \tag{4-8}$$

$$= \frac{3}{1 - \sqrt{3}\cot\varphi}$$

（3）智能电能表运行参数。

$$\cos\varphi_1 = 323° \approx 0.80$$

$$\cos\varphi_2 = 23° \approx 0.92$$

$$\cos\varphi_3 = 263° \approx -0.12$$

$$\cos\varphi \approx 0.79$$

$$P' = U_a I_b \cos(60° - \varphi) + U_c I_c \cos\varphi + U_b I_a \cos(120° - \varphi) = 87.19(\text{W})$$

$$Q' = U_a I_b \sin(300° + \varphi) + U_c I_c \sin\varphi + U_b I_a \sin(240° + \varphi) = -67.20(\text{var})$$

（4）智能电能表运行分析。智能电能表显示电压逆相序。第一元件功率因数为正值，显示正电流；第二元件功率因数为正值，显示正电流；第三元件功率因数为负值，显示负电流。测量总有功功率 87.19W 为正值，总无功功率–67.20var 为负值，智能电能表实际运行于Ⅳ象限，有功电量计入正向，无功电量计入正向（Ⅳ象限）。

（5）电能计量装置接线图。电能计量装置接线图见图 4-10。

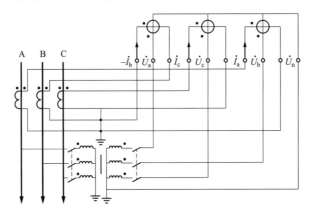

图 4-10　电能计量装置接线图

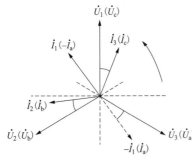

图 4-11　错误接线相量图

第二种假定：$\dot{U}_3$ 为 $\dot{U}_a$，$\dot{U}_2$ 为 $\dot{U}_b$，$\dot{U}_1$ 为 $\dot{U}_c$。

（1）接线分析。第二种假定的相量图见图 4-11。

由图 4-11 可知，$\dot{I}_1$ 反相后 $-\dot{I}_1$ 滞后 $\dot{U}_3$ 约 23°，$-\dot{I}_1$ 和 $\dot{U}_3$ 同相；$\dot{I}_2$ 滞后 $\dot{U}_2$ 约 23°，$\dot{I}_2$ 和 $\dot{U}_2$ 同相；$\dot{I}_3$ 滞后 $\dot{U}_1$ 约 23°，$\dot{I}_3$ 和 $\dot{U}_1$ 同相。$\dot{I}_1$ 为 $-\dot{I}_a$，$\dot{I}_2$ 为 $\dot{I}_b$，$\dot{I}_3$ 为 $\dot{I}_c$。第一元件电压接入 $\dot{U}_c$，电流接入 $-\dot{I}_a$；第二元件电压接入 $\dot{U}_b$，电流接入 $\dot{I}_b$；第三元件电压接入 $\dot{U}_a$，电流接入 $\dot{I}_c$。错误接线结论见表 4-2。

（2）更正系数计算及运行分析。$P' = U_c I_a \cos(60° - \varphi) + U_b I_b \cos\varphi + U_a I_c \cos(120° - \varphi)$，

K_P 与第一种一致。$Q' = U_\mathrm{c} I_\mathrm{a} \sin(300° + \varphi) + U_\mathrm{b} I_\mathrm{b} \sin\varphi + U_\mathrm{a} I_\mathrm{c} \sin(240° + \varphi)$，$K_\mathrm{Q}$ 与第一种一致。三组元件的功率因数、电流正负性、有功功率、无功功率，以及电压相序、总有功功率、总无功功率、运行象限与第一种一致。

（3）电能计量装置接线图。三组元件接入的电压、电流与第一种不一致，电能计量装置接线图见图 4-12。

第三种假定：$\dot{U}_2$ 为 $\dot{U}_\mathrm{a}$，$\dot{U}_1$ 为 $\dot{U}_\mathrm{b}$，$\dot{U}_3$ 为 $\dot{U}_\mathrm{c}$。

（1）接线分析。第三种假定的相量图见图 4-13。

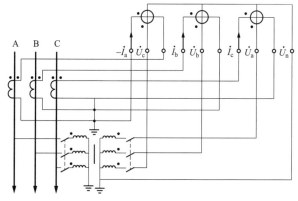

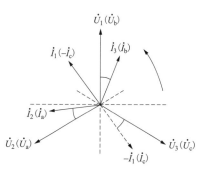

图 4-12　电能计量装置接线图　　　　图 4-13　错误接线相量图

由图 4-13 可知，$\dot{I}_1$ 反相后 $-\dot{I}_1$ 滞后 $\dot{U}_3$ 约 23°，$-\dot{I}_1$ 和 $\dot{U}_3$ 同相；$\dot{I}_2$ 滞后 $\dot{U}_2$ 约 23°，$\dot{I}_2$ 和 $\dot{U}_2$ 同相；$\dot{I}_3$ 滞后 $\dot{U}_1$ 约 23°，$\dot{I}_3$ 和 $\dot{U}_1$ 同相。$\dot{I}_1$ 为 $-\dot{I}_\mathrm{c}$，$\dot{I}_2$ 为 $\dot{I}_\mathrm{a}$，$\dot{I}_3$ 为 $\dot{I}_\mathrm{b}$。第一元件电压接入 $\dot{U}_\mathrm{b}$，电流接入 $-\dot{I}_\mathrm{c}$；第二元件电压接入 $\dot{U}_\mathrm{a}$，电流接入 $\dot{I}_\mathrm{a}$；第三元件电压接入 $\dot{U}_\mathrm{c}$，电流接入 $\dot{I}_\mathrm{b}$。错误接线结论见表 4-2。

（2）更正系数计算及运行分析。$P' = U_\mathrm{b} I_\mathrm{c} \cos(60° - \varphi) + U_\mathrm{a} I_\mathrm{a} \cos\varphi + U_\mathrm{c} I_\mathrm{b} \cos(120° - \varphi)$，$K_\mathrm{P}$ 与第一种、第二种一致。$Q' = U_\mathrm{b} I_\mathrm{c} \sin(300° + \varphi) + U_\mathrm{a} I_\mathrm{a} \sin\varphi + U_\mathrm{c} I_\mathrm{b} \sin(240° + \varphi)$，$K_\mathrm{Q}$ 与第一种、第二种一致。三组元件的功率因数、电流正负性、有功功率、无功功率，以及电压相序、总有功功率、总无功功率、运行象限与第一种、第二种一致。

（3）电能计量装置接线图。三组元件接入的电压、电流，与第一种、第二种不一致，电能计量装置接线图见图 4-14。

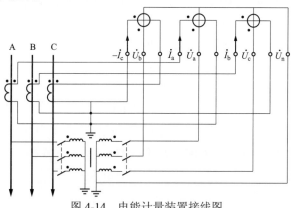

图 4-14　电能计量装置接线图

5. 错误接线结论

错误接线结论见表 4-2。

表 4-2　　　　　　　　　　错 误 接 线 结 论 表

种类参数	电压接入			电流接入		
	$\dot{U}_1$	$\dot{U}_2$	$\dot{U}_3$	$\dot{I}_1$	$\dot{I}_2$	$\dot{I}_3$
第一种	$\dot{U}_a$	$\dot{U}_c$	$\dot{U}_b$	$-\dot{I}_b$	$\dot{I}_c$	$\dot{I}_a$
第二种	$\dot{U}_c$	$\dot{U}_b$	$\dot{U}_a$	$-\dot{I}_a$	$\dot{I}_b$	$\dot{I}_c$
第三种	$\dot{U}_b$	$\dot{U}_a$	$\dot{U}_c$	$-\dot{I}_c$	$\dot{I}_a$	$\dot{I}_b$

（三）实例三

110kV 专用线路用电用户，在系统变电站 110kV 出线处设置计量点，采用高供高计计量方式，接线方式为三相四线，电压互感器接线为 Yn/Yn-12，电流互感器变比为 500A/5A，电能表为 3×57.7/100V、3×1.5（6）A 的智能电能表。在端钮盒处测量参数数据如下：U_1=59.5V，U_2=59.2V，U_3=59.3V，U_{12}=103.2V，U_{32}=102.8V，U_{13}=103.3V，I_1=0.65A，I_2=0.62A，I_3=0.67A，$\overset{\wedge}{\dot{U}_1\dot{I}_1}=260°$，$\overset{\wedge}{\dot{U}_1\dot{I}_2}=20°$，$\overset{\wedge}{\dot{U}_1\dot{I}_3}=140°$，$\overset{\wedge}{\dot{U}_2\dot{I}_2}=260°$，$\overset{\wedge}{\dot{U}_3\dot{I}_3}=260°$。

已知负载功率因数角为 20°（感性），母线向 110kV 供电线路输入有功功率、无功功率，分析错误接线、运行状态。

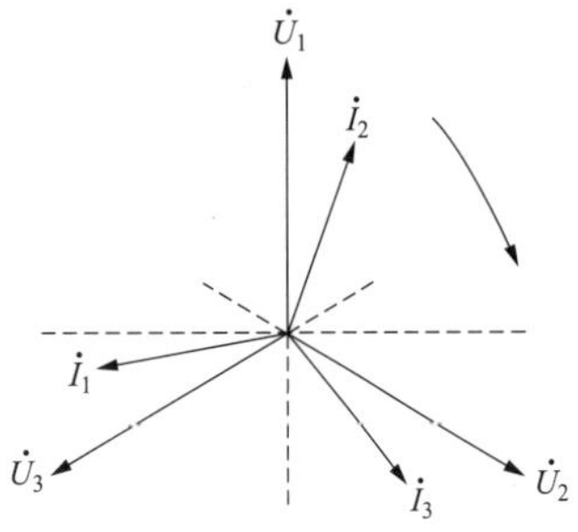

解析：由测量数据可知，三组相电压接近额定值 57.7V，三组线电压接近额定值 100V，三相电流有一定大小，基本对称，说明无失压、失流等故障。

1. 确定相量图

根据相位关系，确定 $\dot{U}_1$、$\dot{U}_2$、$\dot{U}_3$、$\dot{I}_1$、$\dot{I}_2$、$\dot{I}_3$，得出相量图见图 4-15。

2. 判断电压相序

$\dot{U}_1 \rightarrow \dot{U}_2 \rightarrow \dot{U}_3$ 为顺时针方向，电压为正相序。

图 4-15　相量图

3. 判断运行象限

由于负载功率因数角为 20°（感性），母线向 110kV 供电线路输入有功功率、无功功率，因此，一次负荷潮流状态为+P、+Q，智能电能表应运行于 I 象限，电流滞后对应的相电压 20°。

4. 接线及运行分析

第一种假定：$\dot{U}_1$ 为 $\dot{U}_a$，$\dot{U}_2$ 为 $\dot{U}_b$，$\dot{U}_3$ 为 $\dot{U}_c$。

（1）接线分析。第一种假定的相量图见图 4-16。

由图 4-16 可知，$\dot{I}_1$ 滞后 $\dot{U}_3$ 约 20°，$\dot{I}_1$ 和 $\dot{U}_3$ 同相；$\dot{I}_2$ 滞后 $\dot{U}_1$ 约 20°，$\dot{I}_2$ 和 $\dot{U}_1$ 同相；$\dot{I}_3$ 滞后 $\dot{U}_2$ 约 20°，$\dot{I}_3$ 和 $\dot{U}_2$ 同相。$\dot{I}_1$ 为 $\dot{I}_c$，$\dot{I}_2$ 为 $\dot{I}_a$，$\dot{I}_3$ 为 $\dot{I}_b$。第一元件电压接入 $\dot{U}_a$，电流接入 $\dot{I}_c$；第二元件电压接入 $\dot{U}_b$，电流

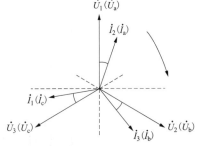

图 4-16　错误接线相量图

接入 $\dot{I}_a$；第三元件电压接入 $\dot{U}_c$，电流接入 $\dot{I}_b$。错误接线结论见表 4-3。

（2）计算更正系数。

1）有功更正系数。

$$P' = U_a I_c \cos(120° - \varphi) + U_b I_a \cos(120° - \varphi) + U_c I_b \cos(120° - \varphi) \quad （4-9）$$

$$K_P = \frac{P}{P'} = \frac{3UI\cos\varphi}{UI\cos(120° - \varphi) + UI\cos(120° - \varphi) + UI\cos(120° - \varphi)}$$

$$= \frac{2}{-1 + \sqrt{3}\tan\varphi} \quad （4-10）$$

2）无功更正系数。

$$Q' = U_a I_c \sin(240° + \varphi) + U_b I_a \sin(240° + \varphi) + U_c I_b \sin(240° + \varphi) \quad （4-11）$$

$$K_Q = \frac{Q}{Q'} = \frac{3UI\sin\varphi}{UI\sin(240° + \varphi) + UI\sin(240° + \varphi) + UI\sin(240° + \varphi)}$$

$$= -\frac{2}{1 + \sqrt{3}\cot\varphi} \quad （4-12）$$

（3）智能电能表运行参数。

$$\cos\varphi_1 = 260° \approx -0.17$$

$$\cos\varphi_2 = 260° \approx -0.17$$

$$\cos\varphi_3 = 260° \approx -0.17$$

$$\cos\varphi \approx -0.17$$

$$P' = U_a I_c \cos(120° - \varphi) + U_b I_a \cos(120° - \varphi) + U_c I_b \cos(120° - \varphi) = -19.99(\text{W})$$

$$Q' = U_a I_c \sin(240° + \varphi) + U_b I_a \sin(240° + \varphi) + U_c I_b \sin(240° + \varphi) = -113.36(\text{var})$$

（4）智能电能表运行分析。智能电能表显示电压正相序。第一元件功率因数为负值，显示负电流；第二元件功率因数为负值，显示负电流；第三元件功率因数为负值，显示负电流。测量总有功功率–19.99W 为负值，总无功功率–113.36var 为负值，智能电能表实际运行于Ⅲ象限，有功电量计入反向，无功电量计入反向（Ⅲ象限）。

（5）电能计量装置接线图。电能计量装置接线见图 4-17。

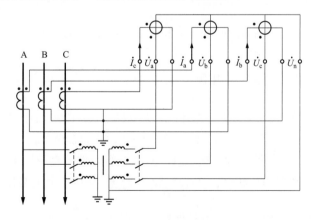

图 4-17 电能计量装置接线图

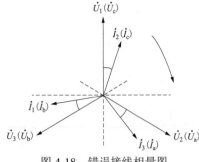

图 4-18 错误接线相量图

第二种假定：$\dot{U}_2$ 为 $\dot{U}_a$，$\dot{U}_3$ 为 $\dot{U}_b$，$\dot{U}_1$ 为 $\dot{U}_c$。

（1）接线分析。第二种假定的相量图见图 4-18。

由图 4-18 可知，$\dot{I}_1$ 滞后 $\dot{U}_3$ 约 20°，$\dot{I}_1$ 和 $\dot{U}_3$ 同相；$\dot{I}_2$ 滞后 $\dot{U}_1$ 约 20°，$\dot{I}_2$ 和 $\dot{U}_1$ 同相；$\dot{I}_3$ 滞后 $\dot{U}_2$ 约 20°，$\dot{I}_3$ 和 $\dot{U}_2$ 同相。$\dot{I}_1$ 为 $\dot{I}_b$，$\dot{I}_2$ 为 $\dot{I}_c$，$\dot{I}_3$ 为 $\dot{I}_a$。第一元件电压接入 $\dot{U}_c$，电流接入 $\dot{I}_b$；第二元件电压接入 $\dot{U}_a$，电流接入 $\dot{I}_c$；第三元件电压接入 $\dot{U}_b$，电流接入 $\dot{I}_a$。错误接线结论见表 4-3。

（2）更正系数计算及运行分析。$P' = U_c I_b \cos(120° - \varphi) + U_a I_c \cos(120° - \varphi) + U_b I_a \cos(120° - \varphi)$，$K_P$ 与第一种一致。$Q' = U_c I_b \sin(240° + \varphi) + U_a I_c \sin(240° + \varphi) + U_b I_a \sin(240° + \varphi)$，$K_Q$ 与第一种一致。三组元件的功率因数、电流正负性、有功功率、无功功率，以及电压相序、总有功功率、总无功功率、运行象限与第一种一致。

（3）电能计量装置接线图。三组元件接入的电压、电流与第一种不一致，电能计量装置接线图见图 4-19。

第三种假定：$\dot{U}_3$ 为 $\dot{U}_a$，$\dot{U}_1$ 为 $\dot{U}_b$，$\dot{U}_2$ 为 $\dot{U}_c$。

（1）接线分析。第三种假定的相量图见图 4-20。

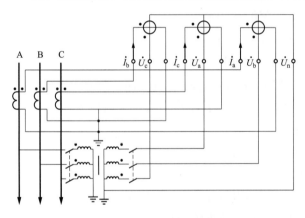

图 4-19 电能计量装置接线图

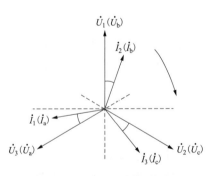

图 4-20 错误接线相量图

由图 4-20 可知，$\dot{I}_1$ 滞后 $\dot{U}_3$ 约 20°，$\dot{I}_1$ 和 $\dot{U}_3$ 同相；$\dot{I}_2$ 滞后 $\dot{U}_1$ 约 20°，$\dot{I}_2$ 和 $\dot{U}_1$ 同相；$\dot{I}_3$ 滞后 $\dot{U}_2$ 约 20°，$\dot{I}_3$ 和 $\dot{U}_2$ 同相。$\dot{I}_1$ 为 $\dot{I}_a$，$\dot{I}_2$ 为 $\dot{I}_b$，$\dot{I}_3$ 为 $\dot{I}_c$。第一元件电压接入 $\dot{U}_b$，电流接入 $\dot{I}_a$；第二元件电压接入 $\dot{U}_c$，电流接入 $\dot{I}_b$；第三元件电压接入 $\dot{U}_a$，电流接入 $\dot{I}_c$。错误接线结论见表 4-3。

（2）更正系数计算及运行分析。$P' = U_b I_a \cos(120° - \varphi) + U_c I_b \cos(120° - \varphi) + U_a I_c \cos(120° - \varphi)$，$K_P$ 与第一种、第二种一致。$Q' = U_b I_a \sin(240° + \varphi) + U_c I_b \sin(240° + \varphi) + U_a I_c \sin(240° + \varphi)$，$K_Q$ 与第一种、第二种一致。三组元件的功率因数、电流正负性、有功功率、无功功率，以及电压相序、总有功功率、总无功功率、运行象限与第一种、第二种一致。

（3）电能计量装置接线图。三组元件接入的电压、电流，与第一种、第二种不一致，电能计量装置接线图见图 4-21。

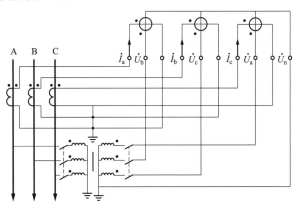

图 4-21 电能计量装置接线图

5. 错误接线结论

错误接线结论见表 4-3。

表 4-3
错 误 接 线 结 论 表

种类参数	电压接入			电流接入		
	$\dot{U}_1$	$\dot{U}_2$	$\dot{U}_3$	$\dot{I}_1$	$\dot{I}_2$	$\dot{I}_3$
第一种	$\dot{U}_a$	$\dot{U}_b$	$\dot{U}_c$	$\dot{I}_c$	$\dot{I}_a$	$\dot{I}_b$
第二种	$\dot{U}_c$	$\dot{U}_a$	$\dot{U}_b$	$\dot{I}_b$	$\dot{I}_c$	$\dot{I}_a$
第三种	$\dot{U}_b$	$\dot{U}_c$	$\dot{U}_a$	$\dot{I}_a$	$\dot{I}_b$	$\dot{I}_c$

二、30°～60°（感性负载）错误接线实例分析

10kV 专用变压器用电用户，在 0.4kV 侧采用高供低计计量方式，接线方式为三相四线，电流互感器变比为 300A/5A，电能表为 3×220/380V、3×1.5（6）A 的智能电能表。在端钮盒处测量参数数据如下：U_1=228.6V，U_2=229.3V，U_3=229.5V，U_{12}=396.7V，U_{32}=396.2V，U_{13}=396.5V，I_1=1.26A，I_2=1.22A，I_3=1.25A，$\dot{U}_1\hat{I}_1 = 291°$，$\dot{U}_1\hat{I}_2 = 232°$，$\dot{U}_1\hat{I}_3 = 351°$，$\dot{U}_2\hat{I}_2 = 351°$，$\dot{U}_3\hat{I}_3 = 232°$。已知负载功率因数角为 51°（感性），10kV 供电线路向专用变压器输入有功功率、无功功率，分析错误接线、运行状态。

解析： 由测量数据可知，三组相电压接近额定值 220V，三组线电压接近额定值 380V，三相电流有一定大小，基本对称，说明无失压、失流等故障。

1. 确定相量图

根据相位关系，确定 $\dot{U}_1$、$\dot{U}_2$、$\dot{U}_3$、$\dot{I}_1$、$\dot{I}_2$、$\dot{I}_3$，得出相量图见图 4-22。

2. 判断电压相序

$\dot{U}_1 \rightarrow \dot{U}_2 \rightarrow \dot{U}_3$ 为逆时针方向，电压为逆相序。

3. 判断运行象限

由于负载功率因数角为 51°（感性），10kV 供电线路向专用变压器输入有功功率、

145

无功功率，因此，一次负荷潮流状态为+P、+Q，智能电能表应运行于Ⅰ象限，电流滞后对应的相电压51°。

4. 接线及运行分析

第一种假定：$\dot{U}_1$ 为 $\dot{U}_a$，$\dot{U}_3$ 为 $\dot{U}_b$，$\dot{U}_2$ 为 $\dot{U}_c$。

（1）接线分析。第一种假定的相量图见图4-23。

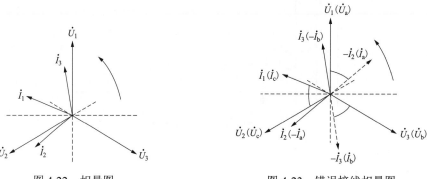

图 4-22　相量图　　　　　　图 4-23　错误接线相量图

由图4-23可知，$\dot{I}_1$ 滞后 $\dot{U}_2$ 约51°，$\dot{I}_1$ 和 $\dot{U}_2$ 同相；$\dot{I}_2$ 反相后 $-\dot{I}_2$ 滞后 $\dot{U}_1$ 约51°，$-\dot{I}_2$ 和 $\dot{U}_1$ 同相；$\dot{I}_3$ 反相后 $-\dot{I}_3$ 滞后 $\dot{U}_3$ 约51°，$-\dot{I}_3$ 和 $\dot{U}_3$ 同相。$\dot{I}_1$ 为 $\dot{I}_c$，$\dot{I}_2$ 为 $-\dot{I}_a$，$\dot{I}_3$ 为 $-\dot{I}_b$。第一元件电压接入 $\dot{U}_a$，电流接入 $\dot{I}_c$；第二元件电压接入 $\dot{U}_c$，电流接入 $-\dot{I}_a$；第三元件电压接入 $\dot{U}_b$，电流接入 $-\dot{I}_b$。错误接线结论见表4-4。

（2）计算更正系数。

1）有功更正系数。

$$P' = U_a I_c \cos(120° - \varphi) + U_c I_a \cos(60° - \varphi) + U_b I_b \cos(180° + \varphi) \tag{4-13}$$

$$K_P = \frac{P}{P'} = \frac{3UI\cos\varphi}{UI\cos(120° - \varphi) + UI\cos(60° - \varphi) + UI\cos(180° + \varphi)}$$
$$= \frac{3}{-1 + \sqrt{3}\tan\varphi} \tag{4-14}$$

2）无功更正系数。

$$Q' = U_a I_c \sin(240° + \varphi) + U_c I_a \sin(300° + \varphi) + U_b I_b \sin(180° + \varphi) \tag{4-15}$$

$$K_Q = \frac{Q}{Q'} = \frac{3UI\sin\varphi}{UI\sin(240° + \varphi) + UI\sin(300° + \varphi) + UI\sin(180° + \varphi)}$$
$$= -\frac{3}{1 + \sqrt{3}\cot\varphi} \tag{4-16}$$

（3）智能电能表运行参数。

$$\cos\varphi_1 = 291° \approx 0.36$$

$$\cos\varphi_2 = 351° \approx 0.99$$

$$\cos\varphi_3 = 232° \approx -0.62$$

$$\cos\varphi \approx 0.35$$

$$P' = U_a I_c \cos(120° - \varphi) + U_c I_a \cos(60° - \varphi) + U_b I_b \cos(180° + \varphi) = 202.91(\text{W})$$
$$Q' = U_a I_c \sin(240° + \varphi) + U_c I_a \sin(300° + \varphi) + U_b I_b \sin(180° + \varphi) = -538.73(\text{var})$$

（4）智能电能表运行分析。智能电能表显示电压逆相序。第一元件功率因数为正值，显示正电流；第二元件功率因数为正值，显示正电流；第三元件功率因数为负值，显示负电流。测量总有功功率 202.91W 为正值，总无功功率 –538.73var 为负值，智能电能表实际运行于Ⅳ象限，有功电量计入正向，无功电量计入正向（Ⅳ象限）。

（5）电能计量装置接线图。电能计量装置接线图见图 4-24。

第二种假定：$\dot{U}_3$ 为 $\dot{U}_a$，$\dot{U}_2$ 为 $\dot{U}_b$，$\dot{U}_1$ 为 $\dot{U}_c$。

（1）接线分析。第二种假定的相量图见图 4-25。

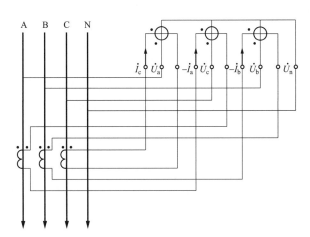

图 4-24　电能计量装置接线图　　　　　图 4-25　错误接线相量图

由图 4-25 可知，$\dot{I}_1$ 滞后 $\dot{U}_2$ 约 51°，$\dot{I}_1$ 和 $\dot{U}_2$ 同相；$\dot{I}_2$ 反相后 $-\dot{I}_2$ 滞后 $\dot{U}_1$ 约 51°，$-\dot{I}_2$ 和 $\dot{U}_1$ 同相；$\dot{I}_3$ 反相后 $-\dot{I}_3$ 滞后 $\dot{U}_3$ 约 51°，$-\dot{I}_3$ 和 $\dot{U}_3$ 同相。$\dot{I}_1$ 为 $\dot{I}_b$，$\dot{I}_2$ 为 $-\dot{I}_c$，$\dot{I}_3$ 为 $-\dot{I}_a$。第一元件电压接入 $\dot{U}_c$，电流接入 $\dot{I}_b$；第二元件电压接入 $\dot{U}_b$，电流接入 $-\dot{I}_c$；第三元件电压接入 $\dot{U}_a$，电流接入 $-\dot{I}_a$。错误接线结论见表 4-4。

（2）更正系数计算及运行分析。$P' = U_c I_b \cos(120° - \varphi) + U_b I_c \cos(60° - \varphi) + U_a I_a \cos(180° + \varphi)$，$K_P$ 与第一种一致。$Q' = U_c I_b \sin(240° + \varphi) + U_b I_c \sin(300° + \varphi) + U_a I_a \sin(180° + \varphi)$，$K_Q$ 与第一种一致。三组元件的功率因数、电流正负性、有功功率、无功功率，以及电压相序、总有功功率、总无功功率、运行象限与第一种一致。

（3）电能计量装置接线图。三组元件接入的电压、电流与第一种不一致，电能计量装置接线图见图 4-26。

第三种假定：$\dot{U}_2$ 为 $\dot{U}_a$，$\dot{U}_1$ 为 $\dot{U}_b$，$\dot{U}_3$ 为 $\dot{U}_c$。

（1）接线分析。第三种假定的相量图见图 4-27。

由图 4-27 可知，$\dot{I}_1$ 滞后 $\dot{U}_2$ 约 51°，$\dot{I}_1$ 和 $\dot{U}_2$ 同相；$\dot{I}_2$ 反相后 $-\dot{I}_2$ 滞后 $\dot{U}_1$ 约 51°，$-\dot{I}_2$ 和 $\dot{U}_1$ 同相；$\dot{I}_3$ 反相后 $-\dot{I}_3$ 滞后 $\dot{U}_3$ 约 51°，$-\dot{I}_3$ 和 $\dot{U}_3$ 同相。$\dot{I}_1$ 为 $\dot{I}_a$，$\dot{I}_2$ 为 $-\dot{I}_b$，$\dot{I}_3$ 为 $-\dot{I}_c$。第一元件电压接入 $\dot{U}_b$，电流接入 $\dot{I}_a$；第二元件电压接入 $\dot{U}_a$，电流接入 $-\dot{I}_b$；第三元件电

压接入 $\dot{U}_c$，电流接入 $-\dot{I}_c$。错误接线结论见表 4-4。

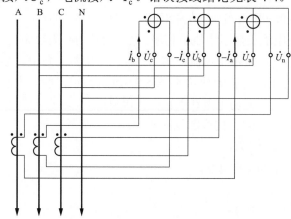

图 4-26　电能计量装置接线图　　　　　图 4-27　错误接线相量图

（2）更正系数计算及运行分析。$P' = U_b I_a \cos(120° - \varphi) + U_a I_b \cos(60° - \varphi) + U_c I_c \cos(180° + \varphi)$，$K_P$ 与第一种、第二种一致。$Q' = U_b I_a \sin(240° + \varphi) + U_a I_b \sin(300° + \varphi) + U_c I_c \sin(180° + \varphi)$，$K_Q$ 与第一种、第二种一致。三组元件的功率因数、电流正负性、有功功率、无功功率，以及电压相序、总有功功率、总无功功率、运行象限与第一种、第二种一致。

（3）电能计量装置接线图。三组元件接入的电压、电流，与第一种、第二种不一致，电能计量装置接线图见图 4-28。

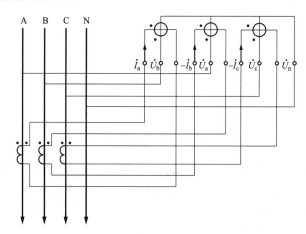

图 4-28　电能计量装置接线图

5. 错误接线结论

错误接线结论见表 4-4。

表 4-4　　　　　　　　　　　　错误接线结论表

种类参数	电压接入			电流接入		
	$\dot{U}_1$	$\dot{U}_2$	$\dot{U}_3$	$\dot{I}_1$	$\dot{I}_2$	$\dot{I}_3$
第一种	$\dot{U}_a$	$\dot{U}_c$	$\dot{U}_b$	$\dot{I}_c$	$-\dot{I}_a$	$-\dot{I}_b$

种类参数	电压接入			电流接入		
	$\dot{U}_1$	$\dot{U}_2$	$\dot{U}_3$	$\dot{I}_1$	$\dot{I}_2$	$\dot{I}_3$
第二种	$\dot{U}_c$	$\dot{U}_b$	$\dot{U}_a$	$\dot{I}_b$	$-\dot{I}_c$	$-\dot{I}_a$
第三种	$\dot{U}_b$	$\dot{U}_a$	$\dot{U}_c$	$\dot{I}_a$	$-\dot{I}_b$	$-\dot{I}_c$

三、60°～90°（感性负载）错误接线实例分析

（一）实例一

10kV 专用变压器用电用户，在 0.4kV 侧采用高供低计计量方式，接线方式为三相四线，电流互感器变比为 300A/5A，电能表为 3×220/380V、3×1.5（6）A 的智能电能表。在端钮盒处测量参数数据如下：U_1=226.8V，U_2=227.3V，U_3=227.1V，U_{12}=393.2V，U_{32}=392.9V，U_{13}=393.5V，I_1=0.56A，I_2=0.52A，I_3=0.51A，$\dot{U}_1\hat{\dot{U}}_2$ = 240°，$\dot{U}_1\hat{\dot{U}}_3$ =120°，$\dot{U}_1\hat{\dot{I}}_1$ =197°，$\dot{U}_2\hat{\dot{I}}_2$ =16°，$\dot{U}_3\hat{\dot{I}}_3$ =197°。已知负载功率因数角为 77°（感性），10kV 供电线路向专用变压器输入有功功率、无功功率，分析错误接线、运行状态。

解析： 由测量数据可知，三组相电压接近额定值 220V，三组线电压接近额定值 380V，三相电流有一定大小，基本对称，说明无失压、失流等故障。

1. 确定相量图

根据相位关系，确定 $\dot{U}_1$、$\dot{U}_2$、$\dot{U}_3$、$\dot{I}_1$、$\dot{I}_2$、$\dot{I}_3$，得出相量图见图 4-29。

2. 判断电压相序

$\dot{U}_1 \rightarrow \dot{U}_2 \rightarrow \dot{U}_3$ 为逆时针方向，电压为逆相序。

3. 判断运行象限

由于负载功率因数角为 77°（感性），10kV 供电线路向专用变压器输入有功功率、无功功率。因此，一次负荷潮流状态为+P、+Q，智能电能表应运行于 I 象限，电流滞后对应的相电压 77°。

4. 接线及运行分析

第一种假定：$\dot{U}_1$ 为 $\dot{U}_a$，$\dot{U}_3$ 为 $\dot{U}_b$，$\dot{U}_2$ 为 $\dot{U}_c$。

（1）接线分析。第一种假定的相量图见图 4-30。

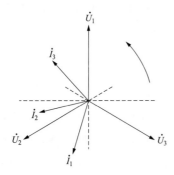

图 4-29 相量图

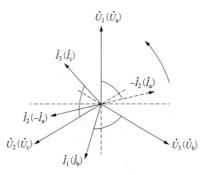

图 4-30 错误接线相量图

由图 4-30 可知，$\dot{I}_1$ 滞后 $\dot{U}_3$ 约 77°，$\dot{I}_1$ 和 $\dot{U}_3$ 同相；$\dot{I}_2$ 反相后 $-\dot{I}_2$ 滞后 $\dot{U}_1$ 约 77°，$-\dot{I}_2$ 和 $\dot{U}_1$ 同相；$\dot{I}_3$ 滞后 $\dot{U}_2$ 约 77°，$\dot{I}_3$ 和 $\dot{U}_2$ 同相。$\dot{I}_1$ 为 $\dot{I}_b$，$\dot{I}_2$ 为 $-\dot{I}_a$，$\dot{I}_3$ 为 $\dot{I}_c$。第一元件电压接入 $\dot{U}_a$，电流接入 $\dot{I}_b$；第二元件电压接入 $\dot{U}_c$，电流接入 $-\dot{I}_a$；第三元件电压接入 $\dot{U}_b$，电流接入 $\dot{I}_c$。错误接线结论见表 4-5。

（2）计算更正系数。

1）有功更正系数。

$$P' = U_a I_b \cos(120° + \varphi) + U_c I_a \cos(\varphi - 60°) + U_b I_c \cos(120° + \varphi) \tag{4-17}$$

$$K_P = \frac{P}{P'} = \frac{3UI\cos\varphi}{UI\cos(120° + \varphi) + UI\cos(\varphi - 60°) + UI\cos(120° + \varphi)} \tag{4-18}$$

$$= \frac{6}{-1 - \sqrt{3}\tan\varphi}$$

2）无功更正系数。

$$Q' = U_a I_b \sin(120° + \varphi) + U_c I_a \sin(300° + \varphi) + U_b I_c \sin(120° + \varphi) \tag{4-19}$$

$$K_Q = \frac{Q}{Q'} = \frac{3UI\sin\varphi}{UI\sin(120° + \varphi) + UI\sin(300° + \varphi) + UI\sin(120° + \varphi)} \tag{4-20}$$

$$= \frac{6}{-1 + \sqrt{3}\cot\varphi}$$

（3）智能电能表运行参数。

$$\cos\varphi_1 = 197° \approx -0.96$$

$$\cos\varphi_2 = 16° \approx 0.96$$

$$\cos\varphi_3 = 197° \approx -0.96$$

$$\cos\varphi \approx -0.95$$

$$P' = U_a I_b \cos(120° + \varphi) + U_c I_a \cos(\varphi - 60°) + U_b I_c \cos(120° + \varphi) = -118.60(\text{W})$$

$$Q' = U_a I_b \sin(120° + \varphi) + U_c I_a \sin(300° + \varphi) + U_b I_c \sin(120° + \varphi) = -38.41(\text{var})$$

（4）智能电能表运行分析。智能电能表显示电压逆相序。第一元件功率因数为负值，显示负电流；第二元件功率因数为正值，显示正电流；第三元件功率因数为负值，显示负电流。测量总有功功率−118.60W 为负值，总无功功率−38.41var 为负值，智能电能表实际运行于Ⅲ象限，有功电量计入反向，无功电量计入反向（Ⅲ象限）。

（5）电能计量装置接线图。电能计量装置接线图见图 4-31。

第二种假定：$\dot{U}_3$ 为 $\dot{U}_a$，$\dot{U}_2$ 为 $\dot{U}_b$，$\dot{U}_1$ 为 $\dot{U}_c$。

（1）接线分析。第二种假定的相量图见图 4-32。

由图 4-32 可知，$\dot{I}_1$ 滞后 $\dot{U}_3$ 约 77°，$\dot{I}_1$ 和 $\dot{U}_3$ 同相；$\dot{I}_2$ 反相后 $-\dot{I}_2$ 滞后 $\dot{U}_1$ 约 77°，$-\dot{I}_2$ 和 $\dot{U}_1$ 同相；$\dot{I}_3$ 滞后 $\dot{U}_2$ 约 77°，$\dot{I}_3$ 和 $\dot{U}_2$ 同相。$\dot{I}_1$ 为 $\dot{I}_a$，$\dot{I}_2$ 为 $-\dot{I}_c$，$\dot{I}_3$ 为 $\dot{I}_b$。第一元件电压接入 $\dot{U}_c$，电流接入 $\dot{I}_a$；第二元件电压接入 $\dot{U}_b$，电流接入 $-\dot{I}_c$；第三元件电压接入 $\dot{U}_a$，电流接入 $\dot{I}_b$。错误接线结论见表 4-6。

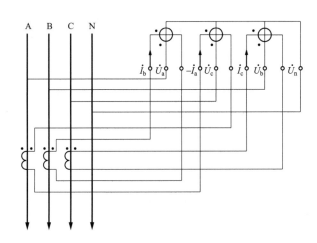

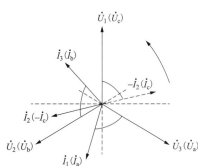

图 4-31　电能计量装置接线图　　　　　　图 4-32　错误接线相量图

（2）更正系数计算及运行分析。$P' = U_c I_a \cos(120° + \varphi) + U_b I_c \cos(\varphi - 60°) + U_a I_b \cos(120° + \varphi)$，$K_P$ 与第一种一致。$Q' = U_c I_a \sin(120° + \varphi) + U_b I_c \sin(300° + \varphi) + U_a I_b \sin(120° + \varphi)$，$K_Q$ 与第一种一致。三组元件的功率因数、电流正负性、有功功率、无功功率，以及电压相序、总有功功率、总无功功率、运行象限与第一种一致。

（3）电能计量装置接线图。三组元件接入的电压、电流与第一种不一致，电能计量装置接线图见图 4-33。

第三种假定：$\dot{U}_2$ 为 $\dot{U}_a$，$\dot{U}_1$ 为 $\dot{U}_b$，$\dot{U}_3$ 为 $\dot{U}_c$。

（1）接线分析。第三种假定的相量图见图 4-34。

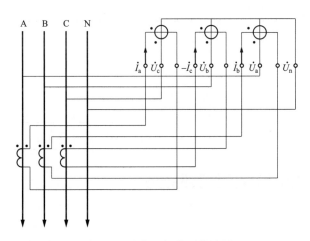

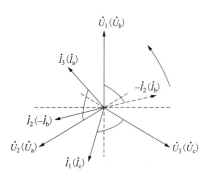

图 4-33　电能计量装置接线图　　　　　　图 4-34　错误接线相量图

由图 4-34 可知，$\dot{I}_1$ 滞后 $\dot{U}_3$ 约 77°，$\dot{I}_1$ 和 $\dot{U}_3$ 同相；$\dot{I}_2$ 反相后 $-\dot{I}_2$ 滞后 $\dot{U}_1$ 约 77°，$-\dot{I}_2$ 和 $\dot{U}_1$ 同相；$\dot{I}_3$ 滞后 $\dot{U}_2$ 约 77°，$\dot{I}_3$ 和 $\dot{U}_2$ 同相。$\dot{I}_1$ 为 $\dot{I}_c$，$\dot{I}_2$ 为 $-\dot{I}_b$，$\dot{I}_3$ 为 $\dot{I}_a$。第一元件电压接入 $\dot{U}_b$，电流接入 $\dot{I}_c$；第二元件电压接入 $\dot{U}_a$，电流接入 $-\dot{I}_b$；第三元件电压接入 $\dot{U}_c$，电流接入 $\dot{I}_a$。错误接线结论见表 4-5。

（2）更正系数计算及运行分析。 $P' = U_b I_c \cos(120° + \varphi) + U_a I_b \cos(\varphi - 60°) + U_c I_a \cos(120° + \varphi)$，$K_P$ 与第一种、第二种一致。$Q' = U_b I_c \sin(120° + \varphi) + U_a I_b \sin(300° + \varphi) + U_c I_a \sin(120° + \varphi)$，$K_Q$ 与第一种、第二种一致。三组元件的功率因数、电流正负性、有功功率、无功功率，以及电压相序、总有功功率、总无功功率、运行象限与第一种、第二种一致。

（3）电能计量装置接线图。三组元件接入的电压、电流，与第一种、第二种不一致，电能计量装置接线图见图 4-35。

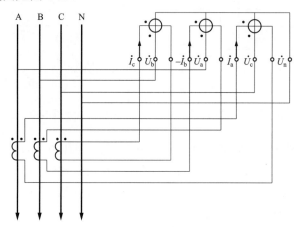

图 4-35　电能计量装置接线图

5. 错误接线结论

错误接线结论见表 4-5。

表 4-5　　　　　　　　　　　错 误 接 线 结 论 表

种类参数	电压接入			电流接入		
	$\dot{U}_1$	$\dot{U}_2$	$\dot{U}_3$	$\dot{I}_1$	$\dot{I}_2$	$\dot{I}_3$
第一种	$\dot{U}_a$	$\dot{U}_c$	$\dot{U}_b$	$\dot{I}_b$	$-\dot{I}_a$	$\dot{I}_c$
第二种	$\dot{U}_c$	$\dot{U}_b$	$\dot{U}_a$	$\dot{I}_a$	$-\dot{I}_c$	$\dot{I}_b$
第三种	$\dot{U}_b$	$\dot{U}_a$	$\dot{U}_c$	$\dot{I}_c$	$-\dot{I}_b$	$\dot{I}_a$

第三节　II 象限错误接线实例分析

0°～30°（容性负载）错误接线实例分析如下。

220kV 跨省供电关口，在系统变电站 220kV 出线处设置计量点，采用高供高计计量方式，接线方式为三相四线，电压互感器接线为 Y_n/Y_n-12，电流互感器变比为 800A/5A，电能表为 $3×57.7/100V$、$3×1.5（6）A$ 的智能电能表。在端钮盒处测量参数数据如下：$U_1=60.7V$，$U_2=61.3V$，$U_3=61.2V$，$U_{12}=105.3V$，$U_{32}=105.9V$，$U_{13}=105.2V$，$I_1=1.35A$，$I_2=1.32A$，$I_3=1.33A$，$\dot{U}_1\hat{\dot{I}}_1 = 339°$，$\dot{U}_1\hat{\dot{I}}_2 = 39°$，$\dot{U}_1\hat{\dot{I}}_3 = 100°$，$\dot{U}_2\hat{\dot{I}}_2 = 279°$，$\dot{U}_3\hat{\dot{I}}_3 = 219°$。

已知负载功率因数角为 21°（容性），220kV 供电线路向母线输出有功功率，母线向 220kV 供电线路输入无功功率，分析错误接线、运行状态。

解析：由测量数据可知，三组相电压接近额定值 57.7V，三组线电压接近额定值 100V，三相电流有一定大小，基本对称，说明无失压、失流等故障。

1. 确定相量图

根据相位关系，确定 $\dot{U}_1$、$\dot{U}_2$、$\dot{U}_3$、$\dot{I}_1$、$\dot{I}_2$、$\dot{I}_3$，得出相量图见图 4-36。

2. 判断电压相序

$\dot{U}_1 \rightarrow \dot{U}_2 \rightarrow \dot{U}_3$ 为顺时针方向，电压为正相序。

3. 判断运行象限

由于负载功率因数角为 21°（容性），220kV 供电线路向母线输出有功功率，母线向 220kV 供电线路输入无功功率，因此，一次负荷潮流状态为 –P、+Q，智能电能表应运行于 II 象限，电流滞后对应的相电压 159°。

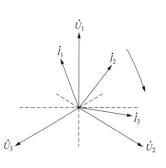

图 4-36　相量图

4. 接线及运行分析

第一种假定：$\dot{U}_1$ 为 $\dot{U}_a$，$\dot{U}_2$ 为 $\dot{U}_b$，$\dot{U}_3$ 为 $\dot{U}_c$。

（1）接线分析。第一种假定的相量图见图 4-37。

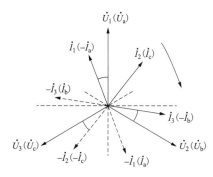

图 4-37　错误接线相量图

由图 4-37 可知，$\dot{I}_1$ 超前 $\dot{U}_1$ 约 21°，$-\dot{I}_1$ 滞后 $\dot{U}_1$ 约 159°，$-\dot{I}_1$ 和 $\dot{U}_1$ 同相；$\dot{I}_2$ 反相后 $-\dot{I}_2$ 超前 $\dot{U}_3$ 约 21°，$\dot{I}_2$ 滞后 $\dot{U}_3$ 约 159°，$\dot{I}_2$ 和 $\dot{U}_3$ 同相；$\dot{I}_3$ 超前 $\dot{U}_2$ 约 21°，$-\dot{I}_3$ 滞后 $\dot{U}_2$ 约 159°，$-\dot{I}_3$ 和 $\dot{U}_2$ 同相。$\dot{I}_1$ 为 $-\dot{I}_a$，$\dot{I}_2$ 为 $\dot{I}_c$，$\dot{I}_3$ 为 $-\dot{I}_b$。第一元件电压接入 $\dot{U}_a$，电流接入 $-\dot{I}_a$；第二元件电压接入 $\dot{U}_b$，电流接入 $\dot{I}_c$；第三元件电压接入 $\dot{U}_c$，电流接入 $-\dot{I}_b$。错误接线结论见表 4-6。

（2）计算更正系数。

1）有功更正系数。

$$P' = U_a I_a \cos\varphi + U_b I_c \cos(60° + \varphi) + U_c I_b \cos(120° + \varphi) \quad (4\text{-}21)$$

$$K_P = \frac{P}{P'} = \frac{-3UI\cos\varphi}{UI\cos\varphi + UI\cos(60° + \varphi) + UI\cos(120° + \varphi)} \quad (4\text{-}22)$$

$$= \frac{3}{-1 + \sqrt{3}\tan\varphi}$$

2）无功更正系数。

$$Q' = U_a I_a \sin(360° - \varphi) + U_b I_c \sin(300° - \varphi) + U_c I_b \sin(240° - \varphi) \quad (4\text{-}23)$$

$$K_Q = \frac{Q}{Q'} = \frac{3UI\sin\varphi}{UI\sin(360° - \varphi) + UI\sin(300° - \varphi) + UI\sin(240° - \varphi)} \quad (4\text{-}24)$$

$$= -\frac{3}{1 + \sqrt{3}\cot\varphi}$$

（3）智能电能表运行参数。

$$\cos\varphi_1 = 339° \approx 0.93$$

$$\cos\varphi_2 = 279° \approx 0.16$$

$$\cos\varphi_3 = 219° \approx -0.78$$

$$\cos\varphi \approx 0.16$$

$$P' = U_a I_a \cos\varphi + U_b I_c \cos(60° + \varphi) + U_c I_b \cos(120° + \varphi) = 25.90(\text{W})$$

$$Q' = U_a I_a \sin(360° - \varphi) + U_b I_c \sin(300° - \varphi) + U_c I_b \sin(240° - \varphi) = -160.51(\text{var})$$

（4）智能电能表运行分析。智能电能表显示电压正相序。第一元件功率因数为正值，显示正电流；第二元件功率因数为正值，显示正电流；第三元件功率因数为负值，显示负电流。测量总有功功率 25.90W 为正值，总无功功率–160.51var 为负值，智能电能表实际运行于Ⅳ象限，有功电量计入正向，无功电量计入Ⅳ象限。

（5）电能计量装置接线图。电能计量装置接线图见图 4-38。

第二种假定：$\dot{U}_2$ 为 $\dot{U}_a$，$\dot{U}_3$ 为 $\dot{U}_b$，$\dot{U}_1$ 为 $\dot{U}_c$。

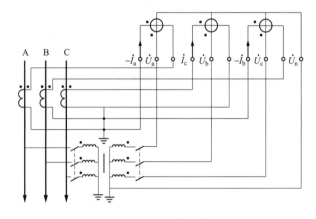

图 4-38　电能计量装置接线图

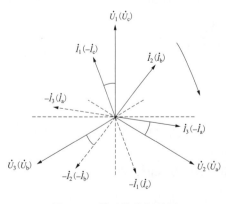

图 4-39　错误接线相量图

（1）接线分析。第二种假定的相量图见图 4-39。

由图 4-39 可知，$\dot{I}_1$ 超前 $\dot{U}_1$ 约 21°，$-\dot{I}_1$ 滞后 $\dot{U}_1$ 约 159°，$-\dot{I}_1$ 和 $\dot{U}_1$ 同相；$\dot{I}_2$ 反相后 $-\dot{I}_2$ 超前 $\dot{U}_3$ 约 21°，$\dot{I}_2$ 滞后 $\dot{U}_3$ 约 159°，$\dot{I}_2$ 和 $\dot{U}_3$ 同相；$\dot{I}_3$ 超前 $\dot{U}_2$ 约 21°，$-\dot{I}_3$ 滞后 $\dot{U}_2$ 约 159°，$-\dot{I}_3$ 和 $\dot{U}_2$ 同相。$\dot{I}_1$ 为 $-\dot{I}_c$，$\dot{I}_2$ 为 $\dot{I}_b$，$\dot{I}_3$ 为 $-\dot{I}_a$。第一元件电压接入 $\dot{U}_c$，电流接入 $-\dot{I}_c$；第二元件电压接入 $\dot{U}_a$，电流接入 $\dot{I}_b$；第三元件电压接入 $\dot{U}_b$，电流接入 $-\dot{I}_a$。错误接线结论见表 4-6。

（2）更正系数计算及运行分析。$P' = U_c I_c \cos\varphi + U_a I_b \cos(60° + \varphi) + U_b I_a \cos(120° + \varphi)$，$K_P$ 与第一种一致。$Q' = U_c I_c \sin(360° - \varphi) + U_a I_b \sin(300° - \varphi) + U_b I_a \sin(240° - \varphi)$，$K_Q$ 与第一种一致。三组元件的功率因数、电流正负性、有功功率、无功功率，以及电压相序、总有功功率、总无功功率、运行象限与第一种一致。

（3）电能计量装置接线图。三组元件接入的电压、电流与第一种不一致，电能计量装置接线图见图 4-40。

第三种假定：$\dot{U}_3$ 为 $\dot{U}_a$，$\dot{U}_1$ 为 $\dot{U}_b$，$\dot{U}_2$ 为 $\dot{U}_c$。

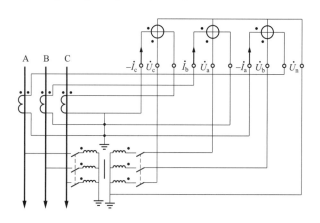

图 4-40　电能计量装置接线图

（1）接线分析。第三种假定的相量图见图 4-41。

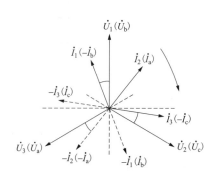

图 4-41　错误接线相量图

由图 4-41 可知，$\dot{I}_1$ 超前 $\dot{U}_1$ 约 21°，$-\dot{I}_1$ 滞后 $\dot{U}_1$ 约 159°，$-\dot{I}_1$ 和 $\dot{U}_1$ 同相；$\dot{I}_2$ 反相后 $-\dot{I}_2$ 超前 $\dot{U}_3$ 约 21°，$\dot{I}_2$ 滞后 $\dot{U}_3$ 约 159°，$\dot{I}_2$ 和 $\dot{U}_3$ 同相；$\dot{I}_3$ 超前 $\dot{U}_2$ 约 21°，$-\dot{I}_3$ 滞后 $\dot{U}_2$ 约 159°，$-\dot{I}_3$ 和 $\dot{U}_2$ 同相。$\dot{I}_1$ 为 $-\dot{I}_b$，$\dot{I}_2$ 为 $\dot{I}_a$，$\dot{I}_3$ 为 $-\dot{I}_c$。第一元件电压接入 $\dot{U}_b$，电流接入 $-\dot{I}_b$；第二元件电压接入 $\dot{U}_c$，电流接入 $\dot{I}_a$；第三元件电压接入 $\dot{U}_a$，电流接入 $-\dot{I}_c$。错误接线结论见表 4-6。

（2）更正系数计算及运行分析。$P' = U_b I_b \cos\varphi + U_c I_a \cos(60° + \varphi) + U_a I_c \cos(120° + \varphi)$，$K_P$ 与第一种、第二种一致。$Q' = U_b I_b \sin(360° - \varphi) + U_c I_a \sin(300° - \varphi) + U_a I_c \sin(240° - \varphi)$，

K_Q 与第一种、第二种一致。三组元件的功率因数、电流正负性、有功功率、无功功率，以及电压相序、总有功功率、总无功功率、运行象限与第一种、第二种一致。

（3）电能计量装置接线图。三组元件接入的电压、电流，与第一种、第二种不一致，电能计量装置接线图见图 4-42。

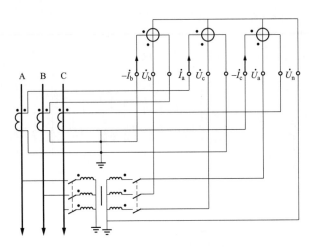

图 4-42　电能计量装置接线图

5. 错误接线结论

错误接线结论见表 4-6。

表 4-6　　　　　　　　　　　错 误 接 线 结 论 表

种类参数	电压接入			电流接入		
	$\dot{U}_1$	$\dot{U}_2$	$\dot{U}_3$	$\dot{I}_1$	$\dot{I}_2$	$\dot{I}_3$
第一种	$\dot{U}_a$	$\dot{U}_b$	$\dot{U}_c$	$-\dot{I}_a$	$\dot{I}_c$	$-\dot{I}_b$
第二种	$\dot{U}_c$	$\dot{U}_a$	$\dot{U}_b$	$-\dot{I}_c$	$\dot{I}_b$	$-\dot{I}_a$
第三种	$\dot{U}_b$	$\dot{U}_c$	$\dot{U}_a$	$-\dot{I}_b$	$\dot{I}_a$	$-\dot{I}_c$

第四节　Ⅲ象限错误接线实例分析

0°～30°（感性负载）错误接线实例分析如下。

某发电上网企业，在系统变电站 220kV 出线处设置发电上网关口计量点，采用高供高计计量方式，接线方式为三相四线，电压互感器接线为 Y_n/Y_n-12，电流互感器变比为 300A/5A，电能表为 3×57.7/100V、3×1.5（6）A 的智能电能表。在端钮盒处测量参数数据如下：U_1=59.5V，U_2=59.3V，U_3=59.6V，U_{12}=103.2V，U_{32}=102.8V，U_{13}=103.5V，I_1=0.71A，I_2=0.70A，I_3=0.73A，$\dot{U}_1\hat{\dot{I}}_1 = 292°$，$\dot{U}_1\hat{\dot{I}}_2 = 352°$，$\dot{U}_1\hat{\dot{I}}_3 = 233°$，$\dot{U}_2\hat{\dot{I}}_2 = 112°$，

$\overset{\wedge}{\dot{U}_3\dot{I}_3}=112°$。已知负载功率因数角为 52°（感性），220kV 供电线路向母线输出有功功率、无功功率，分析错误接线、运行状态。

解析： 由测量数据可知，三组相电压接近额定值 57.7V，三组线电压接近额定值 100V，三相电流有一定大小，基本对称，说明无失压、失流等故障。

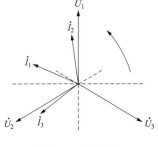

图 4-43　相量图

1. 确定相量图

根据相位关系，确定 $\dot{U}_1$、$\dot{U}_2$、$\dot{U}_3$、$\dot{I}_1$、$\dot{I}_2$、$\dot{I}_3$，得出相量图见图 4-43。

2. 判断电压相序

$\dot{U}_1 \rightarrow \dot{U}_2 \rightarrow \dot{U}_3$ 为逆时针方向，电压为逆相序。

3. 判断运行象限

由于负载功率因数角为 52°（感性），220kV 供电线路向母线输出有功功率、无功功率，因此，一次负荷潮流状态为–P、–Q，智能电能表应运行于Ⅲ象限，电流滞后对应的相电压 232°。

4. 接线及运行分析

第一种假定：$\dot{U}_1$ 为 $\dot{U}_a$，$\dot{U}_3$ 为 $\dot{U}_b$，$\dot{U}_2$ 为 $\dot{U}_c$。

（1）接线分析。第一种假定的相量图见图 4-44。

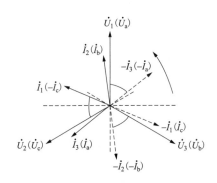

图 4-44　错误接线相量图

由图 4-44 可知，$\dot{I}_1$ 滞后 $\dot{U}_2$ 约 52°，$\dot{I}_1$ 反相后 $-\dot{I}_1$ 滞后 $\dot{U}_2$ 约 232°，$-\dot{I}_1$ 和 $\dot{U}_2$ 同相；$\dot{I}_2$ 滞后 $\dot{U}_3$ 约 232°，$\dot{I}_2$ 反相后 $-\dot{I}_2$ 滞后 $\dot{U}_3$ 约 52°，$\dot{I}_2$ 和 $\dot{U}_3$ 同相；$\dot{I}_3$ 滞后 $\dot{U}_1$ 约 232°，$\dot{I}_3$ 反相后 $-\dot{I}_3$ 滞后 $\dot{U}_1$ 约 52°，$\dot{I}_3$ 和 $\dot{U}_1$ 同相。$\dot{I}_1$ 为 $-\dot{I}_c$，$\dot{I}_2$ 为 $\dot{I}_b$，$\dot{I}_3$ 为 $\dot{I}_a$。第一元件电压接入 $\dot{U}_a$，电流接入 $-\dot{I}_c$；第二元件电压接入 $\dot{U}_c$，电流接入 $\dot{I}_b$；第三元件电压接入 $\dot{U}_b$，电流接入 $\dot{I}_a$。错误接线结论见表 4-7。

（2）计算更正系数。

1）有功更正系数。

$$P' = U_a I_c \cos(120° - \varphi) + U_c I_b \cos(60° + \varphi) + U_b I_a \cos(60° + \varphi) \qquad （4-25）$$

$$K_{\mathrm{p}} = \frac{P}{P'} = \frac{-3UI\cos\varphi}{UI\cos(120°-\varphi) + UI\cos(60°+\varphi) + UI\cos(60°+\varphi)}$$

$$= \frac{6}{1-\sqrt{3}\tan\varphi}$$

（4-26）

2）无功更正系数。

$$Q' = U_{\mathrm{a}}I_{\mathrm{c}}\sin(240°+\varphi) + U_{\mathrm{c}}I_{\mathrm{b}}\sin(60°+\varphi) + U_{\mathrm{b}}I_{\mathrm{a}}\sin(60°+\varphi)$$

（4-27）

$$K_{\mathrm{Q}} = \frac{Q}{Q'} = \frac{-3UI\sin\varphi}{UI\sin(240°+\varphi) + UI\sin(60°+\varphi) + UI\sin(60°+\varphi)}$$

$$= -\frac{6}{1+\sqrt{3}\cot\varphi}$$

（4-28）

（3）智能电能表运行参数。

$$\cos\varphi_1 = 292° \approx 0.37$$

$$\cos\varphi_2 = 112° \approx -0.37$$

$$\cos\varphi_3 = 112° \approx -0.37$$

$$\cos\varphi \approx -0.37$$

$$P' = U_{\mathrm{a}}I_{\mathrm{c}}\cos(120°-\varphi) + U_{\mathrm{c}}I_{\mathrm{b}}\cos(60°+\varphi) + U_{\mathrm{b}}I_{\mathrm{a}}\cos(60°+\varphi) = -16.02(\mathrm{W})$$

$$Q' = U_{\mathrm{a}}I_{\mathrm{c}}\sin(240°+\varphi) + U_{\mathrm{c}}I_{\mathrm{b}}\sin(60°+\varphi) + U_{\mathrm{b}}I_{\mathrm{a}}\sin(60°+\varphi) = 39.66(\mathrm{var})$$

（4）智能电能表运行分析。智能电能表显示电压逆相序。第一元件功率因数为正值，显示正电流；第二元件功率因数为负值，显示负电流；第三元件功率因数为负值，显示负电流。测量总有功功率−16.02W为负值，总无功功率39.66var为正值，智能电能表实际运行于Ⅱ象限，有功电量计入反向，无功电量计入Ⅱ象限。

（5）电能计量装置接线图。电能计量装置接线图见图4-45。

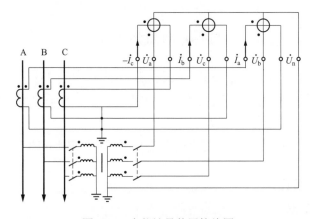

图 4-45　电能计量装置接线图

第二种假定：$\dot{U}_3$ 为 $\dot{U}_a$，$\dot{U}_2$ 为 $\dot{U}_b$，$\dot{U}_1$ 为 $\dot{U}_c$。

（1）接线分析。第二种假定的相量图见图 4-46。

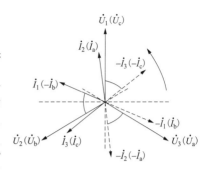

由图 4-46 可知，$\dot{I}_1$ 滞后 $\dot{U}_2$ 约 52°，$\dot{I}_1$ 反相后 $-\dot{I}_1$ 滞后 $\dot{U}_2$ 约 232°，$-\dot{I}_1$ 和 $\dot{U}_2$ 同相；$\dot{I}_2$ 滞后 $\dot{U}_3$ 约 232°，$\dot{I}_2$ 反相后 $-\dot{I}_2$ 滞后 $\dot{U}_3$ 约 52°，$\dot{I}_2$ 和 $\dot{U}_3$ 同相；$\dot{I}_3$ 滞后 $\dot{U}_1$ 约 232°，$\dot{I}_3$ 反相后 $-\dot{I}_3$ 滞后 $\dot{U}_1$ 约 52°，$\dot{I}_3$ 和 $\dot{U}_1$ 同相。$\dot{I}_1$ 为 $-\dot{I}_b$，$\dot{I}_2$ 为 $\dot{I}_a$，$\dot{I}_3$ 为 $\dot{I}_c$。第一元件电压接入 $\dot{U}_c$，电流接入 $-\dot{I}_b$；第二元件电压接入 $\dot{U}_b$，电流接入 $\dot{I}_a$；第三元件电压接入 $\dot{U}_a$，电流接入 $\dot{I}_c$。错误接线结论见表 4-7。

图 4-46　错误接线相量图

（2）更正系数计算及运行分析。$P' = U_c I_b \cos(120° - \varphi) + U_b I_a \cos(60° + \varphi) + U_a I_c \cos(60° + \varphi)$，$K_P$ 与第一种一致。$Q' = U_c I_b \sin(240° + \varphi) + U_b I_a \sin(60° + \varphi) + U_a I_c \sin(60° + \varphi)$，$K_Q$ 与第一种一致。三组元件的功率因数、电流正负性、有功功率、无功功率，以及电压相序、总有功功率、总无功功率、运行象限与第一种一致。

（3）电能计量装置接线图。三组元件接入的电压、电流与第一种不一致，电能计量装置接线图见图 4-47。

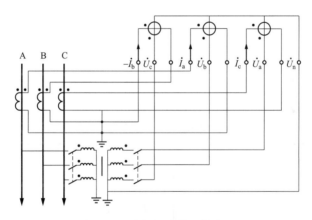

图 4-47　电能计量装置接线图

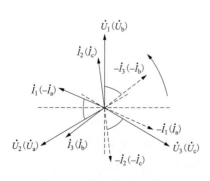

图 4-48　错误接线相量图

第三种假定：$\dot{U}_2$ 为 $\dot{U}_a$，$\dot{U}_1$ 为 $\dot{U}_b$，$\dot{U}_3$ 为 $\dot{U}_c$。

（1）接线分析。第三种假定的相量图见图 4-48。

由图 4-48 可知，$\dot{I}_1$ 滞后 $\dot{U}_2$ 约 52°，$\dot{I}_1$ 反相后 $-\dot{I}_1$ 滞后 $\dot{U}_2$ 约 232°，$-\dot{I}_1$ 和 $\dot{U}_2$ 同相；$\dot{I}_2$ 滞后 $\dot{U}_3$ 约 232°，$\dot{I}_2$ 反相后 $-\dot{I}_2$ 滞后 $\dot{U}_3$ 约 52°，$\dot{I}_2$ 和 $\dot{U}_3$ 同相；$\dot{I}_3$ 滞后 $\dot{U}_1$ 约 232°，$\dot{I}_3$ 反相后 $-\dot{I}_3$ 滞后 $\dot{U}_1$ 约 52°，$\dot{I}_3$ 和 $\dot{U}_1$ 同相。$\dot{I}_1$ 为 $-\dot{I}_a$，$\dot{I}_2$ 为 $\dot{I}_c$，$\dot{I}_3$ 为 $\dot{I}_b$。第一元件电压接入 $\dot{U}_b$，电流接入 $-\dot{I}_a$；第二元件电压接入 $\dot{U}_a$，电流接入 $\dot{I}_c$；第三元件电压接入 $\dot{U}_c$，电流接入 $\dot{I}_b$。错误接线结论见表

4-7。

（2）更正系数计算及运行分析。 $P' = U_b I_a \cos(120° - \varphi) + U_a I_c \cos(60° + \varphi) + U_c I_b \cos(60° + \varphi)$ ，K_P 与第一种、第二种一致。$Q' = U_b I_a \sin(240° + \varphi) + U_a I_c \sin(60° + \varphi) + U_c I_b \sin(60° + \varphi)$ ，K_Q 与第一种、第二种一致。三组元件的功率因数、电流正负性、有功功率、无功功率，以及电压相序、总有功功率、总无功功率、运行象限与第一种、第二种一致。

（3）电能计量装置接线图。三组元件接入的电压、电流，与第一种、第二种不一致，电能计量装置接线图见图 4-49。

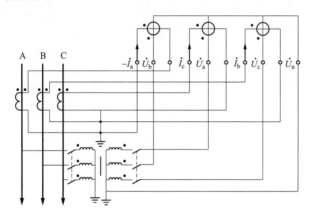

图 4-49　电能计量装置接线图

5. 错误接线结论

错误接线结论见表 4-7。

表 4-7　　　　　　　　　　　　错 误 接 线 结 论 表

种类参数	电压接入			电流接入		
	$\dot{U}_1$	$\dot{U}_2$	$\dot{U}_3$	$\dot{I}_1$	$\dot{I}_2$	$\dot{I}_3$
第一种	$\dot{U}_a$	$\dot{U}_c$	$\dot{U}_b$	$-\dot{I}_c$	$\dot{I}_b$	$\dot{I}_a$
第二种	$\dot{U}_c$	$\dot{U}_b$	$\dot{U}_a$	$-\dot{I}_b$	$\dot{I}_a$	$\dot{I}_c$
第三种	$\dot{U}_b$	$\dot{U}_a$	$\dot{U}_c$	$-\dot{I}_a$	$\dot{I}_c$	$\dot{I}_b$

第五节　Ⅳ象限错误接线实例分析

一、0°～30°（容性负载）错误接线实例分析

10kV 专用变压器用电用户，在 0.4kV 侧采用高供低计计量方式，接线方式为三相四线，电流互感器变比为 250A/5A，电能表为 3×220/380V、3×1.5（6）A 的智能电能表。在端钮盒处测量参数数据如下：U_1=229.2V，U_2=229.8V，U_3=230.2V，U_{12}=396.2V，U_{32}=397.5V，U_{13}=397.7V，I_1=0.97A，I_2=0.97A，I_3=0.95A，$\dot{U}_1\hat{\dot{U}}_2 = 120°$ ，$\dot{U}_1\hat{\dot{U}}_3 = 240°$ ，$\dot{U}_1\hat{\dot{I}}_1 = 280°$ ，

$\overset{\wedge}{\dot{U}_2\dot{I}_2} = 280°$，$\overset{\wedge}{\dot{U}_3\dot{I}_3} = 100°$。已知负载功率因数角为 20°（容性），10kV 供电线路向专用变压器输入有功功率，专用变压器向 10kV 供电线路输出无功功率，分析错误接线、运行状态。

解析： 由测量数据可知，三组相电压接近额定值 220V，三组线电压接近额定值 380V，三相电流有一定大小，基本对称，说明无失压、失流等故障。

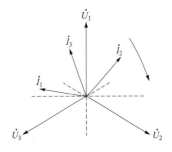

1. 确定相量图

根据相位关系，确定 $\dot{U}_1$、$\dot{U}_2$、$\dot{U}_3$、$\dot{I}_1$、$\dot{I}_2$、$\dot{I}_3$，得出相量图见图 4-50。

2. 判断电压相序

$\dot{U}_1 \rightarrow \dot{U}_2 \rightarrow \dot{U}_3$ 为顺时针方向，电压为正相序。

图 4-50　错误接线相量图

3. 判断运行象限

由于负载功率因数角为 0°～30°（容性），10kV 供电线路向专用变压器输入有功功率，专用变压器向 10kV 供电线路输出无功功率。因此，一次负荷潮流状态为+P、−Q，智能电能表应运行于Ⅳ象限，电流超前对应的相电压 20°。

4. 接线及运行分析

第一种假定：$\dot{U}_1$ 为 $\dot{U}_a$，$\dot{U}_2$ 为 $\dot{U}_b$，$\dot{U}_3$ 为 $\dot{U}_c$。

（1）接线分析。第一种假定的相量图见图 4-51。

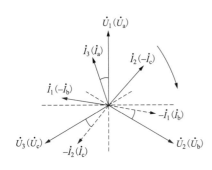

图 4-51　错误接线相量图

由图 4-51 可知，$\dot{I}_1$ 反相后 $-\dot{I}_1$ 超前 $\dot{U}_2$ 约 20°，$-\dot{I}_1$ 和 $\dot{U}_2$ 同相；$\dot{I}_2$ 反相后 $-\dot{I}_2$ 超前 $\dot{U}_3$ 约 20°，$-\dot{I}_2$ 和 $\dot{U}_3$ 同相；$\dot{I}_3$ 超前 $\dot{U}_1$ 约 20°，$\dot{I}_3$ 和 $\dot{U}_1$ 同相。$-\dot{I}_1$ 为 $\dot{I}_b$，$\dot{I}_1$ 为 $-\dot{I}_b$，$-\dot{I}_2$ 为 $\dot{I}_c$，$\dot{I}_2$ 为 $-\dot{I}_c$，$\dot{I}_3$ 为 $\dot{I}_a$。第一元件电压接入 $\dot{U}_a$，电流接入 $-\dot{I}_b$；第二元件电压接入 $\dot{U}_b$，电流接入 $-\dot{I}_c$；第三元件电压接入 $\dot{U}_c$，电流接入 $\dot{I}_a$。错误接线结论见表 4-8。

（2）计算更正系数。

1）有功更正系数。

$$P' = U_a I_b \cos(60° + \varphi) + U_b I_c \cos(60° + \varphi) + U_c I_a \cos(120° - \varphi) \tag{4-29}$$

$$K_P = \frac{P}{P'} = \frac{3UI\cos\varphi}{UI\cos(60° + \varphi) + UI\cos(60° + \varphi) + UI\cos(120° - \varphi)} \tag{4-30}$$

$$= \frac{6}{1 - \sqrt{3}\tan\varphi}$$

2）无功更正系数。

$$Q' = U_a I_b \sin(300° - \varphi) + U_b I_c \sin(300° - \varphi) + U_c I_a \sin(120° - \varphi) \tag{4-31}$$

$$K_Q = \frac{Q}{Q'} = \frac{-3UI\sin\varphi}{UI\sin(300° - \varphi) + UI\sin(300° - \varphi) + UI\sin(120° - \varphi)} \tag{4-32}$$

$$= \frac{6}{1 + \sqrt{3}\cot\varphi}$$

（3）智能电能表运行参数。

$$\cos\varphi_1 = 280° \approx 0.17$$

$$\cos\varphi_2 = 280° \approx 0.17$$

$$\cos\varphi_3 = 100° \approx -0.17$$

$$\cos\varphi \approx 0.17$$

$$P' = U_a I_b \cos(60°+\varphi) + U_b I_c \cos(60°+\varphi) + U_c I_a \cos(120°-\varphi) = 39.33(\text{W})$$

$$Q' = U_a I_b \sin(300°-\varphi) + U_b I_c \sin(300°-\varphi) + U_c I_a \sin(120°-\varphi) = -223.09(\text{var})$$

（4）智能电能表运行分析。智能电能表显示电压正相序。第一元件功率因数为正值，显示正电流；第二元件功率因数为正值，显示正电流；第三元件功率因数为负值，显示负电流。测量总有功功率 39.33W 为正值，总无功功率–223.09var 为负值，智能电能表实际运行于Ⅳ象限，有功电量计入正向，无功电量计入正向（Ⅳ象限）。

（5）电能计量装置接线图。电能计量装置接线图见图 4-52。

第二种假定：$\dot{U}_2$ 为 $\dot{U}_a$，$\dot{U}_3$ 为 $\dot{U}_b$，$\dot{U}_1$ 为 $\dot{U}_c$。

（1）接线分析。第二种假定的相量图见图 4-53。

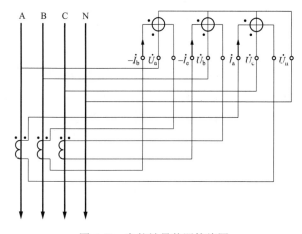

图 4-52　电能计量装置接线图

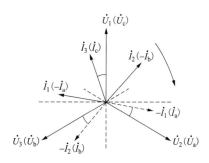

图 4-53　错误接线相量图

由图 4-53 可知，$\dot{I}_1$ 反相后 $-\dot{I}_1$ 超前 $\dot{U}_2$ 约 20°，$-\dot{I}_1$ 和 $\dot{U}_2$ 同相；$\dot{I}_2$ 反相后 $-\dot{I}_2$ 超前 $\dot{U}_3$ 约 20°，$-\dot{I}_2$ 和 $\dot{U}_3$ 同相；$\dot{I}_3$ 超前 $\dot{U}_1$ 约 20°，$\dot{I}_3$ 和 $\dot{U}_1$ 同相。$-\dot{I}_1$ 为 $\dot{I}_a$，$\dot{I}_1$ 为 $-\dot{I}_a$，$-\dot{I}_2$ 为 $\dot{I}_b$，$\dot{I}_2$ 为 $-\dot{I}_b$，$\dot{I}_3$ 为 $\dot{I}_c$。第一元件电压接入 $\dot{U}_c$，电流接入 $-\dot{I}_a$；第二元件电压接入 $\dot{U}_a$，电流接入 $-\dot{I}_b$；第三元件电压接入 $\dot{U}_b$，电流接入 $\dot{I}_c$。错误接线结论见表 4-8。

（2）更正系数计算及运行分析。$P' = U_c I_a \cos(60°+\varphi) + U_a I_b \cos(60°+\varphi) + U_b I_c \cos(120°-\varphi)$，$K_P$ 与第一种一致。$Q' = U_c I_a \sin(300°-\varphi) + U_a I_b \sin(300°-\varphi) + U_b I_c \sin(120°-\varphi)$，$K_Q$ 与第一种一致。三组元件的功率因数、电流正负性、有功功率、无功功率，以及电压相序、总有功功率、总无功功率、运行象限与第一种一致。

（3）电能计量装置接线图。三组元件接入的电压、电流与第一种不一致，电能计量装置接线图见图 4-54。

第三种假定：$\dot{U}_3$ 为 $\dot{U}_a$，$\dot{U}_1$ 为 $\dot{U}_b$，$\dot{U}_2$ 为 $\dot{U}_c$。

（1）接线分析。第三种假定的相量图见图 4-55。

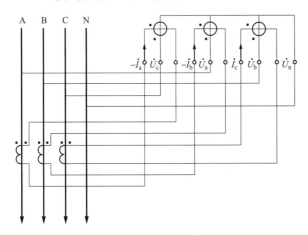

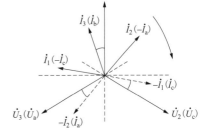

图 4-54　电能计量装置接线图　　　　　　　　图 4-55　错误接线相量图

由图 4-55 可知，$\dot{I}_1$ 反相后 $-\dot{I}_1$ 超前 $\dot{U}_2$ 约 20°，$-\dot{I}_1$ 和 $\dot{U}_2$ 同相；$\dot{I}_2$ 反相后 $-\dot{I}_2$ 超前 $\dot{U}_3$ 约 20°，$-\dot{I}_2$ 和 $\dot{U}_3$ 同相；$\dot{I}_3$ 超前 $\dot{U}_1$ 约 20°，$\dot{I}_3$ 和 $\dot{U}_1$ 同相。$-\dot{I}_1$ 为 $\dot{I}_c$，$\dot{I}_1$ 为 $-\dot{I}_c$，$-\dot{I}_2$ 为 $\dot{I}_a$，$\dot{I}_2$ 为 $-\dot{I}_a$，$\dot{I}_3$ 为 $\dot{I}_b$。第一元件电压接入 $\dot{U}_b$，电流接入 $-\dot{I}_c$；第二元件电压接入 $\dot{U}_c$，电流接入 $-\dot{I}_a$；第三元件电压接入 $\dot{U}_a$，电流接入 $\dot{I}_b$。错误接线结论见表 4-8。

（2）更正系数计算及运行分析。$P' = U_b I_c \cos(60° + \varphi) + U_c I_a \cos(60° + \varphi) + U_a I_b \cos(120° - \varphi)$，$K_P$ 与第一种、第二种一致。$Q' = U_b I_c \sin(300° - \varphi) + U_c I_a \sin(300° - \varphi) + U_a I_b \sin(120° - \varphi)$，$K_Q$ 与第一种、第二种一致。三组元件的功率因数、电流正负性、有功功率、无功功率，以及电压相序、总有功功率、总无功功率、运行象限与第一种、第二种一致。

（3）电能计量装置接线图。三组元件接入的电压、电流，与第一种、第二种不一致，电能计量装置接线图见图 4-56。

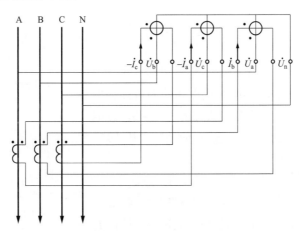

图 4-56　电能计量装置接线图

5. 错误接线结论

错误接线结论见表 4-8。

表 4-8 错 误 接 线 结 论 表

种类参数	电压接入			电流接入		
	$\dot{U}_1$	$\dot{U}_2$	$\dot{U}_3$	$\dot{I}_1$	$\dot{I}_2$	$\dot{I}_3$
第一种	$\dot{U}_a$	$\dot{U}_b$	$\dot{U}_c$	$-\dot{I}_b$	$-\dot{I}_c$	$\dot{I}_a$
第二种	$\dot{U}_c$	$\dot{U}_a$	$\dot{U}_b$	$-\dot{I}_a$	$-\dot{I}_b$	$\dot{I}_c$
第三种	$\dot{U}_b$	$\dot{U}_c$	$\dot{U}_a$	$-\dot{I}_c$	$-\dot{I}_a$	$\dot{I}_b$

二、30°～60°（容性负载）错误接线实例分析

110kV 专用线路用电用户，在系统变电站 110kV 出线处设置计量点，采用高供高计计量方式，接线方式为三相四线，电压互感器接线为 Yn/Yn-12，电流互感器变比为 300A/5A，电能表为 3×57.7/100V、3×1.5（6）A 的智能电能表。在端钮盒处测量参数数据如下：U_1=60.5V，U_2=60.0V，U_3=59.6V，U_{12}=103.8V，U_{32}=103.9V，U_{13}=103.5V，I_1=0.62A，I_2=0.63A，I_3=0.65A，$\overset{\wedge}{\dot{U}_1\dot{I}_1}=321°$，$\overset{\wedge}{\dot{U}_1\dot{I}_2}=261°$，$\overset{\wedge}{\dot{U}_1\dot{I}_3}=201°$，$\overset{\wedge}{\dot{U}_2\dot{I}_2}=21°$，$\overset{\wedge}{\dot{U}_3\dot{I}_3}=81°$。

已知负载功率因数角为 39°（容性），母线向 110kV 供电线路输入有功功率，110kV 供电线路向母线输出无功功率，分析错误接线、运行状态。

解析： 由测量数据可知，三组相电压接近额定值 57.7V，三组线电压接近额定值 100V，三相电流有一定大小，基本对称，说明无失压、失流等故障。

1. 确定相量图

根据相位关系，确定 $\dot{U}_1$、$\dot{U}_2$、$\dot{U}_3$、$\dot{I}_1$、$\dot{I}_2$、$\dot{I}_3$，得出相量图见图 4-57。

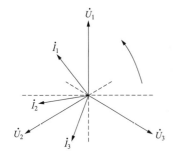

图 4-57 错误接线相量图

2. 判断电压相序

$\dot{U}_1 \rightarrow \dot{U}_2 \rightarrow \dot{U}_3$ 为逆时针方向，电压为逆相序。

3. 判断运行象限

由于负载功率因数角为 39°（容性），母线向 110kV 供电线路输入有功功率，110kV 供电线路向母线输出无功功率，因此，一次负荷潮流状态为 +P、−Q，智能电能表应运行于 IV 象限，电流超前对应的相电压 39°。

4. 接线及运行分析

第一种假定：$\dot{U}_1$ 为 $\dot{U}_a$，$\dot{U}_3$ 为 $\dot{U}_b$，$\dot{U}_2$ 为 $\dot{U}_c$。

（1）接线分析。第一种假定的相量图见图 4-58。

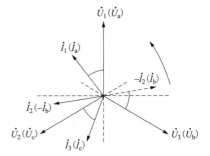

图 4-58 错误接线相量图

由图 4-58 可知，$\dot{I}_1$ 超前 $\dot{U}_1$ 约 39°，$\dot{I}_1$ 和 $\dot{U}_1$ 同相；$\dot{I}_2$ 反相后 $-\dot{I}_2$ 超前 $\dot{U}_3$ 约 39°，$-\dot{I}_2$ 和 $\dot{U}_3$ 同相；$\dot{I}_3$ 超前 $\dot{U}_2$ 约 39°，$\dot{I}_3$ 和 $\dot{U}_2$ 同相。$\dot{I}_1$ 为 $\dot{I}_a$，$-\dot{I}_2$

为 $\dot{I}_{b}$，$\dot{I}_{2}$ 为 $-\dot{I}_{b}$，$\dot{I}_{3}$ 为 $\dot{I}_{c}$。第一元件电压接入 $\dot{U}_{a}$，电流接入 $\dot{I}_{a}$；第二元件电压接入 $\dot{U}_{c}$，电流接入 $-\dot{I}_{b}$；第三元件电压接入 $\dot{U}_{b}$，电流接入 $\dot{I}_{c}$。错误接线结论见表 4-9。

（2）计算更正系数。

1）有功更正系数。

$$P' = U_{a}I_{a}\cos\varphi + U_{c}I_{b}\cos(60° - \varphi) + U_{b}I_{c}\cos(120° - \varphi) \tag{4-33}$$

$$K_{P} = \frac{P}{P'} = \frac{3UI\cos\varphi}{UI\cos\varphi + UI\cos(60° - \varphi) + UI\cos(120° - \varphi)}$$
$$= \frac{3}{1 + \sqrt{3}\tan\varphi} \tag{4-34}$$

2）无功更正系数。

$$Q' = U_{a}I_{a}\sin(360° - \varphi) + U_{c}I_{b}\sin(60° - \varphi) + U_{b}I_{c}\sin(120° - \varphi) \tag{4-35}$$

$$K_{Q} = \frac{Q}{Q'} = \frac{-3UI\sin\varphi}{UI\sin(360° - \varphi) + UI\sin(60° - \varphi) + UI\sin(120° - \varphi)}$$
$$= \frac{3}{1 - \sqrt{3}\cot\varphi} \tag{4-36}$$

（3）智能电能表运行参数。

$$\cos\varphi_{1} = 321° \approx 0.78$$
$$\cos\varphi_{2} = 21° \approx 0.93$$
$$\cos\varphi_{3} = 81° \approx 0.16$$
$$\cos\varphi \approx 0.93$$

$$P' = U_{a}I_{a}\cos\varphi + U_{c}I_{b}\cos(60° - \varphi) + U_{b}I_{c}\cos(120° - \varphi) = 70.50(\text{W})$$
$$Q' = U_{a}I_{a}\sin(360° - \varphi) + U_{c}I_{b}\sin(60° - \varphi) + U_{b}I_{c}\sin(120° - \varphi) = 28.20(\text{var})$$

（4）智能电能表运行分析。智能电能表显示电压逆相序。第一元件功率因数为正值，显示正电流；第二元件功率因数为正值，显示正电流；第三元件功率因数为正值，显示正电流。测量总有功功率 70.50W 为正值，总无功功率 28.20var 为正值，智能电能表实际运行于 I 象限，有功电量计入正向，无功电量计入正向（I 象限）。

（5）电能计量装置接线图。电能计量装置接线图见图 4-59。

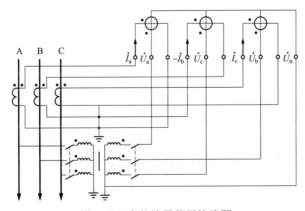

图 4-59　电能计量装置接线图

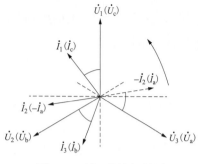

图 4-60　错误接线相量图

第二种假定：$\dot{U}_3$ 为 $\dot{U}_a$，$\dot{U}_2$ 为 $\dot{U}_b$，$\dot{U}_1$ 为 $\dot{U}_c$。

（1）接线分析。第二种假定的相量图见图 4-60。

由图 4-60 可知，$\dot{I}_1$ 超前 $\dot{U}_1$ 约 39°，$\dot{I}_1$ 和 $\dot{U}_1$ 同相；$\dot{I}_2$ 反相后 $-\dot{I}_2$ 超前 $\dot{U}_3$ 约 39°，$-\dot{I}_2$ 和 $\dot{U}_3$ 同相；$\dot{I}_3$ 超前 $\dot{U}_2$ 约 39°，$\dot{I}_3$ 和 $\dot{U}_2$ 同相。$\dot{I}_1$ 为 $\dot{I}_c$，$-\dot{I}_2$ 为 $\dot{I}_a$，$\dot{I}_2$ 为 $-\dot{I}_a$，$\dot{I}_3$ 为 $\dot{I}_b$。第一元件电压接入 $\dot{U}_c$，电流接入 $\dot{I}_c$；第二元件电压接入 $\dot{U}_b$，电流接入 $-\dot{I}_a$；第三元件电压接入 $\dot{U}_a$，电流接入 $\dot{I}_b$。错误接线结论见表 4-9。

（2）更正系数计算及运行分析。$P' = U_c I_c \cos\varphi + U_b I_a \cos\varphi(60° - \varphi) + U_a I_b \cos(120° - \varphi)$，$K_P$ 与第一种一致。$Q' = U_c I_c \sin(360° - \varphi) + U_b I_a \sin(60° - \varphi) + U_a I_b \sin(120° - \varphi)$，$K_Q$ 与第一种一致。三组元件的功率因数、电流正负性、有功功率、无功功率，以及电压相序、总有功功率、总无功功率、运行象限与第一种一致。

（3）电能计量装置接线图。三组元件接入的电压、电流与第一种不一致，电能计量装置接线图见图 4-61。

第三种假定：$\dot{U}_2$ 为 $\dot{U}_a$，$\dot{U}_1$ 为 $\dot{U}_b$，$\dot{U}_3$ 为 $\dot{U}_c$。

（1）接线分析。第三种假定的相量图见图 4-62。

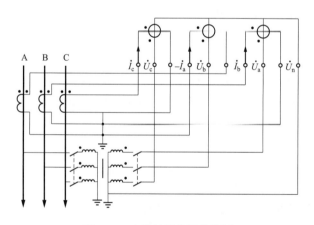

图 4-61　电能计量装置接线图

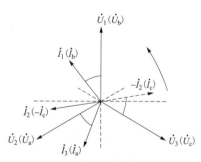

图 4-62　错误接线相量图

由图 4-62 可知，$\dot{I}_1$ 超前 $\dot{U}_1$ 约 39°，$\dot{I}_1$ 和 $\dot{U}_1$ 同相；$\dot{I}_2$ 反相后 $-\dot{I}_2$ 超前 $\dot{U}_3$ 约 39°，$-\dot{I}_2$ 和 $\dot{U}_3$ 同相；$\dot{I}_3$ 超前 $\dot{U}_2$ 约 39°，$\dot{I}_3$ 和 $\dot{U}_2$ 同相。$\dot{I}_1$ 为 $\dot{I}_b$，$-\dot{I}_2$ 为 $\dot{I}_c$，$\dot{I}_2$ 为 $-\dot{I}_c$，$\dot{I}_3$ 为 $\dot{I}_a$。第一元件电压接入 $\dot{U}_b$，电流接入 $\dot{I}_b$；第二元件电压接入 $\dot{U}_a$，电流接入 $-\dot{I}_c$；第三元件电压接入 $\dot{U}_c$，电流接入 $\dot{I}_a$。错误接线结论见表 4-9。

（2）更正系数计算及运行分析。$P' = U_b I_b \cos\varphi + U_a I_c \cos(60° - \varphi) + U_c I_a \cos(120° - \varphi)$，$K_P$ 与第一种、第二种一致。$Q' = U_b I_b \sin(360° - \varphi) + U_a I_c \sin(60° - \varphi) + U_c I_a \sin(120° - \varphi)$，$K_Q$ 与第一种、第二种一致。三组元件的功率因数、电流正负性、有功功率、无功功率，以及电压相序、总有功功率、总无功功率、运行象限与第一种、第二种一致。

（3）电能计量装置接线图。三组元件接入的电压、电流，与第一种、第二种不一致，电能计量装置接线图见图4-63。

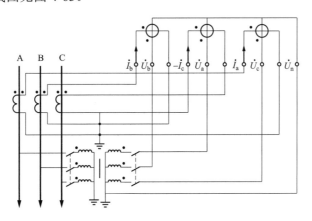

图4-63　电能计量装置接线图

5. 错误接线结论

错误接线结论见表4-9。

表4-9　　　　　　　　　　　错 误 接 线 结 论 表

种类参数	电压接入			电流接入		
	$\dot{U}_1$	$\dot{U}_2$	$\dot{U}_3$	$\dot{I}_1$	$\dot{I}_2$	$\dot{I}_3$
第一种	$\dot{U}_a$	$\dot{U}_c$	$\dot{U}_b$	$\dot{I}_a$	$-\dot{I}_b$	$\dot{I}_c$
第二种	$\dot{U}_c$	$\dot{U}_b$	$\dot{U}_a$	$\dot{I}_c$	$-\dot{I}_a$	$\dot{I}_b$
第三种	$\dot{U}_b$	$\dot{U}_a$	$\dot{U}_c$	$\dot{I}_b$	$-\dot{I}_c$	$\dot{I}_a$

三、60°～90°（容性负载）错误接线实例分析

220kV专用线路用电用户，在系统变电站220kV出线处设置计量点，采用高供高计计量方式，接线方式为三相四线，电压互感器接线为Yn/Yn-12，电流互感器变比为300A/5A，电能表为 3×57.7/100V、3×1.5（6）A 的智能电能表。在端钮盒处测量参数数据如下：U_1=60.6V，U_2=61.2V，U_3=60.5V，U_{12}=105.1V，U_{32}=105.3V，U_{13}=105.2V，I_1=0.52A，I_2=0.55A，I_3=0.56A，$\dot{U}_1\hat{\dot{I}}_1=167°$，$\dot{U}_1\hat{\dot{U}}_2=240°$，$\dot{U}_1\hat{\dot{U}}_3=120°$，$\dot{U}_2\hat{\dot{I}}_2=347°$，$\dot{U}_3\hat{\dot{I}}_3=347°$。已知负载功率因数角为 73°（容性），母线向220kV供电线路输入有功功率，220kV供电线路向母线输出无功功率，分析错误接线、运行状态。

解析：由测量数据可知，三组相电压接近额定值57.7V，三组线电压接近额定值100V，三相电流有一定大小，基本对称，说明无失压、失流等故障。

1. 确定相量图

根据相位关系，确定$\dot{U}_1$、$\dot{U}_2$、$\dot{U}_3$、$\dot{I}_1$、$\dot{I}_2$、$\dot{I}_3$，得出相量图见图4-64。

2. 判断电压相序

$\dot{U}_1 \rightarrow \dot{U}_2 \rightarrow \dot{U}_3$为逆时针方向，电压为逆相序。

3. 判断运行象限

由于负载功率因数角为 73°（容性），母线向 220kV 供电线路输入有功功率，220kV 供电线路向母线输出无功功率，因此，一次负荷潮流状态为+P、−Q，智能电能表应运行于 Ⅳ 象限，电流超前对应的相电压 73°。

4. 接线及运行分析

第一种假定：$\dot{U}_1$ 为 $\dot{U}_a$，$\dot{U}_3$ 为 $\dot{U}_b$，$\dot{U}_2$ 为 $\dot{U}_c$。

（1）接线分析。第一种假定的相量图见图 4-65。

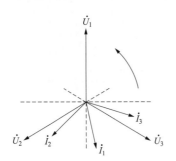

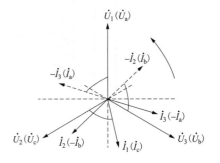

图 4-64　错误接线相量图　　　　图 4-65　错误接线相量图

由图 4-65 可知，$\dot{I}_1$ 超前 $\dot{U}_2$ 约 73°，$\dot{I}_1$ 和 $\dot{U}_2$ 同相；$\dot{I}_2$ 反相后 $-\dot{I}_2$ 超前 $\dot{U}_3$ 约 73°，$-\dot{I}_2$ 和 $\dot{U}_3$ 同相；$\dot{I}_3$ 反相后 $-\dot{I}_3$ 超前 $\dot{U}_1$ 约 73°，$-\dot{I}_3$ 和 $\dot{U}_1$ 同相。$\dot{I}_1$ 为 $\dot{I}_c$，$-\dot{I}_2$ 为 $\dot{I}_b$，$\dot{I}_2$ 为 $-\dot{I}_b$，$-\dot{I}_3$ 为 $\dot{I}_a$，$\dot{I}_3$ 为 $-\dot{I}_a$。第一元件电压接入 $\dot{U}_a$，电流接入 $\dot{I}_c$；第二元件电压接入 $\dot{U}_c$，电流接入 $-\dot{I}_b$；第三元件电压接入 $\dot{U}_b$，电流接入 $-\dot{I}_a$。错误接线结论见表 4-10。

（2）计算更正系数。

1）有功更正系数。

$$P' = U_a I_c \cos(120° + \varphi) + U_c I_b \cos(\varphi - 60°) + U_b I_a \cos(\varphi - 60°) \tag{4-37}$$

$$K_P = \frac{P}{P'} = \frac{3UI\cos\varphi}{UI\cos(120° + \varphi) + UI\cos(\varphi - 60°) + UI\cos(\varphi - 60°)} \tag{4-38}$$

$$= \frac{6}{1 + \sqrt{3}\tan\varphi}$$

2）无功更正系数。

$$Q' = U_a I_c \sin(240° - \varphi) + U_c I_b \sin(60° - \varphi) + U_b I_a \sin(60° - \varphi) \tag{4-39}$$

$$K_Q = \frac{Q}{Q'} = \frac{-3UI\sin\varphi}{UI\sin(240° - \varphi) + UI\sin(60° - \varphi) + UI\sin(60° - \varphi)} \tag{4-40}$$

$$= \frac{6}{1 - \sqrt{3}\cot\varphi}$$

（3）智能电能表运行参数。

$$\cos\varphi_1 = 167° \approx -0.97$$

$$\cos\varphi_2 = 347° \approx 0.97$$

$$\cos\varphi_3 = 347° \approx 0.97$$

$$\cos\varphi \approx 0.97$$

$$P' = U_a I_c \cos(120° + \varphi) + U_c I_b \cos(\varphi - 60°) + U_b I_a \cos(\varphi - 60°) = 35.10(\text{W})$$

$$Q' = U_a I_c \sin(240° - \varphi) + U_c I_b \sin(60° - \varphi) + U_b I_a \sin(60° - \varphi) = -8.10(\text{var})$$

（4）智能电能表运行分析。智能电能表显示电压逆相序。第一元件功率因数为负值，显示负电流；第二元件功率因数为正值，显示正电流；第三元件功率因数为正值，显示正电流。测量总有功功率 35.10W 为正值，总无功功率–8.10var 为负值，智能电能表实际运行于Ⅳ象限，有功电量计入正向，无功电量计入正向（Ⅳ象限）。

（5）电能计量装置接线图。电能计量装置接线图见图 4-66。

第二种假定：$\dot{U}_3$ 为 $\dot{U}_a$，$\dot{U}_2$ 为 $\dot{U}_b$，$\dot{U}_1$ 为 $\dot{U}_c$。

（1）接线分析。第二种假定的相量图见图 4-67。

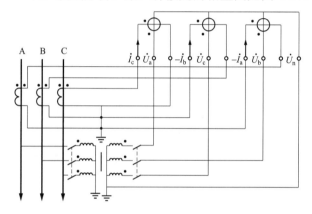

图 4-66　电能计量装置接线图

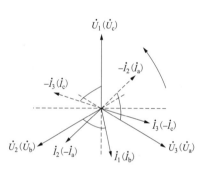

图 4-67　错误接线相量图

由图 4-67 可知，$\dot{I}_1$ 超前 $\dot{U}_2$ 约 73°，$\dot{I}_1$ 和 $\dot{U}_2$ 同相；$\dot{I}_2$ 反相后 $-\dot{I}_2$ 超前 $\dot{U}_3$ 约 73°，$-\dot{I}_2$ 和 $\dot{U}_3$ 同相；$\dot{I}_3$ 反相后 $-\dot{I}_3$ 超前 $\dot{U}_1$ 约 73°，$-\dot{I}_3$ 和 $\dot{U}_1$ 同相。$\dot{I}_1$ 为 $\dot{I}_b$，$-\dot{I}_2$ 为 $\dot{I}_a$，$\dot{I}_2$ 为 $-\dot{I}_a$，$-\dot{I}_3$ 为 $\dot{I}_c$，$\dot{I}_3$ 为 $-\dot{I}_c$。第一元件电压接入 $\dot{U}_c$，电流接入 $\dot{I}_b$；第二元件电压接入 $\dot{U}_b$，电流接入 $-\dot{I}_a$；第三元件电压接入 $\dot{U}_a$，电流接入 $-\dot{I}_c$。错误接线结论见表 4-10。

（2）更正系数计算及运行分析。$P' = U_c I_b \cos(120° + \varphi) + U_b I_a \cos(\varphi - 60°) + U_a I_c \cos(\varphi - 60°)$，$K_P$ 与第一种一致。$Q' = U_c I_b \sin(240° - \varphi) + U_b I_a \sin(60° - \varphi) + U_a I_c \sin(60° - \varphi)$，$K_Q$ 与第一种一致。三组元件的功率因数、电流正负性、有功功率、无功功率，以及电压相序、总有功功率、总无功功率、运行象限与第一种一致。

（3）电能计量装置接线图。三组元件接入的电压、电流与第一种不一致，电能计量装置接线图见图 4-68。

第三种假定：$\dot{U}_2$ 为 $\dot{U}_a$，$\dot{U}_1$ 为 $\dot{U}_b$，$\dot{U}_3$ 为 $\dot{U}_c$。

（1）接线分析。第三种假定的相量图见图 4-69。

由图 4-69 可知，$\dot{I}_1$ 超前 $\dot{U}_2$ 约 73°，$\dot{I}_1$ 和 $\dot{U}_2$ 同相；$\dot{I}_2$ 反相后 $-\dot{I}_2$ 超前 $\dot{U}_3$ 约 73°，$-\dot{I}_2$ 和 $\dot{U}_3$ 同相；$\dot{I}_3$ 反相后 $-\dot{I}_3$ 超前 $\dot{U}_1$ 约 73°，$-\dot{I}_3$ 和 $\dot{U}_1$ 同相。$\dot{I}_1$ 为 $\dot{I}_a$，$-\dot{I}_2$ 为 $\dot{I}_c$，$\dot{I}_2$ 为 $-\dot{I}_c$，$-\dot{I}_3$ 为 $\dot{I}_b$，$\dot{I}_3$ 为 $-\dot{I}_b$。第一元件电压接入 $\dot{U}_b$，电流接入 $\dot{I}_a$；第二元件电压接入 $\dot{U}_a$，电流接入 $-\dot{I}_c$；第三元件电压接入 $\dot{U}_c$，电流接入 $-\dot{I}_b$。错误接线结论见表 4-10。

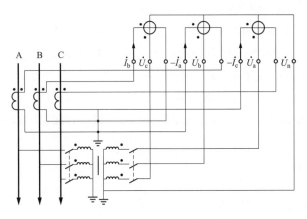

图 4-68　电能计量装置接线图　　　　图 4-69　错误接线相量图

（2）更正系数计算及运行分析。$P' = U_b I_a \cos(120° + \varphi) + U_a I_c \cos(\varphi - 60°) + U_c I_b \cos(\varphi - 60°)$，$K_P$ 与第一种、第二种一致。$Q' = U_b I_a \sin(240° - \varphi) + U_a I_c \sin(60° - \varphi) + U_c I_b \sin(60° - \varphi)$，$K_Q$ 与第一种、第二种一致。三组元件的功率因数、电流正负性、有功功率、无功功率，以及电压相序、总有功功率、总无功功率、运行象限与第一种、第二种一致。

（3）电能计量装置接线图。三组元件接入的电压、电流，与第一种、第二种不一致，电能计量装置接线图见图 4-70。

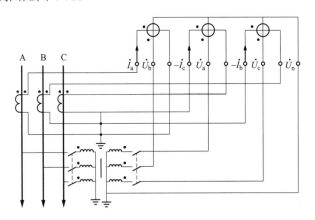

图 4-70　电能计量装置接线图

5. 错误接线结论

错误接线结论见表 4-10。

表 4-10　　　　　　　　　　　　错 误 接 线 结 论 表

种类参数	电压接入			电流接入		
	$\dot{U}_1$	$\dot{U}_2$	$\dot{U}_3$	$\dot{I}_1$	$\dot{I}_2$	$\dot{I}_3$
第一种	$\dot{U}_a$	$\dot{U}_c$	$\dot{U}_b$	$\dot{I}_c$	$-\dot{I}_b$	$-\dot{I}_a$

种类参数	电压接入			电流接入		
	$\dot{U}_1$	$\dot{U}_2$	$\dot{U}_3$	$\dot{I}_1$	$\dot{I}_2$	$\dot{I}_3$
第二种	$\dot{U}_c$	$\dot{U}_b$	$\dot{U}_a$	$\dot{I}_b$	$-\dot{I}_a$	$-\dot{I}_c$
第三种	$\dot{U}_b$	$\dot{U}_a$	$\dot{U}_c$	$\dot{I}_a$	$-\dot{I}_c$	$-\dot{I}_b$

第六节 Yn/Yn-12 接线电压互感器极性反接实例分析

一、Yn/Yn-12 接线电压互感器极性反接电压特性

Yn/Yn-12 接线电压互感器主要运用于三相四线电能计量装置，适用于中性点经消弧线圈接地、中性点经电阻接地、中性点直接接地等系统。Yn/Yn-12 接线电压互感器每相一次绕组为 A-X，每相二次绕组为 a-x，"A"与"a"为同名端，按照 Yn/Yn-12 星型接线方式连接。正确接线状态下，高压三相四线智能电能表的三组相电压 U_1、U_2、U_3 接近额定值 57.7V，U_n 接近 0V，三组线电压 U_{12}、U_{32}、U_{13} 接近额定值 100V，电压高低与系统一次电压有关，具体值可结合实际情况综合判断。

Yn/Yn-12 接线电压互感器二次绕组一相或两相极性反接时，三组相电压 U_1、U_2、U_3 接近额定值 57.7V，两组线电压接近 57.7V，另外一组线电压接近 100V。

二、实例分析

220kV 专用线路用电用户，在系统变电站 220kV 出线处设置计量点，采用高供高计计量方式，接线方式为三相四线，电压互感器接线为 Yn/Yn-12，电流互感器变比为 600A/5A，电能表为 3×57.7/100V、3×1.5（6）A 的智能电能表。在端钮盒处测量参数数据如下：U_1=59.5V，U_2=59.2V，U_3=59.8V，U_{12}=103.2V，U_{32}=59.6V，U_{13}=59.3V，I_1=0.57A，I_2=0.59A，I_3=0.55A，$\dot{U}_1\hat{\dot{I}}_1=140°$，$\dot{U}_1\hat{\dot{I}}_2=80°$，$\dot{U}_1\hat{\dot{I}}_3=20°$，$\dot{U}_2\hat{\dot{I}}_2=201°$，$\dot{U}_3\hat{\dot{I}}_3=80°$。已知负载功率因数角为 20°（感性），母线向 220kV 供电线路输入有功功率、无功功率，分析错误接线、运行状态。

解析：由测量数据可知，三组相电压基本对称，接近额定值，三组线电压中，仅线电压 U_{12} 为 103.2V，其他两组线电压 U_{32}、U_{13} 分别为 59.6、59.3V，说明电压互感器二次绕组极性反接；三相电流基本对称，有一定大小，无失流故障。

1. 确定相量图

根据相位关系，确定 $\dot{U}_1$、$\dot{U}_2$、$\dot{U}_3$、$\dot{I}_1$、$\dot{I}_2$、$\dot{I}_3$，得出相量图见图 4-71。

2. 判断电压相序

假定 $\dot{U}_3$ 反相，反相后为 $-\dot{U}_3$，$\dot{U}_1 \rightarrow \dot{U}_2 \rightarrow -\dot{U}_3$ 为逆时针方向，电压为逆相序。

3. 判断运行象限

由于负载功率因数角为 20°（感性），母线向 220kV 供电线路输入有功功、无功功

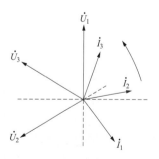

图 4-71 错误接线相量图

率，因此，一次负荷潮流状态为+P、+Q，智能电能表应运行于Ⅰ象限，电流滞后对应的相电压20°。

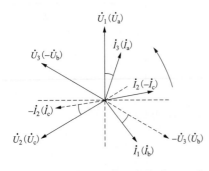

图 4-72　错误接线相量图

4. 接线及运行分析

第一种假定：$\dot{U}_1$ 为 $\dot{U}_a$，$-\dot{U}_3$ 为 $\dot{U}_b$，$\dot{U}_2$ 为 $\dot{U}_c$，则 $\dot{U}_3$ 为 $-\dot{U}_b$。

（1）接线分析。第一种假定的相量图见图 4-72。

由图 4-72 可知，$\dot{I}_1$ 滞后 $-\dot{U}_3$ 约 20°，$\dot{I}_1$ 和 $-\dot{U}_3$ 同相；$\dot{I}_2$ 反相后 $-\dot{I}_2$ 滞后 $\dot{U}_2$ 约 20°，$-\dot{I}_2$ 和 $\dot{U}_2$ 同相；$\dot{I}_3$ 滞后 $\dot{U}_1$ 约 20°，$\dot{I}_3$ 和 $\dot{U}_1$ 同相。$\dot{I}_1$ 为 $\dot{I}_b$，$\dot{I}_2$ 为 $-\dot{I}_c$，$\dot{I}_3$ 为 $\dot{I}_a$。第一元件电压接入 $\dot{U}_a$，电流接入 $\dot{I}_b$；第二元件电压接入 $\dot{U}_c$，电流接入 $-\dot{I}_c$；第三元件电压接入 $-\dot{U}_b$，电流接入 $\dot{I}_a$。错误接线结论见表 4-11。

（2）计算更正系数。

1）有功更正系数。

$$P' = U_a I_b \cos(120° + \varphi) + U_c I_c \cos(180° + \varphi) + U_b I_a \cos(60° + \varphi) \quad (4-41)$$

$$K_p = \frac{P}{P'} = \frac{3UI\cos\varphi}{UI\cos(120° + \varphi) + UI\cos(180° + \varphi) + UI\cos(60° + \varphi)}$$
$$= -\frac{3}{1 + \sqrt{3}\tan\varphi} \quad (4-42)$$

2）无功更正系数。

$$Q' = U_a I_b \sin(120° + \varphi) + U_c I_c \sin(180° + \varphi) + U_b I_a \sin(60° + \varphi) \quad (4-43)$$

$$K_Q = \frac{Q}{Q'} = \frac{3UI\sin\varphi}{UI\sin(120° + \varphi) + UI\sin(180° + \varphi) + UI\sin(60° + \varphi)}$$
$$= \frac{3}{-1 + \sqrt{3}\cot\varphi} \quad (4-44)$$

（3）智能电能表运行参数。

$$\cos\varphi_1 = 140° \approx -0.77$$
$$\cos\varphi_2 = 201° \approx -0.93$$
$$\cos\varphi_3 = 80° \approx 0.17$$
$$\cos\varphi \approx -0.79$$

$$P' = U_a I_b \cos(120° + \varphi) + U_c I_c \cos(180° + \varphi) + U_b I_a \cos(60° + \varphi) = -52.88(W)$$
$$Q' = U_a I_b \sin(120° + \varphi) + U_c I_c \sin(180° + \varphi) + U_b I_a \sin(60° + \varphi) = 41.67(var)$$

（4）智能电能表运行分析。智能电能表显示电压逆相序。第一元件功率因数为负值，显示负电流；第二元件功率因数为负值，显示负电流；第三元件功率因数为正值，显示正电流。测量总有功功率-52.88W 为负值，总无功功率 41.67var 为正值，智能电能表实际运行于Ⅱ象限，有功电量计入反向，无功电量计入反向（Ⅱ象限）。

（5）电能计量装置接线图。电能计量装置接线图见图 4-73。

第二种假定：$-\dot{U}_3$ 为 $\dot{U}_a$，$\dot{U}_2$ 为 $\dot{U}_b$，$\dot{U}_1$ 为 $\dot{U}_c$，则 $\dot{U}_3$ 为 $-\dot{U}_a$。

（1）接线分析。第二种假定的相量图见图 4-74。

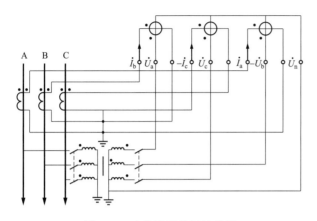

图 4-73 电能计量装置接线图 　　图 4-74 错误接线相量图

由图 4-74 可知，$\dot{I}_1$ 滞后 $-\dot{U}_3$ 约 20°，$\dot{I}_1$ 和 $-\dot{U}_3$ 同相；$\dot{I}_2$ 反相后 $-\dot{I}_2$ 滞后 $\dot{U}_2$ 约 20°，$-\dot{I}_2$ 和 $\dot{U}_2$ 同相；$\dot{I}_3$ 滞后 $\dot{U}_1$ 约 20°，$\dot{I}_3$ 和 $\dot{U}_1$ 同相。$\dot{I}_1$ 为 $\dot{I}_a$，$\dot{I}_2$ 为 $-\dot{I}_b$，$\dot{I}_3$ 为 $\dot{I}_c$。第一元件电压接入 $\dot{U}_c$，电流接入 $\dot{I}_a$；第二元件电压接入 $\dot{U}_b$，电流接入 $-\dot{I}_b$；第三元件电压接入 $-\dot{U}_a$，电流接入 $\dot{I}_c$。错误接线结论见表 4-11。

（2）更正系数计算及运行分析。$P' = U_c I_a \cos(120° + \varphi) + U_b I_b \cos(180° + \varphi) + U_a I_c \cos(60° + \varphi)$，$K_P$ 与第一种一致。$Q' = U_c I_a \sin(120° + \varphi) + U_b I_b \sin(180° + \varphi) + U_a I_c \sin(60° + \varphi)$，$K_Q$ 与第一种一致。三组元件的功率因数、电流正负性、有功功率、无功功率，以及电压相序、总有功功率、总无功功率、运行象限与第一种一致。

（3）电能计量装置接线图。三组元件接入的电压、电流与第一种不一致，电能计量装置接线图见图 4-75。

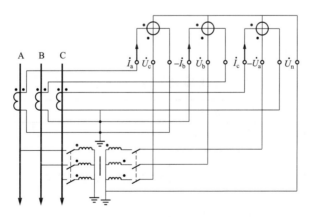

图 4-75 电能计量装置接线图

第三种假定：$\dot{U}_2$ 为 $\dot{U}_a$，$\dot{U}_1$ 为 $\dot{U}_b$，$-\dot{U}_3$ 为 $\dot{U}_c$，则 $\dot{U}_3$ 为 $-\dot{U}_c$。

（1）接线分析。第三种假定的相量图见图 4-76。

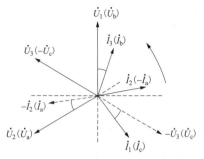

图 4-76 错误接线相量图

由图 4-76 可知，$\dot{I}_1$ 滞后 $-\dot{U}_3$ 约 20°，$\dot{I}_1$ 和 $-\dot{U}_3$ 同相；$\dot{I}_2$ 反相后 $-\dot{I}_2$ 滞后 $\dot{U}_2$ 约 20°，$-\dot{I}_2$ 和 $\dot{U}_2$ 同相；$\dot{I}_3$ 滞后 $\dot{U}_1$ 约 20°，$\dot{I}_3$ 和 $\dot{U}_1$ 同相。$\dot{I}_1$ 为 $\dot{I}_c$，$\dot{I}_2$ 为 $-\dot{I}_a$，$\dot{I}_3$ 为 $\dot{I}_b$。第一元件电压接入 $\dot{U}_b$，电流接入 $\dot{I}_c$；第二元件电压接入 $\dot{U}_a$，电流接入 $-\dot{I}_a$；第三元件电压接入 $-\dot{U}_c$，电流接入 $\dot{I}_b$。错误接线结论见表 4-11。

（2）更正系数计算及运行分析。$P' = U_b I_c \cos(120° + \varphi) + U_a I_a \cos(180° + \varphi) + U_c I_b \cos(60° + \varphi)$，$K_P$ 与第一种、第二种一致。$Q' = U_b I_c \sin(120° + \varphi) + U_a I_a \sin(180° + \varphi) + U_c I_b \sin(60° + \varphi)$，$K_Q$ 与第一种、第二种一致。三组元件的功率因数、电流正负性、有功功率、无功功率，以及电压相序、总有功功率、总无功功率、运行象限与第一种、第二种一致。

（3）电能计量装置接线图。三组元件接入的电压、电流，与第一种、第二种不一致，电能计量装置接线图见图 4-77。

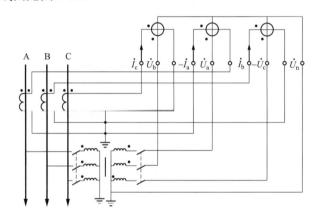

图 4-77 电能计量装置接线图

5. 错误接线结论

错误接线结论见表 4-11。

表 4-11 错误接线结论表

种类参数	电压接入			电流接入		
	$\dot{U}_1$	$\dot{U}_2$	$\dot{U}_3$	$\dot{I}_1$	$\dot{I}_2$	$\dot{I}_3$
第一种	$\dot{U}_a$	$\dot{U}_c$	$-\dot{U}_b$	$\dot{I}_b$	$-\dot{I}_c$	$\dot{I}_a$
第二种	$\dot{U}_c$	$\dot{U}_b$	$-\dot{U}_a$	$\dot{I}_a$	$-\dot{I}_b$	$\dot{I}_c$
第三种	$\dot{U}_b$	$\dot{U}_a$	$-\dot{U}_c$	$\dot{I}_c$	$-\dot{I}_a$	$\dot{I}_b$
第四种	$-\dot{U}_a$	$-\dot{U}_c$	$\dot{U}_b$	$-\dot{I}_b$	$\dot{I}_c$	$-\dot{I}_a$
第五种	$-\dot{U}_c$	$-\dot{U}_b$	$\dot{U}_a$	$-\dot{I}_a$	$\dot{I}_b$	$-\dot{I}_c$
第六种	$-\dot{U}_b$	$-\dot{U}_a$	$\dot{U}_c$	$-\dot{I}_c$	$\dot{I}_a$	$-\dot{I}_b$

第一种、第二种、第三种错误接线结论是假定 $\dot{U}_3$ 反相，$\dot{U}_1$ 和 $\dot{U}_2$ 不反相。如果假定 $\dot{U}_1$ 和 $\dot{U}_2$ 均反相，$\dot{U}_3$ 不反相，对应错误接线结论为第四种、第五种、第六种，分析方法一致，过程略。六种假定分别对应六种不同的错误接线，现场接线是六种错误接线结论中的一种，六种错误接线结论不一致，但是功率表达式一致，更正系数一致，理论上根据六种错误接线结论更正均可正确计量。实际工作中，必须按照安全管理规定，严格履行保证安全的组织措施和技术措施，再更正接线，更正时应核查接入智能电能表的实际二次电压和二次电流，按照正确接线方式更正。

第七节 参数法分析错误接线的步骤与方法

采用三相四线智能电能表测量参数或用电信息采集系统采集的参数数据，对三相四线智能电能表进行错误接线分析，需要参数主要有各组元件的电压、电流、功率因数、有功功率、无功功率，总有功功率、总无功功率，以及显示的电压相序和运行象限，按照以下步骤和方法分析判断。

1. 分析电压

分析三相四线智能电能表的各元件电压是否平衡，是否接近三相四线智能电能表的额定值，判断是否存在失压、电压位移、电压互感器极性反接等故障。

2. 分析电流

分析三相四线智能电能表的各元件电流是否平衡，是否有一定负荷电流，电流正负性是否与一次负荷潮流方向对应，判断是否存在二次回路失流、接线错误等故障。

3. 分析功率

根据三相四线智能电能表总有功功率、总无功功率的大小及方向，判断运行象限是否与一次负荷潮流方向一致。

4. 分析功率因数

根据三相四线智能电能表总功率因数的大小及方向，判断是否与一次负荷潮流方向一致。

5. 确定电压相量图

按照三相四线智能电能表显示的电压相序，确定与相序对应的电压相量图。

6. 确定电流相量

根据三相四线智能电能表各元件功率因数值，通过反三角函数计算，得出大小相等、符号相反的两个相位角 $\pm\varphi$，再依据各元件有功功率和无功功率的正负性，判断各元件运行象限，确定各元件的电流相量。

7. 分析判断

根据确定的相量图，结合负荷潮流状态，负载性质、运行象限、负载功率因数角，判断接线是否正确。

8. 计算退补电量

计算更正系数，根据故障期间的抄见电量，计算退补电量。

9. 更正接线

实际生产中，必须按照各项安全管理规定，严格履行保证安全的组织措施和技术措施，根据错误接线结论，检查接入智能电能表的实际二次电压和二次电流，根据现场实际的错误接线，按照正确接线方式更正。

第八节　Ⅰ象限错误接线实例分析

（一）实例一

10kV 专用变压器用电用户，在 0.4kV 侧采用高供低计计量方式，接线方式为三相四线，电流互感器变比为 250A/5A，电能表为 3×220/380V、3×1.5（6）A 的智能电能表。智能电能表测量参数数据如下：显示电压逆相序，U_a=230.3V，U_b=229.2V，U_c=229.5V，U_{ab}=398.7V，U_{cb}=397.5V，U_{ac}=398.1V，I_a=0.95A，I_b=0.92A，I_c=−0.93A，$\cos\varphi_1 = 0.78$，$\cos\varphi_2 = 0.93$，$\cos\varphi_3 = -0.16$，$\cos\varphi = 0.77$，P_a=170.03W，P_b=196.86W，P_c=−33.39W，P=333.50W，Q_a=−137.69var，Q_b=75.57var，Q_c=−210.81var，Q=−272.92var。已知负载功率因数角 21°（感性），10kV 供电线路向专用变压器输入有功功率、无功功率，负载基本对称，分析故障与异常。

1. 故障与异常分析

三组相电压接近额定值 220V，三组线电压接近额定值 380V，三相电流有一定大小，基本对称，无失压、失流等故障，但是存在以下异常。

（1）第三元件电流 I_c 为−0.93A，是负电流，第三元件电流异常。

（2）负载功率因数角为 21°（感性），智能电能表应运行于Ⅰ象限，一次负荷潮流状态为+P、+Q。总有功功率 333.50W 是正值，总无功功率−272.93var 是负值，智能电能表运行于Ⅳ象限，运行象限异常。

（3）负载功率因数角 21°（感性）在Ⅰ象限 0°～30°之间，总功率因数和各元件功率因数应接近 0.93，绝对值均为"大"，数值均为正。$\cos\varphi = 0.77$，数值为正，但绝对值为"中"，总功率因数异常；$\cos\varphi_1 = 0.78$，数值为正，但绝对值为"中"，第一元件功率因数异常；$\cos\varphi_3 = -0.16$，绝对值为"小"，且数值为负，第三元件功率因数异常。

（4）$\dfrac{\cos\varphi_1 + \cos\varphi_2 + \cos\varphi_3}{\cos\varphi} = \dfrac{0.78 + 0.93 - 0.16}{0.77} \approx 2.01$，比值约为 2.01，与正确比值 3 偏差较大，比值异常。

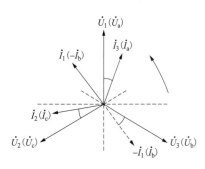

图 4-78　错误接线相量图

2. 确定相量图

按照逆相序确定电压相量图，$\cos\varphi_1 = 0.78$，$\varphi_1 = \pm39°$，P_a=170.03W，Q_a=−137.69var，φ_1 在 270°～360° 之间，$\varphi_1 = -39°$，$\overset{\wedge}{\dot{U}_1\dot{I}_1} = 321°$，确定 $\dot{I}_1$；$\cos\varphi_2 = 0.93$，$\varphi_2 = \pm22°$，P_b=196.86W，Q_b=75.57var，φ_2 在 0°～90°之间，$\varphi_2 = 22°$，$\overset{\wedge}{\dot{U}_2\dot{I}_2} = 22°$，确定 $\dot{I}_2$；$\cos\varphi_3 = -0.16$，$\varphi_3 = \pm99°$，P_c=−33.39W，Q_c=−210.81var，φ_3 在 180°～270°之间，$\varphi_3 = -99°$，$\overset{\wedge}{\dot{U}_3\dot{I}_3} = 261°$，确定 $\dot{I}_3$。相量图见图 4-78。

3. 接线分析

第一种错误接线：定 $\dot{U}_1$ 为 $\dot{U}_a$，$\dot{U}_3$ 为 $\dot{U}_b$，$\dot{U}_2$ 为 $\dot{U}_c$。由图 4-78 可知，$\dot{I}_1$ 反相后 $-\dot{I}_1$ 滞后 $\dot{U}_3$ 约 21°，$-\dot{I}_1$ 和 $\dot{U}_3$ 同相；$\dot{I}_2$ 滞后 $\dot{U}_2$ 约 21°，$\dot{I}_2$ 和 $\dot{U}_2$ 同相；$\dot{I}_3$ 滞后 $\dot{U}_1$ 约 21°，$\dot{I}_3$ 和 $\dot{U}_1$ 同相。$-\dot{I}_1$ 为 $\dot{I}_b$，$\dot{I}_1$ 为 $-\dot{I}_b$，$\dot{I}_2$ 为 $\dot{I}_c$，$\dot{I}_3$ 为 $\dot{I}_a$。第一元件电压接入 $\dot{U}_a$，电流接入 $-\dot{I}_b$；第二元件电压接入 $\dot{U}_c$，电流接入 $\dot{I}_c$；第三元件电压接入 $\dot{U}_b$，电流接入 $\dot{I}_a$。错误接线结论见表 4-12。

4. 计算更正系数

（1）有功更正系数。

$$P' = U_a I_b \cos(60° - \varphi) + U_c I_c \cos\varphi + U_b I_a \cos(120° - \varphi) \tag{4-45}$$

$$K_P = \frac{P}{P'} = \frac{3UI\cos\varphi}{UI\cos(60° - \varphi) + UI\cos\varphi + UI\cos(120° - \varphi)} \tag{4-46}$$

$$= \frac{3}{1 + \sqrt{3}\tan\varphi}$$

（2）无功更正系数。

$$Q' = U_a I_b \sin(300° + \varphi) + U_c I_c \sin\varphi + U_b I_a \sin(240° + \varphi) \tag{4-47}$$

$$K_Q = \frac{Q}{Q'} = \frac{3UI\sin\varphi}{UI\sin(300° + \varphi) + UI\sin\varphi + UI\sin(240° + \varphi)} \tag{4-48}$$

$$= \frac{3}{1 - \sqrt{3}\cot\varphi}$$

5. 错误接线结论

错误接线结论见表 4-12，第二种、第三种与第一种错误接线类型不一致，但更正系数一致，化简后的功率表达式一致，现场接线是三种错误接线中的一种。

表 4-12　　　　　错 误 接 线 结 论 表

种类参数	电压接入			电流接入		
	$\dot{U}_1$	$\dot{U}_2$	$\dot{U}_3$	$\dot{I}_1$	$\dot{I}_2$	$\dot{I}_3$
第一种	$\dot{U}_a$	$\dot{U}_c$	$\dot{U}_b$	$-\dot{I}_b$	$\dot{I}_c$	$\dot{I}_a$
第二种	$\dot{U}_c$	$\dot{U}_b$	$\dot{U}_a$	$-\dot{I}_a$	$\dot{I}_b$	$\dot{I}_c$
第三种	$\dot{U}_b$	$\dot{U}_a$	$\dot{U}_c$	$-\dot{I}_c$	$\dot{I}_a$	$\dot{I}_b$

（二）实例二

220kV 专用线路用电用户，在系统变电站 220kV 出线侧设置计量点，采用高供高计计量方式，接线方式为三相四线，电流互感器变比为 600A/5A，电压互感器采用 Yn/Yn-12 接线，电能表为 3×57.7/100V、3×1.5（6）A 的智能电能表。智能电能表测量参数数据如下：显示电压正相序，U_a=59.2V，U_b=59.0V，U_c=59.6V，U_{ab}=102.5V，U_{cb}=102.3V，U_{ac}=102.8V，I_a=0.60A，I_b=0.62A，I_c=0.63A，$\cos\varphi_1 = 0.39$，$\cos\varphi_2 = 0.99$，$\cos\varphi_3 = 0.62$，

$\cos\varphi = 0.99$，P_a=13.88W，P_b=36.22W，P_c=23.12W，P=73.22W，Q_a=32.70var，Q_b=5.09var，Q_c=−29.59var，Q=8.20var。已知负载功率因数角为 67°（感性），母线向 220kV 供电线路输入有功功率、无功功率，负载基本对称，分析故障与异常。

1. 故障与异常分析

（1）负载功率因数角为 67°（感性），智能电能表应运行于 I 象限，一次负荷潮流状态为+P、+Q。

（2）负载功率因数角为 67°（感性）在 I 象限 60°～90°之间，总功率因数和各元件功率因数应接近 0.39，绝对值均为"小"，数值均为正。$\cos\varphi = 0.99$，数值为正，但绝对值为"大"，总功率因数异常；$\cos\varphi_2 = 0.99$，数值为正，但绝对值为"大"，第二元件功率因数异常；$\cos\varphi_3 = 0.62$，数值为正，但绝对值为"中"，第三元件功率因数异常。

（3）$\dfrac{\cos\varphi_1 + \cos\varphi_2 + \cos\varphi_3}{\cos\varphi} = \dfrac{0.39 + 0.99 + 0.62}{0.99} \approx 2.01$，比值约为 2.01，与正确比值 3 偏差较大，比值异常。

2. 确定相量图

按照正相序确定电压相量图，$\cos\varphi_1 = 0.39$，$\varphi_1 = \pm67°$，P_a=13.88W，Q_a=32.70var，φ_1 在 0°～90°之间，$\varphi_1 = 67°$，$\hat{\dot{U}_1\dot{I}_1} = 67°$，确定 $\dot{I}_1$；$\cos\varphi_2 = 0.99$，$\varphi_2 = \pm8°$，P_b=36.22W，Q_b=5.09var，φ_2 在 0°～90°之间，$\varphi_2 = 8°$，$\hat{\dot{U}_2\dot{I}_2} = 8°$，确定 $\dot{I}_2$；$\cos\varphi_3 = 0.62$，$\varphi_3 = \pm52°$，P_c=23.12W，Q_c=−29.59var，φ_3 在 270°～360°之间，$\varphi_3 = -52°$，$\hat{\dot{U}_3\dot{I}_3} = 308°$，确定 $\dot{I}_3$。相量图见图 4-79。

3. 接线分析

第一种错误接线：定 $\dot{U}_1$ 为 $\dot{U}_a$，$\dot{U}_2$ 为 $\dot{U}_b$，$\dot{U}_3$ 为 $\dot{U}_c$。由图 4-79 可知，$\dot{I}_1$ 滞后 $\dot{U}_1$ 约 67°，$\dot{I}_1$ 和 $\dot{U}_1$ 同相；$\dot{I}_2$ 反相后 $-\dot{I}_2$ 滞后 $\dot{U}_3$ 约 67°，$-\dot{I}_2$ 和 $\dot{U}_3$ 同相；$\dot{I}_3$ 滞后 $\dot{U}_2$ 约 67°，$\dot{I}_3$ 和 $\dot{U}_2$ 同相。$\dot{I}_1$ 为 $\dot{I}_a$，$-\dot{I}_2$ 为 $\dot{I}_c$，$\dot{I}_2$ 为 $-\dot{I}_c$，$\dot{I}_3$ 为 $\dot{I}_b$。第一元件电压接入 $\dot{U}_a$，电流接入 $\dot{I}_a$；第二元件电压接入 $\dot{U}_b$，电流接入 $-\dot{I}_c$；第三元件电压接入 $\dot{U}_c$，电流接入 $\dot{I}_b$。结论见表 4-13。

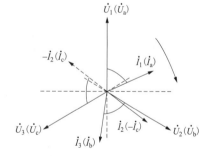

图 4-79 错误接线相量图

表 4-13　　　　　　　　　　　　错误接线结论表

种类参数	电压接入			电流接入		
	$\dot{U}_1$	$\dot{U}_2$	$\dot{U}_3$	$\dot{I}_1$	$\dot{I}_2$	$\dot{I}_3$
第一种	$\dot{U}_a$	$\dot{U}_b$	$\dot{U}_c$	$\dot{I}_a$	$-\dot{I}_c$	$\dot{I}_b$
第二种	$\dot{U}_b$	$\dot{U}_c$	$\dot{U}_a$	$\dot{I}_b$	$-\dot{I}_a$	$\dot{I}_c$
第三种	$\dot{U}_c$	$\dot{U}_a$	$\dot{U}_b$	$\dot{I}_c$	$-\dot{I}_b$	$\dot{I}_a$

4. 计算更正系数

（1）有功更正系数。

$$P' = U_a I_a \cos\varphi + U_b I_c \cos(\varphi - 60°) + U_c I_b \cos(120° - \varphi) \tag{4-49}$$

$$K_p = \frac{P}{P'} = \frac{3UI\cos\varphi}{UI\cos\varphi + UI\cos(\varphi - 60°) + UI\cos(120° - \varphi)}$$
$$= \frac{3}{1 + \sqrt{3}\tan\varphi} \tag{4-50}$$

（2）无功更正系数。

$$Q' = U_a I_a \sin\varphi + U_b I_c \sin(300° + \varphi) + U_c I_b \sin(240° + \varphi) \tag{4-51}$$

$$K_Q = \frac{Q}{Q'} = \frac{3UI\sin\varphi}{UI\sin\varphi + UI\sin(300° + \varphi) + UI\sin(240° + \varphi)}$$
$$= \frac{3}{1 - \sqrt{3}\cot\varphi} \tag{4-52}$$

5. 错误接线结论

错误接线结论见表 4-13，第二种、第三种与第一种错误接线类型不一致，但更正系数一致，化简后的功率表达式一致，现场接线是三种错误接线中的一种。

第九节 Ⅱ象限错误接线实例分析

220kV 内部考核关口计量，在系统变电站 220kV 出线侧设置计量点，采用高供高计计量方式，接线方式为三相四线，电流互感器变比为 800A/5A，电压互感器采用 Yn/Yn-12 接线，电能表为 3×57.7/100V、3×1.5（6）A 的智能电能表。智能电能表测量参数数据如下：显示电压正相序，U_a=59.2V，U_b=59.5V，U_c=58.8V，U_{ab}=103.6V，U_{cb}=103.1V，U_{ac}=103.2V，I_a=−0.86A，I_b=0.85A，I_c=−0.89A，$\cos\varphi_1 = -0.92$，$\cos\varphi_2 = 0.13$，$\cos\varphi_3 = -0.80$，$\cos\varphi = -0.80$，P_a=−46.86W，P_b=6.16W，P_c=−41.79W，P=−82.06W，Q_a=19.89var，Q_b=−50.20var，Q_c=−31.50var，Q=−61.74var。已知负载功率因数角为 23°（容性），负载基本对称，220kV 供电线路向母线输出有功功率，母线向 220kV 供电线路输入无功功率，分析故障与异常。

1. 故障与异常分析

（1）第二元件电流 I_b 为 0.85A，是正电流，第二元件电流异常。

（2）负载功率因数角为 23°（容性），220kV 供电线路向母线输出有功功率，母线向 220kV 供电线路输入无功功率，智能电能表应运行于Ⅱ象限，一次负荷潮流状态为−P、+Q。总有功功率−82.50 为负值，总无功功率−61.80var 为负值，智能电能表实际运行于Ⅲ象限，运行象限异常。

（3）负载功率因数角为 23°（容性）在Ⅱ象限 0°～30°之间，总功率因数和各元件功率因数应接近−0.92，绝对值均为"大"，数值均为负。$\cos\varphi = -0.80$，数值为负，但绝对值为"中"，总功率因数异常；$\cos\varphi_2 = 0.13$，绝对值为"小"，且数值为正，第二元件功率因数异常；$\cos\varphi_3 = -0.80$，数值为负，但绝对值为"中"，第三元件功率因数异常。

（4）$\dfrac{\cos\varphi_1 + \cos\varphi_2 + \cos\varphi_3}{\cos\varphi} = \dfrac{-0.92 + 0.13 - 0.80}{-0.80} \approx 1.99$，比值约为 1.99，与正确比值 3 偏差较大，比值异常。

2. 确定相量图

按照正相序确定电压相量图，$\cos\varphi_1 = -0.92$，$\varphi_1 = \pm157°$，P_a=−46.86W，Q_a=19.89var，φ_1 在 90°~180° 之间，$\varphi_1 = 157°$，$\overset{\wedge}{\dot{U}_1 \dot{I}_1} = 157°$，确定 $\dot{I}_1$；$\cos\varphi_2 = 0.13$，$\varphi_2 = \pm82°$，P_b=6.16W，Q_b=−50.20var，φ_2 在 270°~360° 之间，$\varphi_2 = -82°$，$\overset{\wedge}{\dot{U}_2 \dot{I}_2} = 278°$，确定 $\dot{I}_2$；$\cos\varphi_3 = -0.80$，$\varphi_3 = \pm143°$，P_c=−41.79W，Q_c=−31.50var，φ_3 在 180°~270° 之间，$\varphi_3 = -143°$，$\overset{\wedge}{\dot{U}_3 \dot{I}_3} = 217°$，确定 $\dot{I}_3$。相量图见图 4-80。

3. 接线分析

第一种错误接线：定 $\dot{U}_1$ 为 $\dot{U}_\mathrm{a}$，$\dot{U}_2$ 为 $\dot{U}_\mathrm{b}$，$\dot{U}_3$ 为 $\dot{U}_\mathrm{c}$。由图 4-80 可知，$\dot{I}_1$ 滞后 $\dot{U}_1$ 约 157°，$\dot{I}_1$ 反相后 $-\dot{I}_1$ 超前 $\dot{U}_1$ 约 23°，$\dot{I}_1$ 和 $\dot{U}_1$ 同相；$\dot{I}_2$ 滞后 $\dot{U}_3$ 约 157°，$\dot{I}_2$ 反相后 $-\dot{I}_2$ 超前 $\dot{U}_3$ 约 23°，$\dot{I}_2$ 和 $\dot{U}_3$ 同相；$\dot{I}_3$ 超前 $\dot{U}_2$ 约 23°，$\dot{I}_3$ 反相后 $-\dot{I}_3$ 滞后 $\dot{U}_2$ 约 157°，$-\dot{I}_3$ 和 $\dot{U}_2$ 同相。$\dot{I}_1$ 为 $\dot{I}_\mathrm{a}$，$\dot{I}_2$ 为 $\dot{I}_\mathrm{c}$，$\dot{I}_3$ 为 $-\dot{I}_\mathrm{b}$。第一元件电压接入 $\dot{U}_\mathrm{a}$，电流接入 $\dot{I}_\mathrm{a}$；第二元件电压接入 $\dot{U}_\mathrm{b}$，电流接入 $\dot{I}_\mathrm{c}$；第三元件电压接入 $\dot{U}_\mathrm{c}$，电流接入 $-\dot{I}_\mathrm{b}$。错误接线结论见表 4-14。

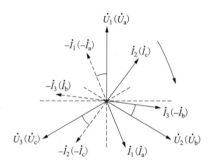

图 4-80　错误接线相量图

4. 计算更正系数

（1）有功更正系数。

$$P' = U_\mathrm{a}I_\mathrm{a}\cos(180° - \varphi) + U_\mathrm{b}I_\mathrm{c}\cos(60° + \varphi) + U_\mathrm{c}I_\mathrm{b}\cos(120° + \varphi) \tag{4-53}$$

$$K_\mathrm{P} = \frac{P}{P'} = \frac{-3UI\cos\varphi}{UI\cos(180° - \varphi) + UI\cos(60° + \varphi) + UI\cos(120° + \varphi)}$$

$$= \frac{3}{1 + \sqrt{3}\tan\varphi} \tag{4-54}$$

（2）无功更正系数。

$$Q' = U_\mathrm{a}I_\mathrm{a}\sin(180° - \varphi) + U_\mathrm{b}I_\mathrm{c}\sin(300° - \varphi) + U_\mathrm{c}I_\mathrm{b}\sin(240° - \varphi) \tag{4-55}$$

$$K_\mathrm{Q} = \frac{Q}{Q'} = \frac{3UI\sin\varphi}{UI\sin(180° - \varphi) + UI\sin(300° - \varphi) + UI\sin(240° - \varphi)}$$

$$= \frac{3}{1 - \sqrt{3}\cot\varphi} \tag{4-56}$$

5. 错误接线结论

错误接线结论见表 4-14，第二种、第三种与第一种错误接线类型不一致，但更正系数一致，化简后的功率表达式一致，现场接线是三种错误接线中的一种。

表 4-14　　　　　　　　　　　错 误 接 线 结 论 表

种类参数	电压接入			电流接入		
	$\dot{U}_1$	$\dot{U}_2$	$\dot{U}_3$	$\dot{I}_1$	$\dot{I}_2$	$\dot{I}_3$
第一种	$\dot{U}_a$	$\dot{U}_b$	$\dot{U}_c$	$\dot{I}_a$	$\dot{I}_c$	$-\dot{I}_b$
第二种	$\dot{U}_c$	$\dot{U}_a$	$\dot{U}_b$	$\dot{I}_c$	$\dot{I}_b$	$-\dot{I}_a$
第三种	$\dot{U}_b$	$\dot{U}_c$	$\dot{U}_a$	$\dot{I}_b$	$\dot{I}_a$	$-\dot{I}_c$

第十节　Ⅲ象限错误接线实例分析

某发电厂，在系统变电站 110kV 出线侧设置计量点，采用高供高计计量方式，接线方式为三相四线，电流互感器变比为 600A/5A，电压互感器采用 Yn/Yn-12 接线，电能表为 3×57.7/100V、3×1.5（6）A 的智能电能表。智能电能表测量参数数据如下：显示电压逆相序，U_a=59.5V，U_b=59.3V，U_c=59.8V，U_{ab}=103.2V，U_{cb}=103.6V，U_{ac}=103.1V，I_a=−1.06A，I_b=1.02A，I_c=1.03A，$\cos\varphi_1 = -0.93$，$\cos\varphi_2 = 0.93$，$\cos\varphi_3 = 0.93$，$\cos\varphi = 0.93$，P_a=−58.88W，P_b=56.47W，P_c=57.50W，P=55.09W，Q_a=22.60var，Q_b=−21.68var，Q_c=−22.07var，Q=−21.15var。已知负载功率因数角为 39°（感性），110kV 供电线路向母线输出有功功率、无功功率，负载基本对称，分析故障与异常。

1. 故障与异常分析

（1）第二元件电流 I_b 为 1.02A，是正电流，第二元件电流异常；第三元件电流 I_c 为 1.03A，是正电流，第三元件电流异常。

（2）负载功率因数角为 39°（感性），110kV 供电线路向母线输出有功功率、无功功率，智能电能表应运行于Ⅲ象限，一次负荷潮流状态为−P、−Q。总有功功率 55.09 为正值，总无功功率−21.15var 为负值，智能电能表实际运行于Ⅳ象限，运行象限异常。

（3）负载功率因数角为 39°（感性）在Ⅲ象限 30°～60°之间，总功率因数和各元件功率因数应接近−0.78，绝对值均为"中"，数值均为负。$\cos\varphi = 0.93$，绝对值为"大"，且数值为正，总功率因数异常；$\cos\varphi_1 = -0.93$，数值为负，但绝对值为"大"，第一元件功率因数异常；$\cos\varphi_2 = 0.93$，绝对值为"大"，且数值为正，第二元件功率因数异常；$\cos\varphi_3 = 0.93$，绝对值为"大"，且数值为正，第三元件功率因数异常。

（4）$\dfrac{\cos\varphi_1 + \cos\varphi_2 + \cos\varphi_3}{\cos\varphi} = \dfrac{-0.93 + 0.93 + 0.93}{0.93} \approx 1.00$，比值约为 1.00，与正确比值 3 偏差较大，比值异常。

2. 确定相量图

按照逆相序确定电压相量图，$\cos\varphi_1 = -0.93$，$\varphi_1 = \pm158°$，P_a=−58.88W，Q_a=22.60var，φ_1 在 90°～180°之间，$\varphi_1 = 158°$，$\overset{\wedge}{\dot{U}_1\dot{I}_1} = 158°$，确定 $\dot{I}_1$；$\cos\varphi_2 = 0.93$，$\varphi_2 = \pm22°$，P_b=56.47W，Q_b=−21.68var，φ_2 在 270°～360°之间，$\varphi_2 = -22°$，$\overset{\wedge}{\dot{U}_2\dot{I}_2} = 338°$，确定 $\dot{I}_2$；

$\cos\varphi_3 = 0.93$，$\varphi_3 = \pm 22°$，P_c=57.50W，Q_c=−22.07var，φ_3 在 $270° \sim 360°$ 之间，$\varphi_3 = -22°$，$\overset{\wedge}{\dot{U}_3 \dot{I}_3} = 338°$，确定 $\dot{I}_3$。相量图见图 4-81。

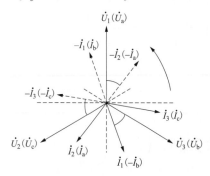

图 4-81　错误接线相量图

3. 接线分析

第一种错误接线：定 $\dot{U}_1$ 为 $\dot{U}_a$，$\dot{U}_3$ 为 $\dot{U}_b$，$\dot{U}_2$ 为 $\dot{U}_c$。由图 4-81 可知，$\dot{I}_1$ 滞后 $\dot{U}_3$ 约 39°，$\dot{I}_1$ 反相后 $-\dot{I}_1$ 滞后 $\dot{U}_3$ 约 219°，$-\dot{I}_1$ 和 $\dot{U}_3$ 同相；$\dot{I}_2$ 滞后 $\dot{U}_1$ 约 219°，$\dot{I}_2$ 反相后 $-\dot{I}_2$ 滞后 $\dot{U}_1$ 约 39°，$\dot{I}_2$ 和 $\dot{U}_1$ 同相；$\dot{I}_3$ 滞后 $\dot{U}_2$ 约 219°，$\dot{I}_3$ 反相后 $-\dot{I}_3$ 滞后 $\dot{U}_2$ 约 39°，$\dot{I}_3$ 和 $\dot{U}_2$ 同相。$\dot{I}_1$ 为 $-\dot{I}_b$，$\dot{I}_2$ 为 $\dot{I}_a$，$\dot{I}_3$ 为 $\dot{I}_c$。第一元件电压接入 $\dot{U}_a$，电流接入 $-\dot{I}_b$；第二元件电压接入 $\dot{U}_c$，电流接入 $\dot{I}_a$；第三元件电压接入 $\dot{U}_b$，电流接入 $\dot{I}_c$。结论见表 4-15。

4. 计算更正系数

（1）有功更正系数。

$$P' = U_a I_b \cos(120° + \varphi) + U_c I_a \cos(60° - \varphi) + U_b I_c \cos(60° - \varphi) \tag{4-57}$$

$$
\begin{aligned}
K_P = \frac{P}{P'} &= \frac{-3UI\cos\varphi}{UI\cos(120° + \varphi) + UI\cos(60° - \varphi) + UI\cos(60° - \varphi)} \\
&= -\frac{6}{1 + \sqrt{3}\tan\varphi}
\end{aligned}
\tag{4-58}
$$

（2）无功更正系数。

$$Q' = U_a I_b \sin(120° + \varphi) + U_c I_a \sin(300° + \varphi) + U_b I_c \sin(300° + \varphi) \tag{4-59}$$

$$
\begin{aligned}
K_Q = \frac{Q}{Q'} &= \frac{-3UI\sin\varphi}{UI\sin(120° + \varphi) + UI\sin(300° + \varphi) + UI\sin(300° + \varphi)} \\
&= \frac{6}{-1 + \sqrt{3}\cot\varphi}
\end{aligned}
\tag{4-60}
$$

5. 错误接线结论

错误接线结论见表 4-15，第二种、第三种与第一种错误接线类型不一致，但更正系数一致，化简后的功率表达式一致，现场接线是三种错误接线中的一种。

表 4-15　　　　　　　　　　　错 误 接 线 结 论 表

种类参数	电压接入			电流接入		
	$\dot{U}_1$	$\dot{U}_2$	$\dot{U}_3$	$\dot{I}_1$	$\dot{I}_2$	$\dot{I}_3$
第一种	$\dot{U}_a$	$\dot{U}_c$	$\dot{U}_b$	$-\dot{I}_b$	$\dot{I}_a$	$\dot{I}_c$
第二种	$\dot{U}_c$	$\dot{U}_b$	$\dot{U}_a$	$-\dot{I}_a$	$\dot{I}_c$	$\dot{I}_b$
第三种	$\dot{U}_b$	$\dot{U}_a$	$\dot{U}_c$	$-\dot{I}_c$	$\dot{I}_b$	$\dot{I}_a$

第十一节　Ⅳ象限错误接线实例分析

110kV 专用线路用电用户，计量点设置在系统变电站 110kV 出线侧，采用高供高计计量方式，接线方式为三相四线，电流互感器变比为 300A/5A，电能表为 3×57.7/100V、3×1.5（6）A 的智能电能表。智能电能表测量参数数据如下：显示电压正相序，U_a=59.6V，U_b=59.2V，U_c=59.7V，U_{ab}=103.2V，U_{cb}=103.8V，U_{ac}=103.5V，I_a=−0.65A，I_b=0.60A，I_c=−0.61A，$\cos\varphi_1 = -0.16$，$\cos\varphi_2 = 0.16$，$\cos\varphi_3 = -0.16$，$\cos\varphi = -0.16$，P_a=−6.06W，P_b=5.56W，P_c=−5.70W，P=−6.20W，Q_a=38.26var，Q_b=−35.08var，Q_c=35.97var，Q=39.15var。已知负载功率因数角为 21°（容性），母线向 110kV 供电线路输入有功功率，110kV 供电线路向母线输出无功功率，负载基本对称，分析故障与异常。

1. 故障与异常分析

三组相电压接近额定值 57.7V，三组线电压接近额定值 100V，三相电流有一定大小，基本对称，无失压、失流等故障，但是存在以下异常。

（1）第一元件电流 I_a 为−0.65A，是负电流，第一元件电流异常。第三元件电流 I_c 为−0.61A，是负电流，第三元件电流异常。

（2）负载功率因数角为 21°（容性），智能电能表应运行于Ⅳ象限，一次负荷潮流状态为+P、−Q。总有功功率−6.20W 为负值，总无功功率 39.15var 为正值，智能电能表实际运行于Ⅱ象限，运行象限异常。

（3）负载功率因数角为 21°（容性）在Ⅳ象限 0°～30°之间，总功率因数和各元件功率因数应接近 0.93，绝对值均为"大"，数值均为正。$\cos\varphi = -0.16$，绝对值为"小"，且数值为负，总功率因数异常；$\cos\varphi_1 = -0.16$，绝对值为"小"，且数值为负，第一元件功率因数异常；$\cos\varphi_2 = 0.16$，数值为正，但绝对值为"小"，第二元件功率因数异常；$\cos\varphi_3 = -0.16$，绝对值为"小"，且数值为负，第三元件功率因数异常。

（4）$\dfrac{\cos\varphi_1 + \cos\varphi_2 + \cos\varphi_3}{\cos\varphi} = \dfrac{-0.16 + 0.16 - 0.16}{-0.16} \approx 1.00$，比值约为 1.00，与正确比值 3 偏差较大，比值异常。

2. 确定相量图

按照正相序确定电压相量图，$\cos\varphi_1 = -0.16$，$\varphi_1 = \pm99°$，P_a=−6.06W，Q_a=38.26var，φ_1 在 90°～180°之间，$\varphi_1 = 99°$，$\overset{\frown}{\dot{U}_1\dot{I}_1} = 99°$，确定 $\dot{I}_1$；$\cos\varphi_2 = 0.16$，$\varphi_2 = \pm81°$，P_b=5.56W，Q_b=−35.08var，φ_2 在 270°～360°之间，$\varphi_2 = -81°$，$\overset{\frown}{\dot{U}_2\dot{I}_2} = 279°$，确定 $\dot{I}_2$；$\cos\varphi_3 = -0.16$，$\varphi_3 = \pm99°$，P_c=−5.70W，Q_c=35.97var，φ_3 在 90°～180°之间，$\varphi_3 = 99°$，$\overset{\frown}{\dot{U}_3\dot{I}_3} = 99°$，确定 $\dot{I}_3$。相量图见图 4-82。

3. 接线分析

第一种错误接线：定 $\dot{U}_1$ 为 $\dot{U}_a$，$\dot{U}_2$ 为 $\dot{U}_b$，$\dot{U}_3$ 为 $\dot{U}_c$。由图 4-82 可知，$\dot{I}_1$ 超前 $\dot{U}_2$ 约 21°，$\dot{I}_1$ 和 $\dot{U}_2$ 同相；$\dot{I}_2$ 反相后 −$\dot{I}_2$ 超前 $\dot{U}_3$ 约 21°，−$\dot{I}_2$ 和 $\dot{U}_3$ 同相；$\dot{I}_3$ 超前 $\dot{U}_1$ 约 21°，$\dot{I}_3$ 和

$\dot{U}_1$ 同相。$\dot{I}_1$ 为 $\dot{I}_b$，$-\dot{I}_2$ 为 $\dot{I}_c$，$\dot{I}_2$ 为 $-\dot{I}_c$，$\dot{I}_3$ 为 $\dot{I}_a$。第一元件电压接入 $\dot{U}_a$，电流接入 $\dot{I}_b$；第二元件电压接入 $\dot{U}_b$，电流接入 $-\dot{I}_c$；第三元件电压接入 $\dot{U}_c$，电流接入 $\dot{I}_a$。错误接线结论见表 4-16。

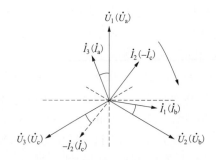

图 4-82　错误接线相量图

4. 计算更正系数

（1）有功更正系数。

$$P' = U_aI_b\cos(120° - \varphi) + U_bI_c\cos(60° + \varphi) + U_cI_a\cos(120° - \varphi) \qquad (4\text{-}61)$$

$$K_P = \frac{P}{P'} = \frac{3UI\cos\varphi}{UI\cos(120° - \varphi) + UI\cos(60° + \varphi) + UI\cos(120° - \varphi)} \qquad (4\text{-}62)$$

$$= \frac{6}{-1 + \sqrt{3}\tan\varphi}$$

（2）无功更正系数。

$$Q' = U_aI_b\sin(120° - \varphi) + U_bI_c\sin(300° - \varphi) + U_cI_a\sin(120° - \varphi) \qquad (4\text{-}63)$$

$$K_Q = \frac{Q}{Q'} = \frac{-3UI\sin\varphi}{UI\sin(120° - \varphi) + UI\sin(300° - \varphi) + UI\sin(120° - \varphi)} \qquad (4\text{-}64)$$

$$= -\frac{6}{1 + \sqrt{3}\cot\varphi}$$

5. 错误接线结论

错误接线结论见表 4-16，第二种、第三种与第一种错误接线类型不一致，但更正系数一致，化简后的功率表达式一致，现场接线是三种错误接线中的一种。

表 4-16　　　　　　　　　错 误 接 线 结 论 表

种类参数	电压接入			电流接入		
	$\dot{U}_1$	$\dot{U}_2$	$\dot{U}_3$	$\dot{I}_1$	$\dot{I}_2$	$\dot{I}_3$
第一种	$\dot{U}_a$	$\dot{U}_b$	$\dot{U}_c$	$\dot{I}_b$	$-\dot{I}_c$	$\dot{I}_a$
第二种	$\dot{U}_c$	$\dot{U}_a$	$\dot{U}_b$	$\dot{I}_a$	$-\dot{I}_b$	$\dot{I}_c$
第三种	$\dot{U}_b$	$\dot{U}_c$	$\dot{U}_a$	$\dot{I}_c$	$-\dot{I}_a$	$\dot{I}_b$

第五章

三相三线智能电能表电压异常分析

本章对三相三线智能电能表 a 相失压、b 相失压、c 相失压等故障与异常进行了详细分析。

第一节　a 相失压故障实例分析

10kV 专用变压器用电用户，在 10kV 侧采用高供高计计量方式，接线方式为三相三线，电压互感器采用 V/V 接线，电流互感器变比为 75A/5A，电能表为 3×100V、3×1.5（6）A 的智能电能表。智能电能表测量参数数据如下：U_{ab}=27.2V，U_{cb}=100.1V，I_a=0.70A，I_c=0.73A，$\cos\varphi_1 = 0.21$，$\cos\varphi_2 = 0.93$，$\cos\varphi = 0.99$，P_a=3.96W，P_c=68.22W，P=72.18W，Q_a=18.62var，Q_c=−26.19var，Q=−7.56var。已知负载功率因数角为 9°（感性），负载基本对称，智能电能表接线正确，分析故障与异常，计算更正系数。

1. 故障与异常分析

（1）第一元件电压 U_{ab} 仅为 27.2V，低于额定值 100V，说明 a 相失压。

（2）负载功率因数角为 9°（感性），智能电能表应运行于 I 象限，负荷潮流状态为 +P、+Q。失压后，有功功率 72.18W 为正值，无功功率−7.56var 为负值，智能电能表运行于 IV 象限，运行象限异常。

（3）负载功率因数角为 9°（感性）在 I 象限 0°～30°之间，总功率因数应接近 0.99，绝对值为"大"，数值为正；第一元件功率因数应接近 0.78，绝对值为"中"，数值为正；第二元件功率因数应接近 0.93，绝对值为"大"，数值为正。$\cos\varphi_1 = 0.21$，数值为正，但绝对值为"小"，第一元件功率因数异常。

（4）$\dfrac{\cos\varphi_1 + \cos\varphi_2}{\cos\varphi} = \dfrac{0.21 + 0.93}{0.99} \approx 1.15$，比值约为 1.15，与正确比值 $\sqrt{3}$ 偏差较大，比值异常。

2. 确定相量图

$\cos\varphi_1 = 0.21$，$\varphi_1 = \pm78°$，P_a=3.96W，Q_a=18.62var，

φ_1 在 0°～90°之间，$\varphi_1 = 78°$，$\dot{U}_{ab}\hat{I}_a = 78°$，确定 $\dot{U}_{ab}$；

$\cos\varphi_2 = 0.93$，$\varphi_2 = \pm21°$，P_c=68.22W，Q_c=−26.19var，

φ_2 在 270°～360°之间，$\varphi_2 = -21°$，$\dot{U}_{cb}\hat{I}_c = 339°$，确定 $\dot{U}_{cb}$。a 相失压相量图见图 5-1。

由图 5-1 可知，a 相失压后，$\dot{U}_{ab}$ 幅值减小至

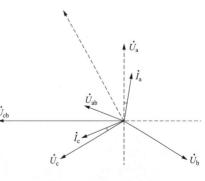

图 5-1　a 相失压相量图

27.2V，相位逆时针偏移了 39°。

3. 计算更正系数

（1）有功更正系数。

$$K_P = \frac{P}{P'} = \frac{\sqrt{3}UI\cos 9°}{0.272UI\cos 78° + UI\cos 339°} = 1.73 \tag{5-1}$$

（2）无功更正系数。

$$K_Q = \frac{Q}{Q'} = \frac{\sqrt{3}UI\sin 9°}{0.272UI\sin 78° + UI\sin 339°} = -2.93 \tag{5-2}$$

第二节　b 相失压故障实例分析

10kV 专用变压器用电用户，在 10kV 侧采用高供高计计量方式，接线方式为三相三线，电压互感器采用 V/V 接线，电流互感器变比为 100A/5A，电能表为 3×100V、3×1.5（6）A 的智能电能表。智能电能表测量参数数据如下：U_{ab}=50.2V，U_{cb}=51.1V，U_{ac}=101.3V，I_a=0.79A，I_c=0.75A，$\cos\varphi_1 = 0.73$，$\cos\varphi_2 = 0.96$，$\cos\varphi = 0.97$，P_a=29.00W，P_c=36.65W，P=65.65W，Q_a=−27.05var，Q_c=11.20var，Q=−15.85var。已知负载功率因数角为 13°（容性），负载基本对称，智能电能表接线正确，分析故障与异常，计算更正系数。

1. 故障与异常分析

（1）第一元件电压 U_{ab} 仅为 50.2V，低于额定值 100V；第二元件电压 U_{cb} 仅为 51.1V，低于额定值 100V，U_{ac} 接近额定值 100V，说明 b 相失压。

（2）负载功率因数角为 13°（容性），智能电能表应运行于Ⅳ象限，负荷潮流状态为 +P、−Q。

（3）负载功率因数角为 13°（容性）在Ⅳ象限 0°～30°之间，总功率因数应接近 0.97，绝对值为"大"，数值为正；第一元件功率因数应接近 0.96，绝对值为"大"，数值为正；第二元件功率因数应接近 0.73，绝对值为"中"，数值为正。$\cos\varphi_1 = 0.73$，数值为正，但绝对值为"中"，第一元件功率因数异常；$\cos\varphi_2 = 0.96$，数值为正，但绝对值为"大"，第二元件功率因数异常。

（4）$\dfrac{\cos\varphi_1 + \cos\varphi_2}{\cos\varphi} = \dfrac{0.73 + 0.96}{0.97} \approx 1.73$，比值约为 1.73，虽然与正确比值 $\sqrt{3}$ 接近，但是各元件功率因数特性与负载功率因数角为 13°（容性）的特性不对应。

2. 确定相量图

$\cos\varphi_1 = 0.73$，$\varphi_1 = \pm 43°$，P_a=29.00W，Q_a=−27.05var，φ_1 在 270°～360°之间，$\varphi_1 = -43°$，$\overset{\wedge}{\dot{U}_{ab}\dot{I}_a} = 317°$，确定 $\dot{U}_{ab}$；$\cos\varphi_2 = 0.96$，$\varphi_2 = \pm 16°$，P_c=36.65W，Q_c=11.20var，φ_2 在 0°～90°之间，$\varphi_2 = 16°$，$\overset{\wedge}{\dot{U}_{cb}\dot{I}_c} = 16°$，确定 $\dot{U}_{cb}$。b 相失压相量图见图 5-2。

由图 5-2 可知，b 相失压后，$\dot{U}_{ab}$ 幅值减小至 50.2V，相位顺时针偏移了 60°，$\dot{U}_{cb}$ 幅值减小至 51.1V，相位逆时针偏移了 60°。

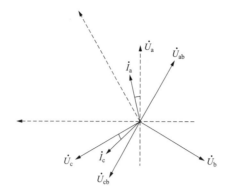

图 5-2 b 相失压相量图

3. 计算更正系数

（1）有功更正系数。

$$K_p = \frac{P}{P'} = \frac{\sqrt{3}UI\cos(-13°)}{0.502UI\cos317° + 0.511UI\cos16°} = 1.97 \qquad (5\text{-}3)$$

（2）无功更正系数。

$$K_Q = \frac{Q}{Q'} = \frac{\sqrt{3}UI\sin(-13°)}{0.502UI\sin317° + 0.511UI\sin16°} = 1.97 \qquad (5\text{-}4)$$

第三节 c 相失压故障实例分析

10kV 专用变压器用电用户，在 10kV 侧采用高供高计计量方式，接线方式为三相三线，电压互感器采用 V/V 接线，电流互感器变比为 150A/5A，电能表为 3×100V、3×1.5（6）A 的智能电能表。智能电能表测量参数数据如下：U_{ab}=102.1V，U_{cb}=25.7V，I_a=1.12A，I_c=1.17A，$\cos\varphi_1 = 0.63$，$\cos\varphi_2 = 0.79$，$\cos\varphi = 0.67$，P_a=71.96W，P_c=23.69W，P=95.66W，Q_a=88.86var，Q_c=18.51var，Q=107.37var。已知负载功率因数角为 21°（感性），负载基本对称，智能电能表接线正确，分析故障与异常，计算更正系数。

1. 故障与异常分析

（1）第一元件电压 U_{ab} 接近额定值 100V，第二元件电压 U_{cb} 仅 25.7V，低于额定值 100V，说明 c 相失压。

（2）负载功率因数角为 21°（感性），智能电能表应运行于 I 象限，负荷潮流状态为 +P、+Q。

（3）负载功率因数角为 21°（感性）在 I 象限 0°～30°之间，总功率因数应接近 0.93，绝对值为"大"，数值为正；第一元件功率因数应接近 0.63，绝对值为"中"，数值为正；第二元件功率因数应接近 0.99，绝对值为"大"，数值为正。$\cos\varphi_2 = 0.79$，数值为正，但绝对值为"中"，第二元件功率因数异常。

（4）$\dfrac{\cos\varphi_1 + \cos\varphi_2}{\cos\varphi} = \dfrac{0.63 + 0.79}{0.67} \approx 2.13$，比值约为 2.13，与正确比值 $\sqrt{3}$ 偏差较大，

比值异常。

2. 确定相量图

$\cos\varphi_1 = 0.63$，$\varphi_1 = \pm 51°$，P_a=71.96W，Q_a=88.86var，φ_1 在 0°～90°之间，$\varphi_1 = 51°$，$\overset{\wedge}{\dot{U}_{ab}\dot{I}_a} = 51°$，确定 $\dot{U}_{ab}$；$\cos\varphi_2 = 0.79$，$\varphi_2 = \pm 38°$，P_c=23.69W，Q_c=18.51var，φ_2 在 0°～90°之间，$\varphi_2 = 38°$，$\overset{\wedge}{\dot{U}_{cb}\dot{I}_c} = 38°$，确定 $\dot{U}_{cb}$。c 相失压相量图见图 5-3。

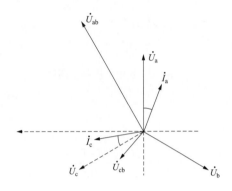

图 5-3　c 相失压相量图

由图 5-3 可知，c 相失压后，$\dot{U}_{cb}$ 幅值减小至 25.7V，相位逆时针偏移了 47°。

3. 计算更正系数

（1）有功更正系数。

$$K_P = \frac{P}{P'} = \frac{\sqrt{3}UI\cos 21°}{UI\cos 51° + 0.257UI\cos 38°} = 1.94 \tag{5-5}$$

（2）无功更正系数。

$$K_Q = \frac{Q}{Q'} = \frac{\sqrt{3}UI\sin 21°}{UI\sin 51° + 0.257UI\sin 38°} = 0.66 \tag{5-6}$$

第六章

三相四线智能电能表电压异常分析

本章对三相四线智能电能表 a 相失压、c 相失压、电压不平衡等故障与异常进行了详细分析。

第一节　a 相失压故障实例分析

10kV 专用变压器用电用户，在 0.4kV 侧采用高供低计计量方式，接线方式为三相四线，电流互感器变比为 300A/5A，电能表为 3×220/380V、3×1.5（6）A 的智能电能表。智能电能表测量参数数据如下：U_a=3.62V，U_b=229.9V，U_c=229.1V，I_a=1.12A，I_b=1.07A，I_c=1.09A，$\cos\varphi_1 = 0.62$，$\cos\varphi_2 = 0.93$，$\cos\varphi_3 = 0.92$，$\cos\varphi = 0.93$，P_a=2.51W，P_b=229.65W，P_c=229.86W，P=462.02W，Q_a=3.19var，Q_b=88.16var，Q_c=97.57var，Q=188.92var。已知负载功率因数角为 21°（感性），负载基本对称，智能电能表接线正确，分析故障与异常，计算更正系数。

1．故障与异常分析

（1）U_a 仅 3.62V，U_b、U_c 接近额定值 220V，说明 U_a 失压。

（2）负载功率因数角为 21°（感性），智能电能表应运行于 I 象限，负荷潮流状态为 +P、+Q。

（3）负载功率因数角为 21°（感性）在 I 象限 0°～30°之间，总功率因数和各元件功率因数应接近 0.93，绝对值均为"大"，数值均为正。$\cos\varphi_1 = 0.62$，数值为正，但绝对值为"中"，第一元件功率因数异常。

（4）P_a 明显低于 P_b、P_c，Q_a 明显低于 Q_b、Q_c，第一元件有功功率、无功功率异常。

（5）$\dfrac{\cos\varphi_1 + \cos\varphi_2 + \cos\varphi_3}{\cos\varphi} = \dfrac{0.62 + 0.93 + 0.92}{0.93} \approx 2.67$，比值约为 2.67，与正确比值 3 偏差较大，比值异常。

2．确定相量图

$\cos\varphi_1 = 0.62$，$\varphi_1 = \pm52°$，P_a=3.62W，Q_a=3.19var，$\varphi_1 = 52°$，$\hat{\dot{U}_a\dot{I}_a} = 52°$，确定 $\dot{U}_a$；

$\cos\varphi_2 = 0.93$，$\varphi_2 = \pm21°$，P_b=229.65W，Q_b=88.16var，$\varphi_2 = 21°$，$\hat{\dot{U}_b\dot{I}_b} = 21°$，确定 $\dot{U}_b$；

$\cos\varphi_3 = 0.92$，$\varphi_3 = \pm23°$，P_c=229.86W，Q_c=97.57var，$\varphi_3 = 23°$，$\hat{\dot{U}_c\dot{I}_c} = 23°$，确定 $\dot{U}_c$。

a 相失压相量图见图 6-1。

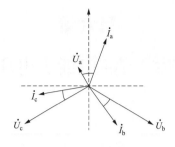

图 6-1　a 相失压相量图

由图 6-1 可知，a 相失压后，$\dot{U}_a$ 幅值减小至 3.62V，相位逆时针偏移了 31°。a 相失压后电压非常低。

3. 计算更正系数

（1）有功更正系数

$$K_P = \frac{P}{P'} = \frac{3UI\cos 21°}{0.016UI\cos 52° + UI\cos 21° + UI\cos 23°} = 1.51 \qquad （6-1）$$

（2）无功更正系数

$$K_Q = \frac{Q}{Q'} = \frac{3UI\sin 21°}{0.016UI\sin 52° + UI\sin 21° + UI\sin 23°} = 1.41 \qquad （6-2）$$

第二节　c 相失压故障实例分析

110kV 专用线路用电用户，在系统变电站 110kV 出线处设置计量点，采用高供高计计量方式，接线方式为三相四线，电压互感器采用 Yn/Yn-12 接线，电流互感器变比为 300A/5A，电能表为 3×57.7/100V、3×1.5（6）A 的智能电能表。智能电能表测量参数数据如下：U_a=60.2V，U_b=59.7V，U_c=32.9V，I_a=0.67A，I_b=0.65A，I_c=0.67A，$\cos\varphi_1 = 0.92$，$\cos\varphi_2 = 0.92$，$\cos\varphi_3 = 0.93$，$\cos\varphi = 0.92$，P_a=37.13W，P_b=35.72W，P_c=19.75W，P=92.6W，Q_a=−15.75var，Q_b=−15.16var，Q_c=−7.98var，Q=−38.89var。已知负载功率因数角为 23°（容性），负载基本对称，智能电能表接线正确，分析故障与异常，计算更正系数。

1. 故障与异常分析

（1）U_c 仅 32.9V，U_a、U_b 接近额定值 57.7V，说明 U_c 失压。

（2）负载功率因数角为 23°（容性），智能电能表应运行于Ⅳ象限，负荷潮流状态为 +P、−Q。总功率因数和各元件功率因数应接近 0.92，绝对值均为"大"，数值均为正。

（3）P_c 明显低于 P_a、P_b，Q_c 明显低于 Q_a、Q_b，第三元件有功功率和无功功率异常。

（4）$\dfrac{\cos\varphi_1 + \cos\varphi_2 + \cos\varphi_3}{\cos\varphi} = \dfrac{0.92 + 0.92 + 0.93}{0.92} \approx 3.00$，比值约为 3.00，虽然与正确比值 3 接近，但第三元件电压、有功功率、无功功率异常。

2. 确定相量图

$\cos\varphi_1 = 0.92$，$\varphi_1 = \pm 23°$，P_a=37.13W，Q_a=−15.75var，$\varphi_1 = -23°$，$\hat{\dot{U}_a\dot{I}_a} = 337°$，确

定 $\dot{U}_{a}$；$\cos\varphi_{2}=0.92$，$\varphi_{2}=\pm23°$，P_{b}=35.72W，Q_{b}=-15.16var，$\varphi_{2}=-23°$，$\hat{\dot{U}_{b}\dot{I}_{b}}=337°$，

确定 $\dot{U}_{b}$；$\cos\varphi_{3}=0.93$，$\varphi_{3}=\pm22°$，P_{c}=19.75W，Q_{c}=-7.98var，$\varphi_{3}=-22°$，$\hat{\dot{U}_{c}\dot{I}_{c}}=338°$，

确定 $\dot{U}_{c}$。c 相失压相量图见图 6-2。

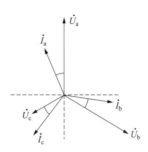

图 6-2　c 相失压相量图

由图 6-2 可知，c 相失压后，$\dot{U}_{c}$ 幅值减小至 31.8V，相位基本未偏转。

3.　计算更正系数

（1）有功更正系数。

$$K_{P}=\frac{P}{P'}=\frac{3UI\cos(-23°)}{UI\cos337°+UI\cos337°+0.52UI\cos338°}=1.18 \qquad （6-3）$$

（2）无功更正系数。

$$K_{Q}=\frac{Q}{Q'}=\frac{3UI\sin(-23°)}{UI\sin337°+UI\sin337°+0.52UI\sin338°}=-1.11 \qquad （6-4）$$

第三节　电压不平衡实例分析

10kV 专用变压器用电用户，在 10kV 侧采用高供高计计量方式，接线方式为三相四线，电压互感器采用 Yn/Yn-12 接线，电流互感器变比为 50A/5A，电能表为 3×57.7/100V、3×1.5（6）A 的智能电能表。智能电能表测量参数数据如下：显示电压正相序，U'_{a}=51.6V，U'_{b}=59.2V，U'_{c}=67.2V，I_{a}=0.73A，I_{b}=0.71A，I_{c}=0.77A，$\cos\varphi_{1}=0.90$，$\cos\varphi_{2}=0.93$，$\cos\varphi_{3}=0.92$，$\cos\varphi=0.92$，P_{a}=33.85W，P_{b}=39.23W，P_{c}=47.62W，P=120.70W，Q_{a}=16.51var，Q_{b}=15.06var，Q_{c}=20.22var，Q=51.79var。已知负载功率因数角为 21°（感性），负载基本对称，智能电能表接线正确，分析故障与异常。

1.　故障与异常分析

（1）第一组元件电压为 51.6V，明显低于额定值 57.7V，第三组元件电压为 67.2V，高于额定值 57.7V，仅第二组元件电压为 59.2V，接近额定值 57.7V，三组元件电压明显不平衡。

（2）负载功率因数角为 21°（感性），智能电能表应运行于 I 象限，负荷潮流状态为 +P、+Q。

（3）负载功率因数角 21°（感性）在 I 象限 0°～30°之间，总功率因数和各元件功率

因数应接近 0.93，绝对值均为"大"，数值均为正。$\cos\varphi_1 = 0.90$，数值为正，绝对值为"大"，但与 0.93 存在一定偏差，第一元件功率因数略为异常。

（4）$\dfrac{\cos\varphi_1 + \cos\varphi_2 + \cos\varphi_3}{\cos\varphi} = \dfrac{0.90 + 0.93 + 0.92}{0.92} \approx 3.00$，比值约为 3.00，与正确比值 3 接近，比值无异常。

2. 不平衡原因分析

（1）确定相量图。按照电压正相序（$\dot{U}_a$、$\dot{U}_b$、$\dot{U}_c$），电流正相序（$\dot{I}_a$、$\dot{I}_b$、$\dot{I}_c$），三相负载功率因数角为 21°（感性）确定相量图。$\cos\varphi_1 = 0.90$，$\varphi_1 = \pm 26°$，$P_a = 33.85$W，$Q_a = 16.51$var，φ_1 在 0°～90° 之间，$\varphi_1 = 26°$，$\overset{\frown}{\dot{U}'_a \dot{I}_a} = 26°$，确定 $\dot{U}'_a$；$\cos\varphi_2 = 0.93$，$\varphi_2 = \pm 21°$，$P_b = 39.23$W，$Q_b = 15.06$var，φ_2 在 0°～90° 之间，$\varphi_2 = 21°$，$\overset{\frown}{\dot{U}'_b \dot{I}_b} = 21°$，确定 $\dot{U}'_b$；$\cos\varphi_3 = 0.92$，$\varphi_3 = \pm 23°$，$P_c = 47.62$W，$Q_c = 20.22$var，φ_3 在 0°～90° 之间，$\varphi_3 = 21°$，$\overset{\frown}{\dot{U}'_c \dot{I}_c} = 23°$，确定 $\dot{U}'_c$。相量图见图 6-3。

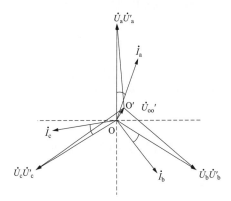

图 6-3　智能电能表电压位移相量图

由图 6-3 可知，智能电能表测量电压 $\dot{U}'_a$、$\dot{U}'_b$、$\dot{U}'_c$ 与系统二次电压 $\dot{U}_a$、$\dot{U}_b$、$\dot{U}_c$ 不一致，$\dot{U}'_a \neq \dot{U}_a$，$\dot{U}'_b \neq \dot{U}_b$，$\dot{U}'_c \neq \dot{U}_c$，中性点发生了位移，产生位移电压 $u_{oo'}$，各元件的相位角也发生偏移，使三组元件的电压和功率因数均不平衡。

（2）电压与功率因数不平衡原因分析。系统变电站各公用线路的电容电流分布见图 6-4。

由图 6-4 可知，系统变电站主变压器 10kV 侧采用三角形接线，属于中性点不接地系统，应采用三相三线接线方式计量。该专用变压器用户采用三相四线接线计量，电压互感器为 Yn/Yn-12 接线，电压互感器一次绕组中性点直接接地，属于人工中性点，10kV 公用线路 1、10kV 公用线路 2、10kV 公用线路 n 的各相对地电容电流通过电压互感器一次绕组中性点接地处形成回路，电压互感器一次绕组与各公用线路的对地电容并联作为负载接入供电线路，由于三相对地电容不对称，导致负载中性点与电源中性点发生位移，电压互感器一次绕组电压与系统一次电压不一致，智能电能表测量电压 $\dot{U}'_a$、$\dot{U}'_b$、$\dot{U}'_c$ 与系统二次电压 $\dot{U}_a$、$\dot{U}_b$、$\dot{U}_c$ 也不一致，因此产生位移电压 $u_{oo'}$，使三组元件的电压与功率因数均不平衡。

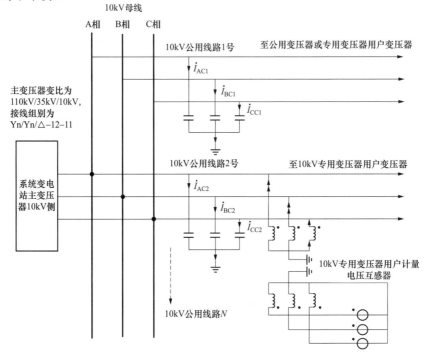

图 6-4 供电线路电容电流分布图

3. 计量误差分析

负载功率：

$$p = u_a i_a + u_b i_b + u_c i_c \tag{6-5}$$

$$u_a = u_a' + u_{oo'}, \quad u_b = u_b' + u_{oo'}, \quad u_c = u_c' + u_{oo'} \tag{6-6}$$

智能电能表测量功率：

$$p' = u_a' i_a + u_b' i_b + u_c' i_c \tag{6-7}$$

电流表达式：

$$i_a + i_b + i_c = 0 \tag{6-8}$$

附加线路计量误差：

$$
\begin{aligned}
r(\%) &= \frac{p' - p}{p} \times 100\% \\
&= \frac{(u_a' i_a' + u_b' i_b + u_c' i_c) - (u_a i_a + u_b i_b + u_c i_c)}{u_a i_a + u_b i_b + u_c i_c}(100\%) \\
&= \frac{(u_a' i_a + u_b' i_b + u_c' i_c) - [(u_a' + u_{oo'})i_a + (u_b' + u_{oo'})i_b + (u_c' + u_{oo'})i_c]}{u_a i_a + u_b i_b + u_c i_c}(100\%) \\
&= \frac{(u_a' i_a + u_b' i_b + u_c' i_c) - [(u_a' i_a + u_b' i_b + u_c' i_c) + u_{oo'}(i_a + i_b + i_c)]}{u_a i_a + u_b i_b + u_c i_c}(100\%) \\
&= 0
\end{aligned}
\tag{6-9}
$$

在不对称的状态下，智能电能表测量功率与负载功率保持一致，因此无附加线路计量误差。

由以上分析可知，中性点不接地系统采用三相四线接线无附加线路计量误差，但三相电压不平衡对采用电压互感器采样的智能电能表会带来一定的附加误差，影响计量准确性，因此，中性点不接地系统应采用三相三线计量，不应采用三相四线计量。

第七章

三相三线智能电能表电流异常分析

本章对三相三线智能电能表失流、过流、负电流，以及功率正向传输、功率反向传输、不对称负载引起的潮流反向等故障与异常进行了详细分析。

第一节 失流故障分析方法

一、概述

三相三线智能电能表失流是指智能电能表测量的二次电流与电流互感器二次侧输出的电流不一致。正常运行过程中，计量二次回路同一相电流应保持一致，如出现不一致，可能存在失流故障。

对于三相三线电能计量装置，由 A 相电流互感器二次端钮处至开关端子箱，开关端子箱至计量屏端子排，计量屏端子排至试验接线盒，试验接线盒至三相三线智能电能表 a 相电流元件的二次电流 $\dot{I}_a$ 是一致的；由 C 相电流互感器二次端钮处至开关端子箱，开关端子箱至计量屏端子排，计量屏端子排至试验接线盒，试验接线盒至三相三线智能电能表 c 相电流元件的二次电流 $\dot{I}_c$ 是一致的。

二、失流故障类型

三相三线智能电能表失流故障主要有以下三种类型。

（1）三相三线智能电能表测量的 a 相电流 $\dot{I}_a$ 与 a 相计量二次回路电流不一致，存在一定的差异。比如额定二次电流为 5A 的电流互感器，在试验接线盒下端测量 a 相二次电流为 1.62A；上端测量 a 相二次电流为 0.07A，三相三线智能电能表 a 相电流显示 0.07A，则试验接线盒处 a 相存在失流故障。

（2）三相三线智能电能表的 c 相电流 $\dot{I}_c$ 与 c 相计量二次回路电流不一致，存在一定的差异。

（3）三相三线智能电能表 $\dot{I}_a$、$\dot{I}_c$ 同时失流，与对应相别计量二次回路电流不一致，存在一定的差异。

三相三线智能电能表在运行过程中，各元件电流应基本平衡，如各元件电流相差较大，需根据现场负荷情况综合判断，确定到底是负载不对称，还是电流二次回路存在失流故障。处理失流故障时，必须严格按照各项安全管理规定，履行保证安全的组织措施和技术措施，确保人身、电网、设备的安全。

第二节 a 相失流故障分析

10kV 专用变压器用电用户，在 10kV 侧采用高供高计计量方式，接线方式为三相三线，

电压互感器采用 V/V 接线，电流互感器变比为 50A/5A，电能表为 3×100V、3×1.5（6）A 的智能电能表。智能电能表测量参数数据有：显示电压正相序，U_{ab}=103.1V，U_{cb}=103.2V，U_{ac}=102.7V，I_a=−0.07A，I_c=0.77A，$\cos\varphi_1 = -0.29$，$\cos\varphi_2 = 0.93$，$\cos\varphi = 0.95$，P_a=−2.10W，P_c=73.68W，P=71.58W，Q_a=6.91var，Q_c=−29.77var，Q=−22.86var。已知负载功率因数角为 7°（感性），10kV 供电线路向专用变压器输入有功功率、无功功率，负载基本对称，智能电能表接线正确，分析故障与异常。

1. 故障与异常分析

（1）第一元件电流 I_a 仅 0.07A，第二元件电流 I_c 为 0.77A，说明 a 相失流。

（2）负载功率因数角为 7°（感性），智能电能表应运行于Ⅰ象限，一次负荷潮流状态为+P、+Q。P_a、Q_a 非常低，第一元件有功功率、无功功率异常。总有功功率 71.58W 为正值，总无功功率−22.86var 为负值，智能电能表运行于Ⅳ象限，运行象限异常。

（3）负载功率因数角 7°（感性）在Ⅰ象限 0°～30°之间，总功率因数应接近于 0.99，绝对值为"大"，数值为正；第一元件功率因数应接近于 0.80，绝对值为"中"，数值为正；第二元件功率因数应接近于 0.92，绝对值为"大"，数值为正。$\cos\varphi_1 = -0.29$，绝对值为"小"，且数值为负，第一元件功率因数异常。

（4）$\dfrac{\cos\varphi_1 + \cos\varphi_2}{\cos\varphi} = \dfrac{-0.29 + 0.93}{0.95} \approx 0.67$，比值约为 0.67，与正确比值 $\sqrt{3}$ 偏差较大，比值异常。

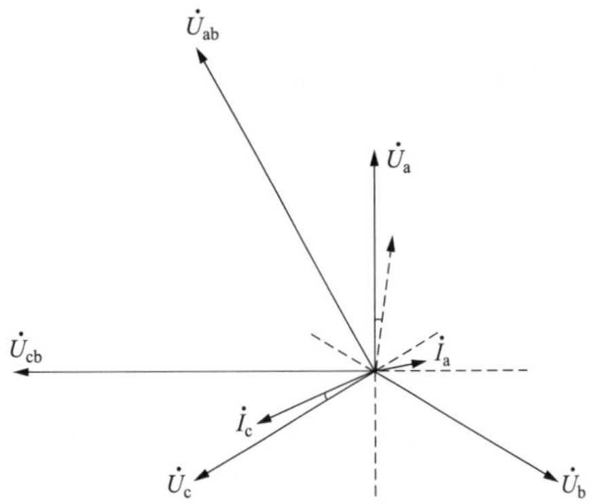

图 7-1 a 相失流相量图

2. 确定相量图

按照正相序确定电压相量图，$\cos\varphi_1 = -0.29$，$\varphi_1 = \pm 107°$，P_a=−2.10W，Q_a=6.91var，φ_1 在 90°～180°之间，$\varphi_1 = 107°$，$\overset{\wedge}{\dot{U}_{ab}\dot{I}_a} = 107°$，确定 $\dot{I}_a$。$\cos\varphi_2 = 0.93$，$\varphi_2 = \pm 22°$，P_c=73.68W，Q_c=−29.77var，φ_2 在 270°～360°之间，$\varphi_2 = -22°$，$\overset{\wedge}{\dot{U}_{cb}\dot{I}_c} = 338°$，确定 $\dot{I}_c$。a 相失流相量图见图 7-1。

3. 计算更正系数

（1）有功更正系数

$$K_P = \frac{P}{P'} = \frac{\sqrt{3}UI\cos 7°}{\dfrac{0.07}{0.77}UI\cos 107° + UI\cos 338°} = 1.91 \qquad (7\text{-}1)$$

（2）无功更正系数

$$K_Q = \frac{Q}{Q'} = \frac{\sqrt{3}UI\sin 7°}{\dfrac{0.07}{0.77}UI\sin 107° + UI\sin 338°} = -0.73 \qquad (7\text{-}2)$$

第三节　c 相失流故障分析

10kV 专用变压器用电用户，在 10kV 侧采用高供高计计量方式，接线方式为三相三线，

电压互感器采用 V/V 接线，电流互感器变比为 75A/5A，电能表为 3×100V、3×1.5（6）A 的智能电能表。智能电能表测量参数数据有：显示电压正相序，U_{ab}=102.7V，U_{cb}=102.2V，U_{ac}=102.1V，I_a=0.85A，I_c=0.11A，$\cos\varphi_1=0.99$，$\cos\varphi_2=0.95$，$\cos\varphi=0.98$，P_a=86.22，P_c=10.63W，P=96.85W，Q_a=−13.66var，Q_c=−3.66var，Q=−17.32var。已知负载功率因数角为 39°（容性），10kV 供电线路向专用变压器输入有功功率，专用变压器向 10kV 供电线路输出无功功率，负载基本对称，智能电能表接线正确，分析故障与异常。

1. 故障与异常分析

（1）第一元件电流 I_a 为 0.85A，第二元件电流 I_c 仅 0.11A，说明 c 相失流。

（2）负载功率因数角为 39°（容性），智能电能表应运行于Ⅳ象限，一次负荷潮流状态为+P、−Q。

（3）负载功率因数角 39°（容性）在Ⅳ象限 30°～60°之间，总功率因数应接近于 0.78，绝对值为"中"，数值为正；第一元件功率因数应接近于 0.99，绝对值为"大"，数值为正；第二元件功率因数应接近于 0.36，绝对值为"小"，数值为正。$\cos\varphi=0.98$，数值为正，但绝对值为"大"，总功率因数异常；$\cos\varphi_2=0.95$，数值为正，但绝对值为"大"，第二元件功率因数异常。

（4）$\dfrac{\cos\varphi_1+\cos\varphi_2}{\cos\varphi}=\dfrac{0.99+0.95}{0.98}\approx1.96$，比值约为 1.96，与正确比值 $\sqrt{3}$ 偏差较大，比值异常。

2. 确定相量图

按照正相序确定电压相量图，$\cos\varphi_1=0.99$，$\varphi_1=\pm8°$，P_a=86.22W，Q_a=−13.66var，φ_1 在 270°～360°之间，$\varphi_1=-8°$，$\overset{\wedge}{U_{ab}I_a}=352°$，确定 $\dot{I}_a$；$\cos\varphi_2=0.95$，$\varphi_2=\pm18°$，P_c=10.63W，Q_c=−3.66var，φ_2 在 270°～360°之间，$\varphi_2=-18°$，$\overset{\wedge}{U_{cb}I_c}=342°$，确定 $\dot{I}_c$。c 相失流相量图见图 7-2。

由图 7-2 可知，c 相失流后，$\dot{I}_c$ 幅值减小至 0.11A，相位顺时针偏移了 50°。

3. 计算更正系数

（1）有功更正系数

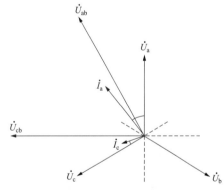

图 7-2 c 相失流相量图

$$K_P=\frac{P}{P'}=\frac{\sqrt{3}UI\cos(-39°)}{UI\cos351°+\dfrac{0.11}{0.85}UI\cos342°}=1.40 \tag{7-3}$$

（2）无功更正系数

$$K_Q=\frac{Q}{Q'}=\frac{\sqrt{3}UI\sin(-39°)}{UI\sin351°+\dfrac{0.11}{0.85}UI\sin342°}=6.22 \tag{7-4}$$

第四节　三相三线智能电能表负电流分析方法

三相三线智能电能表在运行过程中，会出现负电流，负电流表示该元件有功功率、功率因数为负值，各元件电流正负性与该元件的有功功率、功率因数是一一对应关系。功率因数为正值，该元件有功功率为正值，电流为正电流；功率因数为负值，该元件有功功率为负值，电流为负电流。需要说明的是，电流正负性仅表示该元件有功功率的方向，有功功率计算不能带入电流的符号。三相三线智能电能表接线正确或错误情况下，均可能产生负电流。

一、正确接线负电流产生的原因

在正确接线情况下，供电线路传输正向有功功率或反向有功功率时，均可能产生负电流。

（一）供电线路传输正向有功功率

1. 感性负载

感性负载时，负载功率因数角在 60°～90° 之间，第一元件会出现负电流，相量图见图 7-3。

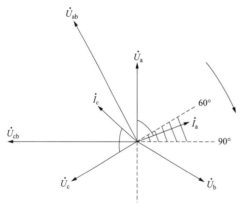

图 7-3　感性负载负电流相量图

由图 7-3 可知，负载功率因数角为感性 60°～90°，$\dot{I}_a$ 在图中的阴影部分区域，只要 $\dot{I}_a$ 在图中阴影部分区域，第一元件电流为负电流，此时 $\dot{U}_{ab}$ 超前 $\dot{I}_a$ 的角度在 90°～120° 之间，第一元件功率因数为负值，有功功率为负值，因此电流为负电流。即 $\dot{U}_{ab}$ 超前 $\dot{I}_a$ 的角度或 $\dot{U}_{ab}$ 滞后 $\dot{I}_a$ 的角度在 0°～90° 之间，第一元件电流为正电流；$\dot{U}_{ab}$ 超前 $\dot{I}_a$ 的角度或 $\dot{U}_{ab}$ 滞后 $\dot{I}_a$ 的角度不在 0°～90° 之间，第一元件电流为负电流。

例如，负载功率因数角为感性 70°时，第一元件 U_{ab}=103.2V，I_a=−0.86A，$\overset{\wedge}{\dot{U}_{ab}\dot{I}_a}=100°$，$\cos\varphi_1=-0.17$，$P_1$=−15.09W，功率因数为负值，则该元件有功功率为负值，电流为负电流；第二元件 U_{cb}=103.3V，I_c=0.85A，$\overset{\wedge}{\dot{U}_{cb}\dot{I}_c}=40°$，$\cos\varphi_2=0.77$，$P_2$=67.61W，功率因数为正值，则该元件有功功率为正值，电流为正电流。

一般情况下，变压器轻载运行，供电线路呈感性，负载功率因数角在感性 60°～90° 之间，导致 $\dot{U}_{ab}$ 超前 $\dot{I}_a$ 的角度在 90°～120° 之间，$\dot{I}_a$ 为负电流。此时电能计量装置并无异常，总功率因数非常低，运行过久Ⅰ象限无功电量非常大，平均功率因数非常低。实际生产中，应投入无功补偿装置进行补偿，使总功率因数在 0.9～1（感性）之间。

2. 容性负载

容性负载时，负载功率因数角在 60°～90° 之间，第二元件会出现负电流，其相量图见图 7-4。

由图 7-4 可知，负载功率因数角为容性 60°～90°时，$\dot{I}_c$ 在图中的阴影部分区域，只要 $\dot{I}_c$ 在图中阴影部分区域，第二元件电流为负电流，此时 $\dot{I}_c$ 超前 $\dot{U}_{cb}$ 的角度在 90°～120°之间，第二元件功率因数为负值，有功功率为负值，因此电流为负电流。即 $\dot{U}_{cb}$ 超前 $\dot{I}_c$ 的角度或 $\dot{U}_{cb}$ 滞后 $\dot{I}_c$ 的角度在 0°～90°之间，第二元件电流为正电流；$\dot{U}_{cb}$ 超前 $\dot{I}_c$ 的角度或 $\dot{U}_{cb}$ 滞后 $\dot{I}_c$ 的角度不在 0°～90°之间，第二元件电流为负电流。

例如，负载功率因数角为容性 70°时，第一元件 U_{ab}=102.3V，I_a=0.86A，$\overset{\wedge}{\dot{U}_{ab}\dot{I}_a}=-40°$，$\cos\varphi_1=0.77$，$P_1$=67.73W，功率因数为正值，则该元件有功功率为正值，电流为正电流；第二元件 U_{cb}=102.7V，I_c=−0.86A，$\overset{\wedge}{\dot{U}_{cb}\dot{I}_c}=-100°$，$\cos\varphi_2=-0.17$，$P_2$=−15.01W，功率因数为负值，则该元件有功功率为负值，电流为负电流。

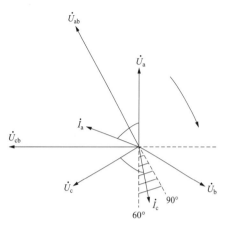

图 7-4 容性负载负电流相量图

一般情况下，无功补偿装置投入较多，导致供电线路呈容性，负载功率因数角在容性 60°～90°之间，导致 $\dot{I}_c$ 超前 $\dot{U}_{cb}$ 的角度在 90°～120°之间，$\dot{I}_c$ 为负电流。此时电能计量装置并无异常，总功率因数非常低，运行过久Ⅳ象限无功电量非常大，平均功率因数非常低。实际生产中，应合理投入无功补偿装置，使总功率因数在 0.90～1（感性）之间。

（二）供电线路传输反向有功功率

供电线路传输反向有功功率时，负载功率因数角为感性 0°～60°，或负载功率因数角为容性 0°～60°，第一元件、第二元件均出现负电流。

1. 感性负载

供电线路传输反向有功功率，感性负载时，智能电能表运行于Ⅲ象限，负载功率因数角在 0°～60°之间，第一元件、第二元件均出现负电流，其相量图见图 7-5。

由图 7-5 可知，负载功率因数角为感性 0°～60°时，$\dot{I}_a$ 在图中阴影部分区域，第一元件电流为负电流，此时 $\dot{U}_{ab}$ 超前 $\dot{I}_a$ 的角度在 210°～270°之间，第一元件功率因数为负值，有功功率为负值，因此电流为负电流；$\dot{I}_c$ 在图中阴影部分区域，第二元件电流为负电流，此时 $\dot{U}_{cb}$ 超前 $\dot{I}_c$ 的角度在 150°～210°之间，第二元件功率因数为负值，有功功率为负值，因此电流为负电流。

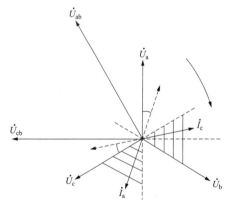

图 7-5 感性负载Ⅲ象限负电流相量图

负载功率因数角为感性 60°～90°时，$\dot{U}_{ab}$ 超前 $\dot{I}_a$ 的角度在 270°～300°之间，第一元件功率因数为正值，有功功率为正值，电流为正电流；$\dot{U}_{cb}$ 超前 $\dot{I}_c$ 的角度在 210°～240°

之间，第二元件功率因数为负值，有功功率为负值，电流为负电流。

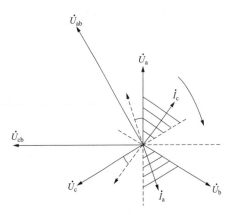

图 7-6　容性负载Ⅱ象限相量图

2. 容性负载

供电线路传输反向有功功率，容性负载时，智能电能表运行于Ⅱ象限，功率因数角在容性 0°～60°之间，第一元件、第二元件均出现负电流，相量图见图 7-6。

由图 7-6 可知，负载功率因数角为容性 0°～60°时，$\dot{I}_a$ 在图中阴影部分区域，第一元件电流为负电流，此时 $\dot{U}_{ab}$ 超前 $\dot{I}_a$ 的角度在 150°～210°之间，第一元件功率因数为负值，有功功率为负值，因此电流为负电流；$\dot{I}_c$ 在图中阴影部分区域，第二元件电流为负电流，此时 $\dot{U}_{cb}$ 超前 $\dot{I}_c$ 的角度在 90°～150°之间，第二元件功率因数为负值，有功

功率为负值，因此电流为负电流。

负载功率因数角为容性 60°～90°时，$\dot{U}_{ab}$ 超前 $\dot{I}_a$ 的角度在 120°～150°之间，第一元件功率因数为负值，有功功率为负值，电流为负电流；$\dot{U}_{cb}$ 超前 $\dot{I}_c$ 的角度在 60°～90°之间，第二元件功率因数为正值，有功功率为正值，电流为正电流。

二、错误接线负电流产生的原因

电压、电流相别错误，电压互感器、电流互感器极性反接等错误接线，三相三线智能电能表单个元件或两个元件可能出现负电流。需根据错误接线情况、一次负荷潮流方向、负载功率因数角等影响因素，分析负电流产生的原因。下面以一例错误接线，分析负电流产生的原因。

10kV 专用变压器用电用户，在 10kV 侧采用高供高计计量方式，接线方式为三相三线，电压互感器采用 V/V 接线，电流互感器变比为 100A/5A，电能表为 3×100V、3×1.5（6）A 的智能电能表。现场首次检验发现接线错误，导致潮流反向，负载功率因数角 $\varphi = 17°$（感性），10kV 供电线路向专用变压器输入有功功率、无功功率，电能表现场检验仪测量参数 $U_{12}=102.2V$，$U_{32}=102.6V$，$U_{13}=102.3V$，$I_1=0.91A$，$I_2=0.93A$，第一元件电压接入 $\dot{U}_{bc}$、电流接入 $-\dot{I}_a$，第二元件电压接入 $\dot{U}_{ac}$、电流接入 $\dot{I}_c$，错误接线相量图见图 7-7。

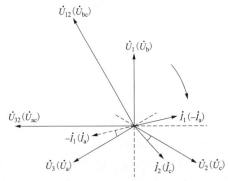

图 7-7　错误接线相量图

由图 7-7 可知，$\dot{U}_{12}$ 超前 $\dot{I}_1$ 约 107°，$\cos\varphi_1 = -0.29$，第一元件功率因数为负值，有功功率为负值，电流为负电流；$\dot{U}_{32}$ 超前 $\dot{I}_2$ 约 227°，$\cos\varphi_2 = -0.68$，第二元件功率因数为负值，有功功率为负值，电流为负电流。总有功功率为负值，导致潮流反向，计入智能电能表反向。

三、电流正负性的判断方法

由以上分析可知，对于三相三线智能电能表，$\dot{U}_{12}$ 超前 $\dot{I}_1$ 的角度或 $\dot{U}_{12}$ 滞后 $\dot{I}_1$ 的角度在 0°～90° 之间，第一元件功率因数、有功功率为正值，电流为正电流；$\dot{U}_{12}$ 超前 $\dot{I}_1$ 的角度或 $\dot{U}_{12}$ 滞后 $\dot{I}_1$ 的角度不在 0°～90° 之间，第一元件功率因数、有功功率为负值，电流为负电流。$\dot{U}_{32}$ 超前 $\dot{I}_2$ 的角度或 $\dot{U}_{32}$ 滞后 $\dot{I}_2$ 的角度在 0°～90° 之间，第二元件功率因数、有功功率为正值，电流为正电流；$\dot{U}_{32}$ 超前 $\dot{I}_2$ 的角度或 $\dot{U}_{32}$ 滞后 $\dot{I}_2$ 的角度不在 0°～90° 之间，第二元件功率因数、有功功率为负值，电流为负电流。

第五节　a 相负电流实例分析

（一）实例一

10kV 专用变压器用电用户，在 10kV 侧采用高供高计计量方式，接线方式为三相三线，电压互感器采用 V/V 接线，电流互感器变比为 100A/5A，电能表为 3×100V、3×1.5（6）A 的智能电能表。智能电能表测量参数数据如下：显示电压正相序，U_{ab}=101.5V，U_{cb}=101.9V，U_{ac}=102.5V，I_a=−0.38A，I_c=0.35A，$\cos\varphi_1 = -0.17$，$\cos\varphi_2 = 0.77$，$\cos\varphi = 0.32$，P_a=−6.70W，P_c=27.32W，P=20.62W，Q_a=37.98var，Q_c=22.93var，Q=60.91var。已知负载功率因数角为 70°（感性），10kV 供电线路向专用变压器输入有功功率、无功功率，负载基本对称，分析故障与异常。

1. 故障与异常分析

（1）第一元件电流 I_a 为 −0.38A，是负电流，第一元件电流异常。

（2）负载功率因数角为 70°（感性），智能电能表应运行于 I 象限，一次负荷潮流状态为 +P、+Q。总有功功率 20.62W 为正值，总无功功率 60.91var 为正值，智能电能表运行于 I 象限，运行象限无异常。

（3）负载功率因数角 70°（感性）在 I 象限 60°～90° 之间，总功率因数应接近于 0.34，绝对值为"小"，数值为正；第一元件功率因数应接近于 −0.17，绝对值为"小"，数值为负；第二元件功率因数应接近于 0.77，绝对值为"中"，数值为正。$\cos\varphi = 0.32$，绝对值为"小"，数值为正，总功率因数无异常；$\cos\varphi_1 = -0.17$，绝对值为"小"，数值为负，第一元件功率因数无异常；$\cos\varphi_2 = 0.77$，绝对值为"中"，数值为正，第二元件功率因数无异常。

（4）$\dfrac{\cos\varphi_1 + \cos\varphi_2}{\cos\varphi} = \dfrac{-0.17 + 0.77}{0.32} \approx 1.85$，比值约为 1.85，与正确比值 $\sqrt{3}$ 接近，比值无异常。

2. 确定相量图

按照正相序确定电压相量图，$\cos\varphi_1 = -0.17$，$\varphi_1 = \pm 100°$，P_a=−6.70W，Q_a=37.98var，

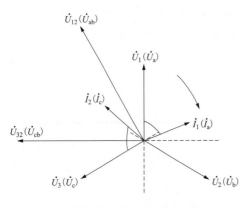

图 7-8　a 相负电流相量图

φ_1 在 90°～180°之间，$\varphi_1=100°$，$\overset{\wedge}{\dot{U}_{12}\dot{I}_1}=100°$，确定 $\dot{I}_1$；$\cos\varphi_2=0.77$，$\varphi_2=\pm40°$，P_c=27.32W，Q_c=22.93var，φ_2 在 0°～90°之间，$\varphi_2=40°$，$\overset{\wedge}{\dot{U}_{32}\dot{I}_2}=40°$，确定 $\dot{I}_2$。相量图见图 7-8。

3. 接线分析

由图 7-8 可知，$\dot{I}_1$ 滞后 $\dot{U}_1$ 约 70°，$\dot{I}_1$ 和 $\dot{U}_1$ 同相；$\dot{I}_2$ 滞后 $\dot{U}_3$ 约 70°，$\dot{I}_2$ 和 $\dot{U}_3$ 同相。$\dot{U}_2$ 无对应的电流，则 $\dot{U}_2$ 为 $\dot{U}_b$，$\dot{U}_3$ 为 $\dot{U}_c$，$\dot{U}_1$ 为 $\dot{U}_a$；$\dot{I}_1$ 为 $\dot{I}_a$，$\dot{I}_2$ 为 $\dot{I}_c$。第一元件电压接入 $\dot{U}_{ab}$，电流接入 $\dot{I}_a$；第二元件电压接入 $\dot{U}_{cb}$，电流接入 $\dot{I}_c$。结论见表 7-1。

表 7-1　　　　　　　　　　　　结　论　表

接入电压	$\dot{U}_1$（$\dot{U}_a$）	$\dot{U}_2$（$\dot{U}_b$）	$\dot{U}_3$（$\dot{U}_c$）
	$\dot{U}_{12}$（$\dot{U}_{ab}$）	$\dot{U}_{32}$（$\dot{U}_{cb}$）	
接入电流	$\dot{I}_1$（$\dot{I}_a$）	$\dot{I}_2$（$\dot{I}_c$）	

4. 计算更正系数

（1）有功更正系数

$$P'=U_{ab}I_a\cos(30°+\varphi)+U_{cb}I_c\cos(\varphi-30°)$$

$$K_P=\frac{P}{P'}=\frac{\sqrt{3}UI\cos\varphi}{UI\cos(30°+\varphi)+UI\cos(\varphi-30°)}=1 \qquad (7-5)$$

（2）无功更正系数

$$Q'=U_{ab}I_a\sin(30°+\varphi)+U_{cb}I_c\sin(330°+\varphi)$$

$$K_Q=\frac{Q}{Q'}=\frac{\sqrt{3}UI\sin\varphi}{UI\sin(30°+\varphi)+UI\sin(330°+\varphi)}=1 \qquad (7-6)$$

5. 负电流产生原因分析

由以上分析可知，智能电能表无异常，I_a 为负电流的原因是负载功率因数角为感性 60°～90°，$\dot{U}_{ab}$ 超前 $\dot{I}_a$ 的角度在 90°～120°之间，第一元件功率因数为负值，有功功率为负值，因此电流为负电流。负电流产生的原因是功率因数在 0～0.5（感性）之间所致，智能电能表并无异常。

（二）实例二

10kV 专用变压器用电用户，在 10kV 侧采用高供高计计量方式，接线方式为三相三线，电压互感器采用 V/V 接线，电流互感器变比为 50A/5A，电能表为 3×100V、3×1.5（6）A 的智能电能表。智能电能表测量参数数据如下：显示电压逆相序，U_{ab}=103.3V，U_{cb}=103.9V，U_{ac}=103.5V，I_a=−1.13A，I_c=1.15A，$\cos\varphi_1=-0.60$，$\cos\varphi_2=0.39$，$\cos\varphi=-0.12$，P_a=

−70.25W，P_c=46.69W，P=−23.56W，Q_a=−93.22var，Q_c=−109.99var，Q=−203.21var。已知负载功率因数角为 23°（感性），10kV 供电线路向专用变压器输入有功功率、无功功率，负载基本对称，分析故障与异常。

1. 故障与异常分析

（1）电压为逆相序，电压相序异常。

（2）第一元件电流 I_a 为−1.13A，是负电流，第一元件电流异常。

（3）负载功率因数角为 23°（感性），智能电能表应运行于 I 象限，一次负荷潮流状态为+P、+Q。总有功功率−23.56W 为负值，总无功功率−203.21var 为负值，智能电能表运行于Ⅲ象限，运行象限异常。

（4）负载功率因数角 23°（感性）在 I 象限 0°～30°之间，总功率因数应接近于 0.92，绝对值为"大"，数值为正；第一元件功率因数应接近于 0.60，绝对值为"中"，数值为正；第二元件功率因数应接近于 0.99，绝对值为"大"，数值为正。$\cos\varphi$ = −0.12，绝对值为"小"，且数值为负，总功率因数异常；$\cos\varphi_1$ = −0.60，绝对值为"中"，但数值为负，第一元件功率因数异常；$\cos\varphi_2$ = 0.39，数值为正，但绝对值为"小"，第二元件功率因数异常。

（5）$\dfrac{\cos\varphi_1+\cos\varphi_2}{\cos\varphi}=\dfrac{-0.60+0.39}{-0.12}\approx1.83$，比值约为 1.83，虽然与正确比值 $\sqrt{3}$ 接近，但总功率因数、各元件功率因数特性与负载功率因数角 23°（感性）不对应，且智能电能表实际运行于Ⅲ象限，运行象限异常。

2. 确定相量图

按照逆相序确定电压相量图，$\cos\varphi_1$ = −0.60，φ_1 = ±127°，P_a=−70.25W，Q_a=−93.22var，φ_1 在 180°～270°之间，φ_1 = −127°，$\overset{\wedge}{\dot{U}_{12}\dot{I}_1}$ = 233°，确定 $\dot{I}_1$；$\cos\varphi_2$ = 0.39，φ_2 = ±67°，P_c=46.69W，Q_c=−109.99var，φ_2 在 270°～360°之间，φ_2 = −67°，$\overset{\wedge}{\dot{U}_{32}\dot{I}_2}$ = 293°，确定 $\dot{I}_2$。相量图见图 7-9。

3. 接线分析

由图 7-9 可知，$\dot{I}_1$ 滞后 $\dot{U}_2$ 约 23°，$\dot{I}_1$ 和 $\dot{U}_2$ 同相；$\dot{I}_2$ 滞后 $\dot{U}_1$ 约 23°，$\dot{I}_2$ 和 $\dot{U}_1$ 同相。$\dot{U}_3$ 无对应的电流，则 $\dot{U}_3$ 为 $\dot{U}_b$，$\dot{U}_2$ 为 $\dot{U}_c$，$\dot{U}_1$ 为 $\dot{U}_a$，$\dot{I}_1$ 为 $\dot{I}_c$，$\dot{I}_2$ 为 $\dot{I}_a$。第一元件电压接入 $\dot{U}_{ac}$，电流接入 $\dot{I}_c$；第二元件电压接入 $\dot{U}_{bc}$，电流接入 $\dot{I}_a$。结论见表 7-2。

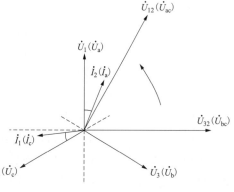

图 7-9 a 相负电流相量图

表 7-2	结 论 表		
接入电压	$\dot{U}_1$（$\dot{U}_a$）	$\dot{U}_2$（$\dot{U}_c$）	$\dot{U}_3$（$\dot{U}_b$）
	$\dot{U}_{12}$（$\dot{U}_{ac}$）	$\dot{U}_{32}$（$\dot{U}_{bc}$）	
接入电流	$\dot{I}_1$（$\dot{I}_c$）	$\dot{I}_2$（$\dot{I}_a$）	

4. 计算更正系数

（1）有功更正系数

$$P' = U_{ac}I_c \cos(150° - \varphi) + U_{bc}I_a \cos(90° - \varphi) \tag{7-7}$$

$$K_P = \frac{P}{P'} = \frac{\sqrt{3}UI\cos\varphi}{UI\cos(150° - \varphi) + UI\cos(90° - \varphi)}$$
$$= \frac{2\sqrt{3}}{-\sqrt{3} + 3\tan\varphi} \tag{7-8}$$

（2）无功更正系数

$$Q' = U_{ac}I_c \sin(210° + \varphi) + U_{bc}I_a \sin(270° + \varphi) \tag{7-9}$$

$$K_Q = \frac{Q}{Q'} = \frac{\sqrt{3}UI\sin\varphi}{UI\sin(210° + \varphi) + UI\sin(270° + \varphi)}$$
$$= \frac{2\sqrt{3}}{-\sqrt{3} - 3\cot\varphi} \tag{7-10}$$

5. 负电流产生原因分析

由以上分析可知，$\dot{I}_1$ 为负电流的原因是电压接入 $\dot{U}_1$（$\dot{U}_a$）、$\dot{U}_2$（$\dot{U}_c$）、$\dot{U}_3$（$\dot{U}_b$），电流接入 $\dot{I}_1$（$\dot{I}_c$）、$\dot{I}_2$（$\dot{I}_a$），导致 $\dot{U}_{12}$ 超前 $\dot{I}_1$ 的角度在 180°～270°之间，第一元件功率因数为负值，有功功率为负值，因此电流为负电流。负电流产生的原因是电压错接、电流错接所致，并非电流极性反接。

（三）实例三

10kV 专用变压器用电用户，在 10kV 侧采用高供高计计量方式，接线方式为三相三线，电压互感器采用 V/V 接线，电流互感器变比为 75A/5A，电能表为 3×100V、3×1.5（6）A 的智能电能表。智能电能表测量参数数据如下：显示电压逆相序，U_{ab}=102.2V，U_{cb}=102.5V，U_{ac}=102.1V，I_a=−0.86A，I_c=0.85A，$\cos\varphi_1 = -0.16$，$\cos\varphi_2 = 0.93$，$\cos\varphi = 0.77$，P_a=−13.75W，P_c=81.33W，P=67.59W，Q_a=86.81var，Q_c=−31.22var，Q=55.59var。已知负载功率因数角为 51°（容性），10kV 供电线路向专用变压器输入有功功率，专用变压器向 10kV 供电线路输出无功功率，负载基本对称，分析故障与异常。

1. 故障与异常分析

（1）电压为逆相序，电压相序异常。

（2）第一元件电流 I_a 为−0.86A，是负电流，第一元件电流异常。

（3）负载功率因数角为 51°（容性），智能电能表应运行于Ⅳ象限，一次负荷潮流状态为+P、−Q。总有功功率 67.59W 为正值，总无功功率 55.59var 为正值，智能电能表运行于Ⅰ象限，运行象限异常。

（4）负载功率因数角 51°（容性）在Ⅳ象限 30°～60°之间，总功率因数应接近于 0.63，绝对值为"中"，数值为正；第一元件功率因数应接近于 0.93，绝对值为"大"，数值为正；第二元件功率因数应接近于 0.16，绝对值为"小"，数值为正。$\cos\varphi_1 = -0.16$，绝对值为"小"，且数值为负，第一元件功率因数异常；$\cos\varphi_2 = 0.93$，数值为正，但绝对值为"大"，第二元件功率因数异常。

（5）$\dfrac{\cos\varphi_1+\cos\varphi_2}{\cos\varphi}=\dfrac{-0.16+0.93}{0.77}\approx1.01$，比值约为 1.01，与正确比值 $\sqrt{3}$ 偏差较大，比值异常。

2. 确定相量图

按照逆相序确定电压相量图，$\cos\varphi_1=-0.16$，$\varphi_1=\pm99°$，$P_a=-13.75\mathrm{W}$，$Q_a=86.81\mathrm{var}$，

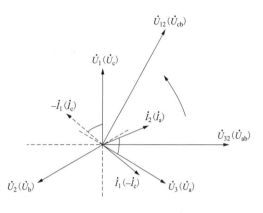

φ_1 在 $90°\sim180°$ 之间，$\varphi_1=99°$，$\overset{\wedge}{\dot{U}_{12}\dot{I}_1}=99°$，确定 $\dot{I}_1$；$\cos\varphi_2=0.93$，$\varphi_2=\pm21°$，$P_c=81.33\mathrm{W}$，$Q_c=-31.22\mathrm{var}$，φ_2 在 $270°\sim360°$ 之间，$\phi_2=-21°$，$\overset{\wedge}{\dot{U}_{32}\dot{I}_2}=339°$，确定 $\dot{I}_2$。相量图见图 7-10。

3. 接线分析

由图 7-10 可知，$\dot{I}_1$ 反相后 $-\dot{I}_1$ 超前 $\dot{U}_1$ 约 $51°$，$-\dot{I}_1$ 和 $\dot{U}_1$ 同相；$\dot{I}_2$ 超前 $\dot{U}_3$ 约 $51°$，$\dot{I}_2$ 和 $\dot{U}_3$ 同相。$\dot{U}_2$ 无对应的电流，则 $\dot{U}_2$ 为 $\dot{U}_b$，$\dot{U}_1$ 为 $\dot{U}_c$，$\dot{U}_3$ 为 $\dot{U}_a$；$-\dot{I}_1$ 为 $\dot{I}_c$，$\dot{I}_1$ 为 $-\dot{I}_c$，$\dot{I}_2$ 为 $\dot{I}_a$。第一元件电压接入 $\dot{U}_{cb}$，电流接入 $-\dot{I}_c$；第二元件电压接入 $\dot{U}_{ab}$，电流接入 $\dot{I}_a$。接线结论见表 7-3。

图 7-10　a 相负电流相量图

表 7-3　　　　　　　　　　　　　结　论　表

接入电压	$\dot{U}_1$（$\dot{U}_c$）	$\dot{U}_2$（$\dot{U}_b$）	$\dot{U}_3$（$\dot{U}_a$）
	$\dot{U}_{12}$（$\dot{U}_{cb}$）	$\dot{U}_{32}$（$\dot{U}_{ab}$）	
接入电流	$\dot{I}_1$（$-\dot{I}_c$）	$\dot{I}_2$（$\dot{I}_a$）	

4. 计算更正系数

（1）有功更正系数

$$P'=U_{cb}I_c\cos(150°-\varphi)+U_{ab}I_a\cos(30°-\varphi) \tag{7-11}$$

$$K_P=\frac{P}{P'}=\frac{\sqrt{3}UI\cos\varphi}{UI\cos(150°-\varphi)+UI\cos(30°-\varphi)}$$
$$=\frac{\sqrt{3}}{\tan\varphi} \tag{7-12}$$

（2）无功更正系数

$$Q'=U_{cb}I_c\sin(150°-\varphi)+U_{ab}I_a\sin(30°-\varphi) \tag{7-13}$$

$$K_Q=\frac{Q}{Q'}=\frac{-\sqrt{3}UI\sin\varphi}{UI\sin(150°-\varphi)+UI\sin(30°-\varphi)}$$
$$=-\frac{\sqrt{3}}{\cot\varphi} \tag{7-14}$$

5. 负电流产生原因分析

由以上分析可知，$\dot{I}_1$ 为负电流的原因是电压接入 $\dot{U}_1$（$\dot{U}_c$）、$\dot{U}_2$（$\dot{U}_b$）、$\dot{U}_3$（$\dot{U}_a$），电流接入 $\dot{I}_1$（$-\dot{I}_c$）、$\dot{I}_2$（$\dot{I}_a$），导致 $\dot{U}_{12}$ 超前 $\dot{I}_1$ 的角度在 90°～180° 之间，第一元件功率因数为负值，有功功率为负值，因此电流为负电流。负电流产生的原因是电压错接、电流错接，且 $\dot{I}_c$ 反接，并非 $\dot{I}_a$ 极性反接。

（四）实例四

10kV 专用变压器用电用户，在 10kV 侧采用高供高计计量方式，接线方式为三相三线，电压互感器采用 V/V 接线，电流互感器变比为 30A/5A，电能表为 3×100V、3×1.5（6）A 的智能电能表。智能电能表测量参数数据如下：显示电压正相序，U_{ab}=103.9V，U_{cb}=103.6V，U_{ac}=103.3V，I_a=−0.57A，I_c=0.55A，$\cos\varphi_1$=−0.78，$\cos\varphi_2$=0.16，$\cos\varphi$=−0.37，P_a=−46.02W，P_c=8.91W，P=−37.11W，Q_a=37.27var，Q_c=56.28var，Q=93.55var。已知负载功率因数角为 51°（感性），10kV 供电线路向专用变压器输入有功功率、无功功率，负载基本对称，分析故障与异常。

1. 故障与异常分析

（1）第一元件电流 I_a 为−0.57A，是负电流，第一元件电流异常。

（2）负载功率因数角为 51°（感性），智能电能表应运行于 I 象限，一次负荷潮流状态为+P、+Q。总有功功率−37.11W 为负值，总无功功率 93.55var 为正值，智能电能表运行于 II 象限，运行象限异常。

（3）负载功率因数角 51°（感性）在 I 象限 30°～60° 之间，总功率因数应接近于 0.63，绝对值为"中"，数值为正；第一元件功率因数应接近于 0.16，绝对值为"小"，数值为正；第二元件功率因数应接近于 0.93，绝对值为"大"，数值为正。$\cos\varphi$=−0.37，绝对值为"小"，且数值为负，总功率因数异常；$\cos\varphi_1$=−0.78，绝对值为"中"，且数值为负，第一元件功率因数异常；$\cos\varphi_2$=0.16，数值为正，但绝对值为"小"，第二元件功率因数异常。

（4）$\dfrac{\cos\varphi_1+\cos\varphi_2}{\cos\varphi}=\dfrac{-0.78+0.16}{-0.37}\approx1.68$，比值约为 1.68，虽然与正确比值 $\sqrt{3}$ 接近，但总功率因数、各元件功率因数特性与负载功率因数角 51°（感性）不对应，且智能电能表实际运行于 II 象限，运行象限异常。

2. 确定相量图

按照正相序确定电压相量图，$\cos\varphi_1$=−0.78，φ_1=±141°，P_a=−46.02W，Q_a=37.27var，φ_1 在 90°～180° 之间，φ_1=141°，$\overset{\wedge}{\dot{U}_{12}\dot{I}_1}$=141°，确定 $\dot{I}_1$；$\cos\varphi_2$=0.16，φ_2=±81°，P_c=8.91W，Q_c=56.28var，φ_2 在 0°～90° 之间，φ_2=81°，$\overset{\wedge}{\dot{U}_{32}\dot{I}_2}$=81°，确定 $\dot{I}_2$。相量图见图 7-11。

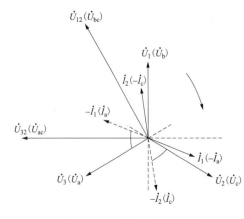

图 7-11　a 相负电流相量图

3. 接线分析

由图 7-11 可知，$\dot{I}_1$ 反相后 $-\dot{I}_1$ 滞后 $\dot{U}_3$ 约 51°，$-\dot{I}_1$ 和 $\dot{U}_3$ 同相；$\dot{I}_2$ 反相后 $-\dot{I}_2$ 滞后 $\dot{U}_2$ 约 51°，$-\dot{I}_2$ 和 $\dot{U}_2$ 同相。$\dot{U}_1$ 无对应的电流，则 $\dot{U}_1$ 为 $\dot{U}_b$，$\dot{U}_2$ 为 $\dot{U}_c$，$\dot{U}_3$ 为 $\dot{U}_a$；$-\dot{I}_1$ 为 $\dot{I}_a$，$\dot{I}_1$ 为 $-\dot{I}_a$，$-\dot{I}_2$ 为 $\dot{I}_c$，$\dot{I}_2$ 为 $-\dot{I}_c$。第一元件电压接入 $\dot{U}_{bc}$，电流接入 $-\dot{I}_a$；第二元件电压接入 $\dot{U}_{ac}$，电流接入 $-\dot{I}_c$。结论见表 7-4。

表 7-4　　　　　　　　　　结　论　表

接入电压	$\dot{U}_1$（$\dot{U}_b$）		$\dot{U}_2$（$\dot{U}_c$）		$\dot{U}_3$（$\dot{U}_a$）
	$\dot{U}_{12}$（$\dot{U}_{bc}$）		$\dot{U}_{32}$（$\dot{U}_{ac}$）		
接入电流	$\dot{I}_1$（$-\dot{I}_a$）		$\dot{I}_2$（$-\dot{I}_c$）		

4. 计算更正系数

（1）有功更正系数

$$P' = U_{bc}I_a\cos(90° + \varphi) + U_{ac}I_c\cos(30° + \varphi) \tag{7-15}$$

$$K_p = \frac{P}{P'} = \frac{\sqrt{3}UI\cos\varphi}{UI\cos(90° + \varphi) + UI\cos(30° + \varphi)}$$
$$= \frac{2\sqrt{3}}{\sqrt{3} - 3\tan\varphi} \tag{7-16}$$

（3）无功更正系数

$$Q' = U_{bc}I_a\sin(90° + \varphi) + U_{ac}I_c\sin(30° + \varphi) \tag{7-17}$$

$$K_Q = \frac{Q}{Q'} = \frac{\sqrt{3}UI\sin\varphi}{UI\sin(90° + \varphi) + UI\sin(30° + \varphi)}$$
$$= \frac{2\sqrt{3}}{\sqrt{3} + 3\cot\varphi} \tag{7-18}$$

5. 负电流产生原因分析

由以上分析可知，$\dot{I}_1$ 为负电流的原因是电压接入 $\dot{U}_1$（$\dot{U}_b$）、$\dot{U}_2$（$\dot{U}_c$）、$\dot{U}_3$（$\dot{U}_a$），电流接入 $\dot{I}_1$（$-\dot{I}_a$）、$\dot{I}_2$（$-\dot{I}_c$），导致 $\dot{U}_{12}$ 超前 $\dot{I}_1$ 的角度在 90°～180° 之间，第一元件功率因数为负值，有功功率为负值，因此电流为负电流。负电流产生的原因是电压错接，$\dot{I}_a$ 极性反接所致。

（五）实例五

10kV 专用变压器用电用户，在 10kV 侧采用高供高计计量方式，接线方式为三相三线，电压互感器采用 V/V 接线，电流互感器变比为 25A/5A，电能表为 3×100V、3×1.5（6）A 的智能电能表。智能电能表测量参数数据如下：显示电压正相序，U_{ab}=102.5V，U_{cb}=102.2V，U_{ac}=102.3V，I_a= −0.77A，I_c=0.79A，$\cos\varphi_1$ = −0.98，$\cos\varphi_2$ = 0.64，$\cos\varphi$ = −0.32，P_a= −77.73W，P_c=51.91W，P=−25.82W，Q_a=−13.71var，Q_c=−61.85var，Q=−75.55var。已知负载功率因数角为 20°（容性），10kV 供电线路向专用变压器输入有功功率，专用变

压器向 10kV 供电线路输出无功功率，负载基本对称，分析故障与异常。

1. 故障与异常分析

（1）第一元件电流 I_a 为$-0.77A$，是负电流，第一元件电流异常。

（2）负载功率因数角为 20°（容性），智能电能表应运行于IV象限，一次负荷潮流状态为$+P$、$-Q$。总有功功率$-25.82W$ 为负值，总无功功率$-75.55var$ 为负值，智能电能表运行于III象限，运行象限异常。

（3）负载功率因数角 20°（容性）在IV象限 0°～30°之间，总功率因数应接近于为 0.94，绝对值为"大"，数值为正；第一元件功率因数应接近于 0.98，功率因数绝对值为"大"，数值为正；第二元件功率因数应接近于 0.64，绝对值为"中"，数值为正。$\cos\varphi = -0.32$，绝对值为"小"，且数值为负，总功率因数异常；$\cos\varphi_1 = -0.98$，绝对值为"大"，但数值为负，第一元件功率因数异常。

（4）$\dfrac{\cos\varphi_1 + \cos\varphi_2}{\cos\varphi} = \dfrac{-0.98 + 0.64}{-0.32} \approx 1.06$，比值约为 1.06，与正确比值 $\sqrt{3}$ 偏差较大，比值异常。

2. 确定相量图

按照正相序确定电压相量图，$\cos\varphi_1 = -0.98$，$\varphi_1 = \pm169°$，$P_a=-77.73W$，$Q_a=-13.71var$，

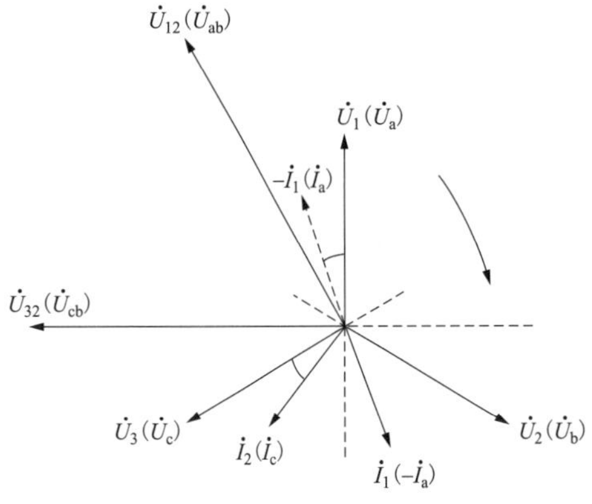

图 7-12　a 相负电流相量图

φ_1 在 180°～270° 之间，$\varphi_1 = -169°$，$\overset{\wedge}{\dot{U}_{12}\dot{I}_1} = 191°$，确定 $\dot{I}_1$；$\cos\varphi_2 = 0.64$，$\varphi_2 = \pm50°$，$P_c=51.91W$，$Q_c=-61.85var$，φ_2 在 270°～360°之间，$\varphi_2 = -50°$，$\overset{\wedge}{\dot{U}_{32}\dot{I}_2} = 310°$，确定 $\dot{I}_2$。相量图见图 7-12。

3. 接线分析

由图 7-12 可知，$\dot{I}_1$ 反相后 $-\dot{I}_1$ 超前 $\dot{U}_1$ 约 20°，$-\dot{I}_1$ 和 $\dot{U}_1$ 同相；$\dot{I}_2$ 超前 $\dot{U}_3$ 约 20°，$\dot{I}_2$ 和 $\dot{U}_3$ 同相。$\dot{U}_2$ 无对应的电流，则 $\dot{U}_2$ 为 $\dot{U}_b$，$\dot{U}_3$ 为 $\dot{U}_c$，$\dot{U}_1$ 为 $\dot{U}_a$；$-\dot{I}_1$ 为 $\dot{I}_a$，$\dot{I}_1$ 为 $-\dot{I}_a$，$\dot{I}_2$ 为 $\dot{I}_c$。第一元件电压接入 $\dot{U}_{ab}$，电流接入 $-\dot{I}_a$；第二元件电压接入 $\dot{U}_{cb}$，电流接入 $\dot{I}_c$。结论见表 7-5。

表 7-5　　　　　　　　　　　　　　　结　论　表

接入电压	$\dot{U}_1$（$\dot{U}_a$）	$\dot{U}_2$（$\dot{U}_b$）	$\dot{U}_3$（$\dot{U}_c$）
	$\dot{U}_{12}$（$\dot{U}_{ab}$）	$\dot{U}_{32}$（$\dot{U}_{cb}$）	
接入电流	$\dot{I}_1$（$-\dot{I}_a$）	$\dot{I}_2$（$\dot{I}_c$）	

4. 计算更正系数

（1）有功更正系数

$$P' = U_{ab}I_a\cos(150° + \varphi) + U_{cb}I_c\cos(30° + \varphi) \tag{7-19}$$

$$K_{\mathrm{P}} = \frac{P}{P'} = \frac{\sqrt{3}UI\cos\varphi}{UI\cos(150° + \varphi) + UI\cos(30° + \varphi)} \tag{7-20}$$

$$= -\frac{\sqrt{3}}{\tan\varphi}$$

（2）无功更正系数

$$Q' = U_{\mathrm{ab}}I_{\mathrm{a}}\sin(210° - \varphi) + U_{\mathrm{cb}}I_{\mathrm{c}}\sin(330° - \varphi) \tag{7-21}$$

$$K_{\mathrm{Q}} = \frac{Q}{Q'} = \frac{-\sqrt{3}UI\sin\varphi}{UI\sin(210° - \varphi) + UI\sin(330° - \varphi)} \tag{7-22}$$

$$= \frac{\sqrt{3}}{\cot\varphi}$$

5．负电流产生原因分析

由以上分析可知，$\dot{I}_1$ 为负电流的原因是电压接入 $\dot{U}_1$（$\dot{U}_{\mathrm{a}}$）、$\dot{U}_2$（$\dot{U}_{\mathrm{b}}$）、$\dot{U}_3$（$\dot{U}_{\mathrm{c}}$），电流接入 $\dot{I}_1$（$-\dot{i}_{\mathrm{a}}$）、$\dot{I}_2$（$\dot{i}_{\mathrm{c}}$），导致 $\dot{U}_{12}$ 超前 $\dot{I}_1$ 的角度在 180°～270°之间，第一元件功率因数为负值，有功功率为负值，因此电流为负电流。负电流产生的原因是 $\dot{I}_{\mathrm{a}}$ 极性反接所致。

第六节　c相负电流实例分析

（一）实例一

10kV 专用变压器用电用户，在 10kV 侧采用高供高计计量方式，接线方式为三相三线，电压互感器采用 V/V 接线，电流互感器变比为 150A/5A，电能表为 3×100V、3×1.5（6）A 的智能电能表。智能电能表测量参数数据如下：显示电压正相序，U_{ab}=102.7V，U_{cb}=102.2V，U_{ac}=102.5V，I_{a}=0.93A，I_{c}=−0.91A，$\cos\varphi_1 = 0.77$，$\cos\varphi_2 = -0.17$，$\cos\varphi = 0.35$，P_{a}=73.17W，P_{c}=−16.15W，P=57.02W，Q_{a}=−61.39var，Q_{c}=−91.59var，Q=−152.98var。已知负载功率因数角为 70°（容性），10kV 供电线路向专用变压器输入有功功率，专用变压器向 10kV 供电线路输出无功功率，负载基本对称，分析故障与异常。

1．故障与异常分析

（1）第二元件电流 I_{c} 为−0.91A，是负电流，第二元件电流异常。

（2）负载功率因数角为 70°（容性），智能电能表应运行于Ⅳ象限，一次负荷潮流状态为+P、−Q。总有功功率 57.02W 为正值，总无功功率−152.98var 为负值，智能电能表运行于Ⅳ象限，运行象限无异常。

（3）负载功率因数角 70°（容性）在Ⅳ象限 60°～90°之间，总功率因数应接近于 0.34，绝对值为"小"，数值为正；第一元件功率因数应接近于 0.77，绝对值为"中"，数值为正；第二元件功率因数应接近于−0.17，绝对值为"小"，数值为负。$\cos\varphi = 0.35$，绝对值为"小"，数值为正，总功率因数无异常；$\cos\varphi_1 = 0.77$，绝对值为"中"，数值为正，第一元件功率因数无异常；$\cos\varphi_2 = -0.17$，绝对值为"小"，数值为负，第二元件功率因数无异常。

（4）$\dfrac{\cos\varphi_1+\cos\varphi_2}{\cos\varphi}=\dfrac{0.77-0.17}{0.35}\approx1.70$，比值约为 1.70，与正确比值 $\sqrt{3}$ 接近，比值无异常。

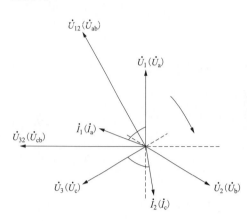

图 7-13　c 相负电流相量图

2. 确定相量图

按照正相序确定电压相量图，$\cos\varphi_1=0.77$，$\varphi_1=\pm40°$，P_a=73.17W，Q_a=−61.39var，φ_1 在 270°～360° 之间，$\varphi_1=-40°$，$\overset{\wedge}{\dot{U}_{12}\dot{I}_1}=320°$，确定 $\dot{I}_1$；$\cos\varphi_2=-0.17$，$\varphi_2=\pm100°$，P_c=−16.15W，Q_c=−91.59var，φ_2 在 180°～270° 之间，$\varphi_2=-100°$，$\overset{\wedge}{\dot{U}_{32}\dot{I}_2}=260°$，确定 $\dot{I}_2$。相量图见图 7-13。

3. 接线分析

由图 7-13 可知，$\dot{I}_1$ 超前 $\dot{U}_1$ 约 70°，$\dot{I}_1$ 和 $\dot{U}_1$ 同相；$\dot{I}_2$ 超前 $\dot{U}_3$ 约 70°，$\dot{I}_2$ 和 $\dot{U}_3$ 同相。$\dot{U}_2$ 无对应的电流，则 $\dot{U}_2$ 为 $\dot{U}_b$，$\dot{U}_3$ 为 $\dot{U}_c$，$\dot{U}_1$ 为 $\dot{U}_a$；$\dot{I}_1$ 为 $\dot{I}_a$，$\dot{I}_2$ 为 $\dot{I}_c$。第一元件电压接入 $\dot{U}_{ab}$，电流接入 $\dot{I}_a$；第二元件电压接入 $\dot{U}_{cb}$，电流接入 $\dot{I}_c$。结论见表 7-6。

表 7-6　　　　　　　　　　　　结　论　表

接入电压	$\dot{U}_1$（$\dot{U}_a$）	$\dot{U}_2$（$\dot{U}_b$）	$\dot{U}_3$（$\dot{U}_c$）
	$\dot{U}_{12}$（$\dot{U}_{ab}$）	$\dot{U}_{32}$（$\dot{U}_{cb}$）	
接入电流	$\dot{I}_1$（$\dot{I}_a$）	$\dot{I}_2$（$\dot{I}_c$）	

4. 计算更正系数

（1）有功更正系数

$$P'=U_{ab}I_a\cos(\varphi-30°)+U_{cb}I_c\cos(30°+\varphi) \tag{7-23}$$

$$K_P=\frac{P}{P'}=\frac{\sqrt{3}UI\cos\varphi}{UI\cos(\varphi-30°)+UI\cos(30°+\varphi)}=1 \tag{7-24}$$

（2）无功更正系数

$$Q'=U_{ab}I_a\sin(30°-\varphi)+U_{cb}I_c\sin(330°-\varphi) \tag{7-25}$$

$$K_Q=\frac{Q}{Q'}=\frac{-\sqrt{3}UI\sin\varphi}{UI\sin(30°-\varphi)+UI\sin(330°-\varphi)}=1 \tag{7-26}$$

5. 负电流产生原因分析

由以上分析可知，智能电能表无异常，$\dot{I}_c$ 为负电流的原因是容性负载功率因数角为 60°～90°时，$\dot{I}_c$ 超前 $\dot{U}_{cb}$ 的角度在 90°～120°之间，第二元件功率因数为负值，有功功率为负值，因此电流为负电流。$\dot{I}_c$ 为负电流的原因是功率因数在 0～0.5（容性）之间所致，智能电能表并无异常。

（二）实例二

10kV 专用变压器用电用户，在 10kV 侧采用高供高计计量方式，接线方式为三相三线，电压互感器采用 V/V 接线，电流互感器变比为 100A/5A，电能表为 3×100V、3×1.5（6）A 的智能电能表。智能电能表测量参数数据如下：显示电压逆相序，U_{ab}=102.6V，U_{cb}=102.1V，U_{ac}=102.3V，I_a=0.98A，I_c=−0.95A，$\cos\varphi_1 = 0.39$，$\cos\varphi_2 = -0.99$，$\cos\varphi = -0.58$，P_a=39.29W，P_c=−96.27W，P=−56.98W，Q_a=−92.55var，Q_c=11.82var，Q=−80.73var。已知负载功率因数角为 23°（感性），10kV 供电线路向专用变压器输入有功功率、无功功率，负载基本对称，分析故障与异常。

1. 故障与异常分析

（1）电压为逆相序，电压相序异常。

（2）第二元件电流 I_c 为−0.95A，是负电流，第二元件电流异常。

（3）负载功率因数角为 23°（感性），智能电能表应运行于 I 象限，一次负荷潮流状态为+P、+Q。总有功功率−56.98W 为负值，总无功功率−80.73var 为负值，智能电能表运行于III象限，运行象限异常。

（4）负载功率因数角 23°（感性）在 I 象限 0°～30°之间，总功率因数应接近于 0.92，绝对值为"大"，数值为正；第一元件功率因数应接近于 0.60，绝对值为"中"，数值为正；第二元件功率因数应接近于 0.99，绝对值为"大"，数值为正。$\cos\varphi = -0.58$，绝对值为"中"，且数值为负，总功率因数异常；$\cos\varphi_1 = 0.39$，数值为正，但绝对值为"小"，第一元件功率因数异常；$\cos\varphi_2 = -0.99$，绝对值为"大"，但数值为负，第二元件功率因数异常。

（5）$\dfrac{\cos\varphi_1 + \cos\varphi_2}{\cos\varphi} = \dfrac{0.39 - 0.99}{-0.58} \approx 1.04$，比值约为 1.04，与正确比值 $\sqrt{3}$ 偏差较大，比值异常。

2. 确定相量图

按照逆相序确定电压相量图，$\cos\varphi_1 = 0.39$，$\varphi_1 = \pm 67°$，P_a=39.29W，Q_a=−92.55var，φ_1 在 270°～360°之间，$\varphi_1 = -67°$，$\overset{\frown}{\dot{U}_{12}\dot{I}_1} = 293°$，确定 $\dot{I}_1$；$\cos\varphi_2 = -0.99$，$\varphi_2 = \pm 172°$，P_c=−96.27W，Q_c=11.82var，φ_2 在 90°～180°之间，$\varphi_2 = 172°$，$\overset{\frown}{\dot{U}_{32}\dot{I}_2} = 172°$，确定 $\dot{I}_2$。相量图见图 7-14。

3. 接线分析

由图 7-14 可知，$\dot{I}_1$ 反相后 $-\dot{I}_1$ 滞后 $\dot{U}_3$ 约 23°，$-\dot{I}_1$ 和 $\dot{U}_3$ 同相；$\dot{I}_2$ 滞后 $\dot{U}_2$ 约 23°，$\dot{I}_2$ 和 $\dot{U}_2$ 同相。$\dot{U}_1$ 无对应的电流，则 $\dot{U}_1$ 为 $\dot{U}_b$，$\dot{U}_3$ 为 $\dot{U}_c$，$\dot{U}_2$ 为 $\dot{U}_a$；$-\dot{I}_1$ 为 $\dot{I}_c$，$\dot{I}_1$ 为 $-\dot{I}_c$，$\dot{I}_2$ 为 $\dot{I}_a$。第一元件电压接入 $\dot{U}_{ba}$，电流接入 $-\dot{I}_c$；第二元件电压接入 $\dot{U}_{ca}$，电流接入 $\dot{I}_a$。结

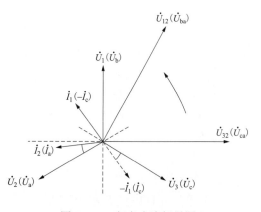

图 7-14　c 相负电流相量图

论见表 7-7。

表 7-7 结 论 表

接入电压	$\dot{U}_1$（$\dot{U}_b$）	$\dot{U}_2$（$\dot{U}_a$）	$\dot{U}_3$（$\dot{U}_c$）
	$\dot{U}_{12}$（$\dot{U}_{ba}$）	$\dot{U}_{32}$（$\dot{U}_{ca}$）	
接入电流	$\dot{I}_1$（$-\dot{I}_c$）	$\dot{I}_2$（$\dot{I}_a$）	

4. 计算更正系数

（1）有功更正系数

$$P' = U_{ba}I_c\cos(90°-\varphi) + U_{ca}I_a\cos(150°+\varphi) \tag{7-27}$$

$$K_P = \frac{P}{P'} = \frac{\sqrt{3}UI\cos\varphi}{UI\cos(90°-\varphi) + UI\cos(150°+\varphi)} \tag{7-28}$$

$$= \frac{2\sqrt{3}}{-\sqrt{3}+\tan\varphi}$$

（2）无功更正系数

$$Q' = U_{ba}I_c\sin(270°+\varphi) + U_{ca}I_a\sin(150°+\varphi) \tag{7-29}$$

$$K_Q = \frac{Q}{Q'} = \frac{\sqrt{3}UI\sin\varphi}{UI\sin(270°+\varphi) + UI\sin(150°+\varphi)} \tag{7-30}$$

$$= \frac{2\sqrt{3}}{-\sqrt{3}-\cot\varphi}$$

5. 负电流产生原因分析

由以上分析可知，$\dot{I}_2$ 为负电流的原因是电压接入 $\dot{U}_1$（$\dot{U}_b$）、$\dot{U}_2$（$\dot{U}_a$）、$\dot{U}_3$（$\dot{U}_c$）、电流接入 $\dot{I}_1$（$-\dot{I}_c$）、$\dot{I}_2$（$\dot{I}_a$），导致 $\dot{U}_{32}$ 超前 $\dot{I}_2$ 的角度在 90°～180°之间，第二元件功率因数为负值，有功功率为负值，因此电流为负电流。负电流产生的原因是电压错接、电流错接所致。

（三）实例三

10kV 专用变压器用电用户，在 10kV 侧采用高供高计计量方式，接线方式为三相三线，电压互感器采用 V/V 接线，电流互感器变比为 50A/5A，电能表为 3×100V、3×1.5（6）A 的智能电能表。智能电能表测量参数数据如下：显示电压正相序，U_{ab}=103.2V，U_{cb}=103.6V，U_{ac}=102.7V，I_a=0.61A，I_c=−0.63A，$\cos\varphi_1$ = 0.16，$\cos\varphi_2$ = −0.93，$\cos\varphi$ = −0.80，P_a=9.85W，P_c=−60.93W，P=−51.09W，Q_a=62.18var，Q_c=−23.39var，Q=38.79var。已知负载功率因数角为 51°（感性），10kV 供电线路向专用变压器输入有功功率、无功功率，负载基本对称，分析故障与异常。

1. 故障与异常分析

（1）第二元件电流 I_c 为−0.63A，是负电流，第二元件电流异常。

（2）负载功率因数角为 51°（感性），智能电能表应运行于 I 象限，一次负荷潮流状态为+P、+Q。总有功功率−51.09W 为负值，总无功功率 38.79var 为正值，智能电能表运行于Ⅱ象限，运行象限异常。

（3）负载功率因数角51°（感性）在Ⅰ象限30°～60°之间，总功率因数应接近于0.63，绝对值为"中"，数值为正；第一元件功率因数应接近于0.16，绝对值为"小"，数值为正；第二元件功率因数应接近于0.93，绝对值为"大"，数值为正。$\cos\varphi=-0.80$，绝对值为"中"，但数值为负，总功率因数异常；$\cos\varphi_2=-0.93$，绝对值为"大"，但数值为负，第二元件功率因数异常。

（4）$\dfrac{\cos\varphi_1+\cos\varphi_2}{\cos\varphi}=\dfrac{0.16-0.93}{-0.80}\approx0.98$，比值约为 0.98，与正确比值 $\sqrt{3}$ 偏差较大，比值异常。

2. 确定相量图

按照正相序确定电压相量图，$\cos\varphi_1=0.16$，$\varphi_1=\pm81°$，P_a=9.85W，Q_a=62.18var，φ_1 在 0°～90°之间，$\varphi_1=81°$，$\overset{\wedge}{\dot{U}_{12}\dot{I}_1}=81°$，确定 $\dot{I}_1$；$\cos\varphi_2=-0.93$，$\varphi_2=\pm158°$，P_c=−60.93W，Q_c=−23.39var，φ_2 在 180°～270°之间，$\varphi_2=-158°$，$\overset{\wedge}{\dot{U}_{32}\dot{I}_2}=202°$，确定 $\dot{I}_2$。相量图见图 7-15。

3. 接线分析

由图 7-15 可知，$\dot{I}_1$ 滞后 $\dot{U}_1$ 约51°，$\dot{I}_1$ 和 $\dot{U}_1$ 同相；$\dot{I}_2$ 反相后 $-\dot{I}_2$ 滞后 $\dot{U}_3$ 约51°，$-\dot{I}_2$ 和 $\dot{U}_3$ 同相。$\dot{U}_2$ 无对应的电流，则 $\dot{U}_2$ 为 $\dot{U}_b$，$\dot{U}_3$ 为 $\dot{U}_c$，$\dot{U}_1$ 为 $\dot{U}_a$；$\dot{I}_1$ 为 $\dot{I}_a$，$-\dot{I}_2$ 为 $\dot{I}_c$，$\dot{I}_2$ 为 $-\dot{I}_c$。第一元件电压接入 $\dot{U}_{ab}$，电流接入 $\dot{I}_a$；第二元件电压接入 $\dot{U}_{cb}$，电流接入 $-\dot{I}_c$。结论见表 7-8。

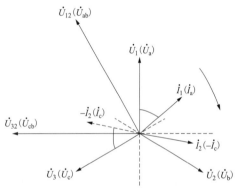

图 7-15 c 相负电流相量图

表 7-8   结　论　表

接入电压	$\dot{U}_1$（$\dot{U}_a$）	$\dot{U}_2$（$\dot{U}_b$）	$\dot{U}_3$（$\dot{U}_c$）
	$\dot{U}_{12}$（$\dot{U}_{ab}$）	$\dot{U}_{32}$（$\dot{U}_{cb}$）	
接入电流	$\dot{I}_1$（$\dot{I}_a$）	$\dot{I}_2$（$-\dot{I}_c$）	

4. 计算更正系数

（1）有功更正系数

$$P'=U_{ab}I_a\cos(30°+\varphi)+U_{cb}I_c\cos(150°+\varphi) \tag{7-31}$$

$$K_P=\frac{P}{P'}=\frac{\sqrt{3}UI\cos\varphi}{UI\cos(30°+\varphi)+UI\cos(150°+\varphi)}$$

$$=\frac{\sqrt{3}}{-\tan\varphi} \tag{7-32}$$

（2）无功更正系数

$$Q' = U_{ab}I_a \sin(30° + \varphi) + U_{cb}I_c \sin(150° + \varphi) \tag{7-33}$$

$$K_Q = \frac{Q}{Q'} = \frac{\sqrt{3}UI\sin\varphi}{UI\sin(30° + \varphi) + UI\sin(150° + \varphi)} \tag{7-34}$$

$$= \frac{\sqrt{3}}{\cot\varphi}$$

5. 负电流产生原因分析

由以上分析可知，$\dot{I}_2$ 为负电流的原因是电压接入 $\dot{U}_1$（$\dot{U}_a$）、$\dot{U}_2$（$\dot{U}_b$）、$\dot{U}_3$（$\dot{U}_c$），电流接入 $\dot{I}_1$（$\dot{I}_a$）、$\dot{I}_2$（$-\dot{I}_c$），导致 $\dot{U}_{32}$ 超前 $\dot{I}_2$ 的角度在 180°～270° 之间，第二元件功率因数为负值，有功功率为负值，因此电流为负电流。负电流产生的原因是第二元件电流 $\dot{I}_c$ 反接所致。

第七节　潮流反向分析方法

一、潮流反向的定义

潮流反向是指三相三线智能电能表测量的总有功功率和一次传输的有功功率方向相反。潮流反向分为功率正向传输潮流反向、功率反向传输潮流反向两种情况。

二、功率正向传输潮流反向的特点

正向传输潮流反向是指传输正向有功功率的供电线路，总有功功率出现负值，有功电量计入三相三线智能电能表反向。潮流反向时，$\dot{I}_a$、$\dot{I}_c$ 会同时为负电流，或某一相电流为负电流，导致总有功功率为负值；$\cos\varphi_1$、$\cos\varphi_2$ 会同时为负功率因数，或某一相功率因数为负值，导致总功率因数 $\cos\varphi$、总有功功率为负值。

比如无发电上网的某 10kV 专用变压器用电用户，采用高供高计计量方式，其三相三线智能电能表测量参数数据如下：U_{ab}=103.1V，U_{cb}=102.7V，I_a=0.61A，I_c=−0.62A，$\cos\varphi_1 = 0.16$，$\cos\varphi_2 = -0.93$，$\cos\varphi = -0.80$，负载功率因数角为 51°（感性）。由于 I_c 为负电流，第二元件功率因数−0.93 为负值，且绝对值远大于第一元件功率因数 0.16，总功率因数−0.80 为负值，因此有功电量计入反向，导致潮流反向。

一般情况下，系统变电站出线处的专线用户计量点、专用变压器用户计量点、系统变电站主变压器高压侧总计量点、有功功率由母线向线路输入的关口联络线路计量点等，有功功率由母线向线路输入，有功功率方向为+P，三相三线智能电能表测量总有功功率为正值，有功电量应计入正向。

三、功率反向传输潮流反向的特点

反向传输潮流反向是指传输反向有功功率的供电线路，总有功功率为正值，有功电量计入三相三线智能电能表正向。潮流反向时，$\dot{I}_a$、$\dot{I}_c$ 会同时为正电流，或某一相电流为正电流，导致总有功功率为正值；$\cos\varphi_1$、$\cos\varphi_2$ 会同时为正功率因数，或某一相功率因数为正值，导致总功率因数 $\cos\varphi$、总有功功率为正值。

比如某 10kV 发电上网企业，计量点设置在系统变电站 10kV 进线处，采用高供高计计量方式，发电上网运行时应计入三相三线智能电能表反向。在发电上网运行状态下，负载功率因数角为 22°（感性），其三相三线智能电能表测量参数数据如下：U_{ab}=102.1V，U_{cb}=102.2V，I_a=0.96A，I_c=0.97A，$\cos\varphi_1 = 0.39$，$\cos\varphi_2 = 0.62$，$\cos\varphi = 0.99$。由于 I_a、I_c 为正电流，第一元件、第二元件功率因数均为正值，总功率因数 0.99 为正值，因此有功电量计入正向，导致潮流反向。

一般情况下，系统变电站出线处的发电上网关口计量点、系统变电站主变压器中低压侧总计量点、有功功率由线路向母线输出的关口联络线路计量点等，有功功率由线路向母线输出，有功功率方向为$-P$，智能电能表测量总有功功率为负值，有功电量应计入反向。

第八节　功率正向传输潮流反向实例分析

（一）实例一

10kV 专用变压器用电用户，在 10kV 侧采用高供高计计量方式，接线方式为三相三线，电压互感器采用 V/V 接线，电流互感器变比为 100A/5A，电能表为 3×100V、3×1.5（6）A 的智能电能表。智能电能表测量参数数据如下：显示电压正相序，U_{ab}=101.6V，U_{cb}=101.5V，U_{ac}=101.2V，I_a = −0.99A，I_c = −0.98A，$\cos\varphi_1 = -0.97$，$\cos\varphi_2 = -0.29$，$\cos\varphi = -0.73$，P_a=−98.01W，P_c=−29.08W，P=−127.09W，Q_a=22.63var，Q_c=95.12var，Q=117.75var。已知负载功率因数角为 17°（感性），10kV 供电线路向专用变压器输入有功功率、无功功率，负载基本对称，分析故障与异常。

1. 故障与异常分析

（1）第一元件电流 I_a 为−0.99A，是负电流，第一元件电流异常；第二元件电流 I_c 为−0.98A，是负电流，第二元件电流异常。

（2）负载功率因数角为 17°（感性），智能电能表应运行于Ⅰ象限，一次负荷潮流状态为+P、+Q。总有功功率−127.09W 为负值，总无功功率 117.75var 为正值，智能电能表运行于Ⅱ象限，运行象限异常。

（3）负载功率因数角 17°（感性）在Ⅰ象限 0°～30°之间，总功率因数应接近于 0.96，绝对值为"大"，数值为正；第一元件功率因数应接近于 0.68，绝对值为"中"，数值为正；第二元件功率因数应接近于 0.97，绝对值为"大"，数值为正。$\cos\varphi = -0.73$，绝对值为"中"，且数值为负，总功率因数异常；$\cos\varphi_1 = -0.97$，绝对值为"大"，且数值为负，第一元件功率因数异常；$\cos\varphi_2 = -0.29$，绝对值为"小"，且数值为负，第二元件功率因数异常。

（4）$\dfrac{\cos\varphi_1 + \cos\varphi_2}{\cos\varphi} = \dfrac{-0.97 - 0.29}{-0.73} \approx 1.73$，比值约为 1.73，虽然与正确比值 $\sqrt{3}$ 接近，但总功率因数、各元件功率因数特性与负载功率因数角 17°（感性）不对应，且智能电能表实际运行于Ⅱ象限，运行象限异常。

2. 确定相量图

按照正相序确定电压相量图，$\cos\varphi_1 = -0.97$，$\varphi_1 = \pm166°$，P_a=−98.01W，Q_a=22.63var，φ_1 在 90°～180°之间，$\varphi_1 = 166°$，$\overset{\wedge}{\dot{U}_{12}\dot{I}_1} = 166°$，确定 $\dot{I}_1$；$\cos\varphi_2 = -0.29$，$\varphi_2 = \pm107°$，

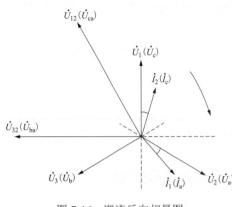

图 7-16　潮流反向相量图

$P_c=-29.08W$，$Q_c=95.12var$，φ_2 在 $90°\sim180°$ 之间，$\varphi_2=107°$，$\hat{\dot{U}_{32}\dot{I}_2}=107°$，确定 $\dot{I}_2$。相量图见图 7-16。

3. 接线分析

由图 7-16 可知，$\dot{I}_1$ 滞后 $\dot{U}_2$ 约 $17°$，$\dot{I}_1$ 和 $\dot{U}_2$ 同相；$\dot{I}_2$ 滞后 $\dot{U}_1$ 约 $17°$，$\dot{I}_2$ 和 $\dot{U}_1$ 同相。$\dot{U}_3$ 无对应的电流，则 $\dot{U}_3$ 为 $\dot{U}_b$，$\dot{U}_1$ 为 $\dot{U}_c$，$\dot{U}_2$ 为 $\dot{U}_a$；$\dot{I}_1$ 为 $\dot{I}_a$，$\dot{I}_2$ 为 $\dot{I}_c$。第一元件电压接入 $\dot{U}_{ca}$，电流接入 $\dot{I}_a$；第二元件电压接入 $\dot{U}_{ba}$，电流接入 $\dot{I}_c$。结论见表 7-9。

表 7-9　　　　　　　　　　　　结　论　表

接入电压	$\dot{U}_1$（$\dot{U}_c$）	$\dot{U}_2$（$\dot{U}_a$）	$\dot{U}_3$（$\dot{U}_b$）
	$\dot{U}_{12}$（$\dot{U}_{ca}$）	$\dot{U}_{32}$（$\dot{U}_{ba}$）	
接入电流	$\dot{I}_1$（$\dot{I}_a$）	$\dot{I}_2$（$\dot{I}_c$）	

4. 计算更正系数

（1）有功更正系数

$$P' = U_{ca}I_a\cos(150°+\varphi) + U_{ba}I_c\cos(90°+\varphi) \tag{7-35}$$

$$K_P = \frac{P}{P'} = \frac{\sqrt{3}UI\cos\varphi}{UI\cos(150°+\varphi)+UI\cos(90°+\varphi)} \tag{7-36}$$

$$= \frac{2\sqrt{3}}{-\sqrt{3}-3\tan\varphi}$$

（2）无功更正系数

$$Q' = U_{ca}I_a\sin(150°+\varphi) + U_{ba}I_c\sin(90°+\varphi) \tag{7-37}$$

$$K_Q = \frac{Q}{Q'} = \frac{\sqrt{3}UI\sin\varphi}{UI\sin(150°+\varphi)+UI\sin(90°+\varphi)} \tag{7-38}$$

$$= \frac{2\sqrt{3}}{-\sqrt{3}+3\cot\varphi}$$

5. 潮流反向产生原因分析

由以上分析可知，潮流反向原因是电压接入 $\dot{U}_1$（$\dot{U}_c$）、$\dot{U}_2$（$\dot{U}_a$）、$\dot{U}_3$（$\dot{U}_b$），电流接入 $\dot{I}_1$（$\dot{I}_a$）、$\dot{I}_2$（$\dot{I}_c$），导致 $\dot{U}_{12}$ 超前 $\dot{I}_1$、$\dot{U}_{32}$ 超前 $\dot{I}_2$ 的角度均在 $90°\sim180°$ 之间，第一元件、第二元件功率因数均为负值，第一元件、第二元件电流均为负电流，总有功功率为负值，有功电量计入智能电能表反向。潮流反向产生的原因是电压错接所致，并非电流极性反接。

（二）实例二

10kV 专用变压器用电用户，在 10kV 侧采用高供高计计量方式，接线方式为三相三线，

电压互感器采用 V/V 接线，电流互感器变比为 50A/5A，电能表为 3×100V、3×1.5（6）A 的智能电能表。智能电能表测量参数数据如下：显示电压逆相序，U_{ab}=102.1V，U_{cb}=102.3V，U_{ac}=102.7V，I_a= −0.95A，I_c= −0.97A，$\cos\varphi_1$ = −0.16，$\cos\varphi_2$ = −0.16，$\cos\varphi$ = −0.16，P_a= −15.17W，P_c= −15.52W，P= −30.70W，Q_a=95.80var，Q_c=98.01var，Q=193.81var。已知负载功率因数角为 51°（容性），10kV 供电线路向专用变压器输入有功功率，专用变压器向 10kV 供电线路输出无功功率，负载基本对称，分析故障与异常。

1. 故障与异常分析

（1）电压为逆相序，电压相序异常。

（2）第一元件电流 I_a 为−0.95A，是负电流，第一元件电流异常；第二元件电流 I_c 为−0.97A，是负电流，第二元件电流异常。

（3）负载功率因数角为 51°（容性），智能电能表应运行于Ⅳ象限，一次负荷潮流状态为+P、−Q。总有功功率−30.70W 为负值，总无功功率 193.81var 为正值，智能电能表运行于Ⅱ象限，运行象限异常。

（4）负载功率因数角 51°（容性）在Ⅳ象限 30°～60°之间，总功率因数应接近于 0.63，绝对值为"中"，数值为正；第一元件功率因数应接近于 0.93，绝对值为"大"，数值为正；第二元件功率因数应接近于 0.16，绝对值为"小"，数值为正。$\cos\varphi$ = −0.16，绝对值为"小"，且数值为负，总功率因数异常；$\cos\varphi_1$ = −0.16，绝对值为"小"，且数值为负，第一元件功率因数异常；$\cos\varphi_2$ = −0.16，绝对值为"小"，但数值为负，第二元件功率因数异常。

（5）$\dfrac{\cos\varphi_1 + \cos\varphi_2}{\cos\varphi} = \dfrac{-0.16 - 0.16}{-0.16} \approx 2.00$，比值约为 2.00，与正确比值 $\sqrt{3}$ 偏差较大，比值异常。

2. 确定相量图

按照逆相序确定电压相量图，$\cos\varphi_1$ = −0.16，φ_1 = ±99°，P_a=−15.17W，Q_a=95.80var，φ_1 在 90°～180°之间，φ_1 = 99°，$\overset{\wedge}{\dot{U}_{12}\dot{I}_1}$ = 99°，确定 $\dot{I}_1$；$\cos\varphi_2$ = −0.16，φ_2 = ±99°，P_c=−15.52W，Q_c=98.01var，φ_2 在 90°～180°之间，φ_2 = 99°，$\overset{\wedge}{\dot{U}_{32}\dot{I}_2}$ = 99°，确定 $\dot{I}_2$。相量图见图 7-17。

3. 接线分析

由图 7-17 可知，$\dot{I}_1$ 反相后 $-\dot{I}_1$ 超前 $\dot{U}_1$ 约 51°，$-\dot{I}_1$ 和 $\dot{U}_1$ 同相；$\dot{I}_2$ 超前 $\dot{U}_2$ 约 51°，$\dot{I}_2$ 和 $\dot{U}_2$ 同相。$\dot{U}_3$ 无对应的电流，则 $\dot{U}_3$ 为 $\dot{U}_b$，$\dot{U}_2$ 为 $\dot{U}_c$，$\dot{U}_1$ 为 $\dot{U}_a$；$-\dot{I}_1$ 为 $\dot{I}_a$，$\dot{I}_1$ 为 $-\dot{I}_a$，$\dot{I}_2$ 为 $\dot{I}_c$。第一元件电压接入 $\dot{U}_{ac}$，电流接入 $-\dot{I}_a$；第二元件电压接入 $\dot{U}_{bc}$，电流接入 $\dot{I}_c$。结论见表 7-10。

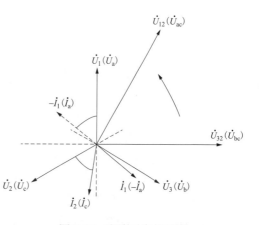

图 7-17　潮流反向相量图

表 7-10   结   论   表

接入电压	$\dot{U}_1$（$\dot{U}_a$）	$\dot{U}_2$（$\dot{U}_c$）	$\dot{U}_3$（$\dot{U}_b$）
	$\dot{U}_{12}$（$\dot{U}_{ac}$）	$\dot{U}_{32}$（$\dot{U}_{bc}$）	
接入电流	$\dot{I}_1$（$-\dot{I}_a$）	$\dot{I}_2$（$\dot{I}_c$）	

4. 计算更正系数

（1）有功更正系数

$$P' = U_{ac}I_a\cos(150° - \varphi) + U_{bc}I_c\cos(150° - \varphi) \tag{7-39}$$

$$K_P = \frac{P}{P'} = \frac{\sqrt{3}UI\cos\varphi}{UI\cos(150° - \varphi) + UI\cos(150° - \varphi)} \tag{7-40}$$

$$= \frac{\sqrt{3}}{-\sqrt{3} + \tan\varphi}$$

（2）无功更正系数

$$Q' = U_{ac}I_a\sin(150° - \varphi) + U_{bc}I_c\sin(150° - \varphi) \tag{7-41}$$

$$K_Q = \frac{Q}{Q'} = \frac{-\sqrt{3}UI\sin\varphi}{UI\sin(150° - \varphi) + UI\sin(150° - \varphi)} \tag{7-42}$$

$$= -\frac{\sqrt{3}}{\sqrt{3} + \cot\varphi}$$

5. 潮流反向产生原因分析

由以上分析可知，潮流反向原因是电压接入 $\dot{U}_1$（$\dot{U}_a$）、$\dot{U}_2$（$\dot{U}_c$）、$\dot{U}_3$（$\dot{U}_b$），电流接入 $\dot{I}_1$（$-\dot{I}_a$）、$\dot{I}_2$（$\dot{I}_c$），导致 $\dot{U}_{12}$ 超前 $\dot{I}_1$、$\dot{U}_{32}$ 超前 $\dot{I}_2$ 的角度均在 90°～180° 之间，第一元件、第二元件功率因数均为负值，第一元件、第二元件电流均为负电流，总有功功率为负值，有功电量计入智能电能表反向。潮流反向产生的原因是电压错接、$\dot{I}_a$ 反接所致。

第九节　功率反向传输潮流反向实例分析

某小型水力发电站，其发电上网计量点设置在系统变电站 10kV 出线侧，采用高供高计计量方式，接线方式为三相三线，电压互感器采用 V/V 接线，电流互感器变比为300A/5A，电能表为 3×100V、3×1.5（6）A 的智能电能表。智能电能表测量参数数据如下：显示电压正相序，U_{ab}=102.1V，U_{cb}=102.2V，U_{ac}=102.7V，I_a=0.96A，I_c=0.97A，$\cos\varphi_1 = 0.39$，$\cos\varphi_2 = 0.62$，$\cos\varphi = 0.99$，P_a=38.30W，P_c=61.02W，P=99.32W，Q_a=−90.22var，Q_c=78.12var，Q=−12.11var。已知负载功率因数角为 22°（感性），10kV 线路向母线输出有功功率、无功功率，负载基本对称，分析故障与异常。

1. 故障与异常分析

（1）第一元件电流 I_a 为 0.96A，是为正电流，第一元件电流异常；第二元件电流 I_c

为 0.97A，是正电流，第二元件电流异常。

（2）负载功率因数角为 22°（感性），智能电能表应运行于Ⅲ象限，一次负荷潮流状态为–P、–Q。总有功功率 99.32W 为正值，总无功功率–12.11var 为负值，智能电能表运行于Ⅳ象限，运行象限异常。

（3）负载功率因数角 22°（感性）在Ⅲ象限 0°～30°之间，总功率因数应接近于–0.93，绝对值为"大"，数值为负；第一元件功率因数应接近于–0.62，绝对值为"中"，数值为负；第二元件功率因数应接近于–0.99，绝对值为"大"，数值为负。$\cos\varphi=0.99$，绝对值为"大"，但数值为正，总功率因数异常；$\cos\varphi_1=0.39$，绝对值为"小"，且数值为正，第一元件功率因数异常；$\cos\varphi_2=0.62$，绝对值为"中"，且数值为正，第二元件功率因数异常。

（4）$\dfrac{\cos\varphi_1+\cos\varphi_2}{\cos\varphi}=\dfrac{0.39+0.62}{0.99}\approx1.01$，比值约为 1.01，与正确比值 $\sqrt{3}$ 偏差较大，比值异常。

2. 确定相量图

按照正相序确定电压相量图，$\cos\varphi_1=0.39$，$\varphi_1=\pm67°$，P_a=38.30W，Q_a=–90.22var，φ_1 在 270°～360°之间，$\varphi_1=-67°$，$\varphi_1=293°$，$\overset{\wedge}{\dot{U}_{12}\dot{I}_1}=293°$，确定 $\dot{I}_1$；$\cos\varphi_2=0.62$，$\varphi_2=\pm52°$，P_c=61.02W，Q_c=78.12var，φ_2 在 0°～90°之间，$\varphi_2=52°$，$\overset{\wedge}{\dot{U}_{32}\dot{I}_2}=52°$，确定 $\dot{I}_2$。相量图见图 7-18。

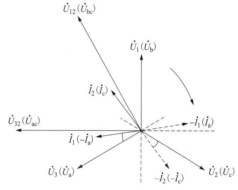

图 7-18　潮流反向相量图

3. 接线分析

由图 7-18 可知，$\dot{I}_1$ 滞后 $\dot{U}_3$ 约 22°，$-\dot{I}_1$ 和 $\dot{U}_3$ 同相；$-\dot{I}_2$ 滞后 $\dot{U}_2$ 约 22°，$\dot{I}_2$ 和 $\dot{U}_2$ 同相。$\dot{U}_1$ 无对应的电流，则 $\dot{U}_1$ 为 $\dot{U}_b$，$\dot{U}_2$ 为 $\dot{U}_c$，$\dot{U}_3$ 为 $\dot{U}_a$；$-\dot{I}_1$ 为 $\dot{I}_a$，$\dot{I}_1$ 为 $-\dot{I}_a$，$\dot{I}_2$ 为 $\dot{I}_c$。第一元件电压接入 $\dot{U}_{bc}$，电流接入 $-\dot{I}_a$；第二元件电压接入 $\dot{U}_{ac}$，电流接入 $\dot{I}_c$。结论见表 7-11。

表 7-11　　　　　　　　　　　　结　论　表

接入电压	$\dot{U}_1$（$\dot{U}_b$）	$\dot{U}_2$（$\dot{U}_c$）	$\dot{U}_3$（$\dot{U}_a$）
	$\dot{U}_{12}$（$\dot{U}_{bc}$）	$\dot{U}_{32}$（$\dot{U}_{ac}$）	
接入电流	$\dot{I}_1$（$-\dot{I}_a$）	$\dot{I}_2$（$\dot{I}_c$）	

4. 计算更正系数

（1）有功更正系数

$$P'=U_{bc}I_a\cos(90°-\varphi)+U_{ac}I_c\cos(30°+\varphi) \tag{7-43}$$

$$K_{\mathrm{P}} = \frac{P}{P'} = \frac{-\sqrt{3}UI\cos\varphi}{UI\cos(90° - \varphi) + UI\cos(30° + \varphi)} \tag{7-44}$$

$$= -\frac{2\sqrt{3}}{\sqrt{3} + \tan\varphi}$$

（2）无功更正系数

$$Q' = U_{\mathrm{bc}}I_{\mathrm{a}}\sin(270° + \varphi) + U_{\mathrm{ac}}I_{\mathrm{c}}\sin(30° + \varphi) \tag{7-45}$$

$$K_{\mathrm{Q}} = \frac{Q}{Q'} = \frac{-\sqrt{3}UI\sin\varphi}{UI\sin(270° + \varphi) + UI\sin(30° + \varphi)} \tag{7-46}$$

$$= \frac{2\sqrt{3}}{-\sqrt{3} + \cot\varphi}$$

5. 潮流反向产生原因分析

由以上分析可知，潮流反向原因是电压接入 $\dot{U}_1$（$\dot{U}_{\mathrm{b}}$）、$\dot{U}_2$（$\dot{U}_{\mathrm{c}}$）、$\dot{U}_3$（$\dot{U}_{\mathrm{a}}$），电流接入 $\dot{I}_1$（$-\dot{I}_{\mathrm{a}}$）、$\dot{I}_2$（$\dot{I}_{\mathrm{c}}$），导致 $\dot{U}_{12}$ 超前 $\dot{I}_1$ 的角度在 270°～360° 之间，$\dot{U}_{32}$ 超前 $\dot{I}_2$ 的角度在 0°～90° 之间，第一元件、第二元件功率因数均为正值，第一元件、第二元件电流均为正电流，总有功功率为正值，有功电量计入智能电能表正向。潮流反向产生的原因是电压错接、$\dot{I}_{\mathrm{a}}$ 反接所致。

第十节　不对称负载引起潮流反向的原因分析

正常情况下，无发电上网的 10kV 专用变压器用电用户，采用高供高计三相三线计量方式，在接线正确状态下，用电量计入智能电能表正方向，不会存在反向电量。但是，在不对称运行状态下，即使接线正确，智能电能表可能会出现反向电量，导致潮流反向。

三相三线智能电能表测量功率如下：

$$P = U_{\mathrm{ab}}I_{\mathrm{a}}\cos(30° + \varphi_{\mathrm{a}}) + U_{\mathrm{cb}}I_{\mathrm{c}}\cos(30° - \varphi_{\mathrm{c}}) \tag{7-47}$$

由于三相三线智能电能表两个元件角度不一致，导致两个元件功率因数也不一致，当负载功率因数低于 0.5（感性或容性）时，正确接线状态下，如果出现不对称运行，两个元件电流差异较大，可能会出现潮流反向。

一、感性负载潮流反向原因分析

正确接线状态下，感性负载 60°～90°，第一元件角度范围为 90°～120°，功率因数 $\cos\varphi_1$ 在 0～−0.5 之间，有功功率为负值；第二元件角度范围为 30°～60°，功率因数 $\cos\varphi_2$ 在 0.5～0.866 之间，有功功率为正值。如果出现不对称运行，第一元件电流明显大于第二元件电流，使第一元件有功功率绝对值大于第二元件有功功率绝对值，由于第一元件有功功率为负值，总有功功率可能为负值，出现反向电量，导致潮流反向。

感性负载 60°～90°，P_1 为负值，P_2 为正值，如果 $P_1 + P_2 < 0$，总有功功率为负值，则会出现潮流反向。

为便于分析，假定两组元件电压平衡，负载功率因数角 φ_{a}、φ_{c} 一致，有功功率表达式 $P = P_1 + P_2 = UI_{\mathrm{a}}\cos\varphi_1 + UI_{\mathrm{c}}\cos\varphi_2$，满足潮流反向的条件为 P 小于零，具体表达式如下：

$$UI_a \cos\varphi_1 + UI_c \cos\varphi_2 < 0 \qquad (7\text{-}48)$$

$$\frac{I_a}{I_c} > -\frac{\cos\varphi_2}{\cos\varphi_1} \qquad (7\text{-}49)$$

由以上分析可知，正确接线状态下，只要 I_a、I_c 满足式（7-49），则总有功功率为负值，出现潮流反向。感性负载 60°～90°时，负载功率因数角与功率因数、功率因数不平衡系数、电流不平衡系数的对应关系见表 7-12。

表 7-12　　　　　　　　　　　　感性不对称负载参数对应关系表

负载功率因数角（°）	功率因数	φ_1（°）	$\cos\varphi_1$	φ_2（°）	$\cos\varphi_2$	功率因数不平衡系数 $\left(\dfrac{\cos\varphi_2}{\cos\varphi_1}\right)$	电流不平衡系数 $\left(\dfrac{I_a}{I_c}\right)$
60	0.50	90	0.00	−30	0.87	∞	0.00
61	0.48	91	−0.02	−31	0.86	−49.11	49.11
62	0.47	92	−0.03	−32	0.85	−24.30	24.30
63	0.45	93	−0.05	−33	0.84	−16.02	16.02
64	0.44	94	−0.07	−34	0.83	−11.88	11.88
65	0.42	95	−0.09	−35	0.82	−9.40	9.40
66	0.41	96	−0.10	−36	0.81	−7.74	7.74
67	0.39	97	−0.12	−37	0.80	−6.55	6.55
68	0.37	98	−0.14	−38	0.79	−5.66	5.66
69	0.36	99	−0.16	−39	0.78	−4.97	4.97
70	0.34	100	−0.17	−40	0.77	−4.41	4.41
71	0.33	101	−0.19	−41	0.75	−3.96	3.96
72	0.31	102	−0.21	−42	0.74	−3.57	3.57
73	0.29	103	−0.22	−43	0.73	−3.25	3.25
74	0.28	104	−0.24	−44	0.72	−2.97	2.97
75	0.26	105	−0.26	−45	0.71	−2.73	2.73
76	0.24	106	−0.28	−46	0.69	−2.52	2.52
77	0.22	107	−0.29	−47	0.68	−2.33	2.33
78	0.21	108	−0.31	−48	0.67	−2.17	2.17
79	0.19	109	−0.33	−49	0.66	−2.02	2.02
80	0.17	110	−0.34	−50	0.64	−1.88	1.88
81	0.16	111	−0.36	−51	0.63	−1.76	1.76
82	0.14	112	−0.37	−52	0.62	−1.64	1.64
83	0.12	113	−0.39	−53	0.60	−1.54	1.54
84	0.10	114	−0.41	−54	0.59	−1.45	1.45
85	0.09	115	−0.42	−55	0.57	−1.36	1.36
86	0.07	116	−0.44	−56	0.56	−1.28	1.28

负载功率因数角（°）	功率因数	φ_1（°）	$\cos\varphi_1$	φ_2（°）	$\cos\varphi_2$	功率因数不平衡系数 $\left(\dfrac{\cos\varphi_2}{\cos\varphi_1}\right)$	电流不平衡系数 $\left(\dfrac{I_a}{I_c}\right)$
87	0.05	117	−0.45	−57	0.54	−1.20	1.20
88	0.03	118	−0.47	−58	0.53	−1.13	1.13
89	0.02	119	−0.48	−59	0.52	−1.06	1.06
90	0.00	120	−0.50	−60	0.50	−1.00	1.00

由表 7-12 可知，当出现表 7-12 中某个负载功率因数角，电流不平衡系数大于表中所列的值，总有功功率为负值，则会出现潮流反向。负载功率因数角越接近于 90°，电流不平衡系数越接近于 1，出现潮流反向的概率越大。

比如负载功率因数角为感性 85°，假设两组元件电压为额定值 100V，I_c=0.07A，只要 $\dfrac{I_a}{I_c}$ 大于表 7-12 中所对应的不平衡系数 1.36，1.36×0.07A=0.0952A，即只要 I_a 大于 0.0952A，总有功功率则为负值，假设 I_a 为 0.10A，I_a−I_c=0.10−0.07=0.03（A），I_a 仅比 I_c 大 0.03A，智能电能表测量总有功功率如下：

$$
\begin{aligned}
P &= UI_a\cos(30°+85°)+UI_c\cos(30°-85°)\\
&= 100\times0.10\times(-0.42)+100\times0.07\times0.57\\
&= -0.21(\text{W})
\end{aligned}
\tag{7-50}
$$

智能电能表测量总有功功率−0.21W 为负值，在接线正确状态下，由于负载不对称导致潮流反向。

二、容性负载潮流反向原因分析

容性负载−60°～−90°，第一元件角度范围为−30°～−60°，功率因数 $\cos\varphi_1$ 在 0.5～0.866 之间，有功功率为正值；第二元件角度范围为−90°～−120°，功率因数 $\cos\varphi_2$ 在 0～−0.5 之间，有功功率为负值。如果出现不对称运行，第一元件电流明显小于第二元件电流，使第一元件有功功率绝对值小于第二元件有功功率绝对值，由于第二元件有功功率为负值，总有功功率可能为负值，出现反向电量，导致潮流反向。

容性负载−60°～−90°，P_1 为正值，P_2 为负值，如果 $P_1+P_2<0$，总有功功率为负值，则会出现潮流反向。

为便于分析，假定两组元件电压平衡，负载功率因数角 φ_a、φ_c 一致，有功功率表达式 $P=P_1+P_2=UI_a\cos\varphi_1+UI_c\cos\varphi_2$，满足潮流反向的条件为 P 小于零，具体表达式如下：

$$
UI_a\cos\varphi_1+UI_c\cos\varphi_2<0
\tag{7-51}
$$

$$
\frac{I_c}{I_a}>-\frac{\cos\varphi_1}{\cos\varphi_2}
\tag{7-52}
$$

由以上分析可知，正确接线状态下，只要 I_c、I_a 满足式（7-58），则总有功功率为负值，出现潮流反向。容性负载−60°～−90°时，负载功率因数角与功率因数、功率因数不平衡系数、电流不平衡系数的对应关系见表 7-13。

表 7-13 容性不对称负载参数对应关系表

负载功率因数角（°）	功率因数	φ_1（°）	$\cos\varphi_1$	φ_2（°）	$\cos\varphi_2$	功率因数不平衡系数 $\left(\dfrac{\cos\varphi_1}{\cos\varphi_2}\right)$	电流不平衡系数 $\left(\dfrac{I_c}{I_a}\right)$
−60	0.50	−30	0.87	90	0.00	∞	0
−61	0.48	−31	0.86	91	−0.02	−49.11	49.11
−62	0.47	−32	0.85	92	−0.03	−24.30	24.30
−63	0.45	−33	0.84	93	−0.05	−16.02	16.02
−64	0.44	−34	0.83	94	−0.07	−11.88	11.88
−65	0.42	−35	0.82	95	−0.09	−9.40	9.40
−66	0.41	−36	0.81	96	−0.10	−7.74	7.74
−67	0.39	−37	0.80	97	−0.12	−6.55	6.55
−68	0.37	−38	0.79	98	−0.14	−5.66	5.66
−69	0.36	−39	0.78	99	−0.16	−4.97	4.97
−70	0.34	−40	0.77	100	−0.17	−4.41	4.41
−71	0.33	−41	0.75	101	−0.19	−3.96	3.96
−72	0.31	−42	0.74	102	−0.21	−3.57	3.57
−73	0.29	−43	0.73	103	−0.22	−3.25	3.25
−74	0.28	−44	0.72	104	−0.24	−2.97	2.97
−75	0.26	−45	0.71	105	−0.26	−2.73	2.73
−76	0.24	−46	0.69	106	−0.28	−2.52	2.52
−77	0.22	−47	0.68	107	−0.29	−2.33	2.33
−78	0.21	−48	0.67	108	−0.31	−2.17	2.17
−79	0.19	−49	0.66	109	−0.33	−2.02	2.02
−80	0.17	−50	0.64	110	−0.34	−1.88	1.88
−81	0.16	−51	0.63	111	−0.36	−1.76	1.76
−82	0.14	−52	0.62	112	−0.37	−1.64	1.64
−83	0.12	−53	0.60	113	−0.39	−1.54	1.54
−84	0.10	−54	0.59	114	−0.41	−1.45	1.45
−85	0.09	−55	0.57	115	−0.42	−1.36	1.36
−86	0.07	−56	0.56	116	−0.44	−1.28	1.28
−87	0.05	−57	0.54	117	−0.45	−1.20	1.20
−88	0.03	−58	0.53	118	−0.47	−1.13	1.13
−89	0.02	−59	0.52	119	−0.48	−1.06	1.06
−90	0.00	−60	0.50	120	−0.50	−1.00	1.00

由表 7-13 可知，当出现表 7-13 中某个负载功率因数角，电流不平衡系数大于表中所列的电流不平衡系数，总有功功率为负值，则会出现潮流反向。负载功率因数角越接

近于–90°，电流不平衡系数越接近于1，出现潮流反向的概率越大。

比如负载功率因数角为容性82°，假设两组元件电压为额定值100V，I_a=0.16A，只要$\dfrac{I_c}{I_a}$大于表7-13中所对应的值1.64，1.64×0.16A=0.2624A，即只要I_c大于0.2624A，总有功功率则为负值，假设I_c为0.27A，I_c–I_a=0.27–0.16=0.11（A），I_c比I_a大0.11A，智能电能表测量总有功功率如下：

$$
\begin{aligned}
P &= UI_a\cos(30°-82°)+UI_c\cos(30°+82°)\\
&= 100\times0.16\times0.62+100\times0.27\times(-0.37) \qquad (7\text{-}53)\\
&= -0.26(\text{W})
\end{aligned}
$$

智能电能表测量总有功功率–0.26W为负值，在接线正确状态下，由于负载不对称导致潮流反向。

以上分析了感性负载或容性负载60°～90°情况下，两组元件电压平衡，负载功率因数角φ_a、φ_c一致，电流不平衡导致的潮流反向。在生产实际中，负载不对称还存在负载功率因数角φ_a和φ_c不一致、电流基本平衡，或负载功率因数角φ_a和φ_c不一致、电流不平衡等情况导致的潮流反向，其分析方法基本类似。

第十一节　不对称负载引起潮流反向实例分析

一、不对称感性负载引起潮流反向实例分析

无发电上网的10kV专用变压器用电用户，在10kV侧采用高供高计计量方式，接线方式为三相三线，电压互感器采用V/V接线，电流互感器变比为75A/5A，电能表为3×100V、3×1.5（6）A的智能电能表。智能电能表测量参数数据如下：显示电压正相序，U_{ab}=102.5V，U_{cb}=103.1V，I_a=–0.17A，I_c=0.09A，$\cos\varphi_1$=–0.45，$\cos\varphi_2$=0.62，$\cos\varphi$=–0.09，P_a=–7.91W，P_c=5.71W，P=–2.20W，Q_a=15.52var，Q_c=7.78var，Q=23.30var。已知a相负载功率因数角φ_a为87°（感性），c相负载功率因数角φ_c为82°（感性），分析故障与异常。

1. 故障与异常分析

（1）负载功率因数角φ_a为87°（感性）、φ_c为82°（感性），智能电能表应运行于Ⅰ象限，负荷潮流状态为+P、+Q。总有功功率–2.20W为负值，潮流反向，总无功功率23.30var为正值，智能电能表运行于Ⅱ象限，运行象限异常。

（2）负载功率因数角a相87°（感性）、c相82°（感性）在Ⅰ象限60°～90°之间，总功率因数应接近于0.09，绝对值为"小"，数值为正。$\cos\varphi$=–0.09，绝对值为"小"，但数值为负，总功率因数异常。

2. 确定相量图

按照电压正相序确定电压相量图，$\cos\varphi_1$=–0.45，φ_1=±117°，P_a=–7.91W，Q_a=15.52var，φ_1在90°～180°之间，φ_1=117°，$\overset{\wedge}{\dot U_{12}\dot I_1}$=117°，确定$\dot I_1$；$\cos\varphi_2$=0.62，$\varphi_2$=±52°，$P_c$=5.71W，$Q_c$=7.78var，$\varphi_2$在0°～90°之间，$\varphi_2$=52°，$\overset{\wedge}{\dot U_{32}\dot I_2}$=52°，确定$\dot I_2$。相量图见图7-19。

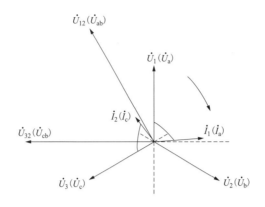

图 7-19　智能电能表相量图

3. 接线分析

由图 7-19 可知，$\dot{I}_1$ 滞后 $\dot{U}_1$ 约 87°，$\dot{I}_1$ 和 $\dot{U}_1$ 同相，$\dot{I}_2$ 滞后 $\dot{U}_3$ 约 82°，$\dot{I}_2$ 和 $\dot{U}_3$ 同相，$\dot{U}_2$ 无对应的电流，则 $\dot{U}_2$ 为 $\dot{U}_b$，$\dot{U}_3$ 为 $\dot{U}_c$，$\dot{U}_1$ 为 $\dot{U}_a$，$\dot{I}_1$ 为 $\dot{I}_a$，$\dot{I}_2$ 为 $\dot{I}_c$。第一元件电压接入 $\dot{U}_{ab}$，电流接入 $\dot{I}_a$；第二元件电压接入 $\dot{U}_{cb}$，电流接入 $\dot{I}_c$。结论见表 7-14。

表 7-14　　　　　　　　　　　　　结　论　表

接入电压	$\dot{U}_1$（$\dot{U}_a$）	$\dot{U}_2$（$\dot{U}_b$）	$\dot{U}_3$（$\dot{U}_c$）
	$\dot{U}_{12}$（$\dot{U}_{ab}$）	$\dot{U}_{32}$（$\dot{U}_{cb}$）	
接入电流	$\dot{I}_1$（$\dot{I}_a$）	$\dot{I}_2$（$\dot{I}_c$）	

4. 计算更正系数

（1）有功更正系数

$$P' = U_{ab}I_a\cos(30°+\varphi) + U_{cb}I_c\cos(\varphi-30°)$$

$$K_p = \frac{P}{P'} = \frac{\sqrt{3}UI\cos\varphi}{UI\cos(30°+\varphi)+UI\cos(\varphi-30°)} = 1 \qquad (7\text{-}54)$$

（2）无功更正系数

$$Q' = U_{ab}I_a\sin(30°+\varphi) + U_{cb}I_c\sin(\varphi-30°)$$

$$K_Q = \frac{Q}{Q'} = \frac{\sqrt{3}UI\sin\varphi}{UI\sin(30°+\varphi)+UI\sin(\varphi-30°)} = 1 \qquad (7\text{-}55)$$

5. 潮流反向原因分析

由以上分析可知，智能电能表接线正确，潮流反向原因是 a 相负载功率因数角 φ_a 为 87°（感性），c 相负载功率因数角 φ_c 为 82°（感性），负载功率因数角 φ_a 和 φ_c 不一致，且第一元件电流 0.17 明显大于第二元件电流 0.09，第一元件有功功率为负值，第二元件有功功率为正值，使第一元件有功功率绝对值明显大于第二元件有功功率绝对值，总有功功率为负值，导致潮流反向。

二、不对称容性负载引起潮流反向实例分析

无发电上网的 10kV 专用变压器用电用户，在 10kV 侧采用高供高计计量方式，接线方式为三相三线，电压互感器采用 V/V 接线，电流互感器变比为 50A/5A，电能表为 $3\times100V$、3×1.5（6）A 的智能电能表。智能电能表测量参数数据如下：显示电压正相序，$U_{ab}=101.7V$，$U_{cb}=102.1V$，$I_a=0.28A$，$I_c=-0.39A$，$\cos\varphi_1=0.57$，$\cos\varphi_2=-0.47$，$\cos\varphi=-0.04$，$P_a=16.33W$，$P_c=-18.69W$，$P=-2.36W$，$Q_a=-23.32var$，$Q_c=-36.07var$，$Q=-59.39var$。已知 a 相负载功率因数角 φ_a 为 85°（容性），c 相负载功率因数角 φ_c 为 88°（容性），分析故障与异常。

1. 故障与异常分析

（1）负载功率因数角 φ_a 为 85°（容性）、φ_c 为 88°（容性），智能电能表应运行于Ⅳ象限，负荷潮流状态为+P、−Q。总有功功率−2.36W 为负值，潮流反向，总无功功率−59.39var 为负值，智能电能表运行于Ⅲ象限，运行象限异常。

（2）负载功率因数角 a 相 85°（容性）、c 相 88°（容性）在Ⅳ象限 60°～90°之间，总功率因数应接近于 0.07，绝对值为"小"，数值为正。$\cos\varphi=-0.04$，绝对值为"小"，但与 0.07 偏离较大，且数值为负，总功率因数异常。

2. 确定相量图

按照电压正相序确定电压相量图，$\cos\varphi_1=0.57$，$\varphi_1=\pm55°$，$P_a=16.33W$，$Q_a=-23.32var$，φ_1 在 270°～360°之间，$\varphi_1=305°$，$\overset{\wedge}{U_{12}I_1}=305°$，确定 $\dot{I}_1$；$\cos\varphi_2=-0.47$，$\varphi_2=\pm118°$，$P_c=-18.69W$，$Q_c=-36.07var$，φ_2 在 180°～270°之间，$\varphi_2=-118°$，$\overset{\wedge}{U_{32}I_2}=242°$，确定 $\dot{I}_2$。相量图见图 7-20。

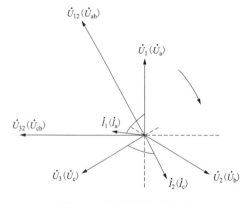

图 7-20　智能电能表相量图

3. 接线分析

由图 7-20 可知，$\dot{I}_1$ 超前 $\dot{U}_1$ 约 85°，$\dot{I}_1$ 和 $\dot{U}_1$ 同相，$\dot{I}_2$ 超前 $\dot{U}_3$ 约 88°，$\dot{I}_2$ 和 $\dot{U}_3$ 同相，$\dot{U}_2$ 无对应的电流，则 $\dot{U}_2$ 为 $\dot{U}_b$，$\dot{U}_3$ 为 $\dot{U}_c$，$\dot{U}_1$ 为 $\dot{U}_a$，$\dot{I}_1$ 为 $\dot{I}_a$，$\dot{I}_2$ 为 $\dot{I}_c$。第一元件电压接入 $\dot{U}_{ab}$，电流接入 $\dot{I}_a$；第二元件电压接入 $\dot{U}_{cb}$，电流接入 $\dot{I}_c$。结论见表 7-15。

表 7-15　　　　　　　　　　　　结　论　表

接入电压	$\dot{U}_1$（$\dot{U}_a$）	$\dot{U}_2$（$\dot{U}_b$）	$\dot{U}_3$（$\dot{U}_c$）
	$\dot{U}_{12}$（$\dot{U}_{ab}$）	$\dot{U}_{32}$（$\dot{U}_{cb}$）	
接入电流	$\dot{I}_1$（$\dot{I}_a$）	$\dot{I}_2$（$\dot{I}_c$）	

4. 计算更正系数

（1）有功更正系数

$$P'=U_{ab}I_a\cos(\varphi-30°)+U_{cb}I_c\cos(30°+\varphi)$$

$$K_P=\frac{P}{P'}=\frac{\sqrt{3}UI\cos\varphi}{UI\cos(\varphi-30°)+UI\cos(30°+\varphi)}=1 \tag{7-56}$$

（2）无功更正系数

$$Q' = U_{ab}I_a \sin(30° - \varphi) + U_{cb}I_c \sin(330° - \varphi)$$

$$K_Q = \frac{Q}{Q'} = \frac{-\sqrt{3}UI\sin\varphi}{UI\sin(30° - \varphi) + UI\sin(330° - \varphi)} = 1 \tag{7-57}$$

5. 潮流反向原因分析

由以上分析可知，智能电能表接线正确，潮流反向原因是 a 相负载功率因数角 φ_a 为 85°（容性），c 相负载功率因数角 φ_c 为 88°（容性），负载功率因数角 φ_a 和 φ_c 不一致，且第二元件电流 0.39 明显大于第一元件电流 0.28，第一元件有功功率为正值，第二元件有功功率为负值，使第二元件有功功率绝对值明显大于第一元件有功功率绝对值，总有功功率为负值，导致潮流反向。

第十二节　过负荷运行实例分析

智能电能表各元件电流超过电能表的最大电流，引起电流互感器和电能表过载运行，带来一定的安全隐患，使误差特性发生明显变化，影响计量准确性。

10kV 专用变压器用电用户，变压器装接容量为 800kVA，在 10kV 侧采用高供高计计量方式，接线方式为三相三线，电压互感器采用 V/V 接线，电流互感器变比为 50A/5A，电能表为 3×100V、3×1.5（6）A 的智能电能表。智能电能表测量参数数据如下：显示电压正相序，U_{ab}=102.1V，U_{cb}=101.3V，U_{ac}=101.7V，I_a=6.62A，I_c=6.61A，$\cos\varphi_1 = 0.78$，$\cos\varphi_2 = 0.93$，$\cos\varphi = 0.99$，P_a=525.27W，P_c=625.12W，P=1150.39W，Q_a=425.29var，Q_c=−239.93var，Q=185.36var。已知负载功率因数角为 9°（感性），10kV 供电线路向专用变压器输入有功功率、无功功率，负载基本对称，分析故障与异常。

1. 故障与异常分析

（1）第一元件电流 I_a 为 6.62A，超过了智能电能表的最大电流 6A，第一元件电流异常；第二元件电流 I_c 为 6.61A，超过了智能电能表的最大电流 6A，第二元件电流异常。

（2）视在功率：

$$S = \frac{P}{\cos\varphi} \times \frac{10}{0.1} \times \frac{50}{5} = \frac{1150.39}{0.99} \times \frac{10}{0.1} \times \frac{50}{5} = 1162 \text{（kVA）} \tag{7-58}$$

实际视在功率 1162kVA 远大于变压器装接容量 800kVA，变压器超容量运行。

（3）负载功率因数角为 9°（感性），智能电能表应运行于 I 象限，一次负荷潮流状态为+P、+Q。总有功功率 1162W 为正值，总无功功率 185.36var 为正值，智能电能表运行于 I 象限，运行象限无异常。

（4）负载功率因数角 9°（感性）在 I 象限 0°~30°之间，总功率因数应接近于 0.99，绝对值为"大"，数值为正；第一元件功率因数应接近于 0.78，绝对值为"中"，数值为正；第二元件功率因数应接近于 0.93，绝对值为"大"，数值为正。$\cos\varphi = 0.99$，绝对值为"大"，数值为正，总功率因数无异常；$\cos\varphi_1 = 0.78$，绝对值为"中"，数值为正，第一元件功率因数无异常；$\cos\varphi_2 = 0.93$，绝对值为"大"，数值为正，第二元件功率因数无异常。

（5）$\dfrac{\cos\varphi_1+\cos\varphi_2}{\cos\varphi}=\dfrac{0.78+0.93}{0.99}\approx1.73$，比值约为 1.73，与正确比值 $\sqrt{3}$ 接近，比值无异常。

2. 确定相量图

按照正相序确定电压相量图，$\cos\varphi_1=0.78$，$\varphi_1=\pm39°$，P_a=525.27W，Q_a=425.29var，φ_1 在 0°～90° 之间，$\varphi_1=39°$，$\overset{\wedge}{\dot U_{12}\dot I_1}=39°$，确定 $\dot I_1$；$\cos\varphi_2=0.93$，$\varphi_2=\pm22°$，P_c=625.12W，Q_c=−239.93var，φ_2 在 270°～360° 之间，$\varphi_2=-22°$，$\varphi_2=338°$，$\overset{\wedge}{\dot U_{32}\dot I_2}=338°$，确定 $\dot I_2$。相量图见图 7-21。

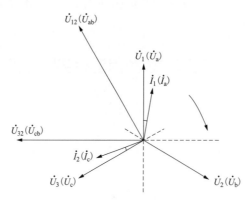

图 7-21　智能电能表相量图

3. 接线分析

由图 7-21 可知，$\dot I_1$ 滞后 $\dot U_1$ 约 9°，$\dot I_1$ 和 $\dot U_1$ 同相；$\dot I_2$ 滞后 $\dot U_3$ 约 9°，$\dot I_2$ 和 $\dot U_3$ 同相。$\dot U_2$ 无对应的电流，则 $\dot U_2$ 为 $\dot U_b$，$\dot U_3$ 为 $\dot U_c$，$\dot U_1$ 为 $\dot U_a$；$\dot I_1$ 为 $\dot I_a$，$\dot I_2$ 为 $\dot I_c$。第一元件电压接入 $\dot U_{ab}$，电流接入 $\dot I_a$；第二元件电压接入 $\dot U_{cb}$，电流接入 $\dot I_c$。结论见表 7-16。

表 7-16　　　　　　　　　　　　　　结　论　表

接入电压	$\dot U_1$（$\dot U_a$）	$\dot U_2$（$\dot U_b$）	$\dot U_3$（$\dot U_c$）
	$\dot U_{12}$（$\dot U_{ab}$）	$\dot U_{32}$（$\dot U_{cb}$）	
接入电流	$\dot I_1$（$\dot I_a$）	$\dot I_2$（$\dot I_c$）	

4. 计算更正系数

（1）有功更正系数

$$P'=U_{ab}I_a\cos(30°+\varphi)+U_{cb}I_c\cos(30°-\varphi) \tag{7-59}$$

$$K_P=\frac{P}{P'}=\frac{\sqrt{3}UI\cos\varphi}{UI\cos(30°+\varphi)+UI\cos(30°-\varphi)}=1 \tag{7-60}$$

（2）无功更正系数

$$Q'=U_{ab}I_a\sin(30°+\varphi)+U_{cb}I_c\sin(330°+\varphi) \tag{7-61}$$

$$K_Q = \frac{Q}{Q'} = \frac{\sqrt{3}UI\sin\varphi}{UI\sin(30° + \varphi) + UI\sin(330° + \varphi)} = 1 \tag{7-62}$$

5. 过负荷产生的原因分析

由以上分析可知，智能电能表无接线错误等故障，仅为用户接入过多用电设备导致变压器超容量运行，二次电流超过了电流互感器额定二次电流 5A，也超过智能电能表的最大电流 6A。电流互感器和智能电能表过载运行，误差特性发生变化，影响计量准确性。因此，实际生产中，应杜绝电流互感器和智能电能表过载运行。

第八章

三相四线智能电能表电流异常分析

本章对三相四线智能电能表失流、负电流，以及功率正向传输、功率反向传输引起的潮流反向等故障与异常进行了详细分析。

第一节 失流故障分析方法

一、概述

三相四线智能电能表失流是指智能电能表测量的二次电流与电流互感器二次侧输出的电流不一致。正常运行过程中，计量二次回路同一相电流应保持一致，如出现不一致，可能存在失流故障。

对于三相四线电能计量装置，由 A 相电流互感器二次端钮处至开关端子箱，开关端子箱至计量屏端子排，计量屏端子排至试验接线盒，试验接线盒至三相四线智能电能表 a 相电流元件的二次电流 $\dot{I}_a$ 是一致的；由 B 相电流互感器二次端钮处至开关端子箱，开关端子箱至计量屏端子排，计量屏端子排至试验接线盒，试验接线盒至三相四线智能电能表 b 相电流元件的二次电流 $\dot{I}_b$ 是一致的；由 C 相电流互感器二次端钮处至开关端子箱，开关端子箱至计量屏端子排，计量屏端子排至试验接线盒，试验接线盒至三相四线智能电能表 c 相电流元件的二次电流 $\dot{I}_c$ 是一致的。

二、失流故障类型

三相四线智能电能表失流故障主要有以下五种类型：

（1）三相四线智能电能表测量的 a 相电流 $\dot{I}_a$ 与 a 相计量二次回路电流不一致，存在一定的差异。

（2）三相四线智能电能表的 b 相电流 $\dot{I}_b$ 与 b 相计量二次回路电流不一致，存在一定的差异。

（3）三相四线智能电能表的 c 相电流 $\dot{I}_c$ 与 c 相计量二次回路电流不一致，存在一定的差异。

（4）三相四线智能电能表 $\dot{I}_a$、$\dot{I}_b$、$\dot{I}_c$ 中，某两相与对应相别计量二次回路电流不一致，存在一定的差异。

（5）三相四线智能电能表 $\dot{I}_a$、$\dot{I}_b$、$\dot{I}_c$ 同时失流，与对应相别计量二次回路电流不一致，存在一定的差异。

三相四线智能电能表在运行过程中，各元件电流应基本平衡，如各元件电流相差较大，需根据现场负荷情况综合判断，确定到底是负载不对称，还是电流二次回路存在失流故障。处理失流故障时，必须严格按照各项安全管理规定，履行保证安全的组织措施和技术措施，确保人身、电网、设备的安全。

第二节　a 相失流故障分析

10kV 专用变压器用电用户，在 0.4kV 侧采用高供低计计量方式，接线方式为三相四线，电流互感器变比为 300A/5A，电能表为 3×220/380V、3×1.5（6）A 的智能电能表。智能电能表测量参数数据有：U_a=236.5V，U_b=235.8V，U_c=236.3V，U_{ab}=409.1V，U_{cb}=410.2V，U_{ac}=409.7V，I_a=0.07A，I_b=1.05A，I_c=1.08A，$\cos\varphi_1 = 0.19$，$\cos\varphi_2 = 0.93$，$\cos\varphi_3 = 0.92$，$\cos\varphi = 0.91$，P_a=3.16W，P_b=229.56W，P_c=234.95W，P=467.67W，Q_a=16.25var，Q_b=92.75var，Q_c=99.72var，Q=208.72var。已知负载功率因数角为 21°（感性），10kV 供电线路向专用变压器输入有功功率、无功功率，负载基本对称，智能电能表接线正确，分析故障与异常。

1. 故障与异常分析

（1）第一元件电流 I_a 仅 0.07A，I_b 为 1.05A，I_c 为 1.08A，说明第一元件失流。

（2）第一元件有功功率 P_a 仅为 3.16W，P_b 为 229.56W，P_c 为 234.93W，第一元件有功功率异常。第一元件无功功率 Q_a 仅为 16.25var，Q_b 为 92.75var，Q_c 为 99.72var，第一元件无功功率异常。

（3）负载功率因数角 21°（感性）在 I 象限 0°～30°之间，总功率因数和各元件功率因数应接近于 0.90，绝对值均为"大"，数值均为正；$\cos\varphi_1 = 0.19$，数值为正，但绝对值为"小"，第一元件功率因数异常。

（4）$\dfrac{\cos\varphi_1 + \cos\varphi_2 + \cos\varphi_3}{\cos\varphi} = \dfrac{0.19+0.93+0.92}{0.91} \approx 2.23$，比值约为 2.23，与正确比值 3 偏差较大，比值异常。

2. 确定相量图

按照正相序确定电压相量图。$\cos\varphi_1 = 0.19$，$\varphi_1 = \pm79°$，P_a=3.16W，Q_a=16.25var，φ_1 在 0°～90°之间，$\varphi_1 = 79°$，$\overset{\wedge}{\dot{U}_a \dot{I}_a} = 79°$，确定 $\dot{I}_a$；$\cos\varphi_2 = 0.93$，$\varphi_2 = \pm22°$，P_b=229.56W，Q_b=92.75var，φ_2 在 0°～90°之间，$\varphi_2 = 22°$，$\overset{\wedge}{\dot{U}_b \dot{I}_b} = 22°$，确定 $\dot{I}_b$；$\cos\varphi_3 = 0.92$，$\varphi_3 = \pm23°$，P_c=234.95W，Q_c=99.72var，φ_3 在 0°～90°之间，$\varphi_3 = 23°$，$\overset{\wedge}{\dot{U}_c \dot{I}_c} = 23°$，确定 $\dot{I}_c$。a 相失流相量图见图 8-1。

由图 8-1 可知，a 相失流后，$\dot{I}_a$ 幅值减小至 0.07A，明显低于 $\dot{I}_b$、$\dot{I}_c$，相位逆时针方向约偏移了 58°。

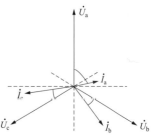

图 8-1　a 相失流相量图

3. 计算更正系数

（1）有功更正系数

$$K_{\mathrm{P}} = \frac{P}{P'} = \frac{3UI\cos 21°}{\dfrac{0.07}{1.05}UI\cos 79° + UI\cos 22° + UI\cos 23°} = 1.50 \qquad (8\text{-}1)$$

（2）无功更正系数

$$K_{\mathrm{Q}} = \frac{Q}{Q'} = \frac{3UI\sin 21°}{\dfrac{0.07}{1.05}UI\sin 79° + UI\sin 22° + UI\sin 23°} = 1.28 \qquad (8\text{-}2)$$

第三节　b 相失流故障分析

110kV 专线用电用户，计量点设置在系统变电站 110kV 出线处，采用高供高计计量方式，接线方式为三相四线，电压互感器采用 Y_n/Y_n-12 接线，电流互感器变比为 300A/5A，电能表为 3×57.7/100V、3×1.5（6）A 的智能电能表。智能电能表测量参数数据如下：U_a=61.7V，U_b=61.2V，U_c=61.5V，U_{ab}=105.7V，U_{cb}=105.2V，U_{ac}=105.9V，I_a=0.77A，I_b=0.11A，I_c=0.75A，$\cos\varphi_1 = 0.82$，$\cos\varphi_2 = 0.21$，$\cos\varphi_3 = 0.82$，$\cos\varphi = 0.79$，P_a=38.92W，P_b=1.39W，P_c=37.78W，P=78.09W，Q_a=27.25var，Q_b=6.58var，Q_c=26.46var，Q=60.29var。已知负载功率因数角为 35°（感性），母线向 110kV 供电线路输入有功功率、无功功率，负载基本对称，智能电能表接线正确，分析故障与异常，计算更正系数。

1. 故障与异常分析

（1）第二元件电流 I_b 仅 0.11A，I_a 为 0.77A，I_c 为 0.75A，说明 b 相失流。

（2）第二元件有功功率 P_b 仅为 1.39W，P_a 为 38.92W，P_c 为 38.92W，第二元件有功功率异常。第二元件无功功率 Q_b 仅为 6.58var，Q_a 为 27.25var，Q_c 为 26.46var，第二元件无功功率异常。

（3）负载功率因数角 35°（感性）在 I 象限 30°～60° 之间，总功率因数和各元件功率因数应接近于 0.82，绝对值均为"中"，数值均为正；$\cos\varphi_2 = 0.21$，数值为正，但绝对值为"小"，第二元件功率因数异常。

（4）$\dfrac{\cos\varphi_1 + \cos\varphi_2 + \cos\varphi_3}{\cos\varphi} = \dfrac{0.82 + 0.21 + 0.82}{0.79} \approx 2.33$，比值约为 2.33，与正确比值 3 偏差较大，比值异常。

2. 确定相量图

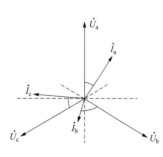

图 8-2　b 相失流相量图

按照正相序确定电压相量图。$\cos\varphi_1 = 0.82$，$\varphi_1 = \pm 35°$，P_a=38.92W，Q_a=27.25var，φ_1 在 0°～90° 之间，$\varphi_1 = 35°$，$\hat{U_a I_a} = 35°$，确定 $\dot{I}_a$；$\cos\varphi_2 = 0.21$，$\varphi_2 = \pm 78°$，P_b=1.39W，Q_b=6.58var，φ_2 在 0°～90° 之间，$\varphi_2 = 78°$，$\hat{U_b I_b} = 78°$，确定 $\dot{I}_b$；$\cos\varphi_3 = 0.82$，$\varphi_3 = \pm 35°$，P_c=38.92W，Q_c=26.46var，φ_3 在 0°～90° 之间，$\varphi_3 = 35°$，$\hat{U_c I_c} = 35°$，确定 $\dot{I}_c$。b 相失流相量图见图 8-2。

由图 8-2 可知，b 相失流后，$\dot{I}_b$ 幅值减小至 0.11A，明显低于 $\dot{I}_a$、$\dot{I}_c$，相位逆时针方向偏移了 43°。

3．计算更正系数

（1）有功更正系数

$$K_P = \frac{P}{P'} = \frac{3UI\cos35°}{UI\cos35° + \dfrac{0.11}{0.75}UI\cos78° + UI\cos35°} = 1.47 \qquad（8-3）$$

（2）无功更正系数

$$K_Q = \frac{Q}{Q'} = \frac{3UI\sin35°}{UI\sin35° + \dfrac{0.11}{0.75}UI\sin78° + UI\sin35°} = 1.33 \qquad（8-4）$$

第四节　三相四线智能电能表负电流分析方法

三相四线智能电能表在运行过程中，会出现负电流，负电流表示该元件有功功率、功率因数为负值，各元件电流正负性与该元件的有功功率、功率因数是一一对应的关系。功率因数为正值，该元件有功功率为正值，电流为正电流；功率因数为负值，该元件有功功率为负值，电流为负电流。需要说明的是，电流正负性仅表示该元件有功功率的方向，有功功率计算不能带入电流的符号。三相四线智能电能表接线正确或错误的情况下，均可能产生负电流。

一、正确接线时负电流产生的原因

正确接线情况下，供电线路传输正向有功功率或反向有功功率时，均可能产生负电流。

（一）供电线路传输正向有功功率

供电线路传输正向有功功率时，负载功率因数角为感性 0°～90°，智能电能表运行于Ⅰ象限，负载功率因数角为容性 0°～90°，智能电能表运行于Ⅳ象限，第一元件、第二元件、第三元件应为正电流。但是在感性或容性负载功率因数角为 90°的临界状态下，可能会产生负电流。

1．感性负载

（1）产生负电流的运行方式。感性负载时，如果负载功率因数角在临界值 90°左右，各元件电压超前电流的角度接近于 90°，各元件可能会出现负电流，其相量图见图 8-3。

由图 8-3 可知，电压超前电流的角度在临界值 90°左右，接近于电感性负载，如果电压互感器和电流互感器角差不匹配，导致智能电能表某元件电压超前电流的角度大于90°，该元件功率因数为负值，有功功率为负值，电流为负电流。

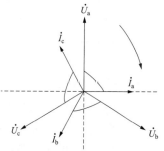

图 8-3　电感性负载相量图

一般情况下，变压器空载运行，导致供电线路接近于电感性，智能电能表某个元件可能会出现负电流。此时电能计量装置并无异常，总功率因数非常低，运行过久Ⅰ象限感性无功电量非常大，平均功率因数非常低。实际生产中，应投入无功补偿装置进行补偿，使总功率因数在 0.9～1（感性）之间。

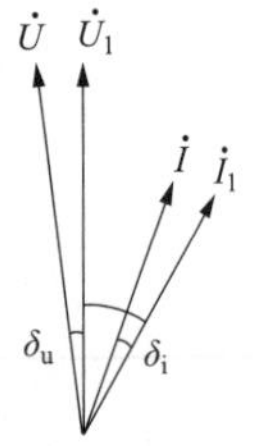

另外，高供低计专用变压器用电用户、低供低计用电用户、0.4kV 低压配电台区，如果出现补偿电容器断线等不对称运行状态，三相四线智能电能表某元件可能出现负电流。

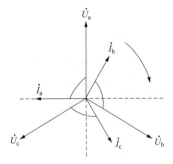

图 8-4 感性负载角差相量图

（2）负电流产生的原因分析。对于安装电压互感器和电流互感器的三相四线供电线路，感性负载互感器角差相量图见图 8-4。

一次侧单相功率 $P_1 = U_1 I_1 \cos\varphi$，二次侧单相功率 $P = UI\cos(\varphi - \delta_i + \delta_u)$，$\delta_u$、$\delta_i$ 分别为电压互感器和电流互感器的角差。

$-90° < \varphi - \delta_i + \delta_u < 90°$，$\cos(\varphi - \delta_i + \delta_u)$ 为正值，某元件测量有功功率为正值，电流为正电流。$90° < \varphi - \delta_i + \delta_u < 270°$，$\cos(\varphi - \delta_i + \delta_u)$ 为负值，某元件测量有功功率为负值，电流为负电流。

一般情况下，感性负载功率因数角为临界值 90°时，即接近于电感性负载，此时 $90° < 90° - \delta_i + \delta_u < 270°$，则 $0° < \delta_u - \delta_i < 180°$，$\cos(\varphi - \delta_i + \delta_u)$ 为负值，电流为负电流。

由以上分析可知，产生负电流的主要原因是负载功率因数角为感性临界值 90°时，电压互感器和电流互感器角差不匹配，$\delta_u - \delta_i$ 在 0°～180°之间，导致智能电能表某元件功率因数为负值，有功功率为负值，产生负电流，并非接线错误或其他故障所致。为避免正常运行时出现负电流，电压互感器和电流互感器应合理匹配。

2. 容性负载

（1）产生负电流的运行方式。容性负载时，如负载功率因数角接近于临界值 90°，各元件电流超前电压的角度接近于 90°，各元件可能会出现负电流，相量图见图 8-5。

由图 8-5 可知，电流超前电压的角度接近于临界值 90°，接近于电容性负载，电压互感器和电流互感器角差不匹配，导致智能电能表某元件电流超前电压的角度大于 90°，该元件功率因数为负值，有功功率为负值，电流为负电流。

一般情况下，空载运行的供电线路，会导致供电线路呈电容性，智能电能表某个元件可能会出现负电流。此时电能计量装置并无异常，总功率因数非常低，运行过久Ⅳ象限容性无功电量非常大，平均功率因数非常低。实际生产中，应合理调整运行方式，使总功率因数在 0.90～1（感性）之间。

图 8-5 电容性负载相量图

（2）负电流产生的原因分析。对于安装电压互感器和电流互感器的三相四线供电线路，容性负载互感器角差相量图见图 8-6。

一次侧单相功率 $P_1 = U_1 I_1 \cos\varphi$，二次侧单相功率 $P = UI\cos(\varphi - \delta_u + \delta_i)$。$-90° < \varphi - \delta_u + \delta_i < 90°$，$\cos(\varphi - \delta_u + \delta_i)$ 为正值，某元件测量有功功率为正值，电流为正电流。$90° < \varphi - \delta_u + \delta_i < 270°$，$\cos(\varphi - \delta_u + \delta_i)$ 为负值，某元件测量有功功率为负值，电流为负电流。

一般情况下，负载功率因数角为容性临界值 90°时，即接近于电容性负载，此时 $90°<90°-\delta_u+\delta_i<270°$，则 $0°<\delta_i-\delta_u<180°$，$\cos(\varphi-\delta_u+\delta_i)$ 为负值，电流为负电流。

由以上分析可知，产生负电流的主要原因是负载功率因数角为容性临界值 90°时，电压互感器和电流互感器角差不匹配所致。为避免用电负荷状态出现负电流，电压互感器和电流互感器应合理匹配。

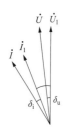

图 8-6　容性负载角差相量图

由以上分析可知，产生负电流的主要原因是负载功率因数角为容性临界值 90°时，电压互感器和电流互感器角差不匹配，$\delta_i-\delta_u$ 在 0°～180°之间，导致智能电能表某元件功率因数为负值，有功功率为负值，产生负电流，并非接线错误或其他故障所致。为避免正常运行时出现负电流，电压互感器和电流互感器应合理匹配。

（二）供电线路传输反向有功功率

供电线路传输反向有功功率时，感性负载功率因数角 0°～90°，智能电能表运行于Ⅲ象限；容性负载功率因数角为 0°～90°时，智能电能表运行于Ⅱ象限，第一元件、第二元件、第三元件均出现负电流。

二、错误接线负电流产生的原因

电压、电流相别错误，电压互感器、电流互感器极性反接等错误接线，三相四线智能电能表各元件可能出现负电流。需要根据错误接线情况、一次负荷潮流方向、负载功率因数角等影响因素，分析产生负电流的原因。下面以一例错误接线，分析产生负电流的原因。

10kV 专用变压器用电用户，在 0.4kV 侧采用高供低计计量方式，接线方式为三相四线，电流互感器变比为 300A/5A，电能表为 3×220/380V、3×1.5（6）A 的智能电能表。现场首次检验发现接线错误，负载功率因数角 $\varphi=15°$（感性），10kV 供电线路向专用变压器输入有功功率、无功功率，电能表现场检验仪测量参数为：U_1=235.6V，U_2=235.2V，U_3=234.7V，I_1=0.73A，I_2=0.75A，I_3=0.78A，第一元件电压接入 $\dot{U}_c$、电流接入 $-\dot{I}_b$，第二元件电压接入 $\dot{U}_a$、电流接入 $\dot{I}_a$，第三元件电压接入 $\dot{U}_b$、电流接入 $\dot{I}_c$，错误接线相量图见图 8-7。

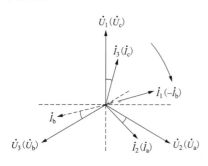

图 8-7　c 相负电流相量图

由图 8-7 可知，$\dot{U}_1$ 超前 $\dot{I}_1$ 约 75°，第一元件功率因数、有功功率为正值，电流为正电流。$\dot{U}_2$ 超前 $\dot{I}_2$ 约 15°，第二元件功率因数、有功功率为正值，电流为正电流。$\dot{U}_3$ 超前 $\dot{I}_3$ 约 135°，电压超前电流的角度在 90°～180°之间，第三元件功率因数为负值，有功功率为负值，电流为负电流。

三、电流正负性的判断方法

由以上分析可知，对于三相四线智能电能表，各元件电压超前或滞后该元件电流的角度在 0°～90°之间，该元件功率因数、有功功率为正值，电流为正电流；各元件电压超前或滞后该元件电流的角度不在 0°~90°之间，该元件功率因数、有功功率为负值，电流为负电流。

第五节　a 相负电流实例分析

（一）实例一

110kV 专用线路用电用户，计量点设置在系统变电站 110kV 出线处，采用高供高计计量方式，接线方式为三相四线，电压互感器采用 Yn/Yn-12 接线，电流互感器变比为 300A/5A，电能表为 $3\times57.7/100$V、3×1.5（6）A 的智能电能表。投运后，发现 a 相电流经常为负电流，用电用户投入负荷非常少，110kV 供电线路处于空载运行状态。智能电能表测量参数数据如下：显示电压正相序，U_a=60.7V，U_b=60.7V，U_c=60.8V，U_{ab}=105.1V，U_{cb}=105.2V，U_{ac}=105.6V，I_a=−0.26A，I_b=0.25A，I_c=0.26A，$\cos\varphi_1=-0.003$，$\cos\varphi_2=0.002$，$\cos\varphi_3=0.003$，$\cos\varphi=0.001$，P_a=−0.06W，P_b=0.03W，P_c=0.06W，P=0.03W，Q_a=−15.78var，Q_b=−15.20var，Q_c=−15.81var，Q=−46.79var。已知负载功率因数角接近于 90°（容性），负载基本对称，分析故障与异常。

1. 故障与异常分析

由于用电用户投入负荷非常少，110kV 供电线路处于空载运行状态，供电线路对地电容电流较大，导致负载功率因数角接近于 90°（容性）。正常情况下，各元件功率因数、有功功率均为正值，电流均为正电流。

（1）第一元件电流 I_a 为−0.26A，是负电流，第一元件电流异常。

（2）第一元件有功功率 P_a 为−0.06W，是负值，第一元件有功功率异常。

（3）第一元件功率因数−0.003 是负值，第一元件功率因数异常。

（4）$\dfrac{\cos\varphi_1+\cos\varphi_2+\cos\varphi_3}{\cos\varphi}=\dfrac{-0.003+0.002+0.003}{0.001}\approx3.07$，比值约为 3.07，与正确比

值 3 接近，比值无异常。

2. 确定相量图

按照正相序确定电压相量图。$\cos\varphi_1=-0.003$，$\varphi_1=\pm90.2°$，P_a=−0.06W，Q_a=−15.78var，

φ_1 在 180°~270°之间，$\varphi_1=-90.2°$，$\overset{\wedge}{U_a}\overset{\cdot}{I}_a=269.8°$，确定 $\dot{I}_a$；$\cos\varphi_2=0.002$，$\varphi_2=\pm89.9°$，

P_b=0.03W，Q_b=−15.20var，φ_2 在 270°~360°之间，$\varphi_2=-89.9°$，

$\overset{\wedge}{U_b}\dot{I}_b=270.1°$，确定 $\dot{I}_b$；$\cos\varphi_3=0.003$，$\varphi_3=\pm89.8°$，

P_c=0.06W，Q_c=−15.81var，φ_3 在 270°~360°之间，$\varphi_3=\pm89.8°$，

$\overset{\wedge}{U_c}\dot{I}_c=270.2°$，确定 $\dot{I}_c$。相量图见图 8-8。

由图 8-8 可知，$\dot{I}_a$ 超前 $\dot{U}_a$ 约 90.2°，第一元件运行于Ⅲ象限，因此功率因数为负值，有功功率为负值，电流为负电流。$\dot{I}_b$ 超前 $\dot{U}_b$ 约 89.9°，第二元件运行于Ⅳ象限，因此功率因数为正值，有功功率为正值，电流为正电流。$\dot{I}_c$ 超前 $\dot{U}_c$ 约

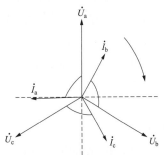

图 8-8　a 相负电流相量图

89.8°，第三元件运行于Ⅳ象限，因此功率因数为正值，有功功率为正值，电流为正电流。

三相电压、电流基本对称，均为正相序，各元件电流超前于电压的角度接近于 90°，接线正确。

3．负电流产生原因分析

由以上分析可知，$\dot{I}_a$ 为负电流原因是 110kV 供电线路空载运行，线路对地电容电流导致供电线路呈电容性，同时电压互感器和电流互感器角差不匹配，导致 $\dot{I}_a$ 超前 $\dot{U}_a$ 的角度在 90°～270°之间，第一元件功率因数为负值，有功功率为负值，电流为负电流。$\dot{I}_a$ 为负电流是运行方式造成，并非接线错误或故障所致。

（二）实例二

10kV 专用变压器用电用户，在 0.4kV 侧采用高供低计计量方式，接线方式为三相四线，电流互感器变比为 300A/5A，电能表为 3×220/380V、3×1.5（6）A 的智能电能表。智能电能表测量参数数据如下：显示电压正相序，U_a=233.2V，U_b=233.8V，U_c=233.5V，U_{ab}=399.2V，U_{cb}=399.5V，U_{ac}=397.6V，I_a=−0.55A，I_b=0.56A，I_c=0.55A，$\cos\varphi_1=-0.62$，$\cos\varphi_2=0.62$，$\cos\varphi_3=0.62$，$\cos\varphi=0.62$，$P_a=-78.96$W，P_b=80.61W，P_c=79.07W，P=80.71W，Q_a=−101.07var，Q_b=103.17var，Q_c=101.20var，Q=101.30var。已知负载功率因数角为 52°（感性），10kV 供电线路向专用变压器输入有功功率、无功功率，负载基本对称，分析故障与异常。

1．故障与异常分析

（1）第一元件电流 I_a 为−0.55A，是负电流，第一元件电流异常。

（2）负载功率因数角为 52°（感性），智能电能表应运行于 I 象限，一次负荷潮流状态为+P、+Q。P_a 为−78.96W，是负值，Q_a 为−101.07var，是负值，第一元件有功功率和无功功率异常。

（3）负载功率因数角 52°（感性）在 I 象限 30°～60°之间，总功率因数和各元件功率因数应接近于 0.62，绝对值均为"中"，数值均为正。$\cos\varphi_1=-0.62$，绝对值为"中"，但数值为负，第一元件功率因数异常。

（4）$\dfrac{\cos\varphi_1+\cos\varphi_2+\cos\varphi_3}{\cos\varphi}=\dfrac{-0.62+0.62+0.62}{0.62}\approx1.00$，比值约为 1.00，与正确比值 3 偏差较大，比值异常。

2．确定相量图

按照正相序确定电压相量图，$\cos\varphi_1=-0.62$，$\varphi_1=\pm128°$，$P_a=-78.96$W，Q_a=−101.07var，φ_1 在 180°～270°之间，$\varphi_1=-128°$，$\hat{\dot{U}_1\dot{I}_1}=232°$，确定 $\dot{I}_1$；$\cos\varphi_2=0.62$，$\varphi_2=\pm52°$，P_b=80.61W，Q_b=101.17var，φ_2 在 0°～90°之间，$\varphi_2=52°$，$\hat{\dot{U}_2\dot{I}_2}=52°$，确定 $\dot{I}_2$；$\cos\varphi_3=0.62$，$\varphi_3=\pm52°$，P_c=79.07W，Q_c=101.20var，φ_3 在 0°～90°之间，$\varphi_3=52°$，$\hat{\dot{U}_3\dot{I}_3}=52°$，确定 $\dot{I}_3$。相量图见图 8-9。

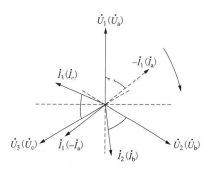

图 8-9 a 相负电流相量图

3. 接线分析

第一种错误接线定 $\dot{U}_1$ 为 $\dot{U}_a$，$\dot{U}_2$ 为 $\dot{U}_b$，$\dot{U}_3$ 为 $\dot{U}_c$。由图 8-9 可知，$\dot{I}_1$ 反相后 $-\dot{I}_1$ 滞后 $\dot{U}_1$ 约 52°，$-\dot{I}_1$ 和 $\dot{U}_1$ 同相；$\dot{I}_2$ 滞后 $\dot{U}_2$ 约 52°，$\dot{I}_2$ 和 $\dot{U}_2$ 同相；$\dot{I}_3$ 滞后 $\dot{U}_3$ 约 52°，$\dot{I}_3$ 和 $\dot{U}_3$ 同相。$\dot{I}_1$ 为 $-\dot{I}_a$，$\dot{I}_2$ 为 $\dot{I}_b$，$\dot{I}_3$ 为 $\dot{I}_c$。第一元件电压接入 $\dot{U}_a$，电流接入 $-\dot{I}_a$；第二元件电压接入 $\dot{U}_b$，电流接入 $\dot{I}_b$；第三元件电压接入 $\dot{U}_c$，电流接入 $\dot{I}_c$。其错误接线结论见表 8-1。

4. 计算更正系数

（1）有功更正系数

$$P' = U_a I_a \cos(180° + \varphi) + U_b I_b \cos\varphi + U_c I_c \cos\varphi \tag{8-5}$$

$$K_P = \frac{P}{P'} = \frac{3UI\cos\varphi}{UI\cos(180° + \varphi) + UI\cos\varphi + UI\cos\varphi} = 3 \tag{8-6}$$

（2）无功更正系数

$$Q' = U_a I_a \sin(180° + \varphi) + U_b I_b \sin\varphi + U_c I_c \sin\varphi \tag{8-7}$$

$$K_Q = \frac{Q}{Q'} = \frac{3UI\sin\varphi}{UI\sin(180° + \varphi) + UI\sin\varphi + UI\sin\varphi} = 3 \tag{8-8}$$

5. 负电流产生原因分析

由以上分析可知，$\dot{I}_1$ 为负电流的原因是电压接入 $\dot{U}_1$（$\dot{U}_a$）、$\dot{U}_2$（$\dot{U}_b$）、$\dot{U}_3$（$\dot{U}_c$），电流接入 $\dot{I}_1$（$-\dot{I}_a$）、$\dot{I}_2$（$\dot{I}_b$）、$\dot{I}_3$（$\dot{I}_c$），导致 $\dot{U}_1$ 超前 $\dot{I}_1$ 的角度在 180°~270° 之间，第一元件功率因数为负值，有功功率为负值，因此电流为负电流。负电流产生的原因是 $\dot{I}_a$ 极性反接所致。

6. 错误接线结论

错误接线结论见表 8-1，第二种、第三种与第一种错误接线类型不一致，但更正系数一致，化简后的功率表达式一致，现场接线是三种错误接线中的一种。

表 8-1　　　　　　　　　　　　　错 误 接 线 结 论 表

种类参数	电压接入			电流接入		
	$\dot{U}_1$	$\dot{U}_2$	$\dot{U}_3$	$\dot{I}_1$	$\dot{I}_2$	$\dot{I}_3$
第一种	$\dot{U}_a$	$\dot{U}_b$	$\dot{U}_c$	$-\dot{I}_a$	$\dot{I}_b$	$\dot{I}_c$
第二种	$\dot{U}_c$	$\dot{U}_a$	$\dot{U}_b$	$-\dot{I}_c$	$\dot{I}_a$	$\dot{I}_b$
第三种	$\dot{U}_b$	$\dot{U}_c$	$\dot{U}_a$	$-\dot{I}_b$	$\dot{I}_c$	$\dot{I}_a$

第六节　a、b 相负电流实例分析

10kV 专用变压器用电用户，在 0.4kV 侧采用高供低计量方式，接线方式为三相四线，电流互感器变比为 300A/5A，电能表为 3×220/380V、3×1.5（6）A 的智能电能表。智能电能表测量参数数据如下：显示电压逆相序，U_a=227.9V，U_b=227.6V，U_c=226.7V，

U_{ab}=389.2V，U_{cb}=387.9V，U_{ac}=389.1V，I_a=−0.75A，I_b=−0.73A，I_c=0.70A，$\cos\varphi_1=-0.73$，$\cos\varphi_2=-0.73$，$\cos\varphi_3=0.73$，$\cos\varphi=-0.73$，P_a=−125.01W，P_b=−121.51W，P_c=116.06W，P=−130.46W，Q_a=−116.57var，Q_b=−113.31var，Q_c=108.23var，Q=−121.66var。已知负载功率因数角为 17°（容性），10kV 供电线路向专用变压器输入有功功率，专用变压器向 10kV 供电线路输出无功功率，负载基本对称，分析故障与异常。

1. 故障与异常分析

（1）第一元件电流 I_a 为−0.75A，是负电流，第一元件电流异常。第二元件电流 I_b 为−0.73A，是负电流，第二元件电流异常。

（2）负载功率因数角为 17°（容性），智能电能表应运行于Ⅳ象限，一次负荷潮流状态为+P、−Q。总有功功率−130.46 为负值，总无功功率−121.66var 为负值，智能电能表实际运行于Ⅲ象限，运行象限异常。

（3）负载功率因数角 17°（容性）在Ⅳ象限 0°～30°之间，总功率因数和各元件功率因数应接近于 0.96，绝对值均为"大"，数值均为正。$\cos\varphi=-0.73$，绝对值为"中"，且数值为负，总功率因数异常；$\cos\varphi_1=-0.73$，绝对值为"中"，且数值为负，第一元件功率因数异常；$\cos\varphi_2=-0.73$，绝对值为"中"，且数值为负，第二元件功率因数异常；$\cos\varphi_3=0.73$，数值为正，但绝对值为"中"，第三元件功率因数异常。

（4）$\dfrac{\cos\varphi_1+\cos\varphi_2+\cos\varphi_3}{\cos\varphi}=\dfrac{-0.73-0.73+0.73}{-0.73}\approx1.00$，比值约为 1.00，与正确比值 3 偏差较大，比值异常。

2. 确定相量图

按照逆相序确定电压相量图，$\cos\varphi_1=-0.73$，$\varphi_1=\pm137°$，P_a=−125.01W，Q_a=−116.57var，φ_1 在 180°～270°之间，$\varphi_1=-137°$，$\overset{\wedge}{\dot{U}_1\dot{I}_1}=223°$，确定 $\dot{I}_1$；$\cos\varphi_2=-0.73$，$\varphi_2=\pm137°$，P_b=−121.51W，Q_b=−113.31var，φ_2 在 180°～270°之间，$\varphi_2=-137°$，$\overset{\wedge}{\dot{U}_2\dot{I}_2}=223°$，确定 $\dot{I}_2$；$\cos\varphi_3=0.73$，$\varphi_3=\pm43°$，P_c=116.06W，Q_c=108.23var，φ_3 在 0°～90°之间，$\varphi_3=43°$，$\overset{\wedge}{\dot{U}_3\dot{I}_3}=43°$，确定 $\dot{I}_3$。相量图见图 8-10。

3. 接线分析

第一种错误接线：定 $\dot{U}_1$ 为 $\dot{U}_a$，$\dot{U}_3$ 为 $\dot{U}_b$，$\dot{U}_2$ 为 $\dot{U}_c$。由图 8-10 可知，$\dot{I}_1$ 超前 $\dot{U}_2$ 约 17°，$\dot{I}_1$ 和 $\dot{U}_2$ 同相；$\dot{I}_2$ 超前 $\dot{U}_3$ 约 17°，$\dot{I}_2$ 和 $\dot{U}_3$ 同相；$\dot{I}_3$ 反相后 $-\dot{I}_3$ 超前 $\dot{U}_1$ 约 17°，$-\dot{I}_3$ 和 $\dot{U}_1$ 同相。$\dot{I}_1$ 为 $\dot{I}_c$，$\dot{I}_2$ 为 $\dot{I}_b$，$\dot{I}_3$ 为 $-\dot{I}_a$。第一元件电压接入 $\dot{U}_a$，电流接入 $\dot{I}_c$；第二元件电压接入 $\dot{U}_c$，电流接入 $\dot{I}_b$；第三元件电压接入 $\dot{U}_b$，电流接入 $-\dot{I}_a$。错误接线结论见表 8-2。

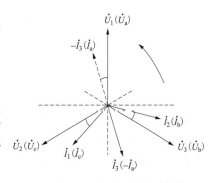

图 8-10　a、b 相负电流相量图

4. 计算更正系数

（1）有功更正系数

$$P'=U_aI_c\cos(120°+\varphi)+U_cI_b\cos(120°+\varphi)+U_bI_a\cos(60°-\varphi) \tag{8-9}$$

$$K_{\mathrm{P}} = \frac{P}{P'} = \frac{3UI\cos\varphi}{UI\cos(120°+\varphi) + UI\cos(120°+\varphi) + UI\cos(60°-\varphi)}$$

$$= -\frac{6}{1+\sqrt{3}\tan\varphi} \tag{8-10}$$

（2）无功更正系数

$$Q' = U_{\mathrm{a}}I_{\mathrm{c}}\sin(240°-\varphi) + U_{\mathrm{c}}I_{\mathrm{b}}\sin(240°-\varphi) + U_{\mathrm{b}}I_{\mathrm{a}}\sin(60°-\varphi) \tag{8-11}$$

$$K_{\mathrm{Q}} = \frac{Q}{Q'} = \frac{-3UI\sin\varphi}{UI\sin(240°-\varphi) + UI\sin(240°-\varphi) + UI\sin(60°-\varphi)}$$

$$= \frac{6}{-1+\sqrt{3}\cot\varphi} \tag{8-12}$$

5. 负电流产生的原因分析

由以上分析可知，$\dot{I}_1$、$\dot{I}_2$ 为负电流的原因是电压接入 $\dot{U}_1$（$\dot{U}_{\mathrm{a}}$）、$\dot{U}_2$（$\dot{U}_{\mathrm{c}}$）、$\dot{U}_3$（$\dot{U}_{\mathrm{b}}$），电流接入 $\dot{I}_1$（$\dot{I}_{\mathrm{c}}$）、$\dot{I}_2$（$\dot{I}_{\mathrm{b}}$）、$\dot{I}_3$（$-\dot{I}_{\mathrm{a}}$），导致 $\dot{U}_1$ 超前 $\dot{I}_1$、$\dot{U}_2$ 超前 $\dot{I}_2$ 的角度在 180°~270° 之间，第一元件、第二元件功率因数为负值，有功功率均为负值，因此第一元件、第二元件均为负电流。负电流产生的原因是接线错误所致。

6. 错误接线结论

错误接线结论见表 8-2，第二种、第三种与第一种错误接线类型不一致，但更正系数一致，化简后的功率表达式一致，现场接线是三种错误接线中的一种。

表 8-2 错误接线结论表

种类参数	电压接入			电流接入		
	$\dot{U}_1$	$\dot{U}_2$	$\dot{U}_3$	$\dot{I}_1$	$\dot{I}_2$	$\dot{I}_3$
第一种	$\dot{U}_{\mathrm{a}}$	$\dot{U}_{\mathrm{c}}$	$\dot{U}_{\mathrm{b}}$	$\dot{I}_{\mathrm{c}}$	$\dot{I}_{\mathrm{b}}$	$-\dot{I}_{\mathrm{a}}$
第二种	$\dot{U}_{\mathrm{c}}$	$\dot{U}_{\mathrm{b}}$	$\dot{U}_{\mathrm{a}}$	$\dot{I}_{\mathrm{b}}$	$\dot{I}_{\mathrm{a}}$	$-\dot{I}_{\mathrm{c}}$
第三种	$\dot{U}_{\mathrm{b}}$	$\dot{U}_{\mathrm{a}}$	$\dot{U}_{\mathrm{c}}$	$\dot{I}_{\mathrm{a}}$	$\dot{I}_{\mathrm{c}}$	$-\dot{I}_{\mathrm{b}}$

第七节 c 相负电流实例分析

110kV 专用线路用电用户，在系统变电站 110kV 出线处设置计量点，采用高供高计计量方式，接线方式为三相四线，电流互感器变比为 300A/5A，电压互感器采用 Yn/Yn-12 接线，电能表为 3×57.7/100V、3×1.5（6）A 的智能电能表。智能电能表测量参数数据如下：显示电压逆相序，U_{a}=59.9V，U_{b}=59.7V，U_{c}=60.3V，U_{ab}=103.2V，U_{cb}=103.9V，U_{ac}=103.7V，I_{a}=0.65A，I_{b}=0.67A，I_{c}=−0.62A，$\cos\varphi_1 = 0.93$，$\cos\varphi_2 = 0.16$，$\cos\varphi_3 = -0.78$，$\cos\varphi = 0.17$，P_{a}=36.35W，P_{b}=6.26W，P_{c}=−29.05W，P=13.55W，Q_{a}=13.95var，Q_{b}=39.51var，Q_{c}=23.55var，Q=77.01var。已知负载功率因数角为 21°（感性），母线向 110kV 供电线路输入有功功率、

无功功率，负载基本对称，分析故障与异常。

1. 故障与异常分析

（1）电压为逆相序，电压相序异常。

（2）第三元件电流 I_c 为 -0.62A，是负电流，第三元件电流异常。

（3）负载功率因数角为 $21°$（感性），智能电能表应运行于 I 象限，一次负荷潮流状态为 +P、+Q。P_b、P_c 与 P_a 大小不一致，P_c 为负功率，第二元件、第三元件有功功率异常。Q_a、Q_b、Q_c 大小不一致，三组元件无功功率异常。

（4）负载功率因数角 $21°$（感性）在 I 象限 $0°\sim30°$ 之间，总功率因数和各元件功率因数应接近于 0.93，绝对值均为"大"，数值均为正。$\cos\varphi=0.17$，数值为正，但绝对值为"小"，总功率因数异常；$\cos\varphi_2=0.16$，数值为正，但绝对值为"小"，第二元件功率因数异常；$\cos\varphi_3=-0.78$，绝对值为"中"，且数值为负，第三元件功率因数异常。

（5）$\dfrac{\cos\varphi_1+\cos\varphi_2+\cos\varphi_3}{\cos\varphi}=\dfrac{0.93+0.16-0.78}{0.17}\approx1.80$，比值约为 1.80，与正确比值 3 偏差较大，比值异常。

2. 确定相量图

按照逆相序确定电压相量图，$\cos\varphi_1=0.93$，$\varphi_1=\pm21°$，P_a=36.35W，Q_a=13.95var，φ_1 在 $0°\sim90°$ 之间，$\varphi_1=21°$，$\overset{\wedge}{U_1I_1}=21°$，确定 $\dot{I}_1$；$\cos\varphi_2=0.16$，$\varphi_2=\pm81°$，P_b=6.26W，Q_b=39.51var，φ_2 在 $0°\sim90°$ 之间，$\varphi_2=81°$，$\overset{\wedge}{U_2I_2}=81°$，确定 $\dot{I}_2$；$\cos\varphi_3=-0.78$，$\varphi_3=\pm141°$，P_c=-29.05W，Q_c=23.55var，φ_3 在 $90°\sim180°$ 之间，$\varphi_3=141°$，$\overset{\wedge}{U_3I_3}=141°$，确定 $\dot{I}_3$。相量图见图 8-11。

3. 接线分析

第一种错误接线：定 $\dot{U}_1$ 为 $\dot{U}_a$，$\dot{U}_3$ 为 $\dot{U}_b$，$\dot{U}_2$ 为 $\dot{U}_c$。由图 8-11 可知，$\dot{I}_1$ 滞后 $\dot{U}_1$ 约 $21°$，$\dot{I}_1$ 和 $\dot{U}_1$ 同相；$\dot{I}_2$ 反相后 $-\dot{I}_2$ 滞后 $\dot{U}_3$ 约 $21°$，$-\dot{I}_2$ 和 $\dot{U}_3$ 同相；$\dot{I}_3$ 滞后 $\dot{U}_2$ 约 $21°$，$\dot{I}_3$ 和 $\dot{U}_2$ 同相。$\dot{I}_1$ 为 $\dot{I}_a$，$\dot{I}_2$ 为 $-\dot{I}_b$，$\dot{I}_3$ 为 $\dot{I}_c$。第一元件电压接入 $\dot{U}_a$，电流接入 $\dot{I}_a$；第二元件电压接入 $\dot{U}_c$，电流接入 $-\dot{I}_b$；第三元件电压接入 $\dot{U}_b$，电流接入 $\dot{I}_c$。结论见表 8-3。

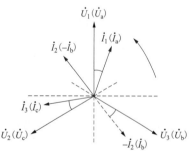

图 8-11 c 相负电流相量图

4. 计算更正系数

（1）有功更正系数

$$P'=U_aI_a\cos\varphi+U_cI_b\cos(60°+\varphi)+U_bI_c\cos(120°+\varphi) \tag{8-13}$$

$$K_P=\frac{P}{P'}=\frac{3UI\cos\varphi}{UI\cos\varphi+UI\cos(60°+\varphi)+UI\cos(120°+\varphi)}$$
$$=\frac{3}{1-\sqrt{3}\tan\varphi} \tag{8-14}$$

（2）无功更正系数

$$Q' = U_a I_a \sin\varphi + U_c I_b \sin(60° + \varphi) + U_b I_c \sin(120° + \varphi) \tag{8-15}$$

$$K_Q = \frac{Q}{Q'} = \frac{3UI\sin\varphi}{UI\sin\varphi + UI\sin(60° + \varphi) + UI\sin(120° + \varphi)} \tag{8-16}$$

$$= \frac{3}{1 + \sqrt{3}\cot\varphi}$$

5. 负电流产生的原因分析

由以上分析可知，$\dot{I}_3$ 为负电流的原因是电压接入 $\dot{U}_1$（$\dot{U}_a$）、$\dot{U}_2$（$\dot{U}_c$）、$\dot{U}_3$（$\dot{U}_b$），电流接入 $\dot{I}_1$（$\dot{I}_a$）、$\dot{I}_2$（$-\dot{I}_b$）、$\dot{I}_3$（$\dot{I}_c$），导致 $\dot{U}_3$ 超前 $\dot{I}_3$ 的角度在 $90°\sim180°$ 之间，第三元件功率因数为负值，有功功率为负值，电流为负电流。负电流产生的原因是接线错误所致。

6. 错误接线结论

错误接线结论见表 8-3，第二种、第三种与第一种错误接线类型不一致，但更正系数一致，化简后的功率表达式一致，现场接线是三种错误接线中的一种。

表 8-3　　　　　　　　　　　　错 误 接 线 结 论 表

种类参数	电压接入			电流接入		
	$\dot{U}_1$	$\dot{U}_2$	$\dot{U}_3$	$\dot{I}_1$	$\dot{I}_2$	$\dot{I}_3$
第一种	$\dot{U}_a$	$\dot{U}_c$	$\dot{U}_b$	$\dot{I}_a$	$-\dot{I}_b$	$\dot{I}_c$
第二种	$\dot{U}_c$	$\dot{U}_b$	$\dot{U}_a$	$\dot{I}_c$	$-\dot{I}_a$	$\dot{I}_b$
第三种	$\dot{U}_b$	$\dot{U}_a$	$\dot{U}_c$	$\dot{I}_b$	$-\dot{I}_c$	$\dot{I}_a$

第八节　潮流反向分析方法

一、潮流反向的定义

潮流反向是指三相四线智能电能表测量的总有功功率和一次传输的有功功率方向相反。潮流反向分为功率正向传输潮流反向、功率反向传输潮流反向两种情况。

二、功率正向传输潮流反向的特点

功率正向传输潮流反向是指传输正向有功功率的供电线路，总有功功率出现负值，有功电量计入三相四线智能电能表反向。潮流反向时，$\dot{I}_a$、$\dot{I}_b$、$\dot{I}_c$ 会同时为负电流，或某两相电流为负电流，导致总有功功率为负值；$\cos\varphi_1$、$\cos\varphi_2$、$\cos\varphi_3$ 会同时为负功率因数，或某两相功率因数为负值，导致总功率因数、总有功功率为负值。

比如某 220kV 专线用电用户，在系统变电站 220kV 出线侧设置计量点，采用高供高计计量方式，其三相四线智能电能表测量参数数据如下：$U_a=59.5\text{V}$，$U_b=59.2\text{V}$，$U_c=60.1\text{V}$，$I_a=-0.56\text{A}$，$I_b=0.57\text{A}$，$I_c=-0.56\text{A}$，$\cos\varphi_1=-0.93$，$\cos\varphi_2=0.16$，$\cos\varphi_3=-0.78$，$\cos\varphi=-0.77$，负载功率因数角为 $39°$（感性）。由于 I_a、I_c 为负电流，第一元件功率因数 -0.93、第三元件功率因数 -0.78 均为负值，总功率因数 -0.77 为负值，因此有功电量计

入反向，导致潮流反向。

一般情况下，系统变电站出线处的专用线路用户计量点、专用变压器用户计量点、系统变电站主变压器高压侧总计量点、有功功率由母线向线路输入的关口联络线路计量点等，有功功率由母线向线路输入，有功功率方向为+P，三相四线智能电能表测量总有功功率为正值，有功电量应计入正向。

三、功率反向传输潮流反向的特点

功率反向传输潮流反向是指传输反向有功功率的供电线路，总有功功率为正值，有功电量计入三相四线智能电能表正向。潮流反向时，$\dot{I}_a$、$\dot{I}_b$、$\dot{I}_c$ 会同时为正电流，或某两相电流为正电流，导致总有功功率为正值；$\cos\varphi_1$、$\cos\varphi_2$、$\cos\varphi_3$ 会同时为正功率因数，或某两相功率因数为正值，导致总功率因数、总有功功率为正值。

比如某 110kV 发电企业，其发电上网关口计量点设置在系统变电站 110kV 进线处，采用高供高计量方式，发电上网运行时应计入三相四线智能电能表反向。在发电上网运行状态下，负载功率因数角为 51°（感性），其三相四线智能电能表测量参数数据如下：U_a=59.6V，U_b=59.2V，U_c=59.0V，I_a=1.21A，I_b=1.22A，I_c=−1.23A，$\cos\varphi_1 = 0.73$，$\cos\varphi_2 = 0.96$，$\cos\varphi_3 = -0.22$，$\cos\varphi = 0.73$。由于 I_a、I_b 为正电流，第一元件、第二元件功率因数均为正值，总功率因数 0.73 为正值，因此有功电量计入正向，导致潮流反向。

一般情况下，系统变电站出线处的发电上网关口计量点、系统变电站主变压器中低压侧总计量点、有功功率由线路向母线输出的关口联络线路计量点等，有功功率由线路向母线输出，有功功率方向为−P，智能电能表测量总有功功率为负值，有功电量应计入反向。

第九节　功率正向传输潮流反向实例分析

（一）实例一

220kV 专线用电用户，在系统变电站 220kV 出线侧设置计量点，采用高供高计量方式，接线方式为三相四线，电流互感器变比为 300A/5A，电压互感器采用 Y_n/Y_n-12 接线，电能表为 3×57.7/100V、3×1.5（6）A 的智能电能表。智能电能表测量参数数据如下：显示电压正相序，U_a=59.5V，U_b=59.2V，U_c=60.1V，U_{ab}=103.1V，U_{cb}=103.7V，U_{ac}=103.3V，I_a= −0.56A，I_b=0.57A，I_c=−0.56A，$\cos\varphi_1 = -0.93$，$\cos\varphi_2 = 0.16$，$\cos\varphi_3 = -0.78$，$\cos\varphi = -0.77$，$P_a = -31.11$W，$P_b = 5.28$W，$P_c = -26.16$W，$P = -51.98$W，$Q_a = 11.93$var，$Q_b = -33.33$var，$Q_c = -21.18$var，$Q = -42.56$var。已知负载功率因数角为 39°（感性），母线向 220kV 供电线路输入有功功率、无功功率，负载基本对称，分析故障与异常。

1. 故障与异常分析

（1）第一元件电流 I_a 为 −0.56A，是负电流，第一元件电流异常；第三元件电流 I_c 为 −0.56A，是负电流，第三元件电流异常。

（2）负载功率因数角为 39°（感性），智能电能表应运行于Ⅰ象限，一次负荷潮流状态为+P、+Q。总有功功率−51.98W 为负值，总无功功率−42.56var 为负值，智能电能表运行于III象限，运行象限异常。

（3）负载功率因数角39°（感性）在I象限30°～60°之间，总功率因数和各元件功率因数应接近于0.78，绝对值均为"中"，数值均为正。$\cos\varphi=-0.77$，绝对值为"中"，但数值为负，总功率因数异常；$\cos\varphi_1=-0.93$，绝对值为"大"，且数值为负，第一元件功率因数异常；$\cos\varphi_2=0.16$，数值为正，但绝对值为"小"，第二元件功率因数异常；$\cos\varphi_3=-0.78$，绝对值为"中"，但数值为负，第三元件功率因数异常。

（4）$\dfrac{\cos\varphi_1+\cos\varphi_2+\cos\varphi_3}{\cos\varphi}=\dfrac{-0.93+0.16-0.78}{-0.77}\approx2.01$，比值约为2.01，与正确比值3偏差较大，比值异常。

2. 确定相量图

按照正相序确定电压相量图，$\cos\varphi_1=-0.93$，$\varphi_1=\pm158°$，P_a=-31.11W，Q_a=11.93ar，φ_1在90°～180°之间，$\varphi_1=158°$，$\overset{\wedge}{\dot{U}_1\dot{I}_1}=158°$，确定$\dot{I}_1$；$\cos\varphi_2=0.16$，$\varphi_2=\pm81°$，$P_b$=5.28W，$Q_b$=-33.33var，$\varphi_2$在270°～360°之间，$\varphi_2=-81°$，$\overset{\wedge}{\dot{U}_2\dot{I}_2}=279°$，确定$\dot{I}_2$；$\cos\varphi_3=-0.78$，$\varphi_3=\pm141°$，$P_c$=-26.16W，$Q_c$=-21.18var，$\varphi_3$在180°～270°之间，$\varphi_3=-141°$，$\overset{\wedge}{\dot{U}_3\dot{I}_3}=219°$，确定$\dot{I}_3$。相量图见图8-12。

3. 接线分析

第一种错误接线：定$\dot{U}_1$为$\dot{U}_a$，$\dot{U}_2$为$\dot{U}_b$，$\dot{U}_3$为$\dot{U}_c$。由图8-12可知，$\dot{I}_1$滞后$\dot{U}_2$约39°，$\dot{I}_1$和$\dot{U}_2$同相；$\dot{I}_2$滞后$\dot{U}_1$约39°，$\dot{I}_2$和$\dot{U}_1$同相；$\dot{I}_3$反相后$-\dot{I}_3$滞后$\dot{U}_3$约39°，$-\dot{I}_3$和$\dot{U}_3$同相。$\dot{I}_1$为$\dot{I}_b$，$\dot{I}_2$为$\dot{I}_a$，$\dot{I}_3$为$-\dot{I}_c$。第一元件电压接入$\dot{U}_a$，电流接入$\dot{I}_b$；第二元件电压接入$\dot{U}_b$，电流接入$\dot{I}_a$；第三元件电压接入$\dot{U}_c$，电流接入$-\dot{I}_c$。错误接线结论见表8-4。

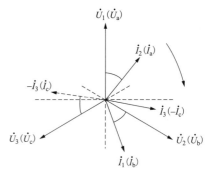

图8-12　功率正向传输潮流反向相量图

4. 计算更正系数

（1）有功更正系数

$$P'=U_aI_b\cos(120°+\varphi)+U_bI_a\cos(120°-\varphi)+U_cI_c\cos(180°+\varphi) \tag{8-17}$$

$$K_P=\dfrac{P}{P'}=\dfrac{3UI\cos\varphi}{UI\cos(120°+\varphi)+UI\cos(120°-\varphi)+UI\cos(180°+\varphi)} \tag{8-18}$$

$$=-1.5$$

（2）无功更正系数

$$Q'=U_aI_b\sin(120°+\varphi)+U_bI_a\sin(240°+\varphi)+U_cI_c\sin(180°+\varphi) \tag{8-19}$$

$$K_Q=\dfrac{Q}{Q'}=\dfrac{3UI\sin\varphi}{UI\sin(120°+\varphi)+UI\sin(240°+\varphi)+UI\sin(180°+\varphi)} \tag{8-20}$$

$$=-1.5$$

5. 潮流反向原因分析

由以上分析可知，潮流反向原因是电压接入$\dot{U}_1$（$\dot{U}_a$）、$\dot{U}_2$（$\dot{U}_b$）、$\dot{U}_3$（$\dot{U}_c$），电流

接入 $\dot{I}_1$（$\dot{I}_b$）、$\dot{I}_2$（$\dot{I}_a$）、$\dot{I}_3$（$-\dot{I}_c$），导致 $\dot{U}_1$ 超前 $\dot{I}_1$ 在 90°～180° 之间，第一元件功率因数为负值，电流为负电流，$\dot{U}_3$ 超前 $\dot{I}_3$ 的角度在 180°～270° 之间，第三元件功率因数为负值，电流为负电流。总有功功率为负值，有功电量计入智能电能表反向。潮流反向产生的原因是接线错误所致。

6. 错误接线结论

错误接线结论见表 8-4，第二种、第三种与第一种错误接线类型不一致，但更正系数一致，化简后的功率表达式一致，现场接线是三种错误接线中的一种。

表 8-4　　　　　　　　　　　　　错 误 接 线 结 论 表

种类参数	电压接入			电流接入		
	$\dot{U}_1$	$\dot{U}_2$	$\dot{U}_3$	$\dot{I}_1$	$\dot{I}_2$	$\dot{I}_3$
第一种	$\dot{U}_a$	$\dot{U}_b$	$\dot{U}_c$	$\dot{I}_b$	$\dot{I}_a$	$-\dot{I}_c$
第二种	$\dot{U}_c$	$\dot{U}_a$	$\dot{U}_b$	$\dot{I}_a$	$\dot{I}_c$	$-\dot{I}_b$
第三种	$\dot{U}_b$	$\dot{U}_c$	$\dot{U}_a$	$\dot{I}_c$	$\dot{I}_b$	$-\dot{I}_a$

（二）实例二

10kV 专用变压器用电用户，在 0.4kV 侧设置计量点，采用高供低计计量方式，接线方式为三相四线，电流互感器变比为 200A/5A，电能表为 3×220/380V、3×1.5（6）A 的智能电能表。智能电能表测量参数数据如下：显示电压逆相序，U_a=223.7V，U_b=223.5V，U_c=222.1V，U_{ab}=387.9V，U_{cb}=387.8V，U_{ac}=385.9V，I_a=-0.77A，I_b=-0.75A，I_c=-0.78A，$\cos\varphi_1=-0.80$，$\cos\varphi_2=-0.12$，$\cos\varphi_3=-0.92$，$\cos\varphi=-0.93$，P_a=-137.56W，P_b=-20.43W，P_c=-159.47W，P=-317.46W，Q_a=-103.66var，Q_b=166.38var，Q_c=67.68var，Q=130.39var。已知负载功率因数角为 23°（容性），10kV 供电线路向专用变压器输入有功功率，专用变压器向 10kV 供电线路输出无功功率，负载基本对称，分析故障与异常。

1. 故障与异常分析

（1）电压为逆相序，电压相序异常。

（2）第一元件电流 I_a 为 -0.77A，是负电流，第一元件电流异常；第二元件电流 I_b 为 -0.75A，是负电流，第二元件电流异常；第三元件电流 I_c 为 -0.78A，是负电流，第三元件电流异常。

（3）负载功率因数角为 23°（容性），智能电能表应运行于Ⅳ象限，一次负荷潮流状态为 +P、-Q。总有功功率 -317.46 为负值，总无功功率 130.39 为正值，智能电能表实际运行于Ⅱ象限，运行象限异常。

（4）负载功率因数角 23°（容性）在Ⅳ象限 0°～30° 之间，总功率因数和各元件功率因数应接近于 0.92，绝对值均为"大"，数值均为正。$\cos\varphi=-0.93$，绝对值为"大"，但数值为负，总功率因数异常；$\cos\varphi_1=-0.80$，绝对值为"中"，且数值为负，第一元件功率因数异常；$\cos\varphi_2=-0.12$，绝对值为"小"，且数值为负，第二元件功率因数异常；$\cos\varphi_3=-0.92$，绝对值为"大"，但数值为负，第三元件功率因数异常。

（5）$\dfrac{\cos\varphi_1+\cos\varphi_2+\cos\varphi_3}{\cos\varphi}=\dfrac{-0.80-0.12-0.92}{-0.93}\approx1.99$，比值约为 1.99，与正确比值 3 偏差较大，比值异常。

2. 确定相量图

按照逆相序确定电压相量图，$\cos\varphi_1=-0.80$，$\varphi_1=\pm143°$，P_a=−137.56W，Q_a=−103.66var，φ_1 在 180°～270°之间，$\varphi_1=217°$，$\overset{\wedge}{\dot{U}_1\dot{I}_1}=217°$，确定 $\dot{I}_1$；$\cos\varphi_2=-0.12$，$\varphi_2=\pm97°$，P_b=−20.43W，Q_b=166.38var，φ_2 在 90°～180°之间，$\varphi_2=97°$，$\overset{\wedge}{\dot{U}_2\dot{I}_2}=97°$，确定 $\dot{I}_2$；$\cos\varphi_3=-0.92$，$\varphi_3=\pm157°$，P_c=−159.47W，Q_c=67.68var，φ_3 在 90°～180°之间，$\varphi_3=157°$，

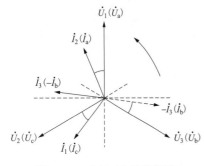

图 8-13　功率正向传输潮流反向相量图

$\overset{\wedge}{\dot{U}_3\dot{I}_3}=157°$，确定 $\dot{I}_3$。相量图见图 8-13。

3. 接线分析

第一种错误接线：定 $\dot{U}_1$ 为 $\dot{U}_a$，$\dot{U}_3$ 为 $\dot{U}_b$，$\dot{U}_2$ 为 $\dot{U}_c$。由图 8-13 可知，$\dot{I}_1$ 超前 $\dot{U}_2$ 约 23°，$\dot{I}_1$ 和 $\dot{U}_2$ 同相；$\dot{I}_2$ 超前 $\dot{U}_1$ 约 23°，$\dot{I}_2$ 和 $\dot{U}_1$ 同相；$\dot{I}_3$ 反相后 $-\dot{I}_3$ 超前 $\dot{U}_3$ 约 23°，$-\dot{I}_3$ 和 $\dot{U}_3$ 同相。$\dot{I}_1$ 为 $\dot{I}_c$，$\dot{I}_2$ 为 $\dot{I}_a$，$\dot{I}_3$ 为 $-\dot{I}_b$。第一元件电压接入 $\dot{U}_a$，电流接入 $\dot{I}_c$；第二元件电压接入 $\dot{U}_c$，电流接入 $\dot{I}_a$；第三元件电压接入 $\dot{U}_b$，电流接入 $-\dot{I}_b$。错误接线结论见表 8-5。

4. 计算更正系数

（1）有功更正系数

$$P'=U_aI_c\cos(120°+\varphi)+U_cI_a\cos(120°-\varphi)+U_bI_b\cos(180°-\varphi)\qquad（8\text{-}21）$$

$$K_P=\frac{P}{P'}=\frac{3UI\cos\varphi}{UI\cos(120°+\varphi)+UI\cos(120°-\varphi)+UI\cos(180°-\varphi)}\qquad（8\text{-}22）$$
$$=-1.5$$

（2）无功更正系数

$$Q'=U_aI_c\sin(240°-\varphi)+U_cI_a\sin(120°-\varphi)+U_bI_b\sin(180°-\varphi)\qquad（8\text{-}23）$$

$$K_Q=\frac{Q}{Q'}=\frac{-3UI\sin\varphi}{UI\sin(240°-\varphi)+UI\sin(120°-\varphi)+UI\sin(180°-\varphi)}\qquad（8\text{-}24）$$
$$=-1.5$$

5. 潮流反向原因分析

由以上分析可知，潮流反向原因是电压接入 $\dot{U}_1$（$\dot{U}_a$）、$\dot{U}_2$（$\dot{U}_c$）、$\dot{U}_3$（$\dot{U}_b$），电流接入 $\dot{I}_1$（$\dot{I}_c$）、$\dot{I}_2$（$\dot{I}_a$）、$\dot{I}_3$（$-\dot{I}_b$），导致 $\dot{U}_1$ 超前 $\dot{I}_1$ 在 180°～270°之间，第一元件功率因数为负值，电流为负电流，$\dot{U}_2$ 超前 $\dot{I}_2$ 的角度在 90°～180°之间；第二元件功率因数为负值，电流为负电流，$\dot{U}_3$ 超前 $\dot{I}_3$ 的角度在 180°～270°之间；第三元件功率因数为负值，电流为负电流。总有功功率为负值，有功电量计入智能电能表反向。潮流反向产生的原因是接线错误所致。

6. 错误接线结论

错误接线结论见表 8-5，第二种、第三种与第一种错误接线类型不一致，但更正系数一致，化简后的功率表达式一致，现场接线是三种错误接线中的一种。

表 8-5　　　　　　　　　　　　错 误 接 线 结 论 表

种类参数	电压接入			电流接入		
	$\dot{U}_1$	$\dot{U}_2$	$\dot{U}_3$	$\dot{I}_1$	$\dot{I}_2$	$\dot{I}_3$
第一种	$\dot{U}_a$	$\dot{U}_c$	$\dot{U}_b$	$\dot{I}_c$	$\dot{I}_a$	$-\dot{I}_b$
第二种	$\dot{U}_c$	$\dot{U}_b$	$\dot{U}_a$	$\dot{I}_b$	$\dot{I}_c$	$-\dot{I}_a$
第三种	$\dot{U}_b$	$\dot{U}_a$	$\dot{U}_c$	$\dot{I}_a$	$\dot{I}_b$	$-\dot{I}_c$

第十节　功率反向传输潮流反向实例分析

（一）实例一

某发电厂，其发电上网关口计量点设置在系统变电站 110kV 进线处，采用高供高计计量方式，接线方式为三相四线，电流互感器变比为 300A/5A，电压互感器采用 Y_n/Y_n-12 接线，电能表为 3×57.7/100V、3×1.5（6）A 的智能电能表。智能电能表测量参数数据如下：显示电压正相序，U_a=60.7V，U_b=60.3V，U_c=60.6V，U_{ab}=103.3V，U_{cb}=103.5V，U_{ac}=103.1V，I_a=0.66A，I_b=0.65A，I_c=−0.65A，$\cos\varphi_1=0.99$，$\cos\varphi_2=0.99$，$\cos\varphi_3=-0.99$，$\cos\varphi=0.99$，P_a=39.57W，P_b=38.71W，P_c=−38.91W，P=39.38W，Q_a=−6.27var，Q_b=−6.12var，Q_c=6.16var，Q=−6.23var。已知负载功率因数角为 51°（感性），110kV 线路向母线输出有功功率、无功功率，负载基本对称，分析故障与异常。

1. 故障与异常分析

正常情况下，由发电厂向系统变电站输出有功功率、无功功率，功率方向为−P、−Q，一次有功功率反向传输，智能电能表测量总有功功率为负值，有功电量计入反向，但智能电能表存在以下异常。

（1）第一元件电流 I_a 为 0.66A，是正电流，第一元件电流异常；第二元件电流 I_b 为 0.65A，是正电流，第二元件电流异常。

（2）负载功率因数角为 51°（感性），智能电能表应运行于Ⅲ象限，一次负荷潮流状态为−P、−Q。总有功功率 39.38W 为正值，总无功功率−6.23var 为负值，智能电能表运行于Ⅳ象限，运行象限异常。

（3）负载功率因数角 51°（感性）在Ⅲ象限 30°～60°之间，总功率因数和各元件功率因数应接近于−0.63，绝对值均为"中"，数值均为负。$\cos\varphi=0.99$，绝对值为"大"，且数值为正，总功率因数异常；$\cos\varphi_1=0.99$，绝对值为"大"，且数值为正，第一元件功率因数异常；$\cos\varphi_2=0.99$，绝对值为"大"，且数值为正，第二元件功率因数异常；$\cos\varphi_3=-0.99$，数值为负，但绝对值为"大"，第三元件功率因数异常。

（4）$\dfrac{\cos\varphi_1+\cos\varphi_2+\cos\varphi_3}{\cos\varphi}=\dfrac{0.99+0.99-0.99}{0.99}\approx1.00$，比值约为 1.00，与正确比值 3 偏差较大，比值异常。

2. 确定相量图

按照正相序确定电压相量图，$\cos\varphi_1=0.99$，$\varphi_1=\pm8°$，P_a=39.57W，Q_a=−6.27var，φ_1 在 270°～360°之间，$\varphi_1=-8°$，$\hat{\dot{U}_1\dot{I}_1}=352°$，确定 $\dot{I}_1$；$\cos\varphi_2=0.99$，$\varphi_2=\pm8°$，P_b=38.71W，Q_b=−6.12var，φ_2 在 270°～360°之间，$\varphi_2=-8°$，$\hat{\dot{U}_2\dot{I}_2}=352°$，确定 $\dot{I}_2$；$\cos\varphi_3=-0.99$，$\varphi_3=\pm172°$，P_c=−38.91W，Q_c=6.16var，φ_3 在 90°～180°之间，$\varphi_3=172°$，$\hat{\dot{U}_3\dot{I}_3}=172°$，确定 $\dot{I}_3$。相量图见图 8-14。

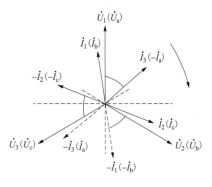

图 8-14　功率反向传输潮流反向相量图

3. 接线分析

第一种错误接线：定 $\dot{U}_1$ 为 $\dot{U}_a$，$\dot{U}_2$ 为 $\dot{U}_b$，$\dot{U}_3$ 为 $\dot{U}_c$。由图 8-14 可知，$\dot{I}_1$ 反相后 $-\dot{I}_1$ 滞后 $\dot{U}_2$ 约 51°，$\dot{I}_1$ 和 $\dot{U}_2$ 同相；$\dot{I}_2$ 反相后 $-\dot{I}_2$ 滞后 $\dot{U}_3$ 约 51°，$\dot{I}_2$ 和 $\dot{U}_3$ 同相；$\dot{I}_3$ 滞后 $\dot{U}_1$ 约 51°，$-\dot{I}_3$ 和 $\dot{U}_1$ 同相。$\dot{I}_1$ 为 $\dot{I}_b$，$\dot{I}_2$ 为 $\dot{I}_c$，$\dot{I}_3$ 为 $-\dot{I}_a$。第一元件电压接入 $\dot{U}_a$，电流接入 $\dot{I}_b$；第二元件电压接入 $\dot{U}_b$，电流接入 $\dot{I}_c$；第三元件电压接入 $\dot{U}_c$，电流接入 $-\dot{I}_a$。错误接线结论见表 8-6。

4. 计算更正系数

（1）有功更正系数

$$P'=U_aI_b\cos(60°-\varphi)+U_bI_c\cos(60°-\varphi)+U_cI_a\cos(120°+\varphi)\tag{8-25}$$

$$K_p=\frac{P}{P'}=\frac{-3UI\cos\varphi}{UI\cos(60°-\varphi)+UI\cos(60°-\varphi)+UI\cos(120°+\varphi)}$$
$$=-\frac{6}{1+\sqrt{3}\tan\varphi}\tag{8-26}$$

（2）无功更正系数

$$Q'=U_aI_b\sin(300°+\varphi)+U_bI_c\sin(300°+\varphi)+U_cI_a\sin(120°+\varphi)\tag{8-27}$$

$$K_Q=\frac{Q}{Q'}=\frac{-3UI\sin\varphi}{UI\sin(300°+\varphi)+UI\sin(300°+\varphi)+UI\sin(120°+\varphi)}$$
$$=\frac{6}{-1+\sqrt{3}\cot\varphi}\tag{8-28}$$

5. 潮流反向原因分析

由以上分析可知，潮流反向原因是电压接入 $\dot{U}_1$（$\dot{U}_a$）、$\dot{U}_2$（$\dot{U}_b$）、$\dot{U}_3$（$\dot{U}_c$），电流接入 $\dot{I}_1$（$\dot{I}_b$）、$\dot{I}_2$（$\dot{I}_c$）、$\dot{I}_3$（$-\dot{I}_a$），导致 $\dot{U}_1$ 超前 $\dot{I}_1$ 在 270°～360°之间；第一元件功率因数为正值，电流为正电流，$\dot{U}_2$ 超前 $\dot{I}_2$ 在 270°～360°之间；第二元件功率因数为正值，电流为正电流，$\dot{U}_3$ 超前 $\dot{I}_3$ 的角度在 90°～180°之间；第三元件功率因数为负值，电流为

负电流。总有功功率为正值，有功电量计入智能电能表正向。潮流反向产生的原因是接线错误所致。

6. 错误接线结论

错误接线结论见表 8-6，第二种、第三种与第一种错误接线类型不一致，但更正系数一致，化简后的功率表达式一致，现场接线是三种错误接线中的一种。

表 8-6 错 误 接 线 结 论 表

种类参数	电压接入			电流接入		
	$\dot{U}_1$	$\dot{U}_2$	$\dot{U}_3$	$\dot{I}_1$	$\dot{I}_2$	$\dot{I}_3$
第一种	$\dot{U}_a$	$\dot{U}_b$	$\dot{U}_c$	$\dot{I}_b$	$\dot{I}_c$	$-\dot{I}_a$
第二种	$\dot{U}_c$	$\dot{U}_a$	$\dot{U}_b$	$\dot{I}_a$	$\dot{I}_b$	$-\dot{I}_c$
第三种	$\dot{U}_b$	$\dot{U}_c$	$\dot{U}_a$	$\dot{I}_c$	$\dot{I}_a$	$-\dot{I}_b$

（二）实例二

某发电厂，其发电上网关口计量点设置在系统变电站 110kV 进线处，采用高供高计计量方式，接线方式为三相四线，电流互感器变比为 300A/5A，电压互感器采用 Yn/Yn-12 接线，电能表为 3×57.7/100V、3×1.5（6）A 的智能电能表。智能电能表测量参数数据如下：显示电压逆相序，U_a=59.6V，U_b=59.2V，U_c=59.0V，U_{ab}=102.7V，U_{cb}=102.3V，U_{ac}=102.5V，I_a=1.21A，I_b=1.22A，I_c=−1.23A，$\cos\varphi_1=0.73$，$\cos\varphi_2=0.96$，$\cos\varphi_3=-0.22$，$\cos\varphi=0.73$，P_a=52.75W，P_b=69.07W，P_c=−16.32W，P=105.50W，Q_a=−49.17var，Q_b=21.12var，Q_c=−70.72var，Q=−98.77var。已知负载功率因数角为 17°（感性），110kV 线路向母线输出有功功率、无功功率，负载基本对称，分析故障与异常。

1. 故障与异常分析

正常情况下，由发电厂向系统输出有功功率、无功功率，功率方向为−P、−Q，一次有功功率反向传输，智能电能表测量总有功功率为负值，有功电量计入反向，但是智能电能表存在以下异常：

（1）第一元件电流 I_a 为 1.21A，是正电流，第一元件电流异常；第二元件电流 I_b 为 1.22A，是正电流，第二元件电流异常。

（2）负载功率因数角为 17°（感性），智能电能表应运行于Ⅲ象限，一次负荷潮流状态为−P、−Q。总有功功率 105.50 为正值，总无功功率−98.77var 为负值，智能电能表实际运行于Ⅳ象限，运行象限异常。

（3）负载功率因数角 17°（感性）在Ⅲ象限 0°～30°之间，总功率因数和各元件功率因数应接近于−0.96，绝对值均为"大"，数值均为负。$\cos\varphi=0.73$，绝对值为"中"，且数值为正，总功率因数异常；$\cos\varphi_1=0.73$，绝对值为"中"，且数值为正，第一元件功率因数异常；$\cos\varphi_2=0.96$，绝对值为"大"，但数值为正，第二元件功率因数异常；$\cos\varphi_3=-0.22$，数值为负，但绝对值为"小"，第三元件功率因数异常。

（4）$\dfrac{\cos\varphi_1+\cos\varphi_2+\cos\varphi_3}{\cos\varphi}=\dfrac{0.73+0.96-0.22}{0.73}\approx2.00$，比值约为 2.00，与正确比值 3

偏差较大，比值异常。

2. 确定相量图

按照逆相序确定电压相量图，$\cos\varphi_1 = 0.73$，$\varphi_1 = \pm 43°$，P_a=52.75W，Q_a=−49.17var，

φ_1 在 270°～360° 之间，$\varphi_1 = -43°$，$\overset{\wedge}{\dot{U}_1\dot{I}_1} = 317°$，确定 $\dot{I}_1$；$\cos\varphi_2 = 0.96$，$\varphi_2 = \pm 16°$，

P_b=69.07W，Q_b=21.12var，φ_2 在 0°～90° 之间，$\varphi_2 = 16°$，$\overset{\wedge}{\dot{U}_2\dot{I}_2} = 16°$，确定 $\dot{I}_2$；

$\cos\varphi_3 = -0.22$，$\varphi_3 = \pm 103°$，P_c=−16.32W，Q_c=−70.72var，φ_3 在 180°～270° 之间，

$\varphi_3 = -103°$，$\overset{\wedge}{\dot{U}_3\dot{I}_3} = 257°$，确定 $\dot{I}_3$。相量图见图 8-15。

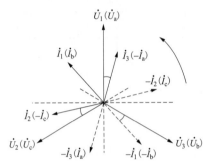

图 8-15　功率反向传输潮流反向相量图

3. 接线分析

第一种错误接线：定 $\dot{U}_1$ 为 $\dot{U}_a$，$\dot{U}_3$ 为 $\dot{U}_b$，$\dot{U}_2$ 为 $\dot{U}_c$。由图 8-15 可知，$\dot{I}_1$ 反相后 $-\dot{I}_1$ 滞后 $\dot{U}_3$ 约 17°，$\dot{I}_1$ 和 $\dot{I}_3$ 同相；$\dot{I}_2$ 滞后 $\dot{U}_2$ 约 17°，$-\dot{I}_2$ 和 $\dot{U}_2$ 同相；$\dot{I}_3$ 滞后 $\dot{U}_1$ 约 17°，$-\dot{I}_3$ 和 $\dot{U}_1$ 同相。$\dot{I}_1$ 为 $\dot{I}_b$，$\dot{I}_2$ 为 $-\dot{I}_c$，$\dot{I}_3$ 为 $-\dot{I}_a$。第一元件电压接入 $\dot{U}_a$，电流接入 $\dot{I}_b$；第二元件电压接入 $\dot{U}_c$，电流接入 $-\dot{I}_c$；第三元件电压接入 $\dot{U}_b$，电流接入 $-\dot{I}_a$。错误接线结论见表 8-7。

4. 计算更正系数

（1）有功更正系数

$$P' = U_a I_b \cos(60° - \varphi) + U_c I_c \cos\varphi + U_b I_a \cos(120° - \varphi) \tag{8-29}$$

$$K_P = \frac{P}{P'} = \frac{-3UI\cos\varphi}{UI\cos(60° - \varphi) + UI\cos\varphi + UI\cos(120° - \varphi)} \tag{8-30}$$

$$= -\frac{3}{1 + \sqrt{3}\tan\varphi}$$

（2）无功更正系数

$$Q' = U_a I_b \sin(300° + \varphi) + U_c I_c \sin\varphi + U_b I_a \sin(240° + \varphi) \tag{8-31}$$

$$K_Q = \frac{Q}{Q'} = \frac{-3UI\sin\varphi}{UI\sin(300° + \varphi) + UI\sin\varphi + UI\sin(240° + \varphi)} \tag{8-32}$$

$$= \frac{3}{-1 + \sqrt{3}\cot\varphi}$$

5. 潮流反向原因分析

由以上分析可知，潮流反向原因是电压接入 $\dot{U}_1$（$\dot{U}_a$）、$\dot{U}_2$（$\dot{U}_c$）、$\dot{U}_3$（$\dot{U}_b$），电流

接入 $\dot{I}_1$（ $\dot{I}_b$ ）、 $\dot{I}_2$（ $-\dot{I}_c$ ）、 $\dot{I}_3$（ $-\dot{I}_a$ ），导致 $\dot{U}_1$ 超前 $\dot{I}_1$ 在 270°～360°之间；第一元件功率因数为正值，电流为正电流， $\dot{U}_2$ 超前 $\dot{I}_2$ 在 0°～90°之间；第二元件功率因数为正值，电流为正电流， $\dot{U}_3$ 超前 $\dot{I}_3$ 的角度在 180°～270°之间；第三元件功率因数为负值，电流为负电流。总有功功率为正值，有功电量计入智能电能表正向。潮流反向产生的原因是接线错误所致。

6. 错误接线结论

错误接线结论见表 8-7，第二种、第三种与第一种错误接线类型不一致，但更正系数一致，化简后的功率表达式一致，现场接线是三种错误接线中的一种。

表 8-7 错 误 接 线 结 论 表

种类参数	电压接入			电流接入		
	$\dot{U}_1$	$\dot{U}_2$	$\dot{U}_3$	$\dot{I}_1$	$\dot{I}_2$	$\dot{I}_3$
第一种	$\dot{U}_a$	$\dot{U}_c$	$\dot{U}_b$	$\dot{I}_b$	$-\dot{I}_c$	$-\dot{I}_a$
第二种	$\dot{U}_c$	$\dot{U}_b$	$\dot{U}_a$	$\dot{I}_a$	$-\dot{I}_b$	$-\dot{I}_c$
第三种	$\dot{U}_b$	$\dot{U}_a$	$\dot{U}_c$	$\dot{I}_c$	$-\dot{I}_a$	$-\dot{I}_b$

第九章

三相三线智能电能表功率因数异常分析

本章运用电压、电流、有功功率、无功功率、功率因数等参数，在Ⅰ、Ⅱ、Ⅲ、Ⅳ象限，负载为感性或容性的运行状态下，对三相三线智能电能表低功率因数、功率因数异常等故障与异常进行了详细分析。

第一节　功率因数异常分析方法

正常运行过程中，三相三线智能电能表瞬时功率因数应正确反映负载运行情况，用电用户平均功率因数应高于考核标准。功率因数异常主要有功率因数低，潮流反向，功率因数与运行象限、负载功率因数角不对应三种类型。

一、功率因数低

平均功率因数反映了某个周期内用电负荷投入情况，正常运行过程中，用电用户平均功率因数应高于考核标准，如果平均功率因数低于考核标准，则说明功率因数低。功率因数低的主要原因有欠补偿、过补偿、接线错误三类情况，其中欠补偿、过补偿是运行方式所致，电能计量装置无故障或异常，接线错误是电能计量装置接线错误所导致的故障或异常。

二、潮流反向

总功率因数的高低反映了用电负荷投入情况，正负性反映了有功功率传输方向。三相三线智能电能表正确计量状态下，总功率因数应与有功功率传输方向对应。三相三线智能电能表运行过程中，会出现总功率因数与有功功率传输方向不对应的情况，即传输正向有功功率的供电线路，总功率因数为负值，传输反向有功功率的供电线路，总功率因数为正值。在生产实际中，应根据有功功率传输方向，通过三相三线智能电能表显示的总功率因数，判断电能计量装置是否异常。

三、功率因数与运行象限、负载功率因数角不对应

三相三线智能电能表，在负载为感性或容性，运行于Ⅰ、Ⅱ、Ⅲ、Ⅳ四个象限，负载功率因数角以30°为变化范围，总功率因数、各元件功率因数变化规律见表9-1，特性表见表 9-2。运行中的三相三线智能电能表，在确定负载性质、负载功率因数角、运行象限的情况下，可按照表9-1、表9-2对三相三线智能电能表功率因数是否异常进行分析判断，各元件功率因数、总功率因数在与负载性质、负载功率因数角、运行象限对应的范围内，功率因数正常；各元件功率因数、总功率因数不在与负载性质、负载功率因数角、运行象限对应的范围内，功率因数异常。

比如有功功率传输方向为正方向，Ⅰ象限感性37°，第一元件功率因数 0.39 在 0～

0.5（小）之间，第二元件功率因数 0.99 在 0.866～1（大）之间，总功率因数 0.80 在 0.5～0.866（中）之间，说明功率因数正常。

比如有功功率传输方向为正方向，Ⅳ象限容性 51°，第一元件功率因数–0.16 不在 0.866～1（大）之间，第二元件功率因数 0.93 不在 0～0.5（小）之间，说明功率因数异常，智能电能表存在接线错误等故障。

表 9-1　　　　　　　三相三线智能电能表负载功率因数角与功率因数对应

有功功率方向	负载性质	负载功率因数角	第一元件功率因数	第二元件功率因数	总功率因数
正向传输	Ⅰ象限感性	0°～30°	0.5～0.866	0.866～1	0.866～1
		30°～60°	0～0.5	0.866～1	0.5～0.866
		60°～90°	0～–0.5	0.5～0.866	0～0.5
	Ⅳ象限容性	0°～30°	0.866～1	0.5～0.866	0.866～1
		30°～60°	0.866～1	0～0.5	0.5～0.866
		60°～90°	0.5～0.866	0～–0.5	0～0.5
反向传输	Ⅲ象限感性	0°～30°	–0.5～–0.866	–0.866～–1	–0.866～–1
		30°～60°	0～–0.5	–0.866～–1	–0.5～–0.866
		60°～90°	0～0.5	–0.5～–0.866	0～–0.5
	Ⅱ象限容性	0°～30°	–0.866～–1	–0.5～–0.866	–0.866～–1
		30°～60°	–0.866～–1	0～–0.5	–0.5～–0.866
		60°～90°	–0.5～–0.866	0～0.5	0～–0.5

表 9-2　　　　　　　　　三相三线智能电能表功率因数特性

有功功率方向	负载性质	负载功率因数角	第一元件功率因数	第二元件功率因数	总功率因数
正向传输	Ⅰ象限感性	0°～30°	中	大	大
		30°～60°	小	大	中
		60°～90°	小（负值）	中	小
	Ⅳ象限容性	0°～30°	大	中	大
		30°～60°	大	小	中
		60°～90°	中	小（负值）	小
反向传输	Ⅲ象限感性	0°～30°	中（负值）	大（负值）	大（负值）
		30°～60°	小（负值）	大（负值）	中（负值）
		60°～90°	小	中（负值）	小（负值）
	Ⅱ象限容性	0°～30°	大（负值）	中（负值）	大（负值）
		30°～60°	大（负值）	小（负值）	中（负值）
		60°～90°	中（负值）	小	小（负值）

注　表中第一元件功率因数、第二元件功率因数、总功率因数的"大、中、小"特性未标注负值的，均表示为正值。

第二节　无功补偿装置工作原理

一、无功补偿装置概述

安装无功补偿装置，是为了提高功率因数，降低损耗，实现降损节能，正常情况下，投入无功补偿装置，应使功率因数在0.80～1（感性）、0.85～1（感性）或0.90～1（感性）之间，此时运行经济合理。无功补偿装置在实际运行中，会出现过补偿运行、欠补偿运行、断线等异常状态，常常引起功率因数低、计量负功率等异常，造成功率因数调整电费增加，直接影响供电企业和用电用户的经济利益，因此，掌握无功补偿装置运行异常和故障的分析方法，确保运行准确可靠，意义非常重大。

智能电能表运行过程中，在负荷基本对称的情况下，智能电能表的各组元件线电压、相电压应基本对称，接近于额定值，三相负荷电流基本平衡。同时，还应通过负荷大小、负载性质、负载功率因数角、有功功率和无功功率，Ⅰ、Ⅱ、Ⅲ、Ⅳ四个象限无功电量等信息，分析无功补偿装置运行情况。智能电能表Ⅰ、Ⅱ、Ⅲ、Ⅳ四个象限无功电量应与供电线路的无功功率传输方向对应，感性负载时无功电量应计入Ⅰ象限或Ⅲ象限；容性负载时无功电量应计入Ⅱ象限或Ⅳ象限。传输正向有功功率的供电线路，无功电量应计入Ⅰ象限或Ⅳ象限；传输反向有功功率的供电线路，无功电量应计入Ⅱ象限或Ⅲ象限。

二、无功补偿装置工作原理

（一）工作原理

无功补偿装置实际上是电容器，并联接入供电线路，无功补偿等效电路图见图9-1。

图9-1中，R为线路等效电阻，C为无功补偿装置，Z为负载阻抗，$\dot{U}$为线路首端电压，$\Delta\dot{U}$为线路压降，$\dot{U}'$为负载端电压，$\dot{i}'$为负载电流，$\dot{i}$为线路中流过的电流，$\dot{i}_\mathrm{c}$为无功补偿电容电流。

以供电线路首端电压$\dot{U}$为参考相量，电流$\dot{i}$随功率因数角φ按顺时针方向旋转0°～360°，四象限依次为Ⅰ、Ⅱ、Ⅲ、Ⅳ象限，相位关系变化图见图9-2。

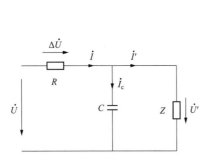

图9-1　无功补偿等效电路图

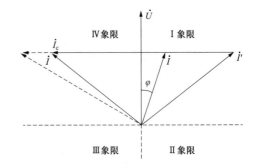

图9-2　相位关系变化图

（二）运行特性分析

由图9-1、图9-2可知，无功补偿装置的投入情况直接影响智能电能表运行状态，智能电能表通常有欠补偿、正常运行、过补偿三种状态。

1. 欠补偿

欠补偿是指变压器轻载运行，负载功率因数角 φ 较大，φ 在 36.9°～90°（考核标准 0.80）、31.8°～90°（考核标准 0.85）、25.8°～90°（考核标准 0.90）之间，功率因数低于考核标准，在 0～0.80（感性）、0～0.85（感性）或 0～0.90（感性）之间，电路呈感性，智能电能表运行于 I 象限。

欠补偿运行时，供电线路流过的电流较大，线损增加，功率因数低于考核标准。

2. 正常运行

正常运行是指变压器接入较多阻性负载，负载功率因数角较小，φ 在 0°～36.9°（感性）、0°～31.8°（感性）或 0°～25.8°（感性）之间，功率因数高于考核标准，在 0.80～1（感性）、0.85～1（感性）或 0.90～1（感性）之间，电路呈感性，智能电能表运行于 I 象限。

正常运行时，供电线路流过的电流较小，线损降低，功率因数高于考核标准，处于经济合理运行状态。

3. 过补偿

过补偿是指无功补偿装置投入较多，补偿电容电流 $\dot{I}_c$ 较大，$\dot{I}_c$ 和负载电流 $\dot{I}'$ 合成为 $\dot{I}$，φ 在 0°～-90°之间，电路呈容性，智能电能表运行于IV象限。

过补偿运行时，供电线路流过的电流较大，线损增加，智能电能表出现IV象限无功电量，组合无功 1（即正向无功）是 I、IV象限无功电量绝对值之和，无功电量增加，功率因数降低。随着补偿电容电流的增大，供电线路电流增大，φ 随之增大，线损增加。供电线路电流增大还导致 $\Delta\dot{U}$ 增加，$\dot{U} = \Delta\dot{U} + \dot{U}'$，如果保持 $\dot{U}$ 不变，造成 $\dot{U}'$ 下降，低于用电设备额定电压，影响用电设备正常运行；如果保持 $\dot{U}'$ 不变，需提高 $\dot{U}$，调节发电机励磁电流，增加无功功率输出，造成发电机效率下降，不利于发电机经济运行。

三、提高功率因数的方法

由以上分析可知，欠补偿或过补偿运行时，功率因数较低，线损增加。因此，应结合用电设备容量，综合评估电气设备运行情况，设计和安装无功补偿自动投切装置、功率因数表等设备。功率因数低于考核标准时，自动投入无功补偿装置，使功率因数在 0.80～1（感性）、0.85～1（感性）或 0.90～1（感性）之间，既降低损耗，又有效地提高了发电机的运行效率，达到降损节能的目的。

第三节 感性负载引起低功率因数实例分析

10kV 专用变压器用电用户，装接容量为 1000kVA，功率因数考核标准为 0.90，计量点设置在 10kV 配电装置进线处，采用高供高计计量方式，接线方式为三相三线，电压互感器采用 V/V 接线，电流互感器变比为 75A/5A，电能表为 3×100V、3×1.5（6）A 的智能电能表。结算一个月时间内（30 天），智能电能表电量示数变化量为：正向有功为 52.19kWh，反向有功为 0kWh，正向无功为 79.25kvarh（其中 $W_{Q I}$=79.25kvarh，$W_{Q IV}$=0kvarh），反向无功为 0kvarh（其中 $W_{Q II}$=0kvarh，$W_{Q III}$=0kvarh），经检查智能电能表接线正确，分析故障与异常。

（一）运行特性分析

1. 运行象限分析

正向有功为 52.19kWh，反向有功为 0kWh，W_{QI}=79.25kvarh，W_{QIV}=0kvarh，W_{QII}=0kvarh，W_{QIII}=0kvarh，说明结算周期内，一直为感性负载，智能电能表运行于 I 象限。

2. 功率因数分析

$$\cos\varphi = \frac{W_P}{\sqrt{W_P^2 + W_Q^2}} = \frac{52.19}{\sqrt{52.19^2 + 79.25^2}} = 0.55 \tag{9-1}$$

平均功率因数仅 0.55，远低于考核标准 0.90。平均功率因数角 $\varphi = \arccos 0.55 = 57°$，未运行在 0°～25.8°（感性）之间。

3. 负荷率分析

（1）平均有功功率。

$$P = \frac{W_P \times \frac{10}{0.1} \times \frac{75}{5}}{30 \times 24} = \frac{52.19 \times \frac{10}{0.1} \times \frac{75}{5}}{30 \times 24} = \frac{78290}{30 \times 24} = 109(kW) \tag{9-2}$$

（2）变压器负荷率。

$$\eta = \frac{P}{S \times \cos\varphi} = \frac{109}{1000 \times 0.55} \times 100\% = 20\% \tag{9-3}$$

由以上计算可知，负荷率仅为 20%，变压器负荷率较低。

（二）解决办法

由以上分析可知，该用户投入负载较少，导致变压器负荷率低，平均功率因数较低，无功补偿装置投入严重不足；因此，需投入无功补偿装置，使负载功率因数角在 0°～25.8°（感性）之间，功率因数在 0.90～1（感性）之间。

第四节　容性负载引起低功率因数实例分析

10kV 专用变压器用电用户，装接容量为 2×630kVA，功率因数考核标准为 0.90，计量点设置在 10kV 配电装置总进线处，采用高供高计计量方式，接线方式为三相三线，电压互感器采用 V/V 接线，电流互感器变比为 100A/5A，电能表为 3×100V、3×1.5（6）A 的智能电能表。结算一个月时间内（30 天），智能电能表电量示数变化量为：正向有功为 128.63kWh，反向有功为 0kWh，正向无功为 162.78kvarh（其中 W_{QI}=0kvarh，W_{QIV}= 162.78kvarh），反向无功为 0kvarh（其中 W_{QII}=0kvarh，W_{QIII}=0kvarh），经检查智能电能表接线正确，分析故障与异常。

（一）运行特性分析

1. 运行象限分析

正向有功 128.63kWh，反向有功为 0kWh，W_{QI}=0kvarh，W_{QIV}=162.78kvarh，W_{QII}=0kvarh，W_{QIII}=0kvarh，说明结算周期内，一直为容性负载，智能电能表运行于 IV 象限。

2. 功率因数分析

$$\cos\varphi = \frac{W_\mathrm{P}}{\sqrt{W_\mathrm{P}^2 + W_\mathrm{Q}^2}} = \frac{128.63}{\sqrt{128.63^2 + 162.78^2}} = 0.62 \tag{9-4}$$

平均功率因数仅为 0.62，远低于考核标准 0.90。平均功率因数角 $\varphi = \arccos 0.62 = 52°$，且为容性负载，未运行在 0°～25.8°（感性）之间。

3. 负荷率分析

（1）平均有功功率。

$$P = \frac{W_\mathrm{P} \times \dfrac{10}{0.1} \times \dfrac{100}{5}}{30 \times 24} = \frac{128.63 \times \dfrac{10}{0.1} \times \dfrac{100}{5}}{30 \times 24} = \frac{257266}{30 \times 24} = 357(\mathrm{kW}) \tag{9-5}$$

（2）变压器负荷率。

$$\eta = \frac{P}{S \times \cos\varphi} = \frac{357}{1260 \times 0.62} \times 100\% = 46\% \tag{9-6}$$

由以上计算可知，负荷率为 46%，变压器负荷率较低。

（二）解决办法

由以上分析可知，结算周期内，该用户投入大量无功补偿装置，一直处于过补偿运行状态，平均功率因数较低，因此，需减少无功补偿装置投入，使负载功率因数角在 0°～25.8°（感性）之间，功率因数在 0.90～1（感性）之间。

第五节 Ⅰ象限功率因数异常实例分析

一、负载功率因数角 0°～30°功率因数异常实例分析

（一）实例一

10kV 专用变压器用电用户，在 10kV 侧采用高供高计计量方式，接线方式为三相三线，电压互感器采用 V/V 接线，电流互感器变比为 50A/5A，电能表为 3×100V、3×1.5（6）A 的智能电能表。智能电能表测量参数数据为：显示电压正相序，U_{ab}=101.3V，U_{cb}=101.7V，U_{ac}=101.5V，I_a=0.65A，I_c=0.67A，$\cos\varphi_1 = 0.29$，$\cos\varphi_2 = 0.29$，$\cos\varphi = 0.29$，P_a=19.25W，P_c=19.92W，P=39.17W，Q_a= −62.97var，Q_c= −65.16var，Q= −128.13var。已知负载功率因数角为 17°（感性），10kV 供电线路向专用变压器输入有功功率、无功功率，负载基本对称，分析故障与异常。

1. 故障与异常分析

（1）负载功率因数角为 17°（感性），智能电能表应运行于Ⅰ象限，一次负荷潮流状态为+P、+Q。总有功功率 39.17W 为正值，总无功功率−128.13var 为负值，智能电能表实际运行于Ⅳ象限，运行象限异常。

（2）负载功率因数 17°（感性）在Ⅰ象限 0°～30°之间，总功率因数应接近于 0.96，绝对值为"大"，数值为正；第一元件功率因数应接近于 0.68，绝对值为"中"，数值为正；第二元件功率因数应接近于 0.97，绝对值为"大"，数值为正。$\cos\varphi = 0.29$，数值为正，但绝对值为"小"，总功率因数异常；$\cos\varphi_1 = 0.29$，数值为正，但绝对值为"小"，

第一元件功率因数异常；$\cos\varphi_2 = 0.29$，数值为正，但绝对值为"小"，第二元件功率因数异常。

（3）$\dfrac{\cos\varphi_1 + \cos\varphi_2}{\cos\varphi} = \dfrac{0.29 + 0.29}{0.29} \approx 2.00$，比值约为 2.00，与正确比值 $\sqrt{3}$ 偏差较大，比值异常。

2. 确定相量图

按照正相序确定电压相量图，$\cos\varphi_1 = 0.29$，$\varphi_1 = \pm73°$，P_a=19.25W，Q_a=−62.97var，φ_1 在 270°～360°之间，$\varphi_1 = -73°$，$\overset{\wedge}{\dot{U}_{12}\dot{I}_1} = 287°$，确定 $\dot{I}_1$；$\cos\varphi_2 = 0.29$，$\varphi_2 = \pm73°$，P_c=19.92W，Q_c=−65.16var，φ_2 在 270°～360° 之间，$\varphi_2 = -73°$，$\overset{\wedge}{\dot{U}_{32}\dot{I}_2} = 287°$，确定 $\dot{I}_2$。相量图见图 9-3。

3. 接线分析

由图9-3可知，$\dot{I}_1$ 滞后 $\dot{U}_3$ 约17°，$\dot{I}_1$ 和 $\dot{U}_3$ 同相；$\dot{I}_2$ 反相后 $-\dot{I}_2$ 滞后 $\dot{U}_1$ 约17°，$-\dot{I}_2$ 和 $\dot{U}_1$ 同相；$\dot{U}_2$ 无对应的电流，则 $\dot{U}_2$ 为 $\dot{U}_b$，$\dot{U}_3$ 为 $\dot{U}_c$，$\dot{U}_1$ 为 $\dot{U}_a$。$\dot{I}_1$ 为 $\dot{I}_c$，$-\dot{I}_2$ 为 $\dot{I}_a$，$\dot{I}_2$ 为 $-\dot{I}_a$。第一元件电压接入 $\dot{U}_{ab}$，电流接入 $\dot{I}_c$；第二元件电压接入 $\dot{U}_{cb}$，电流接入 $-\dot{I}_a$。错误接线结论见表 9-3。

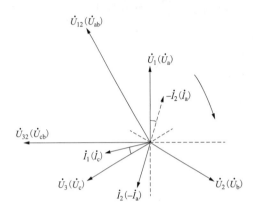

图 9-3　错误接线相量图

表 9-3　　　　　　　　　　　　错 误 接 线 结 论 表

接入电压	$\dot{U}_1$（$\dot{U}_a$）	$\dot{U}_2$（$\dot{U}_b$）	$\dot{U}_3$（$\dot{U}_c$）
	$\dot{U}_{12}$（$\dot{U}_{ab}$）	$\dot{U}_{32}$（$\dot{U}_{cb}$）	
接入电流	$\dot{I}_1$（$\dot{I}_c$）	$\dot{I}_2$（$-\dot{I}_a$）	

4. 计算更正系数

（1）有功更正系数。

$$P' = U_{ab}I_c \cos(90°-\varphi) + U_{cb}I_a \cos(90°-\varphi)$$

$$K_P = \frac{P}{P'} = \frac{\sqrt{3}UI\cos\varphi}{UI\cos(90°-\varphi) + UI\cos(90°-\varphi)} = \frac{\sqrt{3}}{2\tan\varphi} \tag{9-7}$$

（2）无功更正系数。

$$Q' = U_{ab}I_c \sin(270°+\varphi) + U_{cb}I_a \sin(270°+\varphi)$$

$$K_Q = \frac{Q}{Q'} = \frac{\sqrt{3}UI\sin\varphi}{UI\sin(270°+\varphi) + UI\sin(270°+\varphi)} = -\frac{\sqrt{3}}{2\cot\varphi} \tag{9-8}$$

5. 功率因数异常原因分析

由以上分析可知，功率因数异常的原因是电压接入 $\dot{U}_1$（$\dot{U}_a$）、$\dot{U}_2$（$\dot{U}_b$）、$\dot{U}_3$（$\dot{U}_c$），

电流接入 $\dot{I}_1$（$\dot{I}_c$）、$\dot{I}_2$（$-\dot{I}_a$）所致。

（二）实例二

10kV 专用变压器用电用户，在 10kV 侧采用高供高计计量方式，接线方式为三相三线，电压互感器采用 V/V 接线，电流互感器变比为 30A/5A，电能表为 3×100V、3×1.5（6）A 的智能电能表。智能电能表测量参数数据为：显示电压逆相序，U_{ab}=101.5V，U_{cb}=101.2V，U_{ac}=101.9V，I_a= −0.97A，I_c= −0.93A，$\cos\varphi_1$ = −0.97，$\cos\varphi_2$ = −0.97，$\cos\varphi$ = −0.97，P_a = −95.52W，P_c = −91.33W，P = −186.85W，Q_a=23.82var，Q_c=22.77var，Q=46.59var。已知负载功率因数角为 16°（感性），10kV 供电线路向专用变压器输入有功功率、无功功率，负载基本对称，分析故障与异常。

1. 故障与异常分析

（1）第一元件电流 I_a 为−0.97A，是负电流，第一元件电流异常；第二元件电流 I_c 为−0.93A，是负电流，第二元件电流异常。

（2）负载功率因数角为 16°（感性），智能电能表应运行于 I 象限，一次负荷潮流状态为+P、+Q。总有功功率−186.85W 为负值，总无功功率 46.59var 为正值，智能电能表实际运行于 II 象限，运行象限异常。

（3）负载功率因数角 16°（感性）在 I 象限 0°～30°之间，总功率因数应接近于 0.96，绝对值为"大"，数值为正；第一元件功率因数应接近于 0.69，绝对值为"中"，数值为正；第二元件功率因数应接近于 0.97，绝对值为"大"，数值为正。$\cos\varphi$ = −0.97，绝对值为"大"，但数值为负，总功率因数异常；$\cos\varphi_1$ = −0.97，绝对值为"大"，且数值为负，第一元件功率因数异常；$\cos\varphi_2$ = −0.97，绝对值为"大"，但数值为负，第二元件功率因数异常。

（4）$\dfrac{\cos\varphi_1 + \cos\varphi_2}{\cos\varphi} = \dfrac{-0.97 - 0.97}{-0.97} \approx 2.00$，比值约为 2.00，与正确比值 $\sqrt{3}$ 偏差较大，比值异常。

2. 确定相量图

按照逆相序确定电压相量图，$\cos\varphi_1$ = −0.97，φ_1 = ±166°，P_a = −95.52W，Q_a=23.82var，

φ_1 在 90°～180°之间，φ_1 = 166°，$\overset{\wedge}{\dot{U}_{12}\dot{I}_1}$ =166°，确定 $\dot{I}_1$；$\cos\varphi_2$ = −0.97，φ_2 = ±166°，P_c = −91.33W，Q_c=22.77var，φ_2 在 90°～180°之间，φ_2 = 166°，$\overset{\wedge}{\dot{U}_{32}\dot{I}_2}$ =166°，确定 $\dot{I}_2$。相量图见图 9-4。

3. 接线分析

由图 9-4 可知，$\dot{I}_1$ 反相后 $-\dot{I}_1$ 滞后 $\dot{U}_1$ 约 16°，$-\dot{I}_1$ 和 $\dot{U}_1$ 同相；$\dot{I}_2$ 滞后 $\dot{U}_2$ 约 16°，$\dot{I}_2$ 和 $\dot{U}_2$ 同相；$\dot{U}_3$ 无对应的电流，则 $\dot{U}_3$ 为 $\dot{U}_b$，$\dot{U}_2$ 为 $\dot{U}_c$，$\dot{U}_1$ 为 $\dot{U}_a$。$-\dot{I}_1$ 为 $\dot{I}_a$，$\dot{I}_1$ 为 $-\dot{I}_a$，

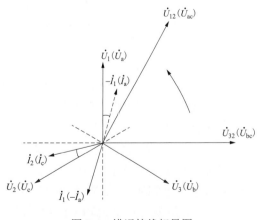

图 9-4　错误接线相量图

$\dot{I}_2$ 为 $\dot{I}_c$ 。第一元件电压接入 $\dot{U}_{ac}$，电流接入 $-\dot{I}_a$；第二元件电压接入 $\dot{U}_{bc}$，电流接入 $\dot{I}_c$。错误接线结论见表9-4。

表 9-4 错 误 接 线 结 论 表

接入电压	$\dot{U}_1$（$\dot{U}_a$）	$\dot{U}_2$（$\dot{U}_c$）	$\dot{U}_3$（$\dot{U}_b$）
	$\dot{U}_{12}$（$\dot{U}_{ac}$）	$\dot{U}_{32}$（$\dot{U}_{bc}$）	
接入电流	$\dot{I}_1$（$-\dot{I}_a$）	$\dot{I}_2$（$\dot{I}_c$）	

4. 计算更正系数

（1）有功更正系数。

$$P' = U_{ac}I_a\cos(150° + \varphi) + U_{bc}I_c\cos(150° + \varphi)$$

$$K_P = \frac{P}{P'} = \frac{\sqrt{3}UI\cos\varphi}{UI\cos(150° + \varphi) + UI\cos(150° + \varphi)} = -\frac{\sqrt{3}}{\sqrt{3} + \tan\varphi} \qquad (9\text{-}9)$$

（2）无功更正系数。

$$Q' = U_{ac}I_a\sin(150° + \varphi) + U_{bc}I_c\sin(150° + \varphi)$$

$$K_Q = \frac{Q}{Q'} = \frac{\sqrt{3}UI\sin\varphi}{UI\sin(150° + \varphi) + UI\sin(150° + \varphi)} = \frac{\sqrt{3}}{-\sqrt{3} + \cot\varphi} \qquad (9\text{-}10)$$

5. 功率因数异常原因分析

由以上分析可知，功率因数异常的原因是电压接入 $\dot{U}_1$（$\dot{U}_a$）、$\dot{U}_2$（$\dot{U}_c$）、$\dot{U}_3$（$\dot{U}_b$），电流接入 $\dot{I}_1$（$-\dot{I}_a$）、$\dot{I}_2$（$\dot{I}_c$）所致。

（三）实例三

10kV专用变压器用电用户，在10kV侧采用高供高计计量方式，接线方式为三相三线，电压互感器采用V/V接线，电流互感器变比为75/5A，电能表为3×100V、3×1.5（6）A的智能电能表。智能电能表测量参数数据为：显示电压逆相序，U_{ab}=103.2V，U_{cb}=102.9V，U_{ac}=102.9V，I_a=0.95A，I_c=0.93A，$\cos\varphi_1 = 0.39$，$\cos\varphi_2 = 0.39$，$\cos\varphi = 0.39$，P_a=38.31W，P_c=37.39，P=75.70W，Q_a= −90.23var，Q_c= −88.09var，Q= −178.32var。已知负载功率因数角为23°（感性），10kV 供电线路向专用变压器输入有功功率、无功功率，负载基本对称，分析故障与异常。

1. 故障与异常分析

（1）负载功率因数角为23°（感性），智能电能表应运行于 I 象限，一次负荷潮流状态为+P、+Q。总有功功率 75.70W 为正值，总无功功率−178.32var 为负值，智能电能表实际运行于Ⅳ象限，运行象限异常。

（2）负载功率因数角23°（感性）在 I 象限 0°～30°之间，总功率因数应接近于0.92，绝对值为"大"，数值为正；第一元件功率因数应接近于0.60，绝对值为"中"，数值为正；第二元件功率因数应接近于 0.99，绝对值为"大"，数值为正。$\cos\varphi = 0.39$，数值为正，但绝对值为"小"，总功率因数异常；$\cos\varphi_1 = 0.39$，数值为正，但绝对值为"小"，第一元件功率因数异常；$\cos\varphi_2 = 0.39$，数值为正，但绝对值为"小"，第二元件功率因数异常。

（3）$\dfrac{\cos\varphi_1+\cos\varphi_2}{\cos\varphi}=\dfrac{0.39+0.39}{0.39}\approx2.00$，比值约为 2.00，与正确比值 $\sqrt{3}$ 偏差较大，

比值异常。

2. 确定相量图

按照逆相序确定电压相量图，$\cos\varphi_1=0.39$，$\varphi_1=\pm67°$，P_a=38.31W，Q_a=−90.25var，

φ_1 在 270°～360°之间，$\varphi_1=293°$，$\overset{\wedge}{\dot U_{12}\dot I_1}=$
293°，确定 $\dot I_1$；$\cos\varphi_2=0.39$，$\varphi_2=\pm67°$，
P_c=37.39W，Q_c=−88.09var，φ_2 在 270°～
360°之间，$\varphi_2=293°$，$\overset{\wedge}{\dot U_{32}\dot I_2}=293°$，确定 $\dot I_2$。
相量图见图 9-5。

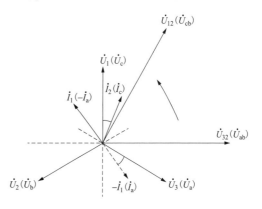

图 9-5　错误接线相量图

3. 接线分析

由图 9-5 可知，$\dot I_1$ 反相后 $-\dot I_1$ 滞后 $\dot U_3$ 约
23°，$-\dot I_1$ 和 $\dot U_3$ 同相；$\dot I_2$ 滞后 $\dot U_1$ 约 23°，$\dot I_2$ 和
$\dot U_1$ 同相；$\dot U_2$ 无对应的电流，则 $\dot U_2$ 为 $\dot U_b$，$\dot U_1$
为 $\dot U_c$，$\dot U_3$ 为 $\dot U_a$。$-\dot I_1$ 为 $\dot I_a$，$\dot I_1$ 为 $-\dot I_a$，$\dot I_2$ 为
$\dot I_c$。第一元件电压接入 $\dot U_{cb}$，电流接入 $-\dot I_a$；第二元件电压接入 $\dot U_{ab}$，电流接入 $\dot I_c$。错误
接线结论见表 9-5。

表 9-5　　　　　　　　　　　　错 误 接 线 结 论 表

接入电压	$\dot U_1$（$\dot U_c$）	$\dot U_2$（$\dot U_b$）	$\dot U_3$（$\dot U_a$）
	$\dot U_{12}$（$\dot U_{cb}$）	$\dot U_{32}$（$\dot U_{ab}$）	
接入电流	$\dot I_1$（$-\dot I_a$）	$\dot I_2$（$\dot I_c$）	

4. 计算更正系数

（1）有功更正系数。

$$P'=U_{cb}I_a\cos(90°-\varphi)+U_{ab}I_c\cos(90°-\varphi)$$

$$K_P=\frac{P}{P'}=\frac{\sqrt3 UI\cos\varphi}{UI\cos(90°-\varphi)+UI\cos(90°-\varphi)}=\frac{\sqrt3}{2\tan\varphi}\qquad（9\text{-}11）$$

（2）无功更正系数。

$$Q'=U_{cb}I_a\sin(270°+\varphi)+U_{ab}I_c\sin(270°+\varphi)$$

$$K_Q=\frac{Q}{Q'}=\frac{\sqrt3 UI\sin\varphi}{UI\sin(270°+\varphi)+UI\sin(270°+\varphi)}=-\frac{\sqrt3}{2\cot\varphi}\qquad（9\text{-}12）$$

5. 功率因数异常原因分析

由以上分析可知，功率因数异常的原因是电压接入 $\dot U_1$（$\dot U_c$）、$\dot U_2$（$\dot U_b$）、$\dot U_3$（$\dot U_a$），
电流接入 $\dot I_1$（$-\dot I_a$）、$\dot I_2$（$\dot I_c$）所致。

二、负载功率因数角 30°～60°功率因数异常实例分析

10kV 专用变压器用电用户，在 10kV 侧采用高供高计量方式，接线方式为三相三线，电压互感器采用 V/V 接线，电流互感器变比为 75A/5A，电能表为 3×100V、3×1.5（6）A 的智能电能表。智能电能表测量参数数据为：显示电压正相序，U_{ab}=103.9V，U_{cb}=103.7V，U_{ac}=103.1V，I_a= −0.78A，I_c= −0.79A，$\cos\varphi_1$ = −0.78，$\cos\varphi_2$ = −0.16，$\cos\varphi$ = −0.93，P_a= −62.98W，P_c= −12.82W，P= −75.80W，Q_a=51.00var，Q_c= −80.91var，Q= −29.91var。已知负载功率因数角为 51°（感性），10kV 供电线路向专用变压器输入有功功率、无功功率，负载基本对称，分析故障与异常。

1. 故障与异常分析

（1）第一元件电流 I_a 为 −0.78A，是负电流，第一元件电流异常；第二元件电流 I_c 为 −0.79A，是负电流，第二元件电流异常。

（2）负载功率因数角为 51°（感性），智能电能表应运行于 I 象限，一次负荷潮流状态为+P、+Q。总有功功率−75.80W 为负值，总无功功率−29.91var 为负值，智能电能表实际运行于III象限，运行象限异常。

（3）负载功率因数角 51°（感性）在 I 象限 30°～60°之间，总功率因数应接近于 0.63，绝对值为"中"，数值为正；第一元件功率因数应接近于 0.16，绝对值为"小"，数值为正；第二元件功率因数应接近于 0.93，绝对值为"大"，数值为正。$\cos\varphi$ = −0.93，绝对值为"大"，且数值为负，总功率因数异常；$\cos\varphi_1$ = −0.78，绝对值为"中"，且数值为负，第一元件功率因数异常；$\cos\varphi_2$ = −0.16，绝对值为"小"，且数值为负，第二元件功率因数异常。

（4）$\dfrac{\cos\varphi_1 + \cos\varphi_2}{\cos\varphi} = \dfrac{-0.78 - 0.16}{-0.93} \approx 1.00$，比值约为 1.00，与正确比值 $\sqrt{3}$ 偏差较大，比值异常。

2. 确定相量图

按照正相序确定电压相量图，$\cos\varphi_1$ = −0.78，φ_1 = ±141°，P_a= −62.98W，Q_a=51.00var，φ_1 在 90°～180°之间，φ_1 =141°，$\overset{\frown}{\dot{U}_{12}\dot{I}_1}$ =141°，确定 $\dot{I}_1$；$\cos\varphi_2$ = −0.16，φ_2 = ±99°，P_c= −12.82W，Q_c= −80.91var，φ_2 在 180°～270°之间，φ_2 =261°，$\overset{\frown}{\dot{U}_{32}\dot{I}_2}$ =261°，确定 $\dot{I}_2$。相量图见图 9-6。

3. 接线分析

由图 9-6 可知，$\dot{I}_1$ 反相后 −$\dot{I}_1$ 滞后 $\dot{U}_3$ 约 51°，−$\dot{I}_1$ 和 $\dot{U}_3$ 同相；$\dot{I}_2$ 滞后 $\dot{U}_2$ 约 51°，$\dot{I}_2$ 和 $\dot{U}_2$ 同相；$\dot{U}_1$ 无对应的电流，则 $\dot{U}_1$ 为 $\dot{U}_b$，$\dot{U}_2$ 为 $\dot{U}_c$，$\dot{U}_3$ 为 $\dot{U}_a$。−$\dot{I}_1$ 为 $\dot{I}_a$，$\dot{I}_1$ 为 −$\dot{I}_a$，$\dot{I}_2$ 为 $\dot{I}_c$。第一元件电压接入 $\dot{U}_{bc}$，电流接入 −$\dot{I}_a$；第二元件电压接入 $\dot{U}_{ac}$，电流接入 $\dot{I}_c$。错误接线结论见表 9-6。

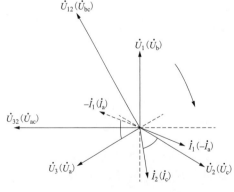

图 9-6　错误接线相量图

表 9-6   错 误 接 线 结 论 表

接入电压	$\dot{U}_1$（$\dot{U}_b$）	$\dot{U}_2$（$\dot{U}_c$）	$\dot{U}_3$（$\dot{U}_a$）
	$\dot{U}_{12}$（$\dot{U}_{bc}$）	$\dot{U}_{32}$（$\dot{U}_{ac}$）	
接入电流	$\dot{I}_1$（$-\dot{I}_a$）	$\dot{I}_2$（$\dot{I}_c$）	

4. 计算更正系数

（1）有功更正系数。

$$P' = U_{bc}I_a\cos(90°+\varphi) + U_{ac}I_c\cos(150°-\varphi)$$

$$K_P = \frac{P}{P'} = \frac{\sqrt{3}UI\cos\varphi}{UI\cos(90°+\varphi)+UI\cos(150°-\varphi)} = -\frac{2\sqrt{3}}{\sqrt{3}+\tan\varphi} \qquad (9-13)$$

（2）无功更正系数。

$$Q' = U_{bc}I_a\sin(90°+\varphi) + U_{ac}I_c\sin(210°+\varphi)$$

$$K_Q = \frac{Q}{Q'} = \frac{\sqrt{3}UI\sin\varphi}{UI\sin(90°+\varphi)+UI\sin(210°+\varphi)} = \frac{2\sqrt{3}}{-\sqrt{3}+\cot\varphi} \qquad (9-14)$$

5. 功率因数异常原因分析

由以上分析可知，功率因数异常的原因是电压接入 $\dot{U}_1$（$\dot{U}_b$）、$\dot{U}_2$（$\dot{U}_c$）、$\dot{U}_3$（$\dot{U}_a$），电流接入 $\dot{I}_1$（$-\dot{I}_a$）、$\dot{I}_2$（$\dot{I}_c$）所致。

三、负载功率因数角 60°～90°功率因数异常实例分析

10kV 专用变压器用电用户，在 10kV 侧采用高供高计计量方式，接线方式为三相三线，电压互感器采用 V/V 接线，电流互感器变比为 50/5A，电能表为 3×100V、3×1.5（6）A 的智能电能表。智能电能表测量参数数据为：显示电压正相序，U_{ab}=103.9V，U_{cb}=103.5V，U_{ac}=103.2V，I_a=0.75A，I_c=−0.79A，$\cos\varphi_1 = 0.68$，$\cos\varphi_2 = -0.97$，$\cos\varphi = -0.33$，P_a=52.99W，P_c=−79.67W，P=−26.68W，Q_a=56.81var，Q_c=18.39var，Q=75.20var。已知负载功率因数角为 77°（感性），10kV 供电线路向专用变压器输入有功功率、无功功率，负载基本对称，分析故障与异常。

1. 故障与异常分析

（1）第一元件电流 I_a 为 0.75A，是正电流，第一元件电流异常；第二元件电流 I_c 为 −0.79A，是负电流，第二元件电流异常。

（2）负载功率因数角为 77°（感性），智能电能表应运行于 I 象限，一次负荷潮流状态为+P、+Q。总有功功率 26.68W 为负值，总无功功率 75.20var 为正值，智能电能表实际运行于 II 象限，运行象限异常。

（3）负载功率因数角 77°（感性）在 I 象限 60°～90°之间，总功率因数应接近于 0.22，绝对值为"小"，数值为正；第一元件功率因数应接近于−0.29，绝对值为"小"，数值为负；第二元件功率因数应接近于 0.68，绝对值为"中"，数值为正。$\cos\varphi = -0.33$，绝对值为"小"，但数值为负，总功率因数异常；$\cos\varphi_1 = 0.68$，绝对值为"中"，且数值为正，第一元件功率因数异常；$\cos\varphi_2 = -0.97$，绝对值为"大"，且数值为负，第二元件功率因数异常。

（4）$\dfrac{\cos\varphi_1+\cos\varphi_2}{\cos\varphi}=\dfrac{0.68-0.97}{-0.33}\approx 0.87$，比值约为 0.87，与正确比值 $\sqrt{3}$ 偏差较大，比值异常。

2. 确定相量图

按照正相序确定电压相量图，$\cos\varphi_1=0.68$，$\varphi_1=\pm47°$，P_a=52.99W，Q_a=56.81var，

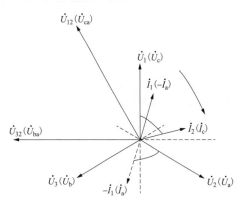

φ_1 在 $0°\sim90°$ 之间，$\varphi_1=47°$，$\overset{\wedge}{\dot{U}_{12}\dot{I}_1}=47°$，确定 $\dot{I}_1$；$\cos\varphi_2=-0.97$，$\varphi_2=\pm166°$，P_c=−79.67W，Q_c=18.39var，φ_2 在 $90°\sim180°$ 之间，$\varphi_2=166°$，$\overset{\wedge}{\dot{U}_{32}\dot{I}_2}=166°$，确定 $\dot{I}_2$。相量图见图 9-7。

3. 接线分析

由图 9-7 可知，$\dot{I}_1$ 反相后 $-\dot{I}_1$ 滞后 $\dot{U}_2$ 约 77°，$-\dot{I}_1$ 和 $\dot{U}_2$ 同相；$\dot{I}_2$ 滞后 $\dot{U}_1$ 约 77°，$\dot{I}_2$ 和 $\dot{U}_1$ 同相；$\dot{U}_3$ 无对应的电流，则 $\dot{U}_3$ 为 $\dot{U}_b$，$\dot{U}_1$ 为 $\dot{U}_c$，$\dot{U}_2$ 为 $\dot{U}_a$。$-\dot{I}_1$ 为 $\dot{I}_a$，$\dot{I}_1$ 为 $-\dot{I}_a$，$\dot{I}_2$ 为 $\dot{I}_c$。

图 9-7　错误接线相量图

第一元件电压接入 $\dot{U}_{ca}$，电流接入 $-\dot{I}_a$；第二元件电压接入 $\dot{U}_{ba}$，电流接入 $\dot{I}_c$。错误接线结论见表 9-7。

表 9-7　　　　　　　　　　错 误 接 线 结 论 表

接入电压	$\dot{U}_1$（$\dot{U}_c$）	$\dot{U}_2$（$\dot{U}_a$）	$\dot{U}_3$（$\dot{U}_b$）
	$\dot{U}_{12}$（$\dot{U}_{ca}$）	$\dot{U}_{32}$（$\dot{U}_{ba}$）	
接入电流	$\dot{I}_1$（$-\dot{I}_a$）	$\dot{I}_2$（$\dot{I}_c$）	

4. 计算更正系数

（1）有功更正系数。

$$P'=U_{ca}I_a\cos(\varphi-30°)+U_{ba}I_c\cos(90°+\varphi)$$

$$K_P=\frac{P}{P'}=\frac{\sqrt{3}UI\cos\varphi}{UI\cos(\varphi-30°)+UI\cos(90°+\varphi)}=\frac{2\sqrt{3}}{\sqrt{3}-\tan\varphi} \tag{9-15}$$

（2）无功更正系数。

$$Q'=U_{ca}I_a\sin(330°+\varphi)+U_{ba}I_c\sin(90°+\varphi)$$

$$K_Q=\frac{Q}{Q'}=\frac{\sqrt{3}UI\sin\varphi}{UI\sin(330°+\varphi)+UI\sin(90°+\varphi)}=\frac{2\sqrt{3}}{\sqrt{3}+\cot\varphi} \tag{9-16}$$

5. 功率因数异常原因分析

由以上分析可知，功率因数异常的原因是电压接入 $\dot{U}_1$（$\dot{U}_c$）、$\dot{U}_2$（$\dot{U}_a$）、$\dot{U}_3$（$\dot{U}_b$），

电流接入 $\dot{I}_1$（$-\dot{I}_a$）、$\dot{I}_2$（$\dot{I}_c$）所致。

第六节　Ⅱ象限功率因数异常实例分析

负载功率因数角 0°～30°功率因数异常实例分析如下。

110kV 变电站 1 号主变压器 10kV 侧总路计量点，在 1 号主变压器 10kV 侧采用高供高计计量方式，接线方式为三相三线，电压互感器采用 V/V 接线，电流互感器变比为 2000A/5A，电能表为 3×100V、3×1.5（6）A 的智能电能表。智能电能表测量参数数据为：显示电压正相序，U_{ab}=105.2V，U_{cb}=105.9V，U_{ac}=105.5V，I_a=−0.73A，I_c=0.70A，$\cos\varphi_1$ = −0.68，$\cos\varphi_2$= 0.29，$\cos\varphi$ = −0.23，P_a= −52.37W，P_c=21.67W，P= −30.70W，Q_a=56.17var，Q_c=70.89var，Q=127.06var。已知负载功率因数角为 17°（容性），1 号主变压器向 10kV 母线输出有功功率，10kV 母线向 1 号主变压器输入无功功率，负载基本对称，分析故障与异常。

1. 故障与异常分析

由于是容性负载，1 号主变压器向 10kV 母线输出有功功率，10kV 母线向 1 号主变压器输入无功功率，一次负荷潮流状态为−P、+Q，智能电能表应运行于Ⅱ象限。总有功功率−30.70W 为负值，总无功功率 56.17var 为正值，智能电能表实际运行于Ⅱ象限，运行象限正常。但是智能电能表存在以下异常：

（1）第二元件电流 I_c 为 0.70A，是正电流，第二元件电流异常。

（2）负载功率因数角 17°（容性）在Ⅱ象限 0°～30°之间，总功率因数应接近于−0.96，绝对值为"大"，数值为负；第一元件功率因数应接近于−0.97，绝对值为"大"，数值为负；第二元件功率因数应接近于−0.68，绝对值为"中"，数值为负。$\cos\varphi$ = −0.23，数值为负，但绝对值为"小"，总功率因数异常；$\cos\varphi_1$ = −0.68，数值为负，但绝对值为"中"，第一元件功率因数异常；$\cos\varphi_2$ = 0.29，绝对值为"小"，且数值为正，第二元件功率因数异常。

（3）$\dfrac{\cos\varphi_1+\cos\varphi_2}{\cos\varphi}=\dfrac{-0.68+0.29}{-0.23}\approx 1.66$，比值约为 1.66，虽然与正确比值 $\sqrt{3}$ 接近，但总功率因数、各元件功率因数特性与负载功率因数角 17°（容性）Ⅱ象限不对应。

2. 确定相量图

按照正相序确定电压相量图，$\cos\varphi_1$ = −0.68，φ_1 = ±133°，P_a= −52.37W，Q_a=56.17var，φ_1 在 90°～180°之间，φ_1 =133°，$\overset{\wedge}{\dot{U}_{12}\dot{I}_1}$=133°，确定 $\dot{I}_1$；$\cos\varphi_2$ = 0.29，φ_2 = ±73°，P_c=21.67W，Q_c=70.89var，φ_2 在 0°～90°之间，φ_2 =73°，$\overset{\wedge}{\dot{U}_{32}\dot{I}_2}$=73°，确定 $\dot{I}_2$。相量图见图 9-8。

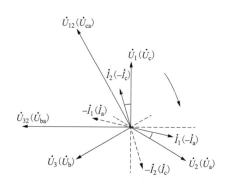

图 9-8　错误接线相量图

3. 接线分析

由图 9-8 可知，$\dot{I}_1$ 超前 $\dot{U}_2$ 约 17°，反相后 $-\dot{I}_1$ 滞后 $\dot{U}_2$ 约 163°，$-\dot{I}_1$ 和 $\dot{U}_2$ 同相；$\dot{I}_2$ 超前 $\dot{U}_1$ 约 17°，反相后 $-\dot{I}_2$ 滞后 $\dot{U}_1$ 约 163°，$-\dot{I}_2$ 和 $\dot{U}_1$ 同相；$\dot{U}_3$ 无对应的电流，则 $\dot{U}_3$ 为 $\dot{U}_b$，$\dot{U}_1$ 为 $\dot{U}_c$，$\dot{U}_2$ 为 $\dot{U}_a$。$-\dot{I}_1$ 为 $\dot{I}_a$，$\dot{I}_1$ 为 $-\dot{I}_a$，$-\dot{I}_2$ 为 $\dot{I}_c$，$\dot{I}_2$ 为 $-\dot{I}_c$。第一元件电压接入 $\dot{U}_{ca}$，电流接入 $-\dot{I}_a$；第二元件电压接入 $\dot{U}_{ba}$，电流接入 $-\dot{I}_c$。错误接线结论见表 9-8。

表 9-8 　　　　　　　　　　错误接线结论表

接入电压	$\dot{U}_1$（$\dot{U}_c$）	$\dot{U}_2$（$\dot{U}_a$）	$\dot{U}_3$（$\dot{U}_b$）
	$\dot{U}_{12}$（$\dot{U}_{ca}$）	$\dot{U}_{32}$（$\dot{U}_{ba}$）	
接入电流	$\dot{I}_1$（$-\dot{I}_a$）	$\dot{I}_2$（$-\dot{I}_c$）	

4. 计算更正系数

（1）有功更正系数。

$$P' = U_{ca}I_a\cos(150°-\varphi) + U_{ba}I_c\cos(90°-\varphi)$$

$$K_P = \frac{P}{P'} = \frac{-\sqrt{3}UI\cos\varphi}{UI\cos(150°-\varphi)+UI\cos(90°-\varphi)} = \frac{2\sqrt{3}}{\sqrt{3}-3\tan\varphi} \tag{9-17}$$

（2）无功更正系数。

$$Q' = U_{ca}I_a\sin(150°-\varphi) + U_{ba}I_c\sin(90°-\varphi)$$

$$K_Q = \frac{Q}{Q'} = \frac{\sqrt{3}UI\sin\varphi}{UI\sin(150°-\varphi)+UI\sin(90°-\varphi)} = \frac{2\sqrt{3}}{\sqrt{3}+3\cot\varphi} \tag{9-18}$$

5. 功率因数异常原因分析

由以上分析可知，功率因数异常的原因是电压接入 $\dot{U}_1$（$\dot{U}_c$）、$\dot{U}_2$（$\dot{U}_a$）、$\dot{U}_3$（$\dot{U}_b$），电流接入 $\dot{I}_1$（$-\dot{I}_a$）、$\dot{I}_2$（$-\dot{I}_c$）所致。

第七节　Ⅲ象限功率因数异常实例分析

一、负载功率因数角 0°～30°功率因数异常实例分析

某水电站，其发电上网关口计量点设置在系统变电站 10kV 出线处，采用高供高计计量方式，接线方式为三相三线，电压互感器采用 V/V 接线，电流互感器变比为 300A/5A，电能表为 3×100V、3×1.5（6）A 的智能电能表。智能电能表测量参数数据为：显示电压逆相序，U_{ab}=101.8V，U_{cb}=101.5V，U_{ac}=102.3V，I_a=0.95A，I_c= −0.97A，$\cos\varphi_1 = 0.37$，$\cos\varphi_2 = -0.99$，$\cos\varphi = -0.63$，P_a=36.23W，P_c= −97.50W，P= −61.27W，Q_a= −89.67var，Q_c=13.70var，Q= −75.97var。已知负载功率因数角为 22°（感性），负载基本对称，分析故障与异常。

1. 故障与异常分析

由于是感性负载，10kV 供电线路向系统变电站 10kV 母线输出有功功率、无功功率，一次负荷潮流状态为−P、−Q，智能电能表应运行于Ⅲ象限。总有功功率−61.27W 为

负值，总无功功率–75.97var 为负值，智能电能表实际运行于Ⅲ象限，运行象限正常。但是智能电能表存在以下异常：

（1）第一元件电流 I_a 为 0.95A，是正电流，第一元件电流异常。

（2）负载功率因数角 22°（感性）在Ⅲ象限 0°～30°之间，总功率因数应接近于–0.93，绝对值为"大"，数值为负；第一元件功率因数应接近于–0.62，绝对值为"中"，数值为负；第二元件功率因数应接近于–0.99，绝对值为"大"，数值为负。$\cos\varphi=-0.63$，数值为负，但绝对值为"中"，总功率因数异常；$\cos\varphi_1=0.37$，绝对值为"小"，且数值为正，第一元件功率因数异常。

（3）$\dfrac{\cos\varphi_1+\cos\varphi_2}{\cos\varphi}=\dfrac{0.37-0.99}{-0.63}\approx0.98$，比值约为 0.98，与正确比值 $\sqrt{3}$ 偏差较大，比值异常。

2. 确定相量图

按照逆相序确定电压相量图，$\cos\varphi_1=0.37$，$\varphi_1=\pm68°$，P_a=36.23W，Q_a=–89.67var，φ_1 在 270°～360°之间，$\varphi_1=-68°$，$\overset{\wedge}{\dot{U}_{12}\dot{I}_1}=292°$，确定 $\dot{I}_1$；$\cos\varphi_2=-0.99$，$\varphi_2=\pm172°$，P_c= –97.50W，Q_c=13.70var，φ_2 在 90°～180°之间，$\varphi_2=172°$，$\overset{\wedge}{\dot{U}_{32}\dot{I}_2}=172°$，确定 $\dot{I}_2$。相量图见图 9-9。

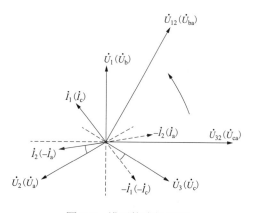

图 9-9　错误接线相量图

3. 接线分析

由图 9-9 可知，$\dot{I}_1$ 滞后 $\dot{U}_3$ 约 202°，反相后 $-\dot{I}_1$ 滞后 $\dot{U}_3$ 约 22°，$\dot{I}_1$ 和 $\dot{U}_3$ 同相；$\dot{I}_2$ 滞后 $\dot{U}_2$ 约 22°，反相后 $-\dot{I}_2$ 滞后 $\dot{U}_2$ 约 202°，$-\dot{I}_2$ 和 $\dot{U}_2$ 同相；$\dot{U}_1$ 无对应的电流，则 $\dot{U}_1$ 为 $\dot{U}_b$，$\dot{U}_3$ 为 $\dot{U}_c$，$\dot{U}_2$ 为 $\dot{U}_a$。$\dot{I}_1$ 为 $\dot{I}_c$，$-\dot{I}_2$ 为 $\dot{I}_a$，$\dot{I}_2$ 为 $-\dot{I}_a$。第一元件电压接入 $\dot{U}_{ba}$，电流接入 $\dot{I}_c$；第二元件电压接入 $\dot{U}_{ca}$，电流接入 $-\dot{I}_a$。错误接线结论见表 9-9。

表 9-9　　　　　　　　　　　错 误 接 线 结 论 表

接入电压	$\dot{U}_1$（$\dot{U}_b$）	$\dot{U}_2$（$\dot{U}_a$）	$\dot{U}_3$（$\dot{U}_c$）
	$\dot{U}_{12}$（$\dot{U}_{ba}$）	$\dot{U}_{32}$（$\dot{U}_{ca}$）	
接入电流	$\dot{I}_1$（$\dot{I}_c$）	$\dot{I}_2$（$-\dot{I}_a$）	

4. 计算更正系数

（1）有功更正系数

$$P'=U_{ba}I_c\cos(90°-\varphi)+U_{ca}I_a\cos(150°+\varphi)$$

$$K_P=\frac{P}{P'}=\frac{-\sqrt{3}UI\cos\varphi}{UI\cos(90°-\varphi)+UI\cos(150°+\varphi)}=\frac{2\sqrt{3}}{\sqrt{3}-\tan\varphi} \tag{9-19}$$

（2）无功更正系数

$$Q' = U_{ba}I_c \sin(270° + \varphi) + U_{ca}I_a \sin(150° + \varphi)$$

$$K_Q = \frac{Q}{Q'} = \frac{-\sqrt{3}UI \sin\varphi}{UI \sin(270° + \varphi) + UI \sin(150° + \varphi)} = \frac{2\sqrt{3}}{\sqrt{3} + \cot\varphi} \qquad (9-20)$$

5. 功率因数异常原因分析

由以上分析可知，功率因数异常的原因是电压接入 $\dot{U}_1$（$\dot{U}_b$）、$\dot{U}_2$（$\dot{U}_a$）、$\dot{U}_3$（$\dot{U}_c$），电流接入 $\dot{I}_1$（$\dot{I}_c$）、$\dot{I}_2$（$-\dot{I}_a$）所致。

二、负载功率因数角 60°～90°功率因数异常实例分析

某水电站，其发电上网关口计量点设置在系统变电站 10kV 出线处，采用高供高计计量方式，接线方式为三相三线，电压互感器采用 V/V 接线，电流互感器变比为 300A/5A，电能表为 3×100V、3×1.5（6）A 的智能电能表。智能电能表测量参数数据为：显示电压正相序，U_{ab}=103.7V，U_{cb}=102.8V，U_{ac}=103.2V，I_a=−0.73A，I_c=−0.77A，$\cos\varphi_1$=−0.67，$\cos\varphi_2$=−0.67，$\cos\varphi$=−0.67，P_a=−50.65W，P_c=−52.97W，P=−103.62W，Q_a=−56.26var，Q_c=−58.81var，Q=−115.07var。已知负载功率因数角为 78°（感性），10kV 供电线路向系统变电站 10kV 母线输出有功功率、无功功率，负载基本对称，分析故障与异常。

1. 故障与异常分析

由于是感性负载，10kV 供电线路向系统变电站 10kV 母线输出有功功率、无功功率，一次负荷潮流状态为−P、−Q，智能电能表应运行于III象限。总有功功率−103.62W 为负值，总无功功率−115.07var 为负值，智能电能表实际运行于III象限，运行象限正常。但是智能电能表存在以下异常：

（1）第一元件电流 I_a 为−0.73A，是负电流，第一元件电流异常。

（2）负载功率因数角 78°（感性）在III象限 60°～90°之间，总功率因数应接近于−0.21，绝对值为"小"，数值为负；第一元件功率因数应接近于 0.31，绝对值为"小"，数值为正；第二元件功率因数应接近于−0.67，绝对值为"中"，数值为负。$\cos\varphi$=−0.67，数值为负，但绝对值为"中"，总功率因数异常；$\cos\varphi_1$=−0.67，绝对值为"中"，且数值为负，第一元件功率因数异常。

（3）$\dfrac{\cos\varphi_1 + \cos\varphi_2}{\cos\varphi} = \dfrac{-0.67 - 0.67}{-0.67} \approx 2.00$，比值约为 2.00，与正确比值 $\sqrt{3}$ 偏差较大，比值异常。

2. 确定相量图

按照正相序确定电压相量图，$\cos\varphi_1 = -0.67$，$\varphi_1 = \pm132°$，P_a=−50.65W，Q_a=−56.26var，φ_1 在 180°～270°之间，$\varphi_1 = -132°$，$\overset{\wedge}{\dot{U}_{12}\dot{I}_1} = 228°$，确定 $\dot{I}_1$；$\cos\varphi_2 = -0.67$，$\varphi_2 = \pm132°$，P_c=−52.97W，Q_c=−58.81var，φ_2 在 180°～270°之间，$\varphi_2 = -132°$，$\overset{\wedge}{\dot{U}_{32}\dot{I}_2} = 228°$，确定 $\dot{I}_2$。相量图见图 9-10。

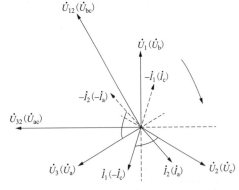

图 9-10　错误接线相量图

3. 接线分析

由图 9-10 可知，$\dot{I}_1$ 滞后 $\dot{U}_2$ 约 78°，反相后 $-\dot{I}_1$ 滞后 $\dot{U}_2$ 约 258°，$-\dot{I}_1$ 和 $\dot{U}_2$ 同相；$\dot{I}_2$ 滞后 $\dot{U}_3$ 约 258°，反相后 $-\dot{I}_2$ 滞后 $\dot{U}_3$ 约 78°，$\dot{I}_2$ 和 $\dot{U}_3$ 同相；$\dot{U}_1$ 无对应的电流，则 $\dot{U}_1$ 为 $\dot{U}_b$，$\dot{U}_2$ 为 $\dot{U}_c$，$\dot{U}_3$ 为 $\dot{U}_a$。$-\dot{I}_1$ 为 $\dot{I}_c$，$\dot{I}_1$ 为 $-\dot{I}_c$，$\dot{I}_2$ 为 $\dot{I}_a$。第一元件电压接入 $\dot{U}_{bc}$，电流接入 $-\dot{I}_c$；第二元件电压接入 $\dot{U}_{ac}$，电流接入 $\dot{I}_a$。错误接线结论见表 9-10。

表 9-10　　　　　错误接线结论表

接入电压	$\dot{U}_1$（$\dot{U}_b$）	$\dot{U}_2$（$\dot{U}_c$）	$\dot{U}_3$（$\dot{U}_a$）
	$\dot{U}_{12}$（$\dot{U}_{bc}$）	$\dot{U}_{32}$（$\dot{U}_{ac}$）	
接入电流	$\dot{I}_1$（$-\dot{I}_c$）	$\dot{I}_2$（$\dot{I}_a$）	

4. 计算更正系数

（1）有功更正系数。

$$P' = U_{bc}I_c\cos(150°+\varphi) + U_{ac}I_a\cos(150°+\varphi)$$

$$K_P = \frac{P}{P'} = \frac{-\sqrt{3}UI\cos\varphi}{UI\cos(150°+\varphi)+UI\cos(150°+\varphi)} = \frac{\sqrt{3}}{\sqrt{3}+\tan\varphi} \qquad (9\text{-}21)$$

（2）无功更正系数。

$$Q' = U_{bc}I_c\sin(150°+\varphi) + U_{ac}I_a\sin(150°+\varphi)$$

$$K_Q = \frac{Q}{Q'} = \frac{-\sqrt{3}UI\sin\varphi}{UI\sin(150°+\varphi)+UI\sin(150°+\varphi)} = \frac{\sqrt{3}}{\sqrt{3}-\cot\varphi} \qquad (9\text{-}22)$$

5. 功率因数异常原因分析

由以上分析可知，功率因数异常的原因是电压接入 $\dot{U}_1$（$\dot{U}_b$）、$\dot{U}_2$（$\dot{U}_c$）、$\dot{U}_3$（$\dot{U}_a$），电流接入 $\dot{I}_1$（$-\dot{I}_c$）、$\dot{I}_2$（$\dot{I}_a$）所致。

第八节　Ⅳ象限功率因数异常实例分析

一、负载功率因数角 0°～30°功率因数异常实例分析

10kV 专用变压器用电用户，在 10kV 侧采用高供高计计量方式，接线方式为三相三线，电压互感器采用 V/V 接线，电流互感器变比为 100A/5A，电能表为 3×100V、3×1.5（6）A 的智能电能表。智能电能表测量参数数据为：显示电压逆相序，U_{ab}=103.7V，U_{cb}=103.1V，U_{ac}=102.9V，I_a=−0.95A，I_c=0.97A，$\cos\varphi_1=-0.99$，$\cos\varphi_2=0.39$，$\cos\varphi=-0.59$，P_a=−97.78W，P_c=39.08W，P=−58.70W，Q_a=−12.01var，Q_c=92.06var，Q=80.05var。已知负载功率因数角为 23°（容性），10kV 供电线路向专用变压器输入有功功率，专用变压器向 10kV 供电线路输出无功功率，负载基本对称，分析故障与异常。

1. 故障与异常分析

（1）第一元件电流 I_a 为−0.95A，是负电流，第一元件电流异常。

（2）负载功率因数角为 23°（容性），智能电能表应运行于Ⅳ象限，一次负荷潮流状态为+P、−Q。总有功功率−58.70W 为负值，总无功功率 80.05var 为正值，智能电能表实际运行于Ⅱ象限，运行象限异常。

（3）负载功率因数角 23°（容性）在Ⅳ象限 0°～30°之间，总功率因数应接近于 0.92，绝对值为"大"，数值为正；第一元件功率因数应接近于 0.99，绝对值为"大"，数值为正；第二元件功率因数应接近于 0.60，绝对值为"中"，数值为正。$\cos\varphi = -0.59$，绝对值为"中"，且数值为负，总功率因数异常；$\cos\varphi_1 = -0.99$，绝对值为"大"，但数值为负，第一元件功率因数异常；$\cos\varphi_2 = 0.39$，数值为正，但绝对值为"小"，第二元件功率因数异常。

（4）$\dfrac{\cos\varphi_1 + \cos\varphi_2}{\cos\varphi} = \dfrac{-0.99 + 0.39}{-0.59} \approx 1.02$，比值约为 1.02，与正确比值 $\sqrt{3}$ 偏差较大，比值异常。

2. 确定相量图

按照逆相序确定电压相量图，$\cos\varphi_1 = -0.99$，$\varphi_1 = \pm 172°$，$P_\mathrm{a} = -97.78\mathrm{W}$，$Q_\mathrm{a} = -12.01\mathrm{var}$，$\varphi_1$ 在 180°～270° 之间，$\varphi_1 = -172°$，$\overset{\frown}{\dot{U}_{12}\dot{I}_1} = 188°$，确定 $\dot{I}_1$；$\cos\varphi_2 = 0.39$，$\varphi_2 = \pm 67°$，$P_\mathrm{c} = 39.08\mathrm{W}$，$Q_\mathrm{c} = 92.06\mathrm{var}$，$\varphi_2$ 在 0°～90°之间，$\varphi_2 = 67°$，$\overset{\frown}{\dot{U}_{32}\dot{I}_2} = 67°$，确定 $\dot{I}_2$。相量图见图 9-11。

3. 接线分析

由图 9-11 可知，$\dot{I}_1$ 超前 $\dot{U}_2$ 约 23°，$\dot{I}_1$ 和 $\dot{U}_2$ 同相；$\dot{I}_2$ 反相后 $-\dot{I}_2$ 超前 $\dot{U}_1$ 约 23°，$-\dot{I}_2$ 和 $\dot{U}_1$ 同相；$\dot{U}_3$ 无对应的电流，则 $\dot{U}_3$ 为 $\dot{U}_\mathrm{b}$，$\dot{U}_2$ 为 $\dot{U}_\mathrm{c}$，$\dot{U}_1$ 为 $\dot{U}_\mathrm{a}$。$\dot{I}_1$ 为 $\dot{I}_\mathrm{c}$，$-\dot{I}_2$ 为 $\dot{I}_\mathrm{a}$，$\dot{I}_2$ 为 $-\dot{I}_\mathrm{a}$。第一元件电压接入 $\dot{U}_\mathrm{ac}$，电流接入 $\dot{I}_\mathrm{c}$；第二元件电压接入 $\dot{U}_\mathrm{bc}$，电流接入 $-\dot{I}_\mathrm{a}$。错误接线结论见表 9-11。

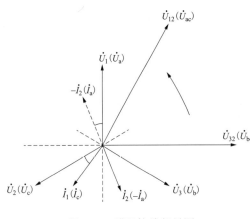

图 9-11　错误接线相量图

表 9-11　　　　　　　　　　错 误 接 线 结 论 表

接入电压	$\dot{U}_1$（$\dot{U}_\mathrm{a}$）	$\dot{U}_2$（$\dot{U}_\mathrm{c}$）	$\dot{U}_3$（$\dot{U}_\mathrm{b}$）
	$\dot{U}_{12}$（$\dot{U}_\mathrm{ac}$）	$\dot{U}_{32}$（$\dot{U}_\mathrm{bc}$）	
接入电流	$\dot{I}_1$（$\dot{I}_\mathrm{c}$）	$\dot{I}_2$（$-\dot{I}_\mathrm{a}$）	

4. 计算更正系数

（1）有功更正系数。

$$P' = U_\mathrm{ac}I_\mathrm{c}\cos(150° + \varphi) + U_\mathrm{bc}I_\mathrm{a}\cos(90° - \varphi)$$

$$K_{\mathrm{P}} = \frac{P}{P'} = \frac{\sqrt{3}UI\cos\varphi}{UI\cos(150°+\varphi)+UI\cos(90°-\varphi)} = \frac{2\sqrt{3}}{-\sqrt{3}+\tan\varphi} \tag{9-23}$$

（2）无功更正系数。

$$Q' = U_{\mathrm{ac}}I_{\mathrm{c}}\sin(210°-\varphi)+U_{\mathrm{bc}}I_{\mathrm{a}}\sin(90°-\varphi)$$

$$K_{\mathrm{Q}} = \frac{Q}{Q'} = \frac{-\sqrt{3}UI\sin\varphi}{UI\sin(210°-\varphi)+UI\sin(90°-\varphi)} = -\frac{2\sqrt{3}}{\sqrt{3}+\cot\varphi} \tag{9-24}$$

5. 功率因数异常原因分析

由以上分析可知，功率因数异常的原因是电压接入 $\dot{U}_1$（$\dot{U}_{\mathrm{a}}$）、$\dot{U}_2$（$\dot{U}_{\mathrm{c}}$）、$\dot{U}_3$（$\dot{U}_{\mathrm{b}}$），电流接入 $\dot{I}_1$（$\dot{I}_{\mathrm{c}}$）、$\dot{I}_2$（$-\dot{I}_{\mathrm{a}}$）所致。

二、负载功率因数角 30°～60°功率因数异常实例分析

10kV 专用变压器用电用户，在 10kV 侧采用高供高计计量方式，接线方式为三相三线，电压互感器采用 V/V 接线，电流互感器变比为 100A/5A，电能表为 3×100V、3×1.5（6）A 的智能电能表。智能电能表测量参数数据为：显示电压逆相序，U_{ab}=102.5V，U_{cb}=102.2V，U_{ac}=101.8V，I_{a}= −0.97A，I_{c}=0.98A，$\cos\varphi_1 = -0.78$，$\cos\varphi_2 = 0.16$，$\cos\varphi = -0.36$，P_{a}= −77.27W，P_{c}=15.67W，P= −61.60W，Q_{a}= −62.58var，Q_{c}= −98.92var，Q= −161.50var。已知负载功率因数角为 51°（容性），10kV 供电线路向专用变压器输入有功功率，专用变压器向 10kV 供电线路输出无功功率，负载基本对称，分析故障与异常。

1. 故障与异常分析

（1）第一元件电流 I_{a} 为−0.97A，是负电流，第一元件电流异常。

（2）负载功率因数角为 51°（容性），智能电能表应运行于Ⅳ象限，一次负荷潮流状态为+P、−Q。总有功功率−61.60W 为负值，总无功功率−161.50var 为负值，智能电能表实际运行于Ⅲ象限，运行象限异常。

（3）负载功率因数角 51°（容性）在Ⅳ象限 30°～60°之间，总功率因数应接近于 0.63，绝对值为"中"，数值为正；第一元件功率因数应接近于 0.93，绝对值为"大"，数值为正；第二元件功率因数应接近于 0.16，绝对值为"小"，数值为正。$\cos\varphi = -0.36$，数值为负，且绝对值为"小"，总功率因数异常；$\cos\varphi_1 = -0.78$，数值为负，且绝对值为"中"，第一元件功率因数异常。

（4）$\dfrac{\cos\varphi_1+\cos\varphi_2}{\cos\varphi} = \dfrac{-0.78+0.16}{-0.36} \approx 1.74$，比值约为 1.74，虽然与正确比值 $\sqrt{3}$ 接近，但总功率因数、第一元件功率因数特性与负载功率因数角 51°（容性）Ⅳ象限不对应，且智能电能表实际运行于Ⅲ象限，运行象限异常。

2. 确定相量图

按照逆相序确定电压相量图，$\cos\varphi_1 = -0.78$，$\varphi_1 = \pm141°$，P_{a}= −77.27W，Q_{a}= −62.58var，φ_1 在 180°～270°之间，$\varphi_1 = -141°$，$\overset{\wedge}{\dot{U}_{12}\dot{I}_1} = 219°$，确定 $\dot{I}_1$；$\cos\varphi_2 = 0.16$，$\varphi_2 = \pm81°$，P_{c}=15.67W，Q_{c}= −98.92var，φ_2 在 270°～360°之间，$\varphi_2 = -81°$，$\overset{\wedge}{\dot{U}_{32}\dot{I}_2} = 279°$，确定 $\dot{I}_2$。相量图见图 9-12。

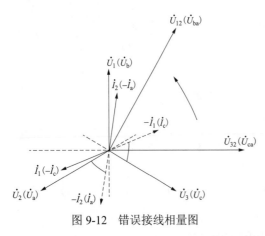

图 9-12　错误接线相量图

3．接线分析

由图 9-12 可知，$\dot{I}_1$ 反相后 $-\dot{I}_1$ 超前 $\dot{U}_3$ 约 51°，$-\dot{I}_1$ 和 $\dot{U}_3$ 同相；$\dot{I}_2$ 反相后 $-\dot{I}_2$ 超前 $\dot{U}_2$ 约 51°，$-\dot{I}_2$ 和 $\dot{U}_2$ 同相；$\dot{U}_1$ 无对应的电流，则 $\dot{U}_1$ 为 $\dot{U}_b$，$\dot{U}_3$ 为 $\dot{U}_c$，$\dot{U}_2$ 为 $\dot{U}_a$。$-\dot{I}_1$ 为 $\dot{I}_c$，$\dot{I}_1$ 为 $-\dot{I}_c$，$-\dot{I}_2$ 为 $\dot{I}_a$，$\dot{I}_2$ 为 $-\dot{I}_a$。第一元件电压接入 $\dot{U}_{ba}$，电流接入 $-\dot{I}_c$；第二元件电压接入 $\dot{U}_{ca}$，电流接入 $-\dot{I}_a$。错误接线结论见表 9-12。

表 9-12　　　　　　　　　　　错误接线结论表

接入电压	$\dot{U}_1$（$\dot{U}_b$）	$\dot{U}_2$（$\dot{U}_a$）	$\dot{U}_3$（$\dot{U}_c$）
	$\dot{U}_{12}$（$\dot{U}_{ba}$）	$\dot{U}_{32}$（$\dot{U}_{ca}$）	
接入电流	$\dot{I}_1$（$-\dot{I}_c$）	$\dot{I}_2$（$-\dot{I}_a$）	

4．计算更正系数

（1）有功更正系数。

$$P' = U_{ba}I_c\cos(90°+\varphi) + U_{ca}I_a\cos(30°+\varphi)$$

$$K_P = \frac{P}{P'} = \frac{\sqrt{3}UI\cos\varphi}{UI\cos(90°+\varphi) + UI\cos(30°+\varphi)} = \frac{2\sqrt{3}}{\sqrt{3}-3\tan\varphi} \tag{9-25}$$

（2）无功更正系数。

$$Q' = U_{ba}I_c\sin(270°-\varphi) + U_{ca}I_a\sin(330°-\varphi)$$

$$K_Q = \frac{Q}{Q'} = \frac{-\sqrt{3}UI\sin\varphi}{UI\sin(270°-\varphi) + UI\sin(330°-\varphi)} = \frac{2\sqrt{3}}{\sqrt{3}+3\cot\varphi} \tag{9-26}$$

5．功率因数异常原因分析

由以上分析可知，功率因数异常的原因是电压接入 $\dot{U}_1$（$\dot{U}_b$）、$\dot{U}_2$（$\dot{U}_a$）、$\dot{U}_3$（$\dot{U}_c$），电流接入 $\dot{I}_1$（$-\dot{I}_c$）、$\dot{I}_2$（$-\dot{I}_a$）所致。

三、负载功率因数角 60°～90°功率因数异常实例分析

10kV 专用变压器用电用户，在 10kV 侧采用高供高计计量方式，接线方式为三相三线，电压互感器采用 V/V 接线，电流互感器变比为 75A/5A，电能表为 3×100V、3×1.5（6）A 的智能电能表。智能电能表测量参数数据为：显示电压正相序，U_{ab}=103.7V，U_{cb}=102.9V，U_{ac}=102.6V，I_a=−1.02A，I_c=1.07A，$\cos\varphi_1$=−0.96，$\cos\varphi_2$=0.73，$\cos\varphi$=−0.19，P_a=−101.15W，P_c=80.52W，P=−20.63W，Q_a=−30.93var，Q_c=−75.09var，Q=−106.02var。已知负载功率因数角为 73°（容性），10kV 供电线路向专用变压器输入有功功率，专用

变压器向 10kV 供电线路输出无功功率，负载基本对称，分析故障与异常。

1. 故障与异常分析

（1）第一元件电流 I_a 为 –1.02A，是负电流，第一元件电流异常；第二元件电流 I_c 为 1.07A，是正电流，第二元件电流异常。

（2）负载功率因数角为 73°（容性），智能电能表应运行于Ⅳ象限，一次负荷潮流状态为 +P、–Q。总有功功率 –20.63W 为负值，总无功功率 –106.02var 为负值，智能电能表运行于Ⅲ象限，运行象限异常。

（3）负载功率因数角 73°（容性）在Ⅳ象限 60°～90° 之间，总功率因数应接近于 0.29，绝对值为"小"，数值为正；第一元件功率因数应接近于 0.73，绝对值为"中"，数值为正；第二元件功率因数应接近于 –0.22，绝对值为"小"，数值为负。$\cos\varphi = -0.19$，绝对值为"小"，但数值为负，总功率因数异常；$\cos\varphi_1 = -0.96$，绝对值为"大"，且数值为负，第一元件功率因数异常；$\cos\varphi_2 = 0.73$，绝对值为"中"，且数值为正，第二元件功率因数异常。

（4）$\dfrac{\cos\varphi_1 + \cos\varphi_2}{\cos\varphi} = \dfrac{-0.96 + 0.73}{-0.19} \approx 1.18$，比值约为 1.18，与正确比值 $\sqrt{3}$ 偏差较大，比值异常。

2. 确定相量图

按照正相序确定电压相量图，$\cos\varphi_1 = -0.96$，$\varphi_1 = \pm164°$，$P_a = -101.15W$，$Q_a = -30.93var$，φ_1 在 180°～270° 之间，$\varphi_1 = -164°$，$\overset{\wedge}{\dot{U}_{12}\dot{I}_1} = 196°$，确定 $\dot{I}_1$；$\cos\varphi_2 = 0.73$，$\varphi_2 = \pm43°$，$P_c = 80.52W$，$Q_c = -75.09var$，φ_2 在 270°～360° 之间，$\varphi_2 = -43°$，$\overset{\wedge}{\dot{U}_{32}\dot{I}_2} = 317°$，确定 $\dot{I}_2$。相量图见图 9-13。

3. 接线分析

由图 9-13 可知，$\dot{I}_1$ 超前 $\dot{U}_3$ 约 73°，$\dot{I}_1$ 和 $\dot{U}_3$ 同相；$\dot{I}_2$ 反相后 $-\dot{I}_2$ 超前 $\dot{U}_2$ 约 73°，$-\dot{I}_2$ 和 $\dot{U}_2$ 同相；$\dot{U}_1$ 无对应的电流，则 $\dot{U}_1$ 为 $\dot{U}_b$，$\dot{U}_2$ 为 $\dot{U}_c$，$\dot{U}_3$ 为 $\dot{U}_a$。$\dot{I}_1$ 为 $\dot{I}_a$，$-\dot{I}_2$ 为 $\dot{I}_c$，$\dot{I}_2$ 为 $-\dot{I}_c$。第一元件电压接入 $\dot{U}_{bc}$，电流接入 $\dot{I}_a$；第二元件电压接入 $\dot{U}_{ac}$，电流接入 $-\dot{I}_c$。错误接线结论见表 9-13。

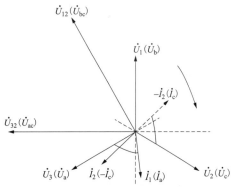

图 9-13　错误接线相量图

表 9-13　　　错误接线结论表

接入电压	$\dot{U}_1$（$\dot{U}_b$）	$\dot{U}_2$（$\dot{U}_c$）	$\dot{U}_3$（$\dot{U}_a$）
	$\dot{U}_{12}$（$\dot{U}_{bc}$）	$\dot{U}_{32}$（$\dot{U}_{ac}$）	
接入电流	$\dot{I}_1$（$\dot{I}_a$）	$\dot{I}_2$（$-\dot{I}_c$）	

4. 计算更正系数

（1）有功更正系数。

$$P' = U_{bc}I_a \cos(90° + \varphi) + U_{ac}I_c \cos(\varphi - 30°)$$

$$K_P = \frac{P}{P'} = \frac{\sqrt{3}UI \cos\varphi}{UI\cos(90° + \varphi) + UI\cos(\varphi - 30°)} = \frac{2\sqrt{3}}{\sqrt{3} - \tan\varphi} \quad （9\text{-}27）$$

（2）无功更正系数。

$$Q' = U_{bc}I_a \sin(270° - \varphi) + U_{ac}I_c \sin(30° - \varphi)$$

$$K_Q = \frac{Q}{Q'} = \frac{-\sqrt{3}UI \sin\varphi}{UI\sin(270° - \varphi) + UI\sin(30° - \varphi)} = \frac{2\sqrt{3}}{\sqrt{3} + \cot\varphi} \quad （9\text{-}28）$$

5. 功率因数异常原因分析

由以上分析可知，功率因数异常的原因是电压接入 $\dot{U}_1$（$\dot{U}_b$）、$\dot{U}_2$（$\dot{U}_c$）、$\dot{U}_3$（$\dot{U}_a$），电流接入 $\dot{I}_1$（$\dot{I}_a$）、$\dot{I}_2$（$-\dot{I}_c$）所致。

第十章

三相四线智能电能表功率因数异常分析

本章运用电压、电流、有功功率、无功功率、功率因数等参数，在Ⅰ、Ⅱ、Ⅲ、Ⅳ象限，负载为感性或容性的运行状态下，对三相四线智能电能表低功率因数、功率因数异常等故障与异常进行了详细分析。

第一节　功率因数异常分析方法

三相四线智能电能表功率因数异常主要有功率因数低，潮流反向，功率因数与运行象限、负载功率因数角不对应三种类型。

一、功率因数低

功率因数低的主要原因有欠补偿、过补偿、接线错误三类情况，其中欠补偿、过补偿是运行方式所致，电能计量装置无故障或异常，接线错误是电能计量装置接线错误所致。

二、潮流反向

三相四线智能电能表正确计量状态下，总功率因数应与有功功率传输方向对应。三相四线智能电能表运行过程中，会出现总功率因数与有功功率传输方向不对应的情况，即传输正向有功功率的供电线路，总功率因数为负值，传输反向有功功率的供电线路，总功率因数为正值。

三、功率因数与运行象限、负载功率因数角不对应

三相四线智能电能表，在负载为感性或容性，运行于Ⅰ、Ⅱ、Ⅲ、Ⅳ四个象限，负载功率因数角以30°为变化范围，总功率因数、各元件功率因数变化规律及特性见表10-1、表10-2。运行中的三相四线智能电能表，在确定负载性质、负载功率因数角、运行象限的情况下，可按照表表10-1、表10-2对三相四线智能电能表功率因数是否异常进行分析判断，各元件功率因数、总功率因数在与负载性质、负载功率因数角、运行象限对应的范围内，功率因数正常；否则，功率因数异常。

比如有功功率为正方向，Ⅰ象限感性21°。第一元件功率因数 0.93 的绝对值、第二元件功率因数 0.93 的绝对值、第三元件功率因数 0.93 的绝对值、总功率因数 0.93 的绝对值均在 0.866～1.0（大）之间，且数值均为正，说明功率因数均正常。

比如有功功率为正方向，Ⅰ象限感性17°。第一元件功率因数−0.73 的绝对值不在 0.866～1.0（大）之间，且数值为负，第一元件功率因数异常；第二元件功率因数−0.22 的绝对值不在 0.866～1.0（大）之间，且数值为负，第二元件功率因数异常；第三元件功率因数−0.96 的绝对值在 0.866～1.0（大）之间，但是数值为负，第三元件功率因数异

常；总功率因数–0.95 的绝对值在 0.866～1.0（大）之间，但是数值为负，总功率因数异常，说明三相四线智能电能表存在接线错误等故障。

表 10-1 三相四线智能电能表功率因数规律

有功功率方向	负载性质	负载功率因数角	第一元件功率因数	第二元件功率因数	第三元件功率因数	总功率因数
正方向	I 象限感性	0°～30°	0.866～1	0.866～1	0.866～1	0.866～1
		30°～60°	0.5～0.866	0.5～0.866	0.5～0.866	0.5～0.866
		60°～90°	0～0.5	0～0.5	0～0.5	0～0.5
	IV 象限容性	0°～30°	0.866～1	0.866～1	0.866～1	0.866～1
		30°～60°	0.5～0.866	0.5～0.866	0.5～0.866	0.5～0.866
		60°～90°	0～0.5	0～0.5	0～0.5	0～0.5
反方向	III 象限感性	0°～30°	−1～−0.866	−1～−0.866	−1～−0.866	−1～−0.866
		30°～60°	−0.866～−0.5	−0.866～−0.5	−0.866～−0.5	−0.866～−0.5
		60°～90°	−0.5～0	−0.5～0	−0.5～0	−0.5～0
	II 象限容性	0°～30°	−0.866～−1	−0.866～−1	−0.866～−1	−0.866～−1
		30°～60°	−0.866～−0.5	−0.866～−0.5	−0.866～−0.5	−0.866～−0.5
		60°～90°	−0.5～0	−0.5～0	−0.5～0	0.5～0

表 10-2 三相四线智能电能表功率因数特性

有功功率方向	负载性质	负载功率因数角	第一元件功率因数	第二元件功率因数	第三元件功率因数	总功率因数
正方向	I 象限感性	0°～30°	大	大	大	大
		30°～60°	中	中	中	中
		60°～90°	小	小	小	小
	IV 象限容性	0°～30°	大	大	大	大
		30°～60°	中	中	中	中
		60°～90°	小	小	小	小
反方向	III 象限感性	0°～30°	大（负值）	大（负值）	大（负值）	大（负值）
		30°～60°	中（负值）	中（负值）	中（负值）	中（负值）
		60°～90°	小（负值）	小（负值）	小（负值）	小（负值）
	II 象限容性	0°～30°	大（负值）	大（负值）	大（负值）	大（负值）
		30°～60°	中（负值）	中（负值）	中（负值）	中（负值）
		60°～90°	小（负值）	小（负值）	小（负值）	小（负值）

注 表中的大、中、小是指功率因数的绝对值。

第二节　感性负载引起低功率因数实例分析

10kV 专用变压器用电用户，装接容量为 250kVA，功率因数考核标准为 0.85，计量点设置在专用变压器 0.4kV 侧出线处，采用高供低计计量方式，接线方式为三相四线，电流互感器变比为 500A/5A，电能表为 3×220/380V、3×1.5（6）A 的智能电能表。结算一个月时间内（30 天），智能电能表电量示数变化量为：正向有功为 252.26kWh，反向有功为 0kWh，正向无功为 675.16kvarh（其中 $W_{Q\,I}$=675.16kvarh，$W_{Q\,IV}$=0kvarh），反向无功为 0kvarh（其中 $W_{Q\,II}$=0kvarh，$W_{Q\,III}$=0kvarh），经检查智能电能表接线正确，分析故障与异常。

（一）运行特性分析

1. 运行象限分析

正向有功为 252.26kWh，反向有功为 0kWh，$W_{Q\,I}$=675.16kvarh，$W_{Q\,IV}$=0kvarh，$W_{Q\,II}$=0kvarh，$W_{Q\,III}$=0kvarh，说明结算周期内，一直为感性负载，智能电能表运行于 I 象限。

2. 功率因数分析

$$\cos\varphi = \frac{W_P}{\sqrt{W_P^2 + W_Q^2}} = \frac{252.26}{\sqrt{252.26^2 + 675.16^2}} = 0.35 \tag{10-1}$$

平均功率因数仅 0.35，远低于考核标准 0.85。平均功率因数角 $\varphi = \arccos 0.35 = 70°$，未运行在 0°～31.8°（感性）之间。

3. 负荷率分析

（1）平均负荷。

$$P = \frac{W_P \times \frac{500}{5}}{30 \times 24} = \frac{252.26 \times \frac{500}{5}}{30 \times 24} = 35(\text{kW}) \tag{10-2}$$

（2）变压器负荷率。

$$\eta = \frac{P}{S \times \cos\varphi} = \frac{35}{250 \times 0.35} = 40\% \tag{10-3}$$

由以上计算可知，负荷率仅为 40%，变压器负荷率较低。

（二）解决办法

由以上分析可知，该用户投入负载较少，导致变压器负荷率低，平均功率因数较低，无功补偿装置投入严重不足，因此，需投入无功补偿装置，使负载功率因数角在 0°～31.8°（感性）之间，功率因数在 0.85～1（感性）之间。

第三节　容性负载引起低功率因数实例分析

110kV 专用线路用电用户，变压器装接容量为 2×31500kVA，变比为 110kV/10kV，在 10kV 配电装置处安装有无功补偿装置，用电类别属于大工业，功率因数考核标准为 0.90，采用双回供电线路供电，产权分界点在 220kV 系统变电站 A、220kV 系统变电站

B 的 110kV 线路出线处。结算计量点分别设置在两个变电站的 110kV 线路出线处，两个计量点采用高供高计计量方式，接线方式为三相四线，电压互感器接线为 Y_n/Y_n-12，电流互感器变比为 300A/5A，电能表为 3×57.7/100V、3×1.5（6）A 的智能电能表。结算一个月时间内（30 天），两个计量点的电量信息见表 10-3，经检查两个计量点智能电能表接线正确，分析故障与异常。

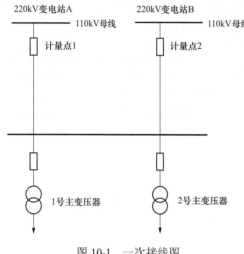

图 10-1 一次接线图

（一）一次接线

两条 110kV 供电线路长度约 3km，计量点 1、计量点 2 为结算计量点，一次接线图见图 10-1。

（二）运行特性分析

1. 电量信息

结算周期一个月时间内（30 天），两条 110kV 双回供电线路并联运行，用电用户侧的 1 号、2 号主变压器也并联运行，两个计量点同一结算周期电量信息见表 10-3。

表 10-3　　　　　　　　　　　　　电　量　信　息

计量点	有功电量（kWh）		无功电量（kvarh）				
	正向	反向	I 象限	II 象限	III 象限	IV 象限	正向无功
计量点 1	152.20	0	62.97	0	0	129.55	192.52
计量点 2	138.65	0	73.12	0	0	93.67	166.79
合计	290.85	0	136.09	0	0	223.22	359.31

2. 运行象限分析

由表 10-3 中可知，计量点 1、计量点 2 均出现了 I 象限、IV 象限无功电量。说明结算周期内，两个计量点电能表运行过 I 象限、IV 象限。I 象限运行期间，处于感性负载状态，IV 象限运行期间，处于容性负载状态。

3. 功率因数分析

结算周期内，平均功率因数如下：

$$\cos\varphi = \frac{W_P}{\sqrt{W_P^2 + W_Q^2}} = \frac{290.85}{\sqrt{290.85^2 + 359.31^2}} = 0.63 \tag{10-4}$$

功率因数仅 0.63，远低于考核标准 0.90。

4. 负荷率分析

（1）计量点 1 的供电线路：

$$P = \frac{152.20 \times \dfrac{110}{0.1} \times \dfrac{300}{5}}{30 \times 24} = 13952(\text{kW}) \tag{10-5}$$

（2）计量点 2 的供电线路：

$$P = \frac{138.65 \times \dfrac{110}{0.1} \times \dfrac{300}{5}}{30 \times 24} = 12710(\text{kW}) \tag{10-6}$$

（三）解决办法

由以上分析可知，该用户已有一定的负荷率。无功补偿装置未过补偿运行期间，两条供电线路呈感性，计量点 1 和计量点 2 的智能电能表运行于 I 象限；无功补偿装置过补偿运行期间，两条供电线路呈容性，计量点 1 和计量点 2 的智能电能表运行于 IV 象限，平均功率因数较低。因此，应减少无功补偿装置的投入，使负载功率因数角在 0°～25.8°（感性）之间，功率因数在 0.90～1（感性）之间。

第四节　电容器断线引起 b 相负功率因数实例分析

无发电上网的 10kV 专用变压器用电用户，装接容量为 250kVA，在 0.4kV 侧采用高供低计计量方式，接线方式为三相四线，电流互感器变比为 500A/5A，电能表为 3×220/380V、3×1.5（6）A 的智能电能表。运行中发现 b 相出现负有功功率、负功率因数、负电流，智能电能表测量参数数据为：显示电压正相序，U_a=232.9V，U_b=233.7V，U_c=233.7V，U_{ab}=403.1V，U_{cb}=403.3V，U_{ac}=402.9V，I_a=0.26A，I_b=−0.43A，I_c=0.61A，$\cos\varphi_1 = 0.77$，$\cos\varphi_2 = -0.22$，$\cos\varphi_3 = 0.56$，$\cos\varphi = 0.38$，P_a=46.39W，P_b=−22.61W，P_c=79.73W，P=103.51W，Q_a=−38.92var，Q_b=−97.92var，Q_c=−118.19var，Q=−255.02var。已知负载功率因数角为 40°（容性），10kV 供电线路向专用变压器输入有功功率，专用变压器向 10kV 供电线路输出无功功率，分析故障与异常。

（一）故障与异常分析

三组相电压接近于额定值 220V，三组线电压接近于额定值 380V，三相电流有一定大小，无失压故障，但是存在以下异常：

（1）第二元件 I_b 为−0.43A，是负电流，第二元件电流异常。

（2）负载功率因数角 40°（容性）在 IV 象限 30°～60°之间，总功率因数和各元件功率因数接近于 0.77，绝对值均为"中"，数值均为正。$\cos\varphi = 0.38$，数值为正，但绝对值为"小"，总功率因数异常；$\cos\varphi_2 = -0.22$，绝对值为"小"，且数值为负，第二元件功率因数异常。

（3）$\dfrac{\cos\varphi_1 + \cos\varphi_2 + \cos\varphi_3}{\cos\varphi} = \dfrac{0.77 - 0.22 + 0.56}{0.38} \approx 2.93$，比值约为 2.93，与正确比值 3 偏差接近，比值无异常。

（二）确定相量图

1. 接线方式

该专用变压器用户变压器采用 △/Yn-11 接线，变比为 10kV/0.4kV，有多组电容器安装在 0.4kV 侧负载端，作为无功补偿装置，通过开关切换投入或退出运行，一次接线图见图 10-2。

2. 确定相量图

按照正相序确定电压相量图。$\cos\varphi_1 = 0.77$，$\varphi_1 = \pm40°$，$P_a = 46.39\text{W}$，$Q_a = -38.92\text{var}$，

φ_1 在 $270°\sim360°$ 之间，$\varphi_1 = -40°$，$\overset{\wedge}{\dot{U}_a\dot{I}_a} = 320°$，确定 $\dot{I}_a$；$\cos\varphi_2 = -0.22$，$\varphi_2 = \pm103°$，

$P_b = -22.61\text{W}$，$Q_b = -97.92\text{var}$，φ_2 在 $180°\sim270°$ 之间，$\varphi_2 = -103°$，$\overset{\wedge}{\dot{U}_b\dot{I}_b} = 257°$，确定 $\dot{I}_b$；

$\cos\varphi_3 = 0.56$，$\varphi_3 = \pm56°$，$P_c = 79.73\text{W}$，$Q_c = -118.19\text{var}$，φ_3 在 $270°\sim360°$ 之间，$\varphi_3 = -56°$，

$\overset{\wedge}{\dot{U}_c\dot{I}_c} = 304°$，确定 $\dot{I}_c$。相量图见图 10-3。

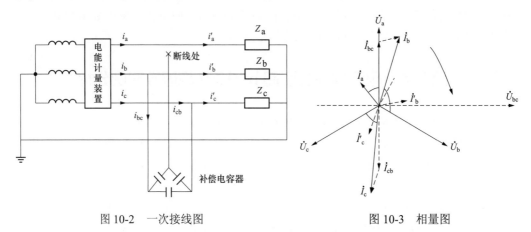

图 10-2　一次接线图　　　　　　　　图 10-3　相量图

由测量的各项参数和图 10-3 可知，三相电压非常对称，三相电流、相位、有功功率、无功功率严重不对称。总有功功率为 103.51W，总无功功率为 -255.02var，智能电能表运行于Ⅳ象限，与实际负载功率因数角 40°（容性）对应。但是，b 相相位角为 -103°，有功功率为 -22.61W，功率因数 -0.22 为负值，电流 -0.43A 为负电流，运行于Ⅲ象限，该用电用户 0.4kV 侧未接入发电设备，容性负载状态下，b 相不可能运行于Ⅲ象限，有功功率、功率因数不可能出现负值，也不可能出现负电流。

（三）b 相负功率因数原因分析

正常情况下，三相负载基本对称，三相电流分别超前对应电压接近 40°，即图 10-3 中 $\dot{I}_a$、$\dot{I}_b'$、$\dot{I}_c'$，a 相电容器断线导致 b 相、c 相电流相位发生偏转，造成三相的电流、相位、有功功率、无功功率严重不对称。

1. 接线分析

由于 b 相有功功率为负值，首先分析是否为智能电能表接线错误造成。由图 10-3 可知，三相电压大小、相位基本相等，相序为正相序，电压回路接线无误；三相电流大小、相位严重不对称，相序为正相序，且 b 相有功功率为负值，假定 $\dot{I}_b$ 反接后为逆相序，与电流正相序不符合，排除 $\dot{I}_b$ 反接，智能电能表接线无误。

2. a 相电容器断线导致 b 相负功率因数

经检查电容器投入情况，发现一组三角形接线的 A 相电容器断线（见图 10-2），断线后补偿电容器并接在 B、C 相之间，产生电容电流流经 B、C 相，电流互感器二次电容电流 $\dot{I}_{bc}$、$\dot{I}_{cb}$ 分别与负荷电流 $\dot{I}_b'$、$\dot{I}_c'$ 叠加成 $\dot{I}_b$、$\dot{I}_c$，即 $\dot{I}_b = \dot{I}_b' + \dot{I}_{bc}$，$\dot{I}_c = \dot{I}_c' + \dot{I}_{cb}$，$\dot{I}_b$、

$\dot{I}_c$ 幅值增大，相位发生较大偏转，$\dot{I}_b$ 角度偏转最大，导致 b 相相位角为-103°，有功功率为-22.61W，功率因数为-0.22，电流为负电流，$\dot{I}_a$ 无变化，A 相电容器断线是 b 相产生负有功功率、负功率因数、负电流的主要原因，造成三相电流、相位、有功功率、无功功率严重不对称。

（四）附加计量误差分析

由于 b 相产生负有功功率，A 相电容器断线对计量影响分析如下。断线后电容器并接在 B、C 相之间，与 B、C 相负载形成△接线，将△接线等效为 Y 形接线后见图 10-4。

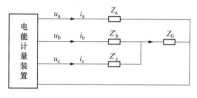

图 10-4　等效电路图

由图 10-4 可知，等效后多了一个阻抗 Z_0，$i_b + i_c$ 流经 Z_0 产生压降 $\dot{U}_0$，i_b 流经 Z'_b 产生压降 $\dot{U}'_b$，i_c 流经 Z'_c 产生压降 $\dot{U}'_c$，$\dot{U}_b = \dot{U}'_b + \dot{U}_0$，$\dot{U}_c = \dot{U}'_c + \dot{U}_0$，二次负载功率 P_0 计算如下

$$\begin{aligned} p_0 &= u_a i_a + u'_b i_b + u_0(i_b + i_c) + u'_c i_c \\ &= u_a i_a + u'_b i_b + u_0 i_b + u_0 i_c + u'_c i_c \\ &= u_a i_a + i_b(u'_b + u_0) + i_c(u_0 + u'_c) \\ &= u_a i_a + u_b i_b + u_c i_c \end{aligned} \qquad (10\text{-}7)$$

智能电能表附加计量误差：

$$\begin{aligned} r(\%) &= \frac{p' - p_0}{p_0} \times 100\% \\ &= \frac{(u_a i_a + u_b i_b + u_c i_c) - (u_a i_a + u_b i_b + u_c i_c)}{u_a i_a + u_b i_b + u_c i_c} \times 100\% \\ &= 0\% \end{aligned} \qquad (10\text{-}8)$$

由以上分析可知，A 相电容器断线时，智能电能表无附加计量误差，能正确计量。

（五）防范措施

由以上分析可知，采用三角形接线的电容器某相断线时，出现不对称运行状态，可能导致智能电能表某一元件出现负有功功率、负功率因数，负电流，造成三相负载电流、相位角、有功功率、无功功率严重不对称。因此，应加强电容器的运行维护，防止断线影响智能电能表的运行。

第五节　Ⅰ象限功率因数异常实例分析

一、负载功率因数角 0°～30°功率因数异常实例分析

（一）实例一

10kV 专用变压器用电用户，在 0.4kV 侧采用高供低计量方式，接线方式为三相四线，电流互感器变比为 300A/5A，电能表为 3×220/380V、3×1.5（6）A 的智能电能表。智能电能表测量参数数据为：显示电压逆相序，U_a=229.2V，U_b=229.8V，U_c=230.3V，U_{ab}=398.5V，U_{cb}=398.1V，U_{ac}=397.9V，I_a= -0.97A，I_b=0.97A，I_c=0.95A，$\cos\varphi_1$= -0.22，

$\cos\varphi_2 = 0.73$, $\cos\varphi_3 = 0.96$, $\cos\varphi = 0.73$, $P_a = -50.02\text{W}$, $P_b = 163.02\text{W}$, $P_c = 209.23\text{W}$, $P = 322.23\text{W}$, $Q_a = -216.63\text{var}$, $Q_b = -152.02\text{var}$, $Q_c = 63.98\text{var}$, $Q = -304.67\text{var}$。已知负载功率因数角为 17°（感性），10kV 供电线路向专用变压器输入有功功率、无功功率，负载基本对称，分析故障与异常。

1. 故障与异常分析

（1）第一元件 I_a 为 -0.97A，是负电流，电流异常。

（2）负载功率因数角为 17°（感性），智能电能表应运行于 Ⅰ 象限，一次负荷潮流状态为 +P、+Q。总有功功率 322.23 为正值，总无功功率 -304.67var 为负值，智能电能表实际运行于 Ⅳ 象限，运行象限异常。

（3）负载功率因数角 17°（感性）在 Ⅰ 象限 0°～30° 之间，总功率因数和各元件功率因数应接近于 0.96，绝对值均为"大"，数值均为正。$\cos\varphi = 0.73$，数值为正，但绝对值为"中"，总功率因数异常；$\cos\varphi_1 = -0.22$，绝对值为"小"，且数值为负，第一元件功率因数异常；$\cos\varphi_2 = 0.73$，数值为正，但绝对值为"中"，第二元件功率因数异常。

（4）$\dfrac{\cos\varphi_1 + \cos\varphi_2 + \cos\varphi_3}{\cos\varphi} = \dfrac{-0.22 + 0.73 + 0.96}{0.73} \approx 2.01$，比值约为 2.01，与正确比值 3 偏差较大，比值异常。

2. 确定相量图

按照电压逆相序确定电压相量图，$\cos\varphi_1 = -0.22$，$\varphi_1 = \pm 103°$，$P_a = -50.02\text{W}$，$Q_a = -216.63\text{var}$，φ_1 在 180°～270° 之间，$\varphi_1 = -103°$，$\hat{U_1 I_1} = 257°$，确定 $\dot{I}_1$；$\cos\varphi_2 = 0.73$，$\varphi_2 = \pm 43°$，$P_b = 163.02\text{W}$，$Q_b = -152.02\text{var}$，φ_2 在 270°～360° 之间，$\varphi_2 = -43°$，$\hat{U_2 I_2} = 317°$，确定 $\dot{I}_2$；$\cos\varphi_3 = 0.96$，$\varphi_3 = \pm 16°$，$P_c = 209.23\text{W}$，$Q_c = 63.98\text{var}$，φ_3 在 0°～90° 之间，$\varphi_3 = 16°$，$\hat{U_3 I_3} = 16°$，确定 $\dot{I}_3$。相量图见图 10-5。

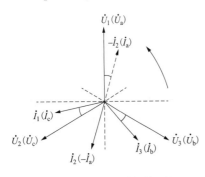

图 10-5　错误接线相量图

3. 接线分析

第一种错误接线：定 $\dot{U}_1$ 为 $\dot{U}_a$，$\dot{U}_3$ 为 $\dot{U}_b$，$\dot{U}_2$ 为 $\dot{U}_c$。由图 10-5 可知，$\dot{I}_1$ 滞后 $\dot{U}_2$ 约 17°，$\dot{I}_1$ 和 $\dot{U}_2$ 同相；$\dot{I}_2$ 反相后 $-\dot{I}_2$ 滞后 $\dot{U}_1$ 约 17°，$-\dot{I}_2$ 和 $\dot{U}_1$ 同相；$\dot{I}_3$ 滞后 $\dot{U}_3$ 约 17°，$\dot{I}_3$ 和 $\dot{U}_3$ 同相。$\dot{I}_1$ 为 $\dot{I}_c$，$\dot{I}_2$ 为 $-\dot{I}_a$，$\dot{I}_3$ 为 $\dot{I}_b$。第一元件电压接入 $\dot{U}_a$，电流接入 $\dot{I}_c$；第二元件电压接入 $\dot{U}_c$，电流接入 $-\dot{I}_a$；第三元件电压接入 $\dot{U}_b$，电流接入 $\dot{I}_b$。错误接线结论见表 10-4。

4. 计算更正系数

（1）有功更正系数。

$$P' = U_a I_c \cos(120° - \varphi) + U_c I_a \cos(60° - \varphi) + U_b I_b \cos\varphi$$

$$K_p = \frac{P}{P'} = \frac{3UI\cos\varphi}{UI\cos(120° - \varphi) + UI\cos(60° - \varphi) + UI\cos\varphi} \tag{10-9}$$

$$= \frac{3}{1 + \sqrt{3}\tan\varphi}$$

（2）无功更正系数。

$$Q' = U_a I_c \sin(240° + \varphi) + U_c I_a \sin(300° + \varphi) + U_b I_b \sin\varphi$$

$$K_Q = \frac{Q}{Q'} = \frac{3UI\sin\varphi}{UI\sin(240° + \varphi) + UI\sin(300° + \varphi) + UI\sin\varphi}$$

$$= \frac{3}{1 - \sqrt{3}\cot\varphi}$$

（10-10）

5. 错误接线结论

错误接线结论见表 10-4，第二种、第三种与第一种错误接线类型不一致，但更正系数一致，化简后的功率表达式一致，现场接线是三种错误接线中的一种。功率因数异常的原因是电压错接、电流错接所致。

表 10-4　　　　　　　　　　错误接线结论表

种类 参数	电压接入			电流接入		
	$\dot{U}_1$	$\dot{U}_2$	$\dot{U}_3$	$\dot{I}_1$	$\dot{I}_2$	$\dot{I}_3$
第一种	$\dot{U}_a$	$\dot{U}_c$	$\dot{U}_b$	$\dot{I}_c$	$-\dot{I}_a$	$\dot{I}_b$
第二种	$\dot{U}_b$	$\dot{U}_a$	$\dot{U}_c$	$\dot{I}_a$	$-\dot{I}_b$	$\dot{I}_c$
第三种	$\dot{U}_c$	$\dot{U}_b$	$\dot{U}_a$	$\dot{I}_b$	$-\dot{I}_c$	$\dot{I}_a$

（二）实例二

110kV 专用线路用电用户，在系统变电站 110kV 出线设置计量点，采用高供高计计量方式，接线方式为三相四线，电流互感器变比为 300A/5A，电压互感器采用 Yn/Yn-12接线，电能表为 3×57.7/100V、3×1.5（6）A 的智能电能表。智能电能表测量参数数据为：显示电压正相序，U_a=59.7V，U_b=59.6V，U_c=59.1V，U_{ab}=103.2V，U_{cb}=103.3V，U_{ac}=102.7V，I_a= −0.67A，I_b=0.62A，I_c= −0.65A，$\cos\varphi_1 = -0.73$，$\cos\varphi_2 = 0.73$，$\cos\varphi_3 = -0.73$，$\cos\varphi = -0.73$，P_a= −29.25W，P_b=27.02W，P_c= −28.09W，P= −30.32W，Q_a=27.28var，Q_b= −25.20var，Q_c=26.20var，Q=28.28var。已知负载功率因数角为 17°（感性），母线向 110kV供电线路输入有功功率、无功功率，负载基本对称，分析故障与异常。

1. 故障与异常分析

（1）第一元件 I_a 为 −0.67A，是负电流，第一元件电流异常；第三元件 I_c 为 −0.65A，是负电流，第三元件电流异常。

（2）负载功率因数角为 17°（感性），智能电能表应运行于Ⅰ象限，一次负荷潮流状态为+P、+Q。总有功功率 −30.32 为负值，总无功功率 28.28var 为正值，智能电能表实际运行于Ⅱ象限，运行象限异常。

（3）负载功率因数角 17°（感性）在Ⅰ象限 0°～30°之间，总功率因数和各元件功率因数应接近于 0.96，绝对值均为"大"，数值均为正。$\cos\varphi = -0.73$，绝对值为"中"，且数值为负，总功率因数异常；$\cos\varphi_1 = -0.73$，绝对值为"中"，且数值为负，第一元件功率因数异常；$\cos\varphi_2 = 0.73$，数值为正，但绝对值为"中"，第二元件功率因数异常；$\cos\varphi_3 = -0.73$，绝对值为"中"，且数值为负，第三元件功率因数异常。

（4）$\dfrac{\cos\varphi_1+\cos\varphi_2+\cos\varphi_3}{\cos\varphi}=\dfrac{-0.73+0.73-0.73}{-0.73}\approx1.00$，比值约为 1.00，与正确比值 3 偏差较大，比值异常。

2. 确定相量图

按照电压正相序确定电压相量图，$\cos\varphi_1=-0.73$，$\varphi_1=\pm137°$，$P_a=-29.25\text{W}$，$Q_a=27.28\text{var}$，φ_1 在 $90°\sim180°$ 之间，$\varphi_1=137°$，$\overset{\wedge}{\dot{U}_1\dot{I}_1}=137°$，确定 $\dot{I}_1$；$\cos\varphi_2=0.73$，$\varphi_2=\pm43°$，$P_b=27.02\text{W}$，$Q_b=-25.20\text{var}$，φ_2 在 $270°\sim360°$ 之间，$\varphi_2=-43°$，$\overset{\wedge}{\dot{U}_2\dot{I}_2}=317°$，确定 $\dot{I}_2$；$\cos\varphi_3=-0.73$，$\varphi_3=\pm137°$，$P_c=-28.09\text{W}$，$Q_c=26.20\text{var}$，φ_3 在 $90°\sim180°$ 之间，$\varphi_3=137°$，$\overset{\wedge}{\dot{U}_3\dot{I}_3}=137°$，确定 $\dot{I}_3$。相量图见图 10-6。

3. 接线分析

第一种错误接线：定 $\dot{U}_1$ 为 $\dot{U}_a$，$\dot{U}_2$ 为 $\dot{U}_b$，$\dot{U}_3$ 为 $\dot{U}_c$。由图 10-6 可知，$\dot{I}_1$ 滞后 $\dot{U}_2$ 约 17°，$\dot{I}_1$ 和 $\dot{U}_2$ 同相；$\dot{I}_2$ 反相后 $-\dot{I}_2$ 滞后 $\dot{U}_3$ 约 17°，$-\dot{I}_2$ 和 $\dot{U}_3$ 同相；$\dot{I}_3$ 滞后 $\dot{U}_1$ 约 17°，$\dot{I}_3$ 和 $\dot{U}_1$ 同相。$\dot{I}_1$ 为 $\dot{I}_b$，$\dot{I}_2$ 为 $-\dot{I}_c$，$\dot{I}_3$ 为 $\dot{I}_a$。第一元件电压接入 $\dot{U}_a$，电流接入 $\dot{I}_b$；第二元件电压接入 $\dot{U}_b$，电流接入 $-\dot{I}_c$；第三元件电压接入 $\dot{U}_c$，电流接入 $\dot{I}_a$。错误接线结论见表 10-5。

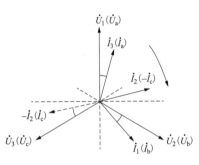

图 10-6　错误接线相量图

表 10-5　错误接线结论表

种类 参数	电压接入			电流接入		
	$\dot{U}_1$	$\dot{U}_2$	$\dot{U}_3$	$\dot{I}_1$	$\dot{I}_2$	$\dot{I}_3$
第一种	$\dot{U}_a$	$\dot{U}_b$	$\dot{U}_c$	$\dot{I}_b$	$-\dot{I}_c$	$\dot{I}_a$
第二种	$\dot{U}_b$	$\dot{U}_c$	$\dot{U}_a$	$\dot{I}_c$	$-\dot{I}_a$	$\dot{I}_b$
第三种	$\dot{U}_c$	$\dot{U}_a$	$\dot{U}_b$	$\dot{I}_a$	$-\dot{I}_b$	$\dot{I}_c$

4. 计算更正系数

（1）有功更正系数。

$$P'=U_aI_b\cos(120°+\varphi)+U_bI_c\cos(60°-\varphi)+U_cI_a\cos(120°+\varphi)$$

$$K_p=\frac{P}{P'}=\frac{3UI\cos\varphi}{UI\cos(120°+\varphi)+UI\cos(60°-\varphi)+UI\cos(120°+\varphi)}$$

$$=-\frac{6}{1+\sqrt{3}\tan\varphi}$$

（10-11）

（2）无功更正系数。

$$Q'=U_aI_b\sin(120°+\varphi)+U_bI_c\sin(300°+\varphi)+U_cI_a\sin(120°+\varphi)$$

$$K_Q = \frac{Q}{Q'} = \frac{3UI\sin\varphi}{UI\sin(120°+\varphi) + UI\sin(300°+\varphi) + UI\sin(120°+\varphi)}$$
$$= \frac{6}{-1+\sqrt{3}\cot\varphi}$$

（10-12）

5. 错误接线结论

错误接线结论见表 10-5，第二种、第三种与第一种错误接线类型不一致，但更正系数一致，化简后的功率表达式一致，现场接线是三种错误接线中的一种。功率因数异常的原因是电压错接、电流错接所致。

（三）实例三

220kV 专用线路用电用户，在系统变电站 220kV 出线侧设置计量点，采用高供高计计量方式，接线方式为三相四线，电流互感器变比为 500A/5A，电压互感器采用 Yn/Yn-12 接线，电能表为 3×57.7/100V、3×1.5（6）A 的智能电能表。智能电能表测量参数数据为：显示电压逆相序，U_a=59.2V，U_b=59.3V，U_c=59.6V，U_{ab}=103.2V，U_{cb}=102.9V，U_{ac}=102.7V，I_a=0.61A，I_b=0.63A，I_c=0.62A，$\cos\varphi_1 = 0.82$，$\cos\varphi_2 = 0.91$，$\cos\varphi_3 = 0.09$，$\cos\varphi = 0.90$，P_a=29.58W，P_b=33.86W，P_c=3.23W，P=66.67W，Q_a=−20.71var，Q_b=15.79var，Q_c=36.81var，Q=31.89var。已知负载功率因数角为 25°（感性），母线向 220kV 供电线路输入有功功率、无功功率，负载基本对称，分析故障与异常。

1. 故障与异常分析

（1）负载功率因数角 25°（感性）在 I 象限 0°～30°之间，总功率因数和各元件功率因数应接近于 0.91，绝对值均为"大"，数值均为正。$\cos\varphi_1 = 0.80$，数值为正，但绝对值为"中"，第一元件功率因数异常；$\cos\varphi_3 = 0.09$，数值为正，但绝对值为"小"，第三元件功率因数异常。

（2）$\dfrac{\cos\varphi_1 + \cos\varphi_2 + \cos\varphi_3}{\cos\varphi} = \dfrac{0.82 + 0.91 + 0.09}{0.90} \approx 2.01$，比值约为 2.01，与正确比值 3 偏差较大，比值异常。

2. 确定相量图

按照电压逆相序确定电压相量图，$\cos\varphi_1 = 0.82$，$\varphi_1 = \pm 35°$，P_a=29.58W，Q_a=−20.71var，φ_1 在 270°～360° 之 间，$\varphi_1 = -35°$，

$\hat{\dot{U}_1 \dot{I}_1} = 325°$，确定 $\dot{I}_1$；$\cos\varphi_2 = 0.91$，$\varphi_2 = \pm 25°$，P_b=33.86W，Q_b=15.79var，φ_2 在 0°～90°之间，$\varphi_2 = 25°$，

$\hat{\dot{U}_2 \dot{I}_2} = 25°$，确定 $\dot{I}_2$；$\cos\varphi_3 = 0.09$，$\varphi_3 = \pm 85°$，P_c=3.23W，Q_c=36.81var，φ_3 在 0°～90°之间，$\varphi_3 = 85°$，

$\hat{\dot{U}_3 \dot{I}_3} = 85°$，确定 $\dot{I}_3$。相量图见图 10-7。

3. 接线分析

第一种错误接线:定 $\dot{U}_1$ 为 $\dot{U}_a$，$\dot{U}_3$ 为 $\dot{U}_b$，$\dot{U}_2$ 为 $\dot{U}_c$。

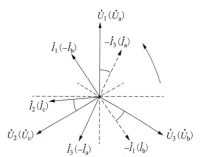

图 10-7　错误接线相量图

由图 10-7 可知，$\dot{I}_1$ 反相后 $-\dot{I}_1$ 滞后 $\dot{U}_3$ 约 25°，$-\dot{I}_1$ 和 $\dot{U}_3$ 同相；$\dot{I}_2$ 滞后 $\dot{U}_2$ 约 25°，$\dot{I}_2$ 和 $\dot{U}_2$ 同相；$\dot{I}_3$ 反相后 $-\dot{I}_3$ 滞后 $\dot{U}_1$ 约 25°，$-\dot{I}_3$ 和 $\dot{U}_1$ 同相。$\dot{I}_1$ 为 $-\dot{I}_b$，$\dot{I}_2$ 为 $\dot{I}_c$，$\dot{I}_3$ 为 $-\dot{I}_a$。第一元件电压接入 $\dot{U}_a$，电流接入 $-\dot{I}_b$；第二元件电压接入 $\dot{U}_c$，电流接入 $\dot{I}_c$；第三元件电压接入 $\dot{U}_b$，电流接入 $-\dot{I}_a$。错误接线结论见表 10-6。

4. 计算更正系数

（1）有功更正系数。

$$P' = U_a I_b \cos(60° - \varphi) + U_c I_c \cos\varphi + U_b I_a \cos(60° + \varphi)$$

$$K_P = \frac{P}{P'} = \frac{3UI\cos\varphi}{UI\cos(60° - \varphi) + UI\cos\varphi + UI\cos(60° + \varphi)} \tag{10-13}$$

$$= \frac{3}{2}$$

（2）无功更正系数。

$$Q' = U_a I_b \sin(300° + \varphi) + U_c I_c \sin\varphi + U_b I_a \sin(60° + \varphi)$$

$$K_Q = \frac{Q}{Q'} = \frac{3UI\sin\varphi}{UI\sin(300° + \varphi) + UI\sin\varphi + UI\sin(60° + \varphi)} = \frac{3}{2} \tag{10-14}$$

5. 错误接线结论

错误接线结论见表 10-6，第二种、第三种与第一种错误接线类型不一致，但更正系数一致，化简后的功率表达式一致，现场接线是三种错误接线中的一种。功率因数异常的原因是电压错接、电流错接所致。

表 10-6 错 误 接 线 结 论 表

种类 参数	电压接入			电流接入		
	$\dot{U}_1$	$\dot{U}_2$	$\dot{U}_3$	$\dot{I}_1$	$\dot{I}_2$	$\dot{I}_3$
第一种	$\dot{U}_a$	$\dot{U}_c$	$\dot{U}_b$	$-\dot{I}_b$	$\dot{I}_c$	$-\dot{I}_a$
第二种	$\dot{U}_b$	$\dot{U}_a$	$\dot{U}_c$	$-\dot{I}_c$	$\dot{I}_a$	$-\dot{I}_b$
第三种	$\dot{U}_c$	$\dot{U}_b$	$\dot{U}_a$	$-\dot{I}_a$	$\dot{I}_b$	$-\dot{I}_c$

二、负载功率因数角 30°～60°功率因数异常实例分析

10kV 专用变压器用电用户，在 0.4kV 侧采用高供低计量方式，接线方式为三相四线，电流互感器变比为 300A/5A，电能表为 3×220/380V、3×1.5（6）A 的智能电能表。智能电能表测量参数数据为：显示电压逆相序，U_a=228.5V，U_b=228.7V，U_c=229.2V，U_{ab}=396.5V，U_{cb}=397.1V，U_{ac}=397.9V，I_a=0.90A，I_b=0.92A，I_c=−0.93A，$\cos\varphi_1 = 0.36$，$\cos\varphi_2 = 0.99$，$\cos\varphi_3 = -0.62$，$\cos\varphi = 0.36$，P_a=73.70W，P_b=207.81W，P_c=−131.23W，P=150.28W，Q_a=−191.99var，Q_b=−32.91var，Q_c=−167.98var，Q=−392.88var。已知负载功率因数角为 51°（感性），10kV 供电线路向专用变压器输入有功功率、无功功率，负载基本对称，分析故障与异常。

1. 故障与异常分析

（1）第三元件 I_c 为 –0.93A，是负电流，第三元件电流异常。

（2）负载功率因数角为 51°（感性），智能电能表应运行于 I 象限，一次负荷潮流状态为 +P、+Q。总有功功率 150.28W 为正值，总无功功率 –392.88var 为负值，智能电能表实际运行于 IV 象限，运行象限异常。

（3）负载功率因数角 51°（感性）在 I 象限 30°～60°之间，总功率因数和各元件功率因数应接近于 0.63，绝对值均为"中"，数值均为正。$\cos\varphi = 0.36$，数值为正，但绝对值为"小"，总功率因数异常；$\cos\varphi_1 = 0.36$，数值为正，但绝对值为"小"，第一元件功率因数异常；$\cos\varphi_2 = 0.99$，数值为正，但绝对值为"大"，第二元件功率因数异常；$\cos\varphi_3 = -0.62$，绝对值为"中"，但数值为负，第三元件功率因数异常。

（4）$\dfrac{\cos\varphi_1 + \cos\varphi_2 + \cos\varphi_3}{\cos\varphi} = \dfrac{0.36 + 0.99 - 0.62}{0.36} \approx 2.04$，比值约为 2.04，与正确比值 3 偏差较大，比值异常。

2. 确定相量图

按照电压逆相序确定电压相量图，$\cos\varphi_1 = 0.36$，$\varphi_1 = \pm 69°$，P_a=73.70W，Q_a= –191.99var，φ_1 在 270°～360°之间，$\varphi_1 = -69°$，$\overset{\wedge}{\dot{U}_1 \dot{I}_1} = 291°$，确定 $\dot{I}_1$；$\cos\varphi_2 = 0.99$，$\varphi_2 = \pm 8°$，P_b=207.81W，Q_b= –32.91var，φ_2 在 270°～360°之间，$\varphi_2 = -8°$，$\overset{\wedge}{\dot{U}_2 \dot{I}_2} = 352°$，确定 $\dot{I}_2$；$\cos\varphi_3 = -0.62$，$\varphi_3 = \pm 128°$，P_c= –131.23W，Q_c= –167.98var，φ_3 在 180°～270° 之间，$\varphi_3 = -128°$，$\overset{\wedge}{\dot{U}_3 \dot{I}_3} = 232°$，确定 $\dot{I}_3$。相量图见图 10-8。

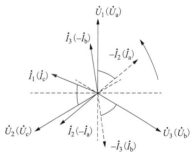

图 10-8　错误接线相量图

3. 接线分析

第一种错误接线：定 $\dot{U}_1$ 为 $\dot{U}_a$，$\dot{U}_3$ 为 $\dot{U}_b$，$\dot{U}_2$ 为 $\dot{U}_c$。由图 10-8 可知，$\dot{I}_1$ 滞后 $\dot{U}_2$ 约 51°，$\dot{I}_1$ 和 $\dot{U}_2$ 同相；$\dot{I}_2$ 反相后 $-\dot{I}_2$ 滞后 $\dot{U}_1$ 约 51°，$-\dot{I}_2$ 和 $\dot{U}_1$ 同相；$\dot{I}_3$ 反相后 $-\dot{I}_3$ 滞后 $\dot{U}_3$ 约 51°，$-\dot{I}_3$ 和 $\dot{U}_3$ 同相。$\dot{I}_1$ 为 $\dot{I}_c$，$\dot{I}_2$ 为 $-\dot{I}_a$，$\dot{I}_3$ 为 $-\dot{I}_b$。第一元件电压接入 $\dot{U}_a$，电流接入 $\dot{I}_c$；第二元件电压接入 $\dot{U}_c$，电流接入 $-\dot{I}_a$；第三元件电压接入 $\dot{U}_b$，电流接入 $-\dot{I}_b$。错误接线结论见表 10-7。

4. 计算更正系数

（1）有功更正系数。

$$P' = U_a I_c \cos(120° - \varphi) + U_c I_a \cos(60° - \varphi) + U_b I_b \cos(180° + \varphi)$$

$$K_P = \frac{P}{P'} = \frac{3UI\cos\varphi}{UI\cos(120° - \varphi) + UI\cos(60° - \varphi) + UI\cos(180° + \varphi)}$$

$$= \frac{3}{-1 + \sqrt{3}\tan\varphi}$$

（10-15）

（2）无功更正系数。

$$Q' = U_a I_c \sin(240° + \varphi) + U_c I_a \sin(300° + \varphi) + U_b I_b \sin(180° + \varphi)$$

$$K_Q = \frac{Q}{Q'} = \frac{3UI\sin\varphi}{UI\sin(240° + \varphi) + UI\sin(300° + \varphi) + UI\sin(180° + \varphi)}$$

$$= -\frac{3}{1 + \sqrt{3}\cot\varphi}$$

（10-16）

5. 错误接线结论表

错误接线结论见表 10-7，第二种、第三种与第一种错误接线类型不一致，但更正系数一致，化简后的功率表达式一致，现场接线是三种错误接线中的一种。功率因数异常的原因是电压错接、电流错接所致。

表 10-7 错 误 接 线 结 论 表

种类\参数	电压接入			电流接入		
	$\dot{U}_1$	$\dot{U}_2$	$\dot{U}_3$	$\dot{I}_1$	$\dot{I}_2$	$\dot{I}_3$
第一种	$\dot{U}_a$	$\dot{U}_c$	$\dot{U}_b$	$\dot{I}_c$	$-\dot{I}_a$	$-\dot{I}_b$
第二种	$\dot{U}_b$	$\dot{U}_a$	$\dot{U}_c$	$\dot{I}_a$	$-\dot{I}_b$	$-\dot{I}_c$
第三种	$\dot{U}_c$	$\dot{U}_b$	$\dot{U}_a$	$\dot{I}_b$	$-\dot{I}_c$	$-\dot{I}_a$

三、负载功率因数角 60°～90°功率因数异常实例分析

110kV 专用线路用电用户，在系统变电站 110kV 出线侧设置计量点，采用高供高计计量方式，接线方式为三相四线，电流互感器变比为 300A/5A，电压互感器采用 Yn/Yn-12 接线，电能表为 3×57.7/100V、3×1.5（6）A 的智能电能表。智能电能表测量参数数据为：显示电压正相序，U_a=58.9V，U_b=59.0V，U_c=59.1V，U_{ab}=103.1V，U_{cb}=102.8V，U_{ac}=102.9V，I_a=−0.93A，I_b=−0.92A，I_c=0.92A，$\cos\varphi_1$=−0.96，$\cos\varphi_2$=−0.73，$\cos\varphi_3$=0.22，$\cos\varphi$=−0.73，P_a=−52.38W，P_b=−39.70W，P_c=12.23W，P=−79.85W，Q_a=−16.02var，Q_b=37.02var，Q_c=52.98var，Q=73.98var。已知负载功率因数角为 77°（感性），母线向 110kV供电线路输入有功功率、无功功率，负载基本对称，分析故障与异常。

1. 故障与异常分析

（1）第一元件 I_a 为−0.93A，是负电流，第一元件电流异常；第二元件 I_b 为−0.92A，是负电流，第二元件电流异常。

（2）负载功率因数角为 77°（感性），智能电能表应运行于Ⅰ象限，一次负荷潮流状态为+P、+Q。总有功功率−79.85 为负值，总无功功率 73.98var 为正值，智能电能表实际运行于Ⅱ象限，运行象限异常。

（3）负载功率因数角 77°（感性）在Ⅰ象限 60°～90°之间，总功率因数和各元件功率因数应接近于 0.22，绝对值均为"小"，数值均为正。$\cos\varphi$=−0.73，绝对值为"中"，且数值为负，总功率因数异常；$\cos\varphi_1$=−0.96，绝对值为"大"，且数值为负，第一元件功率因数异常；$\cos\varphi_2$=−0.73，绝对值为"中"，且数值为负，第二元件功率因数异常。

（4）$\dfrac{\cos\varphi_1+\cos\varphi_2+\cos\varphi_3}{\cos\varphi}=\dfrac{-0.96-0.73+0.22}{-0.73}\approx1.99$，比值约为 1.99，与正确比值 3 偏差较大，比值异常。

2．确定相量图

按照电压正相序确定电压相量图，$\cos\varphi_1=-0.96$，$\varphi_1=\pm164°$，$P_\text{a}=-52.38\text{W}$，$Q_\text{a}=-16.02\text{var}$，$\varphi_1$ 在 $180°\sim270°$ 之间，$\varphi_1=-164°$，$\overset{\wedge}{\dot{U}_1\dot{I}_1}=196°$，确定 $\dot{I}_1$；$\cos\varphi_2=-0.73$，$\varphi_2=\pm137°$，$P_\text{b}=-39.70\text{W}$，$Q_\text{b}=37.02\text{var}$，$\varphi_2$ 在 $90°\sim180°$ 之间，$\varphi_2=137°$，$\overset{\wedge}{\dot{U}_2\dot{I}_2}=137°$，确定 $\dot{I}_2$；$\cos\varphi_3=0.22$，$\varphi_3=\pm77°$，$P_\text{c}=12.23\text{W}$，$Q_\text{c}=52.98\text{var}$，$\varphi_3$ 在 $0°\sim90°$ 之间，$\varphi_3=77°$，$\overset{\wedge}{\dot{U}_3\dot{I}_3}=77°$，确定 $\dot{I}_3$。相量图见图 10-9。

3．接线分析

第一种错误接线：定 $\dot{U}_1$ 为 $\dot{U}_\text{a}$，$\dot{U}_2$ 为 $\dot{U}_\text{b}$，$\dot{U}_3$ 为 $\dot{U}_\text{c}$。由图 10-9 可知，$\dot{I}_1$ 滞后 $\dot{U}_2$ 约 77°，$\dot{I}_1$ 和 $\dot{U}_2$ 同相；$\dot{I}_2$ 反相后 $-\dot{I}_2$ 滞后 $\dot{U}_1$ 约 77°，$-\dot{I}_2$ 和 $\dot{U}_1$ 同相；$\dot{I}_3$ 滞后 $\dot{U}_3$ 约 77°，$\dot{I}_3$ 和 $\dot{U}_3$ 同相。$\dot{I}_1$ 为 $\dot{I}_\text{b}$，$\dot{I}_2$ 为 $-\dot{I}_\text{a}$，$\dot{I}_3$ 为 $\dot{I}_\text{c}$。第一元件电压接入 $\dot{U}_\text{a}$，电流接入 $\dot{I}_\text{b}$；第二元件电压接入 $\dot{U}_\text{b}$，电流接入 $-\dot{I}_\text{a}$；第三元件电压接入 $\dot{U}_\text{c}$，电流接入 $\dot{I}_\text{c}$。错误接线结论见表 10-8。

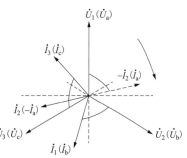

图 10-9　错误接线相量图

4．计算更正系数

（1）有功更正系数。

$$P'=U_\text{a}I_\text{b}\cos(120°+\varphi)+U_\text{b}I_\text{a}\cos(60°+\varphi)+U_\text{c}I_\text{c}\cos\varphi$$

$$K_\text{P}=\frac{P}{P'}=\frac{3UI\cos\varphi}{UI\cos(120°+\varphi)+UI\cos(60°+\varphi)+UI\cos\varphi}$$
$$=\frac{3}{1-\sqrt{3}\tan\varphi}$$

（10-17）

（2）无功更正系数。

$$Q'=U_\text{a}I_\text{b}\sin(120°+\varphi)+U_\text{b}I_\text{a}\sin(60°+\varphi)+U_\text{c}I_\text{c}\sin\varphi$$

$$K_\text{Q}=\frac{Q}{Q'}=\frac{3UI\sin\varphi}{UI\sin(120°+\varphi)+UI\sin(60°+\varphi)+UI\sin\varphi}$$
$$=\frac{3}{1+\sqrt{3}\cot\varphi}$$

（10-18）

5．错误接线结论表

错误接线结论见表 10-8，第二种、第三种与第一种错误接线类型不一致，但更正系数一致，化简后的功率表达式一致，现场接线是三种错误接线中的一种。功率因数异常的原因是电压错接、电流错接所致。

表 10-8 错误接线结论表

种类 参数	电压接入			电流接入		
	$\dot{U}_1$	$\dot{U}_2$	$\dot{U}_3$	$\dot{I}_1$	$\dot{I}_2$	$\dot{I}_3$
第一种	$\dot{U}_a$	$\dot{U}_b$	$\dot{U}_c$	$\dot{I}_b$	$-\dot{I}_a$	$\dot{I}_c$
第二种	$\dot{U}_b$	$\dot{U}_c$	$\dot{U}_a$	$\dot{I}_c$	$-\dot{I}_b$	$\dot{I}_a$
第三种	$\dot{U}_c$	$\dot{U}_a$	$\dot{U}_b$	$\dot{I}_a$	$-\dot{I}_c$	$\dot{I}_b$

第六节 Ⅱ象限功率因数异常实例分析

220kV 内部考核关口联络线路，计量点设置在 220kV 关口联络线路出线处，接线方式为三相四线，电流互感器变比为 800A/5A，电能表为 3×57.7/100V、3×1.5（6）A 的智能电能表。智能电能表测量参数数据为：显示电压正相序，U_a=61.0V，U_b=60.6V，U_c=60.7V，U_{ab}=105.1V，U_{cb}=105.5V，U_{ac}=105.2V，I_a=0.63A，I_b=0.65A，I_c=−0.61A，$\cos\varphi_1$=0.93，$\cos\varphi_2=0.16$，$\cos\varphi_3=-0.78$，$\cos\varphi=0.17$，P_a=35.88W，P_b=6.16W，P_c=−28.78W，P=13.26W，Q_a=−13.77var，Q_b=−38.91var，Q_c=−23.30var，Q=−75.98var。已知负载功率因数角为 21°（容性），220kV 供电线路向母线输出有功功率，母线向 220kV 供电线路输入无功功率，负载基本对称，分析故障与异常。

1．故障与异常分析

（1）第一元件 I_a 为 0.63A，是正电流，第一元件电流异常；第二元件 I_b 为 0.65A，是正电流，第二元件电流异常。

（2）负载功率因数角为 21°（容性），一次负荷潮流状态为−P、+Q，智能电能表应运行于Ⅱ象限。总有功功率 13.26W 为正值，总无功功率−75.98var 为负值，智能电能表实际运行于Ⅳ象限，运行象限异常。

（3）负载功率因数角 21°（容性）在Ⅱ象限 0°～30°之间，总功率因数和各元件功率因数应接近于−0.93，绝对值均为"大"，数值均为负。$\cos\varphi=0.17$，绝对值为"小"，且数值为正，总功率因数异常；$\cos\varphi_1=0.93$，绝对值为"大"，但数值为正，第一元件功率因数异常；$\cos\varphi_2=0.16$，绝对值为"小"，且数值为正，第二元件功率因数异常；$\cos\varphi_3=-0.78$，数值为负，但绝对值为"中"，第三元件功率因数异常。

（4）$\dfrac{\cos\varphi_1+\cos\varphi_2+\cos\varphi_3}{\cos\varphi}=\dfrac{0.93+0.16-0.78}{0.17}\approx1.82$，比值约为 1.82，与正确比值 3 偏差较大，比值异常。

2．确定相量图

按照电压正相序确定电压相量图，$\cos\varphi_1=0.93$，$\varphi_1=\pm22°$，P_a=35.88W，Q_a=−13.77var，φ_1 在 270°～360°之间，$\varphi_1=-22°$，$\hat{\dot{U}_1\dot{I}_1}=338°$，确定 $\dot{I}_1$；$\cos\varphi_2=0.16$，$\varphi_2=\pm81°$，P_b=6.16W，Q_b=−38.91var，φ_2 在 270°～360°之间，$\varphi_2=-81°$，$\hat{\dot{U}_2\dot{I}_2}=279°$，确定 $\dot{I}_2$；$\cos\varphi_3=-0.78$，$\varphi_3=\pm141°$，P_c=−28.78W，Q_c=−23.30var，φ_3 在 180°～270°之

间，$\varphi_3 = -141°$，$\overset{\wedge}{\dot{U}_3 \dot{I}_3} = 219°$，确定 $\dot{I}_3$。相量图见图 10-10。

3. 接线分析

第一种错误接线：定 $\dot{U}_1$ 为 $\dot{U}_a$，$\dot{U}_2$ 为 $\dot{U}_b$，$\dot{U}_3$ 为 $\dot{U}_c$。由图 10-10 可知，$\dot{I}_1$ 超前 $\dot{U}_1$ 约 21°，$\dot{I}_1$ 反相后 $-\dot{I}_1$ 滞后 $\dot{U}_1$ 约 159°，$-\dot{I}_1$ 和 $\dot{U}_1$ 同相；$\dot{I}_2$ 反相后 $-\dot{I}_2$ 超前 $\dot{U}_3$ 约 21°，$\dot{I}_2$ 滞后 $\dot{U}_3$ 约 159°，$\dot{I}_2$ 和 $\dot{U}_3$ 同相；$\dot{I}_3$ 超前 $\dot{U}_2$ 约 21°，$\dot{I}_3$ 反相后 $-\dot{I}_3$ 滞后 $\dot{U}_2$ 约 159°，$-\dot{I}_3$ 和 $\dot{U}_2$ 同相。$\dot{I}_1$ 为 $-\dot{I}_a$，$\dot{I}_2$ 为 $\dot{I}_c$，$\dot{I}_3$ 为 $-\dot{I}_b$。第一元件电压接入 $\dot{U}_a$，电流接入 $-\dot{I}_a$；第二元件电压接入 $\dot{U}_b$，电流接入 $\dot{I}_c$；第三元件电压接入 $\dot{U}_c$，电流接入 $-\dot{I}_b$。错误接线结论见表 10-9。

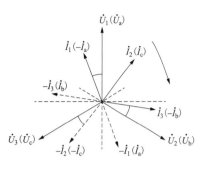

图 10-10　错误接线相量图

4. 计算更正系数

（1）有功更正系数。

$$P' = U_a I_a \cos\varphi + U_b I_c \cos(60° + \varphi) + U_c I_b \cos(120° + \varphi)$$

$$K_P = \frac{P}{P'} = \frac{-3UI\cos\varphi}{UI\cos\varphi + UI\cos(60° + \varphi) + UI\cos(120° + \varphi)} \qquad (10\text{-}19)$$

$$= \frac{3}{-1 + \sqrt{3}\tan\varphi}$$

（2）无功更正系数。

$$Q' = U_a I_a \sin(360° - \varphi) + U_b I_c \sin(300° - \varphi) + U_c I_b \sin(240° - \varphi)$$

$$K_Q = \frac{Q}{Q'} = \frac{3UI\sin\varphi}{UI\sin(360° - \varphi) + UI\sin(300° - \varphi) + UI\sin(240° - \varphi)} \qquad (10\text{-}20)$$

$$= -\frac{3}{1 + \sqrt{3}\cot\varphi}$$

5. 错误接线结论表

错误接线结论见表 10-9，第二种、第三种与第一种错误接线类型不一致，但更正系数一致，化简后的功率表达式一致，现场接线是三种错误接线中的一种。功率因数异常的原因是电压错接、电流错接所致。

表 10-9　　　　　　　　　　　错误接线结论表

种类 参数	电压接入			电流接入		
	$\dot{U}_1$	$\dot{U}_2$	$\dot{U}_3$	$\dot{I}_1$	$\dot{I}_2$	$\dot{I}_3$
第一种	$\dot{U}_a$	$\dot{U}_b$	$\dot{U}_c$	$-\dot{I}_a$	$\dot{I}_c$	$-\dot{I}_b$
第二种	$\dot{U}_b$	$\dot{U}_c$	$\dot{U}_a$	$-\dot{I}_b$	$\dot{I}_a$	$-\dot{I}_c$
第三种	$\dot{U}_c$	$\dot{U}_a$	$\dot{U}_b$	$-\dot{I}_c$	$\dot{I}_b$	$-\dot{I}_a$

第七节 Ⅲ象限功率因数异常实例分析

一、负载功率因数角0°～30°（感性）功率因数异常实例分析

某220kV发电上网企业，其发电上网关口计量点设置在系统变电站220kV联络线路出线处，接线方式为三相四线，电流互感器变比为800A/5A，电能表为3×57.7/100V、3×1.5（6）A的智能电能表。智能电能表测量参数数据为：显示电压正相序，U_a=60.2V，U_b=60.6V，U_c=60.7V，U_{ab}=105.0V，U_{cb}=105.2V，U_{ac}=105.1V，I_a=0.67A，I_b=0.62A，I_c=0.65A，$\cos\varphi_1=0.22$，$\cos\varphi_2=0.96$，$\cos\varphi_3=0.73$，$\cos\varphi=0.95$，P_a=9.07W，P_b=35.93W，P_c=28.85W，P=73.85W，Q_a=39.30var，Q_b=10.98var，Q_c=−26.91var，Q=23.38var。已知负载功率因数角为17°（感性），220kV供电线路向母线输出有功功率、无功功率，负载基本对称，分析故障与异常。

1. 故障与异常分析

（1）第一元件 I_a 为 0.67A，是正电流，第一元件电流异常；第二元件 I_b 为 0.62A，是正电流，第二元件电流异常；第三元件 I_c 为 0.65A，是正电流，第三元件电流异常。

（2）负载功率因数角为 17°（感性），一次负荷潮流状态为−P、−Q，智能电能表应运行于Ⅲ象限。总有功功率 73.85W 为正值，总无功功率 23.38var 为正值，智能电能表实际运行于Ⅰ象限，运行象限异常。

（3）负载功率因数角17°（感性）在Ⅲ象限0°～30°之间，总功率因数和各元件功率因数应接近于−0.96，绝对值均为"大"，数值均为负。$\cos\varphi=0.95$，绝对值为"大"，但数值为正，总功率因数异常；$\cos\varphi_1=0.22$，绝对值为"小"，且数值为正，第一元件功率因数异常；$\cos\varphi_2=0.96$，绝对值为"大"，但数值为正，第二元件功率因数异常；$\cos\varphi_3=0.73$，绝对值为"中"，且数值为正，第三元件功率因数异常。

（4）$\dfrac{\cos\varphi_1+\cos\varphi_2+\cos\varphi_3}{\cos\varphi}=\dfrac{0.22+0.96+0.73}{0.95}\approx2.01$，比值约为2.01，与正确比值3偏差较大，比值异常。

2. 确定相量图

按照电压正相序确定电压相量图，$\cos\varphi_1=0.22$，$\varphi_1=\pm77°$，P_a=9.07W，Q_a=39.30var，

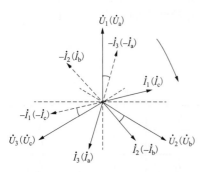

图 10-11 错误接线相量图

φ_1 在 0°～90°之间，$\varphi_1=77°$，$\hat{\dot{U}_1\dot{I}_1}=77°$，确定 $\dot{I}_1$；

$\cos\varphi_2=0.96$，$\varphi_2=\pm16°$，P_b=35.93W，Q_b=10.98var，

φ_2 在 0°～90°之间，$\varphi_2=16°$，$\hat{\dot{U}_2\dot{I}_2}=16°$，确定 $\dot{I}_2$；

$\cos\varphi_3=0.73$，$\varphi_3=\pm43°$，P_c=28.85W，Q_c=−26.91var，

φ_3 在 270°～360°之间，$\varphi_3=−43°$，$\hat{\dot{U}_3\dot{I}_3}=317°$，确定 $\dot{I}_3$。相量图见图 10-11。

3. 接线分析

第一种错误接线：定 $\dot{U}_1$ 为 $\dot{U}_a$，$\dot{U}_2$ 为 $\dot{U}_b$，$\dot{U}_3$ 为 $\dot{U}_c$。

由图 10-11 可知，$\dot{I}_1$ 滞后 $\dot{U}_3$ 约 197°，$\dot{I}_1$ 反相 $-\dot{I}_1$ 滞后 $\dot{U}_3$ 约 17°，$\dot{I}_1$ 和 $\dot{U}_3$ 同相；$\dot{I}_2$ 滞后 $\dot{U}_2$ 约 17°，$\dot{I}_2$ 反相后 $-\dot{I}_2$ 滞后 $\dot{U}_2$ 约 197°，$-\dot{I}_2$ 和 $\dot{U}_2$ 同相；$\dot{I}_3$ 滞后 $\dot{U}_1$ 约 197°，$\dot{I}_3$ 反相后 $-\dot{I}_3$ 滞后 $\dot{U}_1$ 约 17°，$\dot{I}_3$ 和 $\dot{U}_1$ 同相。$\dot{I}_1$ 为 $\dot{I}_c$，$\dot{I}_2$ 为 $-\dot{I}_b$，$\dot{I}_3$ 为 $\dot{I}_a$。第一元件电压接入 $\dot{U}_a$，电流接入 $\dot{I}_c$；第二元件电压接入 $\dot{U}_b$，电流接入 $-\dot{I}_b$；第三元件电压接入 $\dot{U}_c$，电流接入 $\dot{I}_a$。错误接线结论见表 10-10。

4. 计算更正系数

（1）有功更正系数。

$$P' = U_a I_c \cos(60° + \varphi) + U_b I_b \cos\varphi + U_c I_a \cos(60° - \varphi)$$

$$K_P = \frac{P}{P'} = \frac{-3UI\cos\varphi}{UI\cos(60° + \varphi) + UI\cos\varphi + UI\cos(60° - \varphi)} \tag{10-21}$$

$$= -\frac{3}{2}$$

（2）无功更正系数。

$$Q' = U_a I_c \sin(60° + \varphi) + U_b I_b \sin\varphi + U_c I_a \sin(300° + \varphi)$$

$$K_Q = \frac{Q}{Q'} = \frac{-3UI\sin\varphi}{UI\sin(60° + \varphi) + UI\sin\varphi + UI\sin(300° + \varphi)} \tag{10-22}$$

$$= -\frac{3}{2}$$

5. 错误接线结论

错误接线结论见表 10-10，第二种、第三种与第一种错误接线类型不一致，但更正系数一致，化简后的功率表达式一致，现场接线是三种错误接线中的一种。功率因数异常的原因是电压错接、电流错接所致。

表 10-10　　　　　　　　　　错 误 接 线 结 论 表

种类 参数	电压接入			电流接入		
	$\dot{U}_1$	$\dot{U}_2$	$\dot{U}_3$	$\dot{I}_1$	$\dot{I}_2$	$\dot{I}_3$
第一种	$\dot{U}_a$	$\dot{U}_b$	$\dot{U}_c$	$\dot{I}_c$	$-\dot{I}_b$	$\dot{I}_a$
第二种	$\dot{U}_b$	$\dot{U}_c$	$\dot{U}_a$	$\dot{I}_a$	$-\dot{I}_c$	$\dot{I}_b$
第三种	$\dot{U}_c$	$\dot{U}_a$	$\dot{U}_b$	$\dot{I}_b$	$-\dot{I}_a$	$\dot{I}_c$

二、负载功率因数角 30°～60°（感性）功率因数异常实例分析

某 220kV 发电上网企业，其发电上网关口计量点设置在系统变电站 220kV 线路出线处，接线方式为三相四线，电流互感器变比为 1000A/5A，电能表为 3×57.7/100V、3×1.5（6）A 的智能电能表。智能电能表测量参数数据为：显示电压逆相序，U_a=61.0V，U_b=61.2V，U_c=60.6V，U_{ab}=105.2V，U_{cb}=105.1V，U_{ac}=105.1V，I_a=1.12A，I_b=−1.08A，I_c=1.09A，$\cos\varphi_1 = 0.99$，$\cos\varphi_2 = -0.62$，$\cos\varphi_3 = 0.36$，$\cos\varphi = 0.38$，P_a=67.66W，P_b=−40.70W，P_c=23.67W，P=50.63W，Q_a=−9.51var，Q_b=−52.08var，Q_c=−61.67var，Q=−123.26var。

已知负载功率因数角为 51°（感性），220kV 供电线路向母线输出有功功率、无功功率，负载基本对称，分析故障与异常。

1. 故障与异常分析

（1）第一元件 I_a 为 1.12A，是正电流，第一元件电流异常；第三元件 I_c 为 1.09A，是正电流，第三元件电流异常。

（2）负载功率因数角为 51°（感性），一次负荷潮流状态为–P、–Q，智能电能表应运行于Ⅲ象限。总有功功率 50.63W 为正值，总无功功率–123.26var 为负值，智能电能表实际运行于Ⅳ象限，运行象限异常。

（3）负载功率因数角 51°（感性）在Ⅲ象限 30°～60° 之间，总功率因数和各元件功率因数应接近于–0.63，绝对值均为"中"，数值均为负。$\cos\varphi = 0.38$，数值为正，且绝对值为"小"，总功率因数异常；$\cos\varphi_1 = 0.99$，绝对值为"大"，且数值为正，第一元件功率因数异常；$\cos\varphi_2 = -0.62$，绝对值为"中"，且数值为负，接近于–0.63，第二元件功率因数无异常；$\cos\varphi_3 = 0.36$，绝对值为"小"，且数值为正，第三元件功率因数异常。

（4）$\dfrac{\cos\varphi_1 + \cos\varphi_2 + \cos\varphi_3}{\cos\varphi} = \dfrac{0.99 - 0.62 + 0.36}{0.38} \approx 1.93$，比值约为 1.93，与正确比值 3 偏差较大，比值异常。

2. 确定相量图

按照电压逆相序确定电压相量图，$\cos\varphi_1 = 0.99$，$\varphi_1 = \pm 8°$，P_a=67.66W，Q_a=–9.51var，φ_1 在 270°～360° 之间，$\varphi_1 = -8°$，$\hat{\dot{U}_1\dot{I}_1} = 352°$，确定 $\dot{I}_1$；$\cos\varphi_2 = -0.62$，$\varphi_2 = \pm 128°$，P_b=–40.70W，Q_b=–52.08var，φ_2 在 180°～270° 之间，$\varphi_2 = -128°$，$\hat{\dot{U}_2\dot{I}_2} = 232°$，确定 $\dot{I}_2$；$\cos\varphi_3 = 0.36$，$\varphi_3 = \pm 69°$，P_c=23.67W，Q_c=–61.67var，φ_3 在 270°～360° 之间，$\varphi_3 = -69°$，$\hat{\dot{U}_3\dot{I}_3} = 291°$，确定 $\dot{I}_3$。相量图见图 10-12。

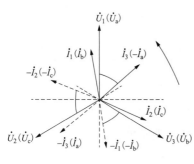

图 10-12　错误接线相量图

3. 接线分析

第一种错误接线：定 $\dot{U}_1$ 为 $\dot{U}_a$，$\dot{U}_3$ 为 $\dot{U}_b$，$\dot{U}_2$ 为 $\dot{U}_c$。由图 10-12 可知，$\dot{I}_1$ 滞后 $\dot{U}_3$ 约 232°，$\dot{I}_1$ 反相 $-\dot{I}_1$ 滞后 $\dot{U}_3$ 约 51°，$\dot{I}_1$ 和 $\dot{U}_3$ 同相；$\dot{I}_2$ 滞后 $\dot{U}_2$ 约 231°，$\dot{I}_2$ 反相后 $-\dot{I}_2$ 滞后 $\dot{U}_2$ 约 51°，$\dot{I}_2$ 和 $\dot{U}_2$ 同相；$\dot{I}_3$ 滞后 $\dot{U}_1$ 约 51°，$\dot{I}_3$ 反相后 $-\dot{I}_3$ 滞后 $\dot{U}_1$ 约 231°，$-\dot{I}_3$ 和 $\dot{U}_1$ 同相。$\dot{I}_1$ 为 $\dot{I}_b$，$\dot{I}_2$ 为 $\dot{I}_c$，$\dot{I}_3$ 为 $-\dot{I}_a$。第一元件电压接入 $\dot{U}_a$，电流接入 $\dot{I}_b$；第二元件电压接入 $\dot{U}_c$，电流接入 $\dot{I}_c$；第三元件电压接入 $\dot{U}_b$，电流接入 $-\dot{I}_a$。错误接线结论见表 10-11。

4. 计算更正系数

（1）有功更正系数。

$$P' = U_a I_b \cos(60° - \varphi) + U_c I_c \cos(180° + \varphi) + U_b I_a \cos(120° - \varphi)$$

$$K_{\mathrm{P}} = \frac{P}{P'} = \frac{-3UI\cos\varphi}{UI\cos(60° - \varphi) + UI\cos(180° + \varphi) + UI\cos(120° - \varphi)} \tag{10-23}$$

$$= \frac{3}{1 - \sqrt{3}\tan\varphi}$$

（2）无功更正系数。

$$Q' = U_{\mathrm{a}}I_{\mathrm{b}}\sin(300° + \varphi) + U_{\mathrm{c}}I_{\mathrm{c}}\sin(180° + \varphi) + U_{\mathrm{b}}I_{\mathrm{a}}\sin(240° + \varphi)$$

$$K_{\mathrm{Q}} = \frac{Q}{Q'} = \frac{-3UI\sin\varphi}{UI\sin(300° + \varphi) + UI\sin(180° + \varphi) + UI\sin(240° + \varphi)} \tag{10-24}$$

$$= \frac{3}{1 + \sqrt{3}\cot\varphi}$$

5. 错误接线结论表

错误接线结论见表 10-11，第二种、第三种与第一种错误接线类型不一致，但更正系数一致，化简后的功率表达式一致，现场接线是三种错误接线中的一种。功率因数异常的原因是电压错接、电流错接所致。

表 10-11　　　　　　　　　　　错 误 接 线 结 论 表

种类 参数	电压接入			电流接入		
	$\dot{U}_1$	$\dot{U}_2$	$\dot{U}_3$	$\dot{I}_1$	$\dot{I}_2$	$\dot{I}_3$
第一种	$\dot{U}_{\mathrm{a}}$	$\dot{U}_{\mathrm{c}}$	$\dot{U}_{\mathrm{b}}$	$\dot{I}_{\mathrm{b}}$	$\dot{I}_{\mathrm{c}}$	$-\dot{I}_{\mathrm{a}}$
第二种	$\dot{U}_{\mathrm{b}}$	$\dot{U}_{\mathrm{a}}$	$\dot{U}_{\mathrm{c}}$	$\dot{I}_{\mathrm{c}}$	$\dot{I}_{\mathrm{a}}$	$-\dot{I}_{\mathrm{b}}$
第三种	$\dot{U}_{\mathrm{c}}$	$\dot{U}_{\mathrm{b}}$	$\dot{U}_{\mathrm{a}}$	$\dot{I}_{\mathrm{a}}$	$\dot{I}_{\mathrm{b}}$	$-\dot{I}_{\mathrm{c}}$

第八节　Ⅳ象限功率因数异常实例分析

一、负载功率因数角 0°～30°（容性）功率因数异常实例分析

10kV 专用变压器用电用户，在 0.4kV 侧采用高供低计计量方式，接线方式为三相四线，电流互感器变比为 250A/5A，电能表为 3×220/380V、3×1.5（6）A 的智能电能表。智能电能表测量参数数据为：显示电压正相序，U_{a}=229.9V，U_{b}=230.2V，U_{c}=230.5V，U_{ab}=398.6V，U_{cb}=398.2V，U_{ac}=397.6V，I_{a}=0.75A，I_{b}= −0.73A，I_{c}=0.73A，$\cos\varphi_1 = 0.09$，$\cos\varphi_2 = -0.82$，$\cos\varphi_3 = 0.91$，$\cos\varphi = 0.09$，P_{a}=15.05W，P_{b}= −137.66W，P_{c}=152.50W，P=29.89W，Q_{a}= −171.77var，Q_{b}= −96.39var，Q_{c}= −71.11var，Q= −339.27var。已知负载功率因数角为 25°（容性），10kV 供电线路向专用变压器输入有功功率，专用变压器向10kV 供电线路输出无功功率，负载基本对称，分析故障与异常。

1. 故障与异常分析

（1）第二元件 I_{b} 为−0.73A，是负电流，第二元件电流异常。

（2）负载功率因数角 25°（容性）在Ⅳ象限 0°～30°之间，一次负荷潮流状态为+P、

–Q。总功率因数和各元件功率因数应接近于 0.91，绝对值均为"大"，数值均为正。$\cos\varphi=0.09$，数值为正，但绝对值为"小"，总功率因数异常；$\cos\varphi_1=0.09$，数值为正，但绝对值为"小"，第一元件功率因数异常；$\cos\varphi_2=-0.82$，绝对值为"中"，且数值为负，第二元件功率因数异常。

（3）$\dfrac{\cos\varphi_1+\cos\varphi_2+\cos\varphi_3}{\cos\varphi}=\dfrac{0.09-0.82+0.91}{0.09}\approx1.99$，比值约为 1.99，与正确比值 3 偏差较大，比值异常。

2. 确定相量图

按照电压正相序确定电压相量图，$\cos\varphi_1=0.09$，$\varphi_1=\pm85°$，P_a=15.05W，Q_a= –171.77var，φ_1 在 270°～360° 之间，$\varphi_1=-85°$，$\overset{\frown}{\dot{U}_1\dot{I}_1}=275°$，确定 $\dot{I}_1$；$\cos\varphi_2=-0.82$，$\varphi_2=\pm145°$，P_b= –137.66W，Q_b= –96.39var，φ_2 在 180°～270° 之间，$\varphi_2=-145°$，$\overset{\frown}{\dot{U}_2\dot{I}_2}=215°$，确定 $\dot{I}_2$；$\cos\varphi_3=0.91$，$\varphi_3=\pm25°$，P_c=152.50W，Q_c= –71.11var，φ_3 在 270°～360° 之间，

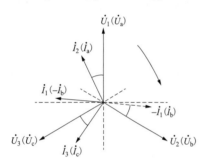

图 10-13　错误接线相量图

$\varphi_3=-25°$，$\overset{\frown}{\dot{U}_3\dot{I}_3}=335°$，确定 $\dot{I}_3$。相量图见图 10-13。

3. 接线分析

第一种错误接线：定 $\dot{U}_1$ 为 $\dot{U}_a$，$\dot{U}_2$ 为 $\dot{U}_b$，$\dot{U}_3$ 为 $\dot{U}_c$。由图 10-13 可知，$\dot{I}_1$ 反相后 $-\dot{I}_1$ 超前 $\dot{U}_2$ 约 25°，$-\dot{I}_1$ 和 $\dot{U}_2$ 同相；$\dot{I}_2$ 超前 $\dot{U}_1$ 约 25°，$\dot{I}_2$ 和 $\dot{U}_1$ 同相；$\dot{I}_3$ 超前 $\dot{U}_3$ 约 25°，$\dot{I}_3$ 和 $\dot{U}_3$ 同相。$-\dot{I}_1$ 为 $\dot{I}_b$，$\dot{I}_1$ 为 $-\dot{I}_b$，$\dot{I}_2$ 为 $\dot{I}_a$，$\dot{I}_3$ 为 $\dot{I}_c$。第一元件电压接入 $\dot{U}_a$，电流接入 $-\dot{I}_b$；第二元件电压接入 $\dot{U}_b$，电流接入 $\dot{I}_a$；第三元件电压接入 $\dot{U}_c$，电流接入 $\dot{I}_c$。错误接线结论见表 10-12。

4. 计算更正系数

（1）有功更正系数。

$$P'=U_aI_b\cos(60°+\varphi)+U_bI_a\cos(120°+\varphi)+U_cI_c\cos\varphi$$

$$K_P=\frac{P}{P'}=\frac{3UI\cos\varphi}{UI\cos(60°+\varphi)+UI\cos(120°+\varphi)+UI\cos\varphi}$$

$$=\frac{3}{1-\sqrt{3}\tan\varphi} \tag{10-25}$$

（2）无功更正系数。

$$Q'=U_aI_b\sin(300°-\varphi)+U_bI_a\sin(240°-\varphi)+U_cI_c\sin(360°-\varphi)$$

$$K_Q=\frac{Q}{Q'}=\frac{-3UI\sin\varphi}{UI\sin(300°-\varphi)+UI\sin(240°-\varphi)+UI\sin(360°-\varphi)}$$

$$=\frac{3}{1+\sqrt{3}\cot\varphi} \tag{10-26}$$

5. 错误接线结论

错误接线结论见表 10-12，第二种、第三种与第一种错误接线类型不一致，但更正系数一致，化简后的功率表达式一致，现场接线是三种错误接线中的一种。功率因数异常的原因是电压错接、电流错接所致。

表 10-12　　　　　　　　　　错 误 接 线 结 论 表

种类 参数	电压接入			电流接入		
	$\dot{U}_1$	$\dot{U}_2$	$\dot{U}_3$	$\dot{I}_1$	$\dot{I}_2$	$\dot{I}_3$
第一种	$\dot{U}_a$	$\dot{U}_b$	$\dot{U}_c$	$-\dot{I}_b$	$\dot{I}_a$	$\dot{I}_c$
第二种	$\dot{U}_b$	$\dot{U}_c$	$\dot{U}_a$	$-\dot{I}_c$	$\dot{I}_b$	$\dot{I}_a$
第三种	$\dot{U}_c$	$\dot{U}_a$	$\dot{U}_b$	$-\dot{I}_a$	$\dot{I}_c$	$\dot{I}_b$

二、负载功率因数角 30°～60°（容性）功率因数异常实例分析

110kV 专用线路用电用户，计量点设置在用户侧专用变电站 110kV 线路进线处，采用高供高计方式，接线方式为三相四线，电流互感器变比为 300A/5A，电能表为 3×57.7/100V、3×1.5（6）A 的智能电能表。智能电能表测量参数数据为：显示电压正相序，U_a=60.7V，U_b=60.9V，U_c=61.2V，U_{ab}=105.2V，U_{cb}=105.6V，U_{ac}=105.5V，I_a=0.62A，I_b=0.61A，I_c=0.62A，$\cos\varphi_1=0.93$，$\cos\varphi_2=0.79$，$\cos\varphi_3=0.17$，$\cos\varphi=0.93$，P_a=35.13W，P_b=29.27W，P_c=6.59W，P=71.00W，Q_a=13.50var，Q_b=−22.90var，Q_c=37.38var，Q=27.98var。已知负载功率因数角为 39°（容性），110kV 供电线路向专用变电站母线输入有功功率，专用变电站母线向 110kV 供电线路输出无功功率，负载基本对称，分析故障与异常。

1. 故障与异常分析

（1）负载功率因数角 39°（容性）在Ⅳ象限 30°～60°之间，一次负荷潮流状态为+P、−Q。总功率因数和各元件功率因数应接近于 0.78，绝对值均为"中"，数值均为正。$\cos\varphi=0.93$，数值为正，但绝对值为"大"，总功率因数异常；$\cos\varphi_1=0.93$，数值为正，但绝对值为"大"，第一元件功率因数异常；$\cos\varphi_2=0.79$，数值为正，绝对值为"中"，且接近于 0.78，第二元件功率因数无异常；$\cos\varphi_3=0.17$，数值为正，但绝对值为"小"，第三元件功率因数异常。

（2）$\dfrac{\cos\varphi_1+\cos\varphi_2+\cos\varphi_3}{\cos\varphi}=\dfrac{0.93+0.79+0.17}{0.93}\approx2.04$，比值约为 2.04，与正确比值 3 偏差较大，比值异常。

2. 确定相量图

按照电压正相序确定电压相量图，$\cos\varphi_1=0.93$，$\varphi_1=\pm22°$，P_a=35.13W，Q_a=13.50var，φ_1 在 0°～90°之间，$\varphi_1=22°$，$\hat{\dot{U}_1\dot{I}_1}=22°$，确定 $\dot{I}_1$；$\cos\varphi_2=0.79$，$\varphi_2=\pm38°$，P_b=29.27W，Q_b=−22.90var，φ_2 在 270°～360°之间，$\varphi_2=-38°$，$\hat{\dot{U}_2\dot{I}_2}=322°$，确定 $\dot{I}_2$；$\cos\varphi_3=0.17$，$\varphi_3=\pm80°$，P_c=6.59W，Q_c=37.38var，φ_3 在 0°～90°之间，$\varphi_3=80°$，$\hat{\dot{U}_3\dot{I}_3}=80°$，确定 $\dot{I}_3$。相量图见图 10-14。

3. 接线分析

第一种错误接线：定 $\dot{U}_1$ 为 $\dot{U}_a$，$\dot{U}_2$ 为 $\dot{U}_b$，$\dot{U}_3$ 为 $\dot{U}_c$。由图 10-14 可知，$\dot{I}_1$ 反相后 $-\dot{I}_1$ 超前 $\dot{U}_3$ 约 39°，$-\dot{I}_1$ 和 $\dot{U}_3$ 同相；$\dot{I}_2$ 超前 $\dot{U}_2$ 约 39°，$\dot{I}_2$ 和 $\dot{U}_2$ 同相；$\dot{I}_3$ 超前 $\dot{U}_1$ 约 39°，$\dot{I}_3$ 和 $\dot{U}_1$ 同相。$-\dot{I}_1$ 为 $\dot{I}_c$，$\dot{I}_1$ 为 $-\dot{I}_c$，$\dot{I}_2$ 为 $\dot{I}_b$，$\dot{I}_3$ 为 $\dot{I}_a$。第一元件电压接入 $\dot{U}_a$，电流接入 $-\dot{I}_c$；第二元件电压接入 $\dot{U}_b$，电流接入 $\dot{I}_b$；第三元件电压接入 $\dot{U}_c$，电流接入 $\dot{I}_a$。错误接线结论见表 10-13。

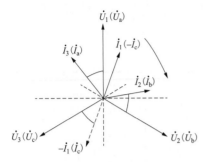

图 10-14 错误接线相量图

4. 计算更正系数

（1）有功更正系数。

$$P' = U_a I_c \cos(60° - \varphi) + U_b I_b \cos\varphi + U_c I_a \cos(120° - \varphi)$$

$$K_P = \frac{P}{P'} = \frac{3UI\cos\varphi}{UI\cos(60° - \varphi) + UI\cos\varphi + UI\cos(120° - \varphi)}$$
$$= \frac{3}{1 + \sqrt{3}\tan\varphi} \tag{10-27}$$

（2）无功更正系数。

$$Q' = U_a I_c \sin(60° - \varphi) + U_b I_b \sin(360° - \varphi) + U_c I_a \sin(120° - \varphi)$$

$$K_Q = \frac{Q}{Q'} = \frac{-3UI\sin\varphi}{UI\sin(60° - \varphi) + UI\sin(360° - \varphi) + UI\sin(120° - \varphi)}$$
$$= \frac{3}{1 - \sqrt{3}\cot\varphi} \tag{10-28}$$

5. 错误接线结论

错误接线结论见表 10-13，第二种、第三种与第一种错误接线类型不一致，但更正系数一致，化简后的功率表达式一致，现场接线是三种错误接线中的一种。功率因数异常的原因是电压错接、电流错接所致。

表 10-13 错 误 接 线 结 论 表

种类 参数	电压接入			电流接入		
	$\dot{U}_1$	$\dot{U}_2$	$\dot{U}_3$	$\dot{I}_1$	$\dot{I}_2$	$\dot{I}_3$
第一种	$\dot{U}_a$	$\dot{U}_b$	$\dot{U}_c$	$-\dot{I}_c$	$\dot{I}_b$	$\dot{I}_a$
第二种	$\dot{U}_b$	$\dot{U}_c$	$\dot{U}_a$	$-\dot{I}_a$	$\dot{I}_c$	$\dot{I}_b$
第三种	$\dot{U}_c$	$\dot{U}_a$	$\dot{U}_b$	$-\dot{I}_b$	$\dot{I}_a$	$\dot{I}_c$

三、负载功率因数角 60°～90°（容性）功率因数异常实例分析

110kV 专用线路用电用户，计量点设置在系统变电站 110kV 线路出线处，采用高供高计计量方式，接线方式为三相四线，电流互感器变比为 300A/5A，电能表为 3×57.7/100V、3×1.5（6）A 的智能电能表。智能电能表测量参数数据为：显示电压逆相序，U_a=60.1V，U_b=59.9V，U_c=59.8V，U_{ab}=103.9V，U_{cb}=103.6V，U_{ac}=103.5V，I_a= −0.62A，I_b= −0.65A，I_c=0.67A，$\cos\varphi_1$ = −0.97，$\cos\varphi_2$ = −0.67，$\cos\varphi_3$ = 0.30，$\cos\varphi$ = −0.65，P_a= −36.31W，P_b= −26.05W，P_c=11.71W，P= −50.65W，Q_a=8.38var，Q_b= −28.95var，Q_c= −38.32var，Q= −58.89var。已知负载功率因数角为 73°（容性），母线向 110kV 供电线路输入有功功率，110kV 供电线路向母线输出无功功率，负载基本对称，分析故障与异常。

1. 故障与异常分析

（1）第一元件 I_a 为 −0.62A，是负电流，第一元件电流异常；第二元件 I_b 为 −0.65A，是负电流，第二元件电流异常。

（2）负载功率因数角 73°（容性）在Ⅳ象限 60°～90°之间，一次负荷潮流状态为+P、−Q。总功率因数和各元件功率因数应接近于 0.29，绝对值均为"小"，数值均为正。$\cos\varphi$ = −0.65，绝对值为"中"，且数值为负，总功率因数异常；$\cos\varphi_1$ = −0.97，绝对值为"大"，且数值为负，第一元件功率因数异常；$\cos\varphi_2$ = −0.67，绝对值为"中"，且数值为负，第二元件功率因数异常。

（3）$\dfrac{\cos\varphi_1+\cos\varphi_2+\cos\varphi_3}{\cos\varphi}=\dfrac{-0.97-0.67+0.30}{-0.65}\approx2.07$，比值约为 2.07，与正确比值 3 偏差较大，比值异常。

2. 确定相量图

按照电压逆相序确定电压相量图，$\cos\varphi_1$ = −0.97，φ_1 =±166°，P_a= −36.31W，Q_a=8.38var，φ_1 在 90°～180°之间，φ_1 =166°，$\overset{\wedge}{\dot{U}_1\dot{I}_1}$ =166°，确定 $\dot{I}_1$；$\cos\varphi_2$ = −0.67，φ_2 =±132°，P_b= −26.05W，Q_b= −28.95var，φ_2 在 180°～270°之间，φ_2 = −132°，$\overset{\wedge}{\dot{U}_2\dot{I}_2}$ =228°，确定 $\dot{I}_2$；$\cos\varphi_3$ = 0.30，φ_3 =±72°，P_c=11.71W，Q_c= −38.32var，φ_3 在 270°～360°之间，φ_3 = −72°，$\overset{\wedge}{\dot{U}_3\dot{I}_3}$ =288°，确定 $\dot{I}_3$。相量图见图 10-15。

3. 接线分析

第一种错误接线：定 $\dot{U}_1$ 为 $\dot{U}_a$，$\dot{U}_3$ 为 $\dot{U}_b$，$\dot{U}_2$ 为 $\dot{U}_c$。由图 10-15 可知，$\dot{I}_1$ 超前 $\dot{U}_2$ 约 73°，$\dot{I}_1$ 和 $\dot{U}_2$ 同相；$\dot{I}_2$ 反相后 $-\dot{I}_2$ 超前 $\dot{U}_1$ 约 73°，$-\dot{I}_2$ 和 $\dot{U}_1$ 同相；$\dot{I}_3$ 超前 $\dot{U}_3$ 约 73°，$\dot{I}_3$ 和 $\dot{U}_3$ 同相。$\dot{I}_1$ 为 $\dot{I}_c$，$\dot{I}_2$ 为 $-\dot{I}_a$，$\dot{I}_3$ 为 $\dot{I}_b$。第一元件电压接入 $\dot{U}_a$，电流接入 $\dot{I}_c$；第二元件电压接入 $\dot{U}_c$，电流接入 $-\dot{I}_a$；第三元件电压接入 $\dot{U}_b$，电流接入 $\dot{I}_b$。错误接线结论见表 10-14。

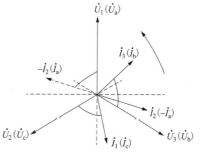

图 10-15 错误接相量图

4. 计算更正系数

（1）有功更正系数。

$$P' = U_a I_c \cos(120° + \varphi) + U_c I_a \cos(60° + \varphi) + U_b I_b \cos\varphi$$

$$K_P = \frac{P}{P'} = \frac{3UI\cos\varphi}{UI\cos(120° + \varphi) + UI\cos(60° + \varphi) + UI\cos\varphi}$$

$$= \frac{3}{1 - \sqrt{3}\tan\varphi} \tag{10-29}$$

（2）无功更正系数。

$$Q' = U_a I_c \sin(240° - \varphi) + U_c I_a \sin(300° - \varphi) + U_b I_b \sin(360° - \varphi)$$

$$K_Q = \frac{Q}{Q'} = \frac{-3UI\sin\varphi}{UI\sin(240° - \varphi) + UI\sin(300° - \varphi) + UI\sin(360° - \varphi)}$$

$$= \frac{3}{1 + \sqrt{3}\cot\varphi} \tag{10-30}$$

5. 错误接线结论

错误接线结论见表 10-14，第二种、第三种与第一种错误接线类型不一致，但更正系数一致，化简后的功率表达式一致，现场接线是三种错误接线中的一种。功率因数异常的原因是电压错接、电流错接所致。

表 10-14　　　　　　　　错误接线结论表

种类 参数	电压接入			电流接入		
	$\dot{U}_1$	$\dot{U}_2$	$\dot{U}_3$	$\dot{I}_1$	$\dot{I}_2$	$\dot{I}_3$
第一种	$\dot{U}_a$	$\dot{U}_c$	$\dot{U}_b$	$\dot{I}_c$	$-\dot{I}_a$	$\dot{I}_b$
第二种	$\dot{U}_b$	$\dot{U}_a$	$\dot{U}_c$	$\dot{I}_a$	$-\dot{I}_b$	$\dot{I}_c$
第三种	$\dot{U}_c$	$\dot{U}_b$	$\dot{U}_a$	$\dot{I}_b$	$-\dot{I}_c$	$\dot{I}_a$

第九节　穿越功率引起功率因数异常实例分析

一、实例分析

无发电上网的 220kV 专线用电用户，变压器装接容量为 2×63000kVA，用电类别属于大工业，功率因数考核标准为 0.90，采用双电源供电线路供电，产权分界点在专用线路用电用户的专用变电站两条 220kV 线路进线处。计量点 1、计量点 2 分别设置专用变电站两条 220kV 线路进线处，两个计量点均为结算计量点，采用高供高计计量方式，接线方式为三相四线，电压互感器采用线路侧计量专用电压互感器，接线为 Yn/Yn-12 接线，电流互感器变比为 300A/5A，电能表为 3×57.7/100V、3×1.5（6）A 的智能电能表（用电量设置在智能电能表正方向）。结算一个月时间内（30 天），两条 220kV 供电线路均投入运行，用电用户侧 1 号、2 号主变压器并联运行，一直处于用电状态，无功补偿装置未过补偿运行，两个计量点的电量信息见表 10-15，经检查两个计量点智能电能表接线正确，分析故障与异常。

（一）基本信息

1. 一次接线

两条 220kV 供电线路长度约 5km，计量点 1、计量点 2 为结算计量点，一次接线图见图 10-16。

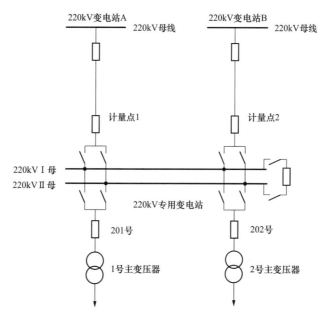

图 10-16 一次接线图

2. 电量信息

结算周期一个月内（30 天），计量点 1、计量点 2 的电量示数变化量见表 10-15。

（二）故障与异常分析

根据表 10-15 电量信息，对电量、运行象限、平均功率因数做以下分析。

表 10-15 电 量 示 数 变 化

计量点	有功电量（kWh）		无功电量（kvarh）					
			正向和反向		四象限无功电量			
	正向	反向	正向	反向	I 象限	II 象限	III 象限	IV 象限
计量点 1	277.11	97.70	159.65	86.78	67.62	29.55	57.23	92.03
计量点 2	225.06	102.03	150.52	100.12	95.23	60.57	39.55	55.29
合计	502.17	199.73	310.17	186.90	162.85	90.12	96.78	147.32

1. 电量分析

该用电用户无发电上网，用电量应计入计量点 1、计量点 2 智能电能表的正方向，经检查两个计量点智能电能表接线正确，而两个计量点智能电能表的反方向均出现了较多的有功电量、无功电量，以及 II、III 象限无功电量，电量非常异常，说明变电站 A 和变电站 B 通过专线用电用户的 220kV 母线，互相之间存在穿越功率。

（1）实际有功电量。对于电网中任意一个节点，接入该节点所有供电线路的输入功率 $P_入$ 始终等于所有供电线路的输出功率 $P_出$：

$$\sum_{i=1}^{n} P_{i入} = \sum_{i=1}^{n} P_{i出} \tag{10-31}$$

将专用线路用户的专用变电站 220kV 母线等效为一个节点，为如下表达式

$$P_{1入} + P_{2入} + P_{3入} = P_{1出} + P_{2出} + P_{3出} \tag{10-32}$$

式（10-32）中的下标 1、2、3 分别表示计量点 1、计量点 2、专用线路用户两台主变压器侧，有功电量关系表达式如下

$$W_{p1入} + W_{p2入} + W_{p3入} = W_{p1出} + W_{p2出} + W_{p3出} \tag{10-33}$$

该用电用户无发电上网，因此 $W_{p3入} = 0$，该用户实际有功电量 $W_{p3出}$：

$$W_{p3出} = W_{p1入} + W_{p2入} - W_{p1出} - W_{p2出} \tag{10-34}$$

$$
\begin{aligned}
W_{p3出} &= (277.11 + 225.06 - 97.70 - 102.03) \times \frac{220}{0.1} \times \frac{300}{5} \\
&= 3992.208万(kWh)
\end{aligned} \tag{10-35}
$$

（2）退补电量。

$$
\begin{aligned}
\Delta W &= W_{p3出} - W'_{p3} \\
&= 3992.208 - (277.11 + 255.06) \times \frac{220}{0.1} \times \frac{300}{5} \\
&= -2636.436万(kWh)
\end{aligned} \tag{10-36}
$$

ΔW 小于 0，说明多计量了，应向用电用户退还电量。

由以上分析可知，结算周期一个月内，抄见有功电量远多于实际有功电量。由于变电站 A 和变电站 B 之间存在穿越功率，导致计量点 1 和计量点 2 的正向有功电量包含了穿越功率运行状态下的交换电量，不是该专线用户实际有功电量。

2. 运行象限分析

计量点 1、计量点 2 均出现了Ⅰ、Ⅱ、Ⅲ、Ⅳ四个象限的无功电量，说明结算周期内，两个计量点智能电能表均运行过Ⅰ、Ⅱ、Ⅲ、Ⅳ四个象限，两条线路的负载性质为感性和容性负载，两个计量点智能电能表Ⅰ、Ⅱ、Ⅲ、Ⅳ四个象限运行状态的等效电路图见图 10-17、图 10-18。

（1）计量点 1 运行象限分析。先以计量点 1 运行象限为基准，分析计量点 1、计量点 2 的运行象限，以及运行方式。

1）Ⅰ象限：运行状态见图 10-19，变电站 A 和变电站 B 向专用线路用电用户输入有功功率、无功功率，对应于第一种运行方式；变电站 A 向变电站 B 和专用线路用电用户输入有功功率，变电站 A 和变电站 B 向专用线路用电用户输入无功功率，对应于第二种运行方式；变电站 A 同时向专用线路用电用户和变电站 B 输入有功功率、无功功率，对应于第三种运行方式；变电站 A 和变电站 B 向专用线路用电用户输入有功功率，变电站

A 向变电站 B 和专用线路用电用户输入无功功率,对应于第四种运行方式。运行象限如下:

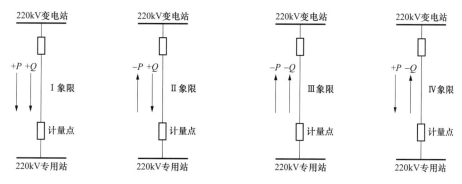

图 10-17　I、II 象限等效电路图　　　　图 10-18　III、IV 象限等效电路图

第一种运行方式：计量点 1 运行于 I 象限,计量点 2 运行于 I 象限。

第二种运行方式：计量点 1 运行于 I 象限,计量点 2 运行于 II 象限。

第三种运行方式：计量点 1 运行于 I 象限,计量点 2 运行于III象限。

第四种运行方式：计量点 1 运行于 I 象限,计量点 2 运行于IV象限。

2）II 象限：运行状态见图 10-20,变电站 B 向变电站 A 和专用线路用电用户输入有功功率,变电站 A 和变电站 B 向专用线路用电用户输入无功功率,对应于第五种运行方式；变电站 B 向变电站 A 和专用线路用电用户输入有功功率,变电站 A 向变电站 B 和专用线路用电用户输入无功功率,对应于第六种运行方式。运行象限如下:

第五种运行方式：计量点 1 运行于 II 象限,计量点 2 运行于 I 象限。

第六种运行方式：计量点 1 运行于 II 象限,计量点 2 运行于IV象限。

3）III象限：运行状态见图 10-21,变电站 B 向变电站 A 和专用线路用电用户输入有功功率、无功功率,对应于第七种运行方式。运行象限如下:

第七种运行方式：计量点 1 运行于III象限,计量点 2 运行于 I 象限。

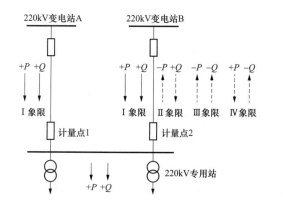

图 10-19　计量点 1 运行于 I 象限

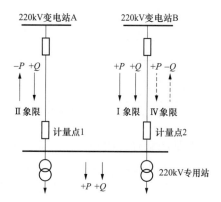

图 10-20　计量点 1 运行于 II 象限图

4）IV象限：运行状态见图 10-22,变电站 A 和变电站 B 向专用线路用电用户输入有功功率,变电站 B 向变电站 A 和专用线路用电用户输入无功功率,对应于第八种运行方

式；变电站 A 向变电站 B 和专用线路用电用户输入有功功率，变电站 B 向变电站 A 和专用线路用电用户输入无功功率，对应于第九种运行方式。运行象限如下：

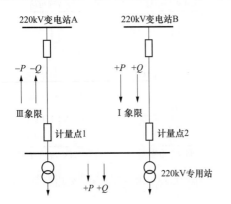

图 10-21　计量 1 运行Ⅲ象限图　　　　　图 10-22　计量点 1 运行Ⅳ象限图

第八种运行方式：计量点 1 运行于Ⅳ象限，计量点 2 运行于Ⅰ象限。

第九种运行方式：计量点 1 运行于Ⅳ象限，计量点 2 运行于Ⅱ象限。

根据以上九种运行方式，得出计量点 1 运行象限见表 10-16。

表 10-16　　　　　　　　　　　　　计量点 1 运行象限

运行方式	计量点 1 无功电量（kvarh）	计量点 2 无功电量（kvarh）	总无功电量（kvarh）		
			正向无功计量值	用户实际值	正向无功计量值与用户实际值的差值
第一种	$W'_{qⅠ1(一)}$	$W'_{qⅠ2(一)}$	$W'_{qⅠ1(一)}+W'_{qⅠ2(一)}$	$W'_{qⅠ1(一)}+W'_{qⅠ2(一)}$	0
第二种	$W'_{qⅠ1(二)}$	$W'_{qⅡ2(二)}$	$W'_{qⅠ1(二)}$	$W'_{qⅠ1(二)}+W'_{qⅡ2(二)}$	$-W'_{qⅡ2(二)}$
第三种	$W'_{qⅠ1(三)}$	$W'_{qⅢ2(三)}$	$W'_{qⅠ1(三)}$	$W'_{qⅠ1(三)}-W'_{qⅢ2(三)}$	$W'_{qⅢ2(三)}$
第四种	$W'_{qⅠ1(四)}$	$W'_{qⅣ2(四)}$	$W'_{qⅠ1(四)}+W'_{qⅣ2(四)}$	$W'_{qⅠ1(四)}-W'_{qⅣ2(四)}$	$2W'_{qⅣ2(四)}$
第五种	$W'_{qⅡ1(五)}$	$W'_{qⅠ2(五)}$	$W'_{qⅠ2(五)}$	$W'_{qⅡ1(五)}+W'_{qⅠ2(五)}$	$-W'_{qⅡ1(五)}$
第六种	$W'_{qⅡ1(六)}$	$W'_{qⅣ2(六)}$	$W'_{qⅣ2(六)}$	$W'_{qⅡ1(六)}-W'_{qⅣ2(六)}$	$2W'_{qⅣ2(六)}-W'_{qⅡ1(六)}$
第七种	$W'_{qⅢ1(七)}$	$W'_{qⅠ2(七)}$	$W'_{qⅠ2(七)}$	$W'_{qⅠ2(七)}-W'_{qⅢ1(七)}$	$W'_{qⅢ1(七)}$
第八种	$W'_{qⅣ1(八)}$	$W'_{qⅠ2(八)}$	$W'_{qⅣ1(八)}+W'_{qⅠ2(八)}$	$W'_{qⅠ2(八)}-W'_{qⅣ1(八)}$	$2W'_{qⅣ1(八)}$
第九种	$W'_{qⅣ1(九)}$	$W'_{qⅡ2(九)}$	$W'_{qⅣ1(九)}$	$W'_{qⅡ2(九)}-W'_{qⅣ1(九)}$	$2W'_{qⅣ1(九)}-W'_{qⅡ2(九)}$

注　表中无功电量两个下标分别指象限、计量点、运行方式种类。

下面举例进行说明和分析，假设同一结算周期 30 天内，出现第二种运行方式的天数为 10 天，出现第三种运行方式的天数为 20 天，用户实际无功电量 $W_q=[W'_{qⅠ1(10)}+W'_{qⅡ2(10)}]+[W'_{qⅠ1(20)}-W'_{qⅢ2(20)}]$，计量无功电量 $W'_q=[W'_{qⅠ1(10)}+W'_{qⅠ1(20)}]$，$W'_q-W_q=[W'_{qⅠ1(10)}+W'_{qⅠ1(20)}]-[W'_{qⅠ1(10)}+W'_{qⅡ2(10)}]-[W'_{qⅠ1(20)}-W'_{qⅢ2(20)}]=W'_{qⅢ2(20)}-W'_{qⅡ2(10)}\neq0$，因此不能正确计量无功电量。

由以上分析可知，仅第一种运行方式正向无功抄见值和用户实际值无差值，是一致的，其他八种运行方式正向无功抄见值和用电用户实际值存在差值。换言之，只有第一种运行方式无功计量正确，其余八种运行方式无功计量不正确。第一种运行方式两条线路之间无穿越功率存在，不会导致计量点 1、计量点 2 出现反向电量，因此结算周期内，运行过第二种至第九种运行方式这八种运行方式中的某一种或某几种，导致计量点 1、计量点 2 智能电能表正向无功电量不是该专线用户实际无功电量，总无功电量不正确，总功率因数也不正确。

（2）计量点 2 运行象限分析。同理，以计量点 2 运行象限为基准，分析计量点 1、计量点 2 的运行象限，也有九种运行方式，得出计量点 2 运行象限见表 10-17。

表 10-17　　　　　　　　　　　　计量点 2 运行象限表

运行方式	计量点 1 无功电量（kvarh）	计量点 2 无功电量（kvarh）	总无功电量（kvarh）		
			正向无功计量值	用户实际值	正向无功计量值与用户实际值的差值
第一种	$W'_{qⅠ1(-)}$	$W'_{qⅠ2(-)}$	$W'_{qⅠ1(-)}+W'_{qⅠ2(-)}$	$W'_{qⅠ1(-)}+W'_{qⅠ2(-)}$	0
第二种	$W'_{qⅡ1(二)}$	$W'_{qⅠ2(二)}$	$W'_{qⅠ2(二)}$	$W'_{qⅠ2(二)}+W'_{qⅡ1(二)}$	$-W'_{qⅡ1(二)}$
第三种	$W'_{qⅢ1(三)}$	$W'_{qⅠ2(三)}$	$W'_{qⅠ2(三)}$	$W'_{qⅠ2(三)}-W'_{qⅢ1(三)}$	$W'_{qⅢ1(三)}$
第四种	$W'_{qⅣ1(四)}$	$W'_{qⅠ2(四)}$	$W'_{qⅣ1(四)}+W'_{qⅠ2(四)}$	$W'_{qⅠ2(四)}-W'_{qⅣ1(四)}$	$2\,W'_{qⅣ1(四)}$
第五种	$W'_{qⅠ1(五)}$	$W'_{qⅡ2(五)}$	$W'_{qⅠ1(五)}$	$W'_{qⅡ2(五)}+W'_{qⅠ1(五)}$	$-W'_{qⅡ2(五)}$
第六种	$W'_{qⅣ1(六)}$	$W'_{qⅡ2(六)}$	$W'_{qⅣ1(六)}$	$W'_{qⅡ2(六)}-W'_{qⅣ1(六)}$	$2W'_{qⅣ1(六)}-W'_{qⅡ2(六)}$
第七种	$W'_{qⅠ1(七)}$	$W'_{qⅢ2(七)}$	$W'_{qⅠ1(七)}$	$W'_{qⅠ1(七)}-W'_{qⅢ2(七)}$	$W'_{qⅢ2(七)}$
第八种	$W'_{qⅠ1(八)}$	$W'_{qⅣ2(八)}$	$W'_{qⅠ1(八)}+W'_{qⅣ2(八)}$	$W'_{qⅠ1(八)}-W'_{qⅣ2(八)}$	$2W'_{qⅣ2(八)}$
第九种	$W'_{qⅡ1(九)}$	$W'_{qⅣ2(九)}$	$W'_{qⅣ2(九)}$	$W'_{qⅡ2(九)}-W'_{qⅣ2(九)}$	$2W'_{qⅣ2(九)}-W'_{qⅡ1(九)}$

注　表中无功电量两个下标分别指象限、计量点、运行方式种类。

同理，仅第一种运行方式正向无功抄见值和用户实际值无差值，是一致的，其他八种运行方式正向无功抄见值和用电用户实际值存在差值。换言之，只有第一种运行方式无功计量正确，其余八种运行方式无功计量不正确。第一种运行方式两条线路之间无穿越功率存在，不会导致计量点 1、计量点 2 出现反向电量，因此结算周期内，运行过第二种至第九种运行方式这八种运行方式中的某一种或某几种，导致计量点 1、计量点 2 智能电能表正向无功电量不是该专线用户实际无功电量，总无功电量不正确，总功率因数也不正确。

3. 平均功率因数

结算周期内，总平均功率因数如下

$$\cos\varphi = \frac{W_{P}}{\sqrt{W_{P}^2 + W_{Q}^2}}$$
$$= \frac{277.11+225.06}{\sqrt{(277.11+225.06)^2 + (159.65+150.52)^2}} \quad （10\text{-}37）$$
$$\approx 0.85$$

总平均功率因数为 0.85，0.85 不是用电用户实际的总平均功率因数。由于穿越功率导致不能正确计量实际无功电量，因此，实际总平均功率因数无法计算，不能按照 0.85 低于考核标准 0.90 来计算功率因数调整电费。

（三）解决方法

由以上分析可知，由于两条线路之间存在穿越功率，导致计量点 1、计量点 2 智能电能表计量的有功电量和无功电量均不正确。用电用户实际有功电量可通过流入母线有功电量等于流出母线有功电量的平衡关系计算得出，而实际无功电量无法正确计算，当用电用户无功补偿装置出现过补偿运行状态，无功电量的分析更为复杂。对于两条线路存在穿越功率导致的计量不正确，生产实际中，可采用以下两种方式解决双电源供电线路穿越功率导致的计量不正确。

（1）采用调整计量点的方式，将计量点 1 调整至用电用户专用变电站 1 号主变压器 201 号处，计量点 2 调整至用电用户 2 号主变压器 202 号处，此种计量方式计量点未在产权分界处。

（2）不调整计量点，计量点 1 和计量点 2 采用"和电流"方式计量专线用电用户的电量，下面详细分析"和电流"计量方式原理。

二、"和电流"电能计量方式原理分析

（一）"和电流"电能计量方式的定义

"和电流"电能计量方式，是指两组电流互感器二次绕组按照同名端方式连接，然后接入电能表电流回路，流入电能表的电流为两组电流互感器二次电流的相量和，因此称为"和电流"计量。以上述功率因数异常的 220kV 专用线路用电用户一次接线为例，等效"和电流"计量方式接线见图 10-23，图中 TA_1 是线路 1 的电流互感器（计量点 1），TA_2 是线路 2 的电流互感器（计量点 2），TA_3 是线路 3 的电流互感器（计量点 3），TA_1 和 TA_2 二次绕组按照同名端方式连接，然后接入电能表电流回路，形成"和电流"计量，计量电量和计量点 3 电能表是一致的。

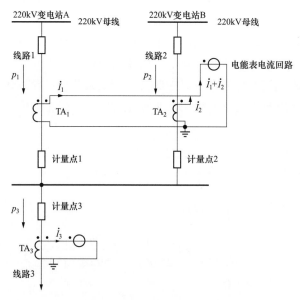

图 10-23　"和电流"计量方式接线图

将专用线路用户专用变电站的 220kV 母线等效为一个节点，功率表达式如下

$$p_1 + p_2 = p_3 \tag{10-38}$$

$$ui_1 + ui_2 = ui_3 \tag{10-39}$$

得出电流表达式：

$$i_1 + i_2 = i_3 \tag{10-40}$$

用相量表示：

$$\dot{I}_1 + \dot{I}_2 = \dot{I}_3 \tag{10-41}$$

由以上分析可知，线路 1 的 TA_1 和线路 2 的 TA_2 二次绕组按照同名端方式连接，采用"和电流"接线接入电能表电流回路，电能表计量电量与线路 3 的计量点 3 是一致的。换言之，无须在线路 3 设置计量点 3，通过线路 1 的计量点 1 和线路 2 的计量点 2 采用"和电流"计量，实现了线路 3 的计量。

（二）"和电流"电能计量方式原理分析

下面根据图 10-23 所示一次接线，以 a 相电流为例，结合五种运行方式实例，详细阐述"和电流"计量原理。

1. 计量点 1 运行于 Ⅰ 象限，计量点 2 运行于 Ⅰ 象限

线路 1 和线路 2 的运行参数见表 10-18，运行状态见图 10-19 的第一种运行方式，"和电流"相量图见图 10-24。

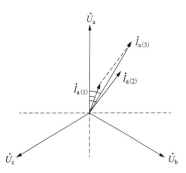

图 10-24 "和电流"相量图

表 10-18　　　　　　　　　线 路 运 行 参 数 表

线路参数	一次有功功率（kW）	一次无功功率（kvar）	功率因数角（°）	负载性质	功率因数	运行象限	电流互感器变比	一次电流（A）	二次电流（A）
线路 1	21920	8500	21	感性	0.93	Ⅰ	300/5A	62	1.03
线路 2	30825	23700	38	感性	0.79	Ⅰ	300/5A	102	1.70
线路 3	52745	32200	31	感性	0.85	Ⅰ	300/5A	162	2.70

由 $\dot{I}_{a(1)} + \dot{I}_{a(2)} = \dot{I}_{a(3)}$ 可知：

$$\begin{aligned}
I_{a(3)} &= \sqrt{I_{a(1)}^2 + I_{a(2)}^2 - 2I_{a(1)}I_{a(2)}\cos\gamma} \\
&= \sqrt{I_{a(1)}^2 + I_{a(2)}^2 - 2I_{a(1)}I_{a(2)}\cos[180° - (38° - 21°)]} \\
&= 2.70(\text{A})
\end{aligned} \tag{10-42}$$

$\dot{I}_{a(1)}$ 与 $\dot{I}_{a(3)}$ 夹角：

$$\varphi' = \arccos\frac{I_{a(1)}^2 + I_{a(3)}^2 - I_{a(2)}^2}{2I_{a(1)}I_{a(3)}} = 10° \tag{10-43}$$

线路 3 的负载功率因数角：

$$\varphi_3 = \varphi' + 21° = 31° \tag{10-44}$$

由于线路 3 负载功率因数角为感性 31°，因此计量点 3 智能电能表运行于 I 象限。

（1）第一种算法。通过"和电流"的幅值和负载功率因数角，计算线路 3 的一次有功功率和一次无功功率。

$$P_3 = \sqrt{3}UI\cos\varphi_3 = \sqrt{3} \times 220 \times 2.70 \times \frac{300}{5} \times \cos 31° = 52705(\text{kW}) \tag{10-45}$$

$$Q_3 = \sqrt{3}UI\sin\varphi_3 = \sqrt{3} \times 220 \times 2.70 \times \frac{300}{5} \times \sin 31° = 32173(\text{kvar}) \tag{10-46}$$

（2）第二种算法。通过线路 1、线路 2 计算线路 3 的一次有功功率和一次无功功率。

$$P_3 = P_1 + P_2 = 21920 + 30825 = 52745(\text{kW}) \tag{10-47}$$

$$Q_3 = Q_1 + Q_2 = 8500 + 23700 = 32200(\text{kvar}) \tag{10-48}$$

比较两种算法的一次有功功率和一次无功功率，忽略小数位数保留造成的微小误差，两种算法计算出线路 3 的一次有功功率和一次无功功率是一致的，验证了两条支路（线路 1、线路 2）采用"和电流"计量，能正确计量另外一条支路（线路 3）的电量。

2. 线路 1 运行于 I 象限，线路 2 运行于Ⅲ象限

线路 1 和线路 2 的运行参数见表 10-19，运行状态见图 10-19 的第三种运行方式，"和电流"相量图见图 10-25。

表 10-19　　　　　　　　　　线 路 运 行 参 数 表

线路参数	一次有功功率（kW）	一次无功功率（kvar）	功率因数角（°）	负载性质	功率因数	运行象限	电流互感器变比	一次电流（A）	二次电流（A）
线路 1	51920	25200	26	感性	0.90	I	300/5A	151	2.52
线路 2	13825	16250	50	感性	0.65	Ⅲ	300/5A	56	0.93
线路 3	38095	8950	13	感性	0.97	I	300/5A	103	1.71

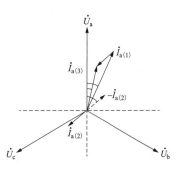

图 10-25　"和电流"相量图

由 $\dot{I}_{a(1)} + \dot{I}_{a(2)} = \dot{I}_{a(3)}$ 可知：

$$
\begin{aligned}
I_{a(3)} &= \sqrt{I_{a(1)}^2 + I_{a(2)}^2 - 2I_{a(1)}I_{a(2)}\cos\gamma} \\
&= \sqrt{I_{a(1)}^2 + I_{a(2)}^2 - 2I_{a(1)}I_{a(2)}\cos(50° - 26°)} \\
&= 1.71(\text{A})
\end{aligned} \tag{10-49}
$$

$\dot{I}_{a(1)}$ 与 $\dot{I}_{a(3)}$ 夹角：

$$\varphi' = \arccos\frac{[I_{a(1)}^2 + I_{a(3)}^2 - I_{a(2)}^2]}{2I_{a(1)}I_{a(3)}} = 13° \tag{10-50}$$

线路 3 的负载功率因数角：

$$\varphi_3 = 26° - \varphi' = 13° \qquad (10\text{-}51)$$

由于线路 3 负载功率因数角为感性 13°，因此计量点 3 智能电能表运行于 I 象限。

（1）第一种算法。通过"和电流"的幅值和负载功率因数角，计算线路 3 的一次有功功率和一次无功功率。

$$P_3 = \sqrt{3}UI\cos\varphi_3 = \sqrt{3} \times 220 \times 1.71 \times \frac{300}{5} \times \cos 13° = 38156(\text{kW}) \qquad (10\text{-}52)$$

$$Q_3 = \sqrt{3}UI\sin\varphi_3 = \sqrt{3} \times 220 \times 1.71 \times \frac{300}{5} \times \sin 13° = 8963(\text{kvar}) \qquad (10\text{-}53)$$

（2）第二种算法。通过线路 1、线路 2 计算线路 3 的一次有功功率和一次无功功率。

$$P_3 = P_1 - P_2 = 51920 - 13825 = 38095(\text{kW}) \qquad (10\text{-}54)$$

$$Q_3 = Q_1 - Q_2 = 25200 - 16250 = 8950(\text{kvar}) \qquad (10\text{-}55)$$

比较两种算法的一次有功功率和一次无功功率，忽略小数位数保留造成的微小误差，两种算法计算出线路 3 的一次有功功率和一次无功功率是一致的，验证了两条支路（线路 1、线路 2）采用"和电流"计量，能正确计量另外一条支路（线路 3）的电量。

3. 线路 1 运行于 IV 象限，线路 2 运行于 II 象限

线路 1 和线路 2 的运行参数见表 10-20，运行象限图见图 10-26，"和电流"相量图见图 10-27。

表 10-20　　　　　　　　　　线　路　运　行　参　数　表

线路参数	一次有功功率（kW）	一次无功功率（kvar）	功率因数角（°）	负载性质	功率因数	运行象限	电流互感器变比	一次电流（A）	二次电流（A）
线路 1	72850	39690	29	容性	0.88	IV	300/5A	218	3.63
线路 2	20828	30109	55	容性	0.57	II	300/5A	96	1.60
线路 3	52022	9581	10	容性	0.98	IV	300/5A	139	2.31

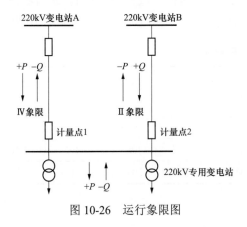

图 10-26　运行象限图

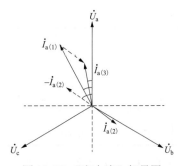

图 10-27　"和电流"相量图

由 $\dot{I}_{a(1)} + \dot{I}_{a(2)} = \dot{I}_{a(3)}$ 可知：

$$\begin{aligned} I_{a(3)} &= \sqrt{I_{a(1)}^2 + I_{a(2)}^2 - 2I_{a(1)}I_{a(2)}\cos\gamma} \\ &= \sqrt{I_{a(1)}^2 + I_{a(2)}^2 - 2I_{a(1)}I_{a(2)}\cos(55° - 29°)} \\ &= 2.31(A) \end{aligned} \tag{10-56}$$

$\dot{I}_{a(1)}$ 与 $\dot{I}_{a(3)}$ 夹角：

$$\varphi' = \arccos\frac{I_{a(1)}^2 + I_{a(3)}^2 - I_{a(2)}^2}{2I_{a(1)}I_{a(3)}} = 19° \tag{10-57}$$

线路 3 的负载功率因数角：

$$\varphi_3 = 29° - \varphi' = 29° - 19° = 10° \tag{10-58}$$

由于线路 3 负载功率因数角为容性 10°，因此计量点 3 智能电能表运行于Ⅳ象限。

（1）第一种算法。通过"和电流"的幅值和负载功率因数角，计算线路 3 的一次有功功率和一次无功功率。

$$P_3 = \sqrt{3}UI\cos\varphi_3 = \sqrt{3} \times 220 \times 2.31 \times \frac{300}{5} \times \cos10° = 51695(kW) \tag{10-59}$$

$$Q_3 = \sqrt{3}UI\sin\varphi_3 = \sqrt{3} \times 220 \times 2.31 \times \frac{300}{5} \times \sin10° = 9520(kvar) \tag{10-60}$$

（2）第二种算法。通过线路 1、线路 2 计算线路 3 的一次有功功率和一次无功功率。

$$P_3 = P_1 - P_2 = 72850 - 20828 = 52022(kW) \tag{10-61}$$

$$Q_3 = Q_1 - Q_2 = 39690 - 30109 = 9581(kvar) \tag{10-62}$$

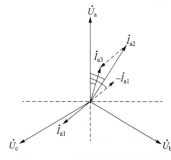

图 10-28   "和电流"相量图

比较两种算法的一次有功功率和一次无功功率，忽略小数位数保留造成的微小误差，两种算法计算出线路 3 的一次有功功率和一次无功功率是一致的，验证了两条支路（线路 1、线路 2）采用"和电流"计量，能正确计量另外一条支路（线路 3）的电量。

4. 线路 1 运行于Ⅲ象限，线路 2 运行于Ⅰ象限

线路 1 和线路 2 的运行参数见表 10-21，运行状态见图 10-21 第七种运行方式，"和电流"相量图见图 10-28。

表 10-21   线 路 运 行 参 数 表

线路参数	一次有功功率（kW）	一次无功功率（kvar）	功率因数角（°）	负载性质	功率因数	运行象限	电流互感器变比	一次电流（A）	二次电流（A）
线路 1	22828	29109	52	感性	0.62	Ⅲ	300/5A	97	1.62
线路 2	60079	41710	35	感性	0.82	Ⅰ	300/5A	192	3.20
线路 3	37251	12601	19	感性	0.95	Ⅰ	300/5A	103	1.72

由 $\dot{I}_{a(1)} + \dot{I}_{a(2)} = \dot{I}_{a(3)}$ 可知：

$$I_{a(3)} = \sqrt{I_{a(1)}^2 + I_{a(2)}^2 - 2I_{a(1)}I_{a(2)}\cos\gamma}$$
$$= \sqrt{I_{a(1)}^2 + I_{a(2)}^2 - 2I_{a(1)}I_{a(2)}\cos(52° - 35°)} \qquad (10\text{-}63)$$
$$= 1.72(A)$$

$\dot{I}_{a(1)}$ 与 $\dot{I}_{a(3)}$ 夹角：

$$\varphi' = \arccos\frac{I_{a(1)}^2 + I_{a(3)}^2 - I_{a(2)}^2}{2I_{a(1)}I_{a(3)}} = 147° \qquad (10\text{-}64)$$

线路 3 的负载功率因数角：

$$\varphi_3 = 52° - (180° - \varphi') = 52° - (180° - 147°) = 19° \qquad (10\text{-}65)$$

由于线路 3 负载功率因数角为感性 19°，因此计量点 3 智能电能表运行于 I 象限。

（1）第一种算法。通过"和电流"的幅值和负载功率因数角，计算线路 3 的一次有功功率和一次无功功率。

$$P_3 = \sqrt{3}UI\cos\varphi_3 = \sqrt{3} \times 220 \times 1.72 \times \frac{300}{5} \times \cos19° = 37210(kW) \qquad (10\text{-}66)$$

$$Q_3 = \sqrt{3}UI\sin\varphi_3 = \sqrt{3} \times 220 \times 1.72 \times \frac{300}{5} \times \sin19° = 12587(kvar) \qquad (10\text{-}67)$$

（2）第二种算法。通过线路 1、线路 2 计算线路 3 的一次有功功率和一次无功功率。

$$P_3 = P_2 - P_1 = 60079 - 22828 = 37251(kW) \qquad (10\text{-}68)$$
$$Q_3 = Q_2 - Q_1 = 41710 - 29109 = 12601(kvar) \qquad (10\text{-}69)$$

比较两种算法的一次有功功率和一次无功功率，忽略小数位数保留造成的微小误差，两种算法计算出线路 3 的一次有功功率和一次无功功率是一致的，验证了两条支路（线路 1、线路 2）采用"和电流"计量，能正确计量另外一条支路（线路 3）的电量。

5．线路 1 运行于Ⅲ象限，线路 2 运行于Ⅳ象限

线路 1 和线路 2 的运行参数见表 10-22，运行象限图见图 10-29，"和电流"相量图见图 10-30。

表 10-22　　　　　　　　　　线 路 运 行 参 数 表

线路参数	一次有功功率（kW）	一次无功功率（kvar）	功率因数角（°）	负载性质	功率因数	运行象限	电流互感器变比	一次电流（A）	二次电流（A）
线路 1	23708	8095	19	感性	0.95	Ⅲ	300/5A	66	1.10
线路 2	75805	31125	22	容性	0.93	Ⅳ	300/5A	215	3.58
线路 3	52097	39220	37	容性	0.80	Ⅳ	300/5A	171	2.85

由 $\dot{I}_{a(1)} + \dot{I}_{a(2)} = \dot{I}_{a(3)}$ 可知

$$I_{a(3)} = \sqrt{I_{a(1)}^2 + I_{a(2)}^2 - 2I_{a(1)}I_{a(2)}\cos\gamma}$$
$$= \sqrt{I_{a(1)}^2 + I_{a(2)}^2 - 2I_{a(1)}I_{a(2)}\cos(22° + 19°)} \qquad (10\text{-}70)$$
$$= 2.85(A)$$

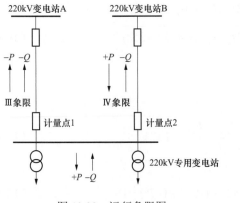

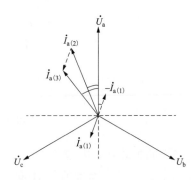

图 10-29　运行象限图　　　　图 10-30　"和电流"相量图

$\dot{I}_{a(1)}$ 与 $\dot{I}_{a(3)}$ 夹角：

$$\varphi' = \arccos \frac{I_{a(1)}^2 + I_{a(3)}^2 - I_{a(2)}^2}{2I_{a(1)}I_{a(3)}} = 124° \tag{10-71}$$

线路 3 的负载功率因数角

$$\varphi_3 = 180° - \varphi' - 19° = 180° - 124° - 19° = 37° \tag{10-72}$$

由于线路 3 负载功率因数角为容性 37°，因此计量点 3 智能电能表运行于Ⅳ象限。

（1）第一种算法。通过"和电流"的幅值和负载功率因数角，计算线路 3 的一次有功功率和一次无功功率。

$$P_3 = \sqrt{3}UI\cos\varphi_3 = \sqrt{3} \times 220 \times 2.85 \times \frac{300}{5} \times \cos37° = 52050(\text{kW}) \tag{10-73}$$

$$Q_3 = \sqrt{3}UI\sin\varphi_3 = \sqrt{3} \times 220 \times 2.85 \times \frac{300}{5} \times \sin37° = 39179(\text{kvar}) \tag{10-74}$$

（2）第二种算法。通过线路 1、线路 2 计算线路 3 的一次有功功率和一次无功功率。

$$P_3 = P_2 - P_1 = 75805 - 23708 = 52097(\text{kW}) \tag{10-75}$$

$$Q_3 = Q_1 + Q_2 = 8095 + 31125 = 39220(\text{kvar}) \tag{10-76}$$

比较两种算法的一次有功功率和一次无功功率，忽略小数位数保留造成的微小误差，两种算法计算出线路 3 的一次有功功率和一次无功功率是一致的，验证了两条支路（线路 1、线路 2）采用"和电流"计量，能正确计量另外一条支路（线路 3）的电量。

三、"和电流"电能计量方式附加误差分析

采用"和电流"电能计量方式，两条线路之间存在穿越功率状态下，参与"和电流"计量的两组电流互感器复数误差不一致，将产生一定的附加计量误差，误差大小不仅与两组电流互感器的复数误差有关，还与穿越功率的大小有关。为减少附加计量误差，参与"和电流"计量的两组电流互感器，准确度等级、型号、规格应一致。

采用"和电流"电能计量方式，两条线路之间存在穿越功率状态下，会产生一定的附加计量误差，电流互感器复数误差 $\tilde{\varepsilon} = f + \delta j$，设 TA_1 和 TA_2 的变比为 K_n，TA_1 复数误差为 $\tilde{\varepsilon}_1$，TA_2 复数误差为 $\tilde{\varepsilon}_2$，根据复数误差定义可知

$$TA_1: \tilde{\varepsilon}_1 = \frac{-K_n \dot{I}_2(1) - \dot{I}_1(1)}{\dot{I}_1(1)} \times 100\%，得出：\dot{I}_2(1) = -\frac{\dot{I}_1(1)(1+\tilde{\varepsilon}_1)}{K_n} \tag{10-77}$$

$$TA_2: \tilde{\varepsilon}_2 = \frac{-K_n \dot{I}_2(2) - \dot{I}_1(2)}{\dot{I}_1(2)} \times 100\%，得出：\dot{I}_2(2) = -\frac{\dot{I}_1(2)(1+\tilde{\varepsilon}_2)}{K_n} \tag{10-78}$$

式（10-61）、式（10-62）电流相量下标 1 表示一次电流，2 表示二次电流，括号内数字表示线路编号（下同）。

（一）误差一致的分析

由于两组电流互感器复数误差一致，因此 TA_1 和 TA_2 的误差均为 $\tilde{\varepsilon}_1$。

$$\begin{aligned}
\dot{I}_2(3) &= \dot{I}_2(1) + \dot{I}_2(2) \\
&= -\frac{\dot{I}_1(1)(1+\tilde{\varepsilon}_1)}{K_n} - \frac{\dot{I}_1(2)(1+\tilde{\varepsilon}_1)}{K_n} \\
&= -\frac{\dot{I}_1(3)(1+\tilde{\varepsilon}_1)}{K_n}
\end{aligned} \tag{10-79}$$

线路 3 误差与 TA_1、TA_2 的误差保持一致，两组电流互感器"和电流"复数误差也为 $\tilde{\varepsilon}_1$。

（二）误差不一致的分析

由于两组电流互感器复数误差不一致，因此 TA_1 复数误差为 $\tilde{\varepsilon}_1$，TA_2 复数误差为 $\tilde{\varepsilon}_2$。

$$\begin{aligned}
\dot{I}_2(3) &= \dot{I}_2(1) + \dot{I}_2(2) \\
&= -\frac{\dot{I}_1(1)(1+\tilde{\varepsilon}_1)}{K_n} - \frac{\dot{I}_1(2)(1+\tilde{\varepsilon}_2)}{K_n} \\
&= -\frac{\dot{I}_1(1) + \dot{I}_1(1)\tilde{\varepsilon}_1}{K_n} - \frac{\dot{I}_1(2) + \dot{I}_1(2)\tilde{\varepsilon}_2}{K_n} \\
&= -\frac{\dot{I}_1(1) + \dot{I}_1(1)\tilde{\varepsilon}_1 + \dot{I}_1(2) + \dot{I}_1(2)\tilde{\varepsilon}_2}{K_n} \\
&= -\frac{\dot{I}_1(3) + \dot{I}_1(1)\tilde{\varepsilon}_1 + \dot{I}_1(2)\tilde{\varepsilon}_2}{K_n} \\
&= \frac{-\dot{I}_1(3) - \dot{I}_1(1)\tilde{\varepsilon}_1 - \dot{I}_1(2)\tilde{\varepsilon}_2}{K_n} \\
&= \frac{-\dot{I}_1(3) - \dot{I}_1(1)\tilde{\varepsilon}_1 + \dot{I}_1(2)\tilde{\varepsilon}_1 - \dot{I}_1(2)\tilde{\varepsilon}_1 - \dot{I}_1(2)\tilde{\varepsilon}_2}{K_n} \\
&= \frac{-\dot{I}_1(3) + \tilde{\varepsilon}_1[-\dot{I}_1(1) - \dot{I}_1(2)] + \dot{I}_1(2)(\tilde{\varepsilon}_1 - \tilde{\varepsilon}_2)}{K_n} \\
&= -\frac{\dot{I}_1(3)(1+\tilde{\varepsilon}_1)}{K_n} + \frac{\dot{I}_1(2)(\tilde{\varepsilon}_1 - \tilde{\varepsilon}_2)}{K_n}
\end{aligned} \tag{10-80}$$

将式（10-80）与式（10-79）进行比较，多了一项 $\dfrac{\dot{I}_1(2)(\tilde{\varepsilon}_1 - \tilde{\varepsilon}_2)}{K_n}$，这就是 TA_1 和 TA_2 误差不一致的附加计量误差来源，附加误差与 TA_1 的复数误差 $\tilde{\varepsilon}_1$、TA_2 的复数误差 $\tilde{\varepsilon}_2$ 有关，还与穿越功率大小有关。

第十一章

功率因数在三相四线智能电能表错误接线分析中的运用

本章运用电压、电流、功率因数等参数，结合相序与功率因数特性，在Ⅰ、Ⅱ、Ⅲ、Ⅳ象限，负载为感性或容性的运行状态下，对三相四线智能电能表错误接线进行了详细分析。

第一节　三相四线智能电能表相序与功率因数特性

三相四线智能电能表，正确接线或错误接线状态下，电压、电流相序存在四种组合，在负载基本对称，感性或容性负载Ⅰ、Ⅱ、Ⅲ、Ⅳ象限状态下，以负载功率因数角 30° 为变化区间，三组元件功率因数的大小、正负呈现出明显的变化规律，电压、电流相序与功率因数变化规律存在一定的关系。结合负载性质、负载功率因数角、运行象限，根据三相四线智能电能表三组元件功率因数绝对值的变化规律，以及功率因数值的正负，显示的电压相序，可快速准确分析故障与异常，分析接线是否正确，具体分析判断方法如下。

一、相序特性

三相四线智能电能表，在正确接线或错误接线状态下，相序存在以下四种组合。

1. 电压正相序、电流正相序

比如电压接入 $\dot{U}_1$（$\dot{U}_a$）、$\dot{U}_2$（$\dot{U}_b$）、$\dot{U}_3$（$\dot{U}_c$），电流接入 $\dot{I}_1$（$-\dot{I}_a$）、$\dot{I}_2$（$\dot{I}_b$）、$\dot{I}_3$（$-\dot{I}_c$）。

2. 电压正相序、电流逆相序

比如电压接入 $\dot{U}_1$（$\dot{U}_c$）、$\dot{U}_2$（$\dot{U}_a$）、$\dot{U}_3$（$\dot{U}_b$），电流接入 $\dot{I}_1$（$\dot{I}_a$）、$\dot{I}_2$（$-\dot{I}_c$）、$\dot{I}_3$（$\dot{I}_b$）。

3. 电压逆相序、电流正相序

比如电压接入 $\dot{U}_1$（$\dot{U}_b$）、$\dot{U}_2$（$\dot{U}_a$）、$\dot{U}_3$（$\dot{U}_c$），电流接入 $\dot{I}_1$（$-\dot{I}_b$）、$\dot{I}_2$（$\dot{I}_c$）、$\dot{I}_3$（$-\dot{I}_a$）。

4. 电压逆相序、电流逆相序

比如电压接入 $\dot{U}_1$（$\dot{U}_c$）、$\dot{U}_2$（$\dot{U}_b$）、$\dot{U}_3$（$\dot{U}_a$），电流接入 $\dot{I}_1$（$\dot{I}_b$）、$\dot{I}_2$（$\dot{I}_a$）、$\dot{I}_3$（$\dot{I}_c$）。

二、功率因数特性及变化规律

三相四线智能电能表，取三组元件的功率因数绝对值，负载功率因数角以 30° 为变化区间，按照 0.866～1 定义为"大"，0.5～0.866 定义为"中"，0～0.5 定义为"小"，由功率因数绝对值为"大"的那一相开始，按照 $|\cos\varphi_1| \to |\cos\varphi_2| \to |\cos\varphi_3|$ 依次循环，功率因数绝对值呈现以下五种规律。

1. 大→中→小

比如负载功率因数角为17°（感性），$\cos\varphi_1 = -0.73$，$\cos\varphi_2 = -0.22$，$\cos\varphi_3 = -0.96$，$|\cos\varphi_1| \rightarrow |\cos\varphi_2| \rightarrow |\cos\varphi_3|$ 为 $0.73 \rightarrow 0.22 \rightarrow 0.96$，对应为中→小→大，由功率因数绝对值为"大"的0.96开始，依次循环，变化规律为大→中→小。

2. 大→小→中

比如负载功率因数角为23°（容性），$\cos\varphi_1 = 0.80$，$\cos\varphi_2 = 0.92$，$\cos\varphi_3 = -0.12$，$|\cos\varphi_1| \rightarrow |\cos\varphi_2| \rightarrow |\cos\varphi_3|$ 为 $0.80 \rightarrow 0.92 \rightarrow 0.12$，对应为中→大→小，由功率因数绝对值为"大"的0.92开始，依次循环，变化规律为大→小→中。

3. 大→大→大

比如负载功率因数角为39°（感性），$\cos\varphi_1 = -0.93$，$\cos\varphi_2 = 0.93$，$\cos\varphi_3 = 0.93$，$|\cos\varphi_1| \rightarrow |\cos\varphi_2| \rightarrow |\cos\varphi_3|$ 为 $0.93 \rightarrow 0.93 \rightarrow 0.93$，对应为大→大→大，三组元件功率因数绝对值均为"大"，依次循环，变化规律为大→大→大。

4. 中→中→中

比如负载功率因数角为20°（容性），$\cos\varphi_1 = 0.77$，$\cos\varphi_2 = 0.77$，$\cos\varphi_3 = -0.77$，$|\cos\varphi_1| \rightarrow |\cos\varphi_2| \rightarrow |\cos\varphi_3|$ 为 $0.77 \rightarrow 0.77 \rightarrow 0.77$，对应为中→中→中，三组元件功率因数绝对值均为"中"，依次循环，变化规律为中→中→中。

5. 小→小→小

比如负载功率因数角为7°（感性），$\cos\varphi_1 = 0.39$，$\cos\varphi_2 = -0.39$，$\cos\varphi_3 = -0.39$，$|\cos\varphi_1| \rightarrow |\cos\varphi_2| \rightarrow |\cos\varphi_3|$ 为 $0.39 \rightarrow 0.39 \rightarrow 0.39$，对应为小→小→小，三组元件功率因数绝对值均为"小"，依次循环，变化规律为小→小→小。

三、相序特性与功率因数绝对值变化规律之间的关系

1. 大→中→小

功率因数绝对值的变化规律为大→中→小，相序特性有电压正相序、电流逆相序或电压逆相序、电流正相序两种。

2. 大→小→中

功率因数绝对值的变化规律为大→小→中，相序特性有电压正相序、电流逆相序或电压逆相序、电流正相序两种。

3. 大→大→大

功率因数绝对值的变化规律为大→大→大，相序特性有电压正相序、电流正相序或电压逆相序、电流逆相序两种。

4. 中→中→中

功率因数绝对值的变化规律为中→中→中，相序特性有电压正相序、电流正相序或电压逆相序、电流逆相序两种。

5. 小→小→小

功率因数绝对值的变化规律为小→小→小，相序特性有电压正相序、电流正相序或电压逆相序、电流逆相序两种。

四、感性或容性负载错误接线分析方法

以负载功率因数角30°为变化区间，在感性或容性负载Ⅰ、Ⅱ、Ⅲ、Ⅳ象限状态下，

根据三相四线智能电能表三组元件功率因数绝对值的变化规律，以及三组元件功率因数值的正负，结合相序特性，错误接线分析方法如下。

（一）感性负载Ⅰ象限

1. Ⅰ象限 0°～30°

（1）大→中→小。功率因数绝对值的变化规律为大→中→小，接线类型则为电压正相序、电流逆相序，"中""小"相电流错接。电流极性不反接状态下，功率因数绝对值为"大"的那一相功率因数应为正值，"中""小"相的功率因数均为负值，否则，该相电流极性反接。比如负载功率因数角为 21°（感性），三组元件电压均接近于额定值，三组元件电流有一定大小且基本平衡，$\cos\varphi_1 = -0.78$，$\cos\varphi_2 = -0.16$，$\cos\varphi_3 = -0.93$，功率因数绝对值的变化规律为大→中→小，假定电压接入正相序 $\dot{U}_1$（$\dot{U}_a$）、$\dot{U}_2$（$\dot{U}_b$）、$\dot{U}_3$（$\dot{U}_c$），则"中""小"相电流错接，即第一、第二元件电流错接，由于 $\cos\varphi_3 = -0.93$ 为负值，因此第三元件电流极性反接，电流接入 $\dot{I}_1$（$\dot{I}_b$）、$\dot{I}_2$（$\dot{I}_a$）、$\dot{I}_3$（$-\dot{I}_c$），以此类推，可推导出其他两种错误接线。

（2）大→小→中。功率因数绝对值的变化规律为大→小→中，接线类型则为电压逆相序、电流正相序，"中""小"相电压错接。电流极性不反接状态下，功率因数绝对值为"大"的那一相功率因数应为正值，"中""小"相的功率因数均为负值，否则，该相电流极性反接。比如负载功率因数角为 15°（感性），三组元件电压均接近于额定值，三组元件电流有一定大小且基本平衡，$\cos\varphi_1 = 0.97$，$\cos\varphi_2 = 0.26$，$\cos\varphi_3 = -0.71$，功率因数绝对值的变化规律为大→小→中，假定电流接入正相序 a、b、c，则"中""小"相电压错接，即第二、第三元件电压错接，电压接入 $\dot{U}_1$（$\dot{U}_a$）、$\dot{U}_2$（$\dot{U}_c$）、$\dot{U}_3$（$\dot{U}_b$），由于 $\cos\varphi_2 = 0.26$ 为正值，因此第二元件电流极性反接，电流接入 $\dot{I}_1$（$\dot{I}_a$）、$\dot{I}_2$（$-\dot{I}_b$）、$\dot{I}_3$（$\dot{I}_c$），以此类推，可推导出其他两种错误接线。

（3）大→大→大。按接线类型，分以下两类。

1）接线类型为电压正相序、电流正相序，电流对应电压的相别为 1、2、3，电流极性不反接状态下，功率因数绝对值为"大"的那一相功率因数应为正值，否则，该相电流极性反接。比如负载功率因数角为 22°（感性），三组元件电压均接近于额定值，三组元件电流有一定大小且基本平衡，$\cos\varphi_1 = -0.93$，$\cos\varphi_2 = 0.93$，$\cos\varphi_3 = 0.93$，功率因数绝对值的变化规律为大→大→大，假定电压接入正相序 $\dot{U}_1$（$\dot{U}_a$）、$\dot{U}_2$（$\dot{U}_b$）、$\dot{U}_3$（$\dot{U}_c$），则电流对应电压的相别为 1、2、3，由于 $\cos\varphi_1 = -0.93$ 为负值，因此第一元件电流极性反接，电流接入 $\dot{I}_1$（$-\dot{I}_a$）、$\dot{I}_2$（$\dot{I}_b$）、$\dot{I}_3$（$\dot{I}_c$），以此类推，可推导出其他两种错误接线。

2）接线类型为电压逆相序、电流逆相序，电流对应电压的相别为 1、2、3，电流极性不反接状态下，功率因数绝对值为"大"的那一相功率因数应为正值，否则，该相电流极性反接。比如负载功率因数角为 25°（感性），三组元件电压均接近于额定值，三组元件电流有一定大小且基本平衡，$\cos\varphi_1 = 0.91$，$\cos\varphi_2 = -0.91$，$\cos\varphi_3 = -0.91$，功率因数绝对值的变化规律为大→大→大，假定电压接入逆相序 $\dot{U}_1$（$\dot{U}_a$）、$\dot{U}_2$（$\dot{U}_c$）、$\dot{U}_3$（$\dot{U}_b$），则电流对应电压的相别为 1、2、3，由于 $\cos\varphi_2 = -0.91$、$\cos\varphi_3 = -0.91$ 为负值，因此第二、三元件电流极性反接，电流接入 $\dot{I}_1$（$\dot{I}_a$）、$\dot{I}_2$（$-\dot{I}_c$）、$\dot{I}_3$（$-\dot{I}_b$），以此类推，可推导出其他两种错误接线。

（4）中→中→中。按接线类型，分以下两类。

1）接线类型为电压正相序、电流正相序，电流对应电压的相别为2、3、1，电流极性不反接状态下，功率因数绝对值为"中"的那一相功率因数应为负值，否则，该相电流极性反接。比如负载功率因数角为12°（感性），三组元件电压均接近于额定值，三组元件电流有一定大小且基本平衡，$\cos\varphi_1 = -0.67$，$\cos\varphi_2 = -0.67$，$\cos\varphi_3 = 0.67$，功率因数绝对值的变化规律为中→中→中，假定电压接入正相序 $\dot{U}_1$（$\dot{U}_a$）、$\dot{U}_2$（$\dot{U}_b$）、$\dot{U}_3$（$\dot{U}_c$），则电流对应电压的相别为2、3、1，由于 $\cos\varphi_3 = 0.67$ 为正值，因此第三元件电流极性反接，电流接入 $\dot{I}_1$（$\dot{I}_b$）、$\dot{I}_2$（$\dot{I}_c$）、$\dot{I}_3$（$-\dot{I}_a$），以此类推，可推导出其他两种错误接线。

2）接线类型为电压逆相序、电流逆相序，电流对应电压的相别为3、1、2，电流极性不反接状态下，功率因数绝对值为"中"的那一相功率因数应为负值，否则，该相电流极性反接。比如负载功率因数角为5°（感性），三组元件电压均接近于额定值，三组元件电流有一定大小且基本平衡，$\cos\varphi_1 = -0.57$，$\cos\varphi_2 = 0.57$，$\cos\varphi_3 = -0.57$，功率因数绝对值的变化规律为中→中→中，假定电压接入逆相序 $\dot{U}_1$（$\dot{U}_a$）、$\dot{U}_2$（$\dot{U}_c$）、$\dot{U}_3$（$\dot{U}_b$），则电流对应电压的相别为3、1、2，由于 $\cos\varphi_2 = 0.57$ 为正值，因此第二元件电流极性反接，电流接入 $\dot{I}_1$（$\dot{I}_b$）、$\dot{I}_2$（$-\dot{I}_a$）、$\dot{I}_3$（$\dot{I}_c$），以此类推，可推导出其他两种错误接线。

（5）小→小→小。按接线类型，分以下两类。

1）接线类型为电压正相序、电流正相序，电流对应电压的相别为3、1、2，电流极性不反接状态下，功率因数绝对值为"小"的那一相功率因数应为负值，否则，该相电流极性反接。比如负载功率因数角为7°（感性），三组元件电压均接近于额定值，三组元件电流有一定大小且基本平衡，$\cos\varphi_1 = -0.39$，$\cos\varphi_2 = 0.39$，$\cos\varphi_3 = -0.39$，功率因数绝对值的变化规律为小→小→小，假定电压接入正相序 $\dot{U}_1$（$\dot{U}_a$）、$\dot{U}_2$（$\dot{U}_b$）、$\dot{U}_3$（$\dot{U}_c$），则电流对应电压的相别为3、1、2，由于 $\cos\varphi_2 = 0.39$ 为正值，因此第二元件电流极性反接，电流接入 $\dot{I}_1$（$\dot{I}_c$）、$\dot{I}_2$（$-\dot{I}_a$）、$\dot{I}_3$（$\dot{I}_b$），以此类推，可推导出其他两种错误接线。

2）接线类型为电压逆相序、电流逆相序，电流对应电压的相别为2、3、1，电流极性不反接状态下，功率因数绝对值为"小"的那一相功率因数应为负值，否则，该相电流极性反接。比如负载功率因数角为15°（感性），三组元件电压均接近于额定值，三组元件电流有一定大小且基本平衡，$\cos\varphi_1 = 0.26$，$\cos\varphi_2 = -0.26$，$\cos\varphi_3 = -0.26$，功率因数绝对值的变化规律为小→小→小，假定电压接入逆相序 $\dot{U}_1$（$\dot{U}_a$）、$\dot{U}_2$（$\dot{U}_c$）、$\dot{U}_3$（$\dot{U}_b$），则电流对应电压的相别为2、3、1，由于 $\cos\varphi_1 = 0.26$ 为正值，因此第一元件电流极性反接，电流接入 $\dot{I}_1$（$-\dot{I}_c$）、$\dot{I}_2$（$\dot{I}_b$）、$\dot{I}_3$（$\dot{I}_a$），以此类推，可推导出其他两种错误接线。

根据以上分析，归纳Ⅰ象限 0°～30°功率因数绝对值的变化规律与接线类型对应表见表11-1。

2. Ⅰ象限 30°～60°

（1）大→小→中。功率因数绝对值的变化规律为大→小→中，接线类型则为电压正相序、电流逆相序，"大""小"相电流错接。电流极性不反接状态下，功率因数绝对值为"大"的那一相功率因数应为负值，"中""小"相的功率因数均为正值，否则，该相电流极性反接。比如负载功率因数角为 39°（感性），三组元件电压均接近于额定值，三组元件电流有一定大小且基本平衡，$\cos\varphi_1 = 0.93$，$\cos\varphi_2 = 0.16$，$\cos\varphi_3 = -0.78$，功率因数绝对值的变化规律为大→小→中，假定电压接入正相序 $\dot{U}_1(\dot{U}_a)$、$\dot{U}_2(\dot{U}_b)$、$\dot{U}_3(\dot{U}_c)$，则"大""小"相电流错接，即第一、第二元件电流错接，由于 $\cos\varphi_1 = 0.93$ 为正值，因此第一元件电流极性反接，$\cos\varphi_3 = -0.78$ 为负值，因此第三元件电流极性反接，电流接入 $\dot{I}_1(-\dot{I}_b)$、$\dot{I}_2(\dot{I}_a)$、$\dot{I}_3(-\dot{I}_c)$，以此类推，可推导出其他两种错误接线。

表 11-1　　　　　　　功率因数绝对值的变化规律与接线类型对应表

序号	功率因数	元件角	功率因数绝对值变化规律	功率因数正负性	接线类型	具体接线
1	$\cos\varphi_1$	φ	大	+	电压正相序，电流逆相序	"大"是指电压、电流对应相，"中""小"是电流错接相
	$\cos\varphi_2$	$120°+\varphi$	中	−		
	$\cos\varphi_3$	$120°-\varphi$	小	−		
2	$\cos\varphi_1$	φ	大	+	电压逆相序，电流正相序	"大"是电压、电流对应相，"小""中"是电压错接相
	$\cos\varphi_2$	$120°-\varphi$	小	−		
	$\cos\varphi_3$	$120°+\varphi$	中	−		
3	$\cos\varphi_1$	φ	大	+	电压正相序，电流正相序	电压正相序，电流对应电压的相别为 1、2、3
	$\cos\varphi_2$	φ	大	+		
	$\cos\varphi_3$	φ	大	+		
4	$\cos\varphi_1$	$120°+\varphi$	中	−	电压正相序，电流正相序	电压正相序，电流对应电压的相别为 2、3、1
	$\cos\varphi_2$	$120°+\varphi$	中	−		
	$\cos\varphi_3$	$120°+\varphi$	中	−		
5	$\cos\varphi_1$	$120°-\varphi$	小	−	电压正相序，电流正相序	电压正相序，电流对应电压的相别为 3、1、2
	$\cos\varphi_2$	$120°-\varphi$	小	−		
	$\cos\varphi_3$	$120°-\varphi$	小	−		
6	$\cos\varphi_1$	φ	大	+	电压逆相序，电流逆相序	电压逆相序，电流对应电压的相别为 1、2、3
	$\cos\varphi_2$	φ	大	+		
	$\cos\varphi_3$	φ	大	+		
7	$\cos\varphi_1$	$120°+\varphi$	中	−	电压逆相序，电流逆相序	电压逆相序，电流对应电压的相别为 3、1、2
	$\cos\varphi_2$	$120°+\varphi$	中	−		
	$\cos\varphi_3$	$120°+\varphi$	中	−		
8	$\cos\varphi_1$	$120°-\varphi$	小	−	电压逆相序，电流逆相序	电压逆相序，电流对应电压的相别为 2、3、1
	$\cos\varphi_2$	$120°-\varphi$	小	−		
	$\cos\varphi_3$	$120°-\varphi$	小	−		

（2）大→中→小。功率因数绝对值的变化规律为大→中→小，接线类型则为电压逆相序、电流正相序，"大""小"相电压错接。电流极性不反接状态下，功率因数绝对值

为"大"的那一相功率因数应为负值,"中""小"相的功率因数均为正值,否则,该相电流极性反接。比如负载功率因数角为51°(感性),三组元件电压均接近于额定值,三组元件电流有一定大小且基本平衡,$\cos\varphi_1 = -0.63$,$\cos\varphi_2 = 0.36$,$\cos\varphi_3 = -0.99$,功率因数绝对值的变化规律为大→中→小,假定电流接入正相序 a、b、c,则"大""小"相电压错接,即第二、第三元件电压错接,电压接入 $\dot{U}_1$($\dot{U}_a$)、$\dot{U}_2$($\dot{U}_c$)、$\dot{U}_3$($\dot{U}_b$),由于 $\cos\varphi_1 = -0.63$ 为负值,因此第一元件电流极性反接,电流接入 $\dot{I}_1$($-\dot{I}_a$)、$\dot{I}_2$($\dot{I}_b$)、$\dot{I}_3$($\dot{I}_c$),以此类推,可推导出其他两种错误接线。

(3)中→中→中。按接线类型,分以下两类。

1)接线类型为电压正相序、电流正相序,电流对应电压的相别为1、2、3,电流极性不反接状态下,功率因数绝对值为"中"的那一相功率因数应为正值,否则,该相电流极性反接。比如负载功率因数角为38°(感性),三组元件电压均接近于额定值,三组元件电流有一定大小且基本平衡,$\cos\varphi_1 = 0.79$,$\cos\varphi_2 = -0.79$,$\cos\varphi_3 = 0.79$,功率因数绝对值的变化规律为中→中→中,假定电压接入正相序 $\dot{U}_1$($\dot{U}_a$)、$\dot{U}_2$($\dot{U}_b$)、$\dot{U}_3$($\dot{U}_c$),则电流对应电压的相别为 1、2、3,由于 $\cos\varphi_2 = -0.79$ 为负值,因此第二元件电流极性反接,电流接入 $\dot{I}_1$($\dot{I}_a$)、$\dot{I}_2$($-\dot{I}_b$)、$\dot{I}_3$($\dot{I}_c$),以此类推,可推导出其他两种错误接线。

2)接线类型为电压逆相序、电流逆相序,电流对应电压的相别为1、2、3,电流极性不反接状态下,功率因数绝对值为"中"的那一相功率因数应为正值,否则,该相电流极性反接。比如负载功率因数角为50°(感性),三组元件电压均接近于额定值,三组元件电流有一定大小且基本平衡,$\cos\varphi_1 = 0.64$,$\cos\varphi_2 = 0.64$,$\cos\varphi_3 = -0.64$,功率因数绝对值的变化规律为中→中→中,假定电压接入逆相序 $\dot{U}_1$($\dot{U}_a$)、$\dot{U}_2$($\dot{U}_c$)、$\dot{U}_3$($\dot{U}_b$),则电流对应电压的相别为 1、2、3,由于 $\cos\varphi_3 = -0.64$ 为负值,因此第三元件电流极性反接,电流接入 $\dot{I}_1$($\dot{I}_a$)、$\dot{I}_2$($\dot{I}_c$)、$\dot{I}_3$($-\dot{I}_b$),以此类推,可推导出其他两种错误接线。

(4)大→大→大。按接线类型,分以下两类。

1)接线类型为电压正相序、电流正相序,电流对应电压的相别为2、3、1,电流极性不反接状态下,功率因数绝对值为"大"的那一相功率因数应为负值,否则,该相电流极性反接。比如负载功率因数角为35°(感性),三组元件电压均接近于额定值,三组元件电流有一定大小且基本平衡,$\cos\varphi_1 = -0.91$,$\cos\varphi_2 = 0.91$,$\cos\varphi_3 = -0.91$,功率因数绝对值的变化规律为大→大→大,假定电压接入正相序 $\dot{U}_1$($\dot{U}_a$)、$\dot{U}_2$($\dot{U}_b$)、$\dot{U}_3$($\dot{U}_c$),则电流对应电压的相别为 2、3、1,由于 $\cos\varphi_2 = 0.91$ 为正值,因此第二元件电流极性反接,电流接入 $\dot{I}_1$($\dot{I}_b$)、$\dot{I}_2$($-\dot{I}_c$)、$\dot{I}_3$($\dot{I}_a$),以此类推,可推导出其他两种错误接线。

2)接线类型为电压逆相序、电流逆相序,电流对应电压的相别为3、1、2,电流极性不反接状态下,功率因数绝对值为"大"的那一相功率因数应为负值,否则,该相电流极性反接。比如负载功率因数角为51°(感性),三组元件电压均接近于额定值,三组元件电流有一定大小且基本平衡,$\cos\varphi_1 = 0.99$,$\cos\varphi_2 = 0.99$,$\cos\varphi_3 = -0.99$,功率因数绝对值的变化规律为大→大→大,假定电压接入逆相序 $\dot{U}_1$($\dot{U}_a$)、$\dot{U}_2$($\dot{U}_c$)、$\dot{U}_3$($\dot{U}_b$),则电流对应电压的相别为 3、1、2,由于 $\cos\varphi_1 = 0.99$、$\cos\varphi_2 = 0.99$ 为正值,因此第一、二元件电流极性反接,电流接入 $\dot{I}_1$($-\dot{I}_b$)、$\dot{I}_2$($-\dot{I}_a$)、$\dot{I}_3$($\dot{I}_c$),以此类推,可推导出其他两种错误接线。

（5）小→小→小。按接线类型，分以下两类。

1）接线类型为电压正相序、电流正相序，电流对应电压的相别为 3、1、2，电流极性不反接状态下，功率因数绝对值为"小"的那一相功率因数应为正值，否则，该相电流极性反接。比如负载功率因数角为 52°（感性），三组元件电压均接近于额定值，三组元件电流有一定大小且基本平衡，$\cos\varphi_1 = -0.37$，$\cos\varphi_2 = 0.37$，$\cos\varphi_3 = 0.37$，功率因数绝对值的变化规律为小→小→小，假定电压接入正相序 $\dot{U}_1$（$\dot{U}_a$）、$\dot{U}_2$（$\dot{U}_b$）、$\dot{U}_3$（$\dot{U}_c$），则电流对应电压的相别为 3、1、2，由于 $\cos\varphi_1 = -0.37$ 为负值，因此第一元件电流极性反接，电流接入 $\dot{I}_1$（$-\dot{I}_c$）、$\dot{I}_2$（$\dot{I}_a$）、$\dot{I}_3$（$\dot{I}_b$），以此类推，可推导出其他两种错误接线。

2）接线类型为电压逆相序、电流逆相序，电流对应电压的相别为 2、3、1，电流极性不反接状态下，功率因数绝对值为"小"的那一相功率因数应为正值，否则，该相电流极性反接。比如负载功率因数角为 39°（感性），三组元件电压均接近于额定值，三组元件电流有一定大小且基本平衡，$\cos\varphi_1 = 0.16$，$\cos\varphi_2 = -0.16$，$\cos\varphi_3 = 0.16$，功率因数绝对值的变化规律为小→小→小，假定电压接入逆相序 $\dot{U}_1$（$\dot{U}_a$）、$\dot{U}_2$（$\dot{U}_c$）、$\dot{U}_3$（$\dot{U}_b$），则电流对应电压的相别为 2、3、1，由于 $\cos\varphi_2 = -0.16$ 为负值，因此第二元件电流极性反接，电流接入 $\dot{I}_1$（$\dot{I}_c$）、$\dot{I}_2$（$-\dot{I}_b$）、$\dot{I}_3$（$\dot{I}_a$），以此类推，可推导出其他两种错误接线。

根据以上分析，归纳 I 象限 30°～60°功率因数绝对值的变化规律与接线类型对应表见表 11-2。

表 11-2　　　　　　　　功率因数绝对值的变化规律与接线类型对应表

序号	功率因数	元件角	功率因数绝对值变化规律	功率因数正负性	接线类型	具体接线
1	$\cos\varphi_1$	φ	中	+	电压正相序，电流逆相序	"中"是指电压、电流对应相，"大""小"是电流错接相
	$\cos\varphi_2$	$120°+\varphi$	大	−		
	$\cos\varphi_3$	$120°-\varphi$	小	+		
2	$\cos\varphi_1$	φ	中	+	电压逆相序，电流正相序	"中"是电压、电流对应相，"小""大"是电压错接相
	$\cos\varphi_2$	$120°-\varphi$	小	+		
	$\cos\varphi_3$	$120°+\varphi$	大	−		
3	$\cos\varphi_1$	φ	中	+	电压正相序，电流正相序	电压正相序，电流对应电压的相别为 1、2、3
	$\cos\varphi_2$	φ	中	+		
	$\cos\varphi_3$	φ	中	+		
4	$\cos\varphi_1$	$120°+\varphi$	大	−	电压正相序，电流正相序	电压正相序，电流对应电压的相别为 2、3、1
	$\cos\varphi_2$	$120°+\varphi$	大	−		
	$\cos\varphi_3$	$120°+\varphi$	大	−		
5	$\cos\varphi_1$	$120°-\varphi$	小	+	电压正相序，电流正相序	电压正相序，电流对应电压的相别为 3、1、2
	$\cos\varphi_2$	$120°-\varphi$	小	+		
	$\cos\varphi_3$	$120°-\varphi$	小	+		

序号	功率因数	元件角	功率因数绝对值变化规律	功率因数正负性	接线类型	具体接线
6	$\cos\varphi_1$	φ	中	+	电压逆相序，电流逆相序	电压逆相序，电流对应电压的相别为1、2、3
	$\cos\varphi_2$	φ	中	+		
	$\cos\varphi_3$	φ	中	+		
7	$\cos\varphi_1$	$120°+\varphi$	大	−	电压逆相序，电流逆相序	电压逆相序，电流对应电压的相别为3、1、2
	$\cos\varphi_2$	$120°+\varphi$	大	−		
	$\cos\varphi_3$	$120°+\varphi$	大	−		
8	$\cos\varphi_1$	$120°-\varphi$	小	+	电压逆相序，电流逆相序	电压逆相序，电流对应电压的相别为2、3、1
	$\cos\varphi_2$	$120°-\varphi$	小	+		
	$\cos\varphi_3$	$120°-\varphi$	小	+		

3. Ⅰ象限 60°~90°

（1）大→中→小。功率因数绝对值的变化规律为大→中→小，接线类型则为电压正相序、电流逆相序，"大""中"相电流错接。电流极性不反接状态下，功率因数绝对值为"大"的那一相功率因数应为负值，"中""小"相的功率因数均为正值，否则，该相电流极性反接。比如负载功率因数角为67°（感性），三组元件电压均接近于额定值，三组元件电流有一定大小且基本平衡，$\cos\varphi_1=-0.39$，$\cos\varphi_2=-0.99$，$\cos\varphi_3=0.60$，功率因数绝对值的变化规律为大→中→小，假定电压接入正相序$\dot{U}_1(\dot{U}_a)$、$\dot{U}_2(\dot{U}_b)$、$\dot{U}_3(\dot{U}_c)$，则"大""中"相电流错接，即第二、第三元件电流错接，由于$\cos\varphi_1=-0.39$为负值，因此第一元件电流极性反接，电流接入$\dot{I}_1(-\dot{I}_a)$、$\dot{I}_2(\dot{I}_c)$、$\dot{I}_3(\dot{I}_b)$，以此类推，可推导出其他两种错误接线。

（2）大→小→中。功率因数绝对值的变化规律为大→小→中，接线类型则为电压逆相序、电流正相序，"大""中"相电压错接。电流极性不反接状态下，功率因数绝对值为"大"的那一相功率因数应为负值，"中""小"相的功率因数均为正值，否则，该相电流极性反接。比如负载功率因数角为73°（感性），三组元件电压均接近于额定值，三组元件电流有一定大小且基本平衡，$\cos\varphi_1=0.68$，$\cos\varphi_2=0.97$，$\cos\varphi_3=0.29$，功率因数绝对值的变化规律为大→小→中，假定电流接入正相序a、b、c，则"大""中"相电压错接，即第一、第二元件电压错接，电压接入$\dot{U}_1(\dot{U}_b)$、$\dot{U}_2(\dot{U}_a)$、$\dot{U}_3(\dot{U}_c)$，由于$\cos\varphi_2=0.97$为正值，因此第二元件电流极性反接，电流接入$\dot{I}_1(\dot{I}_a)$、$\dot{I}_2(-\dot{I}_b)$、$\dot{I}_3(\dot{I}_c)$，以此类推，可推导出其他两种错误接线。

（3）小→小→小。按接线类型，分以下两类。

1）接线类型为电压正相序、电流正相序，电流对应电压的相别为1、2、3，电流极性不反接状态下，功率因数绝对值为"小"的那一相功率因数应为正值，否则，该相电流极性反接。比如负载功率因数角为73°（感性），三组元件电压均接近于额定值，三组元件电流有一定大小且基本平衡，$\cos\varphi_1=0.29$，$\cos\varphi_2=-0.29$，$\cos\varphi_3=0.29$，功率因数绝对值的变化规律为小→小→小，假定电压接入正相序$\dot{U}_1(\dot{U}_a)$、$\dot{U}_2(\dot{U}_b)$、$\dot{U}_3(\dot{U}_c)$，则电流对应电压的相别为 1、2、3，由于 $\cos\varphi_2 = -0.29$ 为负值，因此第二元件电流极性反接，电流接入 $\dot{I}_1$（$\dot{I}_a$）、$\dot{I}_2$（$-\dot{I}_b$）、$\dot{I}_3$（$\dot{I}_c$），以此类推，可推导出其他两种错误接线。

2）接线类型为电压逆相序、电流逆相序，电流对应电压的相别为 1、2、3，电流极性不反接状态下，功率因数绝对值为"小"的那一相功率因数应为正值，否则，该相电流极性反接。比如负载功率因数角为 71°（感性），三组元件电压均接近于额定值，三组元件电流有一定大小且基本平衡，$\cos\varphi_1 = 0.33$，$\cos\varphi_2 = -0.33$，$\cos\varphi_3 = -0.33$，功率因数绝对值的变化规律为小→小→小，假定电压接入逆相序 $\dot{U}_1$（$\dot{U}_a$）、$\dot{U}_2$（$\dot{U}_c$）、$\dot{U}_3$（$\dot{U}_b$），则电流对应电压的相别为 1、2、3，由于 $\cos\varphi_2 = -0.33$、$\cos\varphi_3 = -0.33$ 为负值，因此第二、第三元件电流极性反接，电流接入 $\dot{I}_1$（$\dot{I}_a$）、$\dot{I}_2$（$-\dot{I}_c$）、$\dot{I}_3$（$-\dot{I}_b$），以此类推，可推导出其他两种错误接线。

（4）大→大→大。按接线类型，分以下两类。

1）接线类型为电压正相序、电流正相序，电流对应电压的相别为 2、3、1，电流极性不反接状态下，功率因数绝对值为"大"的那一相功率因数应为负值，否则，该相电流极性反接。比如负载功率因数角为 71°（感性），三组元件电压均接近于额定值，三组元件电流有一定大小且基本平衡，$\cos\varphi_1 = 0.98$，$\cos\varphi_2 = -0.98$，$\cos\varphi_3 = -0.98$，功率因数绝对值的变化规律为大→大→大，假定电压接入正相序 $\dot{U}_1$（$\dot{U}_a$）、$\dot{U}_2$（$\dot{U}_b$）、$\dot{U}_3$（$\dot{U}_c$），则电流对应电压的相别为 2、3、1，由于 $\cos\varphi_1 = 0.98$ 为正值，因此第一元件电流极性反接，电流接入 $\dot{I}_1$（$-\dot{I}_b$）、$\dot{I}_2$（$\dot{I}_c$）、$\dot{I}_3$（$\dot{I}_a$），以此类推，可推导出其他两种错误接线。

2）接线类型为电压逆相序、电流逆相序，电流对应电压的相别为 3、1、2，电流极性不反接状态下，功率因数绝对值为"大"的那一相功率因数应为负值，否则，该相电流极性反接。比如负载功率因数角为 73°（感性），三组元件电压均接近于额定值，三组元件电流有一定大小且基本平衡，$\cos\varphi_1 = 0.97$，$\cos\varphi_2 = -0.97$，$\cos\varphi_3 = -0.97$，功率因数绝对值的变化规律为大→大→大，假定电压接入逆相序 $\dot{U}_1$（$\dot{U}_a$）、$\dot{U}_2$（$\dot{U}_c$）、$\dot{U}_3$（$\dot{U}_b$），则电流对应电压的相别为 3、1、2，由于 $\cos\varphi_1 = 0.97$ 为正值，因此第一元件电流极性反接，电流接入 $\dot{I}_1$（$-\dot{I}_b$）、$\dot{I}_2$（$\dot{I}_a$）、$\dot{I}_3$（$\dot{I}_c$），以此类推，可推导出其他两种错误接线。

（5）中→中→中。按接线类型，分以下两类。

1）接线类型为电压正相序、电流正相序，电流对应电压的相别为 3、1、2，电流极性不反接状态下，功率因数绝对值为"中"的那一相功率因数应为正值，否则，该相电流极性反接。比如负载功率因数角为 77°（感性），三组元件电压均接近于额定值，三组元件电流有一定大小且基本平衡，$\cos\varphi_1 = 0.73$，$\cos\varphi_2 = -0.73$，$\cos\varphi_3 = 0.73$，功率因数绝对值的变化规律为中→中→中，假定电压接入正相序 $\dot{U}_1$（$\dot{U}_a$）、$\dot{U}_2$（$\dot{U}_b$）、$\dot{U}_3$（$\dot{U}_c$），则电流对应电压的相别为 3、1、2，由于 $\cos\varphi_2 = -0.73$ 为负值，因此第二元件电流极性反接，电流接入 $\dot{I}_1$（$\dot{I}_c$）、$\dot{I}_2$（$-\dot{I}_a$）、$\dot{I}_3$（$\dot{I}_b$），以此类推，可推导出其他两种错误接线。

2）接线类型为电压逆相序、电流逆相序，电流对应电压的相别为 2、3、1，电流极性不反接状态下，功率因数绝对值为"中"的那一相功率因数应为正值，否则，该相电流极性反接。比如负载功率因数角为 68°（感性），三组元件电压均接近于额定值，三组元件电流有一定大小且基本平衡，$\cos\varphi_1 = 0.62$，$\cos\varphi_2 = 0.62$，$\cos\varphi_3 = -0.62$，功率因数绝对值的变化规律为中→中→中，假定电压接入逆相序 $\dot{U}_1$（$\dot{U}_a$）、$\dot{U}_2$（$\dot{U}_c$）、$\dot{U}_3$（$\dot{U}_b$），则电流对应电压的相别为 2、3、1，由于 $\cos\varphi_3 = -0.62$ 为负值，因此第三元件电流极性反接，电流接入 $\dot{I}_1$（$\dot{I}_c$）、$\dot{I}_2$（$\dot{I}_b$）、$\dot{I}_3$（$-\dot{I}_a$），以此类推，可推导出其他两种错误接线。

根据以上分析，归纳Ⅰ象限60°～90°功率因数绝对值的变化规律与接线类型对应表见表11-3。

表 11-3 　　　　　　　　　功率因数绝对值的变化规律与接线类型对应表

序号	功率因数	元件角	功率因数绝对值变化规律	功率因数正负性	接线类型	具体接线
1	$\cos\varphi_1$	φ	小	+	电压正相序，电流逆相序	"小"是指电压、电流对应相，"大""中"是电流错接相
	$\cos\varphi_2$	$120°+\varphi$	大	−		
	$\cos\varphi_3$	$120°-\varphi$	中	+		
2	$\cos\varphi_1$	φ	小	+	电压逆相序，电流正相序	"小"是电压、电流对应相，"中""大"是电压错接相
	$\cos\varphi_2$	$120°-\varphi$	中	+		
	$\cos\varphi_3$	$120°+\varphi$	大	−		
3	$\cos\varphi_1$	φ	小	+	电压正相序，电流正相序	电压正相序，电流对应电压的相别为 1、2、3
	$\cos\varphi_2$	φ	小	+		
	$\cos\varphi_3$	φ	小	+		
4	$\cos\varphi_1$	$120°+\varphi$	大	−	电压正相序，电流正相序	电压正相序，电流对应电压的相别为 2、3、1
	$\cos\varphi_2$	$120°+\varphi$	大	−		
	$\cos\varphi_3$	$120°+\varphi$	大	−		
5	$\cos\varphi_1$	$120°-\varphi$	中	+	电压正相序，电流正相序	电压正相序，电流对应电压的相别为 3、1、2
	$\cos\varphi_2$	$120°-\psi$	中	+		
	$\cos\varphi_3$	$120°-\varphi$	中	+		
6	$\cos\varphi_1$	φ	小	+	电压逆相序，电流逆相序	电压逆相序，电流对应电压的相别为 1、2、3
	$\cos\varphi_2$	φ	小	+		
	$\cos\varphi_3$	φ	小	+		
7	$\cos\varphi_1$	$120°+\varphi$	大	−	电压逆相序，电流逆相序	电压逆相序，电流对应电压的相别为 3、1、2
	$\cos\varphi_2$	$120°+\varphi$	大	−		
	$\cos\varphi_3$	$120°+\varphi$	大	−		
8	$\cos\varphi_1$	$120°-\varphi$	中	+	电压逆相序，电流逆相序	电压逆相序，电流对应电压的相别为 2、3、1
	$\cos\varphi_2$	$120°-\varphi$	中	+		
	$\cos\varphi_3$	$120°-\varphi$	中	+		

4. Ⅰ象限相序特性与功率因数绝对值变化规律之间的关系

根据以上分析，结合表 11-1～表 11-3，总结出Ⅰ象限 0°～90°相序特性与功率因数绝对值变化规律之间的关系如下。

（1）电压正相序，电流逆相序。负载功率因数角分别在 0°～30°、30°～60°、60°～90°之间，功率因数绝对值的变化规律对应为大→中→小、大→小→中、大→中→小。由 0°～30°开始，每增加 30°的变化范围，变化规律相反。

（2）电压逆相序，电流正相序。负载功率因数角分别在 0°～30°、30°～60°、60°～90°之间，功率因数绝对值的变化规律对应为大→小→中、大→中→小、大→小→中。由 0°～30°开始，每增加 30°的变化范围，变化规律相反；且与电压正相序、电流逆相序同角度区间的变化规律相反。

（3）功率因数的正负性。

1）负载功率因数角为 0°～30°，功率因数绝对值为"大"的那一相为正值，"中""小"相均为负值，否则该相电流极性反接。

2）负载功率因数角为 30°～60°、60°～90°，功率因数绝对值为"大"的那一相为负值，"中""小"相均为正值，否则该相电流极性反接。

（二）感性负载Ⅲ象限

感性负载Ⅲ象限，在同一负载功率因数角的情况下，潮流方向与Ⅰ象限完全相反，三组元件功率因数值与Ⅰ象限对应元件功率因数值相比，大小相等、符号相反。以负载功率因数角 30°为变化区间，根据三组元件功率因数绝对值"大→中→小、大→小→中、大→大→大、中→中→中、小→小→小"五种变化规律，以及功率因数值的正负，三相四线智能电能表错误接线分析方法与Ⅰ象限类似，仅仅是三组元件电流极性方向与Ⅰ象限完全相反，其他分析方法一致，在此不再赘述。

比如负载功率因数角为 21°（感性），三组元件电压均接近于额定值，三组元件电流有一定大小且基本平衡，区间为Ⅲ象限 0°～30°，$\cos\varphi_1 = 0.78$，$\cos\varphi_2 = -0.16$，$\cos\varphi_3 = -0.93$。功率因数绝对值变化规律为大→中→小，接线类型则为电压正相序、电流逆相序，"中""小"相电流错接，电流极性不反接状态下，功率因数绝对值为"大"的那一相功率因数应为负值，"中""小"相的功率因数均为正值，否则，该相电流极性反接。假定电压接入正相序 $\dot{U}_1$（$\dot{U}_a$）、$\dot{U}_2$（$\dot{U}_b$）、$\dot{U}_3$（$\dot{U}_c$），则"中""小"相电流错接，即第一、第二元件电流错接，由于 $\cos\varphi_2 = -0.16$ 为负值，因此第二元件电流极性反接，电流接入 $\dot{I}_1$（$\dot{I}_b$）、$\dot{I}_2$（$-\dot{I}_a$）、$\dot{I}_3$（$\dot{I}_c$），以此类推，可推导出其他两种错误接线。

（三）容性负载Ⅳ象限

1. Ⅳ象限 0°～30°

（1）大→小→中。功率因数绝对值的变化规律为大→小→中，接线类型则为电压正相序、电流逆相序，"中""小"相电流错接。电流极性不反接状态下，功率因数绝对值为"大"的那一相功率因数应为正值，"中""小"相的功率因数均为负值，否则，该相电流极性反接。比如负载功率因数角为 15°（容性），三组元件电压均接近于额定值，三组元件电流有一定大小且基本平衡，$\cos\varphi_1 = 0.97$，$\cos\varphi_2 = 0.26$，$\cos\varphi_3 = -0.71$，功率因数绝对值的变化规律为大→小→中，假定电压接入正相序入 $\dot{U}_1$（$\dot{U}_a$）、$\dot{U}_2$（$\dot{U}_b$）、$\dot{U}_3$（$\dot{U}_c$），则"中""小"相电流错接，即第二、第三元件电流错接，由于 $\cos\varphi_2 = 0.26$ 为正值，因此第二元件电流极性反接，电流接入 $\dot{I}_1$（$\dot{I}_a$）、$\dot{I}_2$（$-\dot{I}_c$）、$\dot{I}_3$（$\dot{I}_b$），以此类推，可推导出其他两种错误接线。

（2）大→中→小。功率因数绝对值的变化规律为大→中→小，接线类型则为电压逆相序、电流正相序，"中""小"相电压错接。电流极性不反接状态下，功率因数绝对值为"大"的那一相功率因数应为正值，"中""小"相的功率因数均为负值，否则，该相电流极性反接。比如负载功率因数角为12°（容性），三组元件电压均接近于额定值，三组元件电流有一定大小且基本平衡，$\cos\varphi_1 = -0.31$，$\cos\varphi_2 = -0.98$，$\cos\varphi_3 = -0.67$，功率因数绝对值的变化规律为大→中→小，假定电流接入正相序 a、b、c，则"中""小"相电压错接，即第一、第三元件电压错接，电压接入逆相序 $\dot{U}_1$（$\dot{U}_c$）、$\dot{U}_2$（$\dot{U}_b$）、$\dot{U}_3$（$\dot{U}_a$），由于 $\cos\varphi_2 = -0.98$ 为负值，因此第二元件电流极性反接，电流接入 $\dot{I}_1$（$\dot{I}_a$）、$\dot{I}_2$（$-\dot{I}_b$）、$\dot{I}_3$（$\dot{I}_c$），以此类推，可推导出其他两种错误接线。

（3）大→大→大。按接线类型，分以下两类。

1）接线类型为电压正相序、电流正相序，电流对应电压的相别为1、2、3，电流极性不反接状态下，功率因数绝对值为"大"的那一相功率因数应为正值，否则，该相电流极性反接。比如负载功率因数角为13°（容性），三组元件电压均接近于额定值，三组元件电流有一定大小且基本平衡，$\cos\varphi_1 = 0.97$，$\cos\varphi_2 = -0.97$，$\cos\varphi_3 = 0.97$，功率因数绝对值的变化规律为大→大→大，假定电压接入正相序 $\dot{U}_1$（$\dot{U}_a$）、$\dot{U}_2$（$\dot{U}_b$）、$\dot{U}_3$（$\dot{U}_c$），则电流对应电压的相别为 1、2、3，由于 $\cos\varphi_2 = -0.97$ 为负值，因此第二元件电流极性反接，电流接入 $\dot{I}_1$（$\dot{I}_a$）、$\dot{I}_2$（$-\dot{I}_b$）、$\dot{I}_3$（$\dot{I}_c$），以此类推，可推导出其他两种错误接线。

2）接线类型为电压逆相序、电流逆相序，电流对应电压的相别为1、2、3，电流极性不反接状态下，功率因数绝对值为"大"的那一相功率因数应为正值，否则，该相电流极性反接。比如负载功率因数角为16°（容性），三组元件电压均接近于额定值，三组元件电流有一定大小且基本平衡，$\cos\varphi_1 = -0.96$，$\cos\varphi_2 = 0.96$，$\cos\varphi_3 = 0.96$，功率因数绝对值的变化规律为大→大→大，假定电压接入逆相序 $\dot{U}_1$（$\dot{U}_a$）、$\dot{U}_2$（$\dot{U}_c$）、$\dot{U}_3$（$\dot{U}_b$），则电流对应电压的相别为 1、2、3，由于 $\cos\varphi_1 = -0.96$ 为负值，因此第一元件电流极性反接，电流接入 $\dot{I}_1$（$-\dot{I}_a$）、$\dot{I}_2$（$\dot{I}_c$）、$\dot{I}_3$（$\dot{I}_b$），以此类推，可推导出其他两种错误接线。

（4）小→小→小。按接线类型，分以下两类。

1）接线类型为电压正相序、电流正相序，电流对应电压的相别为2、3、1，电流极性不反接状态下，功率因数绝对值为"小"的那一相功率因数应为负值，否则，该相电流极性反接。比如负载功率因数角为11°（容性），三组元件电压均接近于额定值，三组元件电流有一定大小且基本平衡，$\cos\varphi_1 = 0.33$，$\cos\varphi_2 = -0.33$，$\cos\varphi_3 = 0.33$，功率因数绝对值的变化规律为小→小→小，假定电压接入正相序 $\dot{U}_1$（$\dot{U}_a$）、$\dot{U}_2$（$\dot{U}_b$）、$\dot{U}_3$（$\dot{U}_c$），则电流对应电压的相别为 2、3、1，由于 $\cos\varphi_1 = 0.33$、$\cos\varphi_3 = 0.33$ 为正值，因此第一、第三元件电流极性反接，电流接入 $\dot{I}_1$（$-\dot{I}_b$）、$\dot{I}_2$（$\dot{I}_c$）、$\dot{I}_3$（$-\dot{I}_a$），以此类推，可推导出其他两种错误接线。

2）接线类型为电压逆相序、电流逆相序，电流对应电压的相别为3、1、2，电流极性不反接状态下，功率因数绝对值为"小"的那一相功率因数应为负值，否则，该相电流极性反接。比如负载功率因数角为20°（容性），三组元件电压均接近于额定值，三组元件电流有一定大小且基本平衡，$\cos\varphi_1 = 0.17$，$\cos\varphi_2 = -0.17$，$\cos\varphi_3 = -0.17$，功率因数绝对值的变化规律为小→小→小，假定电压接入逆相序 $\dot{U}_1$（$\dot{U}_a$）、$\dot{U}_2$（$\dot{U}_c$）、$\dot{U}_3$（$\dot{U}_b$），则电流对应电压的相别为 3、1、2，由于 $\cos\varphi_1 = 0.17$ 为正值，因此第一元件电流极性反接，电流接入 $\dot{I}_1$（$-\dot{I}_b$）、$\dot{I}_2$（$\dot{I}_a$）、$\dot{I}_3$（$\dot{I}_c$），以此类推，可推导出其他两种错误接线。

（5）中→中→中。按接线类型，分以下两类。

1）接线类型为电压正相序、电流正相序，电流对应电压的相别为 3、1、2，电流极性不反接状态下，功率因数绝对值为"中"的那一相功率因数应为负值，否则，该相电流极性反接。比如负载功率因数角为 23°（容性），三组元件电压均接近于额定值，三组元件电流有一定大小且基本平衡，$\cos\varphi_1 = -0.80$，$\cos\varphi_2 = -0.80$，$\cos\varphi_3 = 0.80$，功率因数绝对值的变化规律为中→中→中，假定电压接入正相序 $\dot{U}_1$（$\dot{U}_a$）、$\dot{U}_2$（$\dot{U}_b$）、$\dot{U}_3$（$\dot{U}_c$），则电流对应电压的相别为 3、1、2，由于 $\cos\varphi_3 = 0.80$ 为正值，因此第三元件电流极性反接，电流接入 $\dot{I}_1$（$\dot{I}_c$）、$\dot{I}_2$（$\dot{I}_a$）、$\dot{I}_3$（$-\dot{I}_b$），以此类推，可推导出其他两种错误接线。

2）接线类型为电压逆相序、电流逆相序，电流对应电压的相别为 2、3、1，电流极性不反接状态下，功率因数绝对值为"中"的那一相功率因数应为负值，否则，该相电流极性反接。比如负载功率因数角为 8°（容性），三组元件电压均接近于额定值，三组元件电流有一定大小且基本平衡，$\cos\varphi_1 = 0.62$，$\cos\varphi_2 = -0.62$，$\cos\varphi_3 = -0.62$，功率因数绝对值的变化规律为中→中→中，假定电压接入逆相序 $\dot{U}_1$（$\dot{U}_a$）、$\dot{U}_2$（$\dot{U}_c$）、$\dot{U}_3$（$\dot{U}_b$），则电流对应电压的相别为 2、3、1，由于 $\cos\varphi_1 = 0.62$ 为正值，因此第一元件电流极性反接，电流接入 $\dot{I}_1$（$-\dot{I}_c$）、$\dot{I}_2$（$\dot{I}_b$）、$\dot{I}_3$（$\dot{I}_a$），以此类推，可推导出其他两种错误接线。

根据以上分析，归纳Ⅳ象限 0°～30°功率因数绝对值的变化规律与接线类型对应表见表 11-4。

表 11-4　　　　　　　　功率因数绝对值的变化规律与接线类型对应表

序号	功率因数	元件角	功率因数绝对值变化规律	功率因数正负性	接线类型	具体接线
1	$\cos\varphi_1$	φ	大	+	电压正相序，电流逆相序	"大"是指电压、电流对应相，"中、小"是电流错接相
	$\cos\varphi_2$	$120°-\varphi$	小	−		
	$\cos\varphi_3$	$120°+\varphi$	中	−		
2	$\cos\varphi_1$	φ	大	+	电压逆相序，电流正相序	"大"是电压、电流对应相，"中、小"是电压错接相
	$\cos\varphi_2$	$120°+\varphi$	中	−		
	$\cos\varphi_3$	$120°-\varphi$	小	−		
3	$\cos\varphi_1$	ψ	大	+	电压正相序，电流正相序	电压正相序，电流对应电压的相别为 1、2、3
	$\cos\varphi_2$	φ	大	+		
	$\cos\varphi_3$	φ	大	+		
4	$\cos\varphi_1$	$120°-\varphi$	小	−	电压正相序，电流正相序	电压正相序，电流对应电压的相别为 2、3、1
	$\cos\varphi_2$	$120°-\varphi$	小	−		
	$\cos\varphi_3$	$120°-\varphi$	小	−		

序号	功率因数	元件角	功率因数绝对值 变化规律	功率因数 正负性	接线类型	具体接线
5	$\cos\varphi_1$	$120°+\varphi$	中	−	电压正相序， 电流正相序	电压正相序，电 流对应电压的相别 为3、1、2
	$\cos\varphi_2$	$120°+\varphi$	中	−		
	$\cos\varphi_3$	$120°+\varphi$	中	−		
6	$\cos\varphi_1$	φ	大	+	电压逆相序， 电流逆相序	电压逆相序，电 流对应电压的相别 为1、2、3
	$\cos\varphi_2$	φ	大	+		
	$\cos\varphi_3$	φ	大	+		
7	$\cos\varphi_1$	$120°-\varphi$	小	−	电压逆相序， 电流逆相序	电压逆相序，电 流对应电压的相别 为3、1、2
	$\cos\varphi_2$	$120°-\varphi$	小	−		
	$\cos\varphi_3$	$120°-\varphi$	小	−		
8	$\cos\varphi_1$	$120°+\varphi$	中	−	电压逆相序， 电流逆相序	电压逆相序，电 流对应电压的相别 为2、3、1
	$\cos\varphi_2$	$120°+\varphi$	中	−		
	$\cos\varphi_3$	$120°+\varphi$	中	−		

2. Ⅳ象限30°~60°

（1）大→中→小。功率因数绝对值的变化规律为大→中→小，接线类型则为电压正相序、电流逆相序，"大""小"相电流错接。电流极性不反接状态下，功率因数绝对值为"大"的那一相功率因数应为负值，"中""小"相的功率因数均为正值，否则，该相电流极性反接。比如负载功率因数角为39°（容性），三组元件电压均接近于额定值，三组元件电流有一定大小且基本平衡，$\cos\varphi_1=0.16$，$\cos\varphi_2=-0.93$，$\cos\varphi_3=-0.78$，功率因数绝对值的变化规律为大→中→小，假定电压接入正相序$\dot{U}_1(\dot{U}_a)$、$\dot{U}_2(\dot{U}_b)$、$\dot{U}_3(\dot{U}_c)$，则"大""小"相电流错接，即第一、第二元件电流错接，由于$\cos\varphi_3=-0.78$为负值，因此第三元件电流极性反接，电流接入$\dot{I}_1(\dot{I}_b)$、$\dot{I}_2(\dot{I}_a)$、$\dot{I}_3(-\dot{I}_c)$，以此类推，可推导出其他两种错误接线。

（2）大→小→中。功率因数绝对值的变化规律为大→小→中，接线类型则为电压逆相序、电流正相序，"大""小"相电压错接。电流极性不反接状态下，功率因数绝对值为"大"的那一相功率因数应为负值，"中""小"相的功率因数均为正值，否则，该相电流极性反接。比如负载功率因数角为51°（容性），三组元件电压均接近于额定值，三组元件电流有一定大小且基本平衡，$\cos\varphi_1=0.99$，$\cos\varphi_2=0.36$，$\cos\varphi_3=0.63$，功率因数绝对值的变化规律为大→小→中，假定电流接入正相序a、b、c，则"大""小"相电压错接，即第一、第二元件电压错接，电压接入$\dot{U}_1(\dot{U}_b)$、$\dot{U}_2(\dot{U}_a)$、$\dot{U}_3(\dot{U}_c)$，由于$\cos\varphi_1=0.99$为正值，因此第一元件电流极性反接，电流接入$\dot{I}_1(-\dot{I}_a)$、$\dot{I}_2(\dot{I}_b)$、$\dot{I}_3(\dot{I}_c)$，以此类推，可推导出其他两种错误接线。

（3）中→中→中。按接线类型，分以下两类。

1）接线类型为电压正相序、电流正相序，电流对应电压的相别为1、2、3，电流极性不反接状态下，功率因数绝对值为"中"的那一相功率因数应为正值，否则，该相电流极性反接。比如负载功率因数角为39°（容性），三组元件电压均接近于额定值，三组元件电流有一定大小且基本平衡，$\cos\varphi_1=0.78$，$\cos\varphi_2=-0.78$，$\cos\varphi_3=0.78$，功率因数绝对值的变化规律为中→中→中，假定电压接入正相序$\dot{U}_1$（$\dot{U}_a$）、$\dot{U}_2$（$\dot{U}_b$）、$\dot{U}_3$（$\dot{U}_c$），则电流对应电压的相别为 1、2、3，由于$\cos\varphi_2=-0.78$为负值，因此第二元件电流极性反接，电流接入$\dot{I}_1$（$\dot{I}_a$）、$\dot{I}_2$（$-\dot{I}_b$）、$\dot{I}_3$（$\dot{I}_c$），以此类推，可推导出其他两种错误接线。

2）接线类型为电压逆相序、电流逆相序，电流对应电压的相别为1、2、3，电流极性不反接状态下，功率因数绝对值为"中"的那一相功率因数应为正值，否则，该相电流极性反接。比如负载功率因数角为50°（容性），三组元件电压均接近于额定值，三组元件电流有一定大小且基本平衡，$\cos\varphi_1=0.64$，$\cos\varphi_2=0.64$，$\cos\varphi_3=-0.64$，功率因数绝对值的变化规律为中→中→中，假定电压接入逆相序$\dot{U}_1$（$\dot{U}_a$）、$\dot{U}_2$（$\dot{U}_c$）、$\dot{U}_3$（$\dot{U}_b$），则电流对应电压的相别为 1、2、3，由于$\cos\varphi_3=-0.64$为负值，因此第三元件电流极性反接，电流接入$\dot{I}_1$（$\dot{I}_a$）、$\dot{I}_2$（$\dot{I}_c$）、$\dot{I}_3$（$-\dot{I}_b$），以此类推，可推导出其他两种错误接线。

（4）小→小→小。按接线类型，分以下两类。

1）接线类型为电压正相序、电流正相序，电流对应电压的相别为2、3、1，电流极性不反接状态下，功率因数绝对值为"小"的那一相功率因数应为正值，否则，该相电流极性反接。比如负载功率因数角为40°（容性），三组元件电压均接近于额定值，三组元件电流有一定大小且基本平衡，$\cos\varphi_1=0.17$，$\cos\varphi_2=0.17$，$\cos\varphi_3=-0.17$，功率因数绝对值的变化规律为小→小→小，假定电压接入正相序$\dot{U}_1$（$\dot{U}_a$）、$\dot{U}_2$（$\dot{U}_b$）、$\dot{U}_3$（$\dot{U}_c$），则电流对应电压的相别为 2、3、1，由于$\cos\varphi_3=-0.17$为负值，因此第三元件电流极性反接，电流接入$\dot{I}_1$（$\dot{I}_b$）、$\dot{I}_2$（$\dot{I}_c$）、$\dot{I}_3$（$-\dot{I}_a$），以此类推，可推导出其他两种错误接线。

2）接线类型为电压逆相序、电流逆相序，电流对应电压的相别为3、1、2，电流极性不反接状态下，功率因数绝对值为"小"的那一相功率因数应为正值，否则，该相电流极性反接。比如负载功率因数角为39°（容性），三组元件电压均接近于额定值，三组元件电流有一定大小且基本平衡，$\cos\varphi_1=0.16$，$\cos\varphi_2=-0.16$，$\cos\varphi_3=0.16$，功率因数绝对值的变化规律为小→小→小，假定电压接入逆相序$\dot{U}_1$（$\dot{U}_a$）、$\dot{U}_2$（$\dot{U}_c$）、$\dot{U}_3$（$\dot{U}_b$），则电流对应电压的相别为 3、1、2，由于$\cos\varphi_2=-0.16$为负值，因此第二元件电流极性反接，电流接入$\dot{I}_1$（$\dot{I}_b$）、$\dot{I}_2$（$-\dot{I}_a$）、$\dot{I}_3$（$\dot{I}_c$），以此类推，可推导出其他两种错误接线。

（5）大→大→大。按接线类型，分以下两类。

1）接线类型为电压正相序、电流正相序，电流对应电压的相别为3、1、2，电流极性不反接状态下，功率因数绝对值为"大"的那一相功率因数应为负值，否则，该相电流极性反接。比如负载功率因数角为37°（容性），三组元件电压均接近于额定值，三组元件电流有一定大小且基本平衡，$\cos\varphi_1=0.92$，$\cos\varphi_2=-0.92$，$\cos\varphi_3=-0.92$，功率因数绝对值的变化规律为大→大→大，假定电压接入正相序$\dot{U}_1$（$\dot{U}_a$）、$\dot{U}_2$（$\dot{U}_b$）、$\dot{U}_3$（$\dot{U}_c$），则电流对应电压的相别为 3、1、2，由于$\cos\varphi_1=0.92$为正值，因此第一元件电流极性反接，电流接入$\dot{I}_1$（$-\dot{I}_c$）、$\dot{I}_2$（$\dot{I}_a$）、$\dot{I}_3$（$\dot{I}_b$），以此类推，可推导出其他两种错误接线。

2）接线类型为电压逆相序、电流逆相序，电流对应电压的相别为2、3、1，电流极性不反接状态下，功率因数绝对值为"大"的那一相功率因数应为负值，否则，该相电流极性反接。比如负载功率因数角为 51°（容性），三组元件电压均接近于额定值，三组元件电流有一定大小且基本平衡，$\cos\varphi_1 = -0.99$，$\cos\varphi_2 = -0.99$，$\cos\varphi_3 = 0.99$，功率因数绝对值的变化规律为大→大→大，假定电压接入逆相序 $\dot{U}_1（\dot{U}_a）$、$\dot{U}_2（\dot{U}_c）$、$\dot{U}_3（\dot{U}_b）$，则电流对应电压的相别为 2、3、1，由于 $\cos\varphi_3 = 0.99$ 为正值，因此第三元件电流极性反接，电流接入 $\dot{I}_1（\dot{i}_c）$、$\dot{I}_2（\dot{i}_b）$、$\dot{I}_3（-\dot{i}_a）$，以此类推，可推导出其他两种错误接线。

根据以上分析，归纳Ⅳ象限 30°～60°功率因数绝对值的变化规律与接线类型对应表见表 11-5。

表 11-5　　　　　　　　功率因数绝对值的变化规律与接线类型对应表

序号	功率因数	元件角	功率因数绝对值变化规律	功率因数正负性	接线类型	具体接线
1	$\cos\varphi_1$	φ	中	+	电压正相序，电流逆相序	"中"是指电压、电流对应相，"大、小"是电流错接相
	$\cos\varphi_2$	$120°-\varphi$	小	+		
	$\cos\varphi_3$	$120°+\varphi$	大	−		
2	$\cos\varphi_1$	φ	中	+	电压逆相序，电流正相序	"中"是电压、电流对应相，"大、小"是电压错接相
	$\cos\varphi_2$	$120°+\varphi$	大	−		
	$\cos\varphi_3$	$120°-\varphi$	小	+		
3	$\cos\varphi_1$	φ	中	+	电压正相序，电流正相序	电压正相序，电流对应电压的相别为 1、2、3
	$\cos\varphi_2$	φ	中	+		
	$\cos\varphi_3$	φ	中	+		
4	$\cos\varphi_1$	$120°-\varphi$	小	+	电压正相序，电流正相序	电压正相序，电流对应电压的相别为 2、3、1
	$\cos\varphi_2$	$120°-\varphi$	小	+		
	$\cos\varphi_3$	$120°-\varphi$	小	+		
5	$\cos\varphi_1$	$120°+\varphi$	大	−	电压正相序，电流正相序	电压正相序，电流对应电压的相别为 3、1、2
	$\cos\varphi_2$	$120°+\varphi$	大	−		
	$\cos\varphi_3$	$120°+\varphi$	大	−		
6	$\cos\varphi_1$	φ	中	+	电压逆相序，电流逆相序	电压逆相序，电流对应电压的相别为 1、2、3
	$\cos\varphi_2$	φ	中	+		
	$\cos\varphi_3$	φ	中	+		
7	$\cos\varphi_1$	$120°-\varphi$	小	+	电压逆相序，电流逆相序	电压逆相序，电流对应电压的相别为 3、1、2
	$\cos\varphi_2$	$120°-\varphi$	小	+		
	$\cos\varphi_3$	$120°-\varphi$	小	+		
8	$\cos\varphi_1$	$120°+\varphi$	大	−	电压逆相序，电流逆相序	电压逆相序，电流对应电压的相别为 2、3、1
	$\cos\varphi_2$	$120°+\varphi$	大	−		
	$\cos\varphi_3$	$120°+\varphi$	大	−		

3. Ⅳ象限 60°～90°

（1）大→小→中。功率因数绝对值的变化规律为大→小→中，接线类型则为电压正相序、电流逆相序，"大""中"相电流错接。电流极性不反接状态下，功率因数绝对值为"大"的那一相功率因数应为负值，"中""小"相的功率因数均为正值，否则，该相电流极性反接。比如负载功率因数角为 68°（容性），三组元件电压均接近于额定值，三组元件电流有一定大小且基本平衡，$\cos\varphi_1=0.99$，$\cos\varphi_2=0.37$，$\cos\varphi_3=0.62$，功率因数绝对值的变化规律为大→小→中，假定电压接入正相序 $\dot{U}_1$（$\dot{U}_a$）、$\dot{U}_2$（$\dot{U}_b$）、$\dot{U}_3$（$\dot{U}_c$），则"大""中"相电流错接，即第一、第三元件电流错接，由于 $\cos\varphi_1=0.99$ 为正值，因此第一元件电流极性反接，电流接入 $\dot{I}_1$（$-\dot{I}_c$）、$\dot{I}_2$（$\dot{I}_b$）、$\dot{I}_3$（$\dot{I}_a$），以此类推，可推导出其他两种错误接线。

（2）大→中→小。功率因数绝对值的变化规律为大→中→小，接线类型则为电压逆相序、电流正相序，"大""中"相电压错接。电流极性不反接状态下，功率因数绝对值为"大"的那一相功率因数应为负值，"中""小"相的功率因数均为正值，否则，该相电流极性反接。比如负载功率因数角为 73°（容性），三组元件电压均接近于额定值，三组元件电流有一定大小且基本平衡，$\cos\varphi_1=0.29$，$\cos\varphi_2=0.97$，$\cos\varphi_3=-0.68$，功率因数绝对值的变化规律为大→中→小，假定电流接入正相序 a、b、c，则"大""中"相电压错接，即第二、第三元件电压错接，电压接入逆相序 $\dot{U}_1$（$\dot{U}_a$）、$\dot{U}_2$（$\dot{U}_c$）、$\dot{U}_3$（$\dot{U}_b$），由于 $\cos\varphi_2=0.97$ 为正值，$\cos\varphi_3=-0.68$ 为负值，因此第二、第三元件电流极性反接，电流接入 $\dot{I}_1$（$\dot{I}_a$）、$\dot{I}_2$（$-\dot{I}_b$）、$\dot{I}_3$（$-\dot{I}_c$），以此类推，可推导出其他两种错误接线。

（3）小→小→小。按接线类型，分以下两类。

1）接线类型为电压正相序、电流正相序，电流对应电压的相别为 1、2、3，电流极性不反接状态下，功率因数绝对值为"小"的那一相功率因数应为正值，否则，该相电流极性反接。比如负载功率因数角为 70°（容性），三组元件电压均接近于额定值，三组元件电流有一定大小且基本平衡，$\cos\varphi_1=0.34$，$\cos\varphi_2=-0.34$，$\cos\varphi_3=0.34$，功率因数绝对值的变化规律为小→小→小，假定电压接入正相序 $\dot{U}_1$（$\dot{U}_a$）、$\dot{U}_2$（$\dot{U}_b$）、$\dot{U}_3$（$\dot{U}_c$），则电流对应电压的相别为 1、2、3，由于 $\cos\varphi_2=-0.34$ 为负值，因此第二元件电流极性反接，电流接入 $\dot{I}_1$（$\dot{I}_a$）、$\dot{I}_2$（$-\dot{I}_b$）、$\dot{I}_3$（$\dot{I}_c$），以此类推，可推导出其他两种错误接线。

2）接线类型为电压逆相序、电流逆相序，电流对应电压的相别为 1、2、3，电流极性不反接状态下，功率因数绝对值为"小"的那一相功率因数应为正值，否则，该相电流极性反接。比如负载功率因数角为 73°（容性），三组元件电压均接近于额定值，三组元件申流有一定大小且基本平衡，$\cos\varphi_1=0.29$，$\cos\varphi_2=0.29$，$\cos\varphi_3=-0.29$，功率因数绝对值的变化规律为小→小→小，假定电压接入逆相序 $\dot{U}_1$（$\dot{U}_a$）、$\dot{U}_2$（$\dot{U}_c$）、$\dot{U}_3$（$\dot{U}_b$），则电流对应电压的相别为 1、2、3，由于 $\cos\varphi_3=-0.29$ 为负值，因此第三元件电流极性反接，电流接入 $\dot{I}_1$（$\dot{I}_a$）、$\dot{I}_2$（$\dot{I}_c$）、$\dot{I}_3$（$-\dot{I}_b$），以此类推，可推导出其他两种错误接线。

（4）中→中→中。按接线类型，分以下两类。

1）接线类型为电压正相序、电流正相序，电流对应电压的相别为 2、3、1，电流极性不反接状态下，功率因数绝对值为"中"的那一相功率因数应为正值，否则，该相电流极性反接。比如负载功率因数角为 68°（容性），三组元件电压均接近于额定值，三组元件电流有一定大小且基本平衡，$\cos\varphi_1 = -0.62$，$\cos\varphi_2 = 0.62$，$\cos\varphi_3 = 0.62$，功率因数绝对值的变化规律为中→中→中，假定电压接入正相序 $\dot{U}_1$（$\dot{U}_a$）、$\dot{U}_2$（$\dot{U}_b$）、$\dot{U}_3$（$\dot{U}_c$），则电流对应电压的相别为 2、3、1，由于 $\cos\varphi_1 = -0.62$ 为负值，因此第一元件电流极性反接，电流接入 $\dot{I}_1$（$-\dot{I}_b$）、$\dot{I}_2$（$\dot{I}_c$）、$\dot{I}_3$（$\dot{I}_a$），以此类推，可推导出其他两种错误接线。

2）接线类型为电压逆相序、电流逆相序，电流对应电压的相别为 3、1、2，电流极性不反接状态下，功率因数绝对值为"中"的那一相功率因数应为正值，否则，该相电流极性反接。比如负载功率因数角为 73°（容性），三组元件电压均接近于额定值，三组元件电流有一定大小且基本平衡，$\cos\varphi_1 = 0.68$，$\cos\varphi_2 = -0.68$，$\cos\varphi_3 = 0.68$，功率因数绝对值的变化规律为中→中→中，假定电压接入逆相序 $\dot{U}_1$（$\dot{U}_a$）、$\dot{U}_2$（$\dot{U}_c$）、$\dot{U}_3$（$\dot{U}_b$），则电流对应电压的相别为 3、1、2，由于 $\cos\varphi_2 = -0.68$ 为负值，因此第二元件电流极性反接，电流接入 $\dot{I}_1$（$\dot{I}_b$）、$\dot{I}_2$（$-\dot{I}_a$）、$\dot{I}_3$（$\dot{I}_c$），以此类推，可推导出其他两种错误接线。

（5）大→大→大。按接线类型，分以下两类。

1）接线类型为电压正相序、电流正相序，电流对应电压的相别为 3、1、2，电流极性不反接状态下，功率因数绝对值为"大"的那一相功率因数应为负值，否则，该相电流极性反接。比如负载功率因数角为 73°（容性），三组元件电压均接近于额定值，三组元件电流有一定大小且基本平衡，$\cos\varphi_1 = -0.97$，$\cos\varphi_2 = -0.97$，$\cos\varphi_3 = 0.97$，功率因数绝对值的变化规律为大→大→大，假定电压接入正相序 $\dot{U}_1$（$\dot{U}_a$）、$\dot{U}_2$（$\dot{U}_b$）、$\dot{U}_3$（$\dot{U}_c$），则电流对应电压的相别为 3、1、2，由于 $\cos\varphi_3 = 0.97$ 为正值，因此第三元件电流极性反接，电流接入 $\dot{I}_1$（$\dot{I}_c$）、$\dot{I}_2$（$\dot{I}_a$）、$\dot{I}_3$（$-\dot{I}_b$），以此类推，可推导出其他两种错误接线。

2）接线类型为电压逆相序、电流逆相序，电流对应电压的相别为 2、3、1，电流极性不反接状态下，功率因数绝对值为"大"的那一相功率因数应为负值，否则，该相电流极性反接。比如负载功率因数角为 79°（容性），三组元件电压均接近于额定值，三组元件电流有一定大小且基本平衡，$\cos\varphi_1 = 0.95$，$\cos\varphi_2 = -0.95$，$\cos\varphi_3 = -0.95$，功率因数绝对值的变化规律为大→大→大，假定电压接入逆相序 $\dot{U}_1$（$\dot{U}_a$）、$\dot{U}_2$（$\dot{U}_c$）、$\dot{U}_3$（$\dot{U}_b$），则电流对应电压的相别为 2、3、1，由于 $\cos\varphi_1 = 0.95$ 为正值，因此第一元件电流极性反接，电流接入 $\dot{I}_1$（$-\dot{I}_c$）、$\dot{I}_2$（$\dot{I}_b$）、$\dot{I}_3$（$\dot{I}_a$），以此类推，可推导出其他两种错误接线。

根据以上分析，归纳Ⅳ象限 60°～90°功率因数绝对值的变化规律与接线类型对应表见表 11-6。

表 11-6　　　　　　　　功率因数绝对值的变化规律与接线类型对应表

序号	功率因数	元件角	功率因数绝对值变化规律	功率因数正负性	接线类型	具体接线
1	$\cos\varphi_1$	φ	小	+	电压正相序，电流逆相序	"小"是指电压、电流对应相，"大、中"是电流错接相
	$\cos\varphi_2$	$120° - \varphi$	中	+		
	$\cos\varphi_3$	$120° + \varphi$	大	−		

续表

序号	功率因数	元件角	功率因数绝对值 变化规律	功率因数 正负性	接线类型	具体接线
2	$\cos\varphi_1$	φ	小	+	电压逆相序， 电流正相序	"小"是电压、电流对应相，"大、中"是电压错接相
	$\cos\varphi_2$	$120°+\varphi$	大	−		
	$\cos\varphi_3$	$120°-\varphi$	中	+		
3	$\cos\varphi_1$	φ	小	+	电压正相序， 电流正相序	电压正相序，电流对应电压的相别为1、2、3
	$\cos\varphi_2$	φ	小	+		
	$\cos\varphi_3$	φ	小	+		
4	$\cos\varphi_1$	$120°-\varphi$	中	+	电压正相序， 电流正相序	电压正相序，电流对应电压的相别为2、3、1
	$\cos\varphi_2$	$120°-\varphi$	中	+		
	$\cos\varphi_3$	$120°-\varphi$	中	+		
5	$\cos\varphi_1$	$120°+\varphi$	大	−	电压正相序， 电流正相序	电压正相序，电流对应电压的相别为3、1、2
	$\cos\varphi_2$	$120°+\varphi$	大	−		
	$\cos\varphi_3$	$120°+\varphi$	大	−		
6	$\cos\varphi_1$	φ	小	+	电压逆相序， 电流逆相序	电压逆相序，电流对应电压的相别为1、2、3
	$\cos\varphi_2$	φ	小	+		
	$\cos\varphi_3$	φ	小	+		
7	$\cos\varphi_1$	$120°-\varphi$	中	+	电压逆相序， 电流逆相序	电压逆相序，电流对应电压的相别为3、1、2
	$\cos\varphi_2$	$120°-\varphi$	中	+		
	$\cos\varphi_3$	$120°-\varphi$	中	+		
8	$\cos\varphi_1$	$120°+\varphi$	大	−	电压逆相序， 电流逆相序	电压逆相序，电流对应电压的相别为2、3、1
	$\cos\varphi_2$	$120°+\varphi$	大	−		
	$\cos\varphi_3$	$120°+\varphi$	大	−		

4. Ⅳ象限相序特性与功率因数绝对值变化规律之间的关系

根据以上分析，结合表11-4～表11-6，总结出Ⅳ象限 0°～90°相序特性与功率因数绝对值变化规律之间的关系如下。

（1）电压正相序，电流逆相序。负载功率因数角分别在0°～30°、30°～60°、60°～90°之间，功率因数绝对值的变化规律对应为大→小→中、大→中→小、大→小→中。由0°～−30°开始，每增加30°的变化范围，变化规律相反；与感性Ⅰ象限0°～30°、30°～60°、60°～90°对应比较，变化规律也相反。

（2）电压逆相序，电流正相序。负载功率因数角分别在 0°～30°、30°～60°、60°～90°之间，功率因数绝对值的变化规律对应为大→中→小、大→小→中、大→中→小。由0°～−30°开始，每增加30°的变化范围，变化规律相反；且与电压正相序、电流逆相序同角度区间的变化规律相反；与感性Ⅰ象限0°～30°、30°～60°、60°～90°对应比较，变化规律也相反。

（3）功率因数的正负性。

1）负载功率因数角为 0°～30°，功率因数绝对值为"大"的那一相为正值，"中""小"相均为负值，否则该相电流极性反接。

2）负载功率因数角为 30°～60°、60°～90°，功率因数绝对值为"大"的那一相为负值，"中""小"相均为正值，否则该相电流极性反接。

与感性 I 象限 0°～30°、30°～60°、60°～90°对应比较，功率因数正负性变化规律一致。

5. 容性负载 II 象限

容性负载 II 象限，在同一负载功率因数角的情况下，潮流方向与 IV 象限完全相反，三组元件功率因数值与 IV 象限对应元件功率因数值相比，大小相等、符号相反。以负载功率因数角 30°为变化区间，根据三组元件功率因数绝对值"大→中→小、大→小→中、大→大→大、中→中→中、小→小→小"五种变化规律，以及功率因数值的正负，三相四线智能电能表错误接线分析方法与 IV 象限类似，仅仅是三组元件电流极性方向与 IV 象限完全相反，其他分析方法一致，在此不再赘述。

比如负载功率因数角为 23°（容性），区间为 II 象限 0°～30°，$\cos\varphi_1 = 0.12$，$\cos\varphi_2 = 0.80$，$\cos\varphi_3 = 0.92$。功率因数绝对值的变化规律为大→小→中，接线类型则为电压正相序、电流逆相序，"中""小"相电流错接，电流极性不反接状态下，功率因数绝对值为"大"的那一相功率因数应为负值，"中""小"相的功率因数均为正值，否则，该相电流极性反接。假定电压接入正相序 $\dot{U}_1$（$\dot{U}_a$）、$\dot{U}_2$（$\dot{U}_b$）、$\dot{U}_3$（$\dot{U}_c$），则"中""小"相电流错接，即第一、第二元件电流错接，由于 $\cos\varphi_3 = 0.92$ 为正值，因此第三元件电流极性反接，电流接入 $\dot{I}_1$（$\dot{I}_b$）、$\dot{I}_2$（$\dot{I}_a$）、$\dot{I}_3$（$-\dot{I}_c$），以此类推，可推导出其他两种错误接线。

第二节 功率因数分析错误接线的步骤与方法

运用三相四线智能电能表功率因数进行错误接线分析，需要的参数主要有电压相序、各元件电压、各元件电流、总功率因数、各元件功率因数，按照以下步骤和方法分析判断。

一、分析电压

分析三相四线智能电能表的各元件电压是否基本平衡，是否接近于额定值，二次回路是否失压，电压互感器极性是否反接。

二、分析电流

分析三相四线智能电能表的各元件电流是否基本平衡，是否有一定负荷电流，各元件电流正负性是否与一次负荷潮流方向对应，电流互感器二次回路是否存在故障。

三、分析功率因数，确定接线类型

（1）确定感性负载或容性负载，以及一次负荷潮流方向，分析三相四线智能电能表总功率因数的大小及正负，判断是否与负载功率因数角对应，运行象限与一次负荷潮流方向是否一致。

（2）分析三组元件功率因数绝对值的变化规律，判断属于"大→中→小、大→小→中、大→大→大、中→中→中、小→小→小"中的哪一种，根据负载性质和负载功率因数角范围，确定接线类型。如为大→大→大、中→中→中、小→小→小，则根据三相四线智能电能表显示的电压相序，确定对应的接线类型。接线类型共计电压正相序、电流正相序，电压正相序、电流逆相序，电压逆相序、电流正相序，电压逆相序、电流逆相序四种情况。

四、接线分析

根据接线类型，以及三组元件功率因数值的正负，结合第十一章第一节阐述的负载功率因数角分别在 0°～30°、30°～60°、60°～90°之间，运行于 I、II、III、IV象限，分析电压、电流接入情况，分析电流极性是否反接，确定错误接线类型。

五、计算退补电量

根据错误接线类型，计算更正系数，结合故障期间抄见电量，计算退补电量，完成电量的退补。

六、更正接线

实际生产中，必须按照各项安全管理规定，严格履行保证安全的组织措施和技术措施，根据错误接线结论，检查接入三相四线智能电能表的实际二次电压和二次电流，根据现场实际的错误接线，按照正确接线方式更正。

第三节　I象限错误接线实例分析

一、0°～30°（感性负载）错误接线实例分析

（一）实例一

10kV 专用变压器用电用户，在 0.4kV 侧采用高供低计计量方式，接线方式为三相四线，电流互感器变比为 300A/5A，电能表为 3×220/380V、3×1.5（6）A 的智能电能表。智能电能表测量参数数据为：U_a=229.7V，U_b=230.8V，U_c=229.7V，U_{ab}=395.2V，U_{cb}=396.9V，U_{ac}=395.7V，I_a= −0.99A，I_b= −0.96A，I_c= −0.97A，$\cos\varphi_1 = -0.73$，$\cos\varphi_2 = -0.22$，$\cos\varphi_3 = -0.96$，$\cos\varphi = -0.96$。已知负载功率因数角为 17°（感性），10kV 供电线路向专用变压器输入有功功率、无功功率，负载基本对称，分析是否存在故障与异常，接线是否正确。

1. 故障与异常分析

（1）由于负载功率因数角 17°（感性）在 I 象限 0°～30°之间，因此，一次负荷潮流状态为+P、+Q，总功率因数、各元件功率因数应接近于 0.96，绝对值均为"大"，数值均为正。错误接线状态下，"大"相的功率因数绝对值接近 0.96，"中"相的功率因数绝对值接近 0.73，"小"相的功率因数绝对值接近 0.22。

（2）第一元件 I_a= −0.99A，第二元件 I_b= −0.96A，第三元件 I_c= −0.97A，为负电流，三组元件电流均异常。

（3）$\cos\varphi = -0.96$，绝对值为"大"，但数值为负，总功率因数异常；$\cos\varphi_1 = -0.73$，绝对值为"中"，且数值为负，第一元件功率因数异常；$\cos\varphi_2 = -0.22$，绝对值为"小"，

且数值为负，第二元件功率因数异常；$\cos\varphi_3 = -0.96$，绝对值为"大"，但数值为负，第三元件功率因数异常。

2. 接线分析

（1）确定接线类型。$|\cos\varphi_1| \rightarrow |\cos\varphi_2| \rightarrow |\cos\varphi_3|$ 为 $0.73 \rightarrow 0.22 \rightarrow 0.96$，由功率因数绝对值为"大"的 0.96 开始，依次循环，变化规律为大→中→小，接线类型为电压正相序、电流逆相序。

（2）接线分析。第一种错误接线，假定电压接入正相序 $\dot{U}_1$（$\dot{U}_a$）、$\dot{U}_2$（$\dot{U}_b$）、$\dot{U}_3$（$\dot{U}_c$），则"中""小"相电流错接，即第一、第二元件电流错接，由于 $\cos\varphi_3 = -0.96$，第三元件电流极性反接，因此电流接入 $\dot{I}_1$（$\dot{I}_b$）、$\dot{I}_2$（$\dot{I}_a$）、$\dot{I}_3$（$-\dot{I}_c$）。依据变化规律，推导出第二种、第三种错误接线，三种错误接线类型不一致，但更正系数一致，现场接线是三种错误接线中的一种，错误接线结论见表 11-7。

表 11-7　　　　　　　　　　　错误接线结论表

种类 参数	电压接入			电流接入		
	$\dot{U}_1$	$\dot{U}_2$	$\dot{U}_3$	$\dot{I}_1$	$\dot{I}_2$	$\dot{I}_3$
第一种	$\dot{U}_a$	$\dot{U}_b$	$\dot{U}_c$	$\dot{I}_b$	$\dot{I}_a$	$-\dot{I}_c$
第二种	$\dot{U}_b$	$\dot{U}_c$	$\dot{U}_a$	$\dot{I}_c$	$\dot{I}_b$	$-\dot{I}_a$
第三种	$\dot{U}_c$	$\dot{U}_a$	$\dot{U}_b$	$\dot{I}_a$	$\dot{I}_c$	$-\dot{I}_b$

（二）实例二

110kV 专用线路用电用户，计量点设置在系统变电站 110kV 线路出线处，采用高供高计计量方式，接线方式为三相四线，电流互感器变比为 200A/5A，电能表为 $3 \times 57.7/100V$、$3 \times 1.5(6)A$ 的智能电能表。智能电能表测量参数数据为：U_a=60.1V，U_b=59.7，U_c=60.2V，U_{ab}=103.9V，U_{cb}=103.7V，U_{ac}=103.5V，I_a=0.91A，I_b=0.93A，I_c= −0.95A，$\cos\varphi_1 = 0.80$，$\cos\varphi_2 = 0.92$，$\cos\varphi_3 = -0.12$，$\cos\varphi = 0.79$。已知负载功率因数角为 23°（感性），母线向 110kV 供电线路输入有功功率、无功功率，负载基本对称，分析是否存在故障与异常，接线是否正确。

1. 故障与异常分析

（1）由于负载功率因数角 23°（感性）在 Ⅰ 象限 0°～30°之间，因此，一次负荷潮流状态为 +P、+Q，总功率因数、各元件功率因数应接近于 0.92，绝对值均为"大"，数值均为正。错误接线状态下，"大"相的功率因数绝对值接近 0.92，"中"相的功率因数绝对值接近 0.80，"小"相的功率因数绝对值接近 0.12。

（2）第三元件 I_c= −0.95A，为负电流，第三元件电流异常。

（3）$\cos\varphi = 0.79$，数值为正，但绝对值为"中"，总功率因数异常；$\cos\varphi_1 = 0.80$，数值为正，但绝对值为"中"，第一元件功率因数异常；$\cos\varphi_3 = -0.12$，绝对值为"小"，且数值为负，第三元件功率因数异常。

2. 接线分析

（1）确定接线类型。$|\cos\varphi_1| \to |\cos\varphi_2| \to |\cos\varphi_3|$ 为 0.80→0.92→0.12，由功率因数绝对值为"大"的 0.92 开始依次循环，变化规律为大→小→中，接线类型为电压逆相序、电流正相序。

（2）接线分析。第一种错误接线，假定电流接入正相序 a、b、c，则"中""小"相电压错接，即第一、第三元件电压错接，电压接入逆相序 $\dot{U}_1$（$\dot{U}_c$）、$\dot{U}_2$（$\dot{U}_b$）、$\dot{U}_3$（$\dot{U}_a$），由于 $\cos\varphi_1 = 0.80$，第一元件电流极性反接，因此电流接入 $\dot{I}_1$（$-\dot{I}_a$）、$\dot{I}_2$（$\dot{I}_b$）、$\dot{I}_3$（$\dot{I}_c$）。依据变化规律，推导出第二种、第三种错误接线，三种错误接线类型不一致，但更正系数一致，现场接线是三种错误接线中的一种，错误接线结论见表 11-8。

表 11-8　　　　　　　　　　　　　错 误 接 线 结 论 表

种类 参数	电压接入			电流接入		
	$\dot{U}_1$	$\dot{U}_2$	$\dot{U}_3$	$\dot{I}_1$	$\dot{I}_2$	$\dot{I}_3$
第一种	$\dot{U}_c$	$\dot{U}_b$	$\dot{U}_a$	$-\dot{I}_a$	$\dot{I}_b$	$\dot{I}_c$
第二种	$\dot{U}_a$	$\dot{U}_c$	$\dot{U}_b$	$-\dot{I}_b$	$\dot{I}_c$	$\dot{I}_a$
第三种	$\dot{U}_b$	$\dot{U}_a$	$\dot{U}_c$	$-\dot{I}_c$	$\dot{I}_a$	$\dot{I}_b$

（三）实例三

110kV 专线用电用户，计量点设置在系统变电站 110kV 线路出线处，采用高供高计计量方式，接线方式为三相四线，电流互感器变比为 300A/5A，电能表为 3×57.7/100V、3×1.5（6）A 的智能电能表。智能电能表测量参数数据为：显示电压正相序，U_a=60.2V，U_b=59.9V，U_c=59.5V，U_{ab}=103.9V，U_{cb}=103.5V，U_{ac}=103.7V，I_a= −0.67A，I_b=0.65A，I_c= −0.62A，$\cos\varphi_1 = -0.73$，$\cos\varphi_2 = 0.73$，$\cos\varphi_3 = -0.73$，$\cos\varphi = -0.73$。已知负载功率因数角为 17°（感性），母线向 110kV 供电线路输入有功功率、无功功率，负载基本对称，分析是否存在故障与异常，接线是否正确。

1. 故障与异常分析

（1）由于负载功率因数角 17°（感性）在 Ⅰ 象限 0°～30°之间，因此，一次负荷潮流状态为+P、+Q，总功率因数、各元件功率因数应接近于 0.96，绝对值均为"大"，数值均为正。错误接线状态下，"大"相的功率因数绝对值接近 0.96，"中"相的功率因数绝对值接近 0.73，"小"相的功率因数绝对值接近 0.22。

（2）第一元件 I_a= −0.67A，第三元件 I_c= −0.62A，为负电流，第　元件、第二元件电流异常。

（3）$\cos\varphi = -0.73$，绝对值为"中"，且数值为负，总功率因数异常；$\cos\varphi_1 = -0.73$，绝对值为"中"，且数值为负，第一元件功率因数异常；$\cos\varphi_2 = 0.73$，数值为正，但绝对值为"中"，第二元件功率因数异常；$\cos\varphi_3 = -0.73$，绝对值为"中"，且数值为负，第三元件功率因数异常。

2. 接线分析

（1）确定接线类型。$|\cos\varphi_1| \to |\cos\varphi_2| \to |\cos\varphi_3|$ 为 0.73→0.73→0.73，由功率因数绝对值为"中"的 0.73 开始依次循环，变化规律为中→中→中，由于智能电能表显示电压正相序，因此接线类型为电压正相序、电流正相序。

（2）接线分析。第一种错误接线，假定电压接入正相序 $\dot{U}_1$（$\dot{U}_a$）、$\dot{U}_2$（$\dot{U}_b$）、$\dot{U}_3$（$\dot{U}_c$），则电流对应电压的相别为 2、3、1，由于 $\cos\varphi_2 = 0.73$，第二元件电流极性反接，因此电流接入 $\dot{I}_1$（$\dot{I}_b$）、$\dot{I}_2$（$-\dot{I}_c$）、$\dot{I}_3$（$\dot{I}_a$）。依据变化规律，推导出第二种、第三种错误接线，三种错误接线类型不一致，但更正系数一致，现场接线是三种错误接线中的一种，错误接线结论见表 11-9。

表 11-9　　　　　　　　　　　　错 误 接 线 结 论 表

种类 参数	电压接入			电流接入		
	$\dot{U}_1$	$\dot{U}_2$	$\dot{U}_3$	$\dot{I}_1$	$\dot{I}_2$	$\dot{I}_3$
第一种	$\dot{U}_a$	$\dot{U}_b$	$\dot{U}_c$	$\dot{I}_b$	$-\dot{I}_c$	$\dot{I}_a$
第二种	$\dot{U}_c$	$\dot{U}_a$	$\dot{U}_b$	$\dot{I}_a$	$-\dot{I}_b$	$\dot{I}_c$
第三种	$\dot{U}_b$	$\dot{U}_c$	$\dot{U}_a$	$\dot{I}_c$	$-\dot{I}_a$	$\dot{I}_b$

（四）实例四

110kV 专线用电用户，计量点设置在系统变电站 110kV 线路出线处，采用高供高计计量方式，接线方式为三相四线，电流互感器变比为 300A/5A，电能表为 3×57.7/100V、3×1.5（6）A 的智能电能表。智能电能表测量参数数据为：显示电压逆相序，U_a=60.1V，U_b=60.2V，U_c=59.7V，U_{ab}=103.6V，U_{cb}=103.5V，U_{ac}=103.9V，I_a= −0.73A，I_b=0.77A，I_c=0.75A，$\cos\varphi_1 = -0.97$，$\cos\varphi_2 = 0.97$，$\cos\varphi_3 = 0.97$，$\cos\varphi = 0.97$。已知负载功率因数角为 15°（感性），母线向 110kV 供电线路输入有功功率、无功功率，负载基本对称，分析是否存在故障与异常，接线是否正确。

1. 故障与异常分析

（1）由于负载功率因数角 15°（感性）在 I 象限 0°~30°之间，因此，一次负荷潮流状态为+P、+Q，总功率因数、各元件功率因数应接近于 0.97，绝对值均为"大"，数值均为正。错误接线状态下，"大"相的功率因数绝对值接近 0.97，"中"相的功率因数绝对值接近 0.71，"小"相的功率因数绝对值接近 0.26。

（2）智能电能表显示电压逆相序，电压相序异常。

（3）第一元件 I_a= −0.73A，为负电流，第一元件电流异常。

（4）$\cos\varphi_1 = -0.97$，绝对值为"大"，但数值为负，第一元件功率因数异常。

2. 接线分析

（1）确定接线类型。$|\cos\varphi_1| \to |\cos\varphi_2| \to |\cos\varphi_3|$ 为 0.97→0.97→0.97，由功率因数绝对值为"大"的 0.97 开始依次循环，变化规律为大→大→大，由于智能电能表显示电压逆相序，因此接线类型为电压逆相序、电流逆相序。

（2）接线分析。第一种错误接线，假定电压接入逆相序$\dot{U}_1$（$\dot{U}_a$）、$\dot{U}_2$（$\dot{U}_c$）、$\dot{U}_3$（$\dot{U}_b$），则电流对应电压的相别为 1、2、3，由于$\cos\varphi_1 = -0.97$，第一元件电流极性反接，因此电流接入$\dot{I}_1$（$-\dot{I}_a$）、$\dot{I}_2$（$\dot{I}_c$）、$\dot{I}_3$（$\dot{I}_b$）。依据变化规律，推导出第二种、第三种错误接线，三种错误接线类型不一致，但更正系数一致，现场接线是三种错误接线中的一种，错误接线结论见表 11-10。

表 11-10　　　　　　　　　　错 误 接 线 结 论 表

种类 参数	电压接入			电流接入		
	$\dot{U}_1$	$\dot{U}_2$	$\dot{U}_3$	$\dot{I}_1$	$\dot{I}_2$	$\dot{I}_3$
第一种	$\dot{U}_a$	$\dot{U}_c$	$\dot{U}_b$	$-\dot{I}_a$	$\dot{I}_c$	$\dot{I}_b$
第二种	$\dot{U}_b$	$\dot{U}_a$	$\dot{U}_c$	$-\dot{I}_b$	$\dot{I}_a$	$\dot{I}_c$
第三种	$\dot{U}_c$	$\dot{U}_b$	$\dot{U}_a$	$-\dot{I}_c$	$\dot{I}_b$	$\dot{I}_a$

（五）实例五

10kV 配电变压器台区，在 0.4kV 侧出口设置计量点，接线方式为三相四线，电流互感器变比为 800A/5A，电能表为 3×220/380V、3×1.5（6）A 的智能电能表。智能电能表测量参数数据为：显示电压正相序，U_a=230.3V，U_b=229.5V，U_c=229.2V，U_{ab}=398.2V，U_{cb}=399.9V，U_{ac}=398.7V，I_a= −0.85A，I_b= −0.89A，I_c= −0.86A，$\cos\varphi_1 = -0.17$，$\cos\varphi_2 = -0.17$，$\cos\varphi_3 = -0.17$，$\cos\varphi = -0.17$。已知负载功率因数角为 20°（感性），10kV 供电线路向配电变压器台区输入有功功率、无功功率，负载基本对称，分析是否存在故障与异常，接线是否正确。

1. 故障与异常分析

（1）由于负载功率因数角 20°（感性）在 I 象限 0°～30°之间，因此，一次负荷潮流状态为+P、+Q，总功率因数、各元件功率因数应接近于 0.94，绝对值均为"大"，数值均为正。错误接线状态下，"大"相的功率因数绝对值接近 0.94，"中"相的功率因数绝对值接近 0.77，"小"相的功率因数绝对值接近 0.17。

（2）第一元件 I_a= −0.85A，第二元件 I_b= −0.89A，第三元件 I_c= −0.86A，为负电流，三组元件电流均异常。

（3）$\cos\varphi = -0.17$，绝对值为"小"，且数值为负，总功率因数异常；$\cos\varphi_1 = -0.17$，绝对值为"小"，且数值为负，第一元件功率因数异常；$\cos\varphi_2 = -0.17$，绝对值为"小"，且数值为负，第二元件功率因数异常；$\cos\varphi_3 = -0.17$，绝对值为"小"，且数值为负，第三元件功率因数异常。

2. 接线分析

（1）确定接线类型。$|\cos\varphi_1| \to |\cos\varphi_2| \to |\cos\varphi_3|$ 为 0.17→0.17→0.17，由功率因数绝对值为"小"的 0.17 开始依次循环，变化规律为小→小→小，由于智能电能表显示电压正相序，因此接线类型为电压正相序、电流正相序。

（2）接线分析。第一种错误接线，假定电压接入正相序 $\dot{U}_1$（$\dot{U}_a$）、$\dot{U}_2$（$\dot{U}_b$）、$\dot{U}_3$（$\dot{U}_c$），则电流对应电压的相别为 3、1、2，电流接入 $\dot{I}_1$（$\dot{I}_c$）、$\dot{I}_2$（$\dot{I}_a$）、$\dot{I}_3$（$\dot{I}_b$）。依据变化规律，推导出第二种、第三种错误接线，三种错误接线类型不一致，但更正系数一致，现场接线是三种错误接线中的一种，错误接线结论见表 11-11。

表 11-11 错误接线结论表

种类\参数	电压接入			电流接入		
	$\dot{U}_1$	$\dot{U}_2$	$\dot{U}_3$	$\dot{I}_1$	$\dot{I}_2$	$\dot{I}_3$
第一种	$\dot{U}_a$	$\dot{U}_b$	$\dot{U}_c$	$\dot{I}_c$	$\dot{I}_a$	$\dot{I}_b$
第二种	$\dot{U}_c$	$\dot{U}_a$	$\dot{U}_b$	$\dot{I}_b$	$\dot{I}_c$	$\dot{I}_a$
第三种	$\dot{U}_b$	$\dot{U}_c$	$\dot{U}_a$	$\dot{I}_a$	$\dot{I}_b$	$\dot{I}_c$

（六）实例六

220kV 专用线路用电用户，计量点设置在系统变电站 220kV 线路出线处，采用高供高计计量方式，接线方式为三相四线，电流互感器变比为 300A/5A，电能表为 $3 \times 57.7/100V$、3×1.5（6）A 的智能电能表。智能电能表测量参数数据为：显示电压逆相序，$U_a = 60.2V$，$U_b = 60.5V$，$U_c = 59.8V$，$U_{ab} = 103.7V$，$U_{cb} = 103.9V$，$U_{ac} = 103.5V$，$I_a = -0.93A$，$I_b = -0.96A$，$I_c = 0.95A$，$\cos\varphi_1 = -0.26$，$\cos\varphi_2 = -0.26$，$\cos\varphi_3 = 0.26$，$\cos\varphi = -0.26$。已知负载功率因数角为 15°（感性），母线向 220kV 供电线路输入有功功率、无功功率，负载基本对称，分析是否存在故障与异常，接线是否正确。

1. 故障与异常分析

（1）由于负载功率因数角 15°（感性）在 I 象限 0°～30°之间，因此，一次负荷潮流状态为+P、+Q，总功率因数、各元件功率因数应接近于 0.97，绝对值均为"大"，数值均为正。错误接线状态下，"大"相的功率因数绝对值接近 0.97，"中"相的功率因数绝对值接近 0.71，"小"相的功率因数绝对值接近 0.26。

（2）智能电能表显示电压逆相序，电压相序异常。

（3）第一元件 $I_a = -0.93A$，第二元件 $I_b = -0.96A$，为负电流，第一元件、第二元件电流异常。

（4）$\cos\varphi = -0.26$，绝对值为"小"，且数值为负，总功率因数异常；$\cos\varphi_1 = -0.26$，绝对值为"小"，且数值为负，第一元件功率因数异常；$\cos\varphi_2 = -0.26$，绝对值为"小"，数值为负，第二元件功率因数异常；$\cos\varphi_3 = 0.26$，数值为正，但绝对值为"小"，第三元件功率因数异常。

2. 接线分析

（1）确定接线类型。$|\cos\varphi_1| \rightarrow |\cos\varphi_2| \rightarrow |\cos\varphi_3|$ 为 $0.26 \rightarrow 0.26 \rightarrow 0.26$，由功率因数绝对值为"小"的 0.26 开始依次循环，变化规律为小→小→小，由于智能电能表显示电压逆相序，因此接线类型为电压逆相序、电流逆相序。

（2）接线分析。第一种错误接线，假定电压接入逆相序 $\dot{U}_1$（$\dot{U}_a$）、$\dot{U}_2$（$\dot{U}_c$）、$\dot{U}_3$（$\dot{U}_b$），则电流对应电压的相别为 2、3、1，由于 $\cos\varphi_3=0.26$，第三元件电流极性反接，因此电流接入 $\dot{I}_1$（$\dot{I}_c$）、$\dot{I}_2$（$\dot{I}_b$）、$\dot{I}_3$（$-\dot{I}_a$）。依据变化规律，推导出第二种、第三种错误接线，三种错误接线类型不一致，但更正系数一致，现场接线是三种错误接线中的一种，错误接线结论见表 11-12。

表 11-12　　　　　　　　　　　错　误　接　线　结　论　表

种类 参数	电压接入			电流接入		
	$\dot{U}_1$	$\dot{U}_2$	$\dot{U}_3$	$\dot{I}_1$	$\dot{I}_2$	$\dot{I}_3$
第一种	$\dot{U}_a$	$\dot{U}_c$	$\dot{U}_b$	$\dot{I}_c$	$\dot{I}_b$	$-\dot{I}_a$
第二种	$\dot{U}_b$	$\dot{U}_a$	$\dot{U}_c$	$\dot{I}_a$	$\dot{I}_c$	$-\dot{I}_b$
第三种	$\dot{U}_c$	$\dot{U}_b$	$\dot{U}_a$	$\dot{I}_b$	$\dot{I}_a$	$-\dot{I}_c$

二、30°～60°（感性负载）错误接线实例分析

（一）实例一

10kV 专用变压器用电用户，在 0.4kV 侧采用高供低计计量方式，接线方式为三相四线，电流互感器变比为 250A/5A，电能表为 3×220/380V、3×1.5（6）A 的智能电能表。智能电能表测量参数数据为：U_a=232.2V，U_b=233.5V，U_c=233.2V，U_{ab}=402.2V，U_{cb}=402.1V，U_{ac}=401.7V，I_a=−1.05A，I_b=−1.07A，I_c=1.03A，$\cos\varphi_1=-0.78$，$\cos\varphi_2=-0.93$，$\cos\varphi_3=0.16$，$\cos\varphi=-0.79$。已知负载功率因数角为 39°（感性），10kV 供电线路向专用变压器输入有功功率、无功功率，负载基本对称，分析是否存在故障与异常，接线是否正确。

1. 故障与异常分析

（1）由于负载功率因数角 39°（感性）在 I 象限 30°～60°之间，因此，一次负荷潮流状态为+P、+Q，总功率因数、各元件功率因数应接近于 0.78，绝对值均为"中"，数值均为正。错误接线状态下，"大"相的功率因数绝对值接近 0.93，"中"相的功率因数绝对值接近 0.78，"小"相的功率因数绝对值接近 0.16。

（2）第一元件 I_a=−1.05A，第二元件 I_b=−1.07A，为负电流，第一元件、第二元件电流异常。

（3）$\cos\varphi=-0.79$，绝对值为"中"，但数值为负，总功率因数异常；$\cos\varphi_1=-0.78$，绝对值为"中"，但数值为负，第一元件功率因数异常；$\cos\varphi_2=-0.93$，绝对值为"大"，且数值为负，第二元件功率因数异常；$\cos\varphi_3-0.16$，数值为正，但绝对值为"小"，第三元件功率因数异常。

2. 接线分析

（1）确定接线类型。$|\cos\varphi_1|\to|\cos\varphi_2|\to|\cos\varphi_3|$ 为 0.78→0.93→0.16，由功率因数绝对值为"大"的 0.93 开始依次循环，变化规律为大→小→中，接线类型为电压正相序、电流逆相序。

（2）接线分析。第一种错误接线，假定电压接入正相序 $\dot{U}_1$（$\dot{U}_a$）、$\dot{U}_2$（$\dot{U}_b$）、$\dot{U}_3$（$\dot{U}_c$），

则"大""小"相电流错接,即第二、第三元件电流错接,由于$\cos\varphi_1=-0.78$,第一元件电流极性反接,因此电流接入$\dot{I}_1$($-\dot{I}_a$)、$\dot{I}_2$($\dot{I}_c$)、$\dot{I}_3$($\dot{I}_b$)。依据变化规律,推导出第二种、第三种错误接线,三种错误接线类型不一致,但更正系数一致,现场接线是三种错误接线中的一种,错误接线结论见表11-13。

表11-13 错 误 接 线 结 论 表

种类\参数	电压接入			电流接入		
	$\dot{U}_1$	$\dot{U}_2$	$\dot{U}_3$	$\dot{I}_1$	$\dot{I}_2$	$\dot{I}_3$
第一种	$\dot{U}_a$	$\dot{U}_b$	$\dot{U}_c$	$-\dot{I}_a$	$\dot{I}_c$	$\dot{I}_b$
第二种	$\dot{U}_c$	$\dot{U}_a$	$\dot{U}_b$	$-\dot{I}_c$	$\dot{I}_b$	$\dot{I}_a$
第三种	$\dot{U}_b$	$\dot{U}_c$	$\dot{U}_a$	$-\dot{I}_b$	$\dot{I}_a$	$\dot{I}_c$

(二)实例二

110kV专线用电用户,计量点设置在系统变电站110kV线路出线处,采用高供高计计量方式,接线方式为三相四线,电流互感器变比为500A/5A,电能表为3×57.7/100V、3×1.5(6)A的智能电能表。智能电能表测量参数数据为:U_a=60.7V,U_b=59.9V,U_c=60.5V,U_{ab}=104.1V,U_{cb}=103.9V,U_{ac}=104.6V,I_a=0.77A,I_b=0.73A,I_c=0.70A,$\cos\varphi_1=0.37$,$\cos\varphi_2=0.99$,$\cos\varphi_3=0.62$,$\cos\varphi=0.98$。已知负载功率因数角为52°(感性),母线向110kV供电线路输入有功功率、无功功率,负载基本对称,分析是否存在故障与异常,接线是否正确。

1. 故障与异常分析

(1)由于负载功率因数角52°(感性)在Ⅰ象限30°~60°之间,因此,一次负荷潮流状态为+P、+Q,总功率因数、各元件功率因数应接近于0.62,绝对值为"中",数值均为正。错误接线状态下,"大"相的功率因数绝对值接近0.99,"中"相的功率因数绝对值接近0.62,"小"相的功率因数绝对值接近0.37。

(2)$\cos\varphi=0.98$,数值为正,但绝对值为"大",总功率因数异常;$\cos\varphi_1=0.37$,数值为正,但绝对值为"小",第一元件功率因数异常;$\cos\varphi_2=0.99$,数值为正,但绝对值为"大",第二元件功率因数异常。

2. 接线分析

(1)确定接线类型。$|\cos\varphi_1|\to|\cos\varphi_2|\to|\cos\varphi_3|$为0.37→0.99→0.62,由功率因数绝对值为"大"的0.99开始依次循环,变化规律为大→中→小,接线类型为电压逆相序、电流正相序。

(2)接线分析。第一种错误接线,假定电流接入正相序a、b、c,则"大""小"相电压错接,即第一、第二元件电压错接,电压接入逆相序$\dot{U}_1$($\dot{U}_b$)、$\dot{U}_2$($\dot{U}_a$)、$\dot{U}_3$($\dot{U}_c$),由于$\cos\varphi_2=0.99$,第二元件电流极性反接,因此电流接入$\dot{I}_1$($\dot{I}_a$)、$\dot{I}_2$($-\dot{I}_b$)、$\dot{I}_3$($\dot{I}_c$)。依据变化规律,推导出第二种、第三种错误接线,三种错误接线类型不一致,但更正系数一致,现场接线是三种错误接线中的一种,错误接线结论见表11-14。

表 11-14　　　　　　　　　　　　　错 误 接 线 结 论 表

种类 参数	电压接入			电流接入		
	$\dot{U}_1$	$\dot{U}_2$	$\dot{U}_3$	$\dot{I}_1$	$\dot{I}_2$	$\dot{I}_3$
第一种	$\dot{U}_b$	$\dot{U}_a$	$\dot{U}_c$	$\dot{I}_a$	$-\dot{I}_b$	$\dot{I}_c$
第二种	$\dot{U}_a$	$\dot{U}_c$	$\dot{U}_b$	$\dot{I}_c$	$-\dot{I}_a$	$\dot{I}_b$
第三种	$\dot{U}_c$	$\dot{U}_b$	$\dot{U}_a$	$\dot{I}_b$	$-\dot{I}_c$	$\dot{I}_a$

（三）实例三

10kV 专用变压器用电用户，在 0.4kV 侧采用高供低计计量方式，接线方式为三相四线，电流互感器变比为 300A/5A，电能表为 3×220/380V、3×1.5（6）A 的智能电能表。智能电能表测量参数数据为：显示电压正相序，U_a=229.3V，U_b=227.9V，U_c=228.6V，U_{ab}=395.2V，U_{cb}=395.1V，U_{ac}=395.3V，I_a=1.15A，I_b=−1.17A，I_c=−1.13A，$\cos\varphi_1 = 0.99$，$\cos\varphi_2 = −0.99$，$\cos\varphi_3 = −0.99$，$\cos\varphi = −0.99$。已知负载功率因数角为 51°（感性），10kV 供电线路向专用变压器输入有功功率、无功功率，负载基本对称，分析是否存在故障与异常，接线是否正确。

1. 故障与异常分析

（1）由于负载功率因数角 51°（感性）在 I 象限 30°～60°之间，因此，一次负荷潮流状态为+P、+Q，总功率因数、各元件功率因数应接近于 0.63，绝对值均为"中"，数值均为正。错误接线状态下，"大"相的功率因数绝对值接近 0.99，"中"相的功率因数绝对值接近 0.63，"小"相的功率因数绝对值接近 0.36。

（2）第二元件 I_b= −1.17A，第三元件 I_c= −1.13A，为负电流，第二元件、第三元件电流异常。

（3）$\cos\varphi = −0.99$，绝对值为"大"，且数值为负，总功率因数异常；$\cos\varphi_1 = 0.99$，数值为正，但绝对值为"大"，第一元件功率因数异常；$\cos\varphi_2 = −0.99$，绝对值为"大"，且数值为负，第二元件功率因数异常；$\cos\varphi_3 = −0.99$，绝对值为"大"，且数值为负，第三元件功率因数异常。

2. 接线分析

（1）确定接线类型。$|\cos\varphi_1| \rightarrow |\cos\varphi_2| \rightarrow |\cos\varphi_3|$ 为 0.99→0.99→0.99，由功率因数绝对值为"大"的 0.99 开始依次循环，变化规律为大→大→大，由于智能电能表显示电压正相序，因此接线类型为电压正相序、电流正相序。

（2）接线分析。第一种错误接线，假定电压接入正相序 $\dot{U}_1$（$\dot{U}_a$）、$\dot{U}_2$（$\dot{U}_b$）、$\dot{U}_3$（$\dot{U}_c$），则电流对应电压的相别为 2、3、1，由于 $\cos\varphi_1 = 0.99$，第一元件电流极性反接，因此电流接入 $\dot{I}_1$（$-\dot{I}_b$）、$\dot{I}_2$（$\dot{I}_c$）、$\dot{I}_3$（$\dot{I}_a$）。依据变化规律，推导出第二种、第三种错误接线，三种错误接线类型不一致，但更正系数一致，现场接线是三种错误接线中的一种，错误接线结论见表 11-15。

表 11-15 错 误 接 线 结 论 表

种类 参数	电压接入			电流接入		
	$\dot{U}_1$	$\dot{U}_2$	$\dot{U}_3$	$\dot{I}_1$	$\dot{I}_2$	$\dot{I}_3$
第一种	$\dot{U}_a$	$\dot{U}_b$	$\dot{U}_c$	$-\dot{I}_b$	$\dot{I}_c$	$\dot{I}_a$
第二种	$\dot{U}_c$	$\dot{U}_a$	$\dot{U}_b$	$-\dot{I}_a$	$\dot{I}_b$	$\dot{I}_c$
第三种	$\dot{U}_b$	$\dot{U}_c$	$\dot{U}_a$	$-\dot{I}_c$	$\dot{I}_a$	$\dot{I}_b$

（四）实例四

220kV 专线用电用户，计量点设置在系统变电站 220kV 线路出线处，采用高供高计计量方式，接线方式为三相四线，电流互感器变比为 300A/5A，电能表为 3×57.7/100V、3×1.5（6）A 的智能电能表。智能电能表测量参数数据为：显示电压逆相序，U_a=59.2V，U_b=59.3V，U_c=59.7V，U_{ab}=103.2V，U_{cb}=102.7V，U_{ac}=103.1V，I_a=0.62A，I_b=0.65A，I_c=−0.67A，$\cos\varphi_1 = 0.64$，$\cos\varphi_2 = 0.64$，$\cos\varphi_3 = −0.64$，$\cos\varphi = 0.64$。已知负载功率因数角为 50°（感性），母线向 220kV 供电线路输入有功功率、无功功率，负载基本对称，分析是否存在故障与异常，接线是否正确。

1. 故障与异常分析

（1）由于负载功率因数角 50°（感性）在 I 象限 30°~60°之间，因此，一次负荷潮流状态为+P、+Q，总功率因数、各元件功率因数应接近于 0.64，绝对值均为"中"，数值均为正。错误接线状态下，"大"相的功率因数绝对值接近 0.98，"中"相的功率因数绝对值接近 0.64，"小"相的功率因数绝对值接近 0.34。

（2）智能电能表显示电压逆相序，电压相序异常。

（3）第三元件 I_c= −0.67A，为负电流，第三元件电流异常。

（4）$\cos\varphi_3 = −0.64$，绝对值为"中"，但数值为负，第三元件功率因数异常。

2. 接线分析

（1）确定接线类型。$|\cos\varphi_1| \rightarrow |\cos\varphi_2| \rightarrow |\cos\varphi_3|$ 为 0.64→0.64→0.64，由功率因数绝对值为"中"的 0.64 开始依次循环，变化规律为中→中→中，由于智能电能表显示电压逆相序，因此接线类型为电压逆相序、电流逆相序。

（2）接线分析。第一种错误接线，假定电压接入逆相序 $\dot{U}_1$（$\dot{U}_a$）、$\dot{U}_2$（$\dot{U}_c$）、$\dot{U}_3$（$\dot{U}_b$），则电流对应电压的相别为 1、2、3，由于 $\cos\varphi_3 = −0.64$，第三元件电流极性反接，因此电流接入 $\dot{I}_1$（$\dot{I}_a$）、$\dot{I}_2$（$\dot{I}_c$）、$\dot{I}_3$（$−\dot{I}_b$）。依据变化规律，推导出第二种、第三种错误接线，三种错误接线类型不一致，但更正系数一致，现场接线是三种错误接线中的一种，错误接线结论见表 11-16。

（五）实例五

10kV 专用变压器用电用户，在 0.4kV 侧采用高供低计计量方式，接线方式为三相四线，电流互感器变比为 300A/5A，电能表为 3×220/380V、3×1.5（6）A 的智能电能表。智能电能表测量参数数据为：显示电压正相序，U_a=230.8V，U_b=230.9V，U_c=229.7V，U_{ab}=398.6V，U_{cb}=399.1V，U_{ac}=399.5V，I_a= −0.97A，I_b=0.96A，I_c= −0.93A，$\cos\varphi_1 = −0.16$，

$\cos\varphi_2 = 0.16$，$\cos\varphi_3 = -0.16$，$\cos\varphi = -0.16$。已知负载功率因数角为 39°（感性），10kV 供电线路向专用变压器输入有功功率、无功功率，负载基本对称，分析是否存在故障与异常，接线是否正确。

表 11-16　　　　　　　　　　　　错 误 接 线 结 论 表

种类参数	电压接入			电流接入		
	$\dot{U}_1$	$\dot{U}_2$	$\dot{U}_3$	$\dot{I}_1$	$\dot{I}_2$	$\dot{I}_3$
第一种	$\dot{U}_a$	$\dot{U}_c$	$\dot{U}_b$	$\dot{I}_a$	$\dot{I}_c$	$-\dot{I}_b$
第二种	$\dot{U}_b$	$\dot{U}_a$	$\dot{U}_c$	$\dot{I}_b$	$\dot{I}_a$	$-\dot{I}_c$
第三种	$\dot{U}_c$	$\dot{U}_b$	$\dot{U}_a$	$\dot{I}_c$	$\dot{I}_b$	$-\dot{I}_a$

1. 故障与异常分析

（1）由于负载功率因数角 39°（感性）在Ⅰ象限 30°～60°之间，因此，一次负荷潮流状态为+P、+Q，总功率因数、各元件功率因数应接近于 0.78，绝对值均为"中"，数值均为正。故障状态下，"大"相的功率因数绝对值接近 0.93，"中"相的功率因数绝对值接近 0.77，"小"相的功率因数绝对值接近 0.16。

（2）第一元件 $I_a = -0.97A$，第三元件 $I_c = -0.93A$，为负电流，第一元件、第三元件电流异常。

（3）$\cos\varphi = -0.16$，绝对值为"小"，且数值为负，总功率因数异常；$\cos\varphi_1 = -0.16$，绝对值为"小"，且数值为负，第一元件功率因数异常；$\cos\varphi_2 = 0.16$，数值为正，但绝对值为"小"，第二元件功率因数异常；$\cos\varphi_3 = -0.16$，绝对值为"小"，且数值为负，第三元件功率因数异常。

2. 接线分析

（1）确定接线类型。$|\cos\varphi_1| \rightarrow |\cos\varphi_2| \rightarrow |\cos\varphi_3|$ 为 0.16→0.16→0.16，由功率因数绝对值为"小"的 0.16 开始依次循环，变化规律为小→小→小，由于智能电能表显示电压正相序，因此接线类型为电压正相序、电流正相序。

（2）接线分析。第一种错误接线，假定电压接入正相序 $\dot{U}_1$（$\dot{U}_a$）、$\dot{U}_2$（$\dot{U}_b$）、$\dot{U}_3$（$\dot{U}_c$），则电流对应电压的相别为 3、1、2，由于 $\cos\varphi_1 = -0.16$，第一元件电流极性反接，$\cos\varphi_3 = -0.16$，第三元件电流极性反接，因此电流接入 $\dot{I}_1$（$-\dot{I}_c$）、$\dot{I}_2$（$\dot{I}_a$）、$\dot{I}_3$（$-\dot{I}_b$）。依据变化规律，推导出第二种、第三种错误接线，三种错误接线类型不一致，但更正系数一致，现场接线是三种错误接线中的一种，错误接线结论见表 11-17。

三、60°～90°（感性负载）错误接线实例分析

（一）实例一

110kV 专用线路用电用户，计量点设置在系统变电站 110kV 线路出线处，采用高供高计计量方式，接线方式为三相四线，电流互感器变比为 300A/5A，电能表为 3×57.7/100V、3×1.5（6）A 的智能电能表。智能电能表测量参数数据为：U_a=59.9V，U_b=59.2V，U_c=59.7V，U_{ab}=103.9V，U_{cb}=103.5V，U_{ac}=103.7V，I_a=0.77A，I_b=0.73A，I_c=0.75A，$\cos\varphi_1 = 0.39$，$\cos\varphi_2 = 0.99$，$\cos\varphi_3 = 0.60$，$\cos\varphi = 0.99$。已知负载功率因数角为 67°（感

性），母线向 110kV 供电线路输入有功功率、无功功率，负载基本对称，分析是否存在故障与异常，接线是否正确。

表 11-17 错误接线结论表

种类 参数	电压接入			电流接入		
	$\dot{U}_1$	$\dot{U}_2$	$\dot{U}_3$	$\dot{I}_1$	$\dot{I}_2$	$\dot{I}_3$
第一种	$\dot{U}_a$	$\dot{U}_b$	$\dot{U}_c$	$-\dot{I}_c$	$\dot{I}_a$	$-\dot{I}_b$
第二种	$\dot{U}_c$	$\dot{U}_a$	$\dot{U}_b$	$-\dot{I}_b$	$\dot{I}_c$	$-\dot{I}_a$
第三种	$\dot{U}_b$	$\dot{U}_c$	$\dot{U}_a$	$-\dot{I}_a$	$\dot{I}_b$	$-\dot{I}_c$

1. 故障与异常分析

（1）由于负载功率因数角 67°（感性）在 I 象限 60°～90°之间，因此，一次负荷潮流状态为+P、+Q，总功率因数、各元件功率因数应接近于 0.39，绝对值均为"小"，数值均为正。错误接线状态下，"大"相的功率因数绝对值接近 0.99，"中"相的功率因数绝对值接近 0.60，"小"相的功率因数绝对值接近 0.39。

（2）$\cos\varphi = 0.99$，数值为正，但绝对值为"大"，总功率因数异常；$\cos\varphi_2 = 0.99$，数值为正，但绝对值为"大"，第二元件功率因数异常；$\cos\varphi_3 = 0.60$，数值为正，但绝对值为"中"，第三元件功率因数异常。

2. 接线分析

（1）确定接线类型。$|\cos\varphi_1| \to |\cos\varphi_2| \to |\cos\varphi_3|$ 为 0.39→0.99→0.60，由功率因数绝对值为"大"的 0.99 开始依次循环，变化规律为大→中→小，接线类型为电压正相序、电流逆相序。

（2）接线分析。第一种错误接线，假定电压接入正相序 $\dot{U}_1$（$\dot{U}_a$）、$\dot{U}_2$（$\dot{U}_b$）、$\dot{U}_3$（$\dot{U}_c$），则"大""中"相电流错接，即第二、第三元件电流错接，由于 $\cos\varphi_2 = 0.99$，第二元件电流极性反接，因此电流接入 $\dot{I}_1$（$\dot{I}_a$）、$\dot{I}_2$（$-\dot{I}_c$）、$\dot{I}_3$（$\dot{I}_b$）。依据变化规律，推导出第二种、第三种错误接线，三种错误接线类型不一致，但更正系数一致，现场接线是三种错误接线中的一种，错误接线结论见表 11-18。

表 11-18 错误接线结论表

种类 参数	电压接入			电流接入		
	$\dot{U}_1$	$\dot{U}_2$	$\dot{U}_3$	$\dot{I}_1$	$\dot{I}_2$	$\dot{I}_3$
第一种	$\dot{U}_a$	$\dot{U}_b$	$\dot{U}_c$	$\dot{I}_a$	$-\dot{I}_c$	$\dot{I}_b$
第二种	$\dot{U}_b$	$\dot{U}_c$	$\dot{U}_a$	$\dot{I}_b$	$-\dot{I}_a$	$\dot{I}_c$
第三种	$\dot{U}_c$	$\dot{U}_a$	$\dot{U}_b$	$\dot{I}_c$	$-\dot{I}_b$	$\dot{I}_a$

（二）实例二

110kV 专用线路用电用户，计量点设置在系统变电站 110kV 线路出线处，采用高供高计计量方式，接线方式为三相四线，电流互感器变比为 300A/5A，电能表为 $3 \times 57.7/100V$、3×1.5（6）A 的智能电能表。智能电能表测量参数数据为：U_a=60.1V，U_b=60.2V，U_c=59.7V，U_{ab}=104.0V，U_{cb}=104.1V，U_{ac}=103.9V，I_a= –0.93A，I_b= –0.96A，I_c=0.97A，$\cos\varphi_1 = -0.98$，$\cos\varphi_2 = -0.33$，$\cos\varphi_3 = 0.66$，$\cos\varphi = -0.31$。已知负载功率因数角为 71°（感性），母线向 110kV 供电线路输入有功功率、无功功率，负载基本对称，分析是否存在故障与异常，接线是否正确。

1．故障与异常分析

（1）由于负载功率因数角 71°（感性）在Ⅰ象限 60°～90°之间，因此，一次负荷潮流状态为+P、+Q，总功率因数、各元件功率因数应接近于 0.33，绝对值均为"小"，数值均为正。错误接线状态下，"大"相的功率因数绝对值接近 0.98，"中"相的功率因数绝对值接近 0.66，"小"相的功率因数绝对值接近 0.32。

（2）第一元件 I_a= –0.93A，第三元件 I_b= –0.96A，为负电流，第一元件、第二元件电流异常。

（3）$\cos\varphi = -0.31$，绝对值为"小"，但数值为负，总功率因数异常；$\cos\varphi_1 = -0.98$，绝对值为"大"，且数值为负，第一元件功率因数异常；$\cos\varphi_2 = -0.33$，绝对值为"小"，但数值为负，第二元件功率因数异常；$\cos\varphi_3 = 0.66$，数值为正，但绝对值为"中"，第三元件功率因数异常。

2．接线分析

（1）确定接线类型。$|\cos\varphi_1| \rightarrow |\cos\varphi_2| \rightarrow |\cos\varphi_3|$ 为 0.98→0.33→0.66，由功率因数绝对值为"大"的 0.98 开始依次循环，变化规律为大→小→中，接线类型为电压逆相序、电流正相序。

（2）接线分析。第一种错误接线，假定电流接入正相序 a、b、c，则"大""中"相电压错接，即第一、第三元件电压错接，电压接入逆相序 $\dot{U}_1$（$\dot{U}_c$）、$\dot{U}_2$（$\dot{U}_b$）、$\dot{U}_3$（$\dot{U}_a$），由于 $\cos\varphi_2 = -0.33$，第二元件电流极性反接，因此电流接入 $\dot{I}_1$（$\dot{I}_a$）、$\dot{I}_2$（$-\dot{I}_b$）、$\dot{I}_3$（$\dot{I}_c$）。依据变化规律，推导出第二种、第三种错误接线，三种错误接线类型不一致，但更正系数一致，现场接线是三种错误接线中的一种，错误接线结论见表 11-19。

表 11-19　　　　　　　　　　错误接线结论表

种类 参数	电压接入			电流接入		
	$\dot{U}_1$	$\dot{U}_2$	$\dot{U}_3$	$\dot{I}_1$	$\dot{I}_2$	$\dot{I}_3$
第一种	$\dot{U}_c$	$\dot{U}_b$	$\dot{U}_a$	$\dot{I}_a$	$-\dot{I}_b$	$\dot{I}_c$
第二种	$\dot{U}_b$	$\dot{U}_a$	$\dot{U}_c$	$\dot{I}_c$	$-\dot{I}_a$	$\dot{I}_b$
第三种	$\dot{U}_a$	$\dot{U}_c$	$\dot{U}_b$	$\dot{I}_b$	$-\dot{I}_c$	$\dot{I}_a$

（三）实例三

10kV 专用变压器用电用户，在 0.4kV 侧采用高供低计计量方式，接线方式为三相四线，电流互感器变比为 300A/5A，电能表为 $3 \times 220/380V$、3×1.5（6）A 的智能电能表。

智能电能表测量参数数据为：显示电压逆相序，U_a=229.5V，U_b=230.2V，U_c=229.2V，U_{ab}=397.5V，U_{cb}=396.8V，U_{ac}=397.3V，I_a= –0.89A，I_b=0.85A，I_c= –0.86A，$\cos\varphi_1 = -0.96$，$\cos\varphi_2 = 0.96$，$\cos\varphi_3 = -0.96$，$\cos\varphi = -0.96$。已知负载功率因数角为77°（感性），10kV供电线路向专变输入有功功率、无功功率，负载基本对称，分析是否存在故障与异常，接线是否正确。

1. 故障与异常分析

（1）由于负载功率因数 77°（感性）在 I 象限 60°～90°之间，因此，一次负荷潮流状态为+P、+Q，总功率因数、各元件功率因数应接近于 0.22，绝对值均为"小"，数值均为正。错误接线状态下，"大"相的功率因数绝对值接近 0.96，"中"相的功率因数绝对值接近 0.73，"小"相的功率因数绝对值接近 0.23。

（2）智能电能表显示电压逆相序，电压相序异常。

（3）第一元件 I_a= –0.89A，第三元件 I_c= –0.86A，为负电流，第一元件、第三元件电流异常。

（4）$\cos\varphi = -0.96$，绝对值为"大"，且数值为负，总功率因数异常；$\cos\varphi_1 = -0.96$，绝对值为"大"，且数值为负，第一元件功率因数异常；$\cos\varphi_2 = 0.96$，数值为正，但绝对值为"大"，第二元件功率因数异常；$\cos\varphi_3 = -0.96$，绝对值为"大"，且数值为负，第三元件功率因数异常。

2. 接线分析

（1）确定接线类型。$|\cos\varphi_1| \to |\cos\varphi_2| \to |\cos\varphi_3|$ 为 0.96→0.96→0.96，由功率因数绝对值为"大"的 0.96 开始依次循环，变化规律为大→大→大，由于智能电能表显示电压逆相序，因此接线类型为电压逆相序、电流逆相序。

（2）接线分析。第一种错误接线，假定电压接入逆相序 $\dot{U}_1$（$\dot{U}_a$）、$\dot{U}_2$（$\dot{U}_c$）、$\dot{U}_3$（$\dot{U}_b$），则电流对应电压的相别为 3、1、2，由于 $\cos\varphi_2 = 0.96$，第二元件电流极性反接，因此电流接入 $\dot{I}_1$（$\dot{I}_b$）、$\dot{I}_2$（$-\dot{I}_a$）、$\dot{I}_3$（$\dot{I}_c$）。依据变化规律，推导出第二种、第三种错误接线，三种错误接线类型不一致，但更正系数一致，现场接线是三种错误接线中的一种，错误接线结论见表 11-20。

表 11-20　　　　　错 误 接 线 结 论 表

种类 参数	电压接入			电流接入		
	$\dot{U}_1$	$\dot{U}_2$	$\dot{U}_3$	$\dot{I}_1$	$\dot{I}_2$	$\dot{I}_3$
第一种	$\dot{U}_a$	$\dot{U}_c$	$\dot{U}_b$	$\dot{I}_b$	$-\dot{I}_a$	$\dot{I}_c$
第二种	$\dot{U}_b$	$\dot{U}_a$	$\dot{U}_c$	$\dot{I}_c$	$-\dot{I}_b$	$\dot{I}_a$
第三种	$\dot{U}_c$	$\dot{U}_b$	$\dot{U}_a$	$\dot{I}_a$	$-\dot{I}_c$	$\dot{I}_b$

（四）实例四

10kV 专用变压器用电用户，在 0.4kV 侧采用高供低计计量方式，接线方式为三相四线，电流互感器变比为 300A/5A，电能表为 3×220/380V、3×1.5（6）A 的智能电能表。智能电能表测量参数数据为：显示电压逆相序，U_a=230.2V，U_b=229.1V，U_c=229.5V，

U_{ab}=397.7V，U_{cb}=397.3V，U_{ac}=396.8V，I_a= −0.91A，I_b=0.93A，I_c=0.95A，$\cos\varphi_1 = -0.60$，$\cos\varphi_2 = 0.60$，$\cos\varphi_3 = 0.60$，$\cos\varphi = 0.60$。已知负载功率因数角为 67°（感性），10kV 供电线路向专用变压器输入有功功率、无功功率，负载基本对称，分析是否存在故障与异常，接线是否正确。

1. 故障与异常分析

（1）由于负载功率因数角 67°（感性）在 I 象限 60°～90°之间，因此，一次负荷潮流状态为+P、+Q，总功率因数、各元件功率因数应接近于 0.39，绝对值均为"小"，数值均为正。错误接线状态下，"大"相的功率因数绝对值接近 0.99，"中"相的功率因数绝对值接近 0.60，"小"相的功率因数绝对值接近 0.39。

（2）智能电能表显示电压逆相序，电压相序异常。

（3）第一元件 I_a= −0.91A，为负电流，第一元件电流异常。

（4）$\cos\varphi = 0.60$，数值为正，但绝对值为"中"，总功率因数异常；$\cos\varphi_1 = -0.60$，绝对值为"中"，且数值为负，第一元件功率因数异常；$\cos\varphi_2 = 0.60$，数值为正，但绝对值为"中"，第二元件功率因数异常；$\cos\varphi_3 = 0.60$，数值为正，但绝对值为"中"，第三元件功率因数异常。

2. 接线分析

（1）确定接线类型。$|\cos\varphi_1| \rightarrow |\cos\varphi_2| \rightarrow |\cos\varphi_3|$ 为 0.60→0.60→0.60，由功率因数绝对值为"中"的 0.60 开始依次循环，变化规律为中→中→中，由于智能电能表显示电压逆相序，因此接线类型为电压逆相序、电流逆相序。

（2）接线分析。第一种错误接线，假定电压接入逆相序 $\dot{U}_1$（$\dot{U}_a$）、$\dot{U}_2$（$\dot{U}_c$）、$\dot{U}_3$（$\dot{U}_b$），则电流对应电压的相别为 2、3、1，由于$\cos\varphi_1 = -0.60$，第一元件电流极性反接，因此电流接入 $\dot{I}_1$（$-\dot{I}_c$）、$\dot{I}_2$（$\dot{I}_b$）、$\dot{I}_3$（$\dot{I}_a$）。依据变化规律，推导出第二种、第三种错误接线，三种错误接线类型不一致，但更正系数一致，现场接线是三种错误接线中的一种，错误接线结论见表 11-21。

表 11-21　　　　　　　　　　错 误 接 线 结 论 表

种类 参数	电压接入			电流接入		
	$\dot{U}_1$	$\dot{U}_2$	$\dot{U}_3$	$\dot{I}_1$	$\dot{I}_2$	$\dot{I}_3$
第一种	$\dot{U}_a$	$\dot{U}_c$	$\dot{U}_b$	$-\dot{I}_c$	$\dot{I}_b$	$\dot{I}_a$
第二种	$\dot{U}_b$	$\dot{U}_a$	$\dot{U}_c$	$-\dot{I}_a$	$\dot{I}_c$	$\dot{I}_b$
第三种	$\dot{U}_c$	$\dot{U}_b$	$\dot{U}_a$	$-\dot{I}_b$	$\dot{I}_a$	$\dot{I}_c$

（五）实例五

110kV 专用线路用电用户，计量点设置在系统变电站 110kV 线路出线处，采用高供高计计量方式，接线方式为三相四线，电流互感器变比为 300A/5A，电能表为 3×57.7/100V、3×1.5（6）A 的智能电能表。智能电能表测量参数数据为：显示电压正相序，U_a=60.7V，U_b=61.3V，U_c=61.2V，U_{ab}=105.2V，U_{cb}=105.6V，U_{ac}=105.5V，I_a=0.85A，

$I_b = -0.89A$，$I_c = -0.86A$，$\cos\varphi_1 = 0.26$，$\cos\varphi_2 = -0.26$，$\cos\varphi_3 = -0.26$，$\cos\varphi = -0.26$。已知负载功率因数角为 75°（感性），母线向 110kV 供电线路输入有功功率、无功功率，负载基本对称，分析是否存在故障与异常，接线是否正确。

1. 故障与异常分析

（1）由于负载功率因数角 75°（感性）在 I 象限 60°~90°之间，因此，一次负荷潮流状态为+P、+Q，总功率因数、各元件功率因数应接近于 0.26，绝对值均为"小"，数值均为正。错误接线状态下，"大"相的功率因数绝对值接近 0.96，"中"相的功率因数绝对值接近 0.70，"小"相的功率因数绝对值接近 0.26。

（2）第二元件 $I_b = -0.89A$，第三元件 $I_c = -0.86A$，为负电流，第二元件、第三元件电流异常。

（3）$\cos\varphi = -0.26$，绝对值为"小"，但数值为负，总功率因数异常；$\cos\varphi_2 = -0.26$，绝对值为"小"，但数值为负，第二元件功率因数异常；$\cos\varphi_3 = -0.26$，绝对值为"小"，但数值为负，第三元件功率因数异常。

2. 接线分析

（1）确定接线类型。$|\cos\varphi_1| \to |\cos\varphi_2| \to |\cos\varphi_3|$ 为 0.26→0.26→0.26，由功率因数绝对值为"小"的 0.26 开始依次循环，变化规律为小→小→小，由于智能电能表显示电压正相序，因此接线类型为电压正相序、电流正相序。

（2）接线分析。第一种错误接线，假定电压接入正相序 $\dot{U}_1$（$\dot{U}_a$）、$\dot{U}_2$（$\dot{U}_b$）、$\dot{U}_3$（$\dot{U}_c$），则电流对应电压的相别为 1、2、3，由于 $\cos\varphi_2 = -0.26$，第二元件电流极性反接，$\cos\varphi_3 = -0.26$，第三元件电流极性反接，因此电流接入 $\dot{I}_1$（$\dot{I}_a$）、$\dot{I}_2$（$-\dot{I}_b$）、$\dot{I}_3$（$-\dot{I}_c$）。依据变化规律，推导出第二种、第三种错误接线，三种错误接线类型不一致，但更正系数一致，现场接线是三种错误接线中的一种，错误接线结论见表 11-22。

表 11-22　　　　　　　　　　　错 误 接 线 结 论 表

种类 参数	电压接入			电流接入		
	$\dot{U}_1$	$\dot{U}_2$	$\dot{U}_3$	$\dot{I}_1$	$\dot{I}_2$	$\dot{I}_3$
第一种	$\dot{U}_a$	$\dot{U}_b$	$\dot{U}_c$	$\dot{I}_a$	$-\dot{I}_b$	$-\dot{I}_c$
第二种	$\dot{U}_b$	$\dot{U}_c$	$\dot{U}_a$	$\dot{I}_b$	$-\dot{I}_c$	$-\dot{I}_a$
第三种	$\dot{U}_c$	$\dot{U}_a$	$\dot{U}_b$	$\dot{I}_c$	$-\dot{I}_a$	$-\dot{I}_b$

第四节　II 象限错误接线实例分析

一、0°~30°（容性负载）错误接线实例分析

（一）实例一

220kV 内部考核供电关口联络线路，计量点设置在 220kV 关口联络线路出线处，接线方式为三相四线，电流互感器变比为 800A/5A，电能表为 3×57.7/100V、3×1.5（6）A

的智能电能表。智能电能表测量参数数据为：U_a=60.1V，U_b=60.2V，U_c=59.8V，U_{ab}=103.9V，U_{cb}=103.8V，U_{ac}=103.6V，I_a=0.75A，I_b=0.77A，I_c=−0.73A，$\cos\varphi_1=0.93$，$\cos\varphi_2=0.16$，$\cos\varphi_3=-0.78$，$\cos\varphi=0.17$。已知负载功率因数角为21°（容性），220kV供电线路向母线输出有功功率，母线向220kV供电线路输入无功功率，负载基本对称，分析是否存在故障与异常，接线是否正确。

1. 故障与异常分析

（1）由于负载功率因数角21°（容性）在Ⅱ象限0°～30°之间，因此，一次负荷潮流方向为−P、+Q，总功率因数、各元件功率因数应接近于−0.93，绝对值均为"大"，数值均为负。错误接线状态下，"大"相的功率因数绝对值接近0.93，"中"相的功率因数绝对值接近0.78，"小"相的功率因数绝对值接近0.16。

（2）第一元件 I_a=0.75A，第二元件 I_b=0.77A，为正电流，第一元件、第二元件电流异常。

（3）$\cos\varphi=0.17$，绝对值为"小"，且数值为正，总功率因数异常；$\cos\varphi_1=0.93$，绝对值为"大"，但数值为正，第一元件功率因数异常；$\cos\varphi_2=0.16$，绝对值为"小"，且数值为正，第二元件功率因数异常；$\cos\varphi_3=-0.78$，数值为负，但绝对值为"中"，第三元件功率因数异常。

2. 接线分析

（1）确定接线类型。$|\cos\varphi_1|\to|\cos\varphi_2|\to|\cos\varphi_3|$ 为 0.93→0.16→0.78，由功率因数绝对值为"大"的0.93开始依次循环，变化规律为大→小→中，接线类型为电压正相序、电流逆相序。

（2）接线分析。第一种错误接线，假定电压接入正相序 $\dot{U}_1$（$\dot{U}_a$）、$\dot{U}_2$（$\dot{U}_b$）、$\dot{U}_3$（$\dot{U}_c$），则"中""小"相电流错接，即第二、第三元件电流错接，由于 $\cos\varphi_1=0.93$，第一元件电流极性反接，由于 $\cos\varphi_3=-0.78$，第三元件电流极性反接，因此电流接入 $\dot{I}_1$（$-\dot{I}_a$）、$\dot{I}_2$（$\dot{I}_c$）、$\dot{I}_3$（$-\dot{I}_b$）。依据变化规律，推导出第二种、第三种错误接线，三种错误接线类型不一致，但更正系数一致，现场接线是三种错误接线中的一种，错误接线结论见表 11-23。

表 11-23　　　　　　　　　错 误 接 线 结 论 表

种类 参数	电压接入			电流接入		
	$\dot{U}_1$	$\dot{U}_2$	$\dot{U}_3$	$\dot{I}_1$	$\dot{I}_2$	$\dot{I}_3$
第一种	$\dot{U}_a$	$\dot{U}_b$	$\dot{U}_c$	$-\dot{I}_a$	$\dot{I}_c$	$-\dot{I}_b$
第二种	$\dot{U}_b$	$\dot{U}_c$	$\dot{U}_a$	$-\dot{I}_b$	$\dot{I}_a$	$-\dot{I}_c$
第三种	$\dot{U}_c$	$\dot{U}_a$	$\dot{U}_b$	$-\dot{I}_c$	$\dot{I}_b$	$-\dot{I}_a$

（二）实例二

110kV内部考核供电关口联络线路，计量点设置在110kV关口联络线路出线处，接线方式为三相四线，电流互感器变比为600A/5A，电能表为3×57.7/100V、3×1.5（6）A的智能电能表。智能电能表测量参数数据为：U_a=59.7V，U_b=59.5V，U_c=59.3V，U_{ab}=

103.5V，$U_{cb}=103.3V$，$U_{ac}=103.3V$，$I_a=-0.62A$，$I_b=-0.60A$，$I_c=0.62A$，$\cos\varphi_1=-0.97$，$\cos\varphi_2=-0.71$，$\cos\varphi_3=0.26$，$\cos\varphi=-0.71$。已知负载功率因数角为 15°（容性），110kV 供电线路向母线输出有功功率，母线向 110kV 供电线路输入无功功率，负载基本对称，分析是否存在故障与异常，接线是否正确。

1. 故障与异常分析

（1）由于负载功率因数角 15°（容性）在 II 象限 0°～30°之间，因此，一次负荷潮流方向为–P、+Q，总功率因数、各元件功率因数应接近于–0.97，绝对值均为"大"，数值均为负。错误接线状态下，"大"相的功率因数绝对值接近 0.97，"中"相的功率因数绝对值接近 0.71，"小"相的功率因数绝对值接近 0.26。

（2）第三元件 $I_c=0.62A$，为正电流，第三元件电流异常。

（3）$\cos\varphi=-0.71$，数值为负，但绝对值为"中"，总功率因数异常；$\cos\varphi_2=-0.71$，数值为负，但绝对值为"中"，第二元件功率因数异常；$\cos\varphi_3=0.26$，绝对值为"小"，且数值为正，第三元件功率因数异常。

2. 接线分析

（1）确定接线类型。$|\cos\varphi_1|\rightarrow|\cos\varphi_2|\rightarrow|\cos\varphi_3|$ 为 0.97→0.71→0.26，由功率因数绝对值为"大"的 0.97 开始依次循环，变化规律为大→中→小，接线类型为电压逆相序、电流正相序。

（2）接线分析。第一种错误接线，假定电流接入正相序 a、b、c，则"中""小"相电压错接，即第二、第三元件电压错接，电压接入逆相序 $\dot{U}_1(\dot{U}_a)$、$\dot{U}_2(\dot{U}_c)$、$\dot{U}_3(\dot{U}_b)$，由于 $\cos\varphi_2=-0.71$，第二元件电流极性反接，因此电流接入 $\dot{I}_1(\dot{I}_a)$、$\dot{I}_2(-\dot{I}_b)$、$\dot{I}_3(\dot{I}_c)$。依据变化规律，推导出第二种、第三种错误接线，三种错误接线类型不一致，但更正系数一致，现场接线是三种错误接线中的一种，错误接线结论见表 11-24。

表 11-24　　　　　　　　　　错 误 接 线 结 论 表

种类 参数	电压接入			电流接入		
	$\dot{U}_1$	$\dot{U}_2$	$\dot{U}_3$	$\dot{I}_1$	$\dot{I}_2$	$\dot{I}_3$
第一种	$\dot{U}_a$	$\dot{U}_c$	$\dot{U}_b$	$\dot{I}_a$	$-\dot{I}_b$	$\dot{I}_c$
第二种	$\dot{U}_b$	$\dot{U}_a$	$\dot{U}_c$	$\dot{I}_b$	$-\dot{I}_c$	$\dot{I}_a$
第三种	$\dot{U}_c$	$\dot{U}_b$	$\dot{U}_a$	$\dot{I}_c$	$-\dot{I}_a$	$\dot{I}_b$

第五节　III象限错误接线实例分析

（一）实例一

220kV 内部考核供电关口联络线路，计量点设置在 220kV 关口联络线路出线处，接线方式为三相四线，电流互感器变比为 800A/5A，电能表为 3×57.7/100V、3×1.5（6）A 的智能电能表。智能电能表测量参数数据为：$U_a=59.9V$，$U_b=59.7V$，$U_c=60.1V$，$U_{ab}=103.2V$，$U_{cb}=103.8V$，$U_{ac}=103.6V$，$I_a=0.91A$，$I_b=0.93A$，$I_c=-0.92A$，$\cos\varphi_1=0.22$，

$\cos\varphi_2 = 0.96$，$\cos\varphi_3 = -0.73$，$\cos\varphi = 0.23$。已知负载功率因数角为 17°（感性），220kV 供电线路向母线输出有功功率、无功功率，负载基本对称，分析是否存在故障与异常，接线是否正确。

1. 故障与异常分析

（1）由于负载功率因数角 17°（感性）在Ⅲ象限 0°~30°之间，因此，一次负荷潮流方向为−P、−Q，总功率因数、各元件功率因数应接近于−0.96，绝对值均为"大"，数值均为负。错误接线状态下，"大"相的功率因数绝对值接近 0.96，"中"相的功率因数绝对值接近 0.73，"小"相的功率因数绝对值接近 0.23。

（2）第一元件 I_a=0.91A，第二元件 I_b=0.93A，为正电流，第一元件、第二元件电流异常。

（3）$\cos\varphi = 0.23$，绝对值为"小"，且数值为正，总功率因数异常；$\cos\varphi_1 = 0.22$，绝对值为"小"，且数值为正，第一元件功率因数异常；$\cos\varphi_2 = 0.96$，绝对值为"大"，但数值为正，第二元件功率因数异常；$\cos\varphi_3 = -0.73$，数值为负，但绝对值为"中"，第三元件功率因数异常。

2. 接线分析

（1）确定接线类型。$|\cos\varphi_1| \to |\cos\varphi_2| \to |\cos\varphi_3|$ 为 0.22→0.96→0.73，由功率因数绝对值为"大"的 0.96 开始依次循环，变化规律为大→中→小，接线类型为电压正相序、电流逆相序。

（2）接线分析。第一种错误接线，假定电压接入正相序 $\dot{U}_1$（$\dot{U}_a$）、$\dot{U}_2$（$\dot{U}_b$）、$\dot{U}_3$（$\dot{U}_c$），则"中""小"相电流错接，即第一、第三元件电流错接，由于 $\cos\varphi_2 = 0.96$，第二元件电流极性反接，由于 $\cos\varphi_3 = -0.73$，第三元件电流极性反接，因此电流接入 $\dot{I}_1$（$\dot{I}_c$）、$\dot{I}_2$（$-\dot{I}_b$）、$\dot{I}_3$（$-\dot{I}_a$）。依据变化规律，推导出第二种、第三种错误接线，三种错误接线类型不一致，但更正系数一致，现场接线是三种错误接线中的一种，错误接线结论见表 11-25。

表 11-25 错 误 接 线 结 论 表

种类 参数	电压接入			电流接入		
	$\dot{U}_1$	$\dot{U}_2$	$\dot{U}_3$	$\dot{I}_1$	$\dot{I}_2$	$\dot{I}_3$
第一种	$\dot{U}_a$	$\dot{U}_b$	$\dot{U}_c$	$\dot{I}_c$	$-\dot{I}_b$	$-\dot{I}_a$
第二种	$\dot{U}_b$	$\dot{U}_c$	$\dot{U}_a$	$\dot{I}_a$	$-\dot{I}_c$	$-\dot{I}_b$
第三种	$\dot{U}_c$	$\dot{U}_a$	$\dot{U}_b$	$\dot{I}_b$	$-\dot{I}_a$	$-\dot{I}_c$

（二）实例二

220kV 跨省供电关口联络线路，计量点设置在 220kV 跨省供电关口联络线路出线处，接线方式为三相四线，电流互感器变比为 800A/5A，电能表为 3×57.7/100V、3×1.5（6）A 的智能电能表。智能电能表测量参数数据为：U_a=60.2V，U_b=60.1V，U_c=60.5V，U_{ab}=104.2V，U_{cb}=104.1V，U_{ac}=104.6V，I_a=0.70A，I_b=0.71A，I_c=−0.73A，$\cos\varphi_1 = 0.80$，$\cos\varphi_2 = 0.92$，$\cos\varphi_3 = -0.12$，$\cos\varphi = 0.79$。已知负载功率因数角为 23°（感性），220kV

供电线路向母线输出有功功率、无功功率，负载基本对称，分析是否存在故障与异常，接线是否正确。

1. 故障与异常分析

（1）由于负载功率因数角23°（感性）在Ⅲ象限0°～30°之间，因此，一次负荷潮流方向为–P、–Q，总功率因数、各元件功率因数应接近于–0.92，绝对值均为"大"，数值均为负。错误接线状态下，"大"相的功率因数绝对值接近0.92，"中"相的功率因数绝对值接近0.80，"小"相的功率因数绝对值接近0.12。

（2）第一元件 I_a=0.70A，第二元件 I_b=0.71A，为正电流，第一元件、第二元件电流异常。

（3）$\cos\varphi = 0.79$，绝对值为"中"，且数值为正，总功率因数异常；$\cos\varphi_1 = 0.80$，绝对值为"中"，且数值为正，第一元件功率因数异常；$\cos\varphi_2 = 0.92$，绝对值为"大"，但数值为正，第二元件功率因数异常；$\cos\varphi_3 = -0.12$，数值为负，但绝对值为"小"，第三元件功率因数异常。

2. 接线分析

（1）确定接线类型。$|\cos\varphi_1| \rightarrow |\cos\varphi_2| \rightarrow |\cos\varphi_3|$ 为 $0.80 \rightarrow 0.92 \rightarrow 0.12$，由功率因数绝对值为"大"的0.92开始依次循环，变化规律为大→小→中，接线类型为电压逆相序、电流正相序。

（2）接线分析。第一种错误接线，假定电流接入正相序 a、b、c，则"中""小"相电压错接，即第一、第三元件电压错接，电压接入逆相序 $\dot{U}_1$（$\dot{U}_c$）、$\dot{U}_2$（$\dot{U}_b$）、$\dot{U}_3$（$\dot{U}_a$），由于 $\cos\varphi_2 = 0.92$，第二元件电流极性反接，由于 $\cos\varphi_3 = -0.12$，第三元件电流极性反接，因此电流接入 $\dot{I}_1$（$\dot{I}_a$）、$\dot{I}_2$（$-\dot{I}_b$）、$\dot{I}_3$（$-\dot{I}_c$）。依据变化规律，推导出第二种、第三种错误接线，三种错误接线类型不一致，但更正系数一致，现场接线是三种错误接线中的一种，错误接线结论见表11-26。

表 11-26　　　　　　　错 误 接 线 结 论 表

种类\参数	电压接入			电流接入		
	$\dot{U}_1$	$\dot{U}_2$	$\dot{U}_3$	$\dot{I}_1$	$\dot{I}_2$	$\dot{I}_3$
第一种	$\dot{U}_c$	$\dot{U}_b$	$\dot{U}_a$	$\dot{I}_a$	$-\dot{I}_b$	$-\dot{I}_c$
第二种	$\dot{U}_b$	$\dot{U}_a$	$\dot{U}_c$	$\dot{I}_c$	$-\dot{I}_a$	$-\dot{I}_b$
第三种	$\dot{U}_a$	$\dot{U}_c$	$\dot{U}_b$	$\dot{I}_b$	$-\dot{I}_c$	$-\dot{I}_a$

（三）实例三

220kV 发电上网企业，计量点设置在系统变电站220kV线路出线处，接线方式为三相四线，电流互感器变比为 600A/5A，电能表为 3×57.7/100V、3×1.5（6）A 的智能电能表。智能电能表测量参数数据为：显示电压正相序，U_a=59.5V，U_b=59.3V，U_c=59.8V，U_{ab}=103.1V，U_{cb}=103.3V，U_{ac}=102.9V，I_a=–1.06A，I_b=1.02A，I_c=1.03A，$\cos\varphi_1 = -0.92$，$\cos\varphi_2 = 0.92$，$\cos\varphi_3 = 0.92$，$\cos\varphi = 0.92$。已知负载功率因数角为37°（感性），220kV

供电线路向母线输出有功功率、无功功率，负载基本对称，分析是否存在故障与异常，接线是否正确。

1. 故障与异常分析

（1）由于负载功率因数角 37°（感性）在Ⅲ象限 30°～60°之间，因此，一次负荷潮流方向为–P、–Q，总功率因数、各元件功率因数应接近于–0.80，绝对值均为"中"，数值均为负。错误接线状态下，"大"相的功率因数绝对值接近 0.92，"中"相的功率因数绝对值接近 0.80，"小"相的功率因数绝对值接近 0.12。

（2）第二元件 I_b=1.02A，第三元件 I_c=1.03A，为正电流，第二元件、第三元件电流异常。

（3）$\cos\varphi = 0.92$，绝对值为"大"，且数值为正，总功率因数异常；$\cos\varphi_1 = -0.92$，数值为负，但绝对值为"大"，第一元件功率因数异常；$\cos\varphi_2 = 0.92$，绝对值为"大"，且数值为正，第二元件功率因数异常；$\cos\varphi_3 = 0.92$，绝对值为"大"，且数值为正，第三元件功率因数异常。

2. 接线分析

（1）确定接线类型。$|\cos\varphi_1| \rightarrow |\cos\varphi_2| \rightarrow |\cos\varphi_3|$ 为 0.92→0.92→0.92，由功率因数绝对值为"大"的 0.92 开始依次循环，变化规律为大→大→大，由于智能电能表显示电压正相序，因此接线类型为电压正相序、电流正相序。

（2）接线分析。第一种错误接线，假定电压接入正相序 $\dot{U}_1$（$\dot{U}_a$）、$\dot{U}_2$（$\dot{U}_b$）、$\dot{U}_3$（$\dot{U}_c$），则电流对应电压的相别为 2、3、1，由于 $\cos\varphi_1 = -0.92$，第一元件电流极性反接，因此电流接入 $\dot{I}_1$（$-\dot{I}_b$）、$\dot{I}_2$（$\dot{I}_c$）、$\dot{I}_3$（$\dot{I}_a$）。依据变化规律，推导出第二种、第三种错误接线，三种错误接线类型不一致，但更正系数一致，现场接线是三种错误接线中的一种，错误接线结论见表 11-27。

表 11-27　　　　　　　错 误 接 线 结 论 表

种类\参数	电压接入			电流接入		
	$\dot{U}_1$	$\dot{U}_2$	$\dot{U}_3$	$\dot{I}_1$	$\dot{I}_2$	$\dot{I}_3$
第一种	$\dot{U}_a$	$\dot{U}_b$	$\dot{U}_c$	$-\dot{I}_b$	$\dot{I}_c$	$\dot{I}_a$
第二种	$\dot{U}_b$	$\dot{U}_c$	$\dot{U}_a$	$-\dot{I}_c$	$\dot{I}_a$	$\dot{I}_b$
第三种	$\dot{U}_c$	$\dot{U}_a$	$\dot{U}_b$	$-\dot{I}_a$	$\dot{I}_b$	$\dot{I}_c$

第六节　Ⅳ象限错误接线实例分析

一、0°～30°（容性负载）错误接线实例分析

（一）实例一

10kV 专用变压器用电用户，在 0.4kV 侧采用高供低计计量方式，接线方式为三相四线，电流互感器变比为 300A/5A，电能表为 3×220/380V、3×1.5（6）A 的智能电能表。智能电能表测量参数数据为：U_a=230.2V，U_b=229.6V，U_c=229.7，U_{ab}=398.5V，U_{cb}=399.1V，

U_{ac}=398.7V，I_a= −0.62A，I_b=0.61A，I_c=0.60A，$\cos\varphi_1 = -0.71$，$\cos\varphi_2 = 0.97$，$\cos\varphi_3 = 0.26$，$\cos\varphi = 0.25$。已知负载功率因数角为 15°（容性），10kV 供电线路向专用变压器输入有功功率，专用变压器向 10kV 供电线路输出无功功率，负载基本对称，分析是否存在故障与异常，接线是否正确。

1．故障与异常分析

（1）由于负载功率因数角 15°（容性）在Ⅳ象限 0°～30°之间，因此，一次负荷潮流状态为+P、−Q，总功率因数、各元件功率因数应接近于 0.97，绝对值均为"大"，数值均为正。错误接线状态下，"大"相的功率因数绝对值接近 0.97，"中"相的功率因数绝对值接近 0.71，"小"相的功率因数绝对值接近 0.26。

（2）第一元件 I_a= −0.62A，为负电流，第一元件电流异常。

（3）$\cos\varphi = 0.25$，数值为正，但绝对值为"小"，总功率因数异常；$\cos\varphi_1 = -0.71$，绝对值为"中"，且数值为负，第一元件功率因数异常；$\cos\varphi_3 = 0.26$，数值为正，但绝对值为"小"，第三元件功率因数异常。

2．接线分析

（1）确定接线类型。$|\cos\varphi_1| \to |\cos\varphi_2| \to |\cos\varphi_3|$ 为 0.71→0.97→0.26，由功率因数绝对值为"大"的 0.97 开始依次循环，变化规律为大→小→中，接线类型为电压正相序、电流逆相序。

（2）接线分析。第一种错误接线，假定电压接入正相序$\dot{U}_1$（$\dot{U}_a$）、$\dot{U}_2$（$\dot{U}_b$）、$\dot{U}_3$（$\dot{U}_c$），则"中"、"小"相电流错接，即第一、第三元件电流错接，由于$\cos\varphi_3 = 0.26$，第三元件电流极性反接，因此电流接入$\dot{I}_1$（$\dot{I}_c$）、$\dot{I}_2$（$\dot{I}_b$）、$\dot{I}_3$（$-\dot{I}_a$）。依据变化规律，推导出第二种、第三种错误接线，三种错误接线类型不一致，但更正系数一致，现场接线是三种错误接线中的一种，错误接线结论见表 11-28。

表 11-28　　　　　　　　错 误 接 线 结 论 表

种类 参数	电压接入			电流接入		
	$\dot{U}_1$	$\dot{U}_2$	$\dot{U}_3$	$\dot{I}_1$	$\dot{I}_2$	$\dot{I}_3$
第一种	$\dot{U}_a$	$\dot{U}_b$	$\dot{U}_c$	$\dot{I}_c$	$\dot{I}_b$	$-\dot{I}_a$
第二种	$\dot{U}_b$	$\dot{U}_c$	$\dot{U}_a$	$\dot{I}_a$	$\dot{I}_c$	$-\dot{I}_b$
第三种	$\dot{U}_c$	$\dot{U}_a$	$\dot{U}_b$	$\dot{I}_b$	$\dot{I}_a$	$-\dot{I}_c$

（二）实例二

110kV 专用线路用电用户，计量点设置在系统变电站 110kV 线路出线处，采用高供高计计量方式，接线方式为三相四线，电流互感器变比为 300A/5A，电能表为 3×57.7/100V、3×1.5（6）A 的智能电能表。智能电能表测量参数数据为：U_a=59.7V，U_b=59.5V，U_c=59.6V，U_{ab}=103.3V，U_{cb}=103.5V，U_{ac}=103.2V，I_a= −0.73A，I_b=0.70A，I_c=0.73A，$\cos\varphi_1 = -0.80$，$\cos\varphi_2 = 0.12$，$\cos\varphi_3 = 0.92$，$\cos\varphi = 0.12$。已知负载功率因数角为 23°（容性），母线向 110kV 供电线路输入有功功率，110kV 供电线路向母线输出

无功功率，负载基本对称，分析是否存在故障与异常，接线是否正确。

1. 故障与异常分析

（1）由于负载功率因数角23°（容性）在Ⅳ象限0°～30°之间，因此，一次负荷潮流状态为+P、−Q，总功率因数、各元件功率因数应接近于0.92，绝对值均为"大"，数值均为正。错误接线状态下，"大"相的功率因数绝对值接近0.92，"中"相的功率因数绝对值接近0.80，"小"相的功率因数绝对值接近0.12。

（2）第一元件I_a= −0.73A，为负电流，第一元件电流异常。

（3）$\cos\varphi=0.12$，数值为正，但绝对值为"小"，总功率因数异常；$\cos\varphi_1=-0.80$，绝对值为"中"，且数值为负，第一元件功率因数异常；$\cos\varphi_2=0.12$，数值为正，但绝对值为"小"，第二元件功率因数异常。

2. 接线分析

（1）确定接线类型。$|\cos\varphi_1|\to|\cos\varphi_2|\to|\cos\varphi_3|$ 为 0.80→0.12→0.92，由功率因数绝对值为"大"的0.92开始依次循环，变化规律为大→中→小，接线类型为电压逆相序、电流正相序。

（2）接线分析。第一种错误接线，假定电流接入正相序a、b、c，则"中""小"相电压错接，即第一、第二元件电压错接，电压接入逆相序$\dot{U}_1$（$\dot{U}_b$）、$\dot{U}_2$（$\dot{U}_a$）、$\dot{U}_3$（$\dot{U}_c$），由于$\cos\varphi_2=0.12$，第二元件电流极性反接，因此电流接入$\dot{I}_1$（$\dot{I}_a$）、$\dot{I}_2$（$-\dot{I}_b$）、$\dot{I}_3$（$\dot{I}_c$）。依据变化规律，推导出第二种、第三种错误接线，三种错误接线类型不一致，但更正系数一致，现场接线是三种错误接线中的一种，错误接线结论见表11-29。

表 11-29 　　　　　　　　　　错误接线结论表

种类 参数	电压接入			电流接入		
	$\dot{U}_1$	$\dot{U}_2$	$\dot{U}_3$	$\dot{I}_1$	$\dot{I}_2$	$\dot{I}_3$
第一种	$\dot{U}_b$	$\dot{U}_a$	$\dot{U}_c$	$\dot{I}_a$	$-\dot{I}_b$	$\dot{I}_c$
第二种	$\dot{U}_c$	$\dot{U}_b$	$\dot{U}_a$	$\dot{I}_b$	$-\dot{I}_c$	$\dot{I}_a$
第三种	$\dot{U}_a$	$\dot{U}_c$	$\dot{U}_b$	$\dot{I}_c$	$-\dot{I}_a$	$\dot{I}_b$

（三）实例三

10kV配电变压器台区，在0.4kV侧出口设置计量点，接线方式为三相四线，电流互感器变比为800A/5A，电能表为3×220/380V、3×1.5（6）A的智能电能表。智能电能表测量参数数据为：显示电压逆相序，U_a=230.0V，U_b=229.3V，U_c=229.7V，U_{ab}=398.6V，U_{cb}=399.5V，U_{ac}=398.7V，I_a=1.06A，I_b= −1.02A，I_c= −1.05A，$\cos\varphi_1=0.96$，$\cos\varphi_2=-0.96$，$\cos\varphi_3=-0.96$，$\cos\varphi=-0.96$。已知负载功率因数角为17°（容性），10kV供电线路向配电变压器台区输入有功功率，配电变压器台区向10kV供电线路输出无功功率，负载基本对称，分析是否存在故障与异常，接线是否正确。

1. 故障与异常分析

（1）由于负载功率因数角17°（容性）在Ⅳ象限0°～30°之间，因此，一次负荷潮流状态为+P、–Q，总功率因数、各元件功率因数应接近于 0.96，绝对值均为"大"，数值均为正。错误接线状态下，"大"相的功率因数绝对值接近 0.96，"中"相的功率因数绝对值接近 0.73，"小"相的功率因数绝对值接近 0.23。

（2）智能电能表显示电压逆相序，电压相序异常。

（3）第二元件 I_b= –1.02A，第三元件 I_c= –1.05A，为负电流，第二元件、第三元件电流异常。

（4）$\cos\varphi = -0.96$，绝对值为"大"，但数值为负，总功率因数异常；$\cos\varphi_2 = -0.96$，绝对值为"大"，但数值为负，第二元件功率因数异常；$\cos\varphi_3 = -0.96$，绝对值为"大"，但数值为负，第三元件功率因数异常。

2. 接线分析

（1）确定接线类型。$|\cos\varphi_1| \rightarrow |\cos\varphi_2| \rightarrow |\cos\varphi_3|$ 为 0.96→0.96→0.96，由功率因数绝对值为"大"的 0.96 开始依次循环，变化规律为大→大→大，由于智能电能表显示电压逆相序，因此接线类型为电压逆相序、电流逆相序。

（2）接线分析。第一种错误接线，假定电压接入逆相序 $\dot{U}_1$（$\dot{U}_a$）、$\dot{U}_2$（$\dot{U}_c$）、$\dot{U}_3$（$\dot{U}_b$），则电流对应电压的相别为 1、2、3，由于 $\cos\varphi_2 = -0.96$，第二元件电流极性反接，$\cos\varphi_3 = -0.96$，第三元件电流极性反接，因此电流接入 $\dot{I}_1$（$\dot{I}_a$）、$\dot{I}_2$（$-\dot{I}_c$）、$\dot{I}_3$（$-\dot{I}_b$）。依据变化规律，推导出第二种、第三种错误接线，三种错误接线类型不一致，但更正系数一致，现场接线是三种错误接线中的一种，错误接线结论见表 11-30。

表 11-30　　　　　　　　　　错 误 接 线 结 论 表

种类 参数	电压接入			电流接入		
	$\dot{U}_1$	$\dot{U}_2$	$\dot{U}_3$	$\dot{I}_1$	$\dot{I}_2$	$\dot{I}_3$
第一种	$\dot{U}_a$	$\dot{U}_c$	$\dot{U}_b$	$\dot{I}_a$	$-\dot{I}_c$	$-\dot{I}_b$
第二种	$\dot{U}_b$	$\dot{U}_a$	$\dot{U}_c$	$\dot{I}_b$	$-\dot{I}_a$	$-\dot{I}_c$
第三种	$\dot{U}_c$	$\dot{U}_b$	$\dot{U}_a$	$\dot{I}_c$	$-\dot{I}_b$	$-\dot{I}_a$

（四）实例四

10kV 专用变压器用电用户，在 0.4kV 侧采用高供低计计量方式，接线方式为三相四线，电流互感器变比为 300A/5A，电能表为 3×220/380V、3×1.5（6）A 的智能电能表。智能电能表测量参数数据为：显示电压正相序，U_a=229.5V，U_b=229.9V，U_c=229.6V，U_{ab}=399.2V，U_{cb}=398.5V，U_{ac}=397.9V，I_a= –0.78A，I_b= –0.75A，I_c=0.79A，$\cos\varphi_1 = -0.75$，$\cos\varphi_2 = -0.75$，$\cos\varphi_3 = 0.75$，$\cos\varphi = -0.75$。已知负载功率因数角为 19°（容性），10kV 供电线路向专用变压器输入有功功率，专用变压器向 10kV 供电线路输出无功功率，负载基本对称，分析是否存在故障与异常，接线是否正确。

1. 故障与异常分析

（1）由于负载功率因数角 19°（容性）在Ⅳ象限 0°～30°之间，因此，一次负荷潮流状态为+P、–Q，总功率因数、各元件功率因数应接近于 0.95，绝对值均为"大"，数值均为正。错误接线状态下，"大"相的功率因数绝对值接近 0.95，"中"相的功率因数绝对值接近 0.75，"小"相的功率因数绝对值接近 0.20。

（2）第一元件 $I_a = -0.78$A，第二元件 $I_b = -0.75$A，为负电流，第一元件、第二元件电流异常。

（3）$\cos\varphi = -0.75$，绝对值为"中"，且数值为负，总功率因数异常；$\cos\varphi_1 = -0.75$，绝对值为"中"，且数值为负，第一元件功率因数异常；$\cos\varphi_2 = -0.75$，绝对值为"中"，且数值为负，第二元件功率因数异常；$\cos\varphi_3 = 0.75$，数值为正，但绝对值为"中"，第三元件功率因数异常。

2. 接线分析

（1）确定接线类型。$|\cos\varphi_1| \to |\cos\varphi_2| \to |\cos\varphi_3|$ 为 0.75→0.75→0.75，由功率因数绝对值为"中"的 0.75 开始依次循环，变化规律为中→中→中，由于智能电能表显示电压正相序，因此接线类型为电压正相序、电流正相序。

（2）接线分析。第一种错误接线，假定电压接入正相序 $\dot{U}_1$（$\dot{U}_a$）、$\dot{U}_2$（$\dot{U}_b$）、$\dot{U}_3$（$\dot{U}_c$），则电流对应电压的相别为 3、1、2，由于 $\cos\varphi_3 = 0.75$，第三元件电流极性反接，因此电流接入 $\dot{I}_1$（$\dot{I}_c$）、$\dot{I}_2$（$\dot{I}_a$）、$\dot{I}_3$（$-\dot{I}_b$）。依据变化规律，推导出第二种、第三种错误接线，三种错误接线类型不一致，但更正系数一致，现场接线是三种错误接线中的一种，错误接线结论见表 11-31。

表 11-31　　　　　　　　错 误 接 线 结 论 表

种类 参数	电压接入			电流接入		
	$\dot{U}_1$	$\dot{U}_2$	$\dot{U}_3$	$\dot{I}_1$	$\dot{I}_2$	$\dot{I}_3$
第一种	$\dot{U}_a$	$\dot{U}_b$	$\dot{U}_c$	$\dot{I}_c$	$\dot{I}_a$	$-\dot{I}_b$
第二种	$\dot{U}_b$	$\dot{U}_c$	$\dot{U}_a$	$\dot{I}_a$	$\dot{I}_b$	$-\dot{I}_c$
第三种	$\dot{U}_c$	$\dot{U}_a$	$\dot{U}_b$	$\dot{I}_b$	$\dot{I}_c$	$-\dot{I}_a$

（五）实例五

220kV 内部考核关口联络线路，计量点设置在系统变电站 220kV 关口联络线路出线处，接线方式为三相四线，电流互感器变比为 800A/5A，电能表为 3×57.7/100V、3×1.5（6）A 的智能电能表。智能电能表测量参数数据为：显示电压逆相序，U_a=59.5V，U_b=59.3V，U_c=59.8V，U_{ab}=103.2V，U_{cb}=102.9V，U_{ac}=103.5V，I_a=-0.73A，I_b=0.70A，I_c=-0.75A，$\cos\varphi_1 = -0.73$，$\cos\varphi_2 = 0.73$，$\cos\varphi_3 = -0.73$，$\cos\varphi = -0.73$。已知负载功率因数角为 17°（容性），母线向 220kV 供电线路输入有功功率，220kV 供电线路向母线输出无功功率，负载基本对称，分析是否存在故障与异常，接线是否正确。

1. 故障与异常分析

（1）由于负载功率因数角 17°（容性）在Ⅳ象限 0°～30°之间，因此，一次负荷潮流状态为+P、−Q，总功率因数、各元件功率因数应接近于 0.96，绝对值均为"大"，数值均为正。错误接线状态下，"大"相的功率因数绝对值接近 0.96，"中"相的功率因数绝对值接近 0.73，"小"相的功率因数绝对值接近 0.23。

（2）智能电能表显示电压逆相序，电压相序异常。

（3）第一元件 $I_a = -0.73A$，第三元件 $I_c = -0.75A$，为负电流，第一元件、第三元件电流异常。

（4）$\cos\varphi = -0.73$，绝对值为"中"，且数值为负，总功率因数异常；$\cos\varphi_1 = -0.73$，绝对值为"中"，且数值为负，第一元件功率因数异常；$\cos\varphi_2 = 0.73$，数值为正，但绝对值为"中"，第二元件功率因数异常；$\cos\varphi_3 = -0.73$，绝对值为"中"，且数值为负，第三元件功率因数异常。

2. 接线分析

（1）确定接线类型。$|\cos\varphi_1| \rightarrow |\cos\varphi_2| \rightarrow |\cos\varphi_3|$ 为 $0.73 \rightarrow 0.73 \rightarrow 0.73$，由功率因数绝对值为"中"的 0.73 开始依次循环，变化规律为中→中→中，由于智能电能表显示电压逆相序，因此接线类型为电压逆相序、电流逆相序。

（2）接线分析。第一种错误接线，假定电压接入逆相序 $\dot{U}_1$（$\dot{U}_a$）、$\dot{U}_2$（$\dot{U}_c$）、$\dot{U}_3$（$\dot{U}_b$），则电流对应电压的相别为 2、3、1，由于 $\cos\varphi_2 = 0.73$，第二元件电流极性反接，因此电流接入 $\dot{I}_1$（$\dot{I}_c$）、$\dot{I}_2$（$-\dot{I}_b$）、$\dot{I}_3$（$\dot{I}_a$）。依据变化规律，推导出第二种、第三种错误接线，三种错误接线类型不一致，但更正系数一致，现场接线是三种错误接线中的一种，错误接线结论见表 11-32。

表 11-32　　　　　　　　　　错 误 接 线 结 论 表

种类 参数	电压接入			电流接入		
	$\dot{U}_1$	$\dot{U}_2$	$\dot{U}_3$	$\dot{I}_1$	$\dot{I}_2$	$\dot{I}_3$
第一种	$\dot{U}_a$	$\dot{U}_c$	$\dot{U}_b$	$\dot{I}_c$	$-\dot{I}_b$	$\dot{I}_a$
第二种	$\dot{U}_b$	$\dot{U}_a$	$\dot{U}_c$	$\dot{I}_a$	$-\dot{I}_c$	$\dot{I}_b$
第三种	$\dot{U}_c$	$\dot{U}_b$	$\dot{U}_a$	$\dot{I}_b$	$-\dot{I}_a$	$\dot{I}_c$

（六）实例六

110kV 内部考核关口联络线路，计量点设置在系统变电站 110kV 关口联络线路出线处，接线方式为三相四线，电流互感器变比为 600A/5A，电能表为 3×57.7/100V、3×1.5（6）A 的智能电能表。智能电能表测量参数数据为：显示电压正相序，U_a=60.5V，U_b=61.1V，U_c=60.8V，U_{ab}=105.2V，U_{cb}=105.5V，U_{ac}=105.3V，I_a= -0.97A，I_b= -0.95A，I_c=0.98A，$\cos\varphi_1 = -0.12$，$\cos\varphi_2 = -0.12$，$\cos\varphi_3 = 0.12$，$\cos\varphi = -0.12$。已知负载功率因数角为 23°（容性），母线向 110kV 供电线路输入有功功率，110kV 供电线路向母线输出无功功率，负载基本对称，分析是否存在故障与异常，接线是否正确。

1. 故障与异常分析

（1）负载功率因数角 23°（容性）在Ⅳ象限 0°~30° 之间，因此，一次负荷潮流状态为 +P、-Q，总功率因数、各元件功率因数应接近于 0.92，绝对值均为"大"，数值均为正。错误接线状态下，"大"相的功率因数绝对值接近 0.92，"中"相的功率因数绝对值接近 0.80，"小"相的功率因数绝对值接近 0.12。

（2）第一元件 I_a=-0.97A，为负电流，第二元件 I_b=-0.95A，为负电流，第一元件、第二元件电流异常。

（3）$\cos\varphi=-0.12$，绝对值为"小"，且数值为负，总功率因数异常；$\cos\varphi_1=-0.12$，绝对值为"小"，且数值为负，第一元件功率因数异常；$\cos\varphi_2=-0.12$，绝对值为"小"，且数值为负，第二元件功率因数异常；$\cos\varphi_3=0.12$，数值为正，但绝对值为"小"，第三元件功率因数异常。

2．接线分析

（1）确定接线类型。$|\cos\varphi_1|\to|\cos\varphi_2|\to|\cos\varphi_3|$ 为 0.12→0.12→0.12，由功率因数绝对值为"小"的 0.12 开始依次循环，变化规律为小→小→小，由于智能电能表显示电压正相序，因此接线类型为电压正相序、电流正相序。

（2）接线分析。第一种错误接线：假定电压接入正相序 $\dot{U}_1(\dot{U}_a)$、$\dot{U}_2(\dot{U}_b)$、$\dot{U}_3(\dot{U}_c)$，则电流对应电压的相别为 2、3、1，由于 $\cos\varphi_3=0.12$，第三元件电流极性反接，因此电流接入 $\dot{I}_1(\dot{I}_b)$、$\dot{I}_2(\dot{I}_c)$、$\dot{I}_3(-\dot{I}_a)$。依据变化规律，推导出第二种、第三种错误接线，三种错误接线类型不一致，但更正系数一致，现场接线是三种错误接线中的一种，错误接线结论见表 11-33。

表 11-33　　　　　　　　　　　　错 误 接 线 结 论 表

种类 参数	电压接入			电流接入		
	$\dot{U}_1$	$\dot{U}_2$	$\dot{U}_3$	$\dot{I}_1$	$\dot{I}_2$	$\dot{I}_3$
第一种	$\dot{U}_a$	$\dot{U}_b$	$\dot{U}_c$	$\dot{I}_b$	$\dot{I}_c$	$-\dot{I}_a$
第二种	$\dot{U}_b$	$\dot{U}_c$	$\dot{U}_a$	$\dot{I}_c$	$\dot{I}_a$	$-\dot{I}_b$
第三种	$\dot{U}_c$	$\dot{U}_a$	$\dot{U}_b$	$\dot{I}_a$	$\dot{I}_b$	$-\dot{I}_c$

二、30°～60°（容性负载）错误接线实例分析

（一）实例一

10kV 专用变压器用电用户，在 0.4kV 侧采用高供低计计量方式，接线方式为三相四线，电流互感器变比为 300A/5A，电能表为 3×220/380V、3×1.5（6）A 的智能电能表。智能电能表测量参数数据为：显示电压正相序，U_a=229.5V，U_b=229.7V，U_c=228.9V，U_{ab}=397.1V，U_{cb}=398.6V，U_{ac}=397.8V，I_a=0.62A，I_b=0.63A，I_c=0.67A，$\cos\varphi_1=0.93$，$\cos\varphi_2=0.78$，$\cos\varphi_3=0.16$，$\cos\varphi=0.92$。已知负载功率因数角为 39°（容性），10kV 供电线路向专用变压器输入有功功率，专用变压器向 10kV 供电线路输出无功功率，负载基本对称，分析是否存在故障与异常，接线是否正确。

1．故障与异常分析

（1）负载功率因数角 39°（容性）在Ⅳ象限 30°～60°之间，因此，一次负荷潮流状态为+P、−Q，总功率因数、各元件功率因数应接近于 0.78，绝对值均为"中"，数值均为正。错误接线状态下，"大"相的功率因数绝对值接近 0.93，"中"相的功率因数绝对值接近 0.77，"小"相的功率因数绝对值接近 0.16。

（2）$\cos\varphi=0.92$，数值为正，但绝对值为"大"，总功率因数异常；$\cos\varphi_1=0.93$，

数值为正，但绝对值为"大"，第一元件功率因数异常；$\cos\varphi_3 = 0.16$，数值为正，但绝对值为"小"，第三元件功率因数异常。

2. 接线分析

（1）确定接线类型。$|\cos\varphi_1| \rightarrow |\cos\varphi_2| \rightarrow |\cos\varphi_3|$ 为 0.93→0.78→0.16，由功率因数绝对值为"大"的 0.93 开始依次循环，变化规律为大→中→小，接线类型为电压正相序、电流逆相序。

（2）接线分析。第一种错误接线，假定电压接入正相序 $\dot{U}_1$（$\dot{U}_a$）、$\dot{U}_2$（$\dot{U}_b$）、$\dot{U}_3$（$\dot{U}_c$），则"大""小"相电流错接，即第一、第三元件电流错接，由于 $\cos\varphi_1 = 0.93$，第一元件电流极性反接，因此电流接入 $\dot{I}_1$（$-\dot{I}_c$）、$\dot{I}_2$（$\dot{I}_b$）、$\dot{I}_3$（$\dot{I}_a$）。依据变化规律，推导出第二种、第三种错误接线，三种错误接线类型不一致，但更正系数一致，现场接线是三种错误接线中的一种，错误接线结论见表 11-34。

表 11-34　　　　　　　　　错误接线结论表

种类 参数	电压接入			电流接入		
	$\dot{U}_1$	$\dot{U}_2$	$\dot{U}_3$	$\dot{I}_1$	$\dot{I}_2$	$\dot{I}_3$
第一种	$\dot{U}_a$	$\dot{U}_b$	$\dot{U}_c$	$-\dot{I}_c$	$\dot{I}_b$	$\dot{I}_a$
第二种	$\dot{U}_b$	$\dot{U}_c$	$\dot{U}_a$	$-\dot{I}_a$	$\dot{I}_c$	$\dot{I}_b$
第三种	$\dot{U}_c$	$\dot{U}_a$	$\dot{U}_b$	$-\dot{I}_b$	$\dot{I}_a$	$\dot{I}_c$

（二）实例二

10kV 专用变压器用电用户，在 0.4kV 侧采用高供低计计量方式，接线方式为三相四线，电流互感器变比为 250A/5A，电能表为 3×220/380V、3×1.5（6）A 的智能电能表。智能电能表测量参数数据为：U_a=230.2V，U_b=229.7V，U_c=229.5V，U_{ab}=398.7V，U_{cb}=399.9V，U_{ac}=398.5V，I_a=0.73A，I_b=−0.73A，I_c=−0.71A，$\cos\varphi_1 = 0.80$，$\cos\varphi_2 = -0.92$，$\cos\varphi_3 = -0.12$，$\cos\varphi = -0.12$。已知负载功率因数角为 37°（容性），10kV 供电线路向专用变压器输入有功功率，专用变压器向 10kV 供电线路输出无功功率，负载基本对称，分析是否存在故障与异常，接线是否正确。

1. 故障与异常分析

（1）负载功率因数角 37°（容性）在Ⅳ象限 30°～60°之间，因此，一次负荷潮流状态为+P、−Q，总功率因数、各元件功率因数应接近于 0.80，绝对值均为"中"，数值均为正。错误接线状态下，"大"相的功率因数绝对值接近 0.92，"中"相的功率因数绝对值接近 0.80，"小"相的功率因数绝对值接近于 0.12。

（2）第二元件 I_b= −0.73A，为负电流，第三元件 I_c=−0.71A，为负电流，第二元件、第三元件电流异常。

（3）$\cos\varphi = -0.12$，绝对值为"小"，且数值为负，总功率因数异常；$\cos\varphi_2 = -0.92$，绝对值为"大"，且数值为负，第二元件功率因数异常；$\cos\varphi_3 = -0.12$，绝对值为"小"，且数值为负，第三元件功率因数异常。

2．接线分析

（1）确定接线类型。$|\cos\varphi_1|\rightarrow|\cos\varphi_2|\rightarrow|\cos\varphi_3|$ 为 0.80→0.92→0.12，由功率因数绝对值为"大"的 0.92 开始依次循环，变化规律为大→小→中，接线类型为电压逆相序、电流正相序。

（2）接线分析。第一种错误接线，假定电流接入正相序 a、b、c，则"大""小"相电压错接，即第二、第三元件电压错接，电压接入 $\dot{U}_1$（$\dot{U}_a$）、$\dot{U}_2$（$\dot{U}_c$）、$\dot{U}_3$（$\dot{U}_b$），由于 $\cos\varphi_3=-0.12$，第三元件电流极性反接，因此电流接入 $\dot{I}_1$（$\dot{I}_a$）、$\dot{I}_2$（$\dot{I}_b$）、$\dot{I}_3$（$-\dot{I}_c$）。依据变化规律，推导出第二种、第三种错误接线，三种错误接线类型不一致，但更正系数一致，现场接线是三种错误接线中的一种，错误接线结论见表 11-35。

表 11-35　　　　　　　　　　　错 误 接 线 结 论 表

种类 参数	电压接入			电流接入		
	$\dot{U}_1$	$\dot{U}_2$	$\dot{U}_3$	$\dot{I}_1$	$\dot{I}_2$	$\dot{I}_3$
第一种	$\dot{U}_a$	$\dot{U}_c$	$\dot{U}_b$	$\dot{I}_a$	$\dot{I}_b$	$-\dot{I}_c$
第二种	$\dot{U}_b$	$\dot{U}_a$	$\dot{U}_c$	$\dot{I}_b$	$\dot{I}_c$	$-\dot{I}_a$
第三种	$\dot{U}_c$	$\dot{U}_b$	$\dot{U}_a$	$\dot{I}_c$	$\dot{I}_a$	$-\dot{I}_b$

（三）实例三

110kV 专用线路用电用户，计量点设置在系统变电站 110kV 线路出线处，采用高供高计计量方式，采用高供高计计量方式，接线方式为三相四线，电流互感器变比为 300A/5A，电能表为 3×57.7/100V、3×1.5（6）A 的智能电能表。智能电能表测量参数数据为：显示电压逆相序，U_a=59.6V，U_b=60.3V，U_c=59.7V，U_{ab}=103.7V，U_{cb}=103.3V，U_{ac}=103.5V，I_a=0.95A，I_b=0.92A，I_c=-0.97A，$\cos\varphi_1=0.16$，$\cos\varphi_2=0.16$，$\cos\varphi_3=-0.16$，$\cos\varphi=0.16$。已知负载功率因数角为 39°（容性），母线向 110kV 供电线路输入有功功率，110kV 供电线路向母线输出无功功率，负载基本对称，分析是否存在故障与异常，接线是否正确。

1．故障与异常分析

（1）负载功率因数角 39°（容性）在Ⅳ象限 30°～60°之间，因此，一次负荷潮流状态为+P、−Q，总功率因数、各元件功率因数应接近于 0.78，绝对值均为"中"，数值均为正。错误接线状态下，"大"相的功率因数绝对值接近 0.93，"中"相的功率因数绝对值接近 0.77，"小"相的功率因数绝对值接近 0.16。

（2）智能电能表显示电压逆相序，电压相序异常。

（3）第三元件 I_c=-0.97A，为负电流，第三元件电流异常。

（4）$\cos\varphi=0.16$，数值为正，但绝对值为"小"，总功率因数异常；$\cos\varphi_1=0.16$，数值为正，但绝对值为"小"，第一元件功率因数异常；$\cos\varphi_2=0.16$，数值为正，但绝对值为"小"，第二元件功率因数异常；$\cos\varphi_3=-0.16$，绝对值为"小"，且数值为负，第三元件功率因数异常。

2．接线分析

（1）确定接线类型。$|\cos\varphi_1|\to|\cos\varphi_2|\to|\cos\varphi_3|$ 为 0.16→0.16→0.16，由功率因数绝对值为"小"的 0.16 开始依次循环，变化规律为小→小→小，由于智能电能表显示电压逆相序，因此接线类型为电压逆相序、电流逆相序。

（2）接线分析。第一种错误接线，假定电压接入逆相序 $\dot{U}_1$（$\dot{U}_a$）、$\dot{U}_2$（$\dot{U}_c$）、$\dot{U}_3$（$\dot{U}_b$），则电流对应电压的相别为 3、1、2，由于 $\cos\varphi_3 = -0.16$，第三元件电流极性反接，因此电流接入 $\dot{I}_1$（$\dot{I}_b$）、$\dot{I}_2$（$\dot{I}_a$）、$\dot{I}_3$（$-\dot{I}_c$）。依据变化规律，推导出第二种、第三种错误接线，三种错误接线类型不一致，但更正系数一致，现场接线是三种错误接线中的一种，错误接线结论见表 11-36。

表 11-36　　　　　　　　　　　错 误 接 线 结 论 表

种类 参数	电压接入			电流接入		
	$\dot{U}_1$	$\dot{U}_2$	$\dot{U}_3$	$\dot{I}_1$	$\dot{I}_2$	$\dot{I}_3$
第一种	$\dot{U}_a$	$\dot{U}_c$	$\dot{U}_b$	$\dot{I}_b$	$\dot{I}_a$	$-\dot{I}_c$
第二种	$\dot{U}_b$	$\dot{U}_a$	$\dot{U}_c$	$\dot{I}_c$	$\dot{I}_b$	$-\dot{I}_a$
第三种	$\dot{U}_c$	$\dot{U}_b$	$\dot{U}_a$	$\dot{I}_a$	$\dot{I}_c$	$-\dot{I}_b$

三、60°～90°（容性负载）错误接线实例分析

（一）实例一

110kV 专用线路用电用户，计量点设置在系统变电站 110kV 线路出线处，采用高供高计计量方式，接线方式为三相四线，电流互感器变比为 300A/5A，电能表为 3×57.7/100V、3×1.5（6）A 的智能电能表。智能电能表测量参数数据为：U_a=59.2V，U_b=59.5V，U_c=59.7V，U_{ab}=102.7V，U_{cb}=103.1V，U_{ac}=103.5V，I_a= -0.61A，I_b= -0.63A，I_c=0.62A，$\cos\varphi_1 = -0.97$，$\cos\varphi_2 = -0.29$，$\cos\varphi_3 = 0.68$，$\cos\varphi = -0.28$。已知负载功率因数角为 73°（容性），母线向 110kV 供电线路输入有功功率，110kV 供电线路向母线输出无功功率，负载基本对称，分析是否存在故障与异常，接线是否正确。

1．故障与异常分析

（1）负载功率因数角 73°（容性）在 Ⅳ象限 60°～90°之间，因此，一次负荷潮流状态为+P、-Q，总功率因数、各元件功率因数应接近于 0.29，绝对值均为"小"，数值均为正。错误接线状态下，"大"相的功率因数绝对值接近 0.97，"中"相的功率因数绝对值接近 0.68，"小"相的功率因数绝对值接近 0.29。

（2）第一元件 I_a= -0.61A，为负电流，第二元件 I_b= -0.63A，为负电流，第一元件、第二元件电流异常。

（3）$\cos\varphi = -0.28$，绝对值为"小"，但数值为负，总功率因数异常；$\cos\varphi_1 = -0.97$，绝对值为"大"，且数值为负，第一元件功率因数异常；$\cos\varphi_2 = -0.29$，绝对值为"小"，但数值为负，第二元件功率因数异常；$\cos\varphi_3 = 0.68$，数值为正，但绝对值为"中"，第三元件功率因数异常。

2．接线分析

（1）确定接线类型。$|\cos\varphi_1| \rightarrow |\cos\varphi_2| \rightarrow |\cos\varphi_3|$ 为 0.97→0.29→0.68，由功率因数绝对值为"大"的 0.97 开始依次循环，变化规律为大→小→中，接线类型为电压正相序、电流逆相序。

（2）接线分析。第一种错误接线，假定电压接入正相序 $\dot{U}_1$（$\dot{U}_a$）、$\dot{U}_2$（$\dot{U}_b$）、$\dot{U}_3$（$\dot{U}_c$），则"大""中"相电流错接，即第一、第三元件电流错接，由于 $\cos\varphi_2 = -0.29$，第二元件电流极性反接，因此电流接入 $\dot{I}_1$（$\dot{I}_c$）、$\dot{I}_2$（$-\dot{I}_b$）、$\dot{I}_3$（$\dot{I}_a$）。依据变化规律，推导出第二种、第三种错误接线，三种错误接线类型不一致，但更正系数一致，现场接线是三种错误接线中的一种，错误接线结论见表 11-37。

表 11-37　　　　　　　　　错误接线结论表

种类\参数	电压接入			电流接入		
	$\dot{U}_1$	$\dot{U}_2$	$\dot{U}_3$	$\dot{I}_1$	$\dot{I}_2$	$\dot{I}_3$
第一种	$\dot{U}_a$	$\dot{U}_b$	$\dot{U}_c$	$\dot{I}_c$	$-\dot{I}_b$	$\dot{I}_a$
第二种	$\dot{U}_b$	$\dot{U}_c$	$\dot{U}_a$	$\dot{I}_a$	$-\dot{I}_c$	$\dot{I}_b$
第三种	$\dot{U}_c$	$\dot{U}_a$	$\dot{U}_b$	$\dot{I}_b$	$-\dot{I}_a$	$\dot{I}_c$

（二）实例二

110kV 专用线路用电用户，计量点设置在系统变电站 110kV 线路出线处，采用高供高计计量方式，接线方式为三相四线，电流互感器变比为 300A/5A，电能表为 3×57.7/100V、3×1.5（6）A 的智能电能表。智能电能表测量参数数据为：U_a=60.1V，U_b=59.5V，U_c=59.8V，U_{ab}=103.7V，U_{cb}=103.9V，U_{ac}=103.5V，I_a= -0.66A，I_b= -0.65A，I_c=0.67A，$\cos\varphi_1 = -0.22$，$\cos\varphi_2 = -0.96$，$\cos\varphi_3 = 0.73$，$\cos\varphi = -0.21$。已知负载功率因数角为 77°（容性），母线向 110kV 供电线路输入有功功率，110kV 供电线路向母线输出无功功率，负载基本对称，分析是否存在故障与异常，接线是否正确。

1．故障与异常分析

（1）负载功率因数角 77°（容性）在 Ⅳ 象限 60°～90° 之间，因此，一次负荷潮流状态为+P、-Q，总功率因数、各元件功率因数应接近于 0.22，绝对值均为"小"，数值均为正。错误接线状态下，"大"相的功率因数绝对值接近 0.96，"中"相的功率因数绝对值接近 0.74，"小"相的功率因数绝对值接近 0.22。

（2）第一元件 I_a= -0.66A，为负电流；第二元件 I_b= -0.65A，为负电流；第一元件、第二元件电流异常。

（3）$\cos\varphi = -0.21$，绝对值为"小"，但数值为负，总功率因数异常；$\cos\varphi_1 = -0.22$，绝对值为"小"，但数值为负，第一元件功率因数异常；$\cos\varphi_2 = -0.96$，绝对值为"大"，且数值为负，第二元件功率因数异常；$\cos\varphi_3 = 0.73$，数值为正，但绝对值为"中"，第三元件功率因数异常。

2. 接线分析

（1）确定接线类型。$|\cos\varphi_1| \rightarrow |\cos\varphi_2| \rightarrow |\cos\varphi_3|$ 为 0.22→0.96→0.73，由功率因数绝对值为"大"的 0.96 开始依次循环，变化规律为大→中→小，接线类型为电压逆相序、电流正相序。

（2）接线分析。第一种错误接线，假定电流接入正相序 a、b、c，则"大""中"相电压错接，即第二、第三元件电压错接，电压接入逆相序 $\dot{U}_1$（$\dot{U}_a$）、$\dot{U}_2$（$\dot{U}_c$）、$\dot{U}_3$（$\dot{U}_b$），由于 $\cos\varphi_1 = -0.22$，第一元件电流极性反接，因此电流接入 $\dot{I}_1$（$-\dot{I}_a$）、$\dot{I}_2$（$\dot{I}_b$）、$\dot{I}_3$（$\dot{I}_c$）。依据变化规律，推导出第二种、第三种错误接线，三种错误接线类型不一致，但更正系数一致，现场接线是三种错误接线中的一种，错误接线结论见表 11-38。

表 11-38　　　　　　　　　　　　错误接线结论表

种类 参数	电压接入			电流接入		
	$\dot{U}_1$	$\dot{U}_2$	$\dot{U}_3$	$\dot{I}_1$	$\dot{I}_2$	$\dot{I}_3$
第一种	$\dot{U}_a$	$\dot{U}_c$	$\dot{U}_b$	$-\dot{I}_a$	$\dot{I}_b$	$\dot{I}_c$
第二种	$\dot{U}_b$	$\dot{U}_a$	$\dot{U}_c$	$-\dot{I}_b$	$\dot{I}_c$	$\dot{I}_a$
第三种	$\dot{U}_c$	$\dot{U}_b$	$\dot{U}_a$	$-\dot{I}_c$	$\dot{I}_a$	$\dot{I}_b$

第十二章

差错电量退补

本章运用电压、电流、功率因数、电量等参数，在Ⅰ、Ⅳ象限，负载为感性或容性的运行状态下，对智能电能表差错电量退补进行了详细阐述。

第一节 差错电量退补的基本方法

电能计量装置发生接线错误、失压、失流等故障，常常产生非常大的计量误差，还可能潮流反向，导致双向传输功率的发电上网等关口计量点，上下网电量关系错误。为了公平、公正、合理计量电能，需分析判断电能计量装置是否存在故障，根据故障期间的抄见电量，计算用电用户故障期间的实际用电量，将多计电量产生的电费退还给用电用户，少计电量产生的电费由用电用户补缴给供电企业，退补差错电量，确保电量结算的公平、公正。抄见电量是指故障期间，智能电能表起止电量示数乘以计量倍率得出的电量值，平均功率因数需通过电量、用电情况确定。

一、退补电量计算

（一）抄见电量

有功抄见电量用 W_P' 表示，W_P' 为智能电能表运行期间有功起止电量示数之差乘以计量倍率。无功抄见电量用 W_Q' 表示，W_Q' 为智能电能表运行期间无功起止电量示数之差乘以计量倍率。

例如，某 10kV 专线用电用户，采用三相三线接线方式，计量方式为高供高计，电流互感器变比为 300A/5A，电压互感器变比为 10kV/0.1kV，投运时智能电能表正反向有功和无功总电量示数均为 0，运行一段时间后智能电能表正向有功电量示数为 62.17kWh，反向有功电量示数为 0kWh，正向无功电量示数为 23.26kvarh，反向无功电量示数为 0kvarh，抄见电量计算如下

$$W_P' = (62.17 - 0) \times \frac{300}{5} \times \frac{10}{0.1} = 373020 \text{ (kWh)} \tag{12-1}$$

$$W_Q' = (23.26 - 0) \times \frac{300}{5} \times \frac{10}{0.1} = 139560 \text{ (kvarh)} \tag{12-2}$$

（二）退补电量计算

1. 有功电量

有功退补电量 $\Delta W_P = W_P - W_P' = W_P'(K_P - 1)$，如 ΔW_P 大于 0，则说明少计量，用电用户应向供电企业补缴电费；ΔW_P 小于 0，则说明多计量，供电企业应退还用电用户电费。

2. 无功电量

无功退补电量 $\Delta W_Q = W_Q - W_Q' = W_Q'(K_Q - 1)$，如 ΔW_Q 大于 0，则说明少计量；ΔW_Q 小于 0，则说明多计量。对于执行功率因数调整电费的用电用户，应按照退补后的有功电量和无功电量，计算平均功率因数，判断故障期间平均功率因数是否超过考核标准。

二、平均功率因数确定

电能计量装置发生接线错误、失压、失流等故障或异常时，需计算退补电量，退补电量与平均功率因数、负载功率因数角紧密相关，负载功率因数角的大小直接影响退补电量的准确性，因此平均功率因数越准确，负载功率因数角越接近于实际，退补电量准确性越高。

（一）平均功率因数确定方法

电能计量装置发生接线错误、失压、失流等故障或异常时，智能电能表计量的有功电量和无功电量不准确，采用故障或异常期间的有功电量和无功电量计算的平均功率因数也不准确，导致负载功率因数角与无故障的实际负载功率因数角不一致，直接影响退补电量的准确性。

计算退补电量的平均功率因数，不应以故障或异常期间计量的有功电量和无功电量计算，应以故障或异常期间正确的有功电量和无功电量计算平均功率因数，然后计算负载功率因数角。由于故障或异常后，无法得知正确的有功电量和无功电量，实际生产中，一般以某个时间段内，正常运行期间的有功电量和无功电量计算平均功率因数，正常运行期间的负荷越接近于故障期间的负荷，平均功率因数越准确，退补电量越准确。下面以实例阐述负载功率因数角的确定方法。

（二）高供高计专用变压器用户实例分析

某 10kV 专用变压器用户采用高供高计计量方式，在 10kV 侧采用三相三线接线方式，电流互感器变比为 50A/5A，安装时智能电能表正反向有功和无功的电量示数均为 0，假定在额定电压、额定电流、负荷对称状态下运行 120h，功率因数角 φ 为感性 20°，运行 120h 期间，接线错误，第一元件电压接入 $\dot{U}_{ab}$，电流接入 $\dot{I}_a$；第二元件电压接入 $\dot{U}_{cb}$，电流接入 $-\dot{I}_c$。下面验证平均功率因数的正确算法。

1. 正确电量

（1）有功电量。

$$
\begin{aligned}
W_P &= \sqrt{3}UI\cos\varphi \times K_u \times K_i \times t \\
&= \sqrt{3} \times 100 \times 5 \times \frac{10}{0.1} \times \frac{50}{5} \times 120 \times \cos 20° = 97653 \text{(kWh)}
\end{aligned}
\tag{12-3}
$$

（2）无功电量。

$$
\begin{aligned}
W_Q &= \sqrt{3}UI\sin\varphi \times K_u \times K_i \times t \\
&= \sqrt{3} \times 100 \times 5 \times \frac{10}{0.1} \times \frac{50}{5} \times 120 \times \sin 20° = 35543 \text{(kvarh)}
\end{aligned}
\tag{12-4}
$$

2. 错误接线电量

错误接线相量图见图 12-1。

（1）有功电量。

$$W_P' = [UI\cos(30° + \varphi) + UI\cos(150° + \varphi)] \times K_u \times K_i \times t$$
$$= 100 \times 5 \times [\cos(30° + \varphi) + \cos(150° + \varphi)] \times \frac{10}{0.1} \times \frac{50}{5} \times 120 \qquad (12\text{-}5)$$
$$= -20521(kWh)$$

（2）无功电量。

$$W_Q' = [UI\sin(30° + \varphi) + UI\sin(150° + \varphi)] \times K_u \times K_i \times t$$
$$= 100 \times 5 \times [\sin(30° + \varphi) + \sin(150° + \varphi)] \times \frac{10}{0.1} \times \frac{50}{5} \times 120 \qquad (12\text{-}6)$$
$$= 56382(kvarh)$$

由以上分析可知，发生错误接线后，总有功功率为负值，有功电量计入了智能电能表反向，示数应为 20.521kWh，无功电量计入智能电能表反向（Ⅱ象限），示数应为 56.382kvarh。

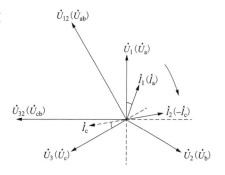

图 12-1　错误接线相量图

3. 退补电量计算

（1）正确的退补电量。

$$\Delta W_P = W_P - W_P' = 97656 - (-20521) = 118177(kWh) \qquad (12\text{-}7)$$

$$\Delta W_Q = W_Q - W_Q' = 35543 - 56382 = -20839(kvarh) \qquad (12\text{-}8)$$

由以上分析可知，有功电量计入了反向，少计了 118177kWh；无功电量计入了反向（Ⅱ象限），多计了 20839kvarh。

（2）按正确平均功率因数，φ 为感性 20° 计算退补电量。

1）有功电量退补。

$$K_P = \frac{P}{P'} = \frac{\sqrt{3}UI\cos\varphi}{UI\cos(30° + \varphi) + UI\cos(150° + \varphi)} = -\frac{\sqrt{3}}{\tan\varphi} \qquad (12\text{-}9)$$

$$\Delta W_P = W_P'(K_P - 1) = -20521 \times \left(-\frac{\sqrt{3}}{\tan 20°} - 1\right) = 118176(kWh) \qquad (12\text{-}10)$$

退补有功电量为 118176kWh，与正确的退补电量 118177kWh 相比，符号一致，数值基本相等，数值不完全相等是三角函数的小数点位数所致。

2）无功电量退补。

$$K_Q = \frac{Q}{Q'} = \frac{\sqrt{3}UI\sin\varphi}{UI\sin(30° + \varphi) + UI\sin(150° + \varphi)} = \sqrt{3}\tan\varphi \qquad (12\text{-}11)$$

$$\Delta W_Q = W_Q'(K_Q - 1) = 56382 \times (\sqrt{3}\tan 20° - 1) = -20838(kvarh) \qquad (12\text{-}12)$$

退补无功电量为 -20838kvarh，与正确的退补电量 -20839kvarh 相比，符号一致，数值基本相等，数值不完全相等是三角函数的小数点位数所致。

（3）按错误接线有功和无功示数计算平均功率因数。

$$\cos\varphi' = \frac{20.521}{\sqrt{20.521^2 + 56.382^2}} = 0.342 \qquad (12\text{-}13)$$

$\varphi' = 70°$，实际功率因数角 $\varphi = 20°$，$\varphi' \neq \varphi$。

1）有功电量退补。

$$\Delta W_{\mathrm{P}} = W_{\mathrm{P}}'(K_{\mathrm{P}} - 1) = -20521 \times \left(-\frac{\sqrt{3}}{\tan 70°} - 1 \right) = 33460(\mathrm{kWh}) \qquad (12\text{-}14)$$

退补有功电量为 33460kWh，与正确的退补电量 118177kWh 相比，虽然符号一致，但数值远低于正确的退补电量 118177kWh。

2）无功电量退补。

$$\Delta W_{\mathrm{Q}} = W_{\mathrm{Q}}'(K_{\mathrm{Q}} - 1) = 56382 \times (\sqrt{3}\tan 70° - 1) = 211927(\mathrm{kvarh}) \qquad (12\text{-}15)$$

退补无功电量为 211927kvarh，与正确退补电量 -20839kvarh 相比，符号相反，混淆了退补关系，且数值 211927kvarh 远高于 20839kvarh。

由以上分析可知，按错误接线有功和无功示数确定平均功率因数，计算的退补电量和正确退补电量不一致，甚至混淆退补关系。因此，计算退补电量的平均功率因数，不应以故障期间的有功电量和无功电量计算，应以故障期间正确的有功电量和无功电量计算平均功率因数。由于故障后，无法得知正确的有功电量和无功电量，因此，一般以正常运行期间的有功电量和无功电量计算平均功率因数，正常运行期间的负荷越接近于故障期间的负荷，退补电量越准确。

第二节　Ⅰ象限差错电量退补实例分析

（一）实例一

无发电上网的 10kV 专用变压器用户，功率因数考核标准为 0.90，采用高供高计计量方式，接线方式为三相三线，电压互感器采用 V/V 接线，电流互感器变比为 75A/5A，电能表为 3×100V、3×1.5（6）A 的智能电能表。现场首次检验发现接线错误，导致潮流反向，出现反向有功和无功电量。已知负载功率因数角 $\varphi = 25°$（感性），电能表现场检验仪测量参数为：$U_{12}=101.2\mathrm{V}$，$U_{32}=101.6\mathrm{V}$，$U_{13}=102.1\mathrm{V}$，$I_1=0.86\mathrm{A}$，$I_2=0.85\mathrm{A}$，$\dot{U}_{12}\hat{}\dot{U}_{32}=300°$，$\dot{U}_{12}\hat{}\dot{I}_1=235°$，$\dot{U}_{32}\hat{}\dot{I}_2=175°$。经接线分析，第一元件电压接入 $\dot{U}_{\mathrm{ab}}$、电流接入 $-\dot{I}_{\mathrm{a}}$，第二元件电压接入 $\dot{U}_{\mathrm{cb}}$、电流接入 $-\dot{I}_{\mathrm{c}}$。

首检时智能电能表正向有功电量示数为 0kWh，正向无功电量示数为 0kvarh，反向有功电量示数为 77.39kWh，反向无功电量示数为 35.26kvarh（Ⅲ象限）。错误接线期间一次负荷潮流状态为 +P、+Q，平均功率因数 $\cos\varphi = 0.91$（感性）。已知智能电能表安装时，正反向有功电量示数均为 0kWh，正反向无功电量示数均为 0kvarh，计算退补电量。

电能计量装置接线图见图 12-2，错误接线相量图见图 12-3。

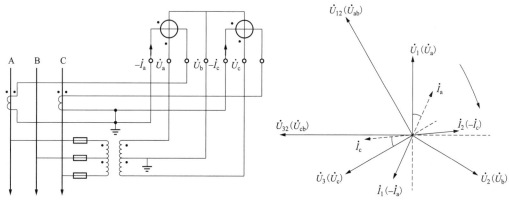

图 12-2 电能计量装置接线图 图 12-3 错误接线相量图

1. 解析

错误接线期间，平均功率因数 $\cos\varphi = 0.91$（感性），平均功率因数角 $\varphi = 25°$（感性）。首检时负载功率因数角 $\varphi = 25°$（感性），正确计量状态下，智能电能表应运行于 I 象限，一次负荷潮流状态为 +P、+Q，有功电量计入智能电能表正向，无功电量计入智能电能表正向（I 象限）。

由于接线错误，$\varphi = 25°$（感性），$P' = UI\cos(150° - \varphi) + UI\cos(150° + \varphi)$，$P'$ 为负值，有功电量计入反向；$Q' = UI\sin(210° + \varphi) + UI\sin(150° + \varphi)$，$Q'$ 为负值，无功电量计入反向（III 象限），智能电能表实际运行于 III 象限。

2. 计算退补电量

生产实际中，无发电上网的用户，其反向电量不参与结算，计算退补电量时，更正率等于更正系数，无须更正系数减去 1，计算如下。

（1）有功电量退补。正确计量时，有功电量应计入智能电能表正向，而反向有功电量示数为 77.39kWh，抄见电量应为负值。

$$W_\text{P}' = (-77.39 - 0) \times \frac{75}{5} \times \frac{10}{0.1} = -116085 \text{ (kWh)} \tag{12-16}$$

$$K_\text{P} = \frac{P}{P'} = \frac{\sqrt{3}UI\cos\varphi}{UI\cos(150° - \varphi) + UI\cos(150° + \varphi)}$$

$$= \frac{\sqrt{3}UI\cos\varphi}{2UI\cos150°\cos\varphi} \tag{12-17}$$

$$= -1$$

$$\Delta W_\text{P} = W_\text{P}'K_\text{P} = -116085 \times -1 = 116085 \text{ (kWh)} \tag{12-18}$$

由于 ΔW_P 大于 0，说明少计量，应追补有功电量 116085kWh。

正确有功电量：

$$W_\text{P} = W_\text{P}'K_\text{P} = -115085 \times -1 = 116085 \text{ (kWh)} \tag{12-19}$$

（2）无功电量退补。正确计量时，无功电量应计入智能电能表正向（I 象限），而反向无功电量示数为 35.26kvarh（III 象限），III 象限无功功率测量值为负值，与 I 象限不一致，抄见电量应为负值。

$$W'_Q = (-35.26 - 0) \times \frac{75}{5} \times \frac{10}{0.1} = 52890 \text{ (kvarh)} \qquad (12\text{-}20)$$

$$K_Q = \frac{Q}{Q'} = \frac{\sqrt{3}UI\sin\varphi}{UI\sin(210° + \varphi) + UI\sin(150° + \varphi)} \qquad (12\text{-}21)$$

$$= -1$$

正确无功电量（I象限）

$$W_Q = W'_Q K_Q = -52890 \times -1 = 52890 \text{ (kvarh)} \qquad (12\text{-}22)$$

抄见功率因数

$$\cos\varphi' = \frac{W'_P}{\sqrt{W'^2_P + W'^2_Q}} = \frac{77.39}{\sqrt{77.39^2 + 35.26^2}} = 0.91 \qquad (12\text{-}23)$$

由于抄见功率因数 0.91 高于考核标准 0.90，错误接线期间未考核功率因数调整电费。错误接线期间平均功率因数 0.91 高于考核标准 0.90，因此，没有功率因数调整电费。

（二）实例二

无发电上网的 10kV 专用线路用电用户，功率因数考核标准为 0.90，计量点设置在系统变电站 10kV 线路出线处，采用高供高计计量方式，接线方式为三相三线，电压互感器采用 V/V 接线，电流互感器变比为 300A/5A，电能表为 3×100V、3×1.5（6）A 的智能电能表。

首次现场检验发现接线错误，导致智能电能表潮流反向。已知负载功率因数角 $\varphi = 30.7°$（感性），电能表现场检验仪测量参数为：$U_{12}=103.1\text{V}$，$U_{32}=102.8\text{V}$，$U_{13}=103.2\text{V}$，$I_1=0.60\text{A}$，$I_2=0.62\text{A}$，$\dot{U}_{12}\hat{}\dot{U}_{32}=60°$，$\dot{U}_{12}\hat{}\dot{I}_1=121°$，$\dot{U}_{32}\hat{}\dot{I}_2=121°$。经接线分析，第一元件电压接入 $\dot{U}_{cb}$，电流接入 $\dot{I}_a$；第二元件电压接入 $\dot{U}_{ab}$，电流接入 $-\dot{I}_c$。

首检时智能电能表正向有功电量示数为 0kWh，正向无功电量示数为 0 kvarh，反向有功电量示数为 58.85kWh，反向无功电量示数为 99.96kvarh（II象限）。错误接线期间一次负荷潮流状态为+P、+Q，平均功率因数 $\cos\varphi = 0.86$（感性）。已知智能电能表安装时，正反向有功电量示数均为 0kWh，正反向无功电量示数均为 0kvarh，计算退补电量。

电能计量装置接线图见图 12-4，错误接线相量图见图 12-5。

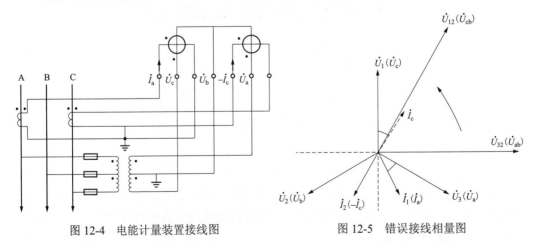

图 12-4　电能计量装置接线图　　　　　　图 12-5　错误接线相量图

1. 解析

错误接线期间，平均功率因数 $\cos\varphi = 0.86$（感性），平均功率因数角 $\varphi = 30.7°$（感性）。首检时负载功率因数角 $\varphi = 30.7°$（感性），正确计量状态下，智能电能表应运行于 I 象限，一次负荷潮流状态为 $+P$、$+Q$，有功电量计入智能电能表正向，无功电量计入智能电能表正向（I 象限）。

由于接线错误，$\varphi = 30.7°$（感性），$P' = UI\cos(90° + \varphi) + UI\cos(90° + \varphi)$，$P'$ 为负值，有功电量计入反向；$Q' = UI\sin(90° + \varphi) + UI\sin(90° + \varphi)$，$Q'$ 为正值，无功电量计入反向（II 象限），智能电能表实际运行于 II 象限。

2. 计算退补电量

生产实际中，对于无发电上网的用户，反向电量不结算，计算退补电量时，更正率直接等于更正系数，无须更正系数减去 1，算法如下。

（1）有功电量退补。正确计量时，有功电量应计入智能电能表正向，而反向有功电量示数为 58.85kWh，抄见电量应为负值。

$$W_P' = (-58.85 - 0) \times \frac{300}{5} \times \frac{10}{0.1} = -353100 \text{ (kWh)} \tag{12-24}$$

$$
\begin{aligned}
K_p = \frac{P}{P'} &= \frac{\sqrt{3}UI\cos\varphi}{UI\cos(90° + \varphi) + UI\cos(90° + \varphi)} \\
&= -\frac{\sqrt{3}}{2\tan30.7°} \\
&= -1.46
\end{aligned} \tag{12-25}
$$

$$\Delta W_P = W_P'K_P = -353100 \times (-1.46) = 515526 \text{ (kWh)} \tag{12-26}$$

由于 ΔW_P 大于 0，说明少计量，应追补有功电量 515526kWh。

正确有功电量

$$W_P = W'K_P = -353100 \times -1.46 = 515526 \text{ (kWh)} \tag{12-27}$$

（2）无功电量退补。正确计量时，无功电量应计入智能电能表正向（I 象限），而反向无功电量示数为 99.96kvarh（II 象限），II 象限无功功率测量值为正值，与 I 象限一致，因此抄见电量应为正值。

$$W_Q' = (99.96 - 0) \times \frac{300}{5} \times \frac{10}{0.1} = 599760 \text{ (kvarh)} \tag{12-28}$$

$$
\begin{aligned}
K_Q = \frac{Q}{Q'} &= \frac{\sqrt{3}UI\sin\varphi}{UI\sin(90° + \varphi) + UI\sin(90° + \varphi)} \\
&= \frac{\sqrt{3}}{2\cot30.7°} \\
&= 0.51
\end{aligned} \tag{12-29}
$$

正确无功电量（I 象限）

$$W_Q = W_Q'K_Q = 599760 \times 0.51 = 305878 \text{ (kvarh)} \tag{12-30}$$

抄见功率因数

$$\cos\varphi' = \frac{W_P'}{\sqrt{W_P'^2 + W_Q'^2}} = \frac{58.85}{\sqrt{58.85^2 + 99.96^2}} = 0.51 \tag{12-31}$$

抄见功率因数 0.51 低于考核标准 0.90，如错误接线期间按照 0.51 考核功率因数调整电费，则应按错误接线期间平均功率因数 0.86 计算功率因数调整电费，退还用户差额部分功率因数调整电费。如错误接线期间未考核功率因数调整电费，需按 0.86 计算功率因数调整电费。

（三）实例三

10kV 专用变压器用电用户，功率因数考核标准为 0.90，采用高供高计计量方式，接线方式为三相三线，电压互感器采用 V/V 接线，电流互感器变比为 50A/5A，电能表为 3×100V、3×1.5（6）A 的智能电能表。

首次现场检验发现接线错误，负载功率因数角 $\varphi = 27°$（感性），电能表现场检验仪测量参数为：$U_{12}=102.1V$，$U_{32}=175.9V$，$U_{13}=101.9V$，$I_1=0.71A$，$I_2=0.73A$，$\dot{U}_{12}\hat{\dot{U}}_{32} = 330°$，$\dot{U}_{12}\hat{\dot{I}}_1 = 58°$，$\dot{U}_{32}\hat{\dot{I}}_2 = 327°$。经接线分析，第一元件电压接入 $\dot{U}_{ab}$、电流接入 $\dot{I}_a$，第二元件电压接入 $\dot{U}_{ca}$、电流接入 $\dot{I}_c$，电压互感器 ab 绕组极性反接。

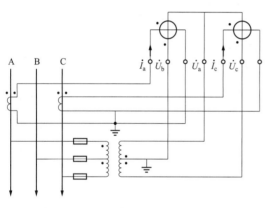

图 12-6　电能计量装置接线图

首检时，智能电能表正向有功电量示数为 129.38kWh，正向无功电量示数为 6.80kvarh（Ⅳ象限），反向有功电量示数为 0kWh，反向无功电量示数为 0kvarh。错误接线期间一次负荷潮流状态为+P、+Q，平均功率因数 $\cos\varphi = 0.89$（感性）。已知智能电能表安装时，正反向有功电量示数均为 0kWh，正反向无功电量示数均为 0kvarh，计算退补电量。

电能计量装置接线图见图 12-6，错误接线相量图见图 12-7。

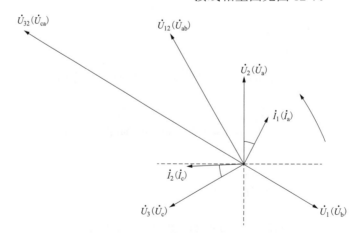

图 12-7　错误接线相量图

1．解析

错误接线期间，平均功率因数 $\cos\varphi = 0.89$（感性），平均功率因数角 $\varphi = 27°$（感性）。

首检时负载功率因数角 $\varphi = 27°$（感性），正确计量状态下，智能电能表应运行于Ⅰ象限，一次负荷潮流状态为+P、+Q，有功电量计入智能电能表正向，无功电量计入智能电能表正向（Ⅰ象限）。

由于接线错误，$\varphi = 27°$（感性），$P' = UI\cos(30° + \varphi) + \sqrt{3}UI\cos(60° - \varphi)$，$P'$ 为正值，有功电量计入正向，$Q' = UI\sin(30° + \varphi) + \sqrt{3}UI\sin(300° + \varphi)$，$Q'$ 为负值，无功电量计入正向（Ⅳ象限），智能电能表实际运行于Ⅳ象限。

2. 计算退补电量

（1）有功电量退补。正向有功电量示数为 129.38kWh，抄见电量为正值。

$$W'_P = (129.38 - 0) \times \frac{50}{5} \times \frac{10}{0.1} = 129380 \text{ (kWh)} \tag{12-32}$$

$$K_P = \frac{P}{P'} = \frac{\sqrt{3}UI\cos\varphi}{UI\cos(30° + \varphi) + \sqrt{3}UI\cos(60° - \varphi)}$$

$$= \frac{\sqrt{3}}{\sqrt{3} + \tan 27°} \tag{12-33}$$

$$= 0.77$$

$$\Delta W_P = W'_P(K_P - 1) = 129380 \times (0.77 - 1) = -29757 \text{ (kWh)} \tag{12-34}$$

由于 ΔW_P 小于 0，说明多计量，应退还有功电量 29757kWh。

正确有功电量

$$W_P = W'_P + \Delta W_P = 129380 - 29757 = 99623 \text{ (kWh)} \tag{12-35}$$

（2）无功电量退补。正确计量时，无功电量应计入智能电能表正向（Ⅰ象限），而正向无功电量示数为 6.80kvarh（Ⅳ象限），Ⅳ象限无功功率测量值为负值，与Ⅰ象限不一致，因此抄见电量应为负值。

$$W'_Q = (0 - 6.80) \times \frac{50}{5} \times \frac{10}{0.1} = -6800 \text{ (kvarh)} \tag{12-36}$$

$$K_Q = \frac{Q}{Q'} = \frac{\sqrt{3}UI\sin\varphi}{UI\sin(30° + \varphi) + \sqrt{3}UI\sin(300° + \varphi)}$$

$$= \frac{\sqrt{3}}{\sqrt{3} - \cot 27°} \tag{12-37}$$

$$= -7.51$$

正确无功电量（Ⅰ象限）

$$W_Q = W'_Q K_Q = -6800 \times (-7.51) = 51068 \text{ (kvarh)} \tag{12-38}$$

抄见功率因数

$$\cos\varphi' = \frac{W'_P}{\sqrt{W'^2_p + W'^2_q}} = \frac{129.38}{\sqrt{129.38^2 + 6.80^2}} = 0.998 \tag{12-39}$$

抄见功率因数 0.998 高于考核标准 0.90，错误接线期间未考核功率因数调整电费。错误接线期间平均功率因数 0.89 低于考核标准 0.90，需按 0.89 计算功率因数调整电费。

第三节　Ⅳ象限差错电量退补实例分析

一、10kV 专用变压器用户错误接线电量退补实例

无发电上网的 10kV 专用变压器用电用户，功率因数考核标准为 0.90，在 10kV 侧采用高供高计计量方式，接线方式为三相三线，电压互感器采用 V/V 接线，电流互感器变比为 100A/5A，电能表为 3×100V、3×1.5（6）A 的智能电能表。

现场首次检验发现接线错误，导致总功率因数为负值，负载功率因数角 $\varphi = 23°$（容性），电能表现场检验仪器测量参数为：U_{12}=102.1V，U_{32}=102.3V，U_{13}=102.2V，I_1=0.93A，I_2=0.95A，$\dot{U}_{12}\hat{}\dot{U}_{32} = 300°$，$\dot{U}_{12}\hat{}\dot{I}_1 = 247°$，$\dot{U}_{32}\hat{}\dot{I}_2 = 247°$。经接线分析，第一元件电压接入 $\dot{U}_{ab}$、电流接入 $\dot{I}_c$，第二元件电压接入 $\dot{U}_{cb}$、电流接入 $-\dot{I}_a$。

首检时智能电能表正向有功电量示数为 0kWh，正向无功电量示数为 0 kvarh，反向有功电量示数为 58.50kWh，反向无功电量示数为 138.52kvarh（Ⅲ象限）。错误接线期间一次负荷潮流状态为+P、–Q，平均功率因数为 $\cos\varphi = 0.92$（容性）。已知智能电能表安装时，正反向有功电量示数均为 0kWh，正反向无功电量示数均为 0kvarh，计算退补电量。

电能计量装置接线图见图 12-8，错误接线相量图见图 12-9。

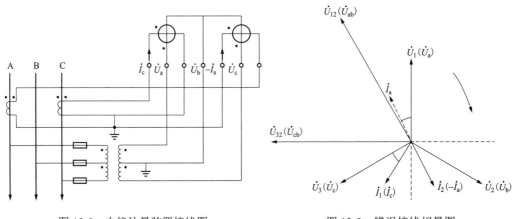

图 12-8　电能计量装置接线图　　　　　图 12-9　错误接线相量图

1. 解析

错误接线期间，平均功率因数 $\cos\varphi = 0.92$（容性），平均功率因数角 $\varphi = 23°$（容性）。首检时负载功率因数角 $\varphi = 23°$（容性），正确计量时智能电能表应运行于Ⅳ象限，一次负荷潮流状态为+P、–Q，有功电量计入智能电能表正向，无功电量计入智能电能表正向（Ⅳ象限）。

由于接线错误，$\varphi = 23°$（容性），$P' = UI\cos(90° + \varphi) + UI\cos(90° + \varphi)$，$P'$ 为负值，有功电量计入反向，$Q' = UI\sin(270° - \varphi) + UI\sin(270° - \varphi)$，$Q'$ 为负值，无功电量计入反向（Ⅲ象限），智能电能表实际运行于Ⅲ象限。

2. 计算退补电量

生产实际中，对于无发电上网的用户，反向电量不结算，计算退补电量时，更正率直接等于更正系数，无须更正系数减去 1，算法如下。

（1）有功电量退补。正确计量时，有功电量应计入智能电能表正向，反向有功电量示数为 58.50kWh，抄见电量为负值。

$$W'_P = (-58.50 - 0) \times \frac{100}{5} \times \frac{10}{0.1} = -117000 \text{ (kWh)} \quad (12\text{-}40)$$

$$K_P = \frac{P}{P'} = \frac{\sqrt{3}UI\cos\varphi}{UI\cos(90° + \varphi) + UI\cos(90° + \varphi)}$$
$$= -\frac{\sqrt{3}}{2\tan\varphi} = -\frac{\sqrt{3}}{2\tan 23°} = -2.04 \quad (12\text{-}41)$$

$$\Delta W_P = W'_P K_P = -117000 \times -2.04 = 238680 \text{ (kWh)} \quad (12\text{-}42)$$

由于 ΔW_P 大于 0，说明少计量，应追补有功电量 238680kWh。

正确有功电量

$$W_P = W'_P K_P = -117000 \times -2.04 = 238680 \text{ (kWh)} \quad (12\text{-}43)$$

（2）无功电量退补。正确计量时，无功电量应计入智能电能表正向（Ⅳ象限），而反向无功电量示数为 138.52kvarh（Ⅲ象限），Ⅲ象限无功功率测量值为负值，与Ⅳ象限一致，因此抄见电量应为正值。

$$W'_Q = (138.52 - 0) \times \frac{100}{5} \times \frac{10}{0.1} = 277040 \text{ (kvarh)} \quad (12\text{-}44)$$

$$K_Q = \frac{Q}{Q'} = \frac{-\sqrt{3}UI\sin\varphi}{UI\sin(270° - \varphi) + UI\sin(270° - \varphi)}$$
$$= \frac{\sqrt{3}}{2\cot\varphi} = \frac{\sqrt{3}}{2\cot 23°} = 0.37 \quad (12\text{-}45)$$

正确无功电量（Ⅳ象限）

$$W_Q = W'_Q K_Q = 277040 \times 0.37 = 102505 \text{ (kvarh)} \quad (12\text{-}46)$$

抄见功率因数

$$\cos\varphi' = \frac{W'_P}{\sqrt{W'^2_P + W'^2_Q}} = \frac{58.50}{\sqrt{58.50^2 + 138.52^2}} = 0.39 \quad (12\text{-}47)$$

抄见功率因数 0.39 低于考核标准 0.90，如错误接线期间按 0.39 考核功率因数调整电费，则应退还用户功率因数调整电费。如错误接线期间未考核功率因数调整电费，错误接线期间平均功率因数 0.92 高于考核标准 0.90，则无须考核功率因数调整电费。

二、110kV 专用线路用电用户错误接线电量退补实例

110kV 专用线路用电用户，功率因数考核标准为 0.90，计量点设置系统变电站 110kV 线路出线处，采用高供高计计量方式，接线方式为三相四线，电流互感器变比为 300A/5A，电能表为 3×57.7/100V、3×1.5（6）A 的智能电能表。

现场首次检验发现接线错误，电能表现场检验仪测量参数为：$U_{12}=102.3\text{V}$，$U_{32}=$

102.5V，U_{13}=102.6V，U_1=59.1V，U_2=59.3V，U_3=59.5V，I_1=0.33A，I_2=0.35A，I_3=0.32A，负载功率因数角 $\varphi = 67°$（容性），$\dot{U}_1\hat{\dot{U}}_2 = 240°$，$\dot{U}_1\hat{\dot{U}}_3 = 120°$，$\dot{U}_1\hat{\dot{I}}_1 = 173°$，$\dot{U}_2\hat{\dot{I}}_2 = 233°$，$\dot{U}_3\hat{\dot{I}}_3 = 113°$。经接线分析，第一元件电压接入 $\dot{U}_b$，电流接入 $\dot{I}_a$；第二元件电压接入 $\dot{U}_a$；电流接入 $-\dot{I}_b$；第三元件电压接入 $\dot{U}_c$，电流接入 $-\dot{I}_c$。

首检时，智能电能表正向有功电量示数为 0kWh，正向无功电量示数为 0kvarh，反向有功电量示数为 29.23kWh，反向无功电量示数为 3.59kvarh（Ⅱ象限）。错误接线期间一次负荷潮流状态为+P、−Q，平均功率因数为 $\cos\varphi = 0.39$（容性）。已知智能电能表安装时，正反向有功电量示数均为 0kWh，正反向无功电量示数均为 0kvarh，计算退补电量。

电能计量装置接线图见图 12-10，错误接线相量图见图 12-11。

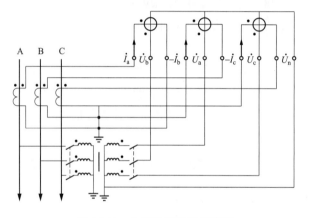

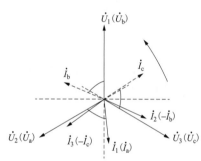

图 12-10　电能计量装置接线图　　　　　图 12-11　错误接线相量图

1. 解析

错误接线期间，平均功率因数 $\cos\varphi = 0.39$（容性），平均功率因数角 $\varphi = 67°$（容性）。首检时负载功率因数角 $\varphi = 67°$（容性），正确计量时智能电能表应运行于Ⅳ象限，负荷潮流状态为+P、−Q，有功电量计入智能电能表正向，无功电量计入智能电能表正向（Ⅳ象限）。

由于接线错误，$\varphi = 67°$（容性），$P' = UI\cos(120°+\varphi) + UI\cos(60°+\varphi) + UI\cos(180°-\varphi)$，$P'$ 为负值，有功电量计入反向，$Q' = UI\sin(240°-\varphi) + UI\sin(300°-\varphi) + UI\sin(180°-\varphi)$，$Q'$ 为正值，无功电量计入反向（Ⅱ象限），智能电能表实际运行于Ⅱ象限。

2. 计算退补电量

生产实际中，对于无发电上网的用户，反向电量不结算，计算退补电量时，更正率直接等于更正系数，无须更正系数减去 1，计算方法如下。

（1）有功电量退补。正确计量时，有功电量应计入智能电能表正向，反向有功电量示数为 29.23kWh，因此抄见电量为负值。

$$W'_P = (-29.23 - 0) \times \frac{110}{0.1} \times \frac{300}{5} = -1929180 \text{ (kWh)} \qquad (12\text{-}48)$$

$$K_P = \frac{P}{P'}$$

$$= \frac{3UI\cos\varphi}{UI\cos(120°+\varphi)+UI\cos(60°+\varphi)+UI\cos(180°-\varphi)} \qquad (12\text{-}49)$$

$$= -\frac{3}{1+\sqrt{3}\tan 67°}$$

$$= -0.59$$

$$\Delta W_P = W_P'K_P = -1929180 \times (-0.59) = 1138216 \text{ (kWh)} \qquad (12\text{-}50)$$

由于 ΔW_P 大于 0，说明少计量了，应追补有功电量 1138216kWh。

正确有功电量

$$W_P = W_P'K_P = -1929180 \times (-0.59) = 1138216 \text{ (kWh)} \qquad (12\text{-}51)$$

（2）无功电量退补。正确计量时，无功电量应计入智能电能表正向（Ⅳ象限），而反向无功电量示数为 3.59kvarh（Ⅱ象限），Ⅱ象限无功功率测量值为正值，与Ⅳ象限不一致，因此抄见电量应为负值。

$$W_Q' = (-3.59-0) \times \frac{110}{0.1} \times \frac{300}{5} = -236940 \text{ (kvarh)} \qquad (12\text{-}52)$$

$$K_Q = \frac{Q}{Q'}$$

$$= \frac{-3UI\sin\varphi}{UI\sin(240°-\varphi)+UI\sin(300°-\varphi)+UI\sin(180°-\varphi)} \qquad (12\text{-}53)$$

$$= \frac{3}{-1+\sqrt{3}\cot 67°}$$

$$= -11.32$$

正确无功电量（Ⅳ象限）

$$W_Q = W_Q'K_Q = -236940 \times (-11.32) = 2682161 \text{ (kvarh)} \qquad (12\text{-}54)$$

抄见功率因数

$$\cos\varphi' = \frac{W_P'}{\sqrt{W_P'^2+W_Q'^2}} = \frac{29.23}{\sqrt{29.23^2+3.59^2}} = 0.99 \qquad (12\text{-}55)$$

抄见功率因数 0.99 高于考核标准 0.90，错误接线期间未考核功率因数调整电费。错误接线期间平均功率因数 0.39 低于考核标准 0.90，需按 0.39 计算功率因数调整电费。